21世纪高等职业技术教育规划教材——土木工程类

工程测量

解宝柱　蒋　伟　主编
张炳南　主审

西南交通大学出版社
·成　都·

图书在版编目（CIP）数据

工程测量 / 解宝柱，蒋伟主编. —成都：西南交通大学出版社，2009.8（2018.8 重印）
21 世纪高等职业技术教育规划教材. 土木工程类
ISBN 978-7-5643-0345-7

Ⅰ. 工… Ⅱ. ①解…②蒋… Ⅲ. 工程测量－高等学校：技术学校－教材 Ⅳ. TB22

中国版本图书馆 CIP 数据核字（2009）第 137353 号

21 世纪高等职业技术教育规划教材——土木工程类

工 程 测 量

解宝柱　蒋 伟　主编

*

责任编辑　王　旻

封面设计　本格设计

西南交通大学出版社出版发行

四川省成都市二环路北一段 111 号西南交通大学创新大厦 21 楼

邮政编码：610031　发行部电话：028-87600564

http: //www.xnjdcbs.com

四川森林印务有限责任公司印刷

*

成品尺寸：185 mm×260 mm　　印张：24

字数：599 千字

2009 年 8 月第 1 版　　2018 年 8 月第 7 次印刷

ISBN 978-7-5643-0345-7

定价：45.00 元

图书如有印装质量问题　本社负责退换

前　言

“工程测量”是交通土建类专业的主干课程之一。传统的工程测量内容是以光学测量仪器为基础的普通测量理论与方法为主，然后强调各行业的具体应用。随着全站仪的普及，传统的测角、测距工具及方法已渐成历史；电子水准仪的应用也给水准测量带来了效率上的革命；GPS 测量技术的日益普及，则对传统的测量理论和方法构成了直接的挑战。

在设计、施工、维修部门普及应用全站仪，广泛使用 GPS 测量系统的今天，作为以就业为导向的高职教育工程测量课程内容如何在传统工程测量方法和现代测量技术之间找到一个合适的切入点，以适应企业对测量工作的新要求，是我们从事高职工程测量教学工作的教师必须要解决的问题。为此，在西南交通大学出版社的大力支持下，由吉林铁道职业技术学院、黑龙江交通职业技术学院、辽宁铁道职业技术学院和黑龙江中铁建设监理有限责任公司共同成立了高职院校《工程测量》教材开发小组，针对铁道工程技术、道路桥梁工程技术等交通土建类专业，共同编写了这本《工程测量》教材。

本书分为基本测量、控制与应用测量、专业测量三部分。基本测量部分介绍了水准、角度、距离及全站仪测量工作的基本内容和方法，介绍了误差及精度的概念和基本知识；控制与应用测量部分介绍了小区域控制测量，GPS 卫星定位测量，施工测量的基本内容和方法，其中在地形图的测绘与应用一章，还着重介绍了数字地形图的应用；专业测量部分则针对各专业的具体需要，介绍了曲线、铁路、公路、建筑、桥梁、隧道、管线等工程设计、施工阶段的测量工作，在线路测量部分，针对近年来我国高速客运专线建设中已大量铺设无砟轨道的实际，增加了无砟轨道测量的基本内容。

“工程测量”是一门实践性和理论性都很强的课程，本书比较系统地反映了铁路、公路、建筑工程各阶段测量工作的内容，实用性很强，注重深入浅出，理论联系实际。为便于学生学习、复习及应用，每章后均附有思考题与习题。本书为高等职业技术教育工程测量课程教学用书，也可作为相关专业工程技术人员的参考资料。

本书共分十五章，由吉林铁道职业技术学院解宝柱、黑龙江交通职业技术学院蒋伟主编，全书由解宝柱统稿，吉林铁道职业技术学院张炳南教授主审。第一、四、七、八章由解宝柱编写；第二、三、六、十四章由蒋伟编写；第五章由黑龙江交通职业技术学院张俊刚编写；第九章由吉林铁道职业技术学院金鹏涛编写；、第十一章第四、五节由黑龙江中铁建设监理有限责任公司蒋军编写；第十章，第十一章第一、二、三、六节由辽宁铁道职业技术学院赵勇编写；第十二章由吉林铁道职业技术学院侯春奇编写；第十三章由黑龙江交通职业技术学院王兴杰编写；第十五章由吉林铁道职业技术学院李春静编写。

本书在编写过程中得到了西南交通大学出版社、黑龙江中铁建设监理有限责任公司、中铁九局集团有限责任公司、沈阳铁路局等单位的热心帮助和指导，在此表示衷心的感谢。

由于笔者水平有限，书中不妥和疏漏在所难免，恳请读者批评指正。

编　者

2009 年 4 月

目　录

第一篇　基本测量

第二篇　控制与应用测量

第三篇 专业测量

绪论 工程测量工作基础

第一节 工程测量的任务和程序

一、测量学的分类及研究对象

测量学是研究地球的形状和大小以及确定地面点位的科学。它的主要任务有三个方面：一是研究确定地球的形状和大小，为地球科学提供必要的数据和资料；二是将地球表面的地物地貌测绘成图；三是将图纸上的设计成果准确地在地面上表达出来。根据研究的具体对象及任务的不同，传统上又将测量学分为以下几个主要分支学科：

（1）大地测量学是研究广大区域的测量工作。具体的任务是在广大区域内测定一些点的精确位置，以建立国家大地控制网，作为各种测量工作的基础，并用来研究地球的形状和大小。大地测量必须考虑地球曲率的影响。

（2）地形测量学是研究小范围内地面上各种物体所在位置详细情况的测量工作。它的具体任务则是测绘各种比例尺的地形图。在地形测量中不考虑地球曲率的影响。

（3）摄影测量学是研究用摄影所得的地面相片绘制地形图的方法。它可用航空摄影或地面摄影的方法，也可用遥感的方法。

（4）工程测量学是研究各种工程在勘测设计、施工以及运营等阶段中的各种测量工作。

在测量工作中有两类不同性质的工作：一类是把地面上存在的各种附着物、构筑物和地表形态，用测量的方法测出它们的位置并用特定符号表达出来，并绘制成图，例如测绘地形图的工作，一般称之谓测量；另一类工作则是把预定好的点位用测量方法标定于地面，例如各种工程的施工放样工作，它是工程测量中一项主要的工作，称之谓测设。前者是把地面实际的形态通过测量转化成图或数字，可认为是认识自然的过程；后者则是按设计图纸或预定的数字，通过测量方法把设计好的建筑物位置标定到地面，使设计成为现实，它是改造自然的过程。

二、工程测量的任务

按工程建设的进行程序，工程测量可分为规划设计阶段的测量，施工兴建阶段的测量和竣工后的运营管理阶段的测量。规划设计阶段的测量主要是提供地形资料。取得地形资料的方法是，在所建立的控制测量的基础上进行地面测图或航空摄影测量。施工兴建阶段的测量的主要任务是，按照设计要求在实地准确地标定建筑物各部分的平面位置和高程，作为施工与安装的依据。一般也要求先建立施工控制网，然后根据工程的要求进行各种测量工作。竣工后的营运管理阶段的测量，包括竣工测量以及为监视工程安全状况的变形观测与维修养护等测量工作。

按工程建设的对象，工程测量可分为建筑工程测量、水利工程测量、铁路测量、公路测量、桥梁工程测量、隧道工程测量、矿山测量、城市市政工程测量、工厂建设测量以及军事工程测量、海洋工程测量等等。因此，工程测量工作遍布国民经济建设和国防建设的各部门和各个方面。

例如，铁路、公路在建造之前，为了确定一条最经济、最合理的路线，必须预先进行该地带的测量工作，由测量的成果绘制带状地形图，在地形图上进行线路设计，然后将设计路线的位置标定在地面上，以便进行施工。当路线跨越河流时，必须建造桥梁，在建桥之前，要绘制河流两岸的地形图，测定河流的水位、流速、流量和河床地形图以及桥梁轴线长度等，为桥梁设计提供必要的资料，最后将设计的桥台、桥墩的位置用测量的方法在实地标定；当路线穿过山地需要开挖隧道时，开挖之前，必须在地形图上确定隧道的位置，并由测量数据来计算隧道的长度和方向。隧道施工通常从隧道两端开挖，这就需要根据测量的成果指示开挖的方向等，使之符合设计要求。又例如，城市规划、给水排水、煤气管道等市政工程的建设，工业厂房和高层建筑的建造，在设计阶段要测绘各种比例尺的地形图，供结构物的平面及竖向设计之用；在施工阶段，要将设计结构物的平面位置和高程在实地标定出来，作为施工的依据；待工程完工后，还要测绘竣工图，供日后扩建、改建、维修和城市管理应用。对某些重要的建筑物或构筑物在建设中和建成以后都需要进行变形观测，以保证建筑物的安全。

三、测量工作程序

测量工作无论是测图还是施工放样都应本着从整体到局部，先测控制点，后测细部的施测原则。以测图为例，因为每个测区都有一定的施测范围，所测区域的地形情况往往不能在一张图纸上表示出来，就是用一张图纸也不能在一个测站（即安置仪器并在此测量的点）上将该测区的所有细部点测绘出来，而是需要若干个测站点。这些安放仪器的测站点，应该先用木桩或其他材料标志在地面上，并测出它门之间的关系，然后，再在各测站点安置仪器，分别测出各测站点周围的细部来，如图 0.1 所示，设置测站点是从整体出发，即从整个测区的情况来考虑测站点的位置。测细部时，只是在各个测站点分别施测，对于一个测站周围的细部来说，它是测区的局部而不是全体。所以这个原则称为从整体到局部，又因测站点是测细部点的依据，它对于细部有控制作用，从这个意义上讲，这也叫做先控制后细部的原则。

因此，测量工作的程序分两步进行。第一步建立控制点、施测控制点，这项工作称为控制测量；第二步是测定细部特征点的位置，称为细部测量或碎部测量。

测量工作的实质是确定地面点的位置，而点的位置是以坐标 X、Y 和高程 H 表示的。但在实际工作中，并不是直接测出地面各点的坐标和高程，而是测出他们的水平角 β 和水平距离 D 以及各点之间的高差。再根据控制点（已知点）的坐标、方向和高程，推算出 1、2 等点的坐标和高程，以确定它们的点位，如图 0.2 所示。所以，高程测量、角度测量、距离测量是测量的基本工作，也是测量学的基本内容。这样，就把角度、水平距离和高程（或高差）作为确定点位的基本三要素。

图 0.1　测图的测量工作程序

三项基本要素，都需要在现场直接观测才能得到。首先，在野外用仪器测出控制点之间或控制点与细部点之间的距离、水平角和高差等，这称为外业工作。

根据外业施测的有关数据，再回到室内进行整理计算、平差等工作，称为内业工作。所以，测量工作又分为外业和内业两个工作步骤。

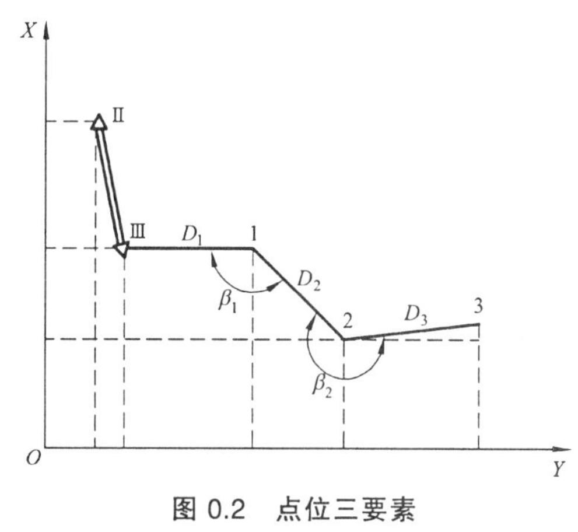

图 0.2　点位三要素

第二节　工程测量的基本原理

一、地球的形状和大小

测绘工作大多是在地球表面上进行的，测量基准的确定，测量成果的计算及处理都与地球的形状和大小有关。

地球的自然表面是很不规则的，其上有高山、深谷、丘陵、平原、江湖、海洋等，最高的珠穆朗玛峰高出海平面 8 844.43 m，最深的太平洋马里亚纳海沟低于海平面 11 022 m，其相对高差不足 20 km，与地球的平均半径 6 371 km 相比，是微不足道的，就整个地球表面而言，陆地面积仅占 29%，而海洋面积占了 71%。因此，我们可以设想地球的整体形状是被海水所包围的球体，即设想将一静止的海洋面扩展延伸，使其穿过大陆和岛屿，形成一个封闭的曲面，如图 0.3 所示。静止的海水面称作水准面。由于海水受潮汐风浪等影响而时高时低，故水准面有无穷多个，其中与平均海水面相吻合的水准面称作大地水准面。由大地水准面所包围的形体称为大地体。通常用大地体来代表地球的真实形状和大小。

水准面的特性是处处与铅垂线相垂直，水准面和铅垂线就是实际测量工作所依据的基准面和基准线。

由于地球内部质量分布不均匀，致使地面上各点的铅垂线方向产生不规则变化，所以，大地水准面是一个不规则的无法用数学式表述的曲面，在这样的面上是无法进行测量数据的计算及处理的。因此人们进一步设想，用一个与大地体非常接近的又能用数学式表述的规则球体即旋转椭球体来代表地球的形状。如图 0.4 所示，它是由椭圆 NESW 绕短轴 NS 旋转而成。旋转椭球体的形状和大小由椭球基本元素确定，即

长半轴：a

短半轴：b

扁　率　$\alpha=\dfrac{a-b}{a}$

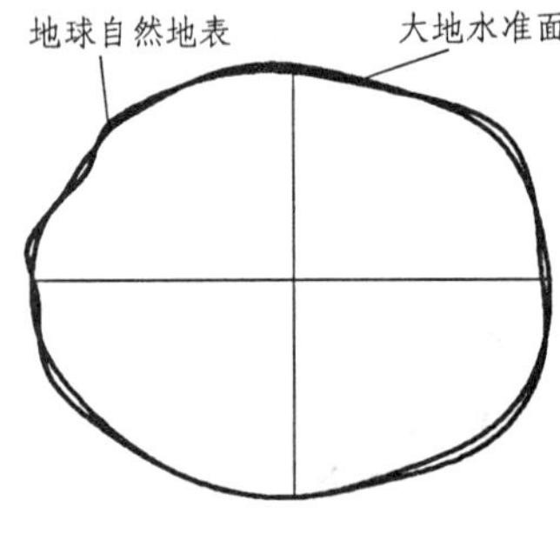

图 0.3　地球自然表面

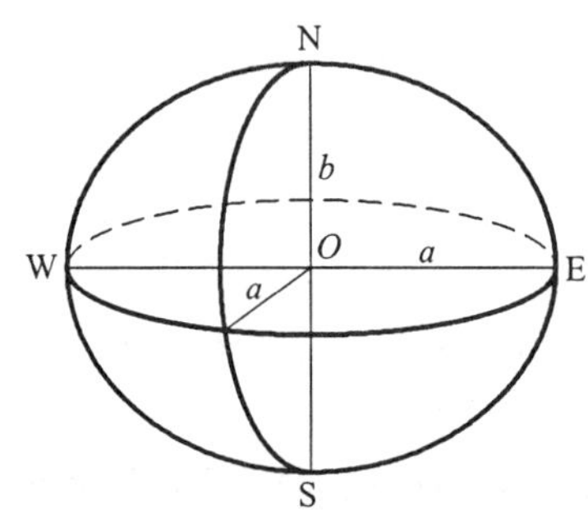

图 0.4　旋转椭球体

某一国家或地区为处理测量成果而采用与大地体的形状大小最接近，又适合本国或本地区要求的旋转椭球，这样的椭球体称为参考椭球体。参考椭球体面是严格意义上的测量计算基准面。

几个世纪以来，许多学者分别测算出了许多椭球体元素值，表 0.1 列出了几个著名的椭球体。我国的 1954 年北京坐标系采用的是克拉索夫斯基椭球，1980 国家大地坐标系采用的是 1975 国际椭球，而全球定位系统（GPS）采用的是 WGS-84 椭球。

由于参考椭球的扁率很小，在小区域的普通测量中可将地（椭）球看作圆球，其半径 $R=(a+a+b)/3=6\ 371$ km。

表 0.1　常用椭球参数

椭球名称	长半轴 a（m）	短半轴 b（m）	扁　率 α	计算年代和国家	备　　注
贝塞尔	6 377 397	6 356 079	1：299.152	1841 德国	
海福特	6 378 388	6 356 912	1：297.0	1910 美国	1942 年国际第一个推荐值
克拉索夫斯基	6 378 245	6 356 863	1：298.3	1940 苏联	中国 1954 年北京坐标系采用
1975 国际椭球	6 378 140	6 356 755	1：298.257	1975 国际第三个推荐值	中国 1980 年国家大地坐标系采用
WGS-84	6 378 137	6 356 752	1：298.257	1979 国际第四个推荐值	美国 GPS 采用

二、地面点位的确定

地面点的位置需用坐标和高程三维量来确定。坐标表示地面点投影到基准面上的位置，高程表示地面点沿投影方向到基准面的距离。根据不同的需要可以采用不同的坐标系和高程系。

（一）地理坐标

当研究和测定整个地球的形状或进行大区域的测绘工作时，可用地理坐标来确定地面点的位置。地理坐标是一种球面坐标，视依据球体的不同而分为天文坐标和大地坐标。

1. 天文坐标

以大地水准面为基准面，地面点沿铅垂线投影在该基准面上的位置，称为该点的天文坐标。该坐标用天文经度和天文纬度表示。如图 0.5 所示，将大地体看做地球，NS 即为地球的自转轴，N 为北极，S 为南极，O 为地球体中心。包含地面点 P 的铅垂线且平行于地球自转轴的平面称为 P 点的天文子午面。天文子午面与地球表面的交线称为天文子午线，也称经线。而将通过英国格林尼治天文台埃里中星仪的子午面称为本初子午面或首子午面，相应的子午线称为本初子午线或首子午线，并作为经度计量的起点。过点 P 的天文子午面与本初子午面所夹的两面角就称为 P 点的天文经度。用 λ 表示，其值为 0°～180°，在本初子午线以东的叫东经，以西的叫西经。

通过地球体中心 O 且垂直于地轴的平面称为赤道面。它是纬度计量的起始面。赤道面与地球表面的交线称为赤道。其他垂直于地轴的平面与地球表面的交线称为纬线。过点 P 的铅垂线与赤道面之间所夹的线面角就称为 P 点的天文纬度。用 φ 表示，其值为 0°～90°，在赤道以北的叫北纬，以南的叫南纬。

可以应用天文测量方法测定地面点的天文经度 λ 和天文纬度 φ。例如，北京地区的概略天文地理坐标为东经 116°28′，北纬 39°54′。

2. 大地地理坐标

大地地理坐标又称大地坐标，是表示地面点在参考椭球面上的位置，它的基准是法线和参考椭球面，它用大地经度 L 和大地纬度 B 表示，如图 0.6。P 点的大地经度 L 是过 P 点的大地子午面和首子午面所夹的两面角，P 点的大地纬度 B 是过 P 点的法线与赤道面的夹角。

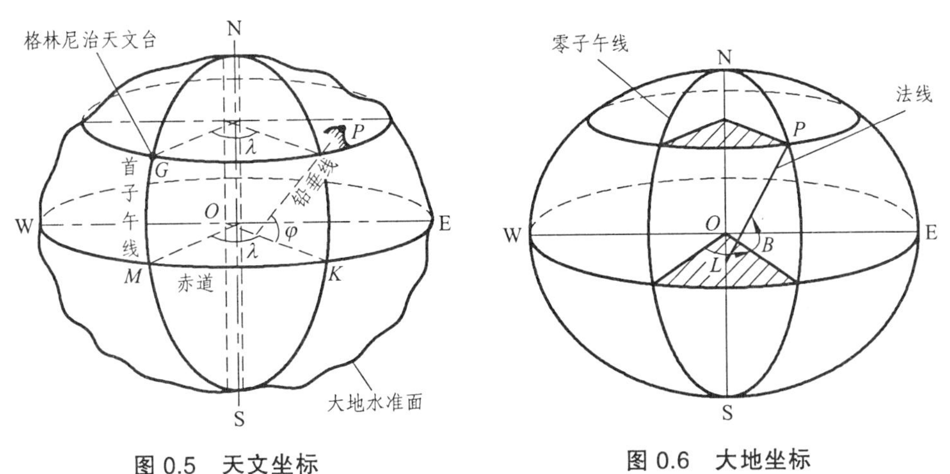

图 0.5　天文坐标　　图 0.6　大地坐标

大地经、纬度是根据起始大地点（又称大地原点，该点的大地经纬度与天文经纬度一致）的大地坐标，按大地测量所得的数据推算而得。我国以陕西省泾阳县永乐镇石际寺村大地原点为起算点，由此建立的大地坐标系，称为“1980 西安坐标系”，简称 80 西安系；通过与苏联 1942 年普尔科沃坐标系联测，经我国东北传算过来的坐标系称“1954 北京坐标系”，简称 54 北京系，其大地原点位于苏联列宁格勒天文台中央。

（二）平面直角坐标

在实际测量工作中，若用以角度为度量单位的球面坐标来表示地面点的位置是不方便的，通常是采用平面直角坐标。测量工作中所用的平面直角坐标与数学上的直角坐标基本相同，只是测量工作以 x 轴为纵轴，一般表示南北方向，以 y 轴为横轴一般表示东西方向，象限为顺时针编号，直线的方向都是从纵轴北端按顺时针方向度量的，如图 0.7 所示。这样的规定，使数学中的三角公式在测量坐标系中完全适用。

1. 独立测区的平面直角坐标

在小范围内，进行平面测量或地形测量，可用水平面代替水准面，并用平面直角坐标来确定地面点的平面位置。平面直角坐标是由在同一平面内两条互相垂直的直线组成。如图 0.7 所示，南北方向为纵坐标轴（X 轴），东西方向为横坐标轴（Y 轴）。纵横坐标轴的交点 O 为坐标原点。原点坐标值可令其为零或等于任意一个整数值。坐标轴将平面分为四个象限，象限的顺序是从数学上的第一象限开始，按顺时针方向排列。在各象限内规定点的纵横坐标值，由原点向上（北）、向右（东）为正；向下（南）、向左（西）为负。点的平面位置是以点到纵横坐标轴的垂直距离来决定。如图 0.7 中 A、B 两点的坐标即是。

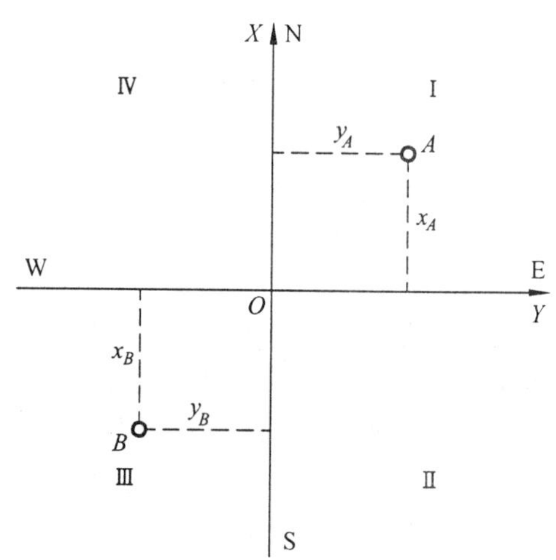

图 0.7　测量平面直角坐标系

测量上使用的平面直角坐标与数学上的直角坐标不同。测量上的 X、Y 轴位置与数学上的相反。测量上的象限顺序与数学上的象限顺序也相反。这样规定，既不改变数学公式，又便于测量上的方向与坐标计算。

2. 高斯平面直角坐标系

当测区范围较大时，要建立平面坐标系，就不能忽略地球曲率的影响，为了解决球面与平面这对矛盾，则必须采用地图投影的方法将球面上的大地坐标转换为平面直角坐标。目前，我国采用的是高斯投影，高斯投影是由德国数学家、测量学家高斯提出的一种横轴等角切椭圆柱投影，该投影解决了将椭球面转换为平面的问题。从几何意义上看，就是假设一个椭圆柱横套在地球椭球体外并与椭球面上的某一条子午线相切，这条相切的子午线称为中央子午线。假想在椭球体中心放置一个光源，通过光线将椭球面上一定范围内的物像映射到椭圆柱的内表面上，然后将椭圆柱面沿一条母线剪开并展成平面，即获得投影后的平面图形，如图 0.8 所示。

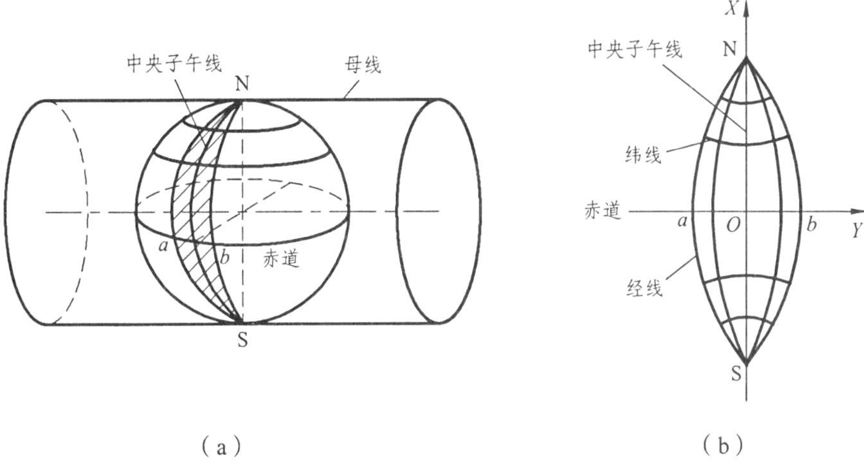

图 0.8　高斯投影概念

该投影的经纬线图形有以下特点：

（1）投影后的中央子午线为直线，无长度变化。其余的经线投影为凹向中央子午线的对称曲线，长度较球面上的相应经线略长。

（2）赤道的投影也为一直线，并与中央子午线正交。其余的纬线投影为凸向赤道的对称曲线。

（3）经纬线投影后仍然保持相互垂直的关系，说明投影后的角度无变形。

高斯投影没有角度变形，但有长度变形和面积变形，离中央子午线越远，变形就越大，为了对变形加以控制，测量中采用限制投影区域的办法，即将投影区域限制在中央子午线两侧一定的范围，这就是所谓的分带投影，如图 0.9 所示。投影带一般分为 6° 带和 3° 带两种，如图 0.10 所示。

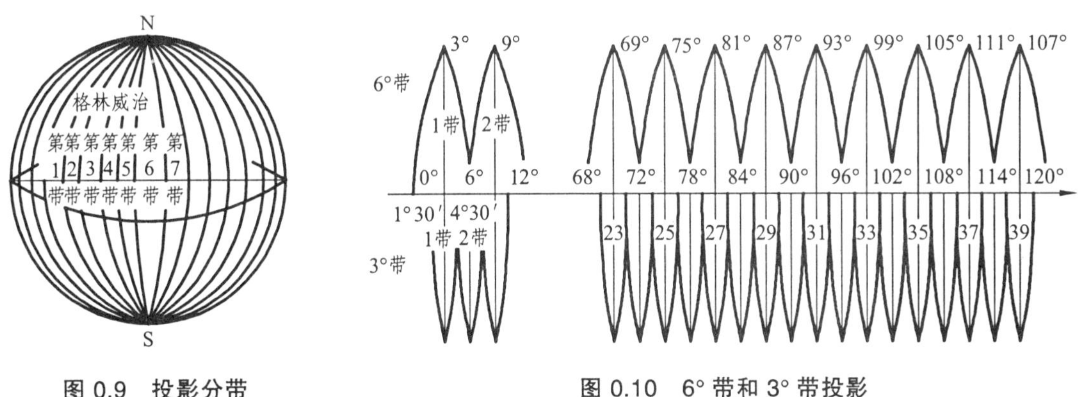

图 0.9　投影分带　　　　图 0.10　6° 带和 3° 带投影

6° 带投影是从英国格林尼治首子午线开始，自西向东，每隔经差 6° 分为一带，将地球分成 60 个带，其编号分别为 1、2、⋯ 、60。每带的中央子午线经度可用下式计算：

$$L_6 = (6n - 3)^\circ \tag{0.1}$$

式中，n 为 6° 带的带号。6° 带的最大变形在赤道与投影带最外一条经线的交点上，长度变形为 0.14%，面积变形为 0.27%。

3° 投影带是在 6° 带的基础上划分的。每 3° 为一带，共 120 带，其中央子午线在奇数带时与 6° 带中央子午线重合，每带的中央子午线经度可用下式计算：

$$L_3 = 3°n' \tag{0.2}$$

式中，n' 为 3° 带的带号。3° 带的边缘最大变形现缩小为长度 0.04%，面积 0.14%。

我国领土位于东经 72°～136° 之间，共包括了 11 个 6° 投影带，即 13～23 带；22 个 3° 投影带，即 24～45 带。

通过高斯投影，将中央子午线的投影作为纵坐标轴，用 x 表示，将赤道的投影作为横坐标轴，用 y 表示，两轴的交点作为坐标原点，由此构成的平面直角坐标系称为高斯平面直角坐标系，如图 0.11（a）。高斯投影的平面直角坐标，在各投影带为独立系统，纵轴（X 坐标轴）为各带的中央子午线，横轴（Y 坐标轴）为赤道投影。纵坐标从赤道起向北为正，向南为负；横坐标从中央子午线起，向东为正，向西为负。我国位于北半球，故所有纵坐标值 x 都是正值，而各带的横坐标值 Y 则有正有负。横坐标出现负值使用不方便，故将坐标纵轴往西移动 500 km，如图 0.11（b）所示。

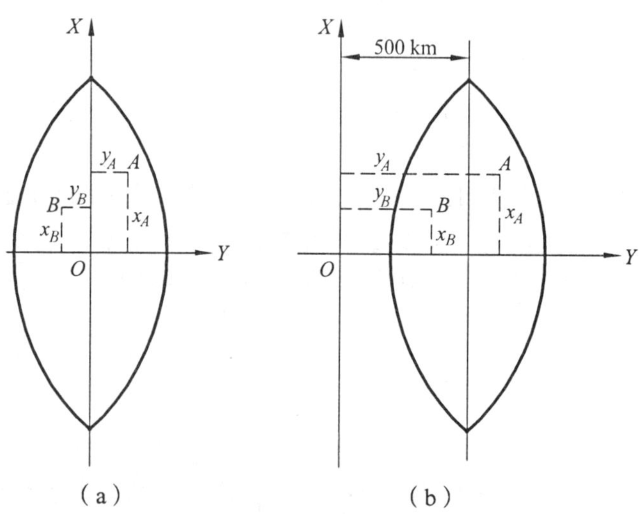

图 0.11　高斯平面直角坐标系

如有一点 B，其坐标 Y_B＝163 780（m），移轴后坐标值变为 500 000 m－163 780 m＝336 220 m。为了说明该点所在的投影带，可在点的横坐标值前面写出带号，如 B 点位于 20 带内，则其横坐标值为 Y_B＝20 336 220 m。

（三）地心坐标系

卫星大地测量是利用空中卫星的位置来确定地面点的位置。由于卫星围绕地球质心运动，所以卫星大地测量中需采用地心坐标系。该系统一般有两种表达式，如图 0.12 所示。

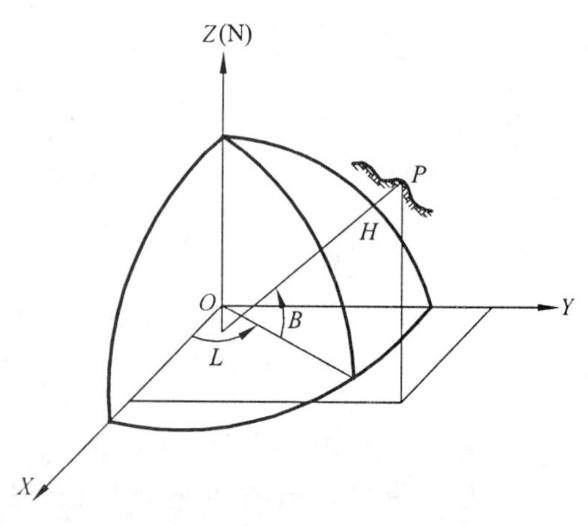

图 0.12　地心坐标系

1. 地心空间直角坐标系

坐标系原点 O 与地球质心重合，Z 轴指向地球北极，X 轴指向格林尼治首子午面与地球赤道的交点 E，Y 轴垂直于 XOZ 平面构成右手坐标系。

2. 地心大地坐标系

椭球体中心与地球质心重合，椭球短轴与地球自转轴重合，大地经度 L 为过地面点的椭球子午面与格林尼治首子午面的夹角，大地纬度 B 为过地面点的法线与椭球赤道面的夹角，大地高 H 为地面点沿法线至椭球面的距离。

于是，任一地面点 P 在地心坐标系中的坐标，可表示为（X, Y, Z）或（L, B, H）。二者之间有一定的换算关系。美国的全球定位系统（GPS）用的 WGS-84 坐标（见图 0.13）就属这类坐标。

WGS-84 坐标系是一种国际上采用的地心坐标系。坐标原点为地球质心，其地心空间直角坐标系的 Z 轴指向国际时间局（BIH）1984.0 定义的协议地极（CTP）方向，X 轴指向 BIH1984.0 的协议子午面和 CTP 赤道的交点，Y 轴与 Z 轴、X 轴垂直构成右手坐标系，称为 1984 年世界大地坐标系。

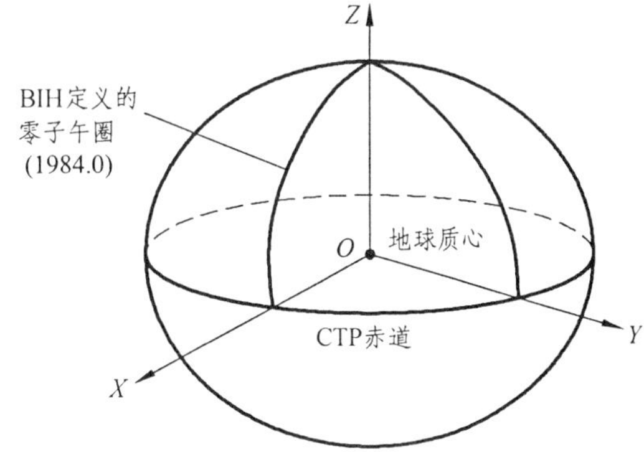

图 0.13　WGS-84 坐标系

（四）高程

在一般的测量工作中都以大地水准面作为高程起算的基准面。因此，地面任一点沿铅垂线方向到大地水准面的距离就称为该点的绝对高程或海拔，简称高程，用 H 表示。如图 0.14 所示，图中的 H_A、H_B 分别表示地面上 A、B 两点的高程。我国规定以 1950～1956 年间青岛验潮站多年记录的黄海平均海水面作为我国的大地水准面，由此建立的高程系统称为“1956 年黄海高程系”。新的国家高程基准面是根据青岛验潮站 1952～1979 年间的验潮资料计算确定的，依此基准面建立的高程系统称为“1985 国家高程基准”。并于 1987 年开始启用。

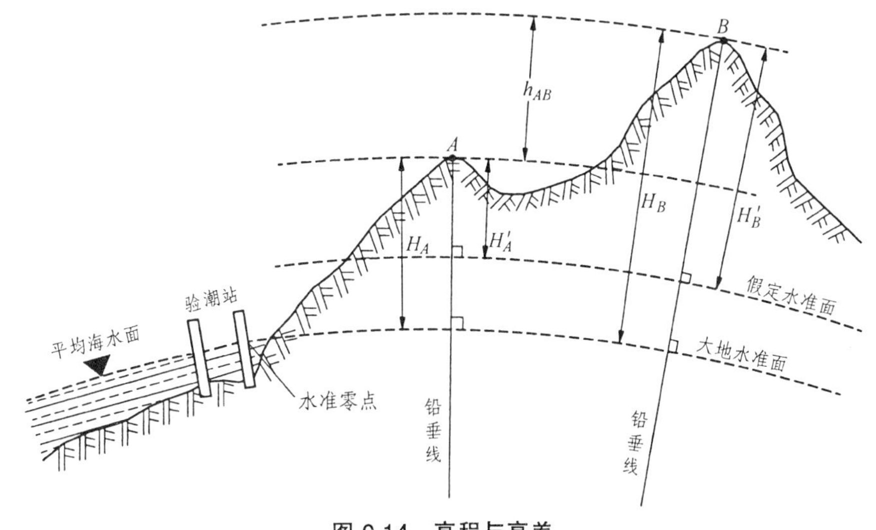

图 0.14　高程与高差

相应于验潮标尺上的平均海水面位置这一点，称为水准零点（图 0.14）。水准零点经常被海水淹没，不便于由此引测高程，所以在附近的观象山上建立了一个非常坚固的点，用最精密的水准测量方法测定其高程，全国各地高程都由这一点引测，这一点就叫水准原点，如图 0.15 所示。

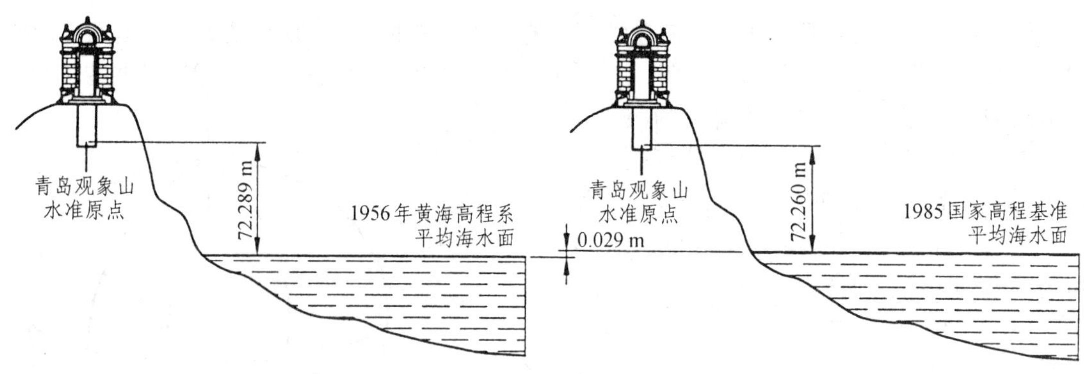

图 0.15　水准原点与高程系

当测区附近暂没有国家高程点可联测时，也可临时假定一个水准面作为该区的高程起算面。地面点沿铅垂线至假定水准面的距离，称为该点的相对高程或假定高程。如图 0.14 中的 H'_A、H'_B 分别为地面上 A、B 两点的假定高程。

地面上两点之间的高程之差称为高差，用 h 表示，例如，A 点至 B 点的高差可写为：

$$h_{AB} = H_B - H_A = H'_B - H'_A \tag{0.3}$$

由上式可知，高差有正、负之分，并用下标注明其方向。在土木建筑工程中，又将绝对高程和相对高程统称为标高。

三、地球曲率对测量工作的影响

当测区范围较小时，可用水平面代替大地水准面作为测量基准面。但这样会使水平距离和高程产生误差。

表 0.2 是用水平面代替水准面时引起的距离误差。

表 0.2　用水平面代替水准面的距离误差和距离相对误差

距离 D（km）	距离误差 ΔD（cm）	距离相对误差 $\Delta D/D$
10	0.8	1：1 200 000
25	12.8	1：200 000
50	102.7	1：49 000
100	821.2	1：12 000

从表 0.2 可以看出，当距离 D 为 10 km 时，所产生的相对误差为 1：1 200 000，这样小的误差，就是对精密量距来说也是允许的。因此，在 10 km 为半径的圆面积之内进行距离测量时，可以用切平面代替大地水准面，而不必考虑地球曲率对距离的影响。

表 0.3 是用水平面代替水准面时引起的高程误差。

表 0.3　水平面代替水准面的高程误差

距离 D（km）	0.1	0.2	0.3	0.4	0.5	1	2	5	10
Δh（cm）	0.08	0.3	0.7	1.3	2	8	31	196	785

由表 0.3 可知，用水平面代替水准面作为高程的起算面，即使距离很短，对高程的影响也是很大的。因此，在高程测量中，即使在很小的测区内，也必须考虑地球曲率对高程的影响。

第三节　工程测量工作职责要求

测量工作是各项工程建设的“尖兵”。平面图、断面图、地形图是工程师的“眼睛”。因此，测量成果的质量，直接影响某项工程建设设计方案的优劣，也影响施工质量的好坏。这就要求测绘技术人员应该对工作严肃认真，实事求是，精益求精。一定要按有关“规范”的要求办事。要尊重客观事实，不合格的资料和数据绝对不能采用，数据不合格就要重测，测至合格为止。并力争测出精度较高的数据，绘出既精细又美观的图纸。

一、做好周密计划，精心组织安排

测量工作时，应根据单位工程、分部工程和分项工程直至具体设计、施工工序，对测量工作做好周密计划、分清主次和精心安排，认真组织好每一个测量中心环节，使测量环节与设计、施工工序密切衔接。

二、把握测量原则，注重工作程序

工程测量人员必须遵守基本测量原则，也就是在测量布局上，“由整体到局部”；在精度上，“由高级到低级”；在程序上，“先控制后碎部”。

三、认真做好记录，注意妥善保管

所有测量成果必须认真做好记录。记录应工整、清楚。人工记录时，为防止因潮湿或雨淋造成数据涂染，按规定都要用铅笔填写并填写在规定的表格内。错误之处不能用橡皮涂擦，而要将其划掉，在旁边重写即可，以分清责任。对记录不准随意涂改、眷抄，要原始记录。对记录要妥善保管，防止丢失、损毁。

当用全站仪、GPS 等自带电子记录簿或磁存储装置的仪器测量数据时，要做好数据备份。

四、爱护仪器设备，遵守操作规程

测量仪器设备是测量人员的工作武器，精密且价值比较贵重，应倍加爱护。工作时要轻拿轻放，妥善保管，要养成细心、谨慎并能正确操作仪器的良好习惯。

五、搞好团结协作，树立团队意识

测量工作强调团队合作。因为测量往往是以小组（队）为单位进行工作的，组员之间需要密切的配合和有良好的协作精神，力戒互相埋怨，更不允许从自己的爱好兴趣出发，不顾整体利益，而影响测量工作的质量。

测量工作的特点是实践性强。对于仪器的操作和施测方法等应该熟练掌握。尤其前面谈到的三项基本工作，更要多练习。充分利用测量实习课的机会，练好仪器操作的基本功，切实掌握这些基本工作的施测原理、施测步骤和操作方法。同时，还要掌握好测量计算和绘图的技能。这样才能顺利完成测量工作的任务，并在工作中获得优良成绩。

思考题与习题

1. 测量学的任务是什么？有几个传统分支学科？

2. 测量工作中有哪两类不同性质的工作？

3. 简述工程测量工作的任务。

4. 什么是水准面？什么是大地水准面？

5. 什么是大地体？参考椭球体与大地体有什么区别？

6. 确定地球表面上一点的位置，常用哪几种坐标系？它们各自的定义是什么？

7.“1956 年黄海高程系”使用的平均海水面与“1985 国家高程基准”使用的平均海水面有何关系？

8. 什么叫绝对高程？什么叫假定高程？什么是高差？

9. 测量平面直角坐标系与数学平面直角坐标系的联系与区别是什么？

10. 测量工作应遵循的基本原则是什么？为什么要这样做？

11. 为什么测量工作的实质都是测量点位的工作？

12. 北京某点的经度为 116°28′，试计算它在 6° 带和 3° 带的带号，并计算它所在带的中央子午线的经度。

13. 我国领土内某点 A 的高斯平面坐标为：$A_x = 2\,497\,019.17$ m，$A_y = 19\,710\,154.33$ m，试说明 A 点所处的 6° 投影带和 3° 投影带的带号、各自的中央子午线经度。

第一篇

基本测量

第一章　水准测量

第一节　高程测量工作概述

一、高程测量的方法

确定地面点的四要素分别是地面点的距离（水平距离或斜距）、角度（水平角和竖直角）、直线方向和高程。

高程测量的目的就是要获得地面点的高程。但高程往往不能直接测量，一般只能直接测得两点间的高差，然后根据其中一点的已知高程推算出另一点的高程。

进行高程测量的主要方法有水准测量和三角高程测量。水准测量是利用水平视线来测量两点间的高差。由于水准测量的精度较高，所以是高程测量中最主要的方法。三角高程测量是测量两点间的水平距离或斜距和竖直角（即倾斜角），然后利用三角公式计算出两点间的高差。三角高程测量一般精度较低，只是在适当的条件下才被采用。除了上述两种方法外，还有利用大气压力的变化测量高差的气压高程测量，利用液体的物理性质测量高差的液体静力高程测量，以及利用摄影测量的测高等方法（但此方法较少采用）。

二、高程测量工作过程

高程测量工作也分为两类性质的工作，即确定地面点未知高程的工作——测量，和在地面上确定已知高程点高程位置的工作——测设。本章只介绍高程测量工作，测设工作将在以后章节介绍。

高程测量工作过程可用图 1.1 所示的框图表示。

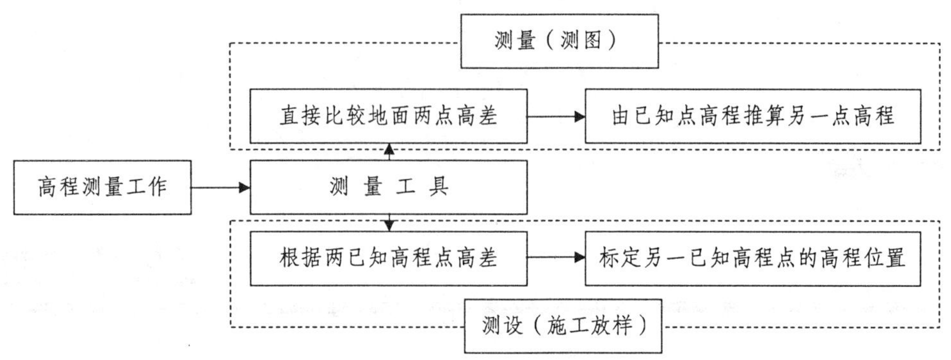

图 1.1　高程测量工作过程示意框图

三、高程系

高程测量的任务是求出点的高程，即求出该点到某一基准面的垂直距离。为了建立一个全国统一的高程系统，必须确定一个统一的高程基准面，通常采用大地水准面即平均海水面作为高程基准面。新中国成立后我国采用青岛验潮站 1950—1956 年观测结果求得的黄海平均海水面作为高程基准面。根据这个基准面得出的高程称为“1956 黄海高程系”。为了确定高程基准面的位置，在青岛建立了一个与验潮站相联系的水准原点，并测得其高程为 72.289 m。水准原点作为全国高程测量的基准点。从 1985 年起，国家规定采用青岛验潮站 1952—1979 年的观测资料，计算得出的平均海水面作为新的高程基准面，称为“1985 国家高程基准”。根据新的高程基准面，得出青岛水准原点的高程为 72.260 m。所以在使用已有的高程资料时，应注意到高程基准面的差异。

四、水准点

高程测量也是按照“从整体到局部”的原则来进行的。就是先在测区内设立一些高程控制点，并精确测出它们的高程，然后根据这些高程控制点测量附近其他点的高程。这些高程控制点称水准点，工程上常用 BM 来标记。水准点按需要保存的时间长短，分为永久性水准点和临时性水准点。永久性水准点一般用混凝土标石制成，顶部嵌有金属或瓷质的标志，如图 1.2 所示。

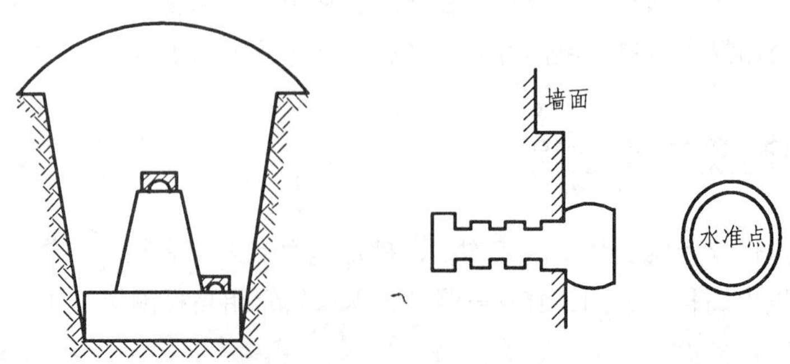

图 1.2　永久性水准点

标石应埋在地下，埋设地点应选在地质稳定、便于使用和便于保存的地方。在城镇居民区，也可以采用把金属标志嵌在墙上的“墙脚水准点”。临时性的水准点则可用更简便的方法来设立，例如用刻凿在岩石上的或用油漆标记在建筑物上的简易标志，如图 1.3 所示。

水准点埋设后应根据周围地形、明显地物绘出草图，图上注明点的位置和编号，如 BM_1、BM_2、BM_3…以方便查找使用。这样的草图称为“点之记”，如图 1.4 所示。

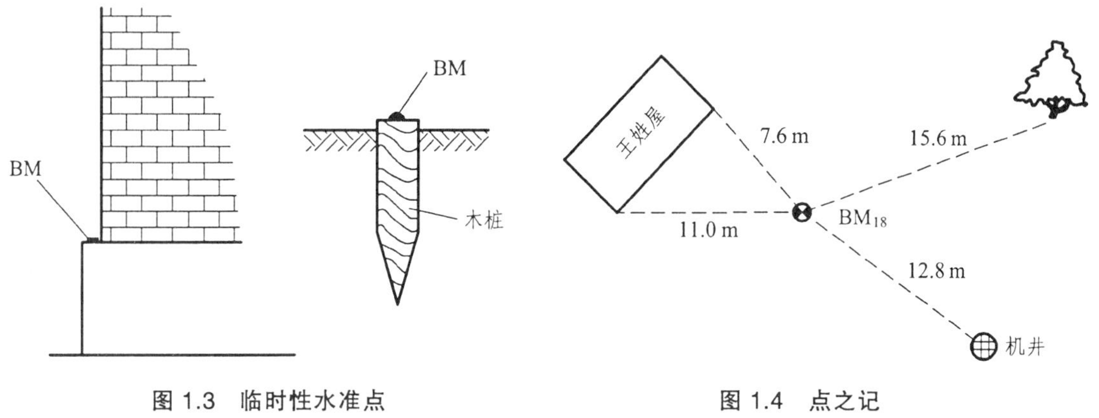

图 1.3　临时性水准点　　　　图 1.4　点之记

第二节　水准测量仪器与使用

一、水准测量的原理

水准测量是利用水平视线来求得两点的高差。例如图 1.5 中，为了求出 A、B 两点的高差 h_{AB}，在 A、B 两个点上竖立带有分划的标尺——水准尺，在 A、B 两点之间安置可提供水平视线的仪器——水准仪。当视线水平时，在 A、B 两个点的标尺上分别读得读数 a 和 b，则 A、B 两点的高差等于两个标尺读数之差。即：

$$h_{AB} = a - b \tag{1.1}$$

如果 A 为已知高程的点，B 为待求高程的点，则 B 点的高程为：

$$H_B = H_A + h_{AB} \tag{1.2}$$

读数 a 是在已知高程点上的水准尺读数，水准测量时一般从已知高程点测向未知高程点，所以在已知高程点的读数称为“后视读数”。但这不是绝对的，而与测量方法有关，后视点也可以是未知高程点，例如在后面讲授的往返测量中就是这样。b 是在待求高程点上的水准尺读数，称为“前视读数”。高差必须是后视读数减去前视读数。高差 h_{AB} 的值可能是正，也可能是负，正值表示前视点 B 高于后视点 A，负值表示前视点 B 低于后视点 A。高差是个代数量，其正负号与测量进行的方向有关，例如图 1.5 中测量由 A 向 B 进行，高差用 h_{AB} 表示，其值为正；反之由 B 向 A 进行，则高差用 h_{BA} 表示，其值为负。所以说明高差时必须标明高差的正负号，同时要说明测量进行的方向。

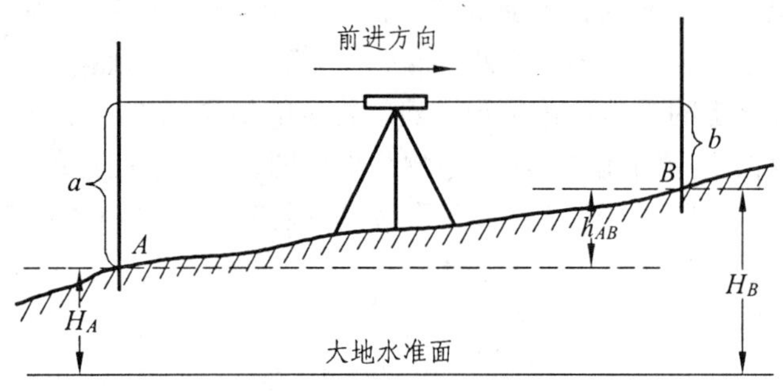

图 1.5　一测站测两点高差

当两点相距较远或高差太大时，则可分段连续进行，从图 1.6 中可得：

$$\left.\begin{array}{l} h_1 = a_1 - b_1 \\ h_2 = a_2 - b_2 \\ \vdots \\ h_n = a_n - b_n \\ \hline h_{AB} = \sum h = \sum a - \sum b \end{array}\right\} \tag{1.3}$$

即两点的高差等于连续各段高差的代数和，也等于后视读数之和减去前视读数之和。通常要同时用 $\sum h$ 和 $(\sum a - \sum b)$ 进行计算，用来检核计算是否有误。

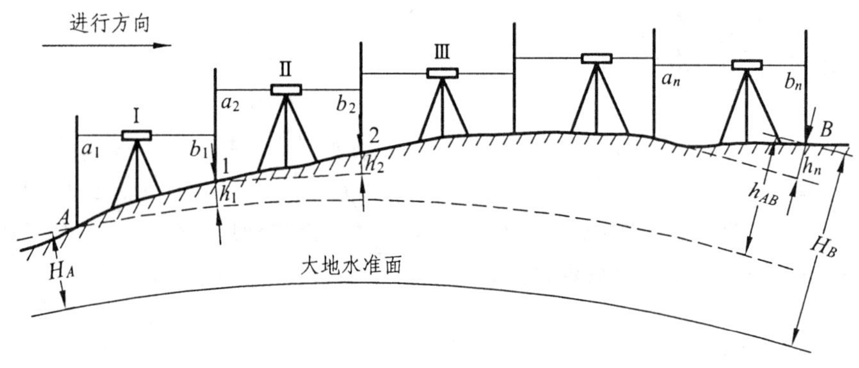

图 1.6　多测站测两点高差

图 1.6 中安置仪器的点Ⅰ、Ⅱ… 称为测站。立标尺的点 1、2… 称为转点，它们在前一测站先作为待求高程的点，然后在下一测站再作为已知高程的点，转点起传递高程的作用。转点非常重要，转点上产生的任何差错，都会影响到以后所有点的高程。

从以上可见：水准测量的基本原理是利用水平视线来比较两点的高低，求出两点的高差。

当水准测量的目的不是仅仅为了获得两点的高差，而是要求得一系列点的高程，例如测量沿线的地面起伏情况时，水准测量可按图 1.7 进行。此时，水准仪在每一测站上除了要读出后视和前视读数外，同时要在这一测站范围内需要测量高程的点上立尺读取读数，如图中在 P_1、P_2 等点上立尺读出 c_1、c_2 等读数，这些读数称为中视读数或插前视读数。中视各点的高程可按下列方法计算：

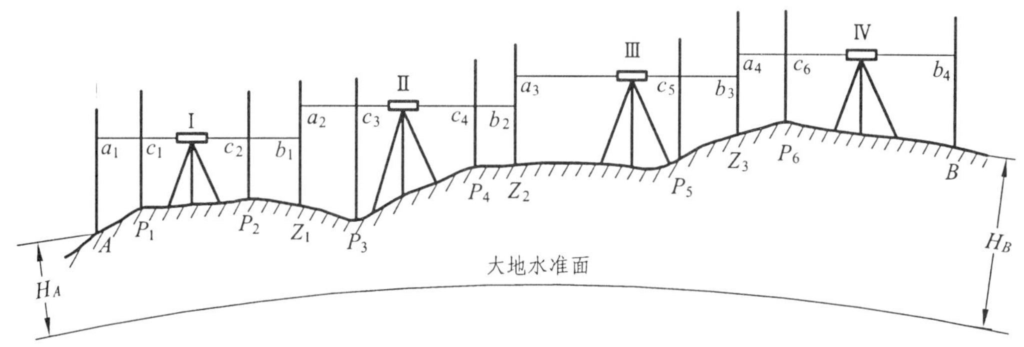

图 1.7　中视读数

仪器在测站Ⅰ的视线高程：

$$H_{\mathrm{I}} = H_A + a_1 \tag{1.4}$$

$$\left.\begin{aligned} H_{P_1} &= H_{\mathrm{I}} - c_1 \\ H_{P_2} &= H_{\mathrm{I}} - c_2 \\ H_{Z_1} &= H_{\mathrm{I}} - b_1 \end{aligned}\right\} \tag{1.5}$$

同法，仪器在测站Ⅱ的视线高程：

$$H_{\mathrm{II}} = H_{Z_1} + a_2$$

$$\left.\begin{aligned} H_{P_3} &= H_{\mathrm{II}} - c_3 \\ H_{P_4} &= H_{\mathrm{II}} - c_4 \\ H_{Z_2} &= H_{\mathrm{II}} - b_2 \end{aligned}\right\}$$

式中，H_{I}、H_{II} 为仪器视线的高程，简称仪器高。图中 Z_{I}、$Z_{\mathrm{II}}\cdots$ 为传递高程的转点，在转点上既有前视读数又有后视读数。图中 P_{I}、P_{II} 等点称中间点，中间点上只有一个前视读数，也就是中视读数或插前视读数。计算的检核仍用公式：

$$h_{AB} = \sum a - \sum b = H_B - H_A$$

二、水准仪和水准尺

水准仪是进行水准测量的主要仪器，它可以提供水准测量所必需的水平视线。目前通用的水准仪从构造上可分为两大类：一类是利用水准管来获得水平视线的水准管水准仪，其主要形式称“微倾式水准仪”；另一类是利用补偿器来获得水平视线的“自动安平水准仪”。此外，现已普遍使用的一种新型水准仪——电子水准仪，它配合条纹编码尺，利用数字化图像处理的方法，可自动显示高程和距离，使水准测量实现了自动化。

我国的水准仪系列标准分为 DS_{05}、DS_1、DS_3 和 DS_{20} 四个等级。D 是大地测量仪器的代号，S 是水准仪的代号，均取大和水两个字汉语拼音的首字母。角码的数字表示仪器的精度。其中 DS_{05} 和 DS_1 用于精密水准测量，DS_3 用于一般水准测量，DS_{20} 则用于简易水准测量。

（一）水准尺

水准尺用优质木材或铝合金、玻璃钢制成，最常用的形状有杆式和箱式两种，如图 1.8 所示，长度分别为 3 m 和 5 m。箱式尺能伸缩，携带方便，但接合处容易产生误差，杆式尺比较坚固可靠。水准尺尺面绘有 1 cm 或 5 mm 黑白相间的分格，米和分米处注有数字，尺底为零。为了便于倒像望远镜读数，注的数字常倒写。双面水准尺是一面为黑色另一面为红色的分划，每两根为一对。两根的黑面都以尺底为零，而红面的尺底分别为 4.687 m 和 4.787 m。利用双面尺可对读数进行检核。

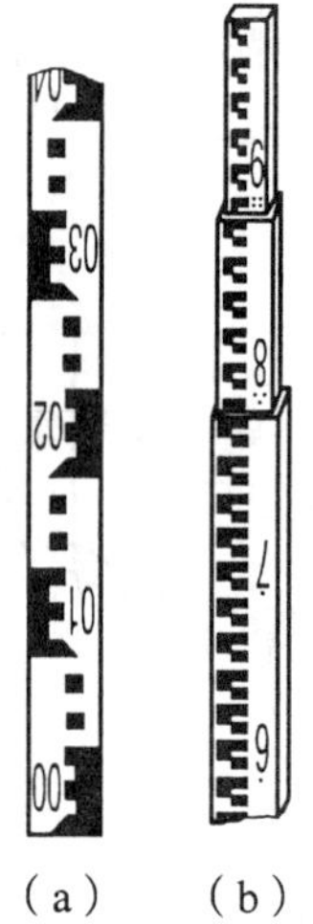

（a）（b）

图 1.8 水准尺

尺垫是用于转点上的一种工具，用钢板或铸铁制成（见图 1.9）。使用时把三个尖脚踩入土中，把水准尺立在突出的圆顶上。尺垫可使转点稳固而防止下沉。

（二）DS_3 微倾式水准仪

图 1.10 为在一般水准测量中使用较广的 DS_3 型微倾式水准仪，它由下列三个主要部分组成：

望远镜。它可以提供视线，并可读出远处水准尺上的读数。

水准器。用于指示仪器或视线是否处于水平位置。

基座。用于置平仪器，它支承仪器的上部并能使仪器的上部在水平方向转动。

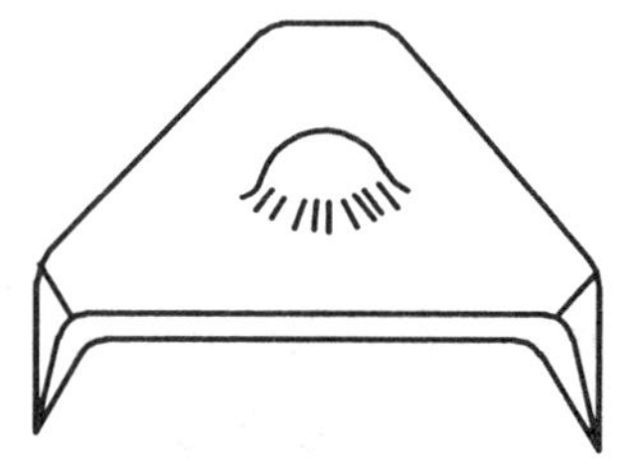

图 1.9 尺垫

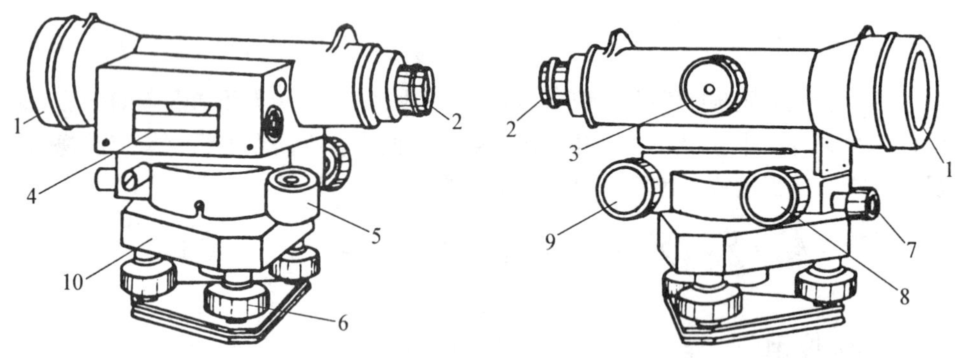

图 1.10 水准仪

1—物镜；2—目镜；3—调焦螺旋；4—管水准器；5—圆水准器；6—脚螺旋；7—制动螺旋；8—微动螺旋；9—微倾螺旋；10—基座

水准仪各部分的名称见图 1.10。基座上有三个脚螺旋，调节脚螺旋可使圆水准器的气泡移至中央，使仪器粗略整平。望远镜和管水准器与仪器的竖轴联结成一体，竖轴插入基座的轴套内，可使望远镜和管水准器在基座上绕竖轴旋转。制动螺旋和微动螺旋用来控制望远镜在水平方向的转动。制动螺旋松开时，望远镜能自由旋转；旋紧时望远镜则固定不动。旋转微动螺旋可使望远镜在水平方向作缓慢的转动，但只有在制动螺旋旋紧时，微动螺旋才能起作用。旋转微倾螺旋可使望远镜连同管水准器作俯仰微量的倾斜，从而可使视线精确整平。因此这种水准仪称为微倾式水准仪。

下面先说明微倾式水准仪上主要的部件——望远镜和水准器的构造和性能。

1. 望远镜

最简单的望远镜是由物镜和目镜组成。物镜的作用是使物体在物镜的另一侧构成一个倒立的实像，目镜的作用是使这一实像在同一侧形成一个放大的虚像（见图 1.11）。为了使物像清晰并消除单透镜的一些缺陷，物镜和目镜都是用两种不同材料的透镜组合而成（见图 1.12）。

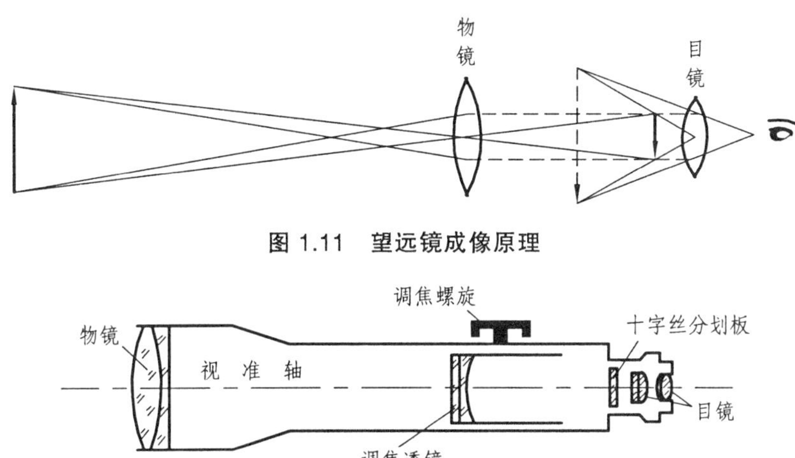

图 1.11　望远镜成像原理

图 1.12　望远镜

测量仪器上的望远镜还必须有一个十字丝分划板，它是刻在玻璃片上的一组十字丝，被安装在望远镜筒内靠近目镜的一端。水准仪上十字丝的图形如图 1.13 所示，水准测量中用它中间的横丝或楔形丝读取水准尺上的读数。十字丝交点和物镜光心的连线称为视准轴，也就是视线。视准轴是水准仪的主要轴线之一。

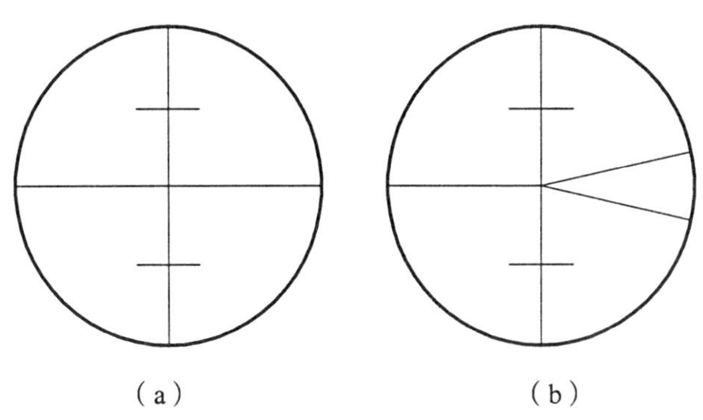

图 1.13　望远镜十字丝

为了能准确地照准目标或读数，望远镜内必须同时能看到清晰的物像和十字丝。为此必须使物像落在十字丝分划板平面上。为了使离仪器不同距离的目标能成像于十字丝分划板平面上，望远镜内还必须安装一个调焦透镜（见图 1.12）。观测不同距离处的目标，可旋转调焦螺旋改变调焦透镜的位置，从而能在望远镜内清晰地看到十字丝和所要观测的目标。

望远镜的性能由以下几个方面来衡量：

(1) 放大率：指通过望远镜所看到物像的视角 β 与肉眼直接看物体的视角 α 之比，它近似地等于物镜焦距与目镜焦距之比，或等于物镜的有效孔径 D 与目镜的有效孔径 d 之比。即放大率为：

$$v=\frac{\beta}{\alpha}=\frac{f_{物}}{f_{目}}=\frac{D}{d} \tag{1.6}$$

(2) 分辨率：指望远镜能分辨出两个相邻物点的能力，用光线通过物镜后的最小视角来表示。当小于这最小视角时，在望远镜内就不能分辨出两个物点。分辨率可用下式表示：

$$\varphi=\frac{140}{D}('') \tag{1.7}$$

式中，D 为物镜的有效孔径（mm）。

(3) 视场角：指望远镜内所能看到的视野范围。这个范围是一个圆锥体，所以视场角用圆锥体的顶角来表示。视场角与放大率成反比。

(4) 亮度：指通过望远镜所看到物体的明亮程度。它与物镜有效孔径的平方成正比，与放大率的平方成反比。

从以上可以看出，望远镜的各项性能是相互制约的。例如增大放大率也增强了分辨率，可提高观测精度，但减小了视场角和亮度，不利于观测。所以测量仪器上望远镜的放大率有一定的限度，一般在 20～45 倍之间。

2. 水准器

水准器是用以置平仪器的一种设备，是测量仪器上的重要部件。水准器分为管水准器和圆水准器两种。

(1) 管水准器：又称水准管，是一个封闭的玻璃管，管的内壁在纵向磨成圆弧形，其半径为 0.2～100 m。管内盛酒精或乙醚或两者混合的液体，并留有一气泡（见图 1.14）。管面上刻有间隔为 2 mm 的分划线，分划的中点称水准管的零点。过零点与管内壁在纵向相切的直线称水准管轴。当气泡的中心点与零点重合时，称气泡居中，气泡居中时水准管轴位于水平位置。

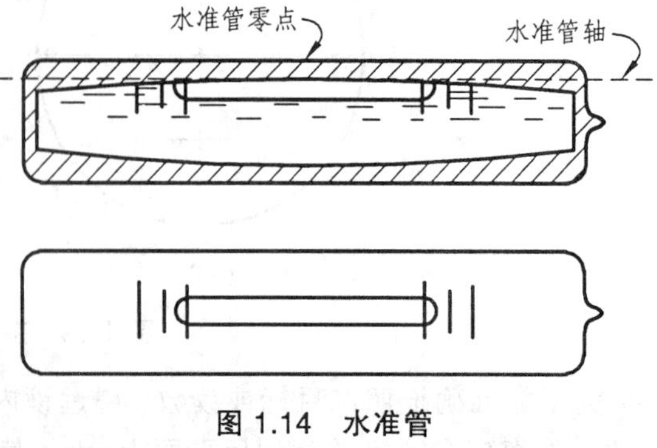

图 1.14　水准管

水准管上一格（2 mm）所对应的圆心角称为水准管的分划值。根据几何关系可以看出，分划值也是气泡移动一格水准管轴所变动的角值（见图 1.15）。水准仪上水准管的分划值为 10″～20″，水准管的分划值愈小，视线置平的精度愈高。但水准管的置平精度还与水准管的研磨质量、液体的性质和气泡的长度有关。在这些因素的综合影响下，使气泡移动 0.1 格时水准管轴所变动的角值称水准管的灵敏度。能够被气泡的移动反映出水准管轴变动的角值愈小，水准管的灵敏度就愈高。

为了提高气泡居中的精度，在水准管的上面安装一套棱镜组（见图 1.16），使两端各有半个气泡的像被反射到一起。当气泡居中时，两端气泡的像就能符合。故这种水准器称为符合水准器，是微倾式水准仪上普遍采用的水准器。

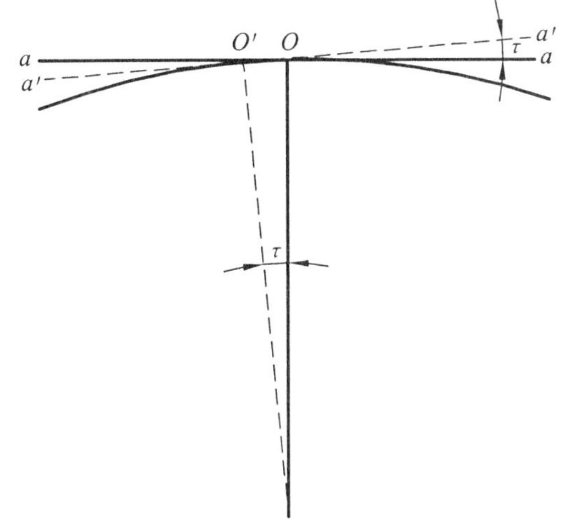

图 1.15　水准管分划值

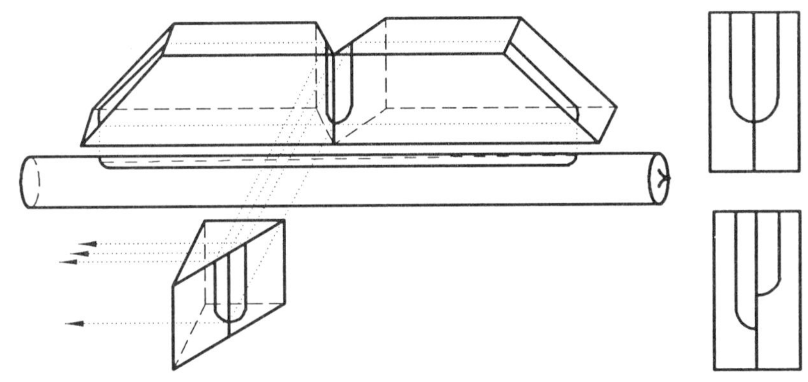

图 1.16　符合水准器

(2) 圆水准器：一个封闭的圆形玻璃容器，顶盖的内表面为一球面，半径 0.12～0.86 m，容器内盛乙醚类液体，留有一小圆气泡（见图 1.17）。容器顶盖中央刻有一小圈，小圈的中心是圆水准器的零点。通过零点的球面法线是圆水准器的轴，当圆水准器的气泡居中时，圆水准器的轴位于铅垂位置。圆水准器的分划值，是顶盖球面上 2 mm 弧长所对应的圆心角值，水准仪上圆水准器的角值为 8′～15′。

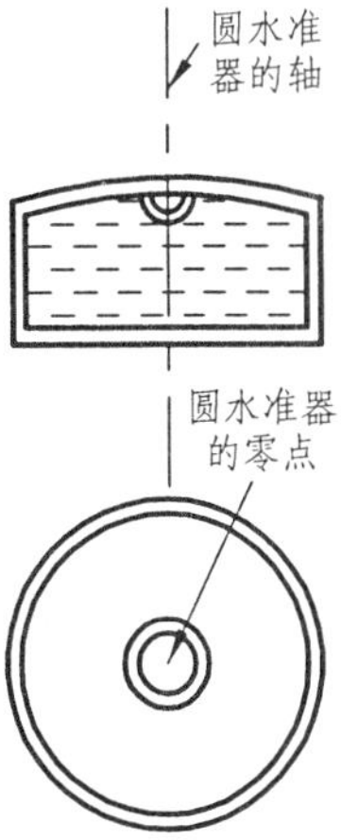

圆水准器的轴

圆水准器的零点

图 1.17　圆水准器

三、DS_3 微倾式水准仪的安置与使用

使用水准仪的基本作业是：在适当位置安置水准仪，整平视线后读取水准尺上的读数。微倾式水准仪的操作应按下列步骤和方法进行：

1. 安置水准仪

首先打开三脚架，安置三脚架要求高度适当、架头大致水平并牢固稳妥，在山坡上应使三脚架的两脚在坡下，一脚在坡上。然后把水准仪用中心连接螺旋连接到三脚架上，取水准仪时必须握住仪器的坚固部位，并确认已牢固地连接在三脚架上之后才可放手。

2. 仪器的粗略整平（粗平）

仪器的粗略整平是用脚螺旋使圆水准器的气泡居中。不论圆水准器在任何位置，先用任意两个脚螺旋使气泡移到通过圆水准器零点并垂直于这两个脚螺旋连线的方向上，如图1.18中气泡自 a 移到 b，如此可使仪器在这两个脚螺旋连线的方向处于水平位置。然后单独用第三个脚螺旋使气泡居中，如此使原两个脚螺旋连线的垂线方向也处于水平位置，从而使整个仪器置平。如仍有偏差可重复进行。操作时必须记住以下三条要领：

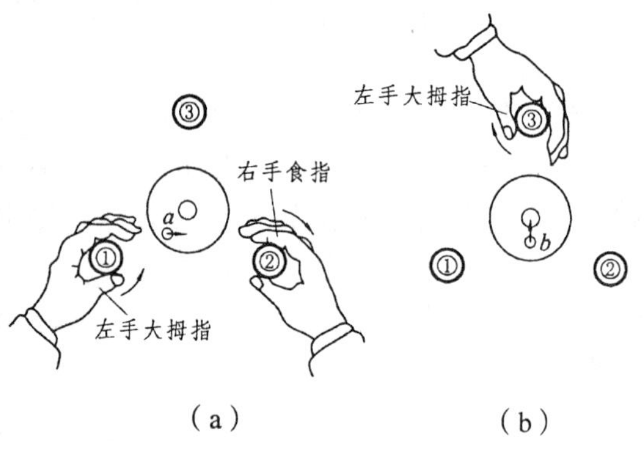

图 1.18　粗平方法

（1）先旋转两个脚螺旋，然后旋转第三个脚螺旋。

（2）旋转两个脚螺旋时必须作相对转动，即旋转方向应相反。

（3）气泡移动的方向始终和左手大拇指移动的方向一致。

3. 照准目标

用望远镜照准目标，必须先调节目镜使十字丝清晰。然后利用望远镜上的准星从外部瞄准水准尺，再旋转调焦螺旋使尺像清晰，也就是使尺像落到十字丝平面上。这两步不可颠倒。最后用微动螺旋使十字丝竖丝照准水准尺，为了便于读数，也可使尺像稍偏离竖丝一些。当照准不同距离处的水准尺时，需重新调节调焦螺旋才能使尺像清晰，但十字丝可不必再调。

照准目标时必须要消除视差。当观测时眼睛稍作上下移动，如果尺像与十字丝有相对的移动，即读数有改变，则表示有视差存在。其原因是尺像没有落在十字丝平面上［见图1.19(a)］。存在视差时不可能得出准确的读数。消除视差的方法是一面稍旋转调焦螺旋一面仔细观察，直到不再出现尺像和十字丝有相对移动为止，即尺像与十字丝在同一平面上［见图1.19(b)］。

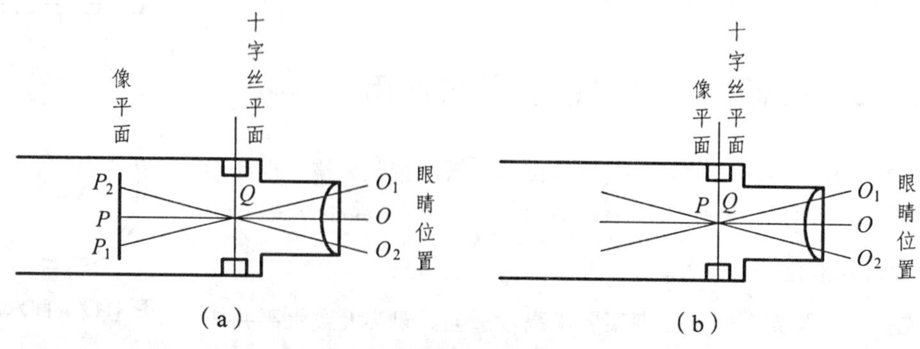

图 1.19　视差

4. **视线的精确整平**（精平）

由于圆水准器的灵敏度较低，所以用圆水准器只能使水准仪粗略地整平。因此在每次读数前还必须用微倾螺旋使水准管气泡符合，使视线精确整平。由于微倾螺旋旋转时，经常在改变望远镜和竖轴的关系，当望远镜由一个方向转变到另一个方向时，水准管气泡一般不再符合。所以望远镜每次变动方向后，也就是在每次读数前，都需要用微倾螺旋重新使气泡符合。

精平的方法：如图 1.20 所示，缓慢转动微倾螺旋，使观察窗内气泡的两个半影像严格吻合。顺时针转动左上右下，否则反之。

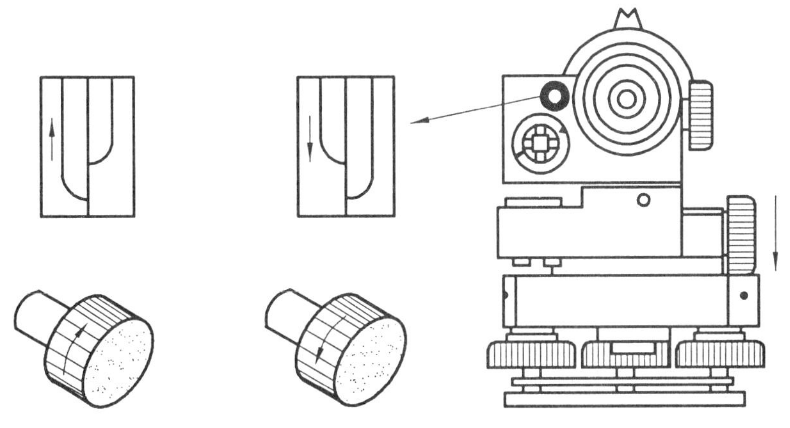

图 1.20 精平

5. **读　数**

用十字丝中间的横丝读取水准尺的读数。从尺上可直接读出米、分米和厘米数，并估读出毫米数，所以每个读数必须有四位数。如果某一位数是零，也必须读出并记录，不可省略，如 1.002 m、0.007 m、2.100 m 等。由于望远镜一般都为倒像，所以从望远镜内读数时应由上向下读，即由小数向大数读。读数前应先认清水准尺的分划特点，特别应注意与注字相对应的分米分划线的位置。为了保证得出正确的水平视线读数，在读数前和读数后都应该检查气泡是否符合。

在具体进行水准测量工作时，气泡像一符合就应立即读数。为了求得准确结果，读数时，应先估读毫米数，再读出米数、分米数、厘米数。读数时可直接读四位毫米数，如 1002、0007 等。水准测量时读数最容易出错的地方就是把倒镜尺由下往上读，读错分米数。

如图 1.21 所示：图（a）正确读数为 1714 或 1715，可能错读成 1786 或 1785；图（b）正确读数为 0023，容易错读成 0077；图（c）正确读数为 2510，容易错读成 2590 等。

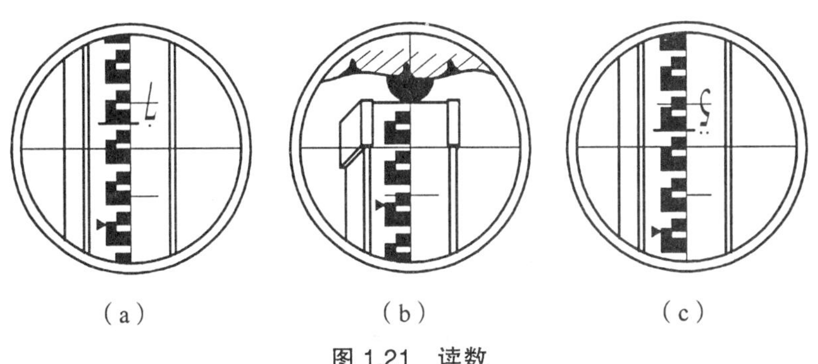

图 1.21 读数

四、自动安平水准仪

自动安平水准仪是一种不用水准管而能自动获得水平视线的水准仪（见图 1.22）。由于微倾式水准仪在用微倾螺旋使气泡符合时要花一定的时间，水准管灵敏度愈高，整平需要的时间愈长。在松软的土地上安置水准仪时，还要随时注意气泡有无变动。而自动安平水准仪在用圆水准器使仪器粗略整平后，经过 1～2 s 即可直接读取水平视线读数。当仪器有微小的倾斜变化时，补偿器能随时调整，始终给出正确的水平视线读数。因此它具有观测速度快、精度高的优点，被广泛地应用在各种等级的水准测量中。

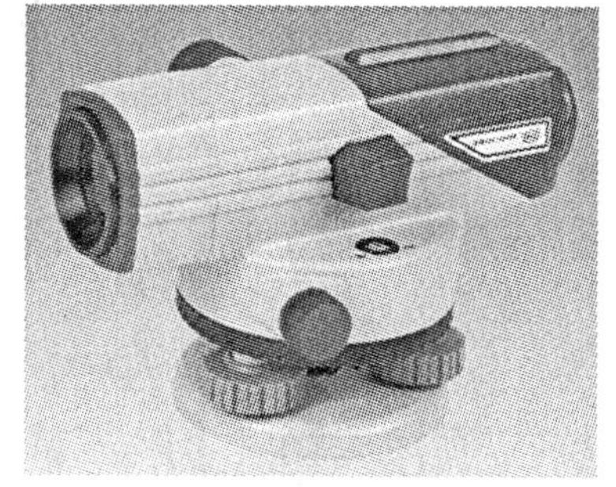

图 1.22　自动安平水准仪

1. 自动安平原理

传统的水准仪，是通过水准器的指示，借助微倾装置使视准轴水平的，而自动安平水准仪是借助在望远镜的成像光路中装置一套自动补偿器，当水准仪处在一定的倾斜范围内，可以自动获得水平视线的读数。

如图 1.23（a）所示，当望远镜的视准轴处于水平位置时，它指向水准尺上的 M 点，M 的像点 m 映在十字丝中心 N 上，m 即为视准轴水平时的读数。

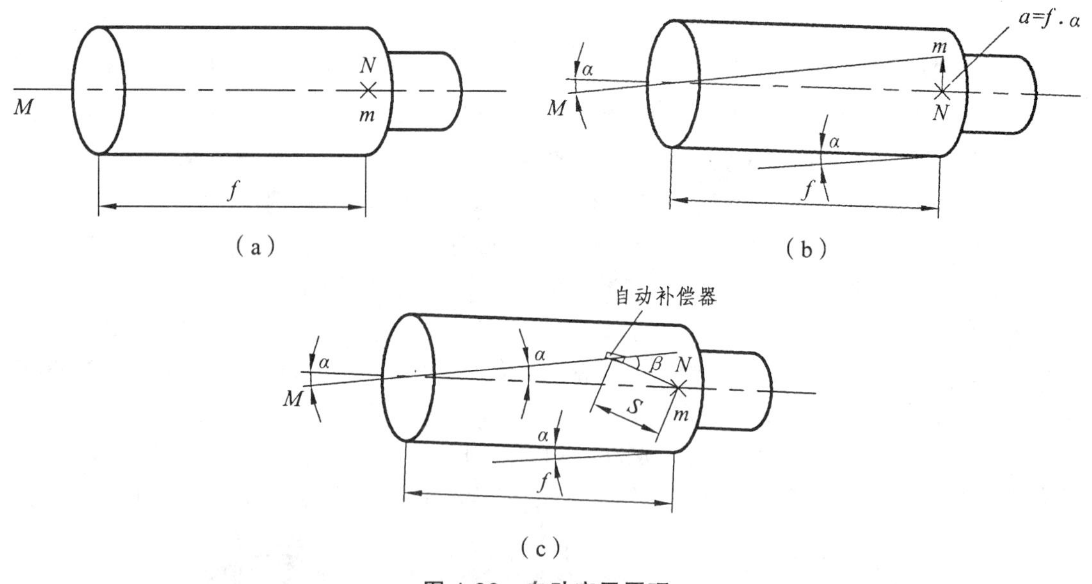

图 1.23　自动安平原理

当视准轴向上倾斜 α 角时［见图 1.23（b）］，十字丝中心点 N 向下偏移，此时来自 M 点的水平光线不会落在十字丝中心点 N 上，而是偏离十字丝中心，偏离的间距为 a，此时，十字丝中心 N 的读数不是视线水平时的读数。

为了使视准轴处于倾斜位置时，十字丝中心 N 仍然能读到视准轴水平时的读数 m，假想使来自 M 点的水平光线产生一个折射角 β，则需在水平光线的光路中安装一个光学部件（即自动补偿器），在满足 $f \cdot \alpha = S \cdot \beta$（$S$ 为光轴转折处到十字丝的距离）的条件下，十字丝中

心的读数就会是 m，如图 1.23（c）所示。

2. 自动安平水准仪的构造

图 1.24 所示为我国生产的 DSZ3 型自动安平水准仪的外形；图 1.25 所示为 DSZ3 型自动安平水准仪的光学系统。

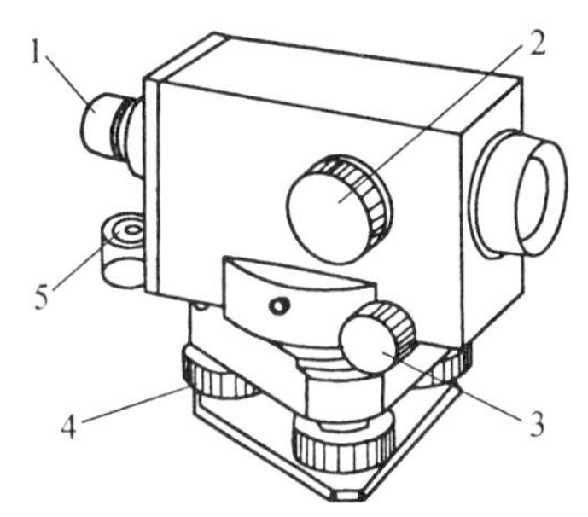

图 1.24 自动安平水准仪的构造

1—目镜；2—对光螺旋；3—微动螺旋；4—脚螺旋；5—圆水准器

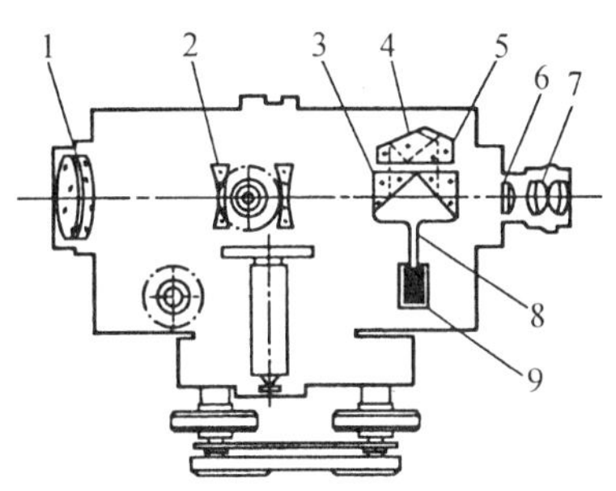

图 1.25 自动安平水准仪的光路

1—物镜；2—调焦透镜；3、5—直角棱镜；4—屋脊棱镜；6—十字丝；7—目镜；8—摆；9—空气阻尼器

注：在调焦透镜和十字丝中间，装置了有空气阻尼器的补偿器，补偿器由三个棱镜组成。

3. 自动安平水准仪的使用

自动安平水准仪的使用方法十分简便，操作时可按以下步骤进行：

（1）用脚螺旋使圆水准器气泡居中，完成仪器的粗略整平。

（2）用望远镜照准水准尺。

（3）用十字丝的横丝读取水准尺上的读数。

有的仪器在目镜旁有一按钮，它可以直接触动补偿器，读数前可轻按此按钮，以检查补偿器是否处于正常工作状态。如果每次触动后，水准尺读数变动后又能恢复原有读数，则表示工作正常。如果仪器没有这种检查按钮，则可用脚螺旋使仪器竖轴在视线方向稍作倾斜，若读数不变则表示补偿器工作正常。由于补偿器有一定的工作范围，即处于能起到补充作用的范围，所以使用自动安平水准仪时应十分注意圆水准器的气泡居中。

第三节　水准测量方法

一、水准测量的一般工作过程与记录计算

水准测量的一般工作过程如图 1.26 所示。图中 A 为已知高程的点，B 为待求高程的点。首先在已知高程的起始点 A 上竖立水准尺，在测量前进方向离起点不超过 200 m 处设立第一个转点 Z_1，必要时可放置尺垫，并竖立水准尺。在离这两点等距离处测站 I 安置水准仪。仪器粗略整平后，先照准起始点 A 上的水准尺，用微倾螺旋使气泡符合后，读取 A 点的后视读数 2073，记入手簿。然后照准转点 Z_1 上的水准尺，气泡符合后读取 Z_1 点的前视读数 1526，记入手簿，如表 1.1 所示。并计算出这两点间的高差，根据其符号填在该测站的高差栏内（一

般高差栏分＋、－两栏)。此后在转点 Z_1 处的水准尺不动，立尺员仅把尺面转向前进方向。在 A 点的水准尺和Ⅰ点的水准仪则向前转移，立尺员根据地形情况和视线距离选择第二个转点 Z_2 立好水准尺。而水准仪要求安置在 Z_1、Z_2 两转点大约等距离处的测站Ⅱ。有时由于地势陡峻，测站和转点位置要经过几次试测才能符合测量要求。按在第Ⅰ站同样的步骤和方法读取后视读数和前视读数，并计算出高差。如此继续进行直到待求高程点 B。

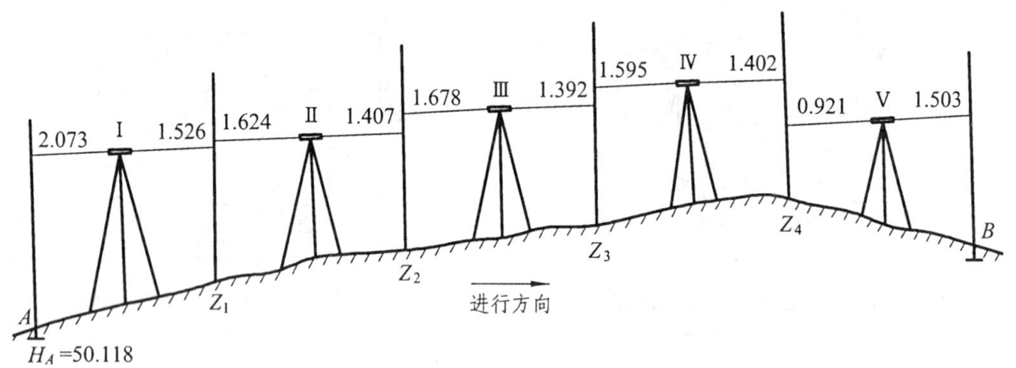

图 1.26　水准测量的一般工作过程

表 1.1　水准测量手簿（一）

测站	测点	后视读数	前视读数	高差		高程	备注
				+	−		
Ⅰ	A Z_1	2.073	1.526	0.547		50.118	已知 $H_A=50.118$
Ⅱ	Z_1 Z_2	1.624	1.407	0.217			
Ⅲ	Z_2 Z_3	1.678	1.392	0.286			
Ⅳ	Z_3 Z_4	1.595	1.402	0.193			
Ⅴ	Z_4 B	0.921	1.503		0.582	50.779	
$\sum$		7.891	7.230	1.243	0.582		
计算检核	$\sum a-\sum b=+0.661$　$\sum h=+0.661$　$H_B-H_A=+0.661$						

对观测所得每一读数都应立即记入手簿。水准测量手簿格式最直观的形式如表 1.1 所示，它以测站为基础，记录形式直观、一目了然。但现场用测量记录手册往往不是表 1.1 的形式，而是简单的多行横格形式。这时需要记录员根据具体测量工作需要将手册的格式进行简单改造使之符合记录要求，如水准测量记录往往采用表 1.2 的形式，记录时只记测点（立尺点）。填写时应注意把各个读数正确地填写在相应的行和栏内。例如仪器在测站Ⅰ时，起点 A 上所得水准尺读数 2.073 应记入该点的后视读数栏内，照准转点 Z_1 所得读数 1.526 应记入该点的前视读数栏内。后视读数减前视读数得 A、Z_1 两点的高差＋0.547 记入高差栏内，以后各测站观测所得均按同样方法记录和计算。各测站所得的高差代数和 $\sum h$，就是从起点 A 到终点 B

总的高差。终点 B 的高程等于起点 A 的高程加 A、B 间的高差。因为测量的目的是求 B 点的高程，所以各转点的高程不需计算。

在每一测段结束后或手簿上每一页之末，必须进行计算检核（见表 1.2）。检查后视读数之和减去前视读数之和（$\sum a-\sum b$）是否等于各站高差之和（$\sum h$），并等于终点高程减起点高程。如不相等，则计算中必有错误，应进行检查。但应注意这种检核只能检查计算工作有无错误，而不能检查出测量过程中所产生的错误，如读错、记错等。

表 1.2　水准测量手簿（二）

测点	后视读数	前视读数	高差 h		高程	备　注
			+	−		
A	2.073				50.118	已知 $H_A=$ 50.118
Z_1	1.624	1.526	0.547			
Z_2	1.678	1.407	0.217			
Z_3	1.595	1.392	0.286			
Z_4	0.921	1.402	0.193			
B		1.503		0.582	50.779	
$\sum$	7.891	7.230	1.243	0.582		
计算检核	$7.891-7.230=\sum a-\sum b=+0.661$ $1.243-0.582=\sum h=+0.661$ $50.779-50.118=H_B-H_A=+0.661$					

二、水准测量的检核和精度要求

为了保证水准测量成果的正确可靠，对水准测量的成果必须进行检核。检核方法有测站检核和水准路线检核两种。

（一）测站检核

为防止在一个测站上发生错误而导致整个水准路线结果的错误，可在每个测站上对观测结果进行检核，方法如下：

1. 两次仪器高法

在每个测站上一次测得两转点间的高差后，改变一下水准仪的高度，再次测量两转点间的高差。对于一般的水准测量，当两次所得高差之差小于 5 mm 时可认为合格，取其平均值作为该测站所得高差，否则应进行检查或重测。

2. 双面尺法

利用双面水准尺分别由黑面和红面读数得出的高差，扣除一对水准尺的常数差后，两个高差之差小于 5 mm 时可认为合格，否则应进行检查或重测。用双面尺进行水准测量的检核方法见第六章第五节。

（二）水准路线的检核

计算检核只能发现计算是否有错，而测站检核只能检核每一个测站上是否有错误，不能发现立尺点变动的错误，更不能评定测量成果的精度；同时由于观测时受到观测条件的影响，随着测站数的增多使误差积累，有时也会超过规定的限差。因此应对水准路线的成果进行检核，即进行高差闭合差的检核。在水准测量中，由于测量误差的影响，使沿水准路线测得的起终点的高差值与起终点的实际应有高差值不相符，其二者的差值，称为高差闭合差，一般用 f_h 表示。

1. 闭合水准路线

闭合水准路线是水准测量从一已知高程的水准点开始，最后又闭合到起始点上的水准路线。这种形式的水准路线自身形成了严密的检核条件，因而可以使测量成果得到可靠的检核［见图 1.27（a)］。

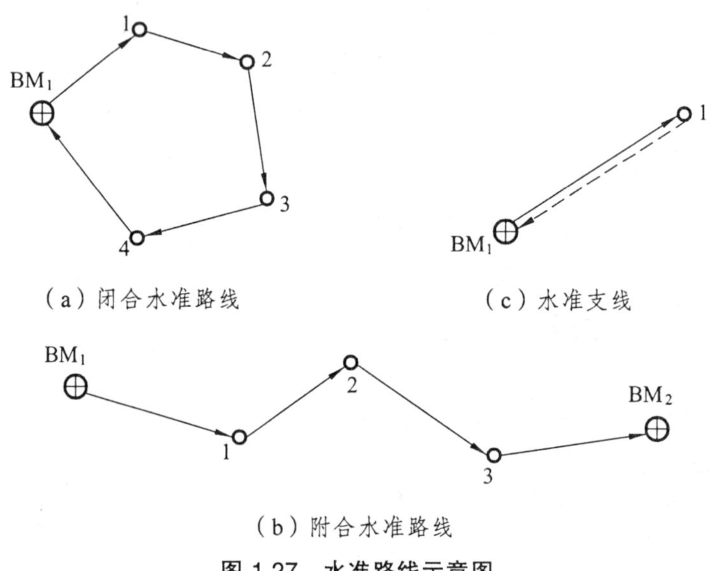

图 1.27　水准路线示意图

闭合水准路线适合于小区域布设水准点的测量，如小测区测图、施工水准点的布设等。

对于闭合水准路线，因为它起讫于同一个点，所以理论上全线各站高差之和应等于零。即：

$$\sum h = 0$$

如果高差之和不等于零，则其差值 $\sum h$ 为高差闭合差。即：

$$f_h = \sum h \tag{1.8}$$

高差闭合差的大小在一定程度上反映了测量成果的质量。

2. 附合水准路线

附合水准路线是水准测量从一个高级水准点开始，结束于另一高级水准点的水准路线。这种形式的水准路线，也可使测量成果得到可靠的检核［见图 1.27（b)］，附合水准路线常用于铁路、公路、管线等线状工程的高程控制测量。铁路、公路初测时布设的水准路线应每隔 30 km 与高等级水准点联测一次。

对于附合水准路线，理论上在两已知高程水准点间所测得各站高差之和应等于起讫两水准点间高程之差。即：

$$\sum h = H_{终} - H_{起}$$

如果它们不能相等，其差值即为高差闭合差：

$$f_{\mathrm{h}} = \sum h - (H_{终} - H_{起}) \tag{1.9}$$

高差闭合差的大小在一定程度上反映了测量成果的质量。

3. 水准支线

水准支线是由一已知高程的水准点开始，最后既不附合也不闭合到已知高程的水准点上的一种水准路线。这种形式的水准路线由于不能对测量成果自行检核，因此必须进行往测和返测，或用两组仪器进行并测［见图 1.27（c)］。

水准支线必须在起终点间用往返测进行检核。理论上往返测所得高差的绝对值应相等，但符号相反，或者是往返测高差的代数和应等于零。即：

$$\sum h_{往} = -\sum h_{返}$$

如果往返测高差的代数和不等于零，其值即为水准支线的高差闭合差。即：

$$f_{\mathrm{h}} = \sum h_{往} + \sum h_{返} \tag{1.10}$$

有时也可以用两组并测来代替一组的往返测以加快工作进度。两组所得高差应相等，若不等，其差值即为水准支线的高差闭合差。故：

$$f_{\mathrm{h}} = \sum h_1 - \sum h_2 \tag{1.11}$$

闭合差的大小反映了测量成果的精度。由于闭合差是各种因素产生的测量误差，故闭合差的数值应该在容许值范围内，否则应检查原因，返工重测。在不同等级水准测量中，都规定了高程闭合差的限值即容许高程闭合差，一般用 F_{h} 表示。《工程测量规范》(GB 50026—2007) 规定：

用于测图控制的图根水准测量容许高差闭合差为：

$$\left.\begin{aligned} &平地\ F_{\mathrm{h}} = \pm 40\sqrt{L}\ (\mathrm{mm}) \\ &山地\ F_{\mathrm{h}} = \pm 12\sqrt{n}\ (\mathrm{mm}) \end{aligned}\right\} \tag{1.12}$$

铁路及二级以下公路线路水准测量的容许高差闭合差则为：

$$\left.\begin{aligned} &平地\ F_{\mathrm{h}} = \pm 30\sqrt{L}\ (\mathrm{mm}) \\ &山地\ F_{\mathrm{h}} = \pm 8\sqrt{n}\ (\mathrm{mm}) \end{aligned}\right\} \tag{1.13}$$

高速、一级公路水准测量按四等水准测量要求，其容许高差闭合差则为：

$$\left.\begin{aligned}平地F_h &= \pm 20\sqrt{L}\ (\text{mm})\\ 山地F_h &= \pm 6\sqrt{n}\ (\text{mm})\end{aligned}\right\} \tag{1.14}$$

式中，L 为附合水准路线或闭合水准路线的长度，在水准支线上，L 为测段的长（km）；n 为测站数。

每公里测站数达到 16 个时，可按山地测量计算其容许高差闭合差。当实际闭合差小于容许闭合差时，表示观测精度满足要求，否则应对外业资料进行检查，甚至返工重测。

三、水准测量成果计算

在进行水准测量的成果计算时，首先要计算出高差闭合差，它是衡量水准测量精度的重要指标。当高差闭合差在容许值范围内时，再对闭合差进行调整，求出改正后的高差，最后求出待定的水准点高程。

因为高程测量的误差是随水准路线的长度或测站数的增加而增加，所以闭合差调整的原则是把闭合差以相反的符号根据各测段路线的长度或测站数按比例分配到各测段的高差上。故各测段高差的改正数为：

$$v_i = -\frac{f_h}{\sum L} \cdot L_i \tag{1.15}$$

或

$$v_i = -\frac{f_h}{\sum n} \cdot n_i \tag{1.16}$$

式中，L_i、n_i 为各测段路线之长和测站数；$\sum L$、$\sum n$ 为水准路线总长和测站总数。

1. 闭合水准路线成果计算

【例 1.1】 如图 1.28 所示为一高速公路施工工地布设的闭合水准路线。由已知水准点 A 测至 B、C 再回至 A。A 点为全线第 47 个水准点，高程为 114.684 m，B、C 为加密的两个水准点，编号、里程和位置如图。D 表示测点间的水平距离，箭头处数据为测段高差，试计算 B、C 两水准点的高程。

解 （1）计算各测段高差及水准路线长，并填入水准路线成果计算表 1.3。

AB 段：$h = 3.072 + 1.114 + 0.506 - 1.839 = 2.853$ m

$L_1 = 110 = 0.11$ km

$n_1 = 4$ 站

BC 段：$h = -1.770$ m

$L_2 = 140 = 0.14$ km

$n_2 = 1$ 站

CA 段：$h = 0.347 - 1.425 = -1.078$ m

$L_3 = 255 = 0.255$ km

$n_3 = 2$ 站

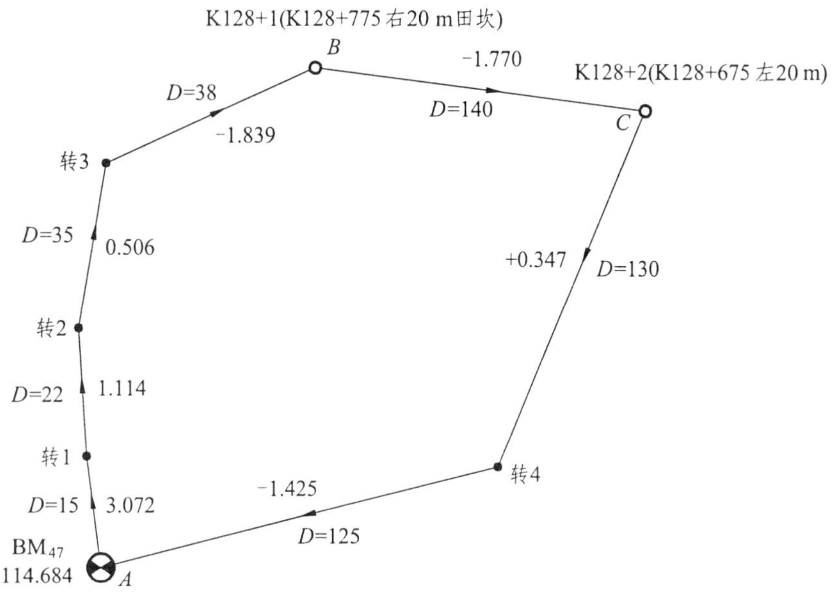

图 1.28　闭合水准路线

表 1.3　闭合导线高差闭合差调整计算表

点号	距离（km）	高差（m）	改正数（mm）	改正后高差（m）	高程（m）
A					114.684
	0.11	+ 2.853	− 1	+ 2.852	
B					117.536
	0.14	− 1.770	− 1	− 1.771	
C					115.765
	0.255	− 1.078	− 3	− 1.081	
A					114.684
$\sum$	0.505	0.005	− 5	0	
$f_h = 2.853 + (-1.770) + (-1.078) = 0.005\ \text{m} = 5\ \text{mm}$ $F_h = \pm 20\sqrt{L} = \pm 20\sqrt{0.505} = \pm 14.2\ \text{mm}\quad f_h < F_h$					

路线总长 $\sum L = 0.11 + 0.14 + 0.255 = 0.505$ km，测站总数 $n=7$ 站，平均每千米测站数为 $n/\sum L = 13.86$，故按平地计算。

（2）计算高差闭合差和容许闭合差：

$$f_h = 2.853 + (-1.770) + (-1.078) = 0.005\ \text{m} = 5\ \text{mm}$$

$$F_h = \pm 20\sqrt{L} = \pm 20\sqrt{0.505} = \pm 14.2\ \text{mm}$$

$f_h < F_h$，精度合格，可以进行闭合差调整。

（3）计算各测段改正数。

先计算每千米应分配的闭合差：

$$-\frac{f_h}{\sum L} = -\frac{0.005}{0.505} = -0.01$$

则各测段应分配的闭合差为:

$$AB\text{ 段}:\ v_1=-0.01\times0.110\approx-0.001\ \text{m}$$
$$BC\text{ 段}:\ v_2=-0.01\times0.140\approx-0.001\ \text{m}$$
$$CA\text{ 段}:\ v_3=-0.01\times0.255\approx-0.003\ \text{m}$$

计算完改正数后要检查各测段分配数之和的相反数是否等于高差闭合差。

(4) 计算改正后高差。

改正后高差=实测高差+改正数，填入计算表。

(5) 推算各测点高程:

$$H_B=H_A+h_{AB}=114.684+2.852=117.536\ \text{m}$$

以下依此类推直至再计算回 A 点进行检核。

2. 附合导线水准测量成果计算

附合导线水准测量成果计算的步骤与闭合导线基本一至，只不过在计算高差闭合差时要比闭合导线复杂一些，本例附合水准路线上共设置了 5 个水准点，各水准点间的距离和实测高差均列于表 1.4 中。起点和终点的高程为已知，实际高差闭合差为＋0.075 m，小于容许高程闭合差±0.105 m。表中高差的改正数是按改正数公式计算的，改正数总和必须等于实际闭合差，但符号相反。实测高差加上高差改正数得各测段改正后的高差。由起点 Ⅳ21 的高程累计加上各测段改正后的高差，就得出相应各点的高程。最后计算出终点 Ⅳ22 的高程应与该点的已知高程完全符合。

表 1.4　附合水准路线高差闭合差计算表

点号	距离（km）	高差（m）	改正数（mm）	改正后高差（m）	高程（m）
Ⅳ21					63.475
	1.9	+1.241	−12	+1.229	
BM_1					64.704
	2.2	+2.781	−14	+2.767	
BM_2					67.471
	2.1	+3.244	−13	+3.231	
BM_3					70.702
	2.3	+1.078	−14	+1.064	
BM_4					71.766
	1.7	−0.062	−10	−0.072	
BM_5					71.694
	2.0	−0.155	−12	−0.167	
Ⅳ22					71.527
$\sum$	12.2	+8.127	−75		
$f_h=\sum h-(H_{终}-H_{起})=+8.127-(71.527-63.475)=+0.075\ \text{m}=75\ \text{mm}$ $F_h=\pm30\sqrt{L}\ (\text{mm})=\pm30\sqrt{12.2}=\pm105\ \text{mm}$ $f_h<F_h$					

3. 水准支线测量成果计算

闭合水准路线的高差闭合差按式（1.10）计算，当为两组并测时，则按式（1.11）计算。若闭合差在容许范围内，应将闭合差按相反的符号分配在往测和返测的实测高差值上。

【**例 1.2**】 在 A、B 两点间进行往返水准测量，已知 $H_A=8.475$ m，$\sum h_{往}=+0.028$ m，$\sum h_{返}=+0.018$ m，A、B 间线路长 $L=3$ km，求改正后的 B 点高程。

解 实际高差闭合差：

$$f_h=\sum h_{往}+\sum h_{返}=0.028+0.018=+0.046 \text{ m}$$

容许高差闭合差：

$$F_h=\pm 30\sqrt{L}=\pm 30\sqrt{3}=\pm 52 \text{ mm}$$

$f_h<F_h$，故精度符合要求。

改正后往测高差：

$$\sum h'_{往}=\sum h_{往}+\frac{-f_h}{2}=+0.028-\frac{0.046}{2}=+0.005 \text{ m}$$

改正后返测高差：

$$\sum h'_{返}=\sum h_{返}+\frac{-f_h}{2}=+0.018-\frac{0.046}{2}=-0.005 \text{ m}$$

故 B 点高程：

$$H_B=H_A+\sum h'_{往}=8.475+0.005=8.480 \text{ m}$$

第四节　水准仪的检验和校正

为保证测量工作能得出正确的成果，工作前必须对所使用的仪器进行检验和校正。

一、微倾式水准仪的检验和校正

微倾式水准仪的主要轴线如图 1.29 所示，它们之间应满足的几何条件是：

（1）圆水准器轴应平行于仪器的竖轴（$VV \parallel L'L'$）。

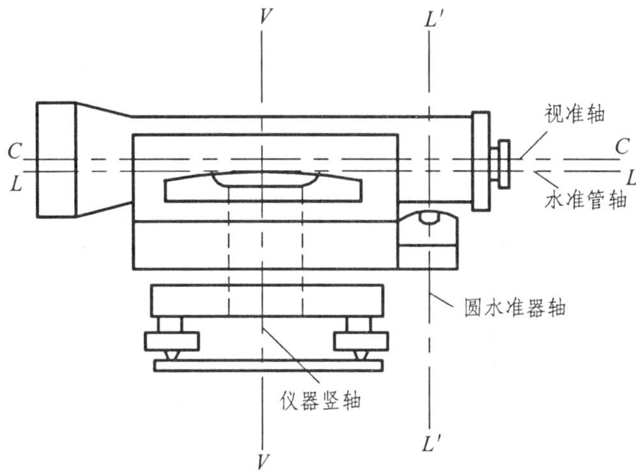

图 1.29　水准仪的主要轴线

(2) 十字丝的横丝应垂直于仪器的竖轴（横丝⊥*VV*）。

(3) 水准管轴应平行于视准轴（*LL* ∥ *CC*）。

检验校正的步骤和方法如下。

(一) 圆水准器的检验和校正

1. 目　的

使圆水准器轴平行于仪器竖轴，圆水准器气泡居中时，竖轴便位于铅垂位置。

2. 检验方法

旋转脚螺旋使圆水准器气泡居中，然后将仪器上部在水平方向绕竖轴旋转 180°，若气泡仍居中，则表示圆水准器轴已平行于竖轴，若气泡偏离中央则需进行校正。

3. 校正方法

用脚螺旋使气泡向中央方向移动偏离量的一半，然后拨圆水准器的校正螺旋使气泡居中。由于一次拨动不易使圆水准器校正得很完善，所以需重复上述的检验和校正，使仪器上部旋转到任何位置气泡都能居中为止。

圆水准器校正装置的构造常见的有两种：一种在圆水准器盒底有三个校正螺旋［见图 1.30 (a)］；盒底中央有一球面突出物，它顶着圆水准器的底板，三个校正螺旋则旋入底板拉住圆水准器。当旋紧校正螺旋时，可使水准器该端降低，旋松时则可使该端上升。另一种构造，在盒底可见到四个螺旋［见图 1.30 (b)］，中间一个较大的螺旋用于连接圆水准器和盒底，另三个为校正螺旋，它们顶住圆水准器底板。当旋紧某一校正螺旋时，水准器该端升高，旋松时则该端下降，其移动方向与第一种相反。校正时，无论对哪一种构造，当需要旋紧某个校正螺旋时，必须先旋松另两个螺旋，校正完毕时必须使三个校正螺旋都处于旋紧状态。

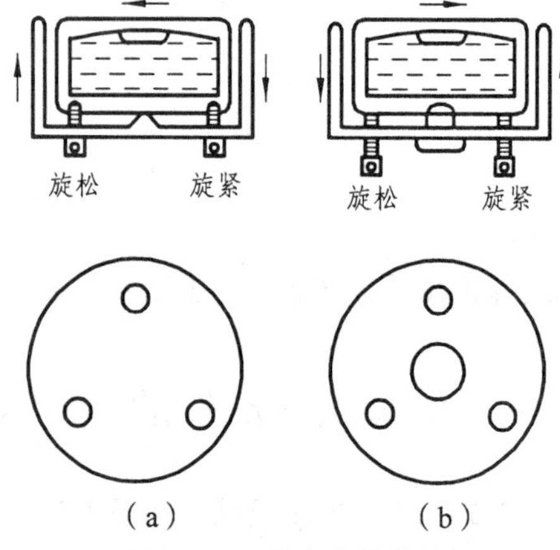

图 1.30　圆水准器的校正

4. 检校原理

若圆水准器轴与竖轴没有平行，构成一 α 角，当圆水准器的气泡居中时，竖轴与铅垂线成 α 角［见图 1.31 (a)］。若仪器上部绕竖轴旋转 180°，因竖轴位置不变，故圆水准器轴与铅垂线成 2α 角［见图 1.31 (b)］。当用脚螺旋使气泡向零点移回偏离量的一半，则竖轴将变动一 α 角而处于铅垂方向，而圆水准器轴与竖轴仍保持 α 角［见图 1.31 (c)］。此时拨圆水准器的校正螺旋，使圆水准器气泡居中则圆水准器轴也处于铅垂方向，从而使它平行于竖轴［见图 1.31 (d)］。

当圆水准器的误差过大，即 α 角过大时，气泡的移动不能反映出 α 角的变化。当圆水准器气泡居中后，仪器上部平转 180°，若气泡移至水准器边缘，再按照使气泡向中央移动的方向旋转脚螺旋 1～2 周，若未见气泡移动，这就属于 α 角偏大的情况。此时不能按上述正常的情况，用改正气泡偏离量一半的方法来进行校正。首先应以每次相等的量转动脚螺旋，使气泡居中，并记住转动的次数，然后将脚螺旋按相反方向转动原来次数的一半，此时可使竖轴接近铅垂位置。拨圆水准器的校正螺旋使气泡居中，则可使 α 角迅速减小。然后再按正常的检验和校正方法进行校正。

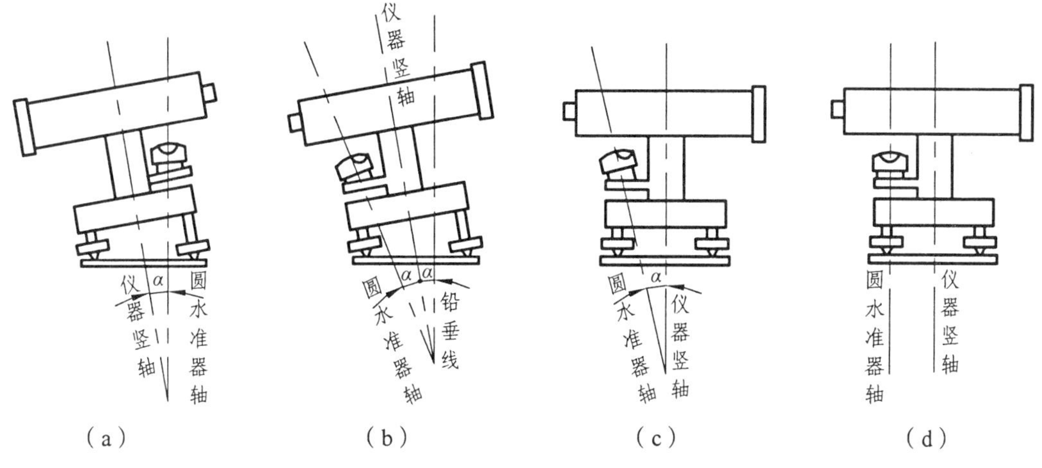

图 1.31　圆水准器的校正原理

(二) 十字丝横丝的检验和校正

1. 检校目的

使十字丝的横丝垂直于竖轴，这样，当仪器粗略整平后，横丝基本水平，用横丝上任意位置所得读数均相同。

2. 检验方法

先用横丝的一端照准一固定的目标或在水准尺上读一读数，然后用微动螺旋转动望远镜，用横丝的另一端观测同一目标或读数。如果目标仍在横丝上或水准尺上读数不变［见图 1.32 (a)］，说明横丝已与竖轴垂直。若目标偏离了横丝或水准尺读数有变化［见图 1.32 (b)］，则说明横丝与竖轴没有垂直，应予校正。

3. 校正方法

打开十字丝分划板的护罩，可见到三个或四个分划板的固定螺丝（见图 1.33）。松开这些固定螺丝，用手转动十字丝分划板座，反复试验使横丝的两端都能与目标重合或使横丝两端所得水准尺读数相同，则校正完成。最后旋紧所有固定螺丝。

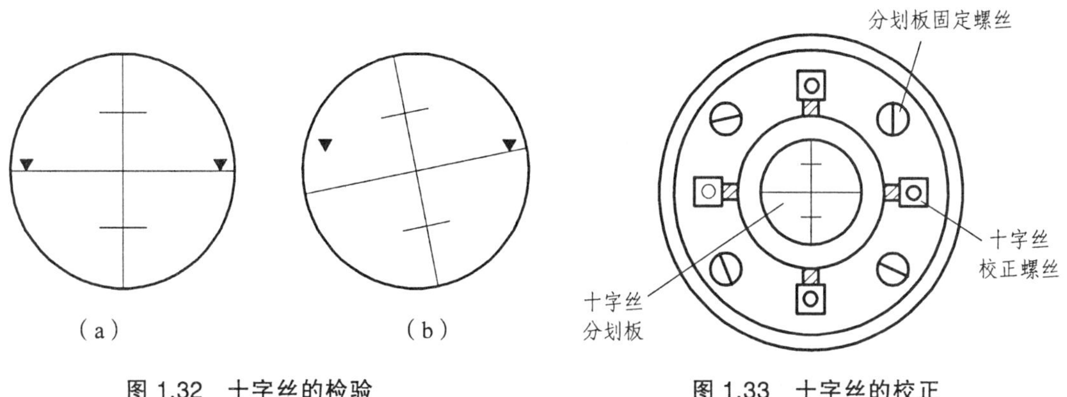

图 1.32　十字丝的检验　　　　图 1.33　十字丝的校正

4. 检校原理

若横丝垂直于竖轴，横丝的一端照准目标后，当望远镜绕竖轴旋转时，横丝在垂直于竖轴的平面内移动，所以目标始终与横丝重合。若横丝不垂直于竖轴，望远镜旋转时，横丝上各点不在同一平面内移动，因此目标与横丝的一端重合后，在其他位置的目标将偏离横丝。

（三）水准管的检验和校正

1. 检校目的

使水准管轴平行于视准轴，当水准管气泡符合时，视准轴就处于水平位置。

2. 检验方法

在平坦地面选相距 40～60 m 的 A、B 两点，在两点打入木桩或设置尺垫。水准仪首先置于离 A、B 等距的Ⅰ点，测得 A、B 两点的高差 $h_Ⅰ = a_1 - b_1$，如图 1.34（a）所示。重复测 2～3 次，当所得各高差之差小于 3 mm 时取其平均值。若视准轴与水准管轴不平行而构成 i 角，由于仪器至 A、B 两点的距离相等，因此由于视准轴倾斜，而在前、后视读数所产生的误差 δ 也相等，所以所得的 $h_Ⅰ$ 是 A、B 两点的正确高差。然后把水准仪移到 AB 延长方向上靠近 B 的Ⅱ点，再次测 A、B 两点的高差，如图 1.34（b）所示，必须仍把 A 作为后视点，故得高差 $h_Ⅱ = a_2 - b_2$。如果 $h_Ⅱ = h_Ⅰ$，说明在测站Ⅱ所得的高差也是正确的，这也说明在测站Ⅱ观测时视准轴是水平的，故水准管轴与视准轴是平行的，即 $i=0$。如果 $h_Ⅱ \neq h_Ⅰ$，则说明存在 i 角的误差，由图 1.34（b）可知：

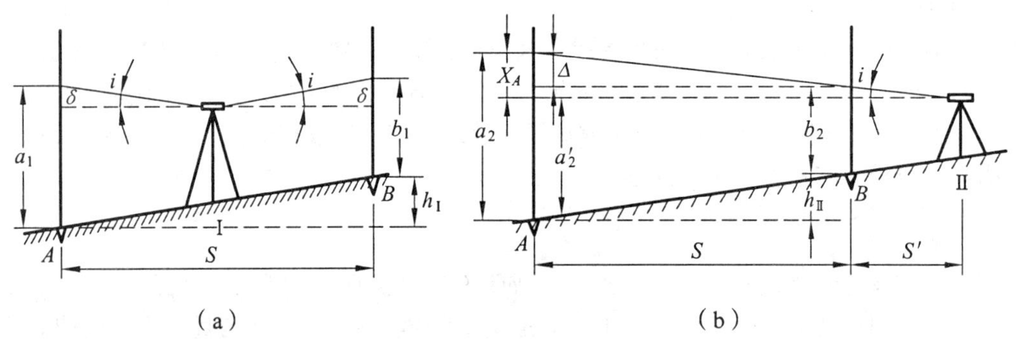

图 1.34　水准管轴的检验

$$i = \frac{\Delta}{S} \cdot \rho \tag{1.17}$$

而

$$\Delta = a_2 - b_2 - h_Ⅰ = h_Ⅱ - h_Ⅰ \tag{1.18}$$

式中，Δ 为仪器分别在Ⅱ和Ⅰ所测高差之差；S 为 A、B 两点间的距离；ρ 为 1 弧度所对应的秒数，$\rho = \frac{360°}{2\pi} = 3\,438' = 206\,265''$。

对于一般水准测量，要求 i 角不大于 20″，否则应进行校正。

3. 校正方法

当仪器存在 i 角时，在远点 A 的水准尺读数 a_2 将产生误差 x_A，从图 1.34（b）可知：

$$x_A = \Delta\frac{S+S'}{S} \tag{1.19}$$

式中，S'为测站Ⅱ至 B 点的距离，为使计算方便，通常使 $S'=\frac{1}{10}S$ 或 $S'=S$，则 x_A 相应为1.1Δ 或 2Δ。也可使仪器紧靠 B 点，并假设 $S'=0$，则 $x_A=\Delta$，读数 b_2 可用水准尺直接量取桩顶到仪器目镜中心的距离。计算时应注意Δ的正负号，正号表示视线向上倾斜，与图上所示一致，负号表示视线向下倾斜。

为了使水准管轴和视准轴平行，用微倾螺旋使远点 A 的读数从 a_2 改变到 a_2'，$a_2'=a_2-x_A$。此时视准轴由倾斜位置改变到水平位置，但水准管也因随之变动而气泡不再符合。用校正针拨动水准管一端的校正螺旋使气泡符合，则水准管轴也处于水平位置从而使水准管轴平行于视准轴。水准管的校正螺旋如图 1.35 所示，校正时先松动左右两校正螺旋，然后拨上下两校正螺旋使气泡符合。拨动上下校正螺旋时，应先松一个再紧另一个，逐渐改正，当最后校正完毕时，所有校正螺旋都应适度旋紧。

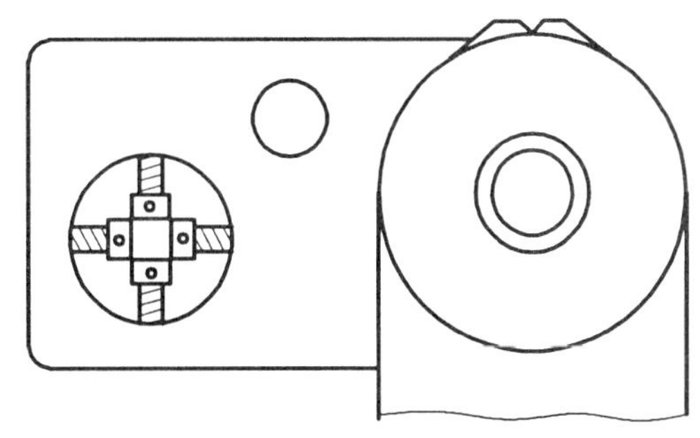

图 1.35　水准管轴的校正

以上检验校正也需要重复进行，直到 i 角小于 20″ 为止。

二、自动安平水准仪的检验和校正

自动安平水准仪应满足的条件是：

（1）圆水准器轴应平行于仪器的竖轴。

（2）十字丝横丝应垂直于竖轴。

以上两项的检验校正方法与微倾式水准仪相应项目的检校方法完全相同。

（3）水准仪在补偿范围内，应能起到补偿作用。

检验方法如下：将水准仪安置在一点，在离仪器约 50 m 处立一水准尺。安置仪器时使其中两个脚螺旋的连线垂直于仪器到水准尺连线的方向。用圆水准器整平仪器，读取水准尺上读数。旋转视线方向上的第三个脚螺旋，让气泡中心偏离圆水准零点少许，使竖轴向前稍倾斜，读取水准尺上读数。然后再次旋转这个脚螺旋，使气泡中心向相反方向偏离零点并读数、重新整平仪器，用位于垂直于视线方向的两个脚螺旋，先后使仪器向左右两侧倾斜，分别在气泡中心稍偏离零点后读数。如果仪器竖轴向前后左右倾斜时所得读数与仪器整平时所得读数之差不超过 2 mm，则可认为补偿器工作正常，否则应检查原因或送工厂修理。检验时圆水准器气泡偏离的大小，应根据补偿器的工作范围及圆水准器的分划值来决定。例如补偿工作范围为±5′，圆水准器的分划值为 8′/2 mm 弧长所对之圆心角值，则气泡偏离零点不应超过 5/8×2＝1.2 mm。补偿器工作范围和圆水准器的分划值在仪器说明书中均可查得。

（4）视准轴经过补偿后应与水平线一致。

若视准轴经补偿后不能与水平线一致，则也构成 i 角，产生读数误差。这种误差的检验方法与微倾式水准仪 i 角的检验方法相同，但校正时应校正十字丝。拨十字丝的校正螺旋，使图 1.34（b）中 A 点的读数从 a_2 改变到 a_2'，使之得出水平视线的读数。对于一般水准测量也应使 i 角不大于 20″。

第五节　水准测量的误差及其消减方法

测量工作中由于仪器、人、环境等各种因素的影响，使测量成果中都带有误差。为了保证测量成果的精度，需要分析研究产生误差的原因，并采取措施消除和减小误差的影响。水准测量中误差的主要来源如下。

一、仪器误差

1. 视准轴与水准管轴不平行引起的误差

仪器虽经过校正，但 i 角仍会有微小的残余误差。当在测量时如能保持前视和后视的距离相等，这种误差就能消除。当因某种原因某一测站的前视（或后视）距离较大，那么就在下一测站上使后视（或前视）距离较大，使误差得到补偿。

2. 调焦引起的误差

当调焦时，调焦透镜光心移动的轨迹和望远镜光轴不重合，则改变调焦就会引起视准轴的改变，从而改变了视准轴与水准管轴的关系。如果在测量中保持前视后视距离相等，就可在前视和后视读数过程中不改变调焦，避免因调焦而引起的误差。

3. 水准尺的误差

水准尺的误差包括分划误差和尺身构造上的误差，构造上的误差如零点误差和箱尺的接头误差。所以使用前应对水准尺进行检验。水准尺的主要误差是每米真长的误差，它具有积累性质，高差愈大误差也愈大。对于误差过大的应在成果中加入尺长改正。

二、观测误差

1. 气泡居中误差

视线水平是以气泡居中或符合为根据的，但气泡的居中或符合都是凭肉眼来判断，不能绝对准确。气泡居中的精度也就是水准管的灵敏度，它主要决定于水准管的分划值。一般认为水准管居中的误差约为 0.1 分划值，它对水准尺读数产生的误差为：

$$m=\frac{0.1\tau''}{\rho}\cdot s \tag{1.20}$$

式中，τ'' 为水准管的分划值；$\rho=206\,265''$；s 为视线长。

符合水准器气泡居中的误差大约是直接观察气泡居中误差的$\frac{1}{5}\sim\frac{1}{2}$。为了减小气泡居中误差的影响，应对视线长加以限制，观测时应使气泡精确地居中或符合。

2. 估读水准尺分划的误差

水准尺上的毫米数都是估读的，估读的误差决定于视场中十字丝和厘米分划的宽度，所以估读误差与望远镜的放大率及视线的长度有关。通常在望远镜中十字丝的宽度为厘米分划宽度的 1/10 时，能准确估读出毫米数。所以在各种等级的水准测量中，对望远镜的放大率和视线长的限制都有一定的要求。此外，在观测中还应注意消除视差，并避免在成像不清晰时进行观测。

3. 扶水准尺不直的误差

水准尺没有扶直，无论向哪一侧倾斜都使读数偏大。这种误差随尺的倾斜角和读数的增大而增大。例如尺有 3° 的倾斜，读数为 1.5 m 时，可产生 2 mm 的误差。为使尺能扶直，水准尺上最好装有水准器。没有水准器时，可采用摇尺法，读数时把尺的上端在视线方向前后来回摆动，当视线水平时，观测到的最小读数就是尺扶直时的读数（见图 1.36）。这种误差在前后视读数中均可发生，所以在计算高差时可以抵消一部分。

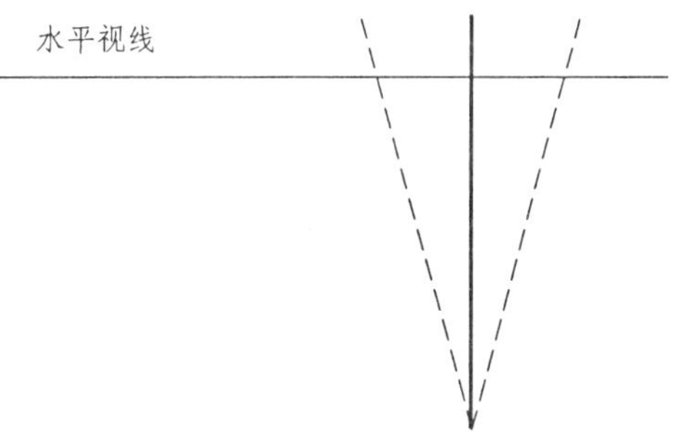

图 1.36　摇尺法读数

三、外界环境的影响

1. 仪器下沉和水准尺下沉的误差

（1）仪器下沉的误差：在读取后视读数和前视读数之间若仪器下沉了 Δ，由于前视读数减少了 Δ 从而使高差增大了 Δ，如图 1.37 所示。在松软的土地上，每一测站都可能产生这种误差。当采用双面尺或两次仪器高时，第二次观测可先读前视点 B，然后读后视点 A，则可使所得高差偏小，两次高差的平均值可消除一部分仪器下沉的误差。用往测、返测时，亦因同样的原因可消除部分的误差。

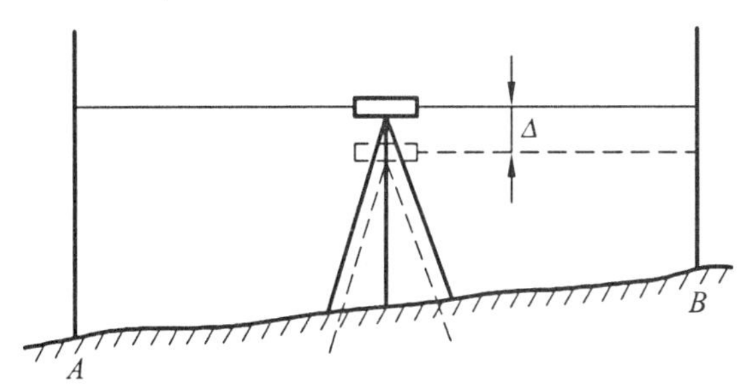

图 1.37　仪器下沉引起的误差

（2）水准尺下沉的误差：在仪器从一个测站迁到下一个测站的过程中，若转点下沉了 Δ，则使下一测站的后视读数偏大，使高差也增大Δ，如图 1.38 所示。在同样情况下返测，则使高差的绝对值减小。所以取往返测的平均高差，可以减弱水准尺下沉的影响。

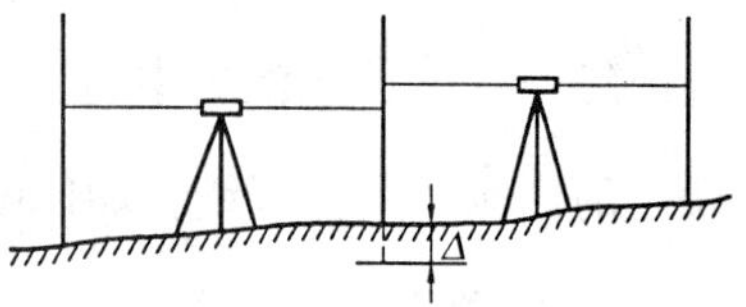

图 1.38　水准尺下沉引起的误差

当然，在进行水准测量时，必须选择坚实的地点安置仪器和转点，避免仪器和尺的下沉。

2. 地球曲率和大气折光的误差

(1) 地球曲率引起的误差：理论上水准测量应根据水准面来求出两点的高差(见图 1.39)，但视准轴是一直线，因此使读数中含有由地球曲率引起的误差 p：

$$p=\frac{s^2}{2R} \tag{1.21}$$

式中，s 为视线长；R 为地球的半径。

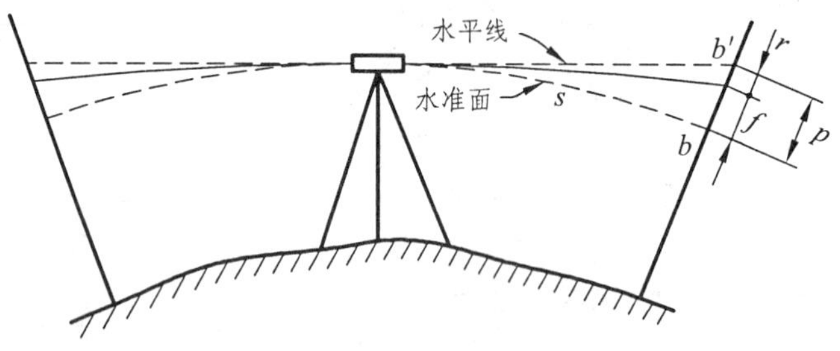

图 1.39　地球曲率引起的误差

(2) 大气折光引起的误差：水平视线经过密度不同的空气层被折射，一般情况下形成一向下弯曲的曲线，它与理论水平线所得读数之差，就是由大气折光引起的误差 r (见图 1.39)。实验得出：大气折光误差比地球曲率误差要小，是地球曲率误差的 K 倍，在一般大气情况下，$K=\frac{1}{7}$，故：

$$r=K\frac{s^2}{2R}=\frac{s^2}{14R} \tag{1.22}$$

所以水平视线在水准尺上的实际读数位于 b'，它与按水准面得出的读数 b 之差，就是地球曲率和大气折光总的影响值 f。故：

$$f=p-r=0.43\frac{s^2}{R} \tag{1.23}$$

当前视后视距离相等时，这种误差在计算高差时可自行消除。但是离近地面的大气折光变化十分复杂，在同一测站的前视和后视距离上就可能不同，所以即使保持前视后视距离相等，大气折光误差也不能完全消除。由于 f 值与距离的平方成正比，所以限制视线的长可以使这种误差大为减小，此外使视线离地面尽可能高些，也可减弱折光变化的影响。

3. 气候的影响

除了上述各种误差来源外，气候的影响也给水准测量带来误差。如风吹、日晒、温度的变化和地面水分的蒸发等。所以观测时应注意气候带来的影响。为了防止日光曝晒，仪器应打伞保护。无风的阴天是最理想的观测天气。

第六节　精密水准仪和精密水准尺

精密水准仪主要用于国家一、二等水准测量和高精度工程测量中，例如，建、构筑物的沉降观测，大型桥梁工程的施工测量和大型精密设备安装的水平基准测量等。

一、精密水准仪的特点

与 DS_3 普通水准仪比较，精密水准仪的特点是：① 望远镜的放大倍数大、分辨率高，如规范要求 DS_1 不小于 38 倍，DS_{05} 不小于 40 倍；② 管水准器分划值为 10″/2 mm，精平精度高；③ 望远镜物镜的有效孔径大，亮度好；④ 望远镜外表材料应采用受温度变化小的铟瓦合金钢，以减小环境温度变化的影响；⑤ 采用平板玻璃测微器读数，读数误差小；⑥ 配备精密水准尺。

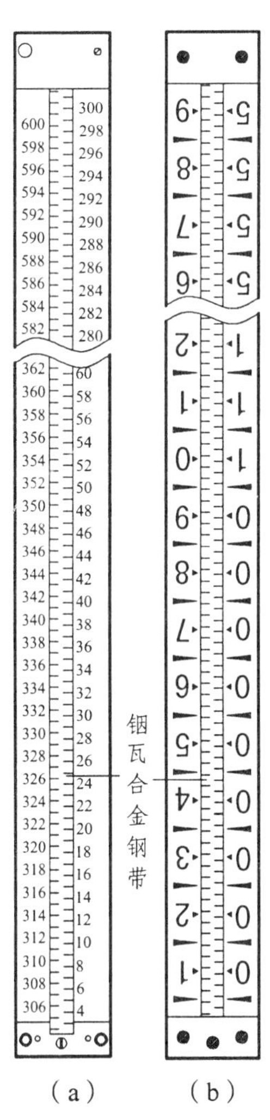

图 1.40　精密水准尺

精密水准尺是在木质尺身的凹槽内引一根铟瓦合金钢带，其中零点端固定在尺身上，另一端用弹簧以一定的拉力将其引张在尺身上，以使铟瓦合金钢带不受尺身伸缩变形的影响。长度分划在铟瓦合金钢带上，数字注记在木质尺身上，精密水准尺的分划值有 1 cm 和 0.5 cm 两种。图 1.40（a）为与徕卡新 N_3 精密水准仪配套的精密水准尺。因为新 N_3 的望远镜为正像望远镜，所以水准尺上的注记也是正立的。水准尺全长约 3.2 m，在铟瓦合金钢带上刻有两排分划，右边一排分划为基本分划，数字注记从 0～300 cm，左边一排分划为辅助分划，数字注记从 300～600 cm，基本分划与辅助分划的零点相差一个常数 301.55 cm，称为基辅差或尺常数。水准测量作业时，用以检查读数是否存在粗差。

图 1.40（b）为与蔡司 Ni_{004} 精密水准仪配套的精密水准尺，国产 DS_1 精密水准仪也使用这种水准尺。因为 Ni_{004} 的望远镜为倒像望远镜，所以水准尺上的注记是倒立的。水准尺的分划值为 0.5 cm，只有基本分划而无辅助分划，左边一排分划为奇数值，右边一排分划为偶数值；右边注记为 m 数，左边注记为 dm 数；小三角形▶表示半 dm 数，长三角形口▬表示 dm 起始线。由于将 0.5 cm 分划间隔注记为 1 cm，所以尺面注记值为实际长度的两倍，故用此水准尺观测的高差须除以 2 才等于实际高差值。其读数原理与 N_3 相同。

二、徕卡 N_3 精密水准仪及其读数原理

图 1.41 是徕卡新 N_3 微倾式精密水准仪，各部件的名称见图中注记，仪器每千米往返测高差中数的中误差为 ±0.3 mm。为了提高读数精度，仪器设有平板玻璃测微器。N_3 的平板玻璃测微器的结构如图 1.42 所示。

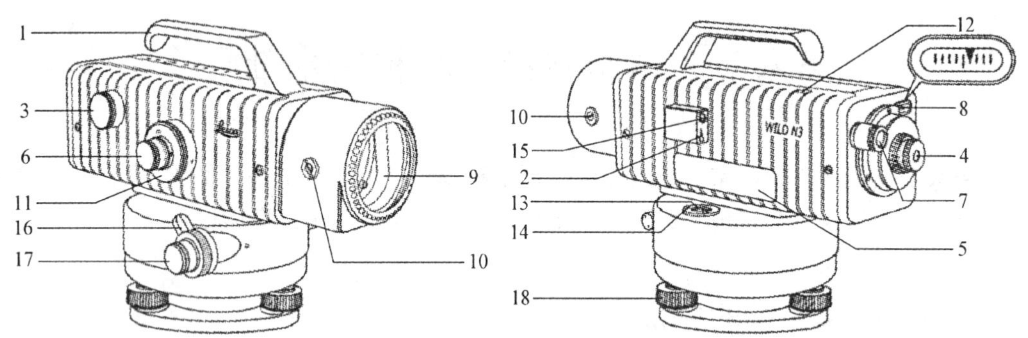

图 1.41　徕卡新 N_3 微倾式精密水准仪

1—手柄；2—光学粗瞄器；3—物镜调焦螺旋；4—目镜；5—管水准器照明窗口；6—微倾螺旋；7—管水准气泡与测微尺观察窗；8—微倾螺旋行程指示器；9—平板玻璃；10—平板玻璃旋转轴；11—平板玻璃测微螺旋；12—平板玻璃测微器照明窗；13—圆水准器；14—圆水准器校正螺丝；15—圆水准器观察装置；16—制动螺旋；17—微动螺旋；18—脚螺旋

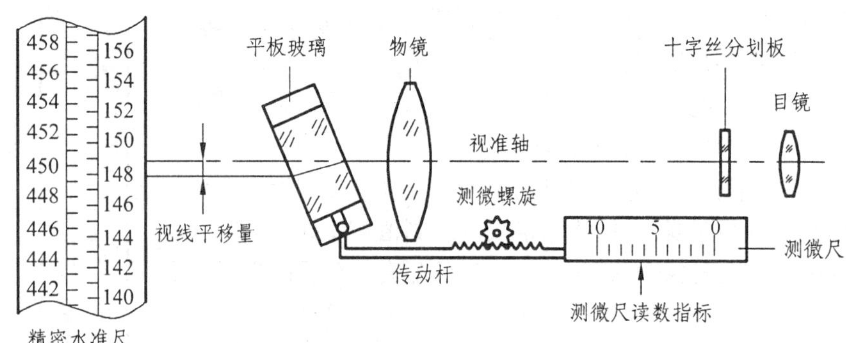

图 1.42　N_3 的平板玻璃测微器结构

它由平板玻璃、测微尺、传动杆和测微螺旋等构件组成。平板玻璃安装在物镜前，它与测微尺之间用带有齿条的传动杆连接，当旋转测微螺旋时，传动杆带动平板玻璃绕其旋转轴作俯仰倾斜。视线经过倾斜的平板玻璃时，产生上下平行移动，可以使原来并不对准尺上某一分划的视线能够精确对准某一分划，从而读到一个整分划读数（见图 1.43 中的 148 cm 分划），而视线在尺上的平行移动量则由测微尺记录下来，测微尺的读数通过光路成像在测微尺读数窗内。

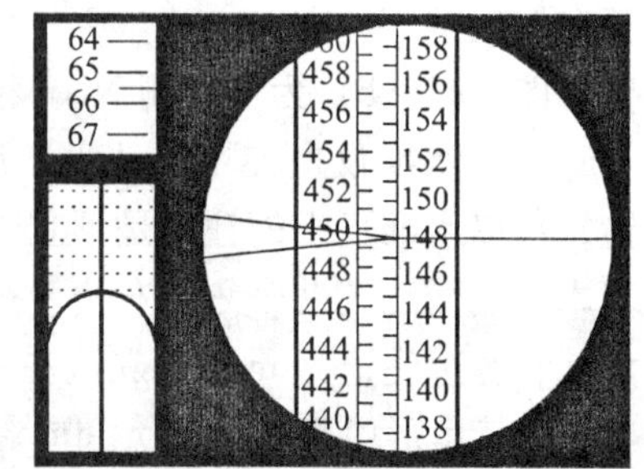

图 1.43　N_3 的望远镜视场

旋转 N_3 的平板玻璃，可以产生的最大视线平移量为 10 mm，它对应测微尺上的 100 个分格，因此，测微尺上 1 个分格等于 0.1 mm，如在测微尺上估读到 0.1 分格，则可以估读到 0.01 mm。将标尺上的读数加上测微尺上的读数，

就等于标尺的实际读数。如图 1.43 的读数为 148＋0.655＝148.655 cm＝1.486 55 m。

三、国产 DS_1 型精密水准仪及读数

DS_1 型精密水准仪（见图 1.44）的构造和 DS_3 水准仪基本相同，也有微倾式和自动安平式的，它的不同之处主要也是装有一个供读数的平板玻璃测微器，结构如图 1.42 所示。

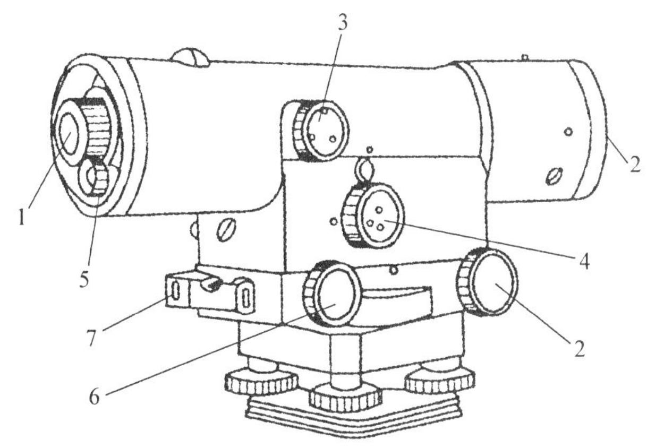

图 1.44　DS_1 型精密水准仪

1—目镜；2—物镜；3—对光螺旋；4—测微螺旋；5—测微读数显微镜；6—微倾螺旋；7—十字水准器

读数时，用微倾螺旋使目镜视场左边的符合水准气泡的两个半像吻合后，仪器即已精确整平。这时望远镜十字丝横丝往往恰好对准水准尺上的某一分划线，需转动测微螺旋调整视线上下移动，使十字丝的楔形丝精确夹住水准尺上一个整分划线，如图 1.45（a）所示。从望远镜直接读出楔形丝夹住的读数为 1.98 m，再在读数显微镜内读出厘米以下的读数为 1.58 mm。所以水准尺全部读数为 1.98 m＋1.58 mm＝1.981 58 m，但国产 DS_1 型水准仪配套的是 5 mm 分划的水准尺，为了便于读数，尺上注记为 10 mm，故实际读数应是 1.981 58÷2＝0.990 79 m。

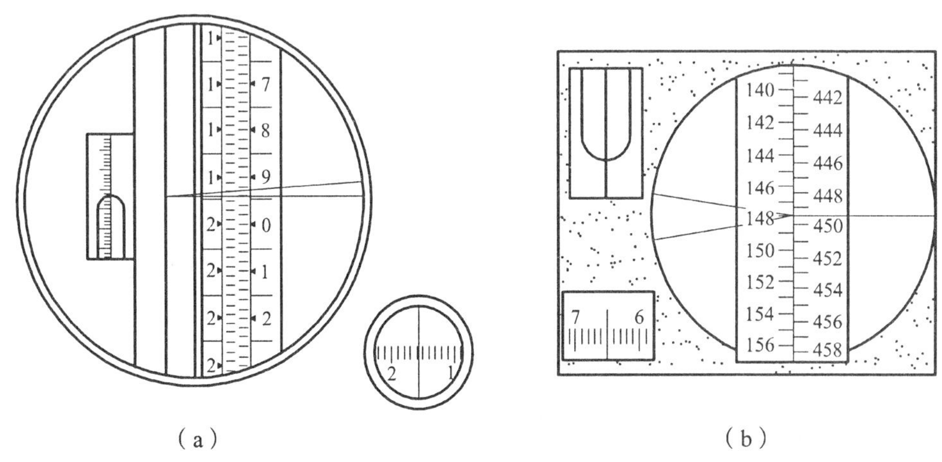

图 1.45　精密水准尺的读数

测量时无需每次将读数除以 2，只需将由读数直接算出的高差除以 2 即可换算成实际的高差。

四、蔡司 Ni_{004}、威尔特 N_3 精密水准仪的读数

图 1.45（b）是配套蔡司 Ni_{004}、威尔特 N_3 精密水准仪基辅分划尺的读数图。楔形丝夹住的水准尺基本分划读数为 1.48 m，测微尺读数为 6.50 mm，全读数为 1.486 500 m。因为水准尺分划值为 1 cm，故读数为实际值，不需除以 2。

五、国产 DSZ_2 自动安平精密水准仪及其读数原理

图 1.46 为 DSZ_2 自动安平精密水准仪，各部件的名称如图中注记。仪器采用交叉吊丝结构补偿器，补偿器的工作范围为±14′，视线安平精度为±0.3″，安装平板玻璃测微器 FS_1 时，每千米往返测高差中数的中误差为±0.5 mm，可用于国家二等水准测量。平板玻璃测微器 FS_1 可以根据需要安装或卸载，还可与徕卡的 NA_2 或 NAK_2 水准仪配合使用。配合仪器使用的精密水准尺与新 N_3 的精密水准尺完全相同［见图 1.40（a)］，读数方法也相同。

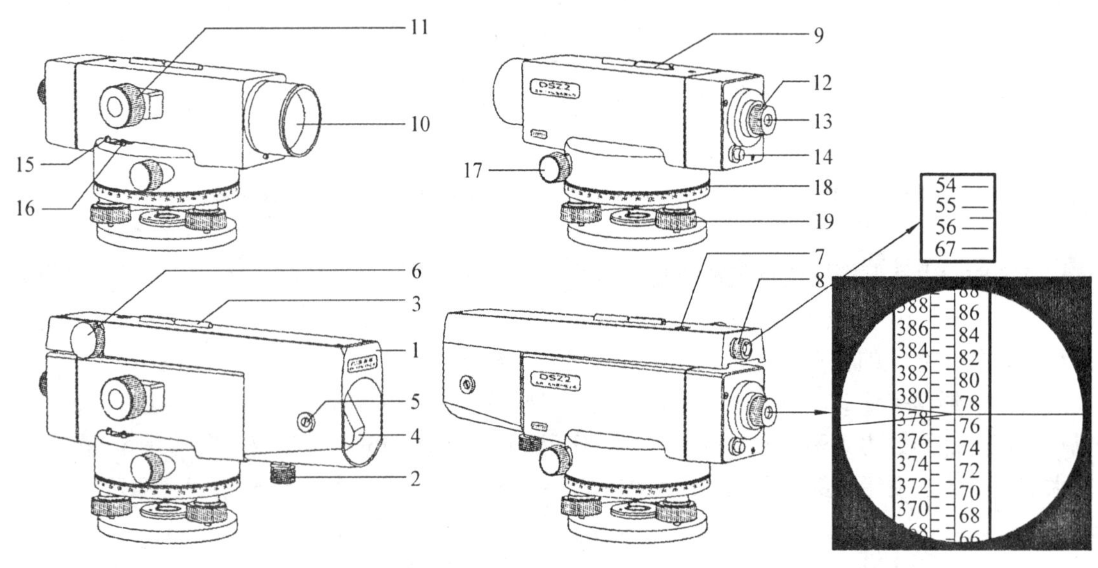

图 1.46　DSZ_2 自动安平精密水准仪

1—FS1 平板玻璃测微器；2—平板玻璃测微器固定螺丝；3—平板玻璃测微器粗瞄器；4—平板玻璃；5—平板玻璃座转轴螺丝；6—测微螺旋；7—平板玻璃测微器照明窗；8—平板玻璃测微器读数窗目镜调焦螺旋；9—水准仪粗瞄器；10—望远镜物镜；11—物镜调焦螺旋；12—目镜调焦螺旋；13—目镜；14—补偿器按钮；15—圆水准器；16—圆水准器校正螺丝；17—无限位水平微动螺旋；18—水平度盘；19—脚螺旋

第七节　电子水准仪

随着电子技术的迅猛发展及计算机技术的广泛应用，水准仪由传统的光学水准仪进入电子水准仪（也称数字水准仪）的时代。电子水准仪集电子光学、图像处理、计算机技术于一

体，具有速度快、精度高、操作简捷、自动观测和记录无人为读数误差等特点，它使测量工作实现了自动化。自 1990 年瑞士徕卡公司推出世界上第一台电子水准仪 NA_{2000} 以来，德国蔡司、日本拓普康和索佳等测量公司也相继推出各自的电子水准仪。二十年的时间，电子水准仪已经发展到第二代、第三代产品，其测量精度也达到了一、二等水准测量的要求。国内南方测绘公司也推出了自己的 DL-301（302）产品（见图 1.47）。

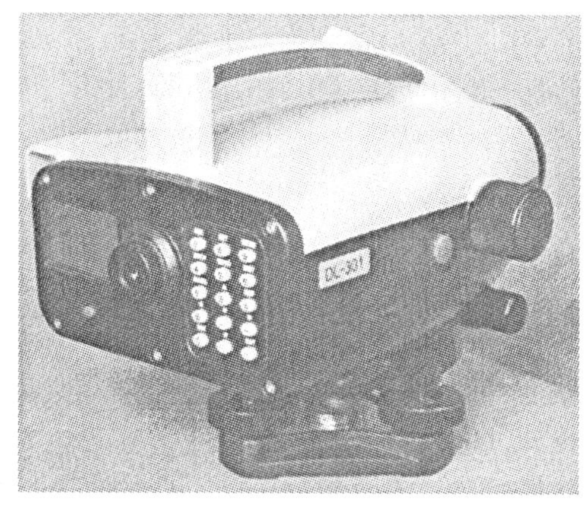

图 1.47　DL-301 电子水准仪

一、电子水准仪的特点

电子水准仪是在仪器望远镜光路中增加分光棱镜与 CCD 传感器等部件，采用条形码水准尺和图像处理系统构成光、机、电及信息存储与处理的一体化水准测量系统。与光学水准仪比较，电子水准仪的特点是：① 自动测量视距与中丝读数；② 快速进行多次测量并自动计算平均值；③ 自动存储观测数据，使用后处理软件可实现水准测量从外业数据采集到最后成果计算的一体化；④ 电子水准仪一般是设置有补偿器的自动安平水准仪，当采用普通水准尺或采用条形码水准尺反面测量时，数字水准仪又可当做普通自动安平水准仪使用。

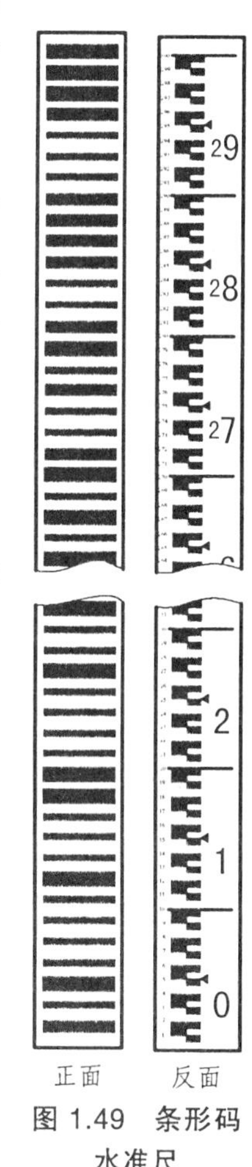

图 1.49　条形码水准尺

二、电子水准仪测量原理

图 1.48 为 DL-301 电子水准仪的光路图，与之配套的是 3 m 铝合金条形码水准标尺（见图 1.49），标尺的正面为条形码，反面为 0.5 cm 分划注记。

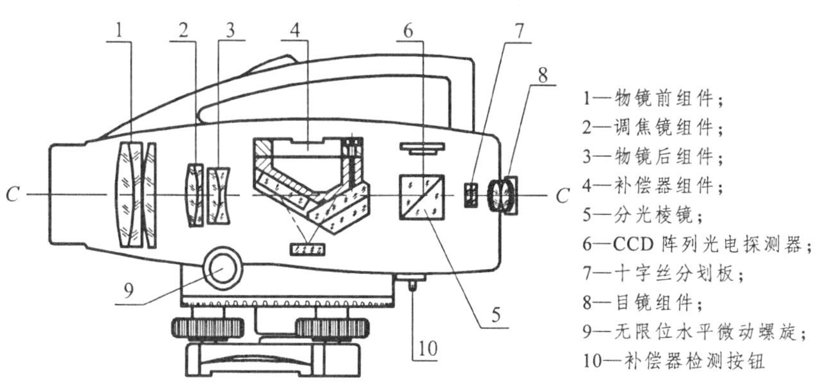

图 1.48　DL-301 电子水准仪光路图

用望远镜照准标尺并调焦后，标尺正面的条形码影像入射到分光棱镜 5 上，分光镜将其分为可见光和红外光两部分，可见光影像成像在十字丝分划板 7 上，供目视观测；红外光影像成像在 CCD 阵列光电探测器 6 上，探测器将接收到的光图像先转换成模拟信号，再转换为数字信号传送给仪器的处理器，通过与机内事先存储好的标尺条形码本源数字信息进行相关比较，当两信号处于最佳相关位置时，即获得水准尺上的水平视线读数和视距读数并输出到屏幕显示。

三、DL-301 电子水准仪的主要部件功能及技术参数

主要构件名称及功能如图 1.50 所示，其主要技术参数如表 1.5 所示。

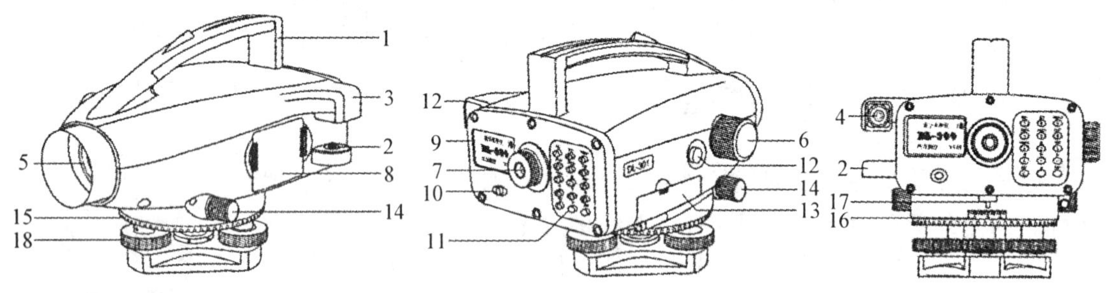

图 1.50　DL-301 电子水准仪

1—提手；2—圆水准器；3—圆水准器反射镜；4—圆水准器影像；5—物镜；6—物镜调焦螺旋；7—目镜；8—电池；9—显示屏幕；10—电源开关；11—字母数字键盘；12—测量按钮；13—SD 存储卡插槽与 miniUSB 口；14—无限位水平微动螺旋；15—水平度盘；16—水平度盘读数窗；17—补偿器检测按钮；18—脚螺旋

表 1.5　DL-301 电子水准仪的主要技术参数

<table>
<tr><th colspan="2">项　目</th><th>技术指标</th><th colspan="2">项　目</th><th>技术指标</th></tr>
<tr><td rowspan="6">望远镜</td><td>放大倍数</td><td>32×</td><td colspan="2">测量时间</td><td>3 s</td></tr>
<tr><td>分辨率</td><td>3″</td><td colspan="2">数据存储</td><td>10000 个点</td></tr>
<tr><td>最短视距</td><td>1.5 m</td><td colspan="2">水平度盘分划值</td><td>1°</td></tr>
<tr><td>成像</td><td>正像</td><td colspan="2">防水等级</td><td>IP54</td></tr>
<tr><td>视距加常数</td><td>0</td><td colspan="2">工作温度</td><td>−20～50 °C</td></tr>
<tr><td>视距乘常数</td><td>100</td><td colspan="2">显示屏</td><td>四行中文显示
128×64 点阵 LCD</td></tr>
<tr><td rowspan="3">补偿器</td><td>类型</td><td>磁阻尼摆式补偿器</td><td rowspan="2">最小显示</td><td>高差</td><td>0.1/1 mm</td></tr>
<tr><td>补偿范围</td><td>±15′</td><td>距离</td><td>0.1/1 cm</td></tr>
<tr><td>安平精度</td><td>0.5″</td><td colspan="2">圆水准器灵敏度</td><td>8′/2 mm</td></tr>
<tr><td rowspan="4">精度</td><td>电子
（每公里往返测标准差）</td><td>1 mm</td><td colspan="2">电　源</td><td>7.2 V（锂离子电池）</td></tr>
<tr><td>光学读数</td><td>1 mm</td><td colspan="2">使用时间</td><td>约 10 h</td></tr>
<tr><td>测量范围</td><td>1.5～100 m</td><td colspan="2">重　量</td><td>2.5 kg</td></tr>
<tr><td>距离测量精度</td><td>0.2%×D
（D 为距离值）</td><td colspan="2">尺寸
（长×宽×高）</td><td>270 mm×210 mm×180 mm</td></tr>
</table>

外业观测数据可以存储在内存或 SD 卡，内存最多可以存储 10 000 个点的观测数据，用标配的 USB 口数据线连接仪器的 miniUSB 口与 PC 机的 USB 口，使用通信软件可以将仪器

观测数据下传到 PC 机，也可以将内存数据转存到 SD 卡，使用读卡器将 SD 卡中的数据文件读入 PC 机。DL-301 开机屏幕显示过程如图 1.51 所示，DL-301 操作面板与键功能如图 1.52 所示。

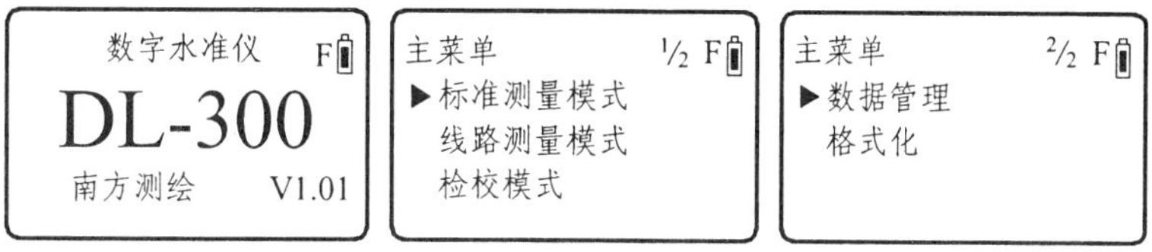

数字水准仪 F	主菜单 ½ F	主菜单 2/2 F
DL-300	▶标准测量模式	▶数据管理
南方测绘 V1.01	线路测量模式	格式化
	检校模式	

图 1.51　DL-301 开机屏幕显示过程

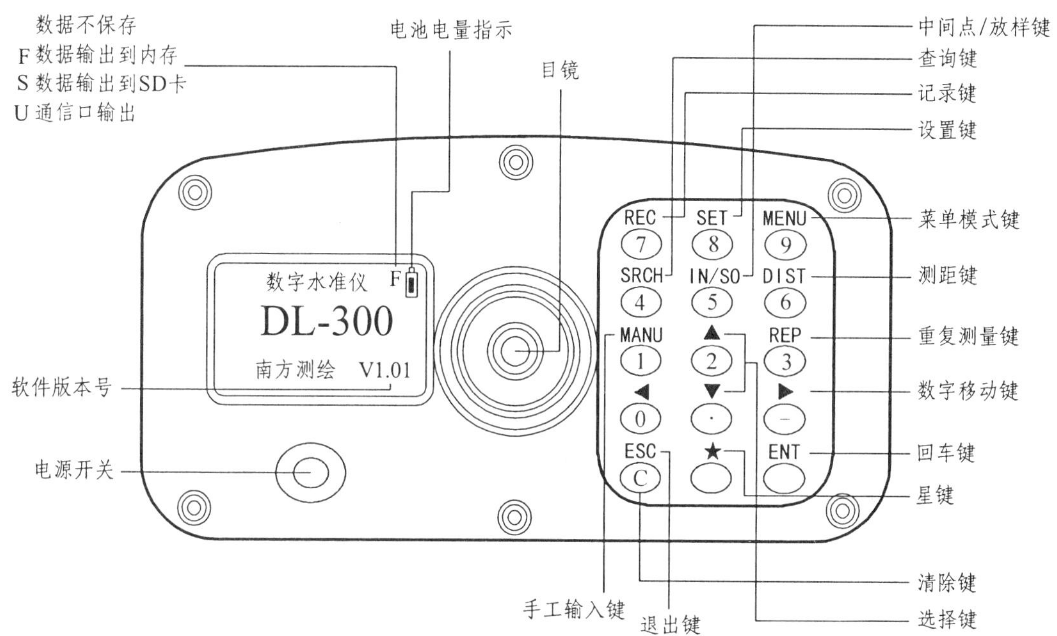

图 1.52　DL-301 的操作面板与各键功能

思考题与习题

1. 高程测量的主要方法有哪几种？一般来说，何种测量方法的精度最高？
2. 什么叫水准点？它有什么作用？
3. 我国的高程系统采用什么作为起算基准面？
4. 水准测量的基本原理是什么？
5. 什么叫后视点、后视读数？什么叫前视点、前视读数？高差的正负号是怎样确定的？
6. 什么叫转点？转点的作用是什么？
7. 微倾水准仪的构造有哪几个主要部分？每个部分由哪些部件组成？其作用如何？
8. 什么叫视差？产生视差的原因是什么？如何消除视差？
9. 什么叫水准管轴？什么叫视准轴？水准管轴与视准轴有什么关系？当气泡居中时，水准管轴在什么位置上？

10. 水准测量误差分为哪几类，如何减弱或消除？

11. 自动安平水准仪与微倾式水准仪在操作上有何异同点？

12. 与普通水准仪比较，精密水准仪有何特点？电子水准仪有何特点？

13. 水准路线形式有哪几种？怎样计算它们的高程闭合差？当闭合差不超过规定要求时，应如何进行分配？

14. 两次变动仪器高法观测一条水准路线，其观测成果标注如图，图中视线上方的数字为第 2 次仪器高的读数。

（1）将图中读数填入水准测量记录手簿（见表 1.1）；

（2）计算高差 h_{AB}。

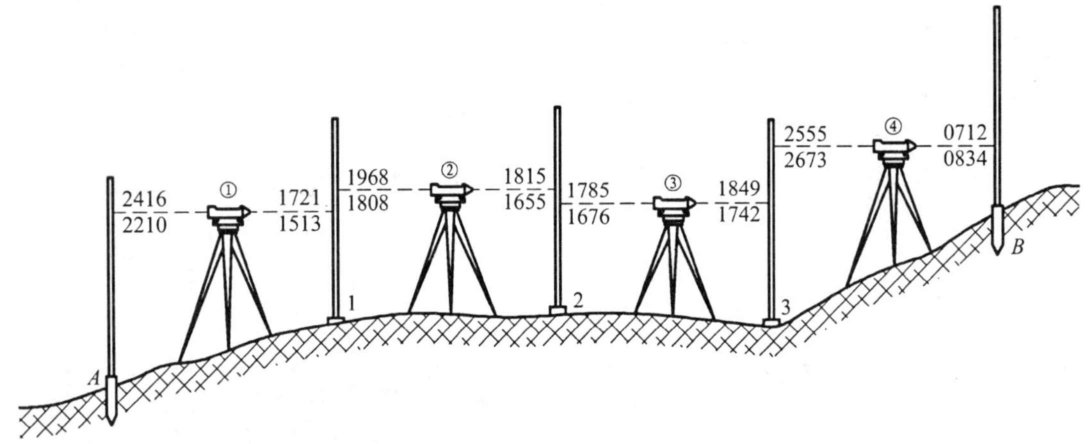

14 题图

15. 在水准点 BM_1 和 BM_2 之间进行了往返测量，施测过程和读数如图所示，已知水准点 1 的高程为 200.919 m。

（1）按表 1.2 填写水准测量记录簿；

（2）计算水准点 2 的高程。

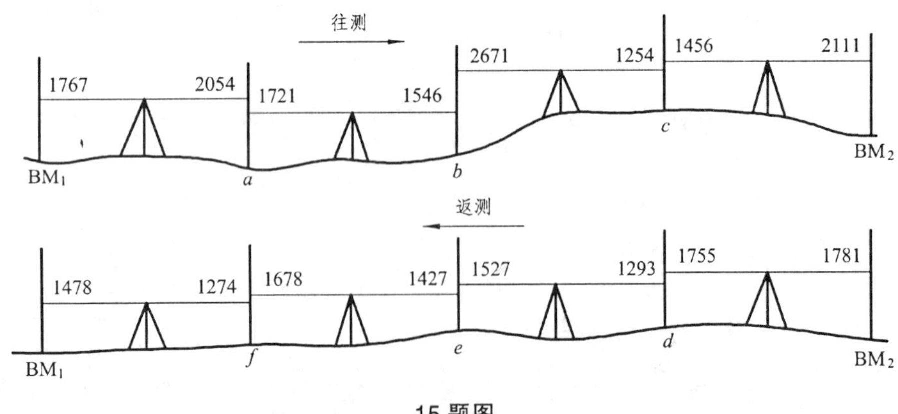

15 题图

16. 计算并调整下列铁路附合水准成果。已知水准点 14 到水准点 15 的单程水准路线长度为 3.2 km。

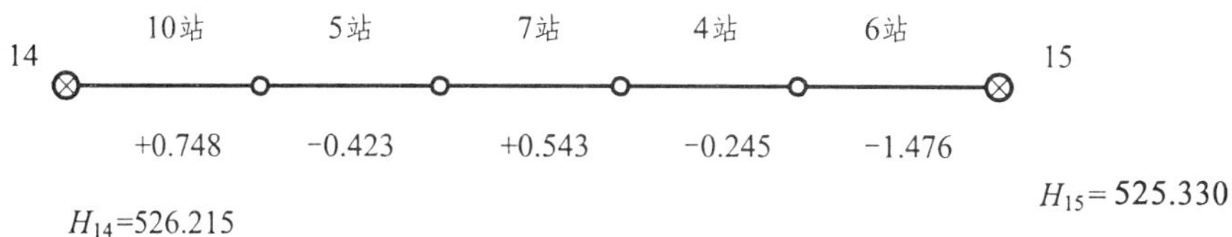

16 题图

17. 在某山区建筑工地布设一条闭合水准路线，如图所示。计算闭合水准路线各水准点的高程。

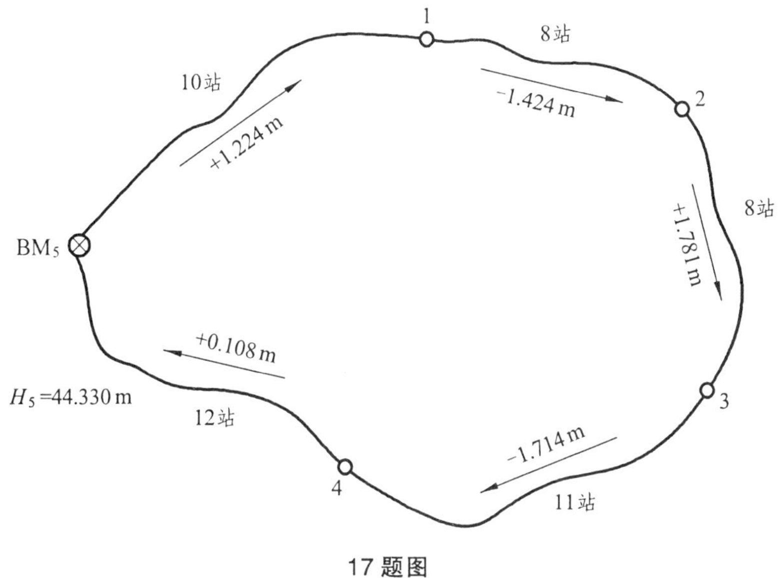

17 题图

18. A、B 两点相距 60 m，水准仪置于等间距处时，得 A 点尺读数 $a=1.33$ m，B 点尺读数 $b=0.806$ m，将仪器移至 AB 的延长线 C 点时，得 A 点的尺读数 1.944 m，B 点的尺读数 1.438 m，已知 $BC=30$ m，试问该仪器的 i 角为多少？若在 C 点校正其 i 角，问 A 点尺的正确读数应为多少？

第二章　角度测量

第一节　角度测量工作概述

角度测量是确定地面点的空间位置要素之一，也是一项基本测量工作。角度可以分为水平角和竖直角。常用测量角度仪器是经纬仪，它既可测量水平角，又可测量竖直角。

一、水平角测量原理

1. 水平角定义

水平角是指从空间一点出发的两个方向在水平面上投影所夹的角度。一般用“β”表示。其角值范围为 0°～360°。

2. 水平角测量原理

如图 2.1 所示，假设 A、B、O 为空间任意三点，OA、OB 为从 O 点出发的两条方向线，过 OA 和 OB 分别作两个铅垂面，与水平面 H 的交线 Oa 和 Ob 所构成的二面角 $\angle aOb$，即为 OA、OB 间的水平角 β。若在角顶点 O 上安置一个水平刻度盘，且度盘的刻划中心与 O 点重合，其圆心 O 在通过测点 O 的铅垂线上，设 OA 和 OB 两条方向线在刻度盘上的投影读数分别为 a 和 b，得水平角 β 为：

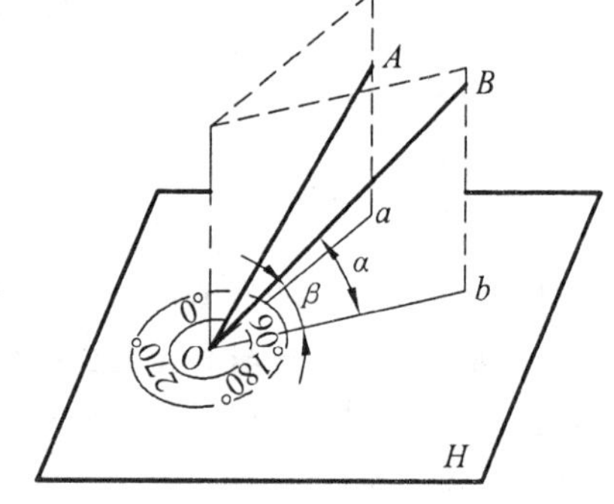

图 2.1　水平角测量原理

$$\beta = b - a \tag{2.1}$$

二、竖直角测量原理

1. 竖直角定义

竖直角是指观测方向与其在同一铅垂面内的水平线所夹的锐角，又称为垂直角，一般用“α”表示。竖直角的角值在 0°～±90°。

2. 竖直角测量原理

如图 2.2 所示，观测方向线在水平线之上称为仰角，符号为正；观测方向线在水平线以下称为俯角，符号为负。若在测站上竖直设一个刻度盘，其圆心通过角顶点的水平线，设照准目标时视线的读数为 n，水平视线上的读数为 m，得竖直角 α 为：

$$\alpha = n - m \tag{2.2}$$

根据上述测角原理可知，用于角度测量的仪器应具有带刻度的水平圆盘（称水平度盘，简称平盘）和竖直圆盘（称竖直度盘，简称竖盘），且水平度盘的中心位于水平角顶点的铅垂线上；还要有一个照准目标的望远镜和读数设备，望远镜不仅能在水平方向左右旋转，而且能在竖直方向上下旋转，构成一个竖直面，以便照准不同高度、不同方向的目标；为了把仪器安置在角顶上和把水平度盘安置水平应有对中和整平装置。经纬仪就是根据这些要求制成的一种测角仪器。

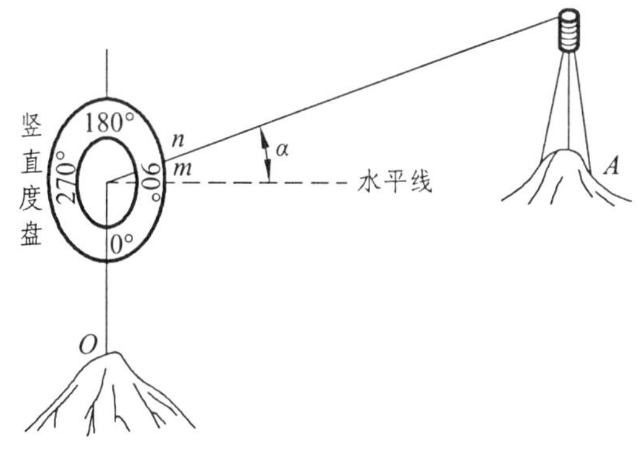

图 2.2　竖直角测量原理

第二节　经纬仪及其操作

经纬仪的种类很多，但基本结构大致相同。根据测角精度的不同，我国生产的经纬仪系列分为 DJ_{07}、DJ_1、DJ_2、DJ_6、DJ_{30} 等几个等级。其中 D 和 J 分别是大地测量和经纬仪两词汉语拼音的第一个字母，角标数字 07、1、…、30 表示仪器的精度等级，表示一测回水平方向的观测中误差不超过 ±0.7 s、±1 s、…、±30 s。“DJ”通常简写为“J”。

经纬仪一般分为游标经纬仪、光学经纬仪和电子经纬仪三种类型。游标经纬仪已基本淘汰，故不作介绍。光学经纬仪具有体积小、质量轻、密封性好、读数方便等优点，已被广泛用于工程测量。光学经纬仪类型较多，其中最常用的是 DJ_2 和 DJ_6 两种类型。本节重点介绍 DJ_2、DJ_6 光学经纬仪基本构造和读数方法。

一、经纬仪的构造

经纬仪主要由基座、照准部、水平度盘三部分组成。如果根据在测角中的作用不同也可分为对中、整平装置、照准装置、竖轴轴系、读数装置几个部分。DJ_6 级光学经纬仪的外貌如图 2.3 所示，DJ_2 级光学经纬仪的外貌如图 2.4 所示。下面分别说明光学经纬仪各种装置的具体构造。

（一）基座部分

基座是支承整个仪器的底部，起连接和调节作用。经纬仪基座与水准仪基座的构成和作用基本相同，同样有定平用的脚螺旋和连接三脚架的连接垫板，经纬仪的三个脚螺旋位于基座的下部，当旋转脚螺旋时，可使仪器的基座升降，从而将仪器整平。另外在基座一侧有一个固定螺旋，它是连接仪器和基座的螺旋，使用时应检查固定螺旋是否旋紧，如果松开，测角时仪器会产生带动和晃动，迁站时还容易把仪器摔在地上，要特别注意禁止松动这个螺旋，以免仪器分离摔坏。

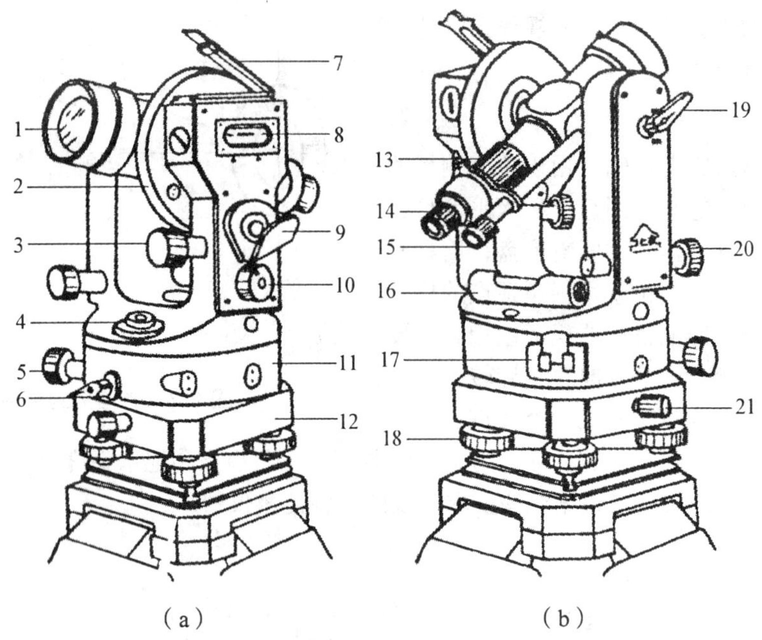

图 2.3 DJ_6级经纬仪

1—物镜；2—竖直度盘；3—竖盘指标水准管微动螺旋；4—圆水准器；5—照准部微动螺旋；6—照准部制动扳钮；7—水准管反光镜；8—竖盘指标水准管；9—度盘照明反光镜；10—测微轮；11—水平度盘；12—基座；13—望远镜调焦筒；14—目镜；15—读数显微镜目镜；16—照准部水准管；17—复测扳手；18—脚螺旋；19—望远镜制动扳钮，20—望远镜微动螺旋；21—轴座固定螺旋

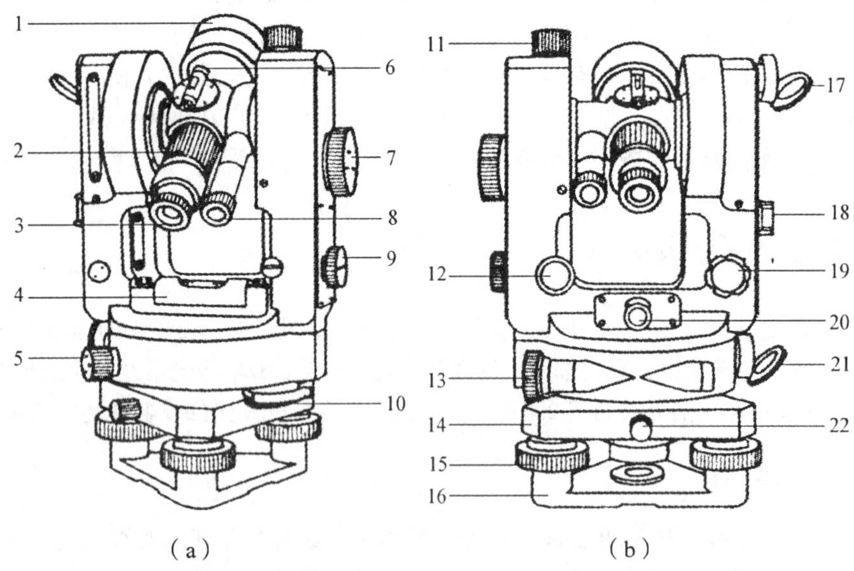

图 2.4 DJ_2级经纬仪

1—物镜；2—望远镜调焦筒；3—目镜；4—照准部水准管；5—照准部制动螺旋；6—粗瞄准器；7—测微轮；8—读数显微镜目镜；9—度盘换像旋钮；10—水平度盘变换手轮；11—望远镜制动螺旋；12—望远镜微动螺旋，13—照准部微动螺旋；14—基座；15—脚螺旋；16—基座底板；17—竖盘照明反光镜；18—竖盘指标水准器观察镜；19—竖盘指标水准器微动螺旋；20—光学对中器；21—水平度盘照明反光镜；22—轴座固定螺旋

（二）照准部

照准部是经纬仪基座上方能够转动的部分的总称，主要包括望远镜、水平度盘、竖直度盘、水准器及读数设备等。

1. 望远镜

经纬仪的望远镜与水准仪的望远镜构造基本相同，它也有物镜、目镜、对光螺旋、外瞄准器以及十字丝分划板组成，不同之处在于望远镜调焦螺旋的构造和分划板的刻划方式。它的望远镜调焦螺旋不在望远镜的侧面，而在靠近目镜端的望远镜筒上；在十字丝的刻划形式上，因为水准仪主要是用它的横丝来读取水准尺读数，而经纬仪主要是用竖丝来瞄准目标，所以它的主要刻划形式如图 2.5（a）和（b）所示，竖丝一半刻成单丝，而另一半刻成双丝，以便于平分或对称地瞄准大小不同的目标。

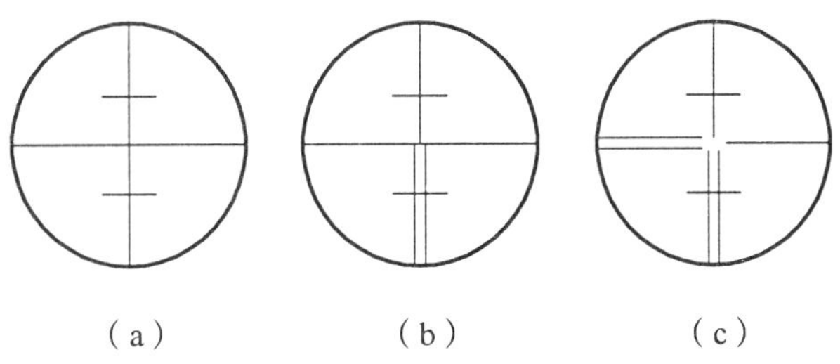

（a）　　（b）　　（c）

图 2.5　经纬仪望远镜十字丝的形式

经纬仪望远镜为了测角，需瞄准不同高低和不同方向的目标，因此横轴与望远镜固连在一起，并且水平安置在两个支架上，望远镜可绕其上下转动。在一端的支架上有一个制动螺旋，当旋紧时，望远镜不能转动。另有一个微动螺旋，在制动螺旋旋紧的条件下，转动它可使望远镜做上下微动，以便于精确地照准目标。

望远镜连同照准部可绕竖轴在水平方向旋转，以照准不在同一铅垂面上的目标。照准部也有一对制动和微动螺旋，以控制其固定或作微小转动。

2. 竖直度盘

它是由光学玻璃制成，呈圆环状，盘上按 0°～360° 顺时针（或逆时针）刻划，每格为 1° 或 30′。竖盘固定在横轴的一端，随望远镜一起转动。

3. 水准器

水准器是用来标志仪器是否已经整平的装置。它一般有两个：一个是圆水准器，用来粗略整平仪器；一个是管水准器，用来精确整平仪器。有的仪器还装有竖盘指标水准管，是用来判断竖盘指标是否在正确位置的。有的仪器改用自动补偿器。

4. 光学对中器

光学对中器也是用来标志仪器是否对中的。

光学对中器的构造如图 2.6 所示，它实际上是一个小型望远镜。为观测方便，望远镜是水平安置的。在它的物镜仪器已经对中，推拉目镜可对地面目标调焦，旋转目镜则可进行分划板对光。光学对中器的优点是不像垂球对中会受风力的影响，所以对中精度较垂球为高。

光学对中器安置的位置，有的是在照准部上，有的则在基座上。如在照准部上，则可与照准部共同旋转，而在基座上则不能。

5. 竖轴系

经纬仪竖轴如图 2.7 所示。照准部的旋转轴位于基座轴套内，而度盘轴套则套在基座轴套外，以使照准部旋转轴不与度盘轴套直接接触，避免相互带动。度盘和照准部可以通过一个机构相连，共同做水平方向旋转，也可互相脱开各自单独运动。运动情况见水平度盘转动的控制装置。

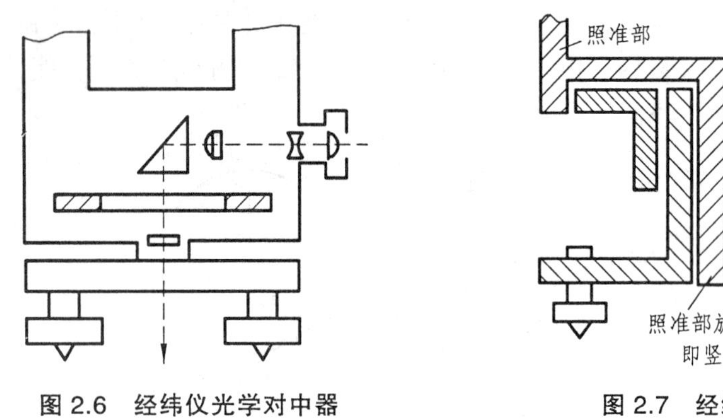

图 2.6　经纬仪光学对中器　　　图 2.7　经纬仪竖轴系

6. 测微轮

用来精确进行读数的装置（DJ_6 型经纬仪没有）。

7. 度盘换像螺旋

DJ_2 级以及精度更高的经纬仪，通常在读数窗中只能看到一个度盘的分划成像，不能同时看到两个度盘成像，主要利用度盘变换螺旋来控制，这样不会出现错读水平盘或竖直盘读数的现象。

（三）水平度盘部分

水平度盘是用光学玻璃制成的圆环，圆环周边缘按顺时针刻有 0°～360° 的分划线，是用来测量水平角的，水平度盘的轴是空心的，又称外轴套。水平度盘转动有两种类型，其功能也有所不同。

1. 拨盘机构

拨盘机构是一种设置度盘读数位置的装置，在仪器观测过程中，为了减少度盘刻划不均匀误差，可以拨动度盘，使之在不同位置进行测角。拨盘机构的结构形式有两种：北京光学仪器厂生产的 DJ_6 型仪器，拨动时先按手把，然后推进手轮，即可拨动水平度盘，拨完后轻按手把，手轮即自行弹起。苏州光学仪器厂生产的 J_2 型仪器，拨动前先推开护盖，然后拨动度盘变换手轮，即可随意变动度盘位置，拨完或关闭护盖，避免测量过程中碰动水平度盘。

2. 复测机构

复测机构是一种可供复测角度的装置。它装在照准部外壳的侧面，借助它可以使度盘与照准部联动或者分离，如图 2.8 所示。如北光生产的 DJ_6-1 型，当复测手把扳下时，度盘与照准部就结合在一起，望远镜水平转动时，水平度盘和照准部一起转动，水平度盘读数不变；当复测扳手扳上时，度盘和照准部就分离开，望远镜水平转动时，照准部就单独转动，而水平度盘不动，水平度盘读数改变。

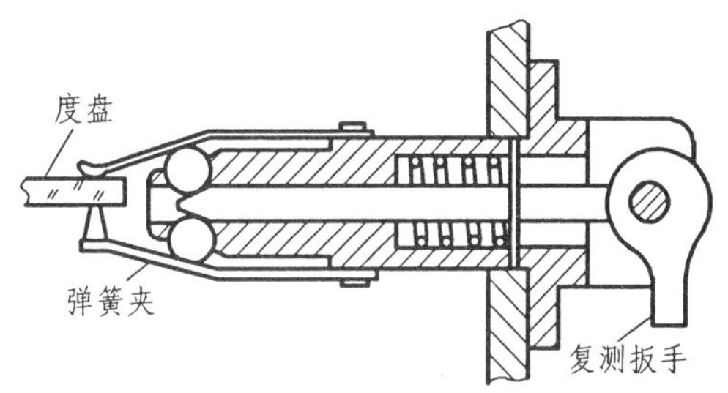

图 2.8 经纬仪的复测装置

二、读数装置及读数方法

读数装置包括度盘、读数显微镜及测微器等。不同精度、不同厂家生产的经纬仪，其基本构造是相同的，但测微装置及读数方法则有所不同。我们只介绍应用最多的 J_6 及 J_2 级经纬仪的读数装置。在水平度盘上，相邻两分划线间的弧长所对应的圆心角称为度盘的分划值。在每个分划线上注以度数。J_6 级经纬仪度盘分划值一般为 1° 或 30′，J_2 级经纬仪通常是将 1° 的分划再分为 3 格，即 20′ 一格，每度均注有字。根据注字可以判定度盘分划值的大小，小于度盘分划值的读数则用测微器读取。

读数显微镜位于望远镜的目镜一侧。通过位于仪器侧面的反光镜将光线反射到仪器内部，通过一系列光学组件，使水平度盘、竖直度盘及测微器的分划都在读数显微镜内显示出来，从而可以读取读数。6″ 级经纬仪，一般采用测微尺读数。2″ 级经纬仪，一般采用对径符合读数装置。

1. 测微尺及其读数方法

如图 2.9 所示，是 DJ_6 光学经纬仪从读数显微镜中看到的度盘影像和分微尺的影像。在读数显微镜中可以看到两个读数窗；注有“水平”，（或“H”、“—”）的是水平度盘读数窗；注有“竖直”（或“V”、“⊥”）的是竖盘读数窗。度盘分划值为 1°，小于 1° 的读数可以从分微尺读取。度盘 1° 的间隔经放大后与分微尺长度相等。分微尺全长等分为 60 个小格，每格 1′，因此在分微尺上可以直接读 1′，不足 1′ 的数可以估读到 0.1′ 即 6″，读数时，首先看分微尺上度数的分划线，线上注的字即为“度”的读数值，然后看分微尺上 0 分划线到水平度盘分划线间的分格数即为“分”的读数，不足 1′ 的估读，三者加起即为全部读数，图 2.9 中水平度盘读数为 215°7.5′，即 215°07′30″；竖直度盘读数为 78°48.3′，即 78°48′18″。该分微尺的“0”分划线就是指标线。

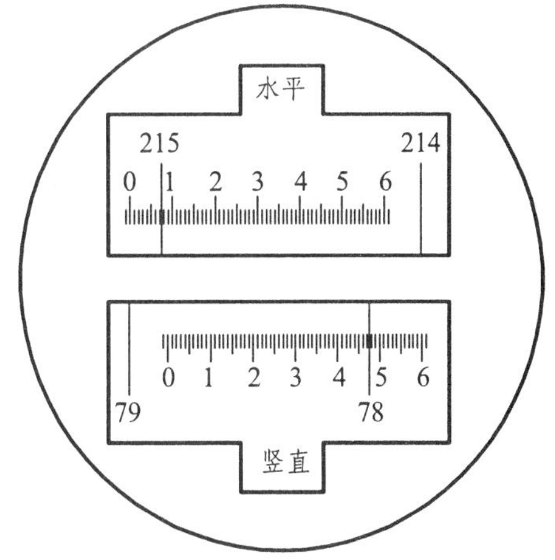

图 2.9 分微尺读数窗

2. 对径符合读数法

在 DJ_2 光学经纬仪中采用对径分划线影像符合的读数设备。它将度盘上相对 180° 的分划线，经过一系列棱镜和透镜的反射与折射，同时显现在读数显微镜中，并分别位于一条横线的上、下方。如图 2.10 所示，右下方为分划线重合窗；右上方读数窗中上面的数字为整度值，凸出的小方框中所注数字为整 10′ 数；左下方为测微尺的读数窗。

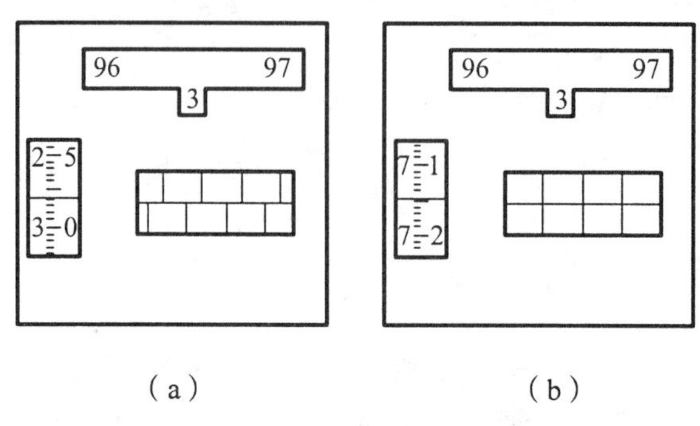

（a）　　　　（b）

图 2.10　对径符合读数窗

测微尺刻划有 600 小格，每格为 1″，可估读至 0.1″，全程测微范围为 10′。测微尺读数窗中左边注记数字为分，右边注记为整 10″ 数。观测时读数方法如下：转动测微轮，使分划线重合窗中上、下分划线重合，在读数窗中读出度数；在小方框中读出整 10′ 数；在测微尺读数窗中读出分、秒数；将以上读数相加即为度盘读数。图中读数为 96°37′14.7″。

近年来，为便于读数，DJ_2 经纬仪大都采用半数字化读数装置。如图 2.11 所示，读数窗上面为度和整 10′ 数，下面窗口为不足 10′ 的分数和秒数，两排注字中上面的是分，下面的是秒，根据指标线读出。读数时转动测微轮使中间窗中的度盘分划线重合，图 2.11（a）中的完整读数为 176°38′25.8″。但在图 2.11（b）中，应注意此时上面小窗的 0 相当于 60′，故读数应为 177°00′ 而不是 176°00′。完整的读数应为 177°03′35.8″。

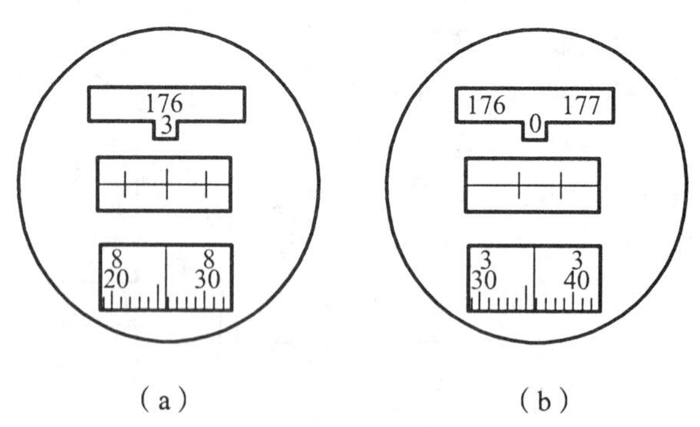

（a）　　　　（b）

图 2.11　对径符合数字化读数

在 DJ_2 光学经纬仪的读数窗中，只能看到水平度盘或竖直度盘中的一种影像，在使用这种仪器时，读数显微镜不能同时显示水平度盘及竖直度盘的读数。在支架左侧有一个刻有直线的旋钮，当直线水平时，所显示的是水平度盘读数；而直线竖直时，则显示的是竖直度盘读数。此外，读数时应打水平度盘或竖直度盘各自的进光反光镜。

无论使用哪种读数方式的仪器，读数前均应认清度盘在读数窗中的位置，并正确判读度盘和测微尺的最小分划值。

三、经纬仪的操作

根据角度测量原理，在测角时应将经纬仪安置在角的顶点上（该点称为测站点），使仪器中心与角顶点在同一铅垂线上，并使水平度盘水平。上述两项工作，前者叫对中，后者叫整平。对中和整平的操作工作称为经纬仪的安置。对中的目的，是把经纬仪的中心安置在通过角的顶点（即测站点）的铅垂线上。整平的目的，是使仪器的竖轴处于铅垂位置，水平度盘处于水平位置。

经纬仪的操作包括对中、整平、照准目标和读数。

（一）对　中

先将三脚架叉开，调节架腿高度适宜，目估架头大致水平，架头中心大致对准测站点的标志。使三条架腿大致置成等边三角形。如果地面坡度较大，可将两条腿置在下坡，一条腿置在上坡，以防倾倒。安装上仪器，拧紧中心螺旋。

1. 粗对中（移动架腿对中）

（1）置脚架于测站点上，安装仪器，并移动脚架目估仪器中心大致在测站点的正上方。

（2）先转动对中器的目镜对光螺旋，使对中器中的分划板影像清晰，拉伸对中器，使地面测站点成像清晰。

（3）将一个架腿插入土中固定，双手握住身体两侧架腿，轻轻提起，眼睛一边观测测站点一边慢慢移动这两条架腿，当测站点进入对中器分划板中心时，就轻轻收拢并放下架腿，同时注意架头大致水平，然后将这两个架腿踏实。

2. 粗整平（伸缩架腿整平）

一手卡住架腿，一手松开脚架的蝶形螺旋，调节架腿高度，伸缩架腿时，应先稍微旋松伸缩螺旋，待使圆水准器气泡居中后，并注意观测管水准器气泡大致居中，然后拧紧蝶形螺旋。在此调节中测站点跑位很小，但对中点又可能有所移动。

3. 精确对中（平移主机对中）

松动仪器中心连接螺旋，眼睛一边观测对中器，一边在架头上双手移动仪器基座，使测站点和对中器中心重合。然后拧紧中心连接螺旋。

注意：

① 在对中时应用双手压紧架头以免在移动经纬仪时带动脚架，经纬仪移动时只能前后和左右移动不能转动。

② 切记：精确对中后一定要拧紧中心连接螺旋。

根据仪器的结构，可用垂球对中，也可用光学对中器对中。因为光学对中器的精度较高，且不受风力影响，应尽量采用。待仪器精确整平后，仍要检查对中情况。因为只有在仪器整平的条件下，光学对中器的视线才居于铅垂位置，对中才是正确的。

（二）整　平

整平时要先用脚螺旋使圆水准气泡居中，以粗略整平，再用管水准器精确整平。由于位于照准部上的管水准器只有一个，如图 2.12 所示。可以先使它与一对脚螺旋连线的方向平行，然后双手以相同速度相反方向旋转这两个脚螺旋，使管水准器的气泡居中。再将照准部平转 90°，用另外一个脚螺旋使气泡居中。这样反复进行，直至管水准器在任一方向上气泡都居中为止。在整平后还需检查光学对中器是否偏移。如果偏移，则重复上述操作方法。直至水准气泡居中，对中器对中为止。

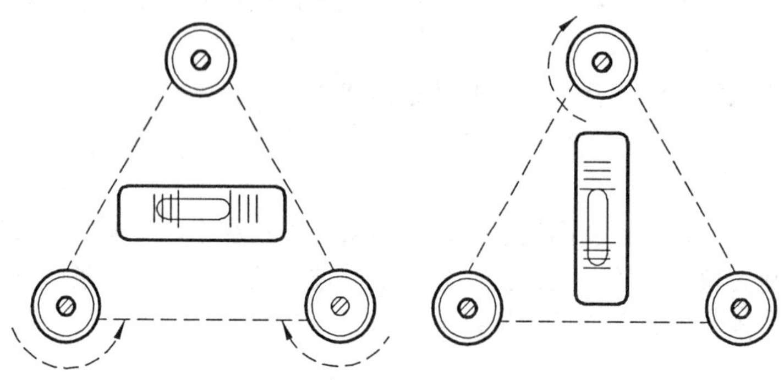

图 2.12 照准部水准管整平方法

转动脚螺旋时应掌握左手大拇指转动的方向与气泡移动的方向一致这一原则。

注意：对中容许偏差为 1 mm，即偏半格，整平容许偏差 1/4 格。

（三）照准目标

测量角度时，远方目标点称为照准点。照准目标前，应先进行目镜调焦，松开照准部及望远镜的制动螺旋，将望远镜对向明亮处，调节目镜调焦螺旋，使十字丝清晰。利用望远镜上的粗瞄器，粗略照准目标。拧紧照准部及望远镜的制动螺旋，再用微动螺旋精确照准目标。同时需要注意消除视差及尽可能照准目标的下部。对于细的目标，宜用双丝照准，使目标像平分双丝；而对于粗的目标，则宜用单丝照准，使单丝平分目标像，以提高照准的精度，如图 2.13 所示。最后读取该方向上的读数。

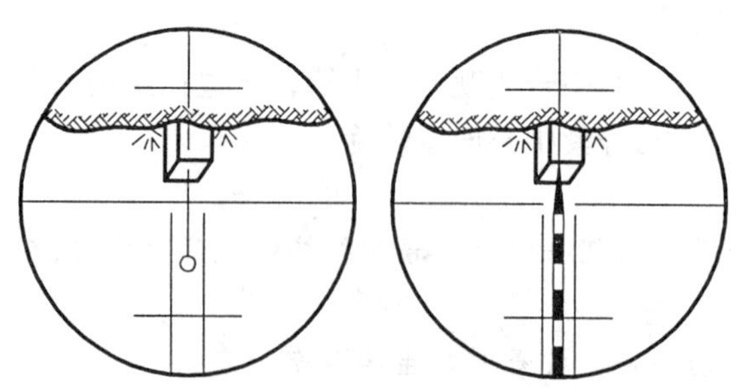

图 2.13 照准目标

（四）读 数

打开读数反光镜，调节视场亮度，转动读数显微镜对光螺旋，使读数窗影像清晰可见。读数时，除分微尺型直接读数外，凡在支架上装有测微轮的，均需先转动测微轮，使双指标线或对径分划线重合后方能读数，最后将度盘读数加分微尺读数或测微尺读数，才是整个读数值。

第三节　水平角测量

工程上常用的水平角测量方法有测回法和方向观测法。

一、测回法

此法适用于观测由两个方向间所构成的水平角。如图 2.14（a）所示，欲测 OA、OB 两方向之间的水平角时，先安置经纬仪于角顶点 O 上，进行对中、整平，并在 A、B 两点树立标杆或测钎或用简易的小竹架吊挂垂球，作为照准标志，然后即可进行测角。其观测步骤如下。

1. 盘左位置（竖盘位于望远镜目镜的左侧，又称正镜）

松开照准部制动螺旋，顺时针旋转照准部，使望远镜瞄准左侧观测点 A，固定制动螺旋，旋转照准部微动螺旋和望远镜微动螺旋，使十字丝交点精确瞄准 A 点（对光、消除视差），读取水平度盘读数 $a_{左}$，如图 2.14（b）所示设为 0°02′30″，记入记录表格内。观测手簿的格式如表 2.1 所示。

（a）　　　　（b）

图 2.14　水平角观测与计算

表 2.1　测回法观测手簿

测站	测点	盘位	水平度盘读数	半测回角值	一测回角值	备　注
1	2	3	4	5	6	7
O	A	左	0°02′30″	75°20′30″	75°20′36″	A, O, β, B
	B		75°23′00″			
	B	右	255°23′18″	75°20′42″		
	A		180°02′36″			

2. 松开照准部制动螺旋（同时松开望远镜制动螺旋）

按顺时针方向转动照准部照准右侧观测点 B，固定制动螺旋，旋转微动螺旋，精确瞄准 B 点，读取水平度盘读数 $b_{左}$，设为 75°23′00″，记入记录表格中。则水平角等于右观测点读数减左观测点读数，即水平角：

$$\beta_{左}=b_{左}-a_{左}=75°23'00''-0°02'30''=75°20'30''$$

以上用盘左位置进行观测，称为上半个测回。为了消除仪器误差和提高测角精度，再用盘右（竖盘位于望远镜目镜的右侧，也称倒镜）观测下半个测回。

3. 纵向转望远镜成盘右位置

先瞄准右观测点 B，读取水平度盘读数 $b_{右}$，设为 255°23′18″，记入记录表格中。再顺时针方向转动照准部，瞄准左侧观测点 A，读取水平度盘读数 $a_{右}$，设为 180°02′36″，记入记录表格中。则水平角：

$$\beta_{右}=b_{右}-a_{右}=255°23'18''-180°02'36''=75°20'42''$$

以上用盘右位置进行观测，称为下半个测回。上、下两个半测回合称为一测回。

按有关测量规范规定的限差：用 J_6 级经纬仪测水平角，两个半测回角之较差不超过±30″或±40″；用 J_2 级经纬仪观测水平角，两个半测回角之较差不超过±20″。若在规定范围内，则取盘左盘右所得角值的平均值，$\beta=\dfrac{\beta_{左}+\beta_{右}}{2}$ 即为一测回的角值。根据测角精度的要求，可以测多个测回而取其平均值，作为最后成果。观测结果应及时记入手簿，并进行计算，看是否满足精度要求。

若两个半测回之较差超过规定限值时，则不合格，需要重新测量。计算角值时始终应以右边方向的读数减去左边方向的读数。若右方向读数小于左方向读数，则应先加 360° 后再减，因为水平角不会是负值。如果以左边方向的读数减去右边方向的读数，所得的则是∠AOB 的外角。在下半测回时，仍要顺时针转动照准部，是为了消减度盘带动误差的影响。

二、方向观测法

上面介绍的测回法是对两个方向的单角观测。如要观测三个以上的方向，则采用方向观测法（又称为全圆测回法）进行观测。

方向观测法应首先选择一起始方向作为零方向。如图 2.15 所示，设 A 方向为零方向。要求零方向应选择距离适中、通视良好、成像清晰稳定、俯仰角和折光影响较小的方向。

将经纬仪安置于 O 站，对中整平后按下列步骤进行观测：

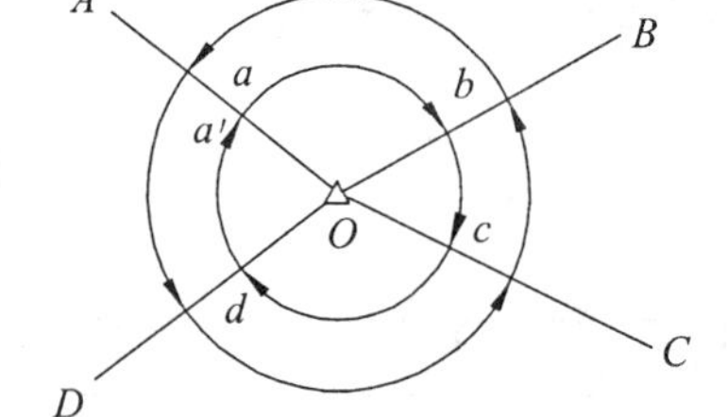

图 2.15　方向观测法

（1）盘左位置，瞄准起始方向 A，转动度盘变换旋钮把水平度盘读数配置为 0°00′，而后再松开制动，重新照准 A 方向，读取水平度盘读数 a，并记入方向观测法记录表中，如表 2.2 所示。

（2）按照顺时针方向转动照准部，依次瞄准 B、C、D 目标，并分别读取水平度盘读数为 b、c、d，并记入记录表中。

（3）最后回到起始方向 A，再读取水平度盘读数为 a'。这一步称为“归零”。a 与 a' 之差称为“归零差”，其目的是为了检查水平度盘在观测过程中是否发生变动。“归零差”不能超过允许限值。

以上操作称为上半测回观测。

(4) 盘右位置，按逆时针方向旋转照准部，依次瞄准 A、D、C、B、A 目标，分别读取水平度盘读数，记入记录表中。称为下半测回。上、下两个半测回合称为一测回。

(5) 计算 $2c$ 值，并算出盘右的“归零差”。同一方向各测回归零方向值之差，即测回差，也不能超过限值要求。表中第 5 栏为同一方向上盘左、盘右读数之差，名为 $2c$，意思是 2 倍的照准差，它是由于视线不垂直于横轴的误差引起的。在同一测回中各方向 $2c$ 误差（也就是盘左、盘右两次照准误差）的差值，即 $2c$ 互差不能超过限差要求。第 6 栏是盘左、盘右的平均值。起始方向经过了两次照准，要取两次结果的平均值作为结果。从各个方向的盘左、盘右平均值中减去起始方向两次结果的平均值，即得各个方向的方向值。观测记录及计算如表 2.2 所示。

表 2.2 方向法观测手簿

测站	测点	水平度盘读数 盘左 (° ′ ″)	水平度盘读数 盘右 (° ′ ″)	左 − 右 $2c$ (″)	(左＋右)/2 (° ′ ″)	方向值 (° ′ ″)
1	2	3	4	5	6	7
O	A	0 02 42	180 02 42	0	0 02 38 0 02 42	0 00 00
	B	60 18 42	240 18 30	＋12	60 18 36	60 15 58
	C	116 40 18	296 40 12	＋6	116 40 15	116 37 37
	D	185 17 30	05 17 36	−6	185 17 33	185 14 55
	A	00 02 30	180 02 36	−6	00 02 33	

当在同一测站上观测几个测回时，为了减少度盘分划误差的影响，每测回起始方向的水平度盘读数值应配置在 $\left(\frac{180°}{n}+\frac{60'}{n}\right)$ 的倍数（n 为测回数）。并且对各项操作都规定了限差。例如在《工程测量规范》中，规定的各项限差如表 2.3 所示。

表 2.3 水平角方向观测法的技术要求

仪器型号	半测回归零差 (″)	一测回内 $2c$ 互差 (″)	同一方向值各测回较差 (″)
DJ_2	12	18	12
DJ_6	18	—	24

第四节 竖直角测量

一、竖直度盘的构造及特点

经纬仪竖直度盘部分主要由竖盘、竖盘指标、竖盘指标水准管和竖盘指标水准管微动螺旋组成。一般光学经纬仪采用水准管结构来安置竖盘进行读数，而现代的光学经纬仪普遍地采用了竖盘自动归零补偿器来代替竖盘上的水准管，操作简便，还可以提高观测精度。现将这两种结构的竖盘介绍如下：

1. 水准管结构的竖盘

水准管结构的竖盘如图 2.16 所示。

竖盘在构造上具有下面几个特点：

(1) 竖盘与横轴固定连接在一起，竖盘盘面与横轴垂直，其中心与横轴中心重合，当望远镜上下转动时，竖盘跟着一起转动，竖盘上的刻度位置也在变化。

(2) 竖盘的读数指标安置在竖直位置上，它与竖盘水准管相连成为一个整体，它不受竖盘的影响，当竖盘随望远镜转动时，指标不动。根据指标线，可在竖盘上读取读数。

(3) 在竖盘一侧的支架上，有一竖盘水准管微动螺旋，转动竖盘水准管微动螺旋，可使竖盘水准管和读数指标做微小转动。

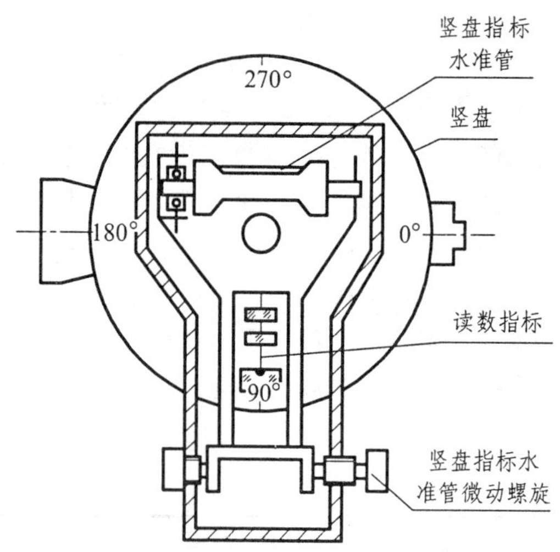

图 2.16 水准管结构的竖盘构造

(4) 为了获得正确的读数，在每次读数前都要转动竖盘水准管微动螺旋使气泡居中，这样，可以使竖盘指标处于正确位置，在竖盘上读取的数才是正确读数。

2. 带有自动归零补偿器的竖盘

用水准管式竖盘观测竖直角，每次读数前必须转动竖盘指标水准管微动螺旋，使竖盘指标水准管的气泡居中，这样读出的读数才会正确，但是麻烦，有时还会遗忘这一操作步骤。所以，近年来，光学经纬仪普遍采用了竖盘自动归零补偿器代替指标水准管。采用这种装置后，取消了竖盘指标水准管及其微动螺旋，省去了每次读数前要转动竖盘指标水准管微动螺旋使气泡居中的工作，提高了观测精度。

(1) 竖盘自动归零的原理：在竖盘成像光路中悬吊一光学器件（称补偿器），当经纬仪有微量倾斜时（在仪器整平的精度范围内），由于悬吊器件受重力的作用，会自动调整光路，使竖盘起始读数为竖盘水准管气泡居中时的读数，此称为自动归零。其基本原理与自动安平水准仪的补偿器装置原理相同。

(2) 仪器特点：仪器整平后，立即照准目标进行竖直角观测，并能直接读数。使用时，将自动归零补偿器锁紧手轮逆时针旋转，使手轮上红点对准照准部支架上黑点，再用手轻轻敲动仪器，如听到竖盘自动归零补偿器有了“当、当”响声，表示补偿器处于正常工作状态，如听不到响声表明补偿器有故障。可再次转动锁紧手轮，直到用手轻敲有响声为止。竖直角观测完毕，一定要顺时针旋转手轮，以锁紧补偿机构，防止震坏吊丝。

二、竖直度盘的注记形式和竖直角的计算公式

1. 竖直度盘的注记形式

竖盘的注记形式很多，由于度盘的刻划顺序不同，又可分为全圆顺时针和逆时针两种形式。近来生产的经纬仪多为顺时针注记的竖盘。

全圆顺时针刻划类型：度盘采用全圆式刻划如图 2.17 (a)、(c) 所示，靠近目镜端为 0°，

以顺时针方向增加注记。这种类型的仪器，当望远镜视线水平时，读数指标处于正确位置，竖盘读数正好为一常数 90° 或 270°。盘左时，望远镜向上转动竖盘读数减少，盘右时，竖盘读数增加。我国北京和苏州生产的光学经纬仪都是这种类型。

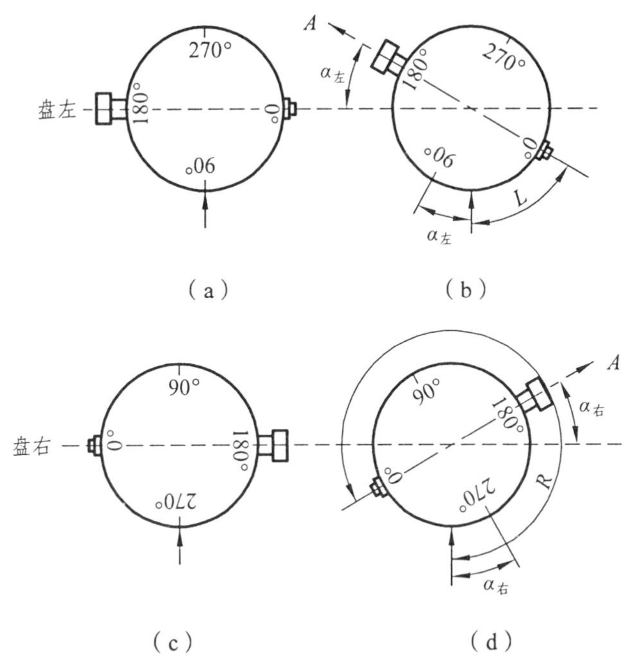

图 2.17　竖盘读数与竖直角计算

2. 竖直角的计算公式

现以全圆顺时针类型的经纬仪为例说明竖直角的计算公式：设 $\alpha_{左}$ 为盘左时观测的竖直角，$\alpha_{右}$ 为盘右时观测的竖直角，L 为盘左时观测点的竖盘读数，R 为盘右时观测点的竖盘读数。

（1）盘左：在图 2.17（a）中，视线水平时竖盘读数为 90°。当望远镜往上仰时，视线逐渐抬高，竖盘读数随之减小，倾斜视线与水平视线所构成的竖直角为 α（仰角）。若视线倾斜时，读数指标指向的读数为 L，则盘左位置的竖直角为：

$$\alpha_{左} = 视线水平时的读数 - 瞄准目标时的读数$$

$$\alpha_{左} = 90° - L \tag{2.3}$$

当视线逐渐下俯时，竖盘读数随之增加，竖直角为俯角，计算结果为负值。则竖直角计算公式仍为（2.3）式。

（2）盘右：在图 2.17（c）中，盘右位置，视线水平时竖盘读数为 270°。当望远镜往上仰时，视线逐渐抬高，竖盘读数增大，竖直角值为“正”。当视线为上仰或下俯时，则竖直角计算公式为：

$$\alpha_{右} = 瞄准目标时的读数 - 视线水平时的读数$$

$$\alpha_{右} = R - 270° \tag{2.4}$$

平均竖直角为：

$$\alpha=\frac{\alpha_{左}+\alpha_{右}}{2}=\frac{R-L-180^\circ}{2} \tag{2.5}$$

三、竖盘指标差

上述竖直角的计算公式是认为竖盘指标处在正确位置时导出的。即当视线水平，竖盘指标水准管气泡居中时，竖盘指标所指读数应为 90° 或 270°。但因仪器在使用过程中受到振动，或者是制造上的不严密，使指标指向位置偏移。当指标偏离正确位置时，这个指标线所指的读数就比始读数增大或减少一个角值 x，此值称为竖盘指标差，也就是竖盘指标位置不正确所引起的读数误差。

指标偏移方向与竖盘注记方向一致时，使读数中增加一个 x 值，故 x 为正。反之，指标偏移方向与竖盘注记方向相反时，使读数中减少一个 x 值，故 x 为负。

下面以图 2.18 顺时针注记竖盘为例，说明竖盘指标差的计算公式。

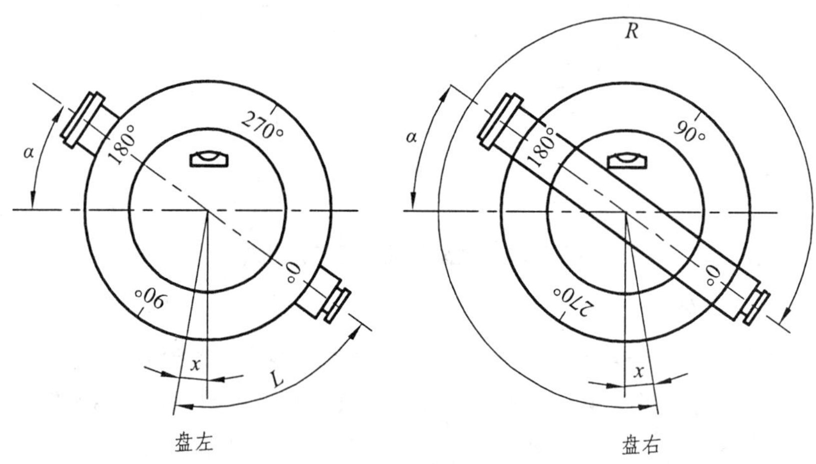

图 2.18 竖盘指标差

由右图可以明显看出，由于指标差 x 的存在，使盘左、盘右读得的 L、R 值均增大了一个 x。为了得到正确的竖直角 α，则：

$$\alpha=90^\circ-(L-x)=\alpha_{左}+x \tag{2.6}$$

$$\alpha=(R-x)-270^\circ=\alpha_{右}-x \tag{2.7}$$

解（2.6）、（2.7）式可得

$$\alpha=\frac{\alpha_{左}+\alpha_{右}}{2}=\frac{R-L-180^\circ}{2} \tag{2.8}$$

即

$$x=\frac{\alpha_{右}-\alpha_{左}}{2} \tag{2.9}$$

从 (2.9) 式可以看出，取盘左、盘右结果的平均值时，指标差 x 的影响已自然消除。(2.9) 式也可写作：

$$x=\frac{R+L-360^\circ}{2} \tag{2.10}$$

在竖直角测量中，常用指标差来检验观测的质量，即在观测的不同测回中或不同的目标时，指标差的较差应不超过规定的限值。按规定，竖直角观测时，指标差互差的限差：DJ_2型经纬仪不得超过±15″；DJ_6型经纬仪不得超过±25″。超过该值则应检查测量是否错误或仪器是否需要校正。此公式适用于竖盘顺时针刻划的注记形式，同理也可推导出逆时针方向注字竖盘的计算公式。

若用一个盘位观测，需进行指标差改正。根据观测计算出的指标差 x 值（注意正、负符号），可计算出正确的竖直角 α 值。

四、竖直角的测量方法

为了消除仪器误差的影响，同样需要用盘左、盘右观测。其具体观测步骤为：

（1）在测站上安置仪器，对中，整平。

（2）以盘左照准目标，如果是指标带水准器的仪器，必须用指标微动螺旋使水准器气泡居中，然后读取竖盘读数 L，这称为上半测回。

（3）将望远镜倒转，以盘右用同样方法照准同一目标，使指标水准器气泡居中后，读取竖盘读数 R，这称为下半测回。

如果用指标带补偿器的仪器，在照准目标后即可直接读取竖盘读数。根据需要可测多个测回。

每次的竖盘读数，均需及时报给记录者记入记录表中，如表 2.4 所示。

表 2.4　竖直角观测手簿

测站	测点	盘位	竖盘读数	竖直角	平均竖直角	竖盘指标差 x
O	A	左	125°40′54″	−35°40′54″	−35°40′45″	+9″
		右	234°19′24″	−35°40′36″		

第五节　经纬仪的检验与校正

一、经纬仪的主要轴线及其应满足的条件

从水平角及竖直角的测角原理得知，为满足测角需要，经纬仪的望远镜绕横轴旋转时，视线应形成一个铅垂的平面，竖丝也应在这个铅垂面内。为便于竖直角的计算，竖盘的指标差也应为零。为达到前面目的，经纬仪的一些主要轴线间就应满足一定的条件。如图 2.19 所示，V-V 为仪器的竖轴；L-L 为照准部的水准管轴；H-H 为横轴即望远镜的旋转轴；C-C 为望远镜的视准轴。

这些主要轴线及其应满足的条件为：

（1）照准部的水准管轴应垂直于竖轴。只有满足这个条件，当水准管气泡居中时，才能保证竖轴居于铅垂的位置。

(2) 圆水准器轴应平行于竖轴。如满足这一关系后，则利用圆水准器整平仪器后，仪器竖轴才可粗略地位于铅垂位置。

(3) 视准轴应垂直于横轴即望远镜的旋转轴。满足这个条件后，视准轴绕横轴旋转时，才能形成横轴垂直的平面。

(4) 十字丝竖丝应垂直于横轴。即竖丝位于垂直横轴的平面内，当横轴水平时，竖丝位于铅垂面内。

(5) 横轴应垂直于竖轴。当仪器整平后横轴才能水平。视线绕其旋转所形成的平面才处于铅垂位置。

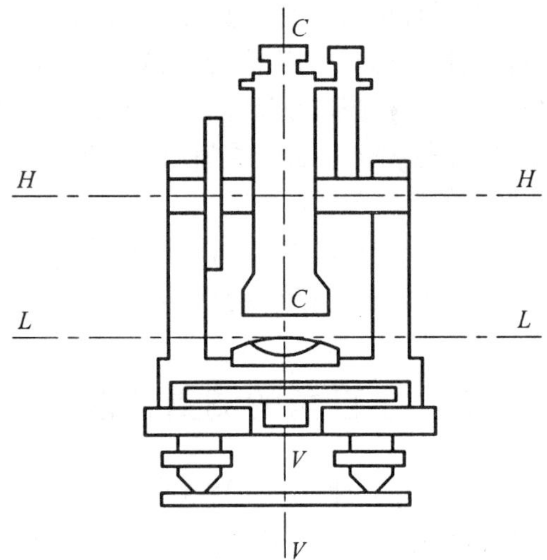

图 2.19　经纬仪轴线

(6) 光学对中器的视线应与竖轴的旋转中心线重合。如果满足这一关系，则利用光学对点器对中后，竖轴旋转中心才位于过地面点的铅垂线上，仪器中心能准确地对准地面标志点。

(7) 视线水平时竖盘读数应为 90° 或 270°。如果这一条件不满足，则有指标差存在，给竖直角的计算带来不便。

二、经纬仪的检验和校正方法

由于仪器经过长期外业使用或长途运输及外界影响等，会使各轴线的几何关系发生变化，因此在使用前必须对仪器进行检验和校正。现对检验和校正的方法分别说明如下：

（一）照准部水准管的检校

1. 检校原理

如果照准部水准管轴与竖轴不相垂直，而是相差 e 角，如图 2.20 所示，则用脚螺旋使气泡居中后，竖轴并不位于铅垂位置，其所偏离的角度即为 e。将照准部平转 180° 后，由于竖轴的位置不动，所以水准管轴 LL 与水平位置构成了 $2e$ 角，这个角就在气泡偏离中心的距离上表现出来。所以，在校正时，改正偏离距离的一半，即达到了理想关系。

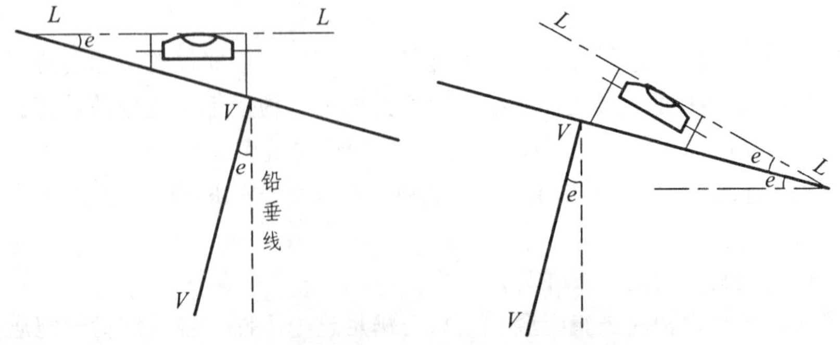

图 2.20　照准部水准管的检校原理

2. 检验方法

初平经纬仪，旋转照准部使水准管平行于一对脚螺旋，调脚螺旋使气泡严格居中，然后将照准部旋转 180°，如果气泡不再居中，说明水准管轴不垂直于竖轴。

3. 校正方法

相对旋转这一对脚螺旋使气泡向中间退回偏移格数的一半，然后用校正针拨动水准管一端的校正螺丝，使气泡完全居中，反复几次，直到在任何位置气泡偏离中心小于半格为止。

水准管校正螺旋的构造如图 2.21 所示。水准管座的一端为旋转轴，另一端为校正螺旋的立柱，立柱的上下部各有一个校正螺旋。校正螺旋上有小孔，欲使水准管的校正端向下，先用校正针插入下面校正螺旋的小孔内顺时针旋转，再使上面校正螺旋也顺时针旋转，则压迫水准管向下；欲使校正端向上，则逆时针旋转上面的校正螺旋，再逆时针旋转下面的校正螺旋。当校正好后，应以相反的方向旋转上下两个校正螺旋，将水准管夹紧。

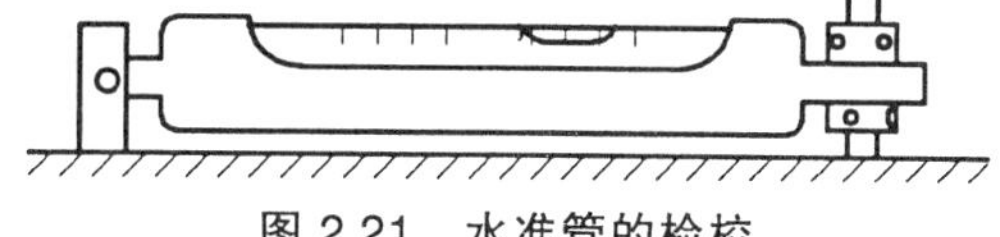

图 2.21　水准管的检校

（二）十字丝竖丝的检校

1. 检校原理

如果十字丝的竖丝位于垂直横轴的平面内，当视准轴绕横轴旋转时，十字丝必然与视准轴移动的轨迹重合。如果不重合，则说明理想关系不满足。这时，可以旋转十字丝分划板座，使其达到理想关系。

2. 检校方法

用十字丝的一端照准一个明显的目标，再用望远镜的微动螺旋使视准轴上下移动，如果该目标始终位于竖丝上，说明理想关系满足，如图 2.22（a）所示。若移动视准轴使目标位于竖丝的另一端时，目标偏离了竖丝，则需要校正。校正时旋转十字丝分划板座，将竖丝调至偏移距离的一半，如图 2.22（b）中虚线所示，则理想关系得到满足。

十字丝分划板是安装在望远镜筒内靠近目镜的一端。将它的护盖拧下以后，则可看到 4 个固定十字丝分划板的压环螺丝，如图 2.23 所示。将 4 个压环螺丝稍稍松开，则十字丝分划板座即可转动。将十字丝转动至理想位置后，再检查一次，如果理想关系确已满足，最后将压环螺丝旋紧，并拧上护盖。

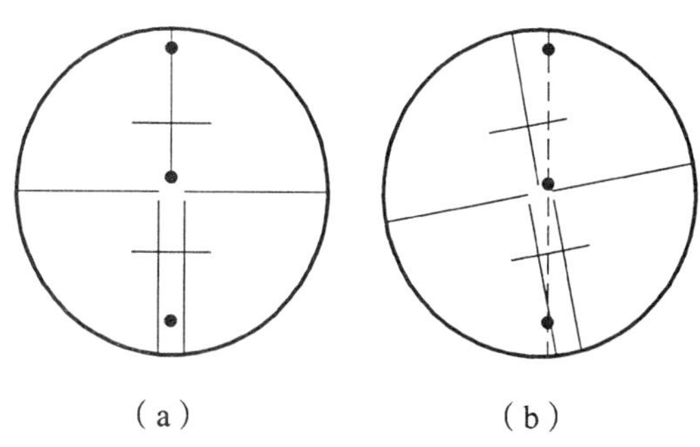

图 2.22　十字丝检校原理

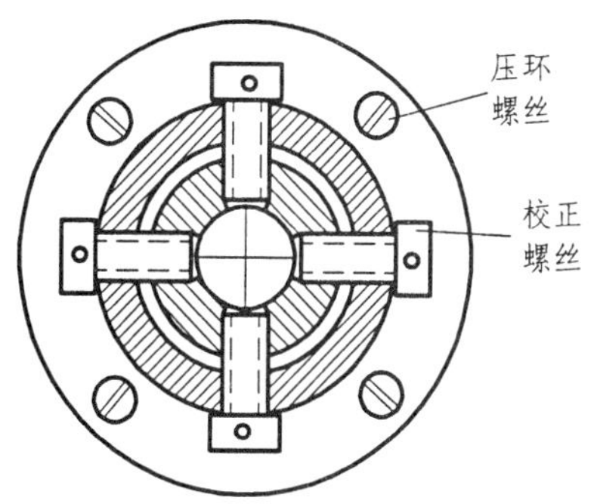

图 2.23　十字丝的校正螺丝

（三）视准轴的检校

检校的目的及原理：视准轴应满足垂直于横轴的条件。

1. 检校原理

选一长约 100 m 的平坦地面，将仪器架设于中间 O 处，并将其整平。如图 2.24 所示，先以盘左位置照准设于离仪器约 50 m 的一点 A。再固定照准部，将望远镜倒转 180°，改为盘右，并在离仪器约 50 m 于视线上标出一点 B_1。如果仪器理想关系满足，则 A、O、B_1 三点必在同一直线上。当用同样方法以盘右照准 A 点，再倒转望远镜后，视线应落于 B_1 点上。如果第二次的视线未落于 B_1 点，而是落于另一点 B_2，即说明理想关系不满足，需要进行校正。

2. 校正方法

由图 2.24 可以看出，如果视线与横轴不相垂直，而有一偏差角 c，则 $\angle B_1OB_2=4c$。将 B_1B_2 距离分为 4 等分，取靠近 B_2 点的等分点 B，则可近似地认为 $\angle BOB_2=c$。在照准部不动的条件下，将视线从 OB_2 校正到 OB，则理想关系可得到满足。

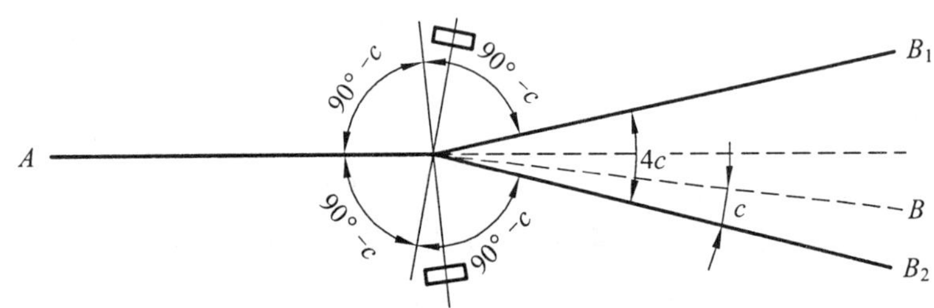

图 2.24　视准轴垂直于横轴的检校

由于视线是由物镜光心和十字丝交点构成的，所以校正的部位仍为十字丝分划板。在图 2.23 中，校正分划板左右两个校正螺丝，则可使视线左右摆动。旋转校正螺丝时，可先松一个，再紧另一个。待校正至正确位置后，应将两个螺丝旋紧，以防松动。

（四）横轴的检校

1. 检校原理

横轴应垂直于竖轴。否则，视准轴绕横轴旋转所形成的平面不居于铅垂位置。当盘位不同时，其倾斜方向相反。所以，在盘左、盘右照准同一高处的目标时，在视准轴水平的情况下，两视准轴方向并不重合。这就说明理想关系是不满足的，需要抬高或降低横轴的一端，以达到两轴垂直关系。

2. 检验方法

将仪器架设在一个高的建筑物附近。当仪器整平以后，在望远镜倾斜约 30° 左右的高处，以盘左照准一清晰的目标点 A，然后将望远镜放平，在视线上标出墙上的一点 B，如图 2.25（a）所示。再将望远镜改为盘右，仍然照准 A 点，并放平视线，在墙上标出一点 C，如图 2.25（b）所示。如果仪器理想关系满足，则 B、C 两点重合。否则，说明这一理想关系不满足，需要校正。

3. 校正方法

由于盘左、盘右倾斜的方向相反而大小相等，所以取 B、C 的中点 M，则 A、M 在同一铅垂面内。然后照准 M 点，将望远镜抬高，则视线必然偏离 A 点，而落在 A' 处，如图 2.25（c）所示。在保持仪器不动的条件下，校正横轴的一端，使视线落在 A 上，如图 2.25（d）所示，则完成校正工作。

在校正横轴时，需将支架的护罩打开，因为校正装置是包在护罩里面的。其内部的校正装置是一个偏心轴承，当松开 3 个轴承固定螺旋后，轴承可作微小转动，以迫使横轴端点上下移动。待校正好后，要将固定螺旋旋紧，并上好护罩，如图 2.26 所示。

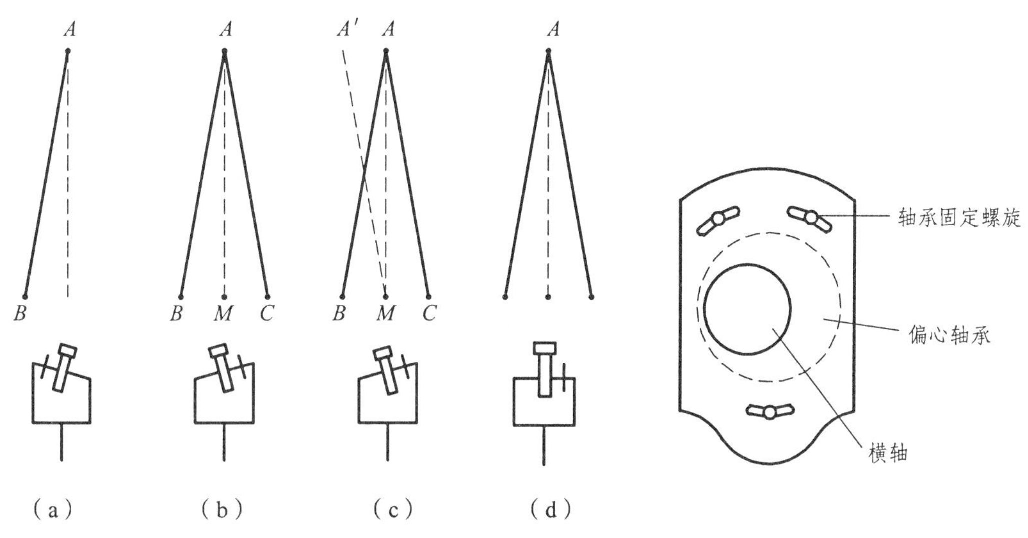

图 2.25　横轴垂直于竖轴的检校

图 2.26　横轴校正机构

（五）光学对中器的检校

1. 检校原理

对光学对中器的要求是它的视准轴与竖轴的旋转中心重合。当光学对中器安装于照准部上时，如果这一关系满足，则旋转照准部时，视准轴在地面上照准的位置始终保持不变，否则，在地面上照准的轨迹为一圆圈。构成这种情况的原因有二：一是直角棱镜上视线的反射点不在竖轴的中心线上；二是棱镜的反射面与竖轴的中心线不成 45° 角，对于前一原因，其影响极微，一般可不做校正；对于后一个原因，则需校正棱镜的倾斜。不同厂家生产的仪器，可校正的部位也不同。有的是校正对中器的望远镜分划板，有的则是校正直角棱镜。

2. 校正方法

将仪器安置好以后，在地面上铺一张白纸，于对中器的视准轴上标出一点。旋转照准部 180°，再在视准轴上标出一点，如两点重合，说明理想关系满足。否则，则标出两点的平均位置，校正直角棱镜，直至视线落到这个位置上，则理想关系得到满足。

图 2.27　光学对中器的检校

校正棱镜的方法，各种仪器有所不同。图 2.27 为上海第三光学仪器厂的 DJK-6 的校正装置。该装置位于两支架的中间。调节螺旋 1，则视线前后移动；调节 2、3，则视线左右移动。对中器分划板的校正与望远镜分划板的校正方法相同。

（六）竖盘指标差的检校

关于指标差 x 的测定和计算方法，已在本章第四节说明过。当用盘左、盘右观测同一目标，并以（2.9）式计算出 x 以后，保持盘右位置，照准原来目标，用指标水准管将竖盘读数对到 $R-x$ 的位置上。这时，指标水准管气泡会偏离中央，再用指标水准管校正螺旋，将气泡校正到中央即可。

上述各项校正，都不可能一次完成，而是需要反复数次，直至检查不出明显的误差为止。各项校正的次序也不可随意颠倒，因为后一步校正是在前一步已经满足理想关系的前提下，才有可能校正到正确位置。否则，检验出来的误差，包含了其他误差的影响，因而校正量是不正确的。有些校正是校正同一部位，如竖丝及视准轴的校正，都需要校正十字丝分划板，其互相干扰是不可避免的。在这种情况下，就应把重要的校正放在后面。但有些校正的次序是任意的，如光学对中器的校正即是。

第六节　角度测量误差及其消减的方法

角度测量的误差，其来源也可分为三种：仪器误差、观测误差及外界条件的影响。

一、仪器误差

在使用仪器以前，虽然经过检验校正，但不可避免的还会有残存的误差。在使用过程中，也会对理想关系有所破坏，因而需要认识其影响的规律，并设法在工作中予以消除或减弱。仪器误差包括了视准轴不垂直于横轴、横轴不垂直于竖轴、水准管轴不垂直于竖轴以及照准部的偏心差等所引起的误差。

1. 水准管轴不垂直于竖轴的误差

这一误差的影响是气泡居中后竖轴并不铅垂。如果横轴与竖轴垂直，则横轴也不能水平。这种情况与横轴不垂直于竖轴的影响是相似的。其区别在于竖轴不在铅垂位置时，无论是盘左还是盘右，横轴总往同一方向倾斜，所以不能用盘左、盘右消除其影响。

水准管轴不垂直于竖轴，如没有工具进行校正，为了达到竖轴铅垂的目的，在整平时，可先在一个方向上用脚螺旋使气泡居中，再平转照准部 180°，这时气泡必然偏离中央，可用脚螺旋使气泡返回偏距的一半。用同样方法，再在垂直的方向上整平，这样反复数次，直到在任何方向上气泡总往同一端偏移，且偏移量是相同的，即达到了竖轴铅垂的目的。

2. 视线不垂直于横轴的误差

尽管仪器进行了检校，但校正不可能绝对完善，总是存在一定的残余误差。在观测过程中，通过盘左、盘右两个位置观测取平均值，可以消除此项误差的影响。

3. 横轴不垂直于竖轴的误差

因为横轴不垂直于竖轴，则仪器整平后竖轴居于铅垂位置，横轴必发生倾斜。视线绕横轴旋转所形成的不是铅垂面，而是一个倾斜平面。与视准轴不垂直于横轴的误差一样，横轴不垂直于竖轴的误差通过盘左、盘右观测取平均值，可以消除此项误差的影响。

4. 竖轴倾斜误差

由于水准管轴应垂直于仪器竖轴的校正不完善而引起竖轴倾斜误差。此项误差不能用盘左、盘右取平均值的方法来消除。这种残余误差的影响与视线竖直角的正切成正比。因此，在山区进行测量时，应特别注意水准管轴垂直于竖轴的检校。在观测过程中，应特别注意仪器的整平。

5. 照准部偏心差

所谓照准部偏心，即照准部的旋转中心与水平盘的刻划中心不相重合。如图 2.28 所示，设度盘的刻度中心为 O，照准部的旋转中心为 O'，当以盘左照准 A 时，如果没有偏心，其度盘读数应为 a_1，但由于偏心的影响，实际的度盘读数为 a_1'，就造成了读数误差 x。当照准目标的方向不同时，x 也跟着变化。

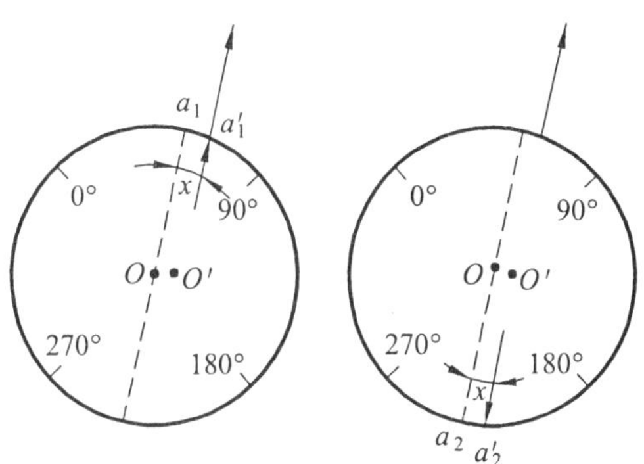

图 2.28　照准部偏心差

如果以盘右再照准同一目标 A，由于望远镜旋转了 180°，所以在度盘直径的另一端读数，如果没有偏心差，其读数应为 a_2；由于偏心的影响，实际读数为 a_2'，两者仍相差 x。但盘左、盘右所影响的符号是相反的，所以用盘左、盘右观测，可以使这一误差抵消。

这项误差只有在直径一端有读数的仪器才有影响，而采用对径分划符合读数的仪器，可将这项误差自动消除。当用盘左、盘右观测同一目标时，读数不相差 180°，就可能存在有照准部偏心差，取对径读数，其影响值大小相等而符号相反，在取读数平均值时，可以抵消。

6. 光学对中器视线不与竖轴旋转中心线重合

光学对中器视线应与竖轴旋转中心重合，否则会产生中误差，影响测角精度。如果对中器是附在基座上，在观测测回数的一半时，可将基座平转 180° 再进行对中，以减少其影响。

7. 竖盘指标差

这项误差影响竖直角的观测精度。如果工作时预先测出，在用半测回测角的计算时予以考虑，或者用盘左、盘右观测取其平均值，则可得到抵消。

二、观测误差

观测误差是由于观测者的工作不够细心，或受人的观察器官限制而引起的，它主要包括测站偏心误差、目标偏心误差、照准误差及读数误差。

1. **测站偏心误差**

测站偏心是由于仪器对中不准造成的。它对测角的影响如图 2.29 所示，图中 O 为地面标志点，O' 为仪器中心，因而实际测得的角度是 β' 而不是 β。两角度之差 $\Delta\beta=\beta-\beta'$，即为由于测站偏心所产生的测角误差。由图中可以看出，观测方向与偏心方向越接近 90°，边长越短，偏心距 e 越大，对测角的影响越大。所以在测角精度要求一定时，边越短，则对中精度要求越高。

2. **目标偏心误差**

目标偏心是由于测站上所竖立的观测标志（如标杆等）不与地面点重合或没有竖直而引起的。如图 2.30 所示，A 为测点标志中心，B 为瞄准目标的位置，其水平投影为 B'，假设立在测点上的标杆是倾斜的，则 x 即为目标偏心对水平度盘读数的影响。由图可知：

$$x=\frac{e}{d}\rho=\frac{l\sin\alpha}{d}\rho \tag{2.11}$$

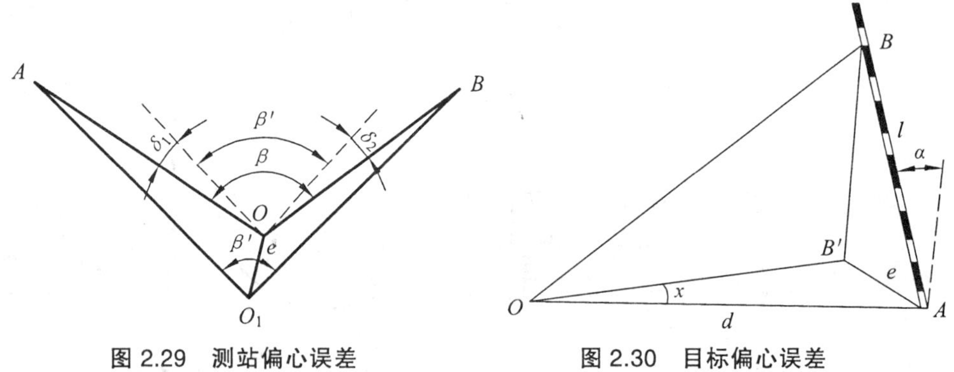

图 2.29　测站偏心误差　　图 2.30　目标偏心误差

如果观测时瞄准在花杆离地面 2 m 处，花杆倾斜 0.5°，边长为 100 m，则：

$$x=\frac{2\sin 0.5^\circ}{100}\times 206\ 265''=36''$$

由式（2.11）可见：由于目标偏心，在一个方向上所产生的误差与观测目标的高度及目标的倾斜角度成正比，而与边长成反比。所以为减小这种误差，应尽量照准标杆的底部。当距离近时，宜尽量用垂球作为照准目标。

3. **照准误差**

影响照准误差的因素有：人眼睛的分辨力、仪器的放大率、目标的大小及宽度、操作的仔细程度。

人的眼睛的最小分辨角一般为 60″，经望远镜放大，则可达 60″/v。v 为望远镜的放大倍数，一般为 25～30 倍，故分辨力为 2″～2.4″。照准时应仔细地消除视差。如目标较小时，则用十字丝竖丝的双丝对称地把目标像夹在中间；目标大时，则应用单丝平分目标，如目标过大，平分困难，自然会降低照准的精度。

4. **读数误差**

读数误差的大小，主要取决于读数设备的构造及操作的仔细程度。此外，也与光线的明亮程度及刻划与指标的影像是否位于同一平面有关。对于单平板玻璃测微器，读数时指标线与度数刻划的重合程度对读数的精度影响最大；对于对径符合读法，也应力求仔细，J_6 级经纬仪的读数误差最大可为 $\pm 12''$，J_2 最大误差可为 $\pm 2'' \sim \pm 3''$。所以对 J_6 级经纬仪来说，控制精度主要是读数误差。

三、外界条件的影响

外界条件对测角的影响，其因素极为复杂。如大气层受地面热辐射的影响会引起目标影像的跳动；附近有反光建筑物，会引起旁向折光；太阳的照射，会影响仪器的整平和对中；大风会引起仪器晃动；土壤松软，会引起仪器下沉，因而影响仪器的整平和对中；光线的明暗，会影响照准及读数等。

为了减少上述这些因素的影响，以提高测角精度，在安置三脚架时应尽量踩实；有太阳的天气应打伞遮挡仪器；在操作时，应尽量避免在仪器旁走动；如测角精度要求较高，宜选择有利的天气进行工作。

四、角度测量的注意事项

(1) 观测前应检校仪器。

(2) 安置仪器要稳定，应仔细对中和整平。一测回内不得再对中整平。

(3) 目标应竖直，尽可能瞄准目标底部。

(4) 严格遵守各项操作规定和限差要求。

(5) 当对一水平角进行 n 个测回观测时，各测回观测度盘应设起始读数变动值。

(6) 观测时尽量用十字丝中间部分。水平角观测时，应以十字丝交点附近的竖丝照准目标根部；竖直角观测时，应以十字丝交点附近的横丝照准目标顶部。

(7) 读数应准确，特别应注意估读数。当场计算，如有错误或超限，应立即重测。

(8) 选择有利的观测时间和避开不利的外界条件。

第七节　电子经纬仪

一、简　介

随着科学技术的发展，测绘仪器也在朝着电子化、自动化方向迈进。近年来出现了电子经纬仪，它测角精度高，能自动显示角度值，加快了测角速度。

电子经纬仪与光学经纬仪具有类似的外形和结构特征，即同样由照准部、水平度盘和基座三部分组成，因此使用方法也有许多相通的地方。但其效率、操作、性能、速度等都迈入了一个新的台阶。特别是在数据采集和数据传输方面具有光学经纬仪无法比的功效。它设有连接端口，通过一根数据传输电缆将其与光电测距仪连接起来便成了全站仪。若与电子手簿联机，则能实现数据的自动采集，使其功能得到巨大的扩充，给测量带来很大的方便。

电子经纬仪和光学经纬仪最主要的区别在于读数系统。

光学经纬仪是在 360° 的全圆上均匀地刻上度（分）的刻划并注有标记，利用光学测微器读出分、秒值；而电子经纬仪是电子计数，采用光电扫描度盘和自动显示系统，通过置于机内的微型计算机，可以自动控制工作程序和计算，并可自动进行数据传输和存储。图 2.31 所示为瑞士徕卡公司生产的 T2002 型电子经纬仪。

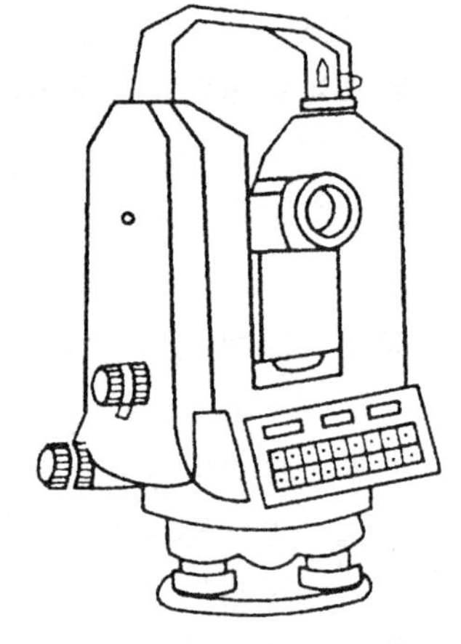

图 2.31　T2002 型电子经纬仪

二、电子经纬仪的使用

电子经纬仪一般装有两个控制面板，在仪器的盘左或盘右位置，分别面对操作员。控制面板上有键盘和显示器。相同的信息可以同时显示在两个控制面板的显示器上，读数可在屏幕上自动显示，可自动计算盘左、盘右的平均值及标准偏差。其他如照准、对中、整平等装置是相同的。

1. 仪器用途

该仪器采用增量式数字角度测量系统。水平、竖直角读数分辨率为 1″、5″，测角精度为 2″、5″。本系列仪器使用微型计算机技术实现了测量自动计算、存储和显示等多功能。它可以同时显示出水平角、竖直角测量结果数值，它可以与测距仪、电子手簿等结合，组成组合式电子速测仪，能显示、记录角度、距离和坐标的数值，能自动修正仪器误差。适用广泛，可用于矿山、铁路、水利等方面的工程测量，地形测绘和多种工程测量。

2. 角度测量

电子经纬仪的安置方法和光学经纬仪安置方法一样，整平对中后即可瞄准起点目标，并可置零，此时第一个方向的平盘读数为 0°00′00″；转动照准部瞄准第二个目标，此时平盘读数即是两方向所夹的水平角，竖盘读数即是该方向的竖直角。

3. 距离和坐标测量，与测距仪组合成全站仪进行测量

其他功能的应用见全站仪使用手册，但使用时必须认真阅读操作说明，按操作程序进行。

思考题与习题

1. 什么是水平角和竖直角？如何定义竖直角的符号？
2. 根据测角的要求，经纬仪应具有哪些功能？其相应的构造是什么？
3. 试述用测回法与方向观测法测量水平角的操作步骤。
4. 在观测竖直角时，为什么指标水准管的气泡必须居中？
5. 什么是竖盘指标差？怎样测定它的大小？怎样决定其符号？
6. 经纬仪应满足哪些理想关系？如何进行检验？各校正什么部位？

7. 在测量水平角及竖直角时，为什么要用两个盘位？

8. 影响水平角和竖直角测量精度的因素有哪些？各应如何消除或降低其影响？

9. 试述一测回测竖直角的观测方法。

10. 观测水平角时，为何有时要测多个测回？若测回数为 4，则各测回的起始读数应为多少？

11. 根据表 2.5 的记录计算水平角值和平均角值。

表 2.5 水平角观测手簿

测站	测点	盘位	水平度盘读数	水平角值	平均角值
O	A	左	55°03′06″		
	B		94°35′12″		
	B	右	274°35′24″		
	A		235°03′20″		

12. 根据表 2.6 的记录计算竖直角与竖盘指标差。

表 2.6 竖直角观测手簿

测站	测点	盘位	竖盘读数	竖直角	平均竖直角	指标差
O	A	左	72°18′18″			
		右	287°42′00″			
	B	左	96°32′48″			
		右	263°27′30″			

注：竖盘按顺时针方向注字。

第三章　距离测量与直线定向

确定地面点的位置，除了测量水平角和高程外，还要测量地面上两点间的水平距离和两点间直线与子午线（南北方向线）间的关系，有了距离和方向，地面上两点间的相互关系就确定了。

距离是确定地面位置的基本外业工作之一。测量上所说的距离通常指水平距离（简称平距），即地面上两点的连线在某基准面（参考椭球面或水平面）上的投影长度。

如图 3.1 所示，$A'B'$ 的长度就代表了地面点 A、B 之间的水平距离（简称平距）。若测得的是倾斜距离（简称斜距），还需要将其改算为平距。

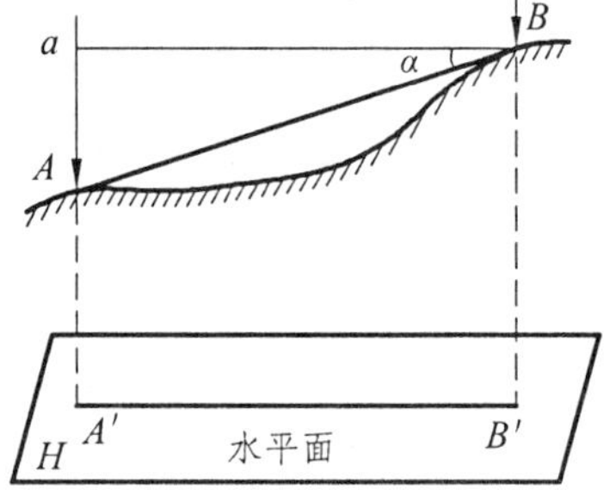

图 3.1　水平距离

水平距离测量的方法很多，按所用测距工具的不同，测量距离的方法一般有钢尺量距、视距测量、光电测距（电磁波测距）、全站仪测距等。

为了确定点的位置，还需要测量直线的方向，可用罗盘仪测定磁北方向，也可用陀螺经纬仪确定真北方向。

第一节　钢尺量距

钢尺量距就是利用具有标准长度的钢尺直接量测两点间的距离。按丈量方法的不同，可分为一般丈量和精密丈量。一般量距读数至厘米，精度可达 1/2 000～1/3 000 左右；精密量距读数至毫米，精度可达 1/10 000～1/30 000。

一、钢尺量距的工具

1. 钢　尺

钢尺又称钢卷尺，为了保护钢尺及便于携带，钢尺都是卷放在圆盒内或是绕在架子上。钢尺是用薄钢带制成，尺宽 1～1.5 cm，长度有 30 m、50 m 等多种。有的钢尺全长刻有厘米分划，只在尺端一分米内刻有毫米分划；有的钢尺全尺刻有毫米分划。钢尺在每分米及米的分划处均注有数字。按尺的零点位置可分为端点尺和刻线尺两种，如图 3.2 所示。端点尺是以钢尺的外端点为零点，适用于从建筑物墙边开始丈量；刻线尺是从尺上刻的一条横线作为起点。使用时应注意钢尺的零点位置。

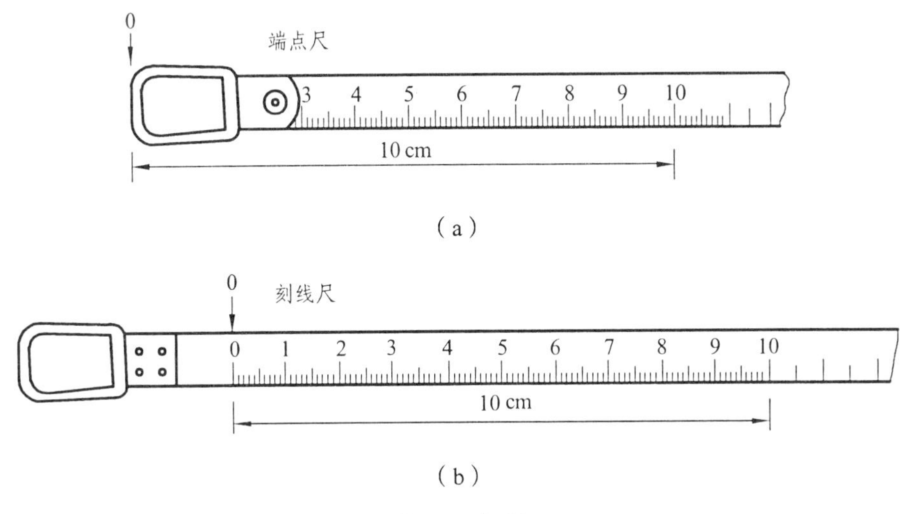

图 3.2 钢尺

2. 测 钎

测钎是用长 30 cm 或 40 cm 的粗铁丝制成，如图 3.3（a）所示，一般 6 根或 11 根为一组，套在一个铁环上。在丈量时用它来标定尺端点位置和计算所量过的整尺段数。此外，可以用来作照准用的标志。

3. 标 杆

标杆又称花杆，如图 3.3（b）所示，用于显示目标和直线定线，长为 2 m 或 3 m，直径为 3～4 cm，用木杆或玻璃钢管或空心钢管制成，杆上按 20 cm 间隔涂上红白油漆，杆底为锥形铁尖脚，以便插在土中，作为测量标志。

4. 垂 球

如图 3.3（c）所示，在测站上对中时使用，当地面起伏或坡度较大时用来垂直投点。

钢尺精密量距时，还需配备温度计、弹簧秤等辅助工具。

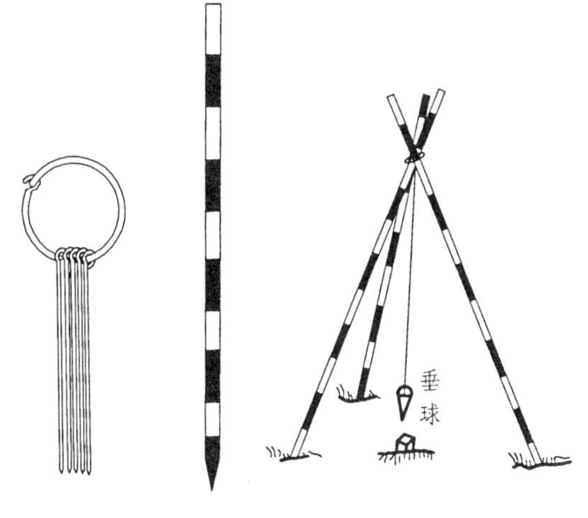

图 3.3 量距工具

二、直线定线

当距离较长时，一般要分段丈量。为了不使距离丈量偏离直线方向，通常要在直线方向上设立若干标记点（如插上花杆或测钎），这项工作称为直线定线。直线定线一般可采用下面两种方法。

1. 目估法

如图 3.4 所示，欲测 A、B 两点之间的距离，在 A、B 两点上各设一根花杆，观测者甲位于 A 点之后 1～2 m 处用眼瞄准 AB 视线，使视线与两端点标杆同一侧边缘相切，指挥中间持花杆者乙将标定点处的标杆左右移动，直至标杆同侧边缘位于视线上，然后在地面上将其标定下来。同法定位其他各点。

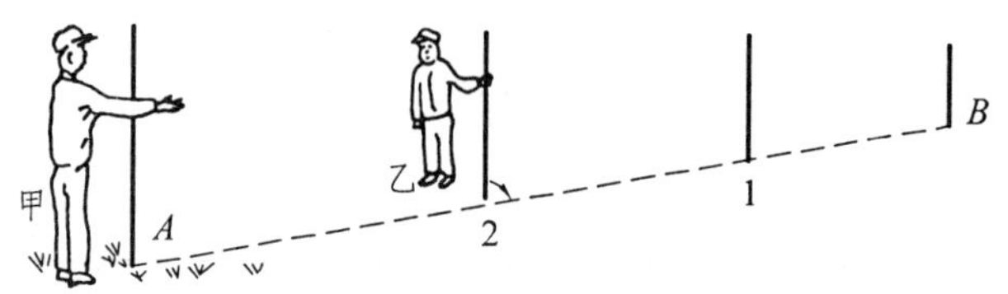

图 3.4 目估定线

操作中应注意的是：当距离较远，中间需要插上几根标杆时，应当由远到近进行定线；定线时，所立花杆应竖直；标定直线上的任何点均应以直线两端点的标杆为准，不可轻易更换。此外，为了不挡住甲的视线，乙持花杆应站立在垂直于直线方向的一侧。此法多用于一般丈量的钢尺量距。

2. 经纬仪法

在直线一端点 A 上架设经纬仪，另一端点 B 设置目标，如测钎、标杆等。用经纬仪照准另一点 B，将照准部水平制动螺旋制动，然后指挥将中间待标定点处的测钎（或标杆）移至视线方向（与十字丝竖丝重合）上。此法多用于钢尺精密量距。

操作中应注意以下几点：

（1）尽可能瞄准测钎或标杆的底部。

（2）在标定点位时不能使用水平制动和微动螺旋，否则会偏离原直线方向。

三、钢尺量距的一般方法

一般丈量是指精度要求到厘米的丈量。

（一）在平坦地面上丈量

如图 3.5 所示。要丈量平坦地面上 A、B 两点间的距离，其做法是：先在标定好的 A、B 两点立标杆，进行直线定线，然后进行丈量。丈量时后尺手拿尺的零端，前尺手拿尺的末端，两尺手蹲下，后尺手把零点对准 A 点，喊“预备”，前尺手把尺对准标志点所做的记号，两人同时拉紧尺子，当尺拉紧后，后尺手喊“好”，前尺手对准尺的终点刻划将一测钎垂插在地面上，这样就量完了第一尺段。

甲、乙两人抬尺前进，用同样的方法，继续向前量第二、第三、…、第 n 尺段。量完每一尺段时，后尺手必须将插在地面上的测钎拔出收好，用来计算量过的整尺段数。最后量不足一整尺的零尺段距离 Δl。

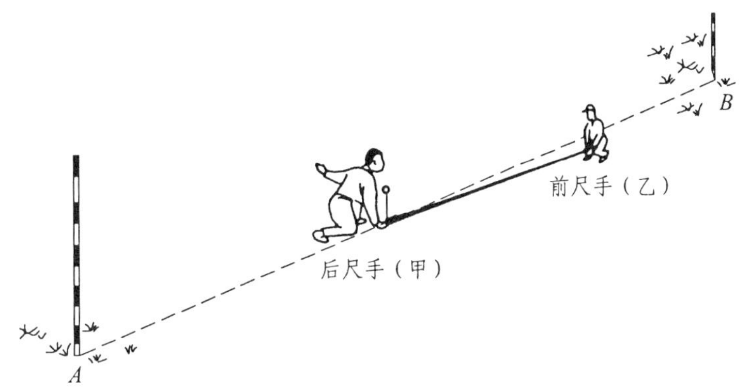

图 3.5　平坦地面钢尺的一般丈量

上述从 A 测至 B 的过程称为往测，往测的长度用下式计算：

$$D_{AB}=nl+\Delta l \tag{3.1}$$

式中，l 为钢尺整尺段的长度；n 为丈量的整尺段数；Δl 为零尺段长度。

为了防止错误和提高丈量精度，通常应丈量两次，接着再调转尺头用以上方法，从 B 至 A 进行返测。然后再依据（3.1）式计算出返测的长度。符合精度要求时取其平均值作为最后结果，并填入相应记录表格中。

（二）在倾斜地面上丈量

1. 平量法

当地面坡度不大时，可将钢尺抬平按整尺段依次丈量。如图 3.6 所示，丈量 AB 间的距离，将尺的零点对准 A 点，由记录者目估使尺拉平，然后用垂球将尺的末端投于地面上，再插以测钎。

若地面倾斜较大将整尺段拉平有困难时,可将一尺段分成几段来平量，使尺子零端靠地对准高点位置，尺子另一端用垂球线紧靠尺子的某一整分米分划处，将尺拉紧且水平，放开垂球线，使它自由下坠，其垂球尖端位置，即为低点桩顶。然后量出两点的水平距离，如图 3.6 中的 MN 段。为便于操作，应由高处向低处丈量。在倾斜地面上丈量，仍需往返进行，在符合精度要求时，取其平均值作为测回丈量结果。

2. 量倾斜距离法

当地面坡度均匀时，沿倾斜地面丈量 AB 斜距，并用经纬仪测出地面倾斜角度，计算出水平距离。如图 3.7 所示，预测地面 AB 之间的水平距离，在 A 点安置经纬仪（仪器高为 i），观测 B 点花杆高度为 i 的 b 处，测出竖直角 α，丈量 AB 之间的倾斜长度为 S，则 AB 之间的水平距离：

$$D=S\cdot\cos\alpha \tag{3.2}$$

也可通过测出 A、B 两点的高差求算平距。

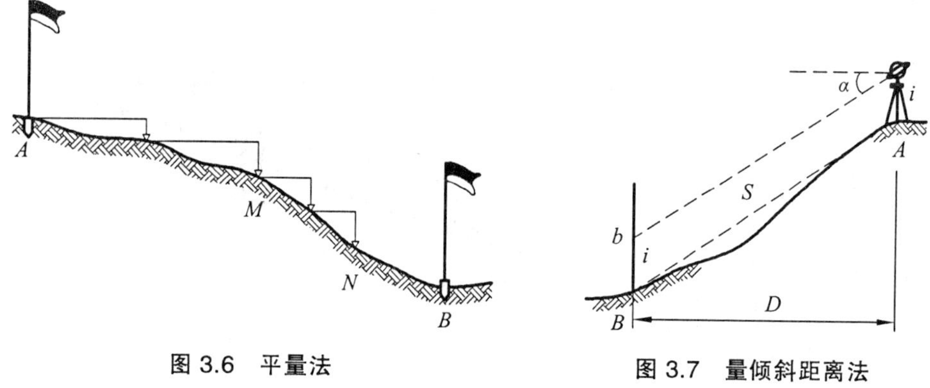

图 3.6　平量法　　　　图 3.7　量倾斜距离法

（三）丈量成果处理与精度评定

为了避免错误和判断丈量结果的可靠性，并提高丈量精度，距离丈量要求往返测量。用往返丈量距离差 ΔD 与平均距离 $D_{平均}$ 之比来衡量它的精度，比值用分子为 1 的分数形式来表示，称为相对误差 K，分母取至整百位。即：

$$K=\frac{|\Delta D|}{D_{平均}}=\frac{1}{D_{平均}/|\Delta D|} \tag{3.3}$$

一般情况下，平坦地区钢尺量距的相对误差 K 不应大于 1/2 000 或 1/3 000，在困难地区相对误差不应大于 1/1 000。如果超限应重新丈量。若相对误差在规定范围内，则取往返平均值作为最后观测结果。

四、钢尺精密丈量方法

进行小区域控制测量时，若需丈量基线和桥轴线定位，应采用精密丈量。精密丈量是指要求精度为 1/10 000～1/30 000，读数至毫米的量距。因此，钢尺须经过检定，具有检定后的尺长方程式。

（一）尺长方程式

钢尺的实际长度与钢尺上标注的名义长度往往不一致。这主要是由于制造时尺长本身的误差；使用时发生的变化，例如拉力的变化；外界环境的影响，如温度的变化等，从而导致尺的长度经常发生变化。因此，钢尺的实际长度要用尺长方程式来表示。

钢尺在使用前必须经过计量机关的检定，给出它的尺长方程式，以便计算出它在不同条件下的实际长度。尺长方程式的一般形式为：

$$l_t=l_0+\Delta l+\alpha\cdot l_0(t-t_0) \tag{3.4}$$

式中，l_t 为钢尺在温度 t °C 时的实际长度；l_0 为钢尺的名义长度，即钢尺上标注的长度；Δl 为在标准温度 t_0 °C 时的尺长改正数；t 为尺丈量时的温度；t_0 为钢尺的标准温度（钢尺检定时的温度），一般为 20 °C；α 为钢尺的线膨胀系数（1.15×10^{-5}/°C～1.25×10^{-5}/°C），一般取 $\alpha=1.25\times10^{-5}$/°C。

钢尺因拉力不同，尺长也会发生变化，为减少这项误差，在丈量时采用标准拉力。钢尺的尺长方程式可与标准尺进行比较求得，也可利用已知精密基线确定。工程施工单位通常送有检验条件的测绘单位进行检定。钢尺在使用一段时间之后，尺长改正数 Δl 会发生变化，故每隔一段时间应重新检定，给出新的尺长方程式。

（二）钢尺精密丈量的方法

1. 定 线

如图 3.8 所示，欲精密丈量直线 AB 的距离，首先清除直线上的障碍物，用经纬仪进行定线。用钢尺进行概量，在视线上依次定出各整尺段（比钢尺长度略短 2～3 cm），如图中 $A1$、12、23…尺段。在各尺段端点打下大木桩，桩顶高出地面 3～5 cm。在各桩顶上划一条线，使其与 AB 方向重合，另划一条线垂直于 AB 方向，形成十字，作为丈量的标志。

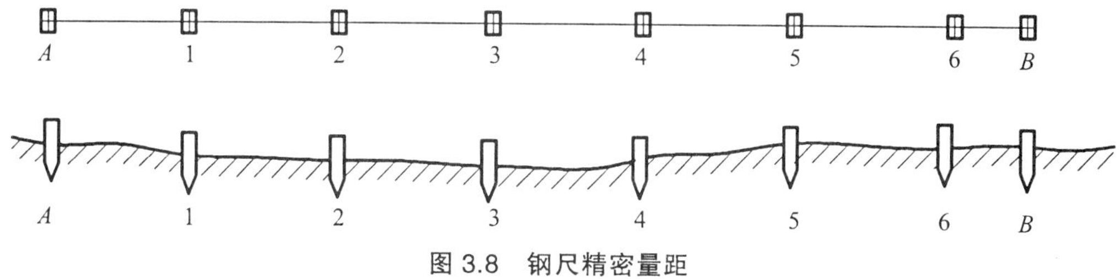

图 3.8　钢尺精密量距

2. 量 距

用检定过的钢尺丈量相邻两木桩之间的距离。丈量一般由 5 人组成，2 人拉尺，2 人读数，1 人指挥兼记录和读温度。丈量时，拉伸钢尺置于相邻两木桩顶上，并使钢尺有刻划线的一侧紧贴桩顶的十字刻划线。后尺手将弹簧秤挂在尺的零端，拉至标准拉力（检定时的拉力：30 m 钢尺拉力为 10 kg，即 98 N；50 m 钢尺拉力为 15 kg，即 147 N）。钢尺拉紧后，前尺手以尺上某一分划对准十字线交点时，两端同时根据十字交点读取读数，终端读数减始端读数得出该尺段的长度(斜距)。为了检核，每尺段要移动钢尺位置连续丈量 3 次，3 次测得的结果的较差一般不得超过 2～3 mm，如在限差以内，取 3 次结果的平均值作为该尺段的观测成果。每量一尺段都要读记温度一次，估读到 0.5 °C。

按上述由直线起点 A 丈量到终点 B 为往测，往测完毕后立即返测，每条直线所需丈量的次数视量边的精度要求而定。

3. 测量相邻桩顶间高差

由于所丈量的距离，是相邻桩顶间的倾斜距离，为了改算成水平距离，要用水准测量方法测出相邻各桩顶的高差。每一测站可测 3～4 个尺段，视线长不超过 100 m。为了检查桩的标志在丈量过程有无变动，水准测量应在量距前、后各测一次，2 次高差之差不应大于 10 mm，取 2 次高差的平均值作为最后结果，并填入记录表格。

（三）钢尺精密丈量的成果计算

精密丈量的结果，每一尺段长度需进行尺长改正、温度改正及倾斜改正，求出改正后的尺段长度。并将改正后的尺段长度相加即为 AB 的水平距离。由于丈量时一般采用标准拉力，所以拉力的影响可不予考虑。计算各改正数如下：

1. 尺长改正Δl_d

根据尺长方程式可得钢尺在标准温度下的尺长改正数为Δl，钢尺的名义长度为l_0，若尺段长度为l，则尺段l的尺长改正数Δl_d为：

$$\Delta l_d = \frac{\Delta l}{l_0} \cdot l \tag{3.5}$$

2. 温度改正Δl_t

钢尺受外界温度的影响，长度会发生变化。检定时的温度为t_0（一般为＋20 °C），丈量时的温度为t，由于温度引起的尺长变化称为温度改正，则尺段长l的温度改正数为：

$$\Delta l_t = \alpha \cdot l(t - t_0) \tag{3.6}$$

式中，α为钢尺的线膨胀系数，$\alpha = 1.25 \times 10^{-5}$/°C。

3. 倾斜改正Δl_h

由于丈量所得的是尺段的斜距l，若尺段两端的高差为h，如图 3.9 所示，欲将尺段l换算成水平距离，需加倾斜改正Δl_h为：

$$\Delta l_h = D - l = \sqrt{l^2 - h^2} - l$$

$$= l\left(1 - \frac{h^2}{2l^2}\right)^{\frac{1}{2}} - l = l\left(1 - \frac{h^2}{2l^2} - \frac{h^4}{8l^4} - \cdots\right) - l$$

即

$$\Delta l_h = -\frac{h^2}{2l} - \frac{h^4}{8l^3}$$

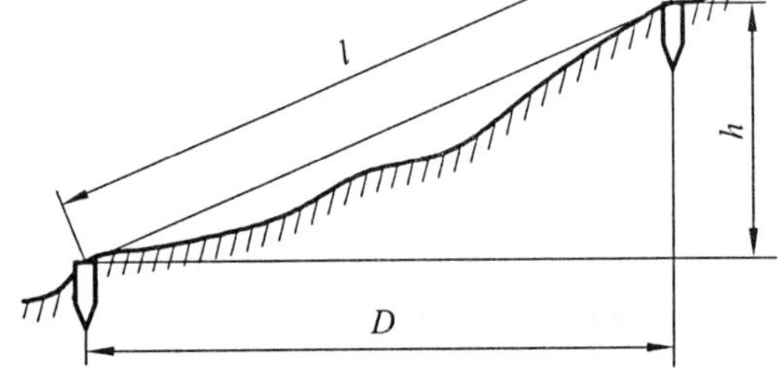

图 3.9 倾斜改正

倾斜改正数永远为负值，当h较小时，取式中的第一项即可。因此：

$$\Delta l_h = -\frac{h^2}{2l} \tag{3.7}$$

改正后的尺段长即该尺段的水平距离，即：

$$d = l + \Delta l_d + \Delta l_t + \Delta l_h \tag{3.8}$$

全长的水平距离D为各尺段改正后长度之和。丈量精度可用往返水平距离的较差（3.3）式计算。

五、钢尺量距误差及注意事项

（一）钢尺量距误差的主要原因

1. 尺长误差

钢尺的实际长度和名义长度不符，而产生尺长误差。尺长误差是积累的，若钢尺的实际长度大于名义长度，则将距离量短；反之，则将距离量长。距离越长误差越大，故应对钢尺进行检验，以便进行尺长改正。

2. 钢尺倾斜误差

在一般丈量中，是用目估的方法将尺拉平。如果钢尺倾斜，则丈量的结果总是比实际距离要大，是累积性误差。例如用 30 m 钢尺量距，当尺身两端的高差为 0.4 m 时，距离误差约为 3 mm。因此，丈量时，必须注意把尺身放平。目估要认真、仔细，尤其是在山区或地面起伏较大的地区，更应如此。

3. 定线误差

定线不直使丈量沿折线进行，其影响和尺身不水平的误差一样，当尺长为 30 m 时，其误差也为 3 mm。在实测中，只要认真操作，目估定线偏差也不会超过 0.1 m，丈量误差较小。在起伏较大的山区、或直线较长、或精度要求较高时应用经纬仪定线。

4. 拉力误差

拉力的大小会影响钢尺的长度，一般丈量中只要保持拉力均匀即可。精密丈量，则必须使用弹簧秤。

5. 温度变化的误差

温度变化越大，丈量的距离越长，这项误差的影响就越大。在一般丈量时，要根据丈量的精度要求及丈量时温度与标准温度的差别大小来确定是否需要加入温度改正。在精密丈量中，则必须进行温度改正。

6. 对点和投点误差

丈量时用测钎在地面上标志尺端点位置，若前、后尺手配合不好，插钎不准，很容易造成 3～5 mm 误差。若在倾斜地区丈量，用垂球投点，误差可能更大。在丈量中应尽力做到对点准确，配合协调，尺要拉稳，测钎应直立，投点时要把垂球扶稳。

7. 风的影响

风吹使钢尺旁向弯曲，这种影响将距离量长，误差具有积累性质。精密量距应选择无风天气。

在量距工作中除注意上述误差影响和采取相应措施减少其影响外，还应注意在丈量中避免发生错误，如丢失测钎而计错整尺段数。读错数，记录错误等，因此各项操作均应仔细、认真，使其影响减至最小。

（二）注意事项

（1）钢尺在拉出和收起时，要避免钢尺打卷。在丈量时，不要在地上拖拉尺，更不要扭折，防止行人踩和车压，以免折断。

（2）尺子用过后，要用软布擦干净后，涂以防锈机油，再卷入盒中。

第二节　视距测量

视距测量是根据几何光学原理，利用仪器望远镜筒内的视距丝在标尺上截取读数，应用三角公式计算两点距离，并可同时测定地面上两点间水平距离和高差的测量方法。视距测量的优点是，操作简单，速度快，不受地形起伏的限制。其缺点是，测量视距和高差的精度较低，测距相对误差仅为1/200～1/300。尽管视距测量的精度较低，但还是能满足测绘地形图精度的要求，故常用于地形测图。视距尺一般可选用普通塔尺。

一、视距测量的计算公式

（一）望远镜视线水平时，测量水平距离和高差的计算公式

如图3.10所示，测地面 M、N 两点的水平距离和高差。在 M 点安置仪器，在 N 点竖立水准尺，当望远镜视线水平时，水平视线与水准尺垂直，中丝读数为 v，上下视距丝在视距尺上 A、B 的位置读数之差为视距间隔，用 L 表示。

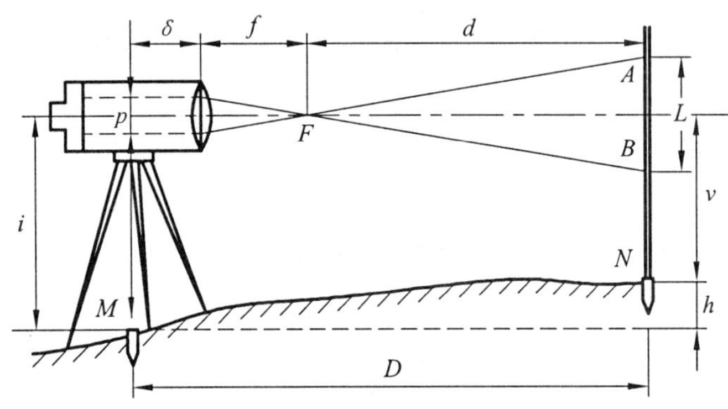

图3.10　视线水平时的视距测量

1. 水平距离的计算公式

设仪器中心到物镜中心的距离为 δ，物镜焦距为 f，十字丝上下丝间隔为 p，物镜焦点 F 到 N 点的距离为 d。由图3.10可知 M、N 两点间的水平距离为 $D=d+f+\delta$。根据图中相似三角形成比例的关系得两点间水平距离 D 为：

$$D=\frac{f}{p}\times L+f+\delta$$

式中，f/p 为视距乘常数，用 K 表示，其值在设计中为100；$f+\delta$ 为视距加常数，仪器设计为0（内对光）。

则视线水平时水平距离公式为：

$$D=KL \tag{3.9}$$

式中，K 为视距乘常数，目前大多数厂家对光学仪器设计制造完成时，使 $K=100$；L 为视距间隔，上下丝读数之差。

2. 高差的计算公式

当地面两点起伏不大，水平视线能够读出中丝读数 v 时，M、N 两点间的高差 h 为：

$$h=i-v \tag{3.10}$$

式中，i 为仪器高，地面点至仪器横轴中心的高度；v 为中丝读数，此式相当于水准测量中后视读数减去前视读数。

（二）望远镜视线倾斜时，测量水平距离和高差的计算公式

当地面起伏较大时，必须将望远镜倾斜才能照准视距尺读取读数，此时视准轴不垂直于视距尺，不能用式（3.9）、式（3.10）计算水平距离和高差，视准轴倾斜时水平距离和高差的计算如图 3.11 所示。

视线倾斜时竖直角为 α，上下视距丝在视距标尺上所截的位置为 A、B，视距间隔为 L，求 M、N 两点间的水平距离 D。

首先将视距间隔 L 换算成相当于视线垂直时的视距间隔 $A'B'$之距离，然后按式（3.9）求出倾斜视线的距离 D'；其次利用倾斜视线的距离 D' 和竖直角 α，计算水平距离 D。

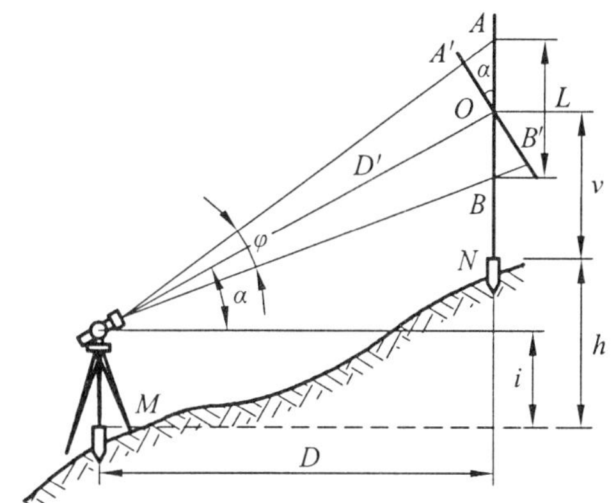

图 3.11　视线倾斜时的视距测量

因上下丝的夹角 φ 很小，则认为 $\angle AA'O$、$\angle BB'O$ 为 90°，将视距尺旋转 α 角，根据三角函数关系得视线倾斜时水平距离计算式为式（3.11），两点高差计算公式为式（3.12）。

$$D = KL\cos^2\alpha \tag{3.11}$$

$$h = D\tan\alpha + i - v \tag{3.12}$$

将式（3.11）代入式（3.12），化简后得：

$$h = \frac{1}{2}KL\sin 2\alpha + i - v \tag{3.13}$$

式中，L 为视距间隔（上、下视距丝在标尺上的读数之差）；v 为十字丝的中丝在标尺上的读数；i 为仪器高度；K 为视距乘常数（$K=100$）；α 为视线倾斜时的竖直角。

为了计算简便，在实际工作中，通常使中丝照准标尺上与仪器同高处，使 $i=v$。则上述计算高差的公式简化为：

$$h = \frac{1}{2}KL\sin 2\alpha \tag{3.14}$$

现在视距测量的计算工具主要是电子计算器，最好使用程序型的计算器。即事先将视距计算公式和高差计算公式输入到计算器中，这样使用快捷方便，不容易出现计算错误。

二、视距测量的观测程序

（1）如图 3.11 所示，将经纬仪安置于 M 点，量取仪器高度 i（仪器横轴中心至地面点的距离），在 N 点竖立视距尺。

(2) 望远镜照准 N 点视距尺，使中丝读数为仪器高（$i=v$），分别读取上、下丝读数（计算视距间隔 L）。

(3) 调整竖盘读数指标水准管，使气泡居中（或打开竖盘自动归零装置），读取竖盘读数（计算竖直角 α）。

(4) 根据视距间隔 L、竖直角 α，按式（3.11）、式（3.14）计算水平距离 D 和高差 h。

三、视距测量误差及注意事项

影响视距测量精度的因素很多，但主要有以下几个方面，在测量时应加以注意。

1. 视距尺倾斜误差

视距公式是在视距尺铅垂竖直的条件下推得的，视距尺倾斜对视距测量的影响与竖直角的大小有关，由公式 $h=D\tan\alpha$ 可知，竖直角越大对视距测量的影响越大，当视距尺倾斜 1° 时，竖直角为 30° 时，产生的视距相对误差可达 1/100。为减小视距尺倾斜误差的影响，特别在山区测量时，应尽量扶直视距尺，或选用安装有圆水准器的标尺。

2. 读数误差的影响

用视距丝在视距尺上读数的误差是影响视距测量精度的主要因素。读数误差直接影响视距间隔 L，视距乘常数 $K=100$ 时，读数误差将扩大 100 倍进而影响距离测量结果。如读数误差为 1 mm，对距离的影响为 0.1 m，因此，读数时应注意消除视差，使成像清晰、读数仔细。

3. 外界条件的影响

外界条件影响主要有烈日、大风均可使尺成像不稳，大气折光的影响对接近地面的读数影响较大，因此，尽可能使仪器视线高出地面 1m，并选择合适的天气作业。

第三节　光电测距

一、光电测距的基本原理

如图 3.12 所示，欲测 A、B 两点的距离，在 A 点安置测距仪，在 B 点置反光镜。由测距仪在 A 点发出的测距电磁波信号至反光镜经反射回到仪器。如果电磁波信号往返所需时间为 t，设信号的传播速度为 c，则 A、B 之间的距离为：

$$D=\frac{1}{2}ct \tag{3.15}$$

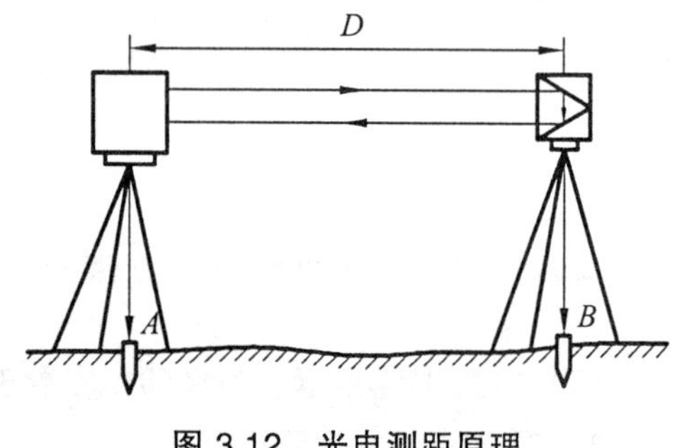

图 3.12　光电测距原理

式中，c 为电磁波信号在大气中的传播速度，其值约为 3×10^{8} m/s。

由此可见，测出信号往返 A、B 所需时间即可测量出 A、B 两点的距离。

由式（3.15）可以看出测量距离的精度主要取决于测量时间的精度。在电子测距中，测量时间一般采用两种方法：直接测时和间接测时。对于第一种方法，若要求测距误差 $\Delta D\leqslant$ 10 mm 则要求时间 t 的测定误差 $\Delta t\leqslant2/3\times10^{-10}$ s，要达到这样的精度是非常困难的。因此，对于精密测距，多采用后者。目前，用得最多的是通过测量电磁波信号往返传播所产生的相位移来间接测时，即相位法。

相位法测距是通过测量连续的调制光波在待测距离上往返传播所产生的相位变化来间接测定传播时间，从而求得被测距离。红外光电测距仪就是典型的相位式测距仪。

二、测距仪的使用

光电测距仪是一种精密而复杂的仪器，为保证观测成果精度，使用前应做好各项准备和检查工作。主要包括：经纬仪的检验校正，经纬仪和反射镜的光学对中器要满足要求；电池应充足电；测距仪的加常数、乘常数的检验等。

1. 对中、整平

将测距仪和反射镜分别安置在测点的两端，仔细对中、整平；使反射镜粗略照准测距仪。

2. 观　测

先将测量单位选定，然后将加常数、乘常数置入仪器中，用测距仪照准反射镜觇标，检查电池电压和反射信号强度，若合乎要求，则按“测量”按键，大约 5 s 后即可显示出距离。对测得的距离应及时记入手簿。

3. 记录气压和温度

由于测距仪给定的标准气压和温度与观测时的气压和温度不同，故应记录下来以便对观测结果进行气象改正。

4. 记录水平角、竖直角

若使用全站仪，则可将加常数、乘常数、气压、温度预先安置在仪器中，预先选择好程序，即可同时完成距离、水平角、竖直角测量，显示出平距、坐标等。

三、测距成果整理

在测距仪测得初始斜距值后，还需加上仪器常数改正、气象改正和倾斜改正等，最后求得水平距离。

当测得斜距的竖直角 α 后，可按下式计算水平距离，即：

$$D=S\cdot\cos\alpha \tag{3.16}$$

目前，测距仪已很少单独生产和使用，而是将其与电子经纬仪组合成一体化的全站仪。见“全站仪”一章。

第四节　直线定向

为了确定地面点的平面位置，不但要测量直线的长度，还需要已知直线的方向。确定直线的方向工作简称直线定向。确定直线方向首先要有一个共同的基本方向，即标准方向，然后测定直线与基本方向（标准方向）之间的水平角。

一、标准方向

在测量工作中，作为直线定向用的标准方向有三种：真子午线方向、磁子午线方向和坐标纵轴方向。

1. 真子午线方向

过地球上某点及地球的北极和南极的半个大圆称为该点的真子午线（见图 3.13）。真子午线方向是指此点在其真子午线处的切线方向，真子午线方向指出地面上某点的真北和真南方向。真子午线方向是用天文测量方法、陀螺经纬仪或 GPS 来测定的。

地球表面上任何一点都有真子午线方向，各点的真子午线都向两极收敛而相交于两极，因此在经度不同的点上，真子午线方向互不平行。两点真子午线方向间的夹角称为子午线收敛角。

如图 3.14 所示，地面上 A、B 两点的真子午线收敛于北极，设 A、B 两点在地球同一纬度上，两点间的距离为 l，过 A、B 两点作子午线的切线 AP、BP，AP、BP 即为两点的真子午线方向，交地轴于 P 点，它们的夹角 γ 即为子午线收敛角。则：

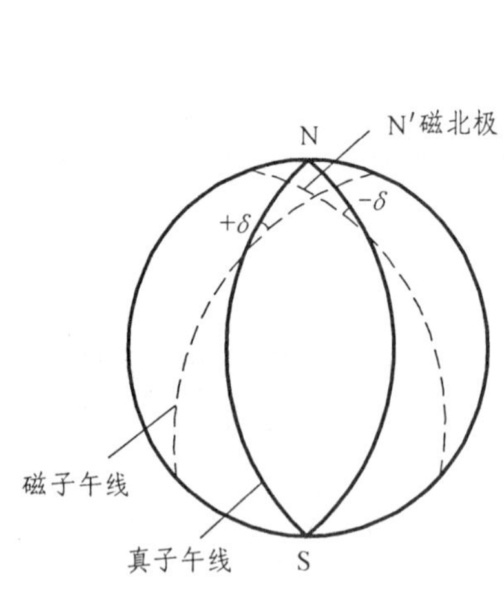

图 3.13　真子午线和磁子午线

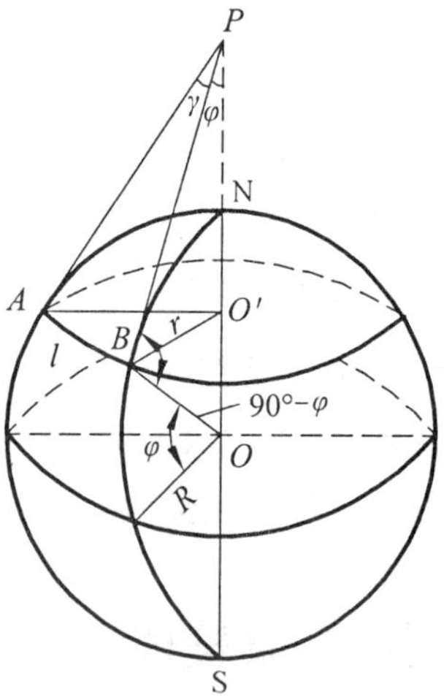

图 3.14　子午线收敛角

$$\gamma = \frac{l}{BP} \cdot \rho$$

在直角三角形 BOP 中，$BP = R/\tan\varphi$，因此：

$$\gamma = \rho \cdot \frac{l}{R} \tan\varphi \tag{3.17}$$

式中，R 为地球半径，$R=6\ 371$ km；ρ 为 1 弧度所对应的秒数，$\rho=206\ 265''$；φ 为 A、B 两点的纬度。

从式中可以看出，子午线收敛角随纬度的增大而增大，并与两点间的距离成正比。

2. 磁子午线方向

过地球上某点及地球南北磁极的半个大圆称为该点的磁子午线。磁子午线方向是磁针在地球磁场的作用下，自由旋转的磁针静止下来所指的方向。磁子午线方向可用罗盘仪来测定。

由于地磁南北极与地球的南北极并不重合，北磁极约位于西经 101°，北纬 74°；南磁极约位于东经 114°，南纬 68°。因此，过地面上某点的真子午线方向与磁子午线方向常不重合，两者之间的夹角称为磁偏角，用符号 δ 表示（见图 3.13）。磁子午线方向北端在真子午线方向以东时为东偏，δ 定为"＋"；在西时为西偏，δ 定为"－"。磁偏角 δ 是因时因地而变化的，我国磁偏角的变化大约在＋6°（西北地区）～－10°（东北地区）之间。因此，磁子午线不宜作为精密定向的基本方向线。但是，由于确定磁子午线的方法比较方便，因而在独立地区和低等级公路测量中仍可采用它作为起始方向线。

3. 坐标纵轴方向（轴子午线方向）

不同点的真子午线方向或磁子午线方向都是不平行的，这使直线方向的计算很不方便。采用坐标纵轴方向作为标准方向，这样各点的基本方向都是平行的，所以使方向的计算十分方便。

我国采用高斯平面直角坐标系，每 6° 带或 3° 带内都以该带的中央子午线为坐标纵轴，因此，该带内直线定向，就用该带的坐标纵轴方向作为标准方向。工程上通常取测区内某一特定的子午线方向作为坐标纵轴，在一定范围内以坐标纵轴方向作为基本方向。在局部地区，也可采用假定的坐标纵轴（X 轴）作为标准方向。

由上所知，任何子午线都是指向北（或南）的，我国位于北半球，因此把北方向作为标准方向。图 3.15 中以过 O 点的真子午线方向作为坐标纵轴，所以任意点 A 或 B 的真子午线方向与坐标纵轴方向间的夹角就是任意点与 O 间的子午线收敛角 γ，当坐标纵轴方向的北端偏向真子午线方向以东时，γ 定为"＋"，偏向西时 γ 定为"－"。δ 和 γ 的符号规定相同。

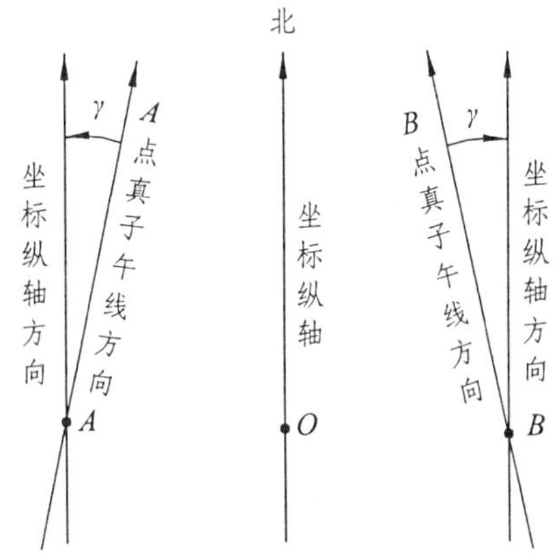

图 3.15 坐标纵轴方向

二、表示直线方向的方法

确定直线方向就是确定直线和标准方向之间的角度关系，表示直线方向有方位角和象限角两种方法。

（一）方位角

1. 方位角的概念

方位角是指以标准方向的指北端起，按顺时针方向转到该直线的水平角称为该直线的方位角。方位角的角值自 0°～360°，如图 3.16 所示。

以真子午线方向北端起，得出的方位角称真方位角，用 A 表示；如果以磁子午线方向为标准方向，则其方位角称为磁方位角，用 A_m 表示；以坐标纵轴方向为标准方向，则其方位角称为坐标方位角，用 α 表示。

2. 三种方位角之间的关系

因标准方向选择的不同，使得一条直线有不同的方位角，一般来讲，它们之间互不相等。如图 3.17 所示，过 1 点的真北方向与磁北方向之间的夹角为磁偏角 δ，过 1 点的真北方向与坐标北方向之间的夹角为子午线收敛角 γ，不同点的 δ 和 γ 值一般是不相同的。

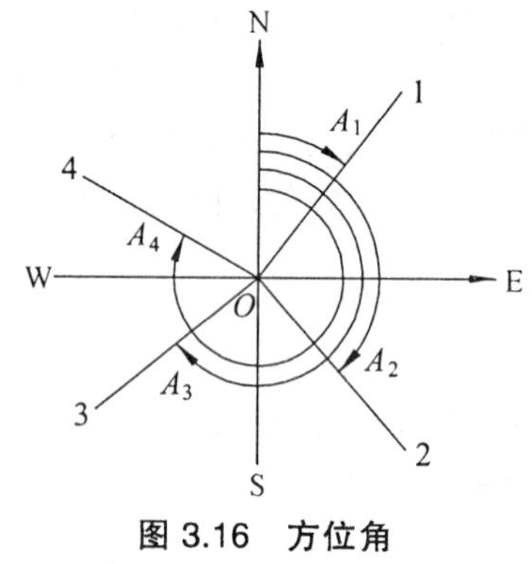

图 3.16　方位角

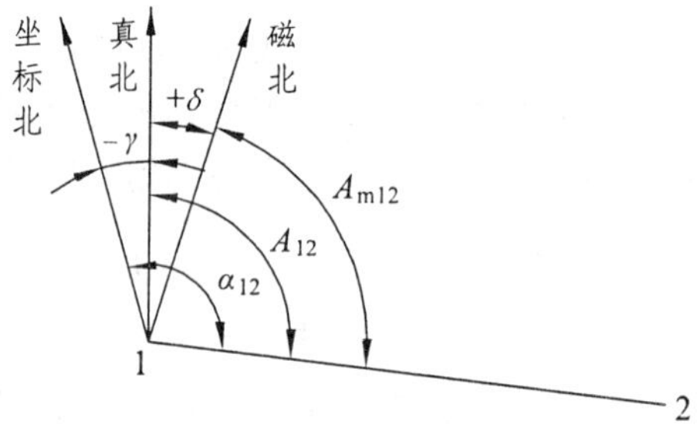

图 3.17　三种方位角之间的关系

根据真子午线方向、磁子午线方向、轴子午线方向三者之间的关系，直线 12 的三种方位角之间可有如下关系：

$$A_{12} = \alpha_{12} + \gamma \tag{3.18}$$

$$A_{12} = A_{m12} + \delta \tag{3.19}$$

$$\alpha_{12} = A_{m12} + \delta - \gamma \tag{3.20}$$

（二）象限角

直线与基本方向构成的锐角称为直线的象限角。象限角由基本方向的指北端或指南端开始向东或向西计量，用 R 表示，角值自 0°～90°。

用象限角表示直线的方向，除了要说明象限角的大小外，还应在角值前冠以直线所指的象限名称，象限的名称有"北东"、"北西"、"南东"、"南西"四种。象限名称的第一个字必定是"北"或"南"，第二个字是"东"或"西"。象限的顺序按顺时针方向排序。第一象限为北东方向，第二象限为南东方向，第三象限为南西方向，第四象限为北西方向，象限角的表示方法如图 3.18 所示。如 R_3＝SW53°，说明该直线在第三象限。

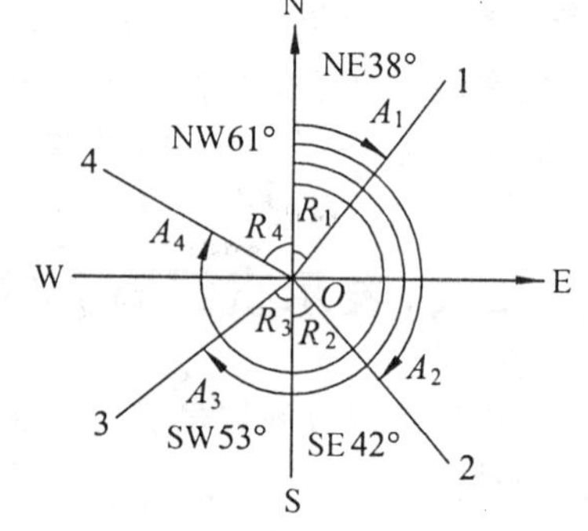

图 3.18　象限角

采用象限角时，也可以真子午线方向、磁子午线方向或坐标纵轴方向作为标准方向。象限角 R 和方位角都可以表示直线的方向，二者的关系如表 3.1 所示。

表 3.1　象限角和方位角的关系

直线方向	象　限	象限角 R 与方位角 A 的关系
北东	Ⅰ	$R=A$
南东	Ⅱ	$R=180°-A$
南西	Ⅲ	$R=A-180°$
北西	Ⅳ	$R=360°-A$

这些关系从图上是很容易得出的。要注意的是：在使用计算器计算反三角函数时，只能得出象限角值，求方位角还必须进行换算。

三、直线的正反方向

一条直线有正反两个方向，在直线起点量得的直线方向称直线的正方向，反之在直线终点量得该直线的方向称直线的反方向。例如图 3.19 中，直线 12 的两个端点，1 是起点，2 是终点，α_{12} 称为直线 12 的正坐标方位角，α_{21} 称为直线 12 的反坐标方位角。对于直线 21，2 是起点，1 是终点，α_{21} 称为直线 21 的正坐标方位角，α_{12} 为直线 21 的反坐标方位角。一条直线的正、反坐标方位角相差 180°，即同一直线的正反坐标方位角的关系为：

$$\alpha_{21}=\alpha_{12}\pm180° \tag{3.21}$$

正反坐标方位角除相差 180° 外，还要考虑子午线收敛角的影响，如图 3.20 所示。

$$A_{反}=A_{正}\pm180°\pm\gamma \tag{3.22}$$

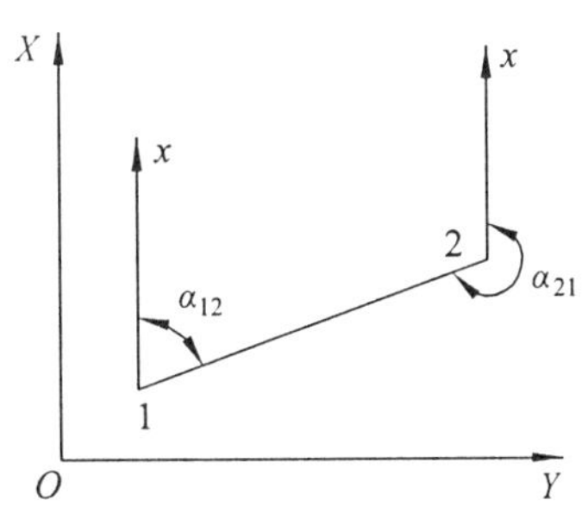

图 3.19　正、反坐标方位角

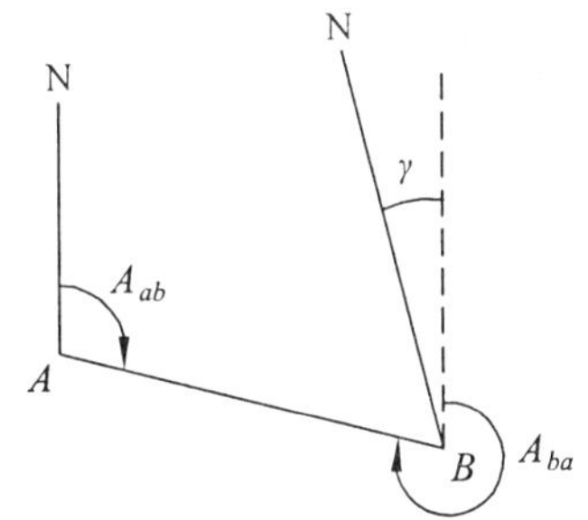

图 3.20　正、反真方位角

当采用象限角时，如以坐标纵轴方向为基本方向，正反象限角的关系是角值不变，但象限相反，即北东与南西互换，北西与南东互换。

由以上的变换关系可以看出，由于地面各点的真北（或磁北）方向之间互不平行，直线正反真（磁）方位角并不刚好相差 180°，用真（磁）方位角表示直线方向会给方位角的推算带来不便，所以在一般测量工作中，常采用坐标方位角来表示直线的方向。

第五节　用罗盘仪测量磁方位角

一、罗盘仪的构造

罗盘仪是测量直线磁方位角或磁象限角的仪器，罗盘仪的种类很多，主要部件由磁针、度盘、望远镜和基座 4 部分组成，如图 3.21 所示。

1. 磁　针

磁针用人造磁铁制成，安装在度盘中心的顶针上，可以自由旋转，当磁针静止时其北端所指的方向就是磁子午线方向。为了减轻顶针的磨损，不用时可用固定螺旋将磁针升起，使它与顶针分离，把磁针压在玻璃盖下。

一般磁针的指北端染成黑色或蓝色，用来辨别指北或指南端。由于受两极不同磁场强度的影响，在北半球磁针的指北端向下倾斜，为使磁针保持平衡，常在磁针的指南端加上几圈铜丝，这也有助于辨别磁针的指南端或指北端。

2. 度　盘

刻度盘一般为金属圆盘，安装在度盘盒内，随望远镜一起转动。度盘上刻有 1° 或 0.5° 的分划，每隔 10° 有一注记，其注记是自 0° 起按逆时针方向增加至一周 360°。这种方式可直接读出直线的磁方位角，所以称为方位罗盘仪，如图 3.22 所示，该直线的磁方位角为 150°。另一种是象限罗盘仪，注记方式是以一个直径的两端各为 0°，各向左右两侧分别增至 90°，把一周分成四个象限。在 0° 分划处分别注有“南”和“北”，在两个 90° 分划处分别注有“东”和“西”二字，但东西两字的位置与实地的相反，这种方式的罗盘仪可以用来测定磁象限角，所以称为象限罗盘仪，如图 3.23 所示，读得该方向磁象限角为南西 41°。

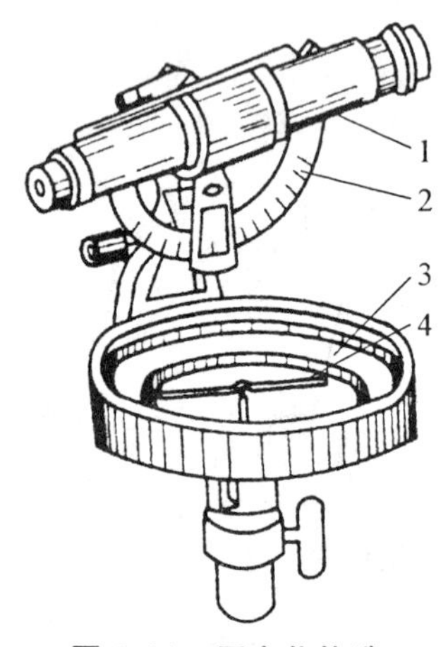

图 3.21　罗盘仪构造

1—望远镜；2—竖盘；3—度盘；4—磁针

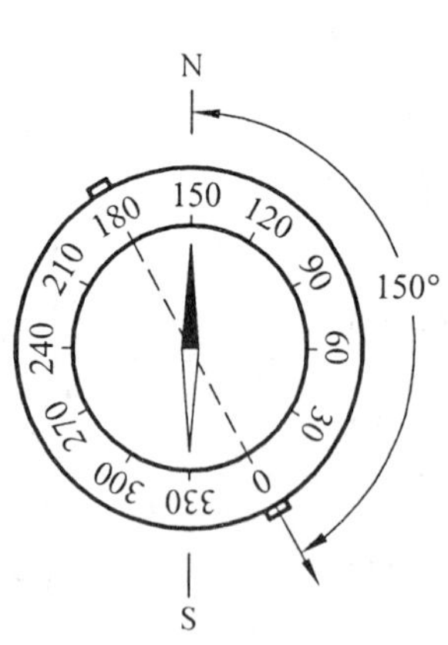

图 3.22　方位罗盘仪度盘

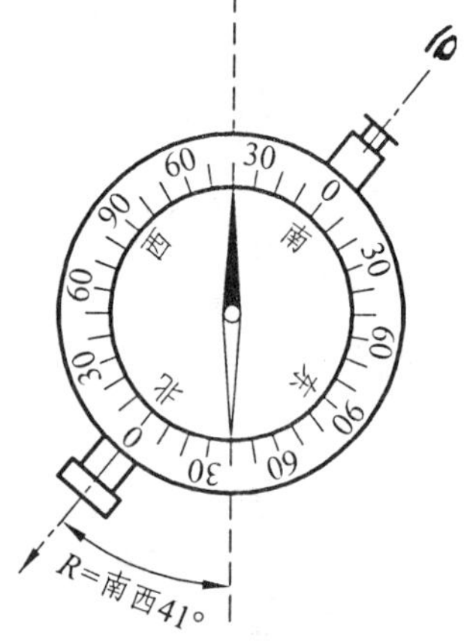

图 3.23　象限罗盘仪度盘

3. 望远镜

望远镜是瞄准目标用的照准设备，它安装在支架上，而支架则连接在度盘盒上，可随度盘一起旋转。望远镜下方有一个固定的半圆形竖直度盘，用来测量竖直角。望远镜的物镜端与罗盘盒的刻度盘 0° 线相对应，望远镜的目镜端与刻度盘的 180° 线相对应。

4. 基　座

基座为球形结构，安置在三脚架上，松开球形接头螺旋，转动罗盘盒使水准气泡居中，再旋紧球形接头螺旋，此时，度盘就处于水平位置。

二、罗盘仪的使用

（1）先将罗盘仪安置在直线的起点，对中、整平（罗盘盒内一般均设有两个水准器，用来指示仪器是否处于水平位置），在直线的终点竖立测量标志，并转动望远镜，瞄准直线另一端的标志。

（2）旋松磁针的制动螺旋，待磁针静止后，读出磁针北端所指的读数，即为该直线的磁方位角。

三、注意事项

（1）罗盘仪在使用时，不要使铁质物体接近罗盘，测量时应避开钢轨、高压线等，以免影响磁针位置的正确性。

（2）测量结束后，必须旋紧磁针的制动螺旋，避免顶针磨损，以保护磁针的灵敏性。

思考题与习题

1. 什么是水平距离？为什么测量距离的最后结果都要化为水平距离？

2. 用钢尺进行一般方法量距和精密方法量距，其具体作法上有何不同？两种方法各适用于何种精度条件？

3. 什么是尺长方程式？它有何用途？式中各符号的含义是什么？

4. 有一钢尺长 30 m，尺长方程式为 $30 + 0.005 + 1.25\times10^{-5}\times30\times(t-20\ ^\circ\mathrm{C})$，某一尺段的外业丈量成果为，$l = 27.683$ m、温度 $t = 12$ °C、高差 $h = -0.94$ m，计算各项改正及尺段全长。

5. 用钢尺丈量两段距离，一段往测为 126.78 m，返测为 126.72 m；另一段往测为 357.35 m，返测为 357.23 m，这两段距离丈量的精度哪个高？

6. 使用尺长方程式为 $30 + 0.001\,8\ \mathrm{m} + 1.25\times10^{-5}\times30\times(t-20\ ^\circ\mathrm{C})$ 的钢尺，沿倾斜地面往返丈量 A、B 两点的距离，丈量时用 98 N 的标准拉力，用水准仪测得两点的高差为 2.54 m，往测时量得长度为 234.943 m，平均温度为 27.4 °C，返测时量得长度为 234.932 m，平均温度为 27.9 °C，试求经过各项改正后 AB 的水平距离。

7. 钢尺量距中有哪些误差影响？如何保证钢尺的量距精度？

8. 不考虑子午线收敛角，计算表 3.2 中空白部分。

表 3.2 方位角和象限角的换算

直线名称	正方位角	反方位角	正象限角	反象限角
AB				南西 47°31′
AC			南东 52°28′	
AD		67°46′		
AE	319°35′			

9. 试述普通视距测量的基本原理，其主要优缺点有哪些?

10. 根据表 3.3 的已知数据，计算高差、水平距离及高程。

表 3.3 视距测量的已知数据

点号	视距读数 l（m）	中丝读数 v（m）	竖盘读数	竖直角 α	高差 h（m）	水平距离 d（m）	高程 H（m）
1	0.96	1.30	96°35′				
2	1.45	1.60	82°46′				

注：测站 A，仪器高 i = 1.45 m，测站高程 H_A = 74.50 m，竖盘为顺时针注字。

第四章　全 站 仪

第一节　全站仪及其分类

一、全站仪的概念

全站仪的全称叫做全站型电子速测仪。我们知道，确定地面点位就是确定地面点的坐标和高程，是通过测定距离、角度和高差三个基本要素来实现的。而测定高差，通常采用水准测量和三角高程测量方法。如果用三角高程测量方法测定高差，则测定地面点位就成为测定水平角、竖直角和距离的问题。

全站仪能够在一个测站上利用光、机、电一体化的技术完成采集水平角、竖直角和倾斜距离三种基本数据的功能，并由这三种基本数据，通过仪器内部的微处理机，计算出平距、高差、高程及坐标等数据。因此，全站仪实现了在一个测站上由一台仪器完成全部的测量工作。全站仪的原理框图见图 4.1。

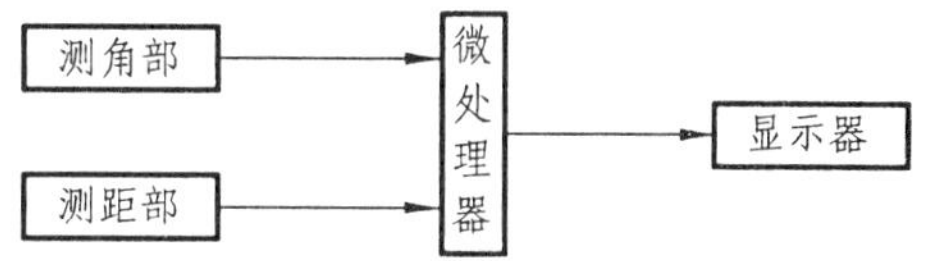

图 4.1　全站仪的原理框图

二、全站仪的分类

目前，世界上许多著名的测绘仪器厂生产全站仪，每个厂家又有各自的系列产品，因此全站仪的类型非常多，但是大致可以进行下列分类：

（一）按功能分类

1. 普通型全站仪

经典型全站仪也称为常规全站仪，它具备全站仪电子测角、电子测距和数据自动记录等基本功能，有的还可以运行厂家或用户自主开发的机载测量程序，如南方的 NTS350、660 系列，徕卡公司的 TC 系列等。

2. 机动型全站仪

在经典全站仪的基础上安装轴系步进电机，可自动驱动全站仪照准部和望远镜的旋转。在计算机的在线控制下，机动型系列全站仪可按计算机给定的方向值自动照准目标，并可实现自动正、倒镜测量。徕卡 TCRM 系列全站仪就是典型的机动型全站仪。

3. 无合作目标型全站仪

无合作目标型全站仪是指在无反射棱镜的条件下，可对一般的目标直接测距的全站仪。因此，对不便安置反射棱镜的目标进行测量，无合作目标型全站仪具有明显优势。如徕卡 TCR 系列全站仪，无合作目标距离测程可达 500 m；南方测绘的 NTS“R”系列等。可广泛用于地籍测量，房产测量和施工测量中。

4. 智能型全站仪

在机动化全站仪的基础上，仪器安装自动目标识别与照准的新功能，因此在自动化的进程中，全站仪进一步克服了需要人工照准目标的重大缺陷，实现了全站仪的智能化。在相关软件的控制下，智能型全站仪在无人干预的条件下可自动完成多个目标的识别、照准与测量，因此，智能型全站仪又称为“测量机器人”典型的代表有徕卡的 TCA 型全站仪、拓普康 GPT-900A/GPT-9000A 系列等。

5. 集成 GPS 定位系统的全站仪

集成 GPS 接收机的高性能全站仪。该类型全站仪无需控制点、长导线和后方交会操作，使用 GPS 确定该点的准确位置，然后就可以使用全站仪进行测量、放样。

（二）按全站仪测距测程分类

1. 短测程全站仪

测程小于 3 km，一般精度为 ±(5 mm + 5 ppm) (1 ppm = 1 mm/1 km = 1×10^{-6})，主要用于普通测量和城市测量。

2. 中测程全站仪

测程为 3～15 km，一般精度为 ±(5 mm + 2 ppm)，±(2 mm + 2 ppm) 通常用于一般等级的控制测量。

3. 长测程全站仪

测程大于 15 km，一般精度为 ±(5 mm + 1 ppm)，通常用于国家三角网及特级导线的测量。

第二节　全站仪的结构及其辅助设备

一、全站仪的结构

全站仪是由光电测距仪、电子经纬仪和数据处理系统组成。它的结构原理如图 4.2 所示。

图中上半部包含有测量的四大光电系统，即测距、测水平角、竖直角和水平补偿。键盘指令是测量过程的控制系统，测量人员通过按键便可调用内部指令指挥仪器的测量工作过程和进行数据处理。以上各系统通过 I/O 接口接入总线与数字计算机联系起来。

微处理机是全站仪的核心部件，它如同计算机的中央处理机（CPU），主要由寄存器系列（缓冲寄存器、数据寄存器、指令寄存器等）、运算器和控制器组成。

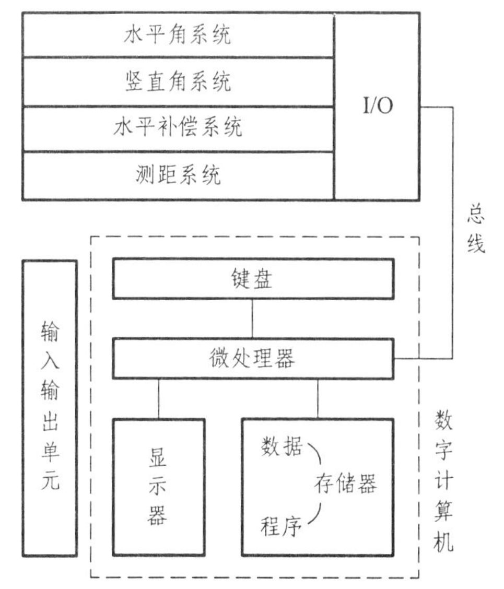

图 4.2 全站仪的结构原理

微处理机的主要功能是根据键盘指令启动仪器进行测量工作，执行测量过程的检核和数据的传输、处理、显示、储存等工作，保证整个光电测量工作顺利地完成。输入、输出单元是与外部设备连接的装置（接口）。为便于测量人员设计软件系统，处理某种目的的测量工作，在全站仪的数字计算机中还提供有程序存储器。

目前，全站仪的品牌和型号非常多，尽管仪器的主要结构和性能基本相同，但由于各种仪器的键盘设置差异很大，这就给仪器的操作带来诸多不便。因此，要全面了解、掌握一种型号的全站仪，就必须详细、认真阅读其使用说明书。

图 4.3 为南方测绘 NTS-312P 中文界面全站仪。

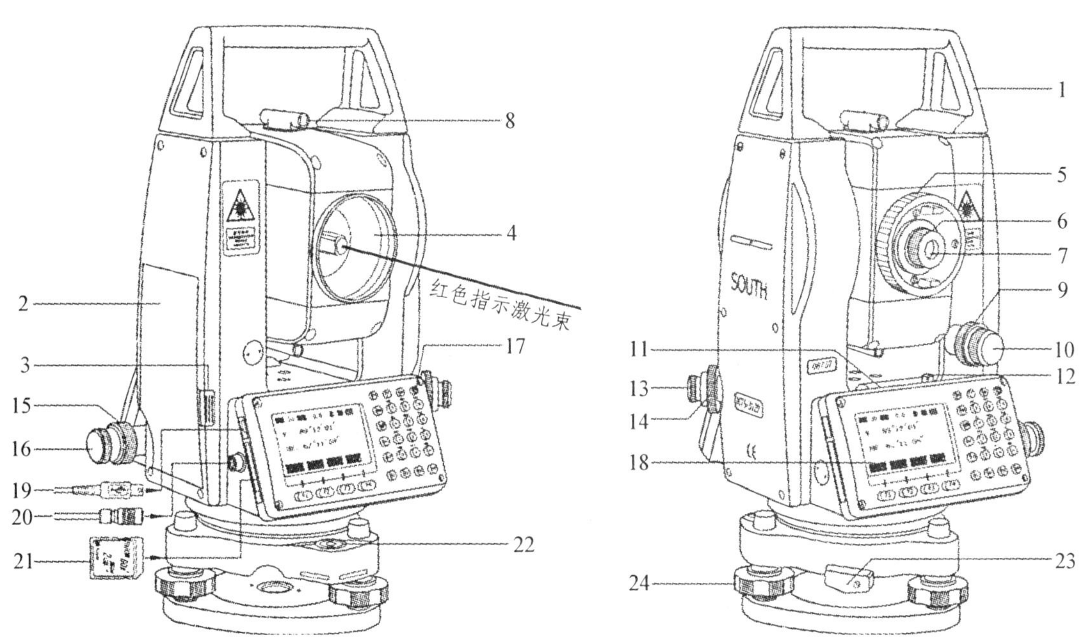

图 4.3 NTS-312P 免棱镜测距全站仪

1—手柄；2—电池盒；3—电池盒按钮；4—物镜；5—物镜调焦螺旋；6—目镜调焦螺旋；7—目镜；8—光学粗瞄器；9—望远镜制动螺旋；10—望远镜微动螺旋；11—管水准器；12—管水准器校正螺丝；13—光学对中器目镜调焦螺旋；14—光学对中器物镜调焦螺旋；15—水平制动螺旋；16—水平微动螺旋；17—电源开关键；18—显示窗；19—USB 通讯口；20—RS232C 通讯口；21—SD 卡插口；22—圆水准器；23—轴套锁定钮；24—脚螺旋

NTS-312P 带有数字/字母键盘，光栅度盘，双轴补偿，一测回方向观测中误差为±2″，竖盘指标自动归零补偿采用电子液体补偿器，补偿范围为±3′；在良好大气条件下的最大测程为 3 km（单块棱镜），测距误差为 2 mm+2 ppm；反射片测程为 800 m，免棱镜测程为 200 m，测距误差为 5 mm+3 ppm；内存容量为 2 MB 闪存，一个 RS-232C 串行通讯口，一个 USB 通讯口，一个 SD 卡插口，最大可插 2 GB 标准 SD 卡，工作内存可以在 FLASH 或 SD 卡间选择。仪器采用 6 V 镍氢可充电电池 NB-28（容量为 2 800 mA · h）供电，一块充满电的电池可供连续测距 6 h。

按电源键开机，屏幕显示仪器型号与机载软件版本信息［见图 4.4（a）］后进入图 4.4（b）的界面，纵转望远镜，触发光栅度盘计数，进入图 4.4（c）的出厂设置“角度模式”界面。

操作面板由显示窗和 28 个键组成，各键功能见图 4.5。

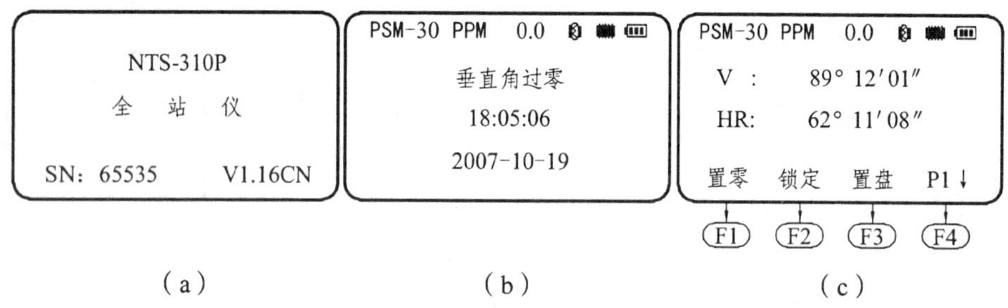

图 4.4　NTS-312P 开机屏幕显示过程

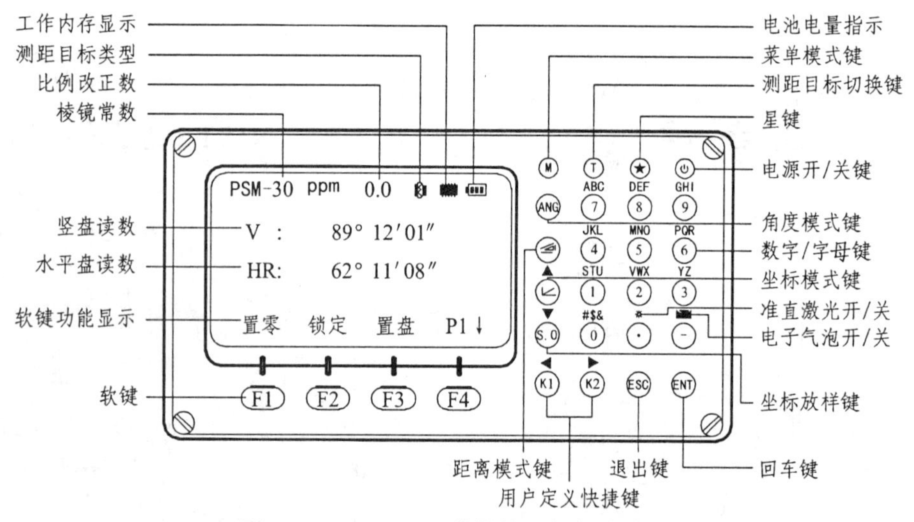

图 4.5　NTS-312P 的操作面板与键功能

二、全站仪的辅助设备

（一）反射棱镜

在用全站仪进行除角度测量之外的所有测量工作时，反射棱镜一般是必不可少的合作目标。但现在各大厂家，都推出了以红色激光源为测距光源的激光型免棱镜全站仪，在一定距离范围内可免设棱镜，使测量更方便、灵活。

构成反射棱镜的光学部分是直角光学玻璃锥体。它如同在正方形玻璃上切下的一角，如图 4.6 所示。图中 *ABC* 为透射面，呈等边三角形；另外三个面 *ABD*、*BCD* 和 *CAD* 为反射面，呈等腰直角三角形。反射面镀银，面与面之间相互垂直。由于这种结构的棱镜，无论光线从哪个方向入射透射面，棱镜必将入射光线反射回入射光的发射方向。因此测量时，只要棱镜的透射面大致垂直于测线方向，仪器便会得到回光信号。

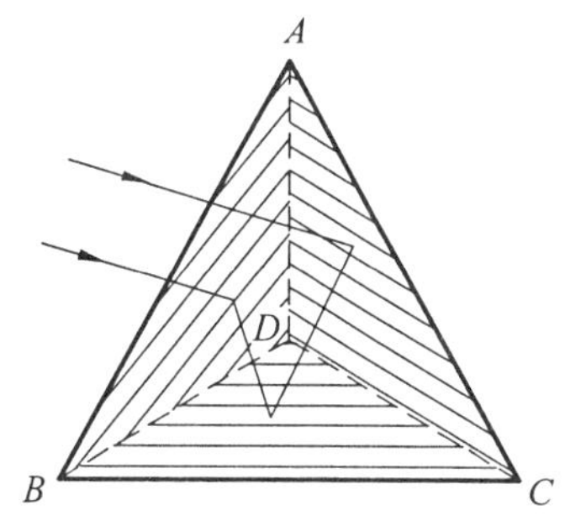

图 4.6 反射棱镜的构成

由于光在玻璃中的折射率为 1.5～1.6，而在空气中的折射率近似等于 1，也就是说，光在玻璃中的传播要比在空气中慢，因此，光在反射棱镜中传播所用的超量时间会使所测距离增大某一数值，通常称做棱镜常数。棱镜常数的大小与棱镜直角玻璃锥体的尺寸和玻璃的类型有关，已在厂家所附的说明书或直接在棱镜上标出，供测距时修正使用。

观测时采用一块棱镜，称为单棱镜。根据测程的不同，可以选用三棱镜及九棱镜等。根据测量的精度要求和用途，可以选用三脚架安装棱镜或采用测杆棱镜。

1. 三脚架上安置棱镜

如图 4.7 所示，将棱镜装在棱镜框上，再将棱镜框装在棱镜底座上，然后通过三脚架的连接螺旋与其固定。棱镜框上可装置觇牌，便于仪器精确瞄准。棱镜框上设有瞄准器，可使棱镜面朝测线方向。棱镜底座上设有圆水准器、水准管和光学对中器，用于对中和整平。松开基座上的固定螺旋，上部即可与基座分离，便于采用“三联脚架法”进行导线测量。另外，棱镜底座能调整其高度，使棱镜中心至基座的高度等于仪器横轴中心至基座的高度。

2. 测杆棱镜

在放样和精度要求不高的测量中，采用测杆棱镜是十分便利的。如图 4.8 所示，它由棱镜、测杆、圆水准器和轻型三脚架组成，必要时也可以安装觇牌。使用时，将测杆尖部对在测点上，利用圆水准器使测杆垂直，并用轻型三脚架固定。放样测量时则可手持测杆，加快放样的速度。

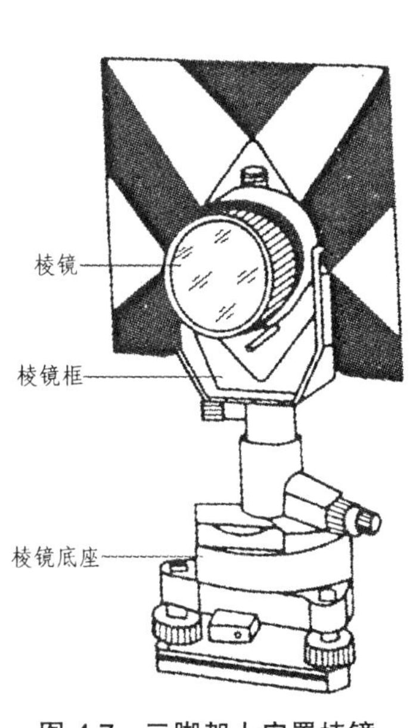

图 4.7 三脚架上安置棱镜

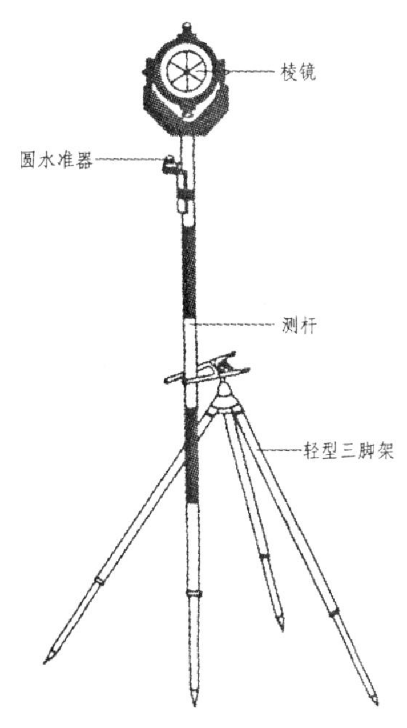

图 4.8 测杆棱镜

（二）温度计与气压表

大气折射率随大气条件而改变。由于仪器作业时的大气条件一般不与仪器选定的基准大气条件（通常称为气象参考点）相同，光尺长度会发生变化，使测距产生误差，因此必须进行气象改正（或称大气改正）。大气条件主要是指大气的温度和气压。精密测距有时还应考虑大气湿度。

仪器的厂家型号不同，所选用的气象参考点也不同。NTS-310 系列全站仪的参考气象点是 p=1 013 hPa，t=20 °C，在参考点的 ppm 值为零。当键入温度、气压不同于参考点的温度、气压值时，仪器自动按内置的计算公式计算气象改正比例系数，并进行自动改正。当然也可以手动输入计算的改正系数。但要注意，要依据厂家说明书中给出的计算公式。

测定气压通常使用空盒气压表。气压表所使用的单位有毫巴（1 mbar＝1 hPa）和毫米汞柱（mmHg），两者的换算关系为：1 mbar＝0.75 mmHg。

测定气温通常使用通风干湿温度计。在测程较短（如数百米）或测距精度要求不高的情况下，可使用普通温度计。

第三节　全站仪的操作与使用

由于各种型号的全站仪，其规格的性能不尽相同，在操作与使用上的差异则更大。因此，要全面了解、掌握一种型号的全站仪，就必须详细阅读其使用说明书。下面仅就南方测绘 NTS-312P 全站仪的操作使用作简要的叙述。

一、测前的准备工作

1. 安装电池

测前应检查电池的充电情况，如果电力不足，要及时充电。充电要用仪器自带的专用充电器。

2. 安置仪器和开机

仪器的安置包括对中和整平。全站仪一般均使用光学对中器，具体操作方法与光学经纬仪相同，但因全站仪较重，安置时要注意仪器安全。开机的方法有两种：一种是通过电源开关开启；另一种是通过仪器键盘上的开关键开启。

3. 设置仪器参数

根据测量的具体要求，测前应通过仪器的键盘操作来选择和设置参数，如选择、设置距离、角度、温度、气压的单位、大气折光系数等。

二、仪器的操作与使用

这里主要介绍水平角、距离、高程、坐标及放样测量等基本方法。

（一）水平角测量

1. 设置某一目标的水平度盘读数为某一度数

操作时，先瞄准该目标，然后通过键盘操作输入该度数，设置完成。

2. 水平角测量

如图 4.9 所示，欲测水平角 β，将仪器安置在角的顶点 O 上，瞄准左目标 A，按键设置水平度盘读数为 0°00′000″，然后瞄准右目标 B，此时显示的水平度盘读数即为所测的 β 角值。

测角也可采用下述方法：先瞄准左目标 A，读取水平度盘读数 a，然后瞄准右目标 B，读取水平度盘读数 b，所测水平角为：

$$\beta = b - a \tag{4.1}$$

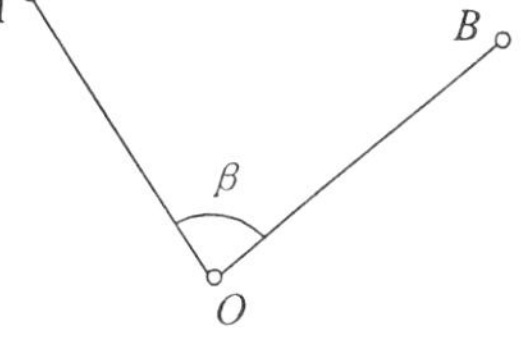

图 4.9　水平角测量

（二）距离测量

1. 选择测距模式

测距时一般有精测、速测（或称粗测）、跟踪测量等模式可供选择，故应根据测距的要求通过键盘预先设定。

2. 设置棱镜常数

测距前必须将所用棱镜的棱镜常数输入仪器中，仪器将对所测距离自动改正。棱镜常数恒为负值，也有为零的，使用者应特别注意。另外各个厂家生产的棱镜常数都不相同，使用时，如果选用了与全站仪不配套的厂家棱镜时，要注意测定棱镜常数。

3. 输入大气改正值

将所测的温度和气压，在测距前通过键盘操作输入仪器中，仪器会自动对所测距离进行改正。值得注意的是，这里输入的温度、气压的单位应与设置仪器参数时的单位相一致，否则应重新设置。

4. 距离测量

精确瞄准棱镜中心，在距离测量模式下可测出平距、斜距和高差，具体操作要根据所使用的全站仪说明书所叙述的步骤。

（三）坐标测量

坐标测量是测定地面点的三维坐标，即 $N(x)$、$E(y)$ 和 $Z(H$，即高程)。

如图 4.10 所示，B 为测站点；A 为后视点。已知两点坐标（N_B，E_B，Z_B）和（N_A，E_A，Z_A），求测点 1 的坐标。为此，根据坐标反算公式先计算出 BA 边的坐标方位角：

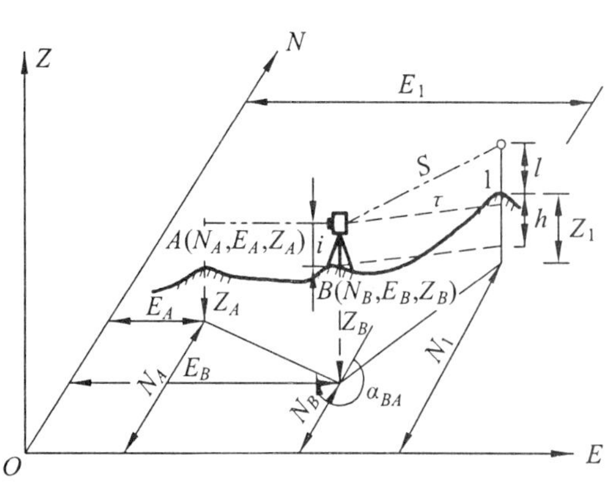

图 4.10　坐标测量

$$\alpha_{AP} = \arctan\frac{E_P - E_A}{N_P - N_A} \tag{4.2}$$

实际上，在将测站点 B 和后视点 A 的坐标通过键盘操作输入仪器后，瞄准后视点 A，通过键盘操作，可将水平度盘读数设置为该方向的坐标方位角，此时水平度盘读数就与坐标方位角值相一致。当用仪器瞄准 1 点，显示的水平度盘读数就是测站点 B 至测点 1 的坐标方位角。测出测站点 B 至测点 1 的斜距后，测点 1 的坐标即可按下式算出：

$$\left.\begin{aligned} N_1 &= N_B + S \cdot \cos\tau \cdot \cos\alpha \\ E_1 &= E_B + S \cdot \cos\tau \cdot \sin\alpha \\ Z_1 &= Z_B + S \cdot \sin\tau + i - l \end{aligned}\right\} \tag{4.3}$$

式中，N_1、E_1、Z_1 为测点坐标；N_B、E_B、Z_B 为测站点坐标；S 为测站点至测点斜距；τ 为棱镜中心的竖直角；α为测站点至测点方向的坐标方位角；i 为仪器高；Z 为目标高（棱镜高）。

上述计算是由仪器机内软件计算完成的，通过操作键盘即可直接得到测点坐标。坐标测量可按以下程序进行。

1. 选择测量模式与设置棱镜常数

实际上坐标测量也是测量角度和距离，通过机内的软件计算得来，因此测量模式与距离测量完全相同，故按照距离测量测距模式选择的方法进行。设置棱镜常数也与距离测量相同。

2. 输入仪器高

仪器高是指仪器的横轴中心（一般仪器上设有标志标明位置）至测站点的垂直高度，一般用 2 m 钢卷尺量取，测前通过操作键盘输入。

3. 输入棱镜高

棱镜高是指棱镜中心至测点的垂直高度，一般也用钢卷尺量取，测前通过操作键盘输入。

4. 输入测站点坐标

通过操作键盘找到输入测站点坐标的位置，然后依次将测站点坐标 N、E、Z 的数字输入。

5. 输入后视点坐标

通过操作键盘找到输入后视点坐标的位置，然后依次将后视点坐标的数字输入。由于在坐标测量中，输入后视点坐标是为了求得起始坐标方位角，因此后视点的 Z 坐标可不输入。

如果后视点方位的坐标方位角已知，此时仪器可先瞄准后视点，然后直接输入后视点方向的坐标方位角数值。在这种情况下，就无需输入后视点坐标。

6. 设置起始坐标方位角

在输入测站点和后视点坐标后，瞄准后视点，然后通过操作键盘，水平度盘读数所显示的数值就是后视方向的坐标方位角。如果直接输入后视方向的坐标方位角，正如前面所言，在瞄准后视点后，输入该角值就可以了。

7. 输入大气温度和气压

在测量坐标之前，应输入当时的温度和气压。输入方法与距离测量相同。

8. 测量测点坐标

在测点上安置棱镜，用仪器瞄准棱镜中心，按坐标测量键即显示测点的三维坐标。为便于精确瞄准棱镜中心，可在棱镜框上安装觇牌。

（四）放样测量

放样测量是根据点的设计坐标或与控制点的边、角关系，在实地将其标定出来所进行的测量工作。

1. 按水平角和距离进行放样

按水平角和距离进行放样，采用极坐标法。如图 4.11 所示，A、B 两点为控制点，已知水平角口和距离 D，即可在实地定出 P 点放样。可按以下程序进行：

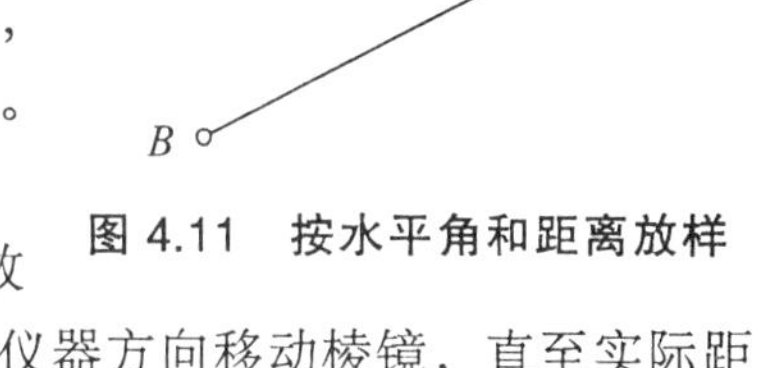

图 4.11 按水平角和距离放样

（1）在 A 点上安置仪器，瞄准 B 点，将水平度盘读数设置为 0°00′00″。

（2）选择放样模式，依次输入距离和水平角放样值。

（3）先进行水平放样，在水平角放样模式下转动照准部，当实际角度值与角度放样值的差值显示为零时，固定照准部。此时仪器的视线方向即角度放样值的方向。

（4）将棱镜置于仪器视线方向上进行距离放样，在距离放样模式下测取距离，根据与距离放样值的差值，朝向或背向仪器方向移动棱镜，直至实际距离与距离放样值的差值显示为零时，该棱镜点即是放样点 P，由此定出 P 点。

在放样点的平面位置确定后，如果需要放样该点的高程，则可按照坐标测量的方法，测定该点的实际高程，通过实际高程与高程放样值之差，即可定出放样点的高程设置。

2. 按坐标进行放样

如图 4.11 所示，A 点为测站点，坐标（N_A，E_A，Z_A）为已知。P 为放样点，坐标（N_P，E_P，Z_P）也已给定。根据坐标反算公式计算出 AP 直线的坐标方位角和长度：

$$\alpha_{AP} = \arctan\frac{E_P - E_A}{N_P - N_A} \tag{4.4}$$

$$D_{AP} = \frac{N_P - N_A}{\cos\alpha_{AP}} = \frac{E_P - E_A}{\sin\alpha_{AP}} = \sqrt{(N_P - N_A)^2 + (E_P - E_A)^2} \tag{4.5}$$

α_{AP} 和 D_{AP} 算出后即可定出放样点 P 的位置。实际上，上述计算是通过仪器机内软件完成的。

坐标放样的程序可归纳为：

（1）按照坐标测量 1～7 步进行操作。

（2）通过操作键盘找到输入放样点坐标的位置，然后依次将放样点坐标的数字输入。

（3）参照按水平角和距离进行放样的步骤（3）、（4），将放样点 P 的平面位置定出。

（4）将棱镜置于 P 点上进行高程（Z 坐标）放样。在坐标放样模式下测量 Z 坐标，根据

与 Z 坐标放样值的差值，上、下移动棱镜，直至实际 Z 坐标值与 Z 坐标放样值的差值显示为零时，放样点 P 的位置即确定。

以上仅仅介绍了全站仪最基本的测量功能，而且仅限于键盘操作。如果欲使用其他一些测量功能以及涉及数据采集、存储、管理、传输等问题，可详细阅读仪器使用说明书的相关部分。

第四节　全站仪测距误差分析

一、全站仪测距误差分类

全站仪测距误差可分为两类：一类是与距离远近无关的误差，包括测相误差、仪器加常数误差、仪器和棱镜的对中误差、光波的周期误差，称为固定误差；另一类是与距离呈比例的误差，即光速误差、频率误差和大气折射率误差，称为比例误差。

二、各项误差分析

（一）固定误差

1. 测相误差

测相误差就是测定相位差的误差。测相精度是影响测距精度的主要因素之一，因此应尽量减小此项误差。

测相误差包括测相系统的误差、幅相误差、照准误差和由噪声而引起的误差。测相系统的误差可通过提高电路和测相装置的质量来解决。幅相误差是指由于接收信号强弱不同而引起的测距误差。照准误差是指发光二极管所发射的光束相位不均匀，以不同部位的光束照射反射棱镜时，测距不一致而产生的误差。此项误差主要取决于发光管的质量。此外可采用一些光学措施，如混相透镜等，在观测时采用电瞄准的方法，以减小照准误差。由噪声引起的误差是指大气振动及光、电信号的干扰而产生的噪声，降低了仪器对测距信号的辨别能力而产生的误差，可采用增大测距信号强度的方法来减少噪声的影响。另外，这项误差是随机的，仪器采用增加检测次数而取平均值的方法，也可以减弱其影响。

2. 仪器加常数误差

如图 4.12 所示，仪器加常数 K 是仪器常数 K_1 和棱镜常数 K_2 之和。K_1 是仪器的竖轴中心线至机内距离起算参考面的距离；K_2 是棱镜基座中心轴线至棱镜等效反射面的距离。由于仪器加常数的存在，使得测出的距离值与实际值不符，因而必须改正。因为加常数 K 是与所测距离远近无关的一个常数，所以在仪器出厂前都经过检测，已预置于仪器中，对所测的距离 D

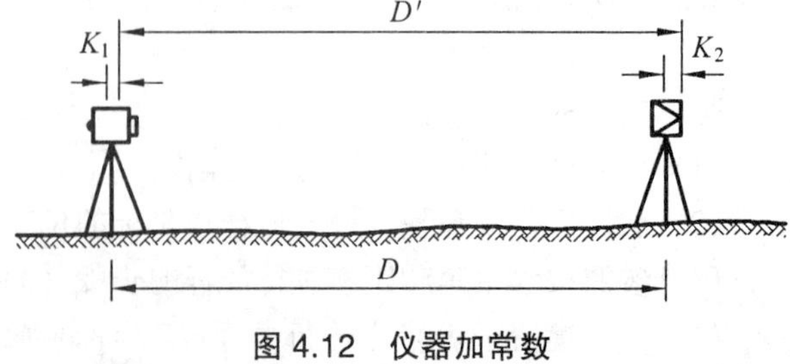

图 4.12　仪器加常数

自动进行改正：

$$D=D'+K \tag{4.6}$$

但在搬运和使用过程中，加常数可能发生变化，因此应定期进行检测，将所测加常数的新值置于仪器中，以取代原值。

3. 仪器和棱镜的对中误差

精密测距时，测前应对光学对中器进行严格校正，观测时应仔细对中。对中误差一般可小于 2 mm。

4. 周期误差

周期误差是由于仪器内部电信号的串扰而产生的。周期误差在仪器的使用过程中也可能发生变化，所以应定期进行测定，必要时可对测距结果进行改正。如果周期误差过大，需送厂检修。

目前生产的全站仪均采用了大规模集成电路，并有良好的屏蔽，因此周期误差一般很小。

（二）比例误差

1. 真空光速值的测定误差

现在真空光速值的测定精度已相当高，对测距影响极小，可以忽略不计。

2. 频率误差

调制频率是由石英晶体振荡器产生的。调制频率决定光尺的长度，因此频率误差对测距的影响是系统性的，它与所测距离的长度呈正比。频率误差的产生有两方面的原因：一是振荡器位置的调制频率有误差；二是由于温度变化、晶体老化等原因使振荡器的频率发生漂移。对于前者可选用高精度的频率计校准；后者则应使用高质量的石英晶体，并采用恒温装置及稳定的电源，以减小频率误差。

3. 大气折射率误差

大气折射率误差主要来源于测定气温和气压的误差，这就要求选用质量好的温度计和气压计。要使测距精度达到 $1/10^6$ 测定温度的误差应小于 1 °C，测量气压的误差应小于 3.3 hPa。

对于精密的测量，在测前应对所用气象仪表进行检验。此外，所测定的气温、气压应能准确代表测线的气象条件。这是一个较为复杂的问题，通常可以采取以下措施：

（1）在测线两端分别量取温度和气压，然后取平均值。

（2）选择有利的观测时间。一天中上午日出后 30 min 至日出后 1.5 h，下午日落前 3 h 至日落前 30 min 为最佳观测时间。阴天、有微风时，全天都可以观测。

（3）测线以远离地面为宜，离开地面的高度不应小于 2 m。

第五节　全站仪测距部的检验

全站仪的测角部的检验与经纬仪基本相同，以下仅介绍测距部的检验。

测距部的检验项目主要有：

（1）功能检视：查看各部分是否完好，功能是否正常。

（2）发射、接收、照准三轴关系正确性的检验。

（3）周期误差的测定。

（4）仪器常数——加常数、乘常数的测定。

（5）内、外部符合精度的检验。

（6）测程的检定等。

对于新购置或经过修理的仪器，一般应委托国家技术监督局授权的测绘仪器计量检定单位进行全部项目的检定工作。使用中的仪器，检验周期一般为一年，检验项目视具体情况而定。

一、发射、接收、照准三轴关系正确性的检验

全站仪测距时，是用望远镜视准轴瞄准，使发射光轴和接收光轴对准反射棱镜的，因此三轴应保持平行或重合。如果满足这一条件，在用望远镜瞄准棱镜后，接收信号最强。发射光轴与接收光轴平行性的检验校正，只能由制造厂家或在指定的专门维修点进行。

对于发射光轴、接收光轴与视准轴平行的检验工作可在野外进行。在距离仪器 200～300 m 处安置反射棱镜，用望远镜精确瞄准棱镜中心，读取水平度盘读数 H 和竖直度盘读数 V。然后用水平微动螺旋先使望远镜向左移动，直至接收信号消失为止，读取水平度盘读数 H_1；再向右移动，直至接收信号消失为止，读取 H_2。重新精确瞄准棱镜中心，用望远镜微动螺旋使望远镜向上移动，直至接收信号消失为止，读取竖盘读数 V_1；然后再向下移动，直至接收信号消失为止，读取 V_2。如果式（4.7）成立，则说明满足平行条件。如果平行条件不满足，有的仪器设有发射、接收光轴与视准轴平行的校正机构，可按使用说明书中的校正方法进行校正。

$$\left.\begin{aligned}\frac{H_1+H_2}{2}-H\leqslant 30''\\\frac{V_1+V_2}{2}-V\leqslant 30''\end{aligned}\right\}\tag{4.7}$$

二、周期误差的测定

周期误差是由仪器内部的光电信号串扰而引起的，使得精尺的尾数值呈现出一种周期性的误差。测定的目的是了解它的大小，以便在观测中对所测距离进行改正。周期误差改正 ΔD_φ 可由（4.8）式表示：

$$\Delta D_\varphi = A\cdot\sin\left(\varphi+\frac{D}{u}\cdot 360^\circ\right)\tag{4.8}$$

式中，A 为周期误差的振幅；φ 为起始相位角；D 为观测距离；u 为精尺长度。

周期误差的测定一般采用“平台法”。如图 4.13 所示，在室内设置一平台，平台距地面

应有适当高度，其长度应略大于精尺的尺长，台面呈水平。台面铺设导轨，并刻有精确的刻划，或者在台上平铺一经过检定的钢带尺，并在尺子两端施加测定时的标准拉力。反射棱镜可沿导轨移动，根据刻划精确地安置它的位置。仪器安置在导轨中心线的延长线上，距平台的距离应在 15～100 m 之间，不宜过长，以免受比例误差的影响。仪器高度应与棱镜高度一致，以免加入倾斜改正。

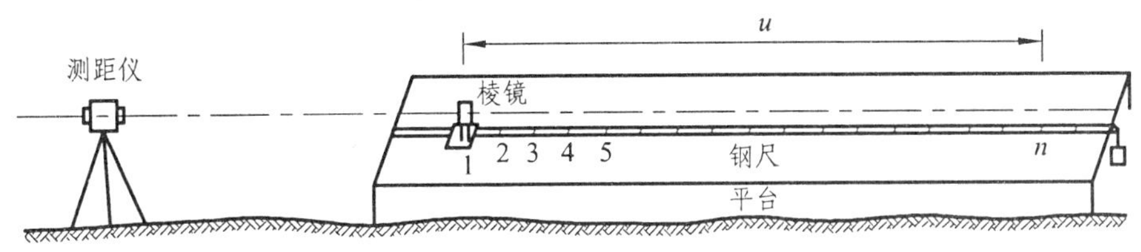

图 4.13 平台法

测定时，将仪器安置在仪器墩上，通过升降仪器或棱镜使望远镜照准棱镜中心时视准轴水平。观测时由近及远将棱镜安置在各测点上（图中 1、2、3、…、n），测点间距一般取精尺长度的 1/40（如精尺长度为 10 间距可取 0.25 m，测点个数为 40）。无论精尺长度如何，测点数均不应少于 20 个。在每个测点上读数 4 次，取其平均值作为该测点的距离观测值。根据最小二乘法原理，用计算机解算出周期误差的振幅 A 和起始相位角 φ，即可按式（4.8）对距离进行周期误差改正。

三、仪器常数的测定

仪器常数包括加常数和乘常数。仪器加常数已在前面红外测距误差中提及。乘常数则是与距离呈比例的改正数。产生乘常数的原因主要是精测频率偏离于仪器的设计频率，其次是大气折射率误差。它们使“光尺”长度发生变化，影响是系统性的。乘常数一般与加常数一起检验，在测距中加以改正。

仪器常数的测定方法较多，六段比较法是其中较好的一种。它可同时测定加常数和乘常数，而且计算工作量较小，检验结果精确可靠，但需要有一个精密的基线场。

如图 4.14 所示，将一条直线分成六段，21 个组合距离已用铟瓦基线尺或用专门量测基线的测距仪精确测定，并以此作为标准长度，这条直线称为基线。用被检定的仪器对该基线进行全组合观测，并与标准长度进行比较，按照最小二乘法原则，采用一元线性回归的方法解出加常数和乘常数。

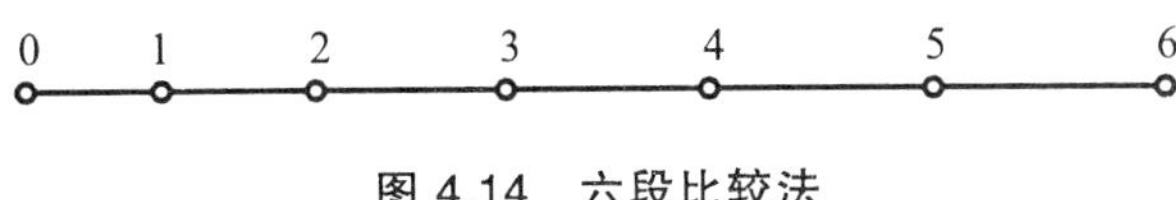

图 4.14 六段比较法

下面介绍一种野外测定加常数的简易方法。

在一平坦的场地上选一 200 m 左右的直线段 AB，如图 4.15 所示，并定出 AB 直线段的中点 C。将仪器置于 A 点测平距 AB 和 AC；置于 B 点测平距 AB 和

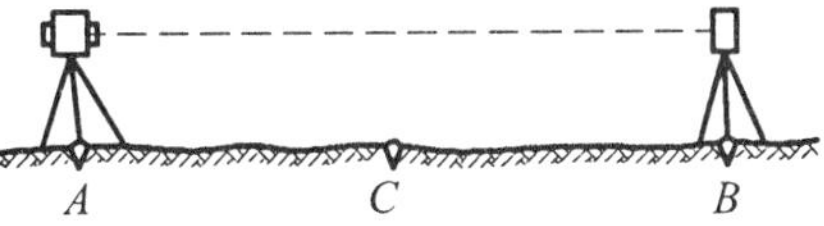

图 4.15 仪器加常数测定的简易方法

BC；置于 C 点测平距 AB 和 BC。必要时应进行气象改正，在操作中尽可能减小对中误差的影响。测距时使用同一棱镜。

计算 AB、BC 和 AC 的平均值 $\overline{AB}$、$\overline{BC}$ 和 $\overline{AC}$，则仪器加常数为：

$$K=\overline{AC}+\overline{BC}-\overline{AB} \tag{4.9}$$

四、内部符合精度的检验

内部符合精度反映一定距离范围内仪器重复读数之间的符合程度。它表现为仪器本身测相的偶然误差，是仪器测量稳定性的主要表征。

在进行该项检验时，可选择气象条件良好的场地，布设 40～100 m 的直线，在其两端分别安置仪器和反射棱镜，然后用仪器望远镜瞄准棱镜，连续读取 30 个以上的距离观测值，记为 $D_i(i=1, 2, 3, \cdots, n$，n 为读数次数)，平均值即为：

$$\bar{D}=\frac{[D]}{n}=\frac{D_1+D_2+\cdots+D_n}{n} \tag{4.10}$$

观测值的改正数为：

$$v_i=\bar{D}-D_i \tag{4.11}$$

内部符合精度即一次测距中误差为：

$$m=\pm\sqrt{\frac{[vv]}{n-1}} \tag{4.12}$$

五、外部符合精度的检验

外部符合精度也称检定综合精度。检验的目的是检验仪器的实际测量精度是否符合仪器标称精度的要求。通常是利用六段比较法测定加常数、乘常数的 21 个观测值，经过加常数、乘常数等改正，再与基线值比较，采用一元线性回归分析法进行计算，从而得到外部符合精度。

外部符合精度与仪器出厂时给出的标称精度采用同样的形式：

$$m=\pm(A+B\cdot D) \tag{4.13}$$

式中，A 为固定误差（mm）；B 为比例误差系数（mm/km）；D 为距离值（km）。

六、测程的检定

全站仪的测程是指在规定的大气能见度及棱镜组合个数的情况下，能满足仪器标称精度的测量距离。检验可按以下方法进行：

(1) 按照仪器说明书上规定的长度，在已知精密长度的基线上选择相应棱镜个数的距离。

(2) 在选定的距离两端分别安置仪器和反射棱镜。对选定的每段距离各观测 4 测回，取其平均值作为观测值。

(3) 对各观测值加入气象、仪器常数、周期误差和倾斜改正，然后与基线值比较，求出一测回观测中误差，不应大于仪器标称测距中误差。

第六节　全站仪使用的注意事项及维护

全站仪是一种结构复杂、价格较昂贵的先进测量仪器，必须严格遵守操作规程，正确使用并进行维护。

一、使用注意事项

(1) 新购置的仪器，如果首次接触使用，应结合仪器认真阅读仪器说明书。通过反复学习、使用和总结，力求做到“得心应手”，最大限度地发挥仪器的作用。

(2) 作业时应先安置好三脚架，然后再开箱取仪器。

(3) 仪器开箱时要轻轻地放下箱子，让其盖朝上，打开箱子的锁栓，开箱盖，用双手取出仪器。

(4) 作业完毕要用双手存放仪器，要盖好望远镜镜盖，使照准部的垂直制动手轮和基座的圆水准器朝上将仪器平卧（望远镜物镜端朝下）放入箱中，轻轻旋紧垂直制动手轮，盖好箱盖并关上锁栓。

(5) 日光下测量应避免将物镜直接瞄准太阳。若在太阳下作业应安装滤光镜或打伞遮阳，阴雨天气作业时要打伞遮雨。

(6) 仪器在迁站时，即使很近，也应取下仪器装箱。运输过程中必须注意防振，长途运输最好装在原包装箱内。

(7) 仪器安置在三脚架上之前，应检查三脚架的 3 个伸缩螺旋是否已旋紧，再用连接螺旋将仪器固定在三脚架上之后才能放开仪器。在整个操作过程中，观测者绝不能离开仪器，以避免发生意外事故。

(8) 避免在高温和低温下存放仪器，也应避免温度骤变（使用时气温变化除外）。

(9) 仪器不使用时，应将其装入箱内，置于干燥处，注意防振、防尘和防潮。

(10) 若仪器工作处的温度与存放处的温度差异太大，应先将仪器留在箱内，直至它适应环境温度后再使用仪器。

(11) 仪器运输应将仪器装于箱内进行，运输时应小心避免挤压、碰撞和剧烈震动，长途运输最好在箱子周围使用软垫。

(12) 仪器安装至三脚架或拆卸时，要一只手先握住仪器，以防仪器跌落。

(13) 仪器被雨水淋湿后，切勿通电开机，应用干净软布擦干并在通风处放一段时间。

(14) 作业前应仔细全面检查仪器，确信仪器各项指标、功能、电源、初始设置和改正参数均符合要求时再进行作业。

(15) 用激光全站仪开机时，望远镜不得对准人的眼睛。

二、仪器的维护

（1）仪器应经常保持清洁，用完后使用毛刷、软布将仪器上落的灰尘除去。镜头不能用手去摸，如果脏了，可用吹风器吹去浮土，再用镜头纸擦净。如果仪器出现故障，应与厂家或厂家委派的维修部联系修理，绝不可随意拆卸仪器，造成不应有的损害。仪器应放在清洁、干燥、安全的房间内，并有专人保管。

（2）反射棱镜应保持干净，不用时要放在安全的地方，如有箱子，应装入箱内，避免碰坏。

（3）电池应按规定的充电时间充电。电池如果长期不用，也应一个月之内充电一次。存放温度以 0～40 °C 为宜。

思考题与习题

1. 全站仪按功能分为哪几类？全站仪标称精度中的“ppm”的含义是什么？
2. 南方全站仪开机后往往显示“垂直角过零”，如何进入正常操作界面？
3. 什么是棱镜常数？测距时为何要设置棱镜常数？
4. 简述全站仪的主要测量功能。
5. 坐标测量或坐标放样时如何设置起始边坐标方位角？
6. 全站仪测距固定误差主要包括哪些？比例误差主要包括哪些？
7. 全站仪测距部的检验项目主要包括哪些？外部符合精度的检验目的是什么？

第五章　测量误差

第一节　测量误差的分类

前面四章我们介绍了水准、角度、距离测量工作。通过学习和实际的测量工作实践表明，不管采用多么精密的仪器，不管我们测量人员在观测时多么认真，最后的测量值都不可避免地存在测量误差。例如，一个平面三角形的内角和等于 180°，但三个实测内角的结果之和并不等于 180°，而是有一差值。又如，对同一角度盘左、盘右观测及多测回观测，从理论上讲其值都应相等，可实际上并不相等。这种差异是测量工作中经常而又普遍发生的现象，这是由于观测值中包含有各种误差的缘故。

一、测量误差的来源

产生测量误差的原因很多，概括起来有以下三方面:

1. 仪器的原因

测量工作是需要用测量仪器进行的，而每一种测量仪器只具有一定的精确度，使测量结果受到一定影响。例如 DJ_6 型经纬仪度盘分划误差可能达到 3″，由此使角度测量产生误差。

此外，仪器结构不可能十分完善，例如水准仪的视准轴不平行于水准管轴的残余误差也会对高差测量产生影响。

2. 人的原因

由于观测者的感觉器官的鉴别能力存在局限性，所以对仪器的各项操作，如经纬仪对中、整平、瞄准、读数等方面都会产生误差。又如在厘米分划的水准尺上，由观测者估读至毫米数，则 1 mm 以下的误差是完全可能存在的。此外，观测者的技术熟练程度也会对观测成果带来不同程度的影响。

3. 外界环境的影响

测量所处的外界环境，如温度、风力、日光、大气折光、烟雾等客观情况时刻在变化，使测量结果产生误差。例如温度变化、日光照射都会使钢尺产生伸缩，日光照射会使仪器结构产生微小变化，大气折光会使瞄准产生偏差等。

人、仪器和外界环境是测量工作得以进行的观测条件，由于受到这些条件的影响，测量中的误差是不可避免的。

观测者、测量仪器和观测时的外界条件是引起观测误差的主要因素，通常称为观测条件。观测条件相同的各次观测，称为等精度观测。观测条件不同的各次观测，称为非等精度观测。任何观测都不可避免地要产生误差。为了获得观测值的正确结果，就必须对误差进行分析研究，以便采取适当的措施来消除或削弱其影响。

二、测量误差的分类

测量误差按其对观测结果影响性质的不同可以分为系统误差与偶然误差两类。

1. 系统误差

在相同的观测条件下，对某一量进行一系列的观测，若误差的出现在符号和数值上均相同，或按一定的规律变化，这种误差称为系统误差。例如用名义长度为 30.000 m 而实际正确长度应为 29.995 m 的钢卷尺量距，每量一尺段就多出 0.005 m 的误差，其量距误差的影响符号不变，且与所量距离的长度成正比，因此系统误差具有积累性，对测量结果的影响较大；另一方面，系统误差对观测值的影响具有一定的规律性，且这种规律性总能想办法找到，因此系统误差对观测值的影响可加以改正，或用一定的测量措施加以消除或削弱。如：

（1）对工具和仪器进行检定和改正。例如检定钢尺，求出尺长改正数，对丈量结果进行改正。

（2）对仪器进行检验和校正。如对水准仪视准轴与水准管轴平行的校正，使残余误差减弱到一定程度。

（3）采用合理的观测方法，使误差自行抵消或减弱到最小。如用经纬仪盘左、盘右测角或水准仪观测前后视距相等，又如水准观测中用后黑、前黑、前红、后红的观测程序等。这些措施都在于消除或降低仪器误差影响。

2. 偶然误差

在相同的观测条件下，对某一量进行一系列的观测，若误差出现的符号和数值大小均不一致，这种误差称为偶然误差。偶然误差是由人为所不能控制的因素（如人眼的分辨能力、仪器的极限精度、气象因素等）共同引起的测量误差，其数值的正负、大小纯属偶然。例如，在厘米分划的水准尺上读数、估读毫米数时有时估读过大、有时过小；大气折光使望远镜中成像不稳定，引起瞄准目标有时偏左、有时偏右。多次观测取其平均，可以抵消掉一些偶然误差，因此偶然误差具有抵偿性，对测量结果影响不大；另外，偶然误差是不可避免的，且无法消除，但应加以限制。在相同的观测条件下观测某一量，所出现的大量偶然误差具有统计的规律，或称之为具有概率论的规律，关于这方面知识在下面“偶然误差的特性”部分再作进一步分析。

在测量工作中，除了上述两种误差以外，还可能发生错误，例如瞄错目标，读错读数等。

错误是一种特别大的误差，也称粗差，是由观测者的粗心大意所造成的。测量工作中，错误是不允许的，含有错误的观测值应该舍弃，并重新进行观测。

三、多余观测

为了防止错误的发生和提高观测成果的质量,在测量工作中一般要进行多于必要的观测,称为多余观测。

例如一段距离采用往返丈量，如果往测属于必要观测，则返测就属于多余观测；如对一个水平角观测了 4 个测回,如果第 1 个测回属于必要观测,则其余 3 个测回就属于多余观测;又例如一个平面三角形的水平角观测，其中两个角属于必要观测，第三个角属于多余观测。有了多余观测可以发现观测值中的错误，以便将其剔除或重测。由于观测值中的偶然误差不可避免，有了多余观测，观测值之间必然产生差值（不符值、闭合差）。根据差值的大小可以评定测量的精度（精确程度），差值如果大到一定的程度（超过极限误差），就认为观测值中有错误(不属于偶然误差),称为误差超限。差值如果不超限,则按偶然误差的规律加以处理,称为闭合差的调整，以求得最可靠的数值。

四、偶然误差的特性

当观测值中剔除了粗差，排除了系统误差的影响，或者与偶然误差相比系统误差处于次要地位后，占主导地位的偶然误差就成了我们研究的主要对象。从单个偶然误差来看，其出现的符号和大小没有一定的规律性,但对大量的偶然误差进行统计分析,就能发现其规律性,误差个数愈多，规律性愈明显。

例如，在相同的观测条件下，对 358 个三角形的内角进行了观测。由于观测值含有偶然误差，致使每个三角形的内角和不等于 180°。设三角形内角和的真值为 X，观测值为 L，其观测值与真值之差为真误差 $\varDelta$，用下式表示为：

$$\varDelta = L_i - X \qquad (i=1,\ 2,\ \cdots,\ 358) \tag{5.1}$$

由（5.1）式计算出 358 个三角形内角和的真误差，并取误差区间为 0.2″，以误差的大小和正负号，分别统计出它们在各误差区间内的个数 v 和频率 v/n，结果列于表 5.1。

表 5.1 偶然误差的区间分布

误差区间 d$\varDelta$（″）	正误差		负误差		合计	
	个数 v	频率 v/n	个数 v	频率 v/n	个数 v	频率 v/n
0.0 ~ 0.2	45	0.126	46	0.128	91	0.254
0.2 ~ 0.4	40	0.112	41	0.115	81	0.226
0.4 ~ 0.6	33	0.092	33	0.092	66	0.184
0.6 ~ 0.8	23	0.064	21	0.059	44	0.123
0.8 ~ 1.0	17	0.047	16	0.045	33	0.092
1.0 ~ 1.2	13	0.036	13	0.036	26	0.073
1.2 ~ 1.4	6	0.017	5	0.014	11	0.031
1.4 ~ 1.6	4	0.011	2	0.006	6	0.017
1.6 以上	0	0	0	0	0	0
—	181	0.505	177	0.495	358	1.000

从表 5.1 中可看出，最大误差不超过 1.6″，小误差比大误差出现的频率高，绝对值相等的正、负误差出现的个数近于相等。通过大量实验统计结果证明了偶然误差具有如下特性：

（1）在一定的观测条件下，偶然误差的绝对值不会超过一定的限度。

（2）绝对值小的误差比绝对值大的误差出现的可能性大。

（3）绝对值相等的正误差与负误差出现的机会相等。

（4）当观测次数无限增多时，偶然误差的算术平均值趋近于零，即：

$$\lim_{n\to\infty}\frac{[\varDelta]}{n}=0 \tag{5.2}$$

式中，$[\varDelta]$为各个真误之和，即$[\varDelta]=\sum_1^n\varDelta=\varDelta_1+\varDelta_2+\cdots+\varDelta_n$；$n$ 为观测次数。

第一个特性说明误差出现的范围；第二个特性说明误差值大小的规律；第三个特性说明误差符号出现的规律；第四个特性说明偶然误差具有抵偿性。显然第四特性可由第三个特性导出。

如果将表 5.1 中所列数据用图 5.1 表示，可以更直观地看出偶然误差的分布情况。图中横坐标表示误差的大小，纵坐标表示各区间误差出现的频率除以区间的间隔值。当误差个数足够多时，如果将误差的区间间隔无限缩小，则图 5.1 中各长方形顶边所形成的折线将变成一条光滑的曲线，称为误差分布曲线。在概率论中，把这种误差分布称为正态分布。

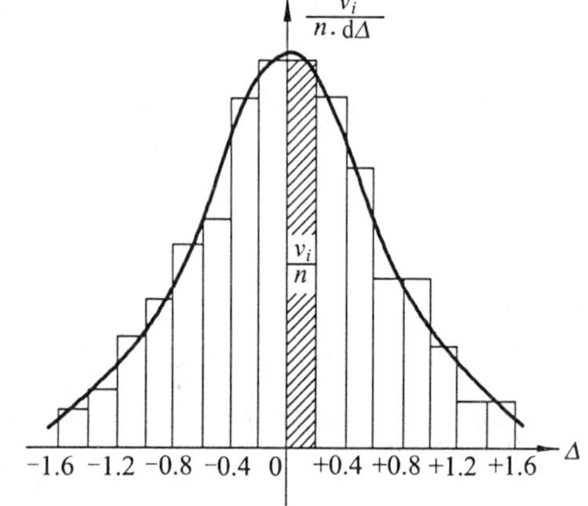

图 5.1 误差分布直方图

掌握了偶然误差的特性，就能根据带有偶然误差的观测值求出未知量的最可靠值，并衡量其精度。同时，也可应用误差理论来研究最合理的测量工作方案和观测方法。

第二节 评定精度的指标

测量工作必须获得可靠的数据，即符合精度要求的数据才能作为设计或施工的依据。所谓精度，指的是误差分布的密集或离散的程度。若各观测值之间差异很大，则精度低；差异很小，则精度高。衡量观测值精度的常用标准有以下几种。

一、中误差

在等精度观测列中，各真误差平方的平均数的平方根，称为中误差，也称均方误差，即：

$$m=\pm\sqrt{\frac{[\varDelta\varDelta]}{n}} \tag{5.3}$$

式中，$[\varDelta\varDelta]$为各个真误差的平方和，即$[\varDelta\varDelta]=\varDelta_1^2+\varDelta_2^2+\cdots+\varDelta_n^2$；$n$ 为观测次数；m 为观测值的

中误差，也称均方差。

【例 5.1】 设有两组等精度观测列，其真误差分别为：

第一组 −3″，+3″，−1″，−3″，+4″，+2″，−1″，−4″

第二组 +1″，−5″，−1″，+6″，−4″，0″，+3″，−1″

试求这两组观测值的中误差。

解
$$m_1=\pm\sqrt{\frac{9+9+1+9+16+4+1+16}{8}}=2.9''$$

$$m_2=\pm\sqrt{\frac{1+25+1+36+16+0+9+1}{8}}=3.3''$$

比较 m_1 和 m_2 可知，第一组观测值的精度要比第二组高。

必须指出，在相同的观测条件下所进行的一组观测，由于它们对应着同一种误差分布，因此，对于这一组中的每一个观测值，虽然各真误差彼此并不相等，有的甚至相差很大，但它们的精度均相同，即都为同精度观测值。

二、容许误差

由偶然误差的第一特性可知，在一定的观测条件下，偶然误差的绝对值不会超过一定的限值。这个限值就是容许误差或称极限误差。根据误差理论和大量的实践证明，在一系列的同精度观测误差中，真误差绝对值大于中误差的概率约为 32%；大于 2 倍中误差的概率约为 5%；大于 3 倍中误差的概率约为 0.3%。也就是说，大于 3 倍中误差的真误差实际上是不可能出现的。因此，通常以 3 倍中误差作为偶然误差的极限值。在测量工作中一般取 2 倍中误差作为观测值的容许误差，即：

$$\varDelta_{容}=2m \tag{5.4}$$

当某观测值的误差超过了容许的 2 倍中误差时，将认为该观测值含有粗差，应舍去不用或重测。

三、相对误差

对于某些观测结果，有时单靠中误差还不能完全反映观测精度的高低。例如，分别丈量了 100 m 和 200 m 两段距离，中误差均为 ±0.02 m。虽然两者的中误差相同，但就单位长度而言，两者精度并不相同，后者显然优于前者。为了客观反映实际精度，常采用相对误差。

观测值中误差 m 的绝对值与相应观测值 S 的比值称为相对中误差。它是一个无名数，常用分子为 1 的分数表示，即：

$$K=\frac{|m|}{S}=\frac{1}{S/|m|} \tag{5.5}$$

上例中前者的相对中误差为1/5 000，后者为1/10 000，表明后者精度高于前者。

对于真误差或容许误差，有时也用相对误差来表示。例如，距离测量中的往返测较差与距离值之比就是所谓的相对真误差，即：

$$\frac{|D_{往}-D_{返}|}{D_{平均}}=\frac{1}{D_{平均}/\Delta D} \tag{5.6}$$

相对误差是一个比值，无正负号，而真误差、中误差、容许误差都是绝对误差，绝对误差有单位，且应冠以正负号。

第三节　误差传播定律

当对某量进行了一系列的观测后，观测值的精度可用中误差来衡量。但在实际工作中，往往会遇到某些量的大小并不是直接测定的，而是由观测值通过一定的函数关系间接计算出来的。例如，水准测量中，在一测站上测得后、前视读数分别为 a、b，则高差 $h=a-b$，这时高差 h 就是直接观测值 a、b 的函数。当 a、b 存在误差时，h 也受其影响而产生误差，这就是所谓的误差传播。阐述观测值中误差与观测值函数中误差之间关系的定律称为误差传播定律。

本节就以下四种常见的函数来讨论误差传播的情况。

一、倍数函数

设有函数

$$Z=kx \tag{5.7}$$

式中，k 为常数；x 为直接观测值，其中误差为 m_x。

现在求观测值函数 Z 的中误差 m_Z。设 x 和 Z 的真误差分别为 $\varDelta_x$ 和 $\varDelta_Z$，由（5.7）式知它们之间的关系为：

$$\varDelta_Z=k\varDelta_x$$

若对 x 共观测了 n 次，则：

$$\varDelta_{Z_i}=k\varDelta_{x_i}\quad (i=1,\ 2,\ \cdots,\ n)$$

将上式两端平方后相加，并除以 n，得：

$$\frac{[\varDelta_Z^2]}{n}=k^2\frac{[\varDelta_x^2]}{n} \tag{5.8}$$

按中误差定义可知：

$$m_Z^2=\frac{[\varDelta_Z^2]}{n}$$

$$m_x^2=\frac{[\varDelta_x^2]}{n}$$

所以（5.8）式可写成：

$$m_Z^2 = k^2 m_x^2$$

或
$$m_Z = km_x \tag{5.9}$$

即观测值倍数函数的中误差等于观测值中误差乘倍数（常数）。

【例 5.2】 用水平视距公式 $D=k\cdot l$ 求平距。已知观测视距间隔的中误差 $m_l=\pm 1$ cm，$k=100$，则水平距离的中误差 $m_D=100\cdot m_l=\pm 1$ m。

二、和差函数

设有函数

$$Z = x \pm y \tag{5.10}$$

式中，x、y 为独立观测值，它们的中误差分别为 m_x 和 m_y。设真误差分别为 $\varDelta_x$ 和 $\varDelta_y$，由（5.10）式可得：

$$\varDelta_Z = \varDelta_x \pm \varDelta_y$$

若对 x、y 均观测了 n 次，则：

$$\varDelta_{Z_i} = \varDelta_{x_i} \pm \varDelta_{y_i} \quad (i=1,\ 2,\ \cdots,\ n)$$

将上式两端平方后相加，并除以 n，得：

$$\frac{[\varDelta_Z^2]}{n} = \frac{[\varDelta_x^2]}{n} + \frac{[\varDelta_y^2]}{n} \pm 2\frac{[\varDelta_x \varDelta_y]}{n}$$

上式 $[\varDelta_x \varDelta_y]$ 中各项均为偶然误差。根据偶然误差的特性，当 n 愈大时，式中最后一项将趋近于零，于是上式可写成：

$$\frac{[\varDelta_Z^2]}{n} = \frac{[\varDelta_x^2]}{n} + \frac{[\varDelta_y^2]}{n} \tag{5.11}$$

根据中误差定义，可得：

$$m_Z^2 = m_x^2 + m_y^2 \tag{5.12}$$

即观测值和差函数的中误差平方等于两观测值中误差的平方之和。

【例 5.3】 在△ABC 中，$\angle C=180°-\angle A-\angle B$，$\angle A$ 和 $\angle B$ 的观测中误差分别为 3″和 4″，则 $\angle C$ 的中误差 $m_C = \pm\sqrt{m_A^2 + m_B^2} = \pm 5''$。

三、线性函数

设有线性函数

$$Z=k_1x_1 \pm k_2x_2 \pm \cdots \pm k_nx_n \tag{5.13}$$

式中，x_1、x_2、…、x_n 为独立观测值，k_1、k_2、…、k_n 为常数，则综合（5.9）式和（5.12）式可得：

$$m_Z^2 = (k_1m_1)^2 + (k_2m_2)^2 + \cdots + (k_nm_n)^2 \tag{5.14}$$

【例 5.4】 有一函数 $Z = 2x_1 + x_2 + 3x_3$，其中 x_1、x_2、x_3 的中误差分别为 ±3 mm、±2 mm、±1 mm，则 $m_Z = \pm\sqrt{6^2 + 2^2 + 3^2} = \pm 7.0$ mm。

四、一般函数

设有一般函数

$$Z = f(x_1, x_2 \cdots x_n) \tag{5.15}$$

式中，x_1、x_2、…、x_n为独立观测值，已知其中误差为$m_i(i=1, 2, \cdots, n)$。

当x_i具有真误差Δ_i时，函数Z则产生相应的真误差Δ_Z，因为真误差Δ是一微小量，故将（5.15）式取全微分，将其化为线性函数，并以真误差符号“Δ”代替微分符号“d”，得：

$$\Delta_Z = \frac{\partial f}{\partial x_1}\Delta_{x_1} + \frac{\partial f}{\partial x_2}\Delta_{x_2} + \cdots + \frac{\partial f}{\partial x_n}\Delta_{x_n}$$

式中，$\frac{\partial f}{\partial x_i}$是函数对$x_i$取的偏导数并用观测值代入算出的数值，它们是常数，因此，上式变成了线性函数，按（5.14）式得：

$$m_Z^2 = \left(\frac{\partial f}{\partial x_1}\right)^2 m_1^2 + \left(\frac{\partial f}{\partial x_2}\right)^2 m_2^2 + \cdots + \left(\frac{\partial f}{\partial x_n}\right)^2 m_n^2 \tag{5.16}$$

上式是误差传播定律的一般形式。前述的（5.9）、（5.12）、（5.14）式都可看做上式的特例。

【例 5.5】 某一斜距$S=106.28$ m，斜距的竖直角$\delta=8°30'$，中误差$m_S=\pm 5$ cm、$m_\delta=\pm 20''$，求相应水平距D及其中误差m_D。

解 $$D = S \cdot \cos\delta$$

水平距离$D=106.28\times\cos 8°30'=105.113$ m

全微分化成线性函数，用“Δ”代替“d”，得：

$$\Delta_D = \cos\delta \cdot \Delta_S - S\sin\delta\Delta_\delta$$

应用（5.16）式后，得：

$$m_D^2 = \cos^2\delta m_S^2 + (S \cdot \sin\delta)^2\left(\frac{m_\delta}{\rho''}\right)^2 = (0.989)^2(\pm 5)^2 + (1\ 570.92)^2 \times \left(\frac{20}{206\ 265}\right)^2$$

$$= 24.45 + 0.02 = 24.47\ \text{cm}^2$$

$$m_D = \pm 4.9\ \text{cm}$$

故 $$D = (105.113 \pm 0.049)\ \text{m}$$

在此项中误差计算中，单位统一为厘米，$\left(\frac{m_\delta}{\rho''}\right)$是将角值的单位由秒化为弧度。

第四节 算术平均值及其中误差

设在相同的观测条件下对某量进行了n次等精度观测，观测值为L_1、L_2、…、L_n，其真值为X，真误差为Δ_1、Δ_2、…、Δ_n。由（5.1）式可写出观测值的真误差公式为：

$$\Delta_i = L_i - X \qquad (i=1, 2, \cdots, n)$$

将上式相加后，得：

$$[\Delta] = [L] - nX$$

故

$$X = \frac{[L]}{n} - \frac{[\Delta]}{n}$$

若以 x 表示上式中右边第一项的观测值的算术平均值，即：

$$x = \frac{[L]}{n}$$

则

$$X = x - \frac{[\Delta]}{n} \tag{5.17}$$

上式右边第二项是真误差的算术平均值。由偶然误差的第四特性可知，当观测次数 n 无限增多时，$\frac{[\Delta]}{n} \to 0$，则 $x \to X$，即算术平均值就是观测量的真值。

在实际测量中，观测次数总是有限的。根据有限个观测值求出的算术平均值 x 与其真值 X 仅差一微小量 $\frac{[\Delta]}{n}$。故算术平均值是观测量的最可靠值，通常也称为最或是值或最或然值。

由于观测值的真值 X 一般无法知道，故真误差 Δ 也无法求得。所以不能直接应用（5.3）式求观测值的中误差，而是利用观测值的最或是值 x 与各观测值之差 v 来计算中误差，v 被称为改正数，即：

$$v = x - L \tag{5.18}$$

实际工作中利用改正数计算观测值中误差的实用公式称为白塞尔公式，即：

$$m = \pm\sqrt{\frac{[vv]}{n-1}} \tag{5.19}$$

利用 $[v]=0$，$[vv]=[Lv]$ 检核式，可作计算正确性的检核。

在求出观测值的中误差 m 后，就可应用误差传播定律求观测值算术平均值的中误差 M，推导如下：

$$x = \frac{[L]}{n} = \frac{L_1}{n} + \frac{L_2}{n} + \cdots + \frac{L_n}{n}$$

因为是等精度观测，各观测值的中误差相同，应用误差传播定律有：

$$\left.\begin{aligned} M_x^2 &= \left(\frac{1}{n}\right)^2 m^2 + \left(\frac{1}{n}\right)^2 m^2 + \cdots + \left(\frac{1}{n}\right)^2 m^2 = \frac{1}{n} m^2 \\ M_x &= \frac{m}{\sqrt{n}} \end{aligned}\right\} \tag{5.20}$$

由上式可知，增加观测次数能削弱偶然误差对算术平均值的影响，提高其精度。但因观测次数与算术平均值中误差并不是线性比例关系，所以，当观测次数达到一定数目后，即使再增加观测次数，精度却提高得很少。因此，除适当增加观测次数外，还应选用适当的观测仪器和观测方法，选择良好的外界环境，才能有效地提高精度。

第五节　加权平均值及其中误差

此时当各观测量的精度不相同时，不能按算术平均值（5.17）式和中误差（5.19）式及（5.20）式来计算观测值的最或是值和评定其精度。计算观测量的最或是值应考虑到各观测值的质量和可靠程度，显然对精度较高的观测值，在计算最或是值时应占有较大的比重，反之，精度较低的应占较小的比重，为此各个观测值要给定一个数值来比较它们的可靠程度，这个数值在测量计算中被称为观测值的权。显然，观测值的精度愈高，中误差就愈小，权就愈大，反之亦然。

在测量计算中，给出了用中误差求权的定义公式，即：

$$P_i = \frac{\mu^2}{m_i^2} \quad (i=1, 2, \cdots, n) \tag{5.21}$$

式中，P_i 为观测值的权；μ为任意常数；m 为各观测值对应的中误差。

在用上式求一组观测值的权 P_i 时，必须采用同一 μ 值。当取 $P=1$ 时，μ 就等于 m，即 $\mu=m$，通常称数字为 1 的权为单位权，单位权对应的观测值为单位权观测值。单位权观测值对应的中误差 μ 为单位权中误差。当已知一组非等精度观测值的中误差时，可以先设定 μ 值，然后按（5.21）式计算各观测值的权。

例如：已知三个角度观测值的中误差分别为 $m_1=\pm 3''$、$m_2=\pm 4''$、$m_3=\pm 5''$，它们的权分别为：

$$P_1 = \mu^2 / m_1^2 , \quad P_2 = \mu^2 / m_2^2 , \quad P_3 = \mu^2 / m_3^2$$

若设 $\mu = \pm 3''$，则 $P_1=1$，　$P_2=9/16$，　$P_3=9/25$；

若设 $\mu = \pm 1''$，则 $P_1'=1/9$，　$P_2'=1/16$，　$P_3'=1/25$。

上例中 $P_1 : P_2 : P_3 = P_1' : P_2' : P_3' = 1 : 0.56 : 0.36$。可见，$\mu$ 值取得不同，权值也不同，但不影响各权之间的比例关系。当 $\mu = \pm 3''$ 时，P_1 就是该问题中的单位权，$m_1 = \pm 3''$ 就是单位权中误差。

中误差是用来反映观测值的绝对精度，而权是用来比较各观测值相互之间的精度高低。因此，权的意义在于它们之间所存在的比例关系，而不在于它本身数值的大小。

对某量进行了 n 次非等精度观测，观测值分别为 L_1、L_2、$\cdots$、L_n，相应的权为 P_1、P_2、$\cdots$、P_n，则加权平均值 x 就是非等精度观测值的最或是值，计算公式为：

$$x = \frac{P_1 L_1 + P_2 L_2 + \cdots + P_n L_n}{P_1 + P_2 + \cdots + P_n} = \frac{[PL]}{[P]} \tag{5.22}$$

显然，当各观测值为等精度时，其权为 $P_1=P_2=\cdots=P_n=1$，上式就与求算术平均值的（5.17）式一致。

设 $L_1 \cdots L_n$ 的中误差为 $m_1 \cdots m_n$，则根据误差传播定律，由（5.22）式可导出加权平均值的中误差为：

$$M^2 = \frac{P_1^2}{[P]^2} m_1^2 + \frac{P_2^2}{[P]^2} m_2^2 + \cdots + \frac{P_n^2}{[P]^2} m_n^2 \tag{5.23}$$

而 $$m_i^2=\frac{M^2}{P_i}$$

由（5.21）式有 $P_i m_i^2=\mu^2$，代入上式得：

$$M_x^2=\frac{\mu^2}{[P]^2}(P_1+P_2+\cdots+P_n)=\frac{\mu^2}{[P]}$$

$$M_x=\pm\frac{\mu}{\sqrt{[P]}} \tag{5.24}$$

实际计算时，上式中的单位权中误差 μ 一般用观测值的改正数来计算，其公式为：

$$\mu=\pm\sqrt{\frac{[pvv]}{n-1}} \tag{5.25}$$

思考题与习题

1. 产生测量误差的原因是什么？

2. 测量误差分哪些？各有何特性？在测量工作中如何消除或削弱？

3. 什么是等精度观测和不等精度观测？举例说明。

4. 什么是多余观测？多余观测有什么实际意义？

5. 偶然误差有哪些特性？

6. 我们用什么标准来衡量一组观测结果的精度？中误差与真误差有何区别？

7. 什么是极限误差？什么是相对误差？

8. 说明下列原因产生的误差的性质和削弱方法。

钢尺尺长不准、定线不准、温度变化、尺不抬平、拉力不均匀、读数误差、锤球落地不准、水准测量时气泡居中不准、望远镜的误差、水准仪视准轴与水准管轴不平行、水准尺立得不直、水准仪下沉、尺垫下沉、经纬仪上主要轴线不满足理想关系、经纬仪对中不准、目标偏心、度盘分划误差、照准误差。

9. 什么是误差传播定律？试述任意函数应用误差传播定律的步骤。

10. 用同一把钢尺丈量二直线，一条为 1 500 m，另一条 350 m，中误差均为 ±20 mm，问两丈量的精度是否相同？如果不同，应采取何种标准来衡量其精度？

11. 用同一架仪器测两个角度，$A=10°20.5'\pm0.2'$，$B=81°30'\pm0.2'$，哪个角精度高？为什么？

12. 在三角形 ABC 中，已测出 $A=30°00'\pm2'$，$B=60°00'\pm3'$，求 C 及其中误差。

13. 水准测量中已知后视读数 $a=1.734$，中误差 $m_a=\pm0.002$ m；前视读数 $b=0.476$ m，中误差 $m_b=\pm0.003$ m，试求两点间的高差及其中误差。

第二篇

控制与应用测量

第六章 小区域控制测量

第一节 控制测量工作概述

在测量地形图或工程测量中，为了限制误差的累积与传播，满足测图和施工的精度要求，在组织测量工作实施时，应遵循测量工作的基本原则：从整体到局部，先控制后碎部。这种以较高的精度测定地面少数与整体有关点的相对位置，为地形测量和工程测量提供依据和精度的工作，称为控制测量，控制测量贯穿在工程建设的各阶段。这少数与整体有关具有控制作用的点称为控制点。控制点所构成的几何图形叫控制网。控制网按规模可分为国家控制网、城市控制网、小区域控制网和图根控制网，按功能可分为平面控制网和高程控制网。测定控制点平面位置（X，Y）的工作，称为平面控制测量；测定控制点高程（H）的工作称为高程控制测量。

一、平面控制测量

1. 国家平面控制网

我国已在全国范围内建立了统一的平面控制网，称为国家平面控制网，又称基本控制网，它是全国各种比例尺测图的基本控制。它用精密仪器、精密方法测定，并进行严格的数据处理，最后求定控制点的平面位置。

国家控制网按其精度可分为一、二、三、四等四个级别，采用逐级控制、分级布设的原则。一等精度最高，二、三、四等逐级降低。就平面控制网而言，先在全国范围内，沿经纬线方向布设一等网，作为平面控制骨干。在一等网内再布设二等全面网,作为全面控制的基础。为了其他工程建设的需要，再在二等网的基础上加密三、四等控制网，如图 6.1 所示。建立国家平面控制网，主要是用三角测量、精密导线测量和 GPS 测量等方法。一等三角网的两端和二等网的中间，都要测定起算边长、天文经纬度和方位角，所以国家一、二等网合称为天文大地网。我国天文大地网于 1951 年开始布设，1961 年基本完成，1975 年修补测工作全部结束，全网约有 5 万个大地点。国家一、二等控制网，除了作为三、四等控制网的依据外，它还为研究地球形状和大小以及其他科学研究提供依据。

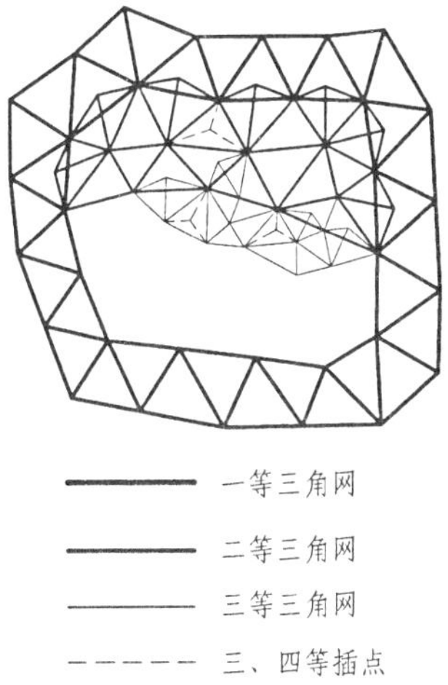

一等三角网
二等三角网
三等三角网
三、四等插点

图 6.1 国家平面控制网

2. 城市控制网

城市控制网是在国家控制网的基础上建立起来的，目的在于为城市规划、市政建设、工业民用建筑设计和施工放样服务。城市控制网建立的方法与国家控制网相同，只是控制网的精度有所不同。为了满足不同目的及要求，城市控制网也要分级建立。

国家控制网和城市控制网均由专门的测绘单位承担测量。控制点的平面位置和高程，由测绘部门统一管理，为社会各部门服务。

3. 小区域控制网及图根控制网

在小区域（面积 15 km^2 以下）内建立的控制网，称为小区域控制网。测定小区域控制网的工作，称为小区域控制测量。小区域控制网原则上应与国家或城市控制网相连，形成统一的坐标系和高程系。但当连接有困难时，为了满足建设的需要，也可以建立独立控制网。测区最高精度的控制网称为首级控制网，最低一级即直接用于测图的控制网称为图根控制网，图根控制网的控制点称为图根点。小区域平面控制网应根据面积大小分级建立，采用一、二、三级导线测量，一、二级小三角网测量或一、二级小三边网测量，其面积和等级的关系见表 6.1。

表 6.1 小区域控制网的建立

测区面积（km^2）	首级控制	图根控制
2～15	一级小三角或一级导线	二级图根控制
0.5～2	二级小三角或二级导线	二级图根控制
0.5 以下	图根控制	

图根控制是在高级控制的基础上进行控制点的加密，所以图根点的密度要根据地形条件及测图比例尺来决定。开阔地区测图控制点（包括图根点及高级点）的密度可参考表 6.2 的规定。对山区或特别困难地区，图根点的密度可适当增大。

表 6.2 一般地区解析图根点的个数

测图比例尺	图幅尺寸（cm×cm）	解析图根点（个数）（点数/km^2）		
		全站仪测图	GPS（RTK）测图	平板测图
1∶500	50×50	2	1	8
1∶1 000	50×50	3	1～2	12
1∶2 000	50×50	4	2	15
1∶5 000	40×40	6	3	30

二、高程控制测量

高程控制测量的任务就是在测区范围内布设一批高程控制点（称为水准点），用精确方法测定控制点高程，并构成高程控制网。国家高程控制网（国家水准网）是全国范围内施测各种比例尺地形图和各类工程建设的高程控制基础，并为地球科学研究提供精确的高程资料。

国家高程控制网的布设也是采用由高级到低级，从整体到局部逐级控制、逐级加密的原则，采用水准测量的方法建立的，分为一、二、三、四等四个等级。首先是在全国范围内布设沿纵、横方向的一等水准路线，在一等水准路线上再布设二等水准闭合或附合路线。一、二等水准网是国家的精密高程控制网，在一等水准环内布设的二等水准网是国家高程控制的全面基础，为了其他工程建设的需要，再在二等水准环路上加密三、四等闭合或附合水准路线，如图 6.2 所示。

小区域高程控制网也根据测区面积大小和工程精度要求，采用分级方法建立。高程控制测量的主要方法有水准测量和三角高程测量。一般是以国家或城市高等级的水准点为基础，在测区范围内建立三、四等水准路线或水准网，再以三、四等水准点为基础，测定图根点的高程。

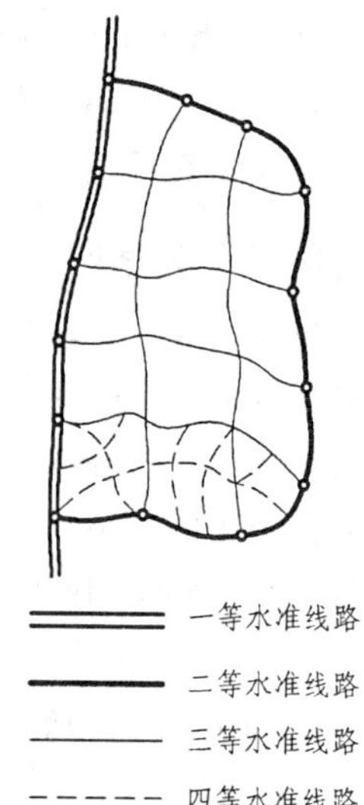

图 6.2　国家高程控制网

第二节　导线测量的外业工作

导线测量是进行平面控制测量的主要方法之一，它适用于平坦地区、城镇建筑密集区及隐蔽地区等平面控制点的测量。由于光电测距仪及全站仪的普及，导线测量的应用日益广泛。

导线是将在地面上选择的控制点用若干条直线连接起来构成的折线。折线的顶点称为导线点，相邻点间的连线称为导线边。

导线测量需要测量各导线边长和转折角，然后根据已知起始点的坐标和起始边的坐标方位角，就可以计算出各导线点的平面坐标。用经纬仪测角和钢尺量边的导线称为经纬仪导线，用光电测距仪测边的导线称为光电测距导线，用于测图控制的导线称为图根导线，此时的导线点称为图根导线点。

一、导线的布设形式

根据测区的地形以及已知高级控制点的情况，导线可布设成以下几种形式。

1. 闭合导线

起、止于同一已知控制点，形成一闭合多边形，这种导线称为闭合导线，如图 6.3 所示。导线从已知控制点 B 和已知方向 BA 出发，经过 1、2、3、4 点，最后仍回到起始点 B。闭合导线有较好的几何条件检核，是小区域控制测量的常用布设形式。适用于面积宽阔地区的平面控制。

2. 附合导线

起始于一个高级控制点，最后附合到另一高级控制点的导线称为附合导线，如图 6.4 所示。导线从已知控制点 B 和已知方向 BA 出发，经过 1、2、3 点，最后附合到另一已知控制点 C 和已知方向 CD。由于附合导线附合在两个已知点和两个已知方向上，所以具有较好的检核条件，多用于带状地区作测图控制。

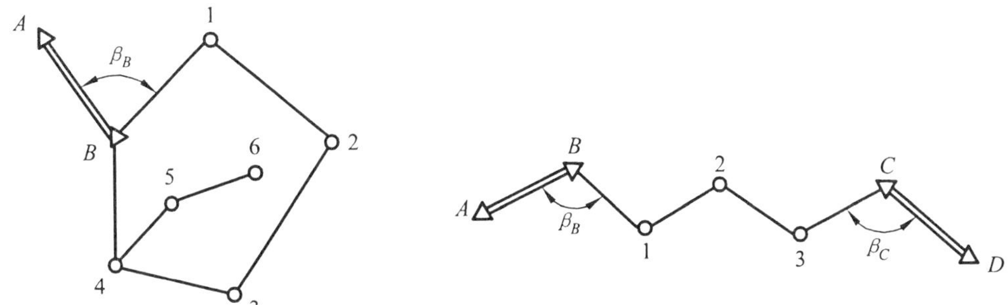

图 6.3　闭合导线、支导线　　　　图 6.4　附合导线

3. 支导线

从一已知控制点开始，既不附合到另一已知点又不回到原来起始点的导线称为支导线，如图 6.3 中的 4—5—6 即为支导线。支导线没有检核条件，因此不易发现错误，故只能用于图根控制，并且要对导线边数进行限制，导线点的数量不宜超过 2～3 个，一般仅作补点用。

以上 3 种是导线的常用布设形式，此外根据具体情况还可以布设成由多个高级控制点汇合在一起的结点导线（如图 6.5 所示），或具有多个闭合导线连接在一起的导线网（如图 6.6 所示）。

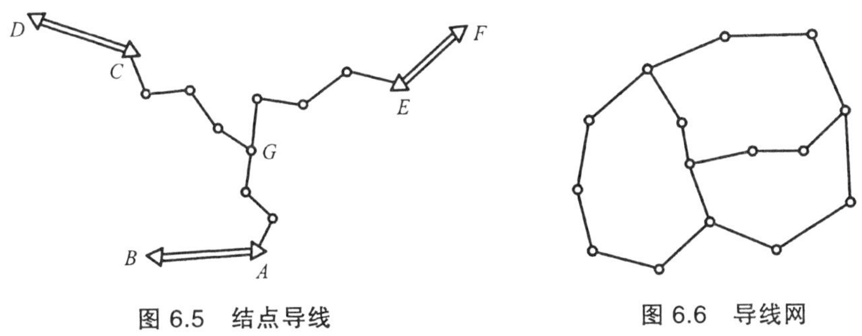

图 6.5　结点导线　　　　图 6.6　导线网

二、导线测量的技术要求

在小区域的地形测量和一般工程测量中，导线一般可分为一级导线、二级导线、三级导线和图根导线四个等级。表 6.3 和表 6.4 分别是《工程测量规范》中对各级导线测量和图根导线测量的主要技术要求。

表 6.3　一至三级导线测量的主要技术要求

等级	导线长度（km）	平均边长（km）	测角中误差（″）	测距中误差（mm）	测距相对中误差	测回数		方位角闭合差（″）	导线全长相对闭合差
						2″级仪器	6″级仪器		
一级	4	0.5	5	15	1/30 000	2	4	$10\sqrt{n}$	≤1/15 000
二级	2.4	0.25	8	15	1/14 000	1	3	$16\sqrt{n}$	≤1/10 000
三级	1.2	0.1	12	15	1/7 000	1	2	$24\sqrt{n}$	≤1/5 000

注：① 表中 n 为测站数。
② 当测区测图的最大比例尺为 1∶1 000 时，导线的平均边长及总长可适当放长，但最大长度不应大于表中规定长度的 2 倍。

表 6.4　图根导线测量的主要技术要求

导线长度(m)	相对闭合差	边长	测角中误差（″）		方位角闭合差（″）	
			一般	首级控制	一般	首级控制
≤1.0×M	≤1/2 000	≤1.5 倍测图最大视距	30	20	$60\sqrt{n}$	$40\sqrt{n}$

注：① M 为测图比例尺的分母；n 为测站数。但对于工矿区现状图测量，不论测图比例尺大小，M 均应取值为 500。
② 隐蔽或施测困难地区，导线相对闭合差可放宽，但不应大于 1/1 000。

三、导线测量的外业工作

导线测量的外业工作包括踏勘选点、建立标志、测角、量边和测定方向等工作。

1. 踏勘选点及建立标志

选点就是在测区内选定控制点的位置。

选点之前应收集测区已有地形图和高一级控制点的成果资料，根据测图要求，确定导线的等级、形式、布设方案，然后在地形图上拟订导线初步布设方案，最后到实地踏勘，选定导线点的位置。若测区范围内无可供参考的地形图时，可通过踏勘，根据测区范围、地形条件直接在实地选定导线的位置。

导线点点位选择必须注意以下几个方面：

（1）为了方便测角，相邻导线点间要通视良好，视野开阔，便于测角和量边。

（2）采用光电测距仪测边长时，导线边应离开强电磁场和发热体的干扰。

（3）导线点应选在地面坚实且不易破坏，便于埋设标志和安置仪器处。

（4）导线边长应符合技术要求的规定，要大致相等，不能相差悬殊。

（5）导线点要有一定的密度，分布较均匀，以便控制整个测区。

导线点埋设后，应在地上打入木桩，桩顶钉一小铁钉或画十字作点的标志，必要时在木桩周围灌上混凝土。如导线点需要长期保存，则应埋设混凝土桩或标石，桩顶刻凿十字或嵌入有十字的钢筋作标志。埋桩后应统一进行编号。为了今后便于查找，应量出导线点至附近明显地物的距离。绘出草图，注明尺寸，称为点之记，以方便日后寻找导线点。点之记如图 6.7 所示。

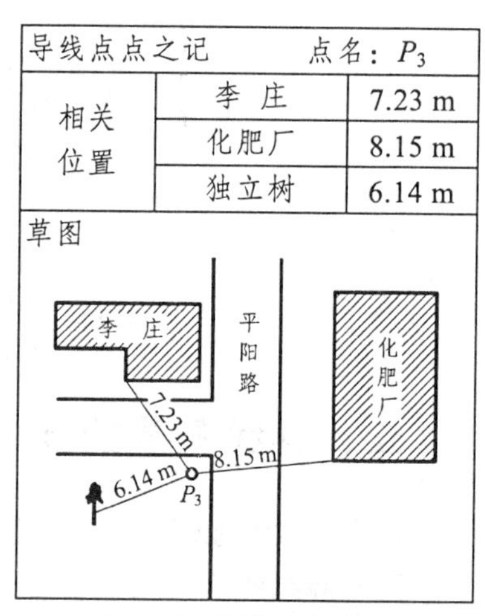

图 6.7　导线点点之记

2. 测量角度

导线转折角即导线中两相邻边之间的水平角。如图 6.8 所示：其中转折角 β_C 在导线前进方向的右侧，称为右角；β_B、β_E 在导线前进方向的左侧，称为左角。但为了便于计算，应统一观测导线的左角或右角。导线水平角的观测方法一般采用测回法。对于附合导线，一般观测导线的左角；闭合导线一般是观测多边形内角；支导线无校核条件，要求既观测左角，也观测右角，以进行校核。

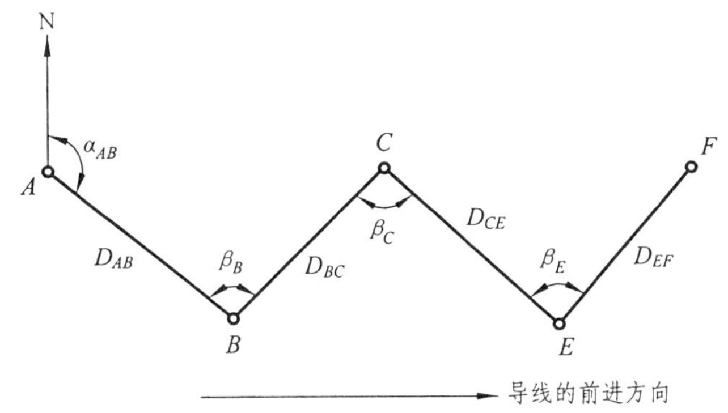

图 6.8　导线转折角测量

3. 测量边长

导线边长是指相邻两导线点间的水平距离。根据精度要求和设备条件，导线边长测量可采用全站仪、光电测距仪和钢尺等。采用光电测距仪测量边长的导线称为光电测距导线，是目前常用的方法。钢尺量距时，一般要求用检定过的钢尺进行往返丈量，或同一方向丈量两次，丈量的精度满足规定。

4. 测定方向

导线与高级控制点联测，其目的是获得导线的起始方位角和起始点坐标，并能使导线精度得到可靠的校核。如图 6.9 所示，需要观测连接角 β_A、β_C，连接边 D_{A1}。若测区无高级控制点联测时，可假定起始点的坐标，用罗盘仪测定起始边的磁方位角。

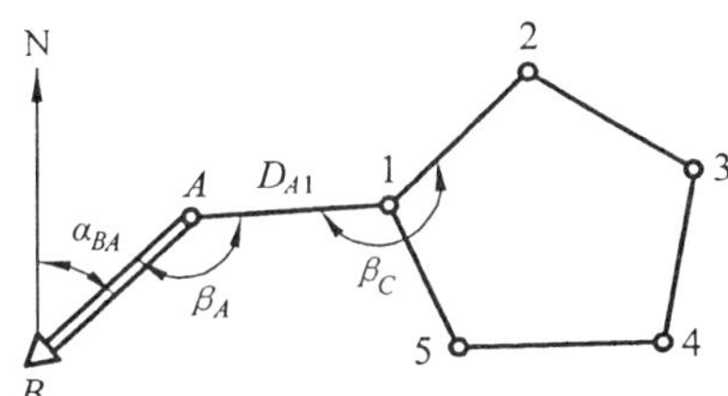

图 6.9　导线的联测

第三节　导线测量的内业工作

导线测量内业计算的目的是计算出导线点的坐标，计算导线的精度是否满足要求。计算之前，应复核导线测量的外业记录，检查数据是否齐全，起算点的坐标、起始边的方位角是否准确，然后绘制计算略图，把边长、转折角、起始边方位角及已知点坐标等计算数据标注在图上相应位置。这样就可以进行内业计算了。

一、坐标正算与坐标反算

（一）坐标正算

如图 6.10 所示，设已知点 A 的坐标为（x_A，y_A），测得 AB 之间的距离 D_{AB} 及方位角 α_{AB}，计算待定点 B 的坐标（x_B，y_B），称为坐标正算。

B 点的坐标可由下式计算：

$$\left.\begin{aligned}x_B = x_A + \Delta x_{AB}\\ y_B = y_A + \Delta y_{AB}\end{aligned}\right\} \quad (6.1)$$

式中，Δx_{AB}和Δy_{AB}称为坐标增量，是相邻两导线点 A、B 的坐标之差，也就是边长分别在纵、横坐标轴上的投影长度。坐标增量是向量，按照导线前进的方向，向北和向东的增量为正，向南和向西的增量为负。按下式计算：

$$\left.\begin{aligned}\Delta x_{AB} = D_{AB} \cdot \cos\alpha_{AB}\\ \Delta y_{AB} = D_{AB} \cdot \sin\alpha_{AB}\end{aligned}\right\} \quad (6.2)$$

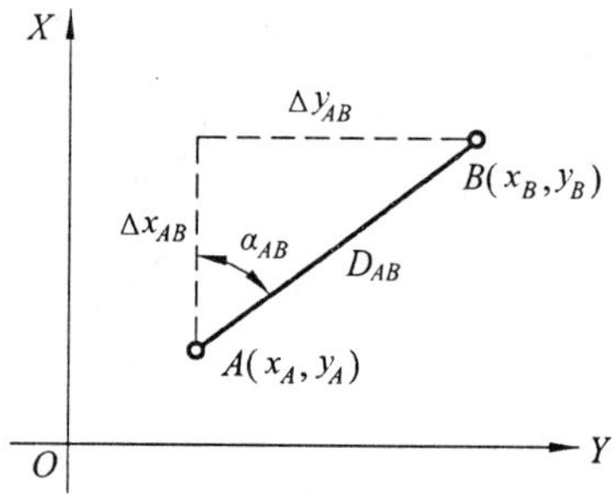

图 6.10　坐标的正、反算

说明：① 坐标正算主要就是由边长和方位角计算坐标增量；② 上述计算公式适用于任意象限。

（二）坐标反算

已知 A、B 两点的坐标，计算 A、B 两点的水平距离与坐标方位角，称为坐标反算。如图 6.10 所示，坐标反算按下列步骤进行。

1. 计算坐标增量

$$\left.\begin{aligned}\Delta x_{AB} = x_B - x_A\\ \Delta y_{AB} = y_B - y_A\end{aligned}\right\} \quad (6.3)$$

根据 Δx_{AB}、Δy_{AB} 的正负号可以判断直线 AB 所在的象限，参见图 6.11。

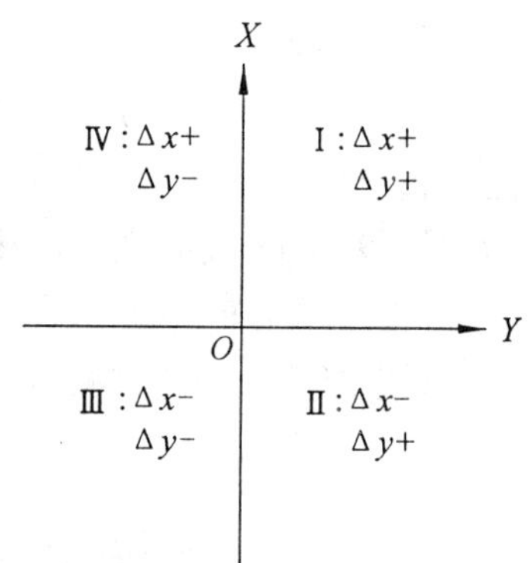

图 6.11　四个象限坐标增量的正、负

2. 计算象限角 R_{AB}

因为　$\tan R_{AB} = \left|\dfrac{\Delta y_{AB}}{\Delta x_{AB}}\right|$

所以　$$R_{AB} = \arctan\left|\frac{\Delta y_{AB}}{\Delta x_{AB}}\right| \quad (6.4)$$

3. 推算坐标方位角 α_{AB}

由图 6.11 可根据象限角 R_{AB} 推算方位角 α_{AB}。

4. 计算 AB 的距离

$$D_{AB} = \sqrt{\Delta x_{AB}^2 + \Delta y_{AB}^2} \quad (6.5)$$

二、闭合导线坐标计算

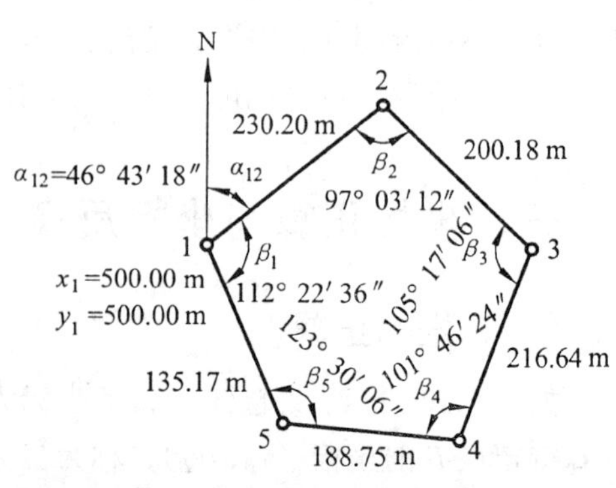

图 6.12　闭合导线示意图

图 6.12 是一实测图根闭合导线，图中各项数据是从外业观测手簿中获得的。已知起始边坐标方位角为 $\alpha_{12} = 46°43'18''$，1 点坐标为（500.00，

500.00)，现结合本例说明闭合导线的计算步骤如下：

（一）在表格中填入已知数据和观测数据

将起始边的坐标方位角填入表 6.5 的第 4 栏，已知点 1 的坐标填入表 6.5 的第 10、11 栏，并在已知数据下方用单线或双线标明；将角度和边长的观测值分别填入表 6.5 的第 2、5 栏。

（二）角度闭合差的计算及调整

1. 角度闭合差的计算

多边形内角和的理论值为：

$$\sum \beta_{理} = (n-2)\times 180° \tag{6.6}$$

由于观测角度不可避免存在误差，多边形内角和的实测值与理论值可能不相符，其差值称为角度闭合差，以 f_β 表示，即：

$$f_\beta = \sum \beta_{测} - \sum \beta_{理} \tag{6.7}$$

角度闭合差 f_β 的大小说明了所测角度的质量，f_β 值越大，角度观测精度越低。所以，各级导线技术要求规定了水平角观测时的角度闭合差不能超过一定的限值，见表 6.3、6.4。如图根导线的角度允许闭合差 F_β 按下式计算：

$$F_\beta = \pm 40''\sqrt{n} \tag{6.8}$$

式中，n 为多边形的内角个数。

若 $f_\beta \leqslant F_\beta$，测角精度合格，应进行角度闭合差调整。$f_\beta$ 超过 F_β，则说明测角精度不合格，应重新检查甚至重测。

2. 角度闭合差的调整

由于角度观测通常都是等精度观测，故角度闭合差调整采用平均分配的原则，即将 f_β 反符号平均分配于各个观测角中，使 $\sum v_i = -f_\beta$，即改正后的角度总和应等于理论值。各角改正数为：

$$v_i = \frac{-f_\beta}{n} \tag{6.9}$$

式中，v_i 为各角观测值的改正数；n 为角度的个数。

计算时，改正数应取位至秒，如果不能整除，闭合差的余数应分配到含短边的角中，这是因为仪器对中和目标偏心，含有短边的角可能会产生较大的误差。

f_β 的计算填在表 6.5 下方的辅助计算栏里，实际角度闭合差没有超过限值，应进行角度闭合差调整。将角度改正数写在表中相应角度的右上方，再将角度观测值加改正数求得改正后角值，填入表 6.5 的第 3 栏。

（三）推算导线各边的坐标方位角

根据已知边的坐标方位角和改正后的转折角，推算各边的坐标方位角。如图 6.13（a）所示，α_{12} 为起始方位角，β_2 为所测右角，则由几何关系：

$$\alpha_{23} = \alpha_{12} + 180° - \beta_{2右}$$

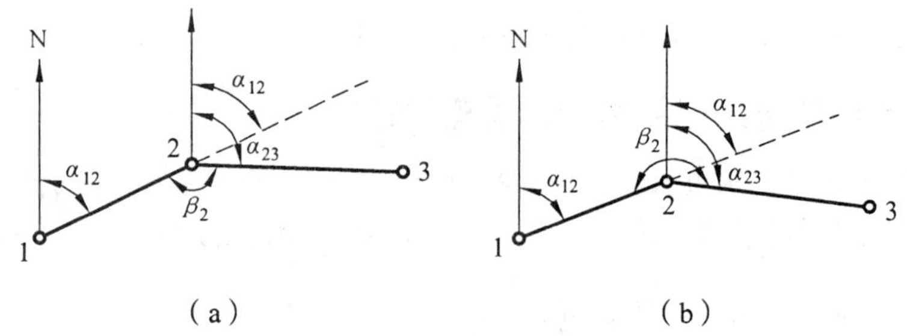

图 6.13　坐标方位角的推算

同理，如图 6.13（b）所示，β_2 为所测左角，则：

$$\alpha_{23}=\alpha_{12}-180^\circ+\beta_{2左}$$

23 边是 12 边的前进方向，因此可以得出坐标方位角推算的一般公式：

$$\alpha_{前}=\alpha_{后}+180^\circ-\beta_{右} \tag{6.10a}$$

或

$$\alpha_{前}=\alpha_{后}-180^\circ+\beta_{左} \tag{6.10b}$$

式中，$\alpha_{前}$、$\alpha_{后}$ 分别表示导线前进方向的前一条边的坐标方位角和与之相连的后一条边的坐标方位角。

闭合导线点顺时针编号时，内角是右角，推算方位角按式（6.10a）进行；闭合导线点逆时针编号时，内角是左角，推算方位角按式（6.10b）进行。

在运用公式（6.10）时，应注意下面两点：

（1）由于直线的坐标方位角只能在 0°～360°，因此：当计算出的 $\alpha_{前}$ 大于 360° 时，应减去 360°；当出现负值时，应加上 360°。

（2）依次计算 α_{23}、α_{34}、α_{45}、α_{51}，直到回到起始边 α_{12}。最后推算出已知边的坐标方位角 α'_{12} 应等于已知方位角值 α_{12}（校核）。坐标方位角填入表 6.5 的第 4 栏。

根据坐标增量计算公式计算导线各边坐标增量，填在表 6.5 的第 6、7 栏。

（四）坐标增量闭合差计算及其调整

如图 6.14 所示，由于闭合导线的起点和终点为同一点，所以坐标增量总和理论上应为零，即 $\sum\Delta x_{理}=0$，$\sum\Delta y_{理}=0$。

如果用 $\sum\Delta x_{测}$ 和 $\sum\Delta y_{测}$ 分别表示计算的坐标增量总和，角度虽经调整，由于所测量距离误差的存在，计算出的坐标增量总和与理论值不可能相符，二者之差称为坐标增量闭合差，分别用 f_x、f_y 表示，即：

$$\left.\begin{aligned}f_x&=\sum\Delta x_{测}-\sum\Delta x_{理}\\f_y&=\sum\Delta y_{测}-\sum\Delta y_{理}\end{aligned}\right\} \tag{6.11}$$

由于坐标增量闭合差的存在，导线最终未能闭合到已知点 1 上，而落在 1′ 处，如图 6.15 所示。f_x 称为纵坐标增量闭合差，f_y 称为横坐标增量闭合差，11′ 的长度即 f 称为导线全长闭合差。由图可见：

$$f=\sqrt{f_x^{\ 2}+f_y^{\ 2}} \tag{6.12}$$

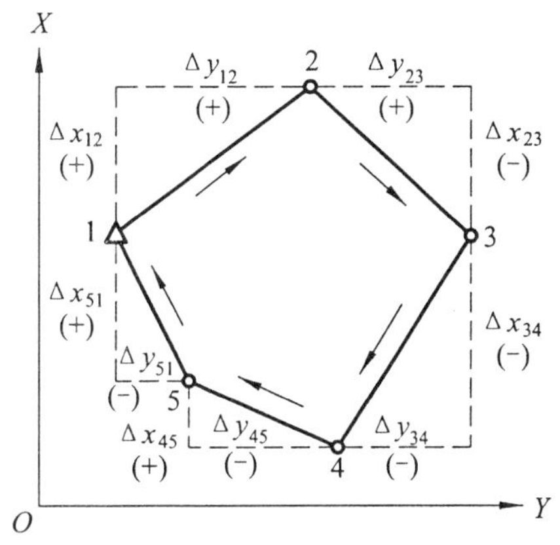

图 6.14　闭合导线坐标增量总和的理论值

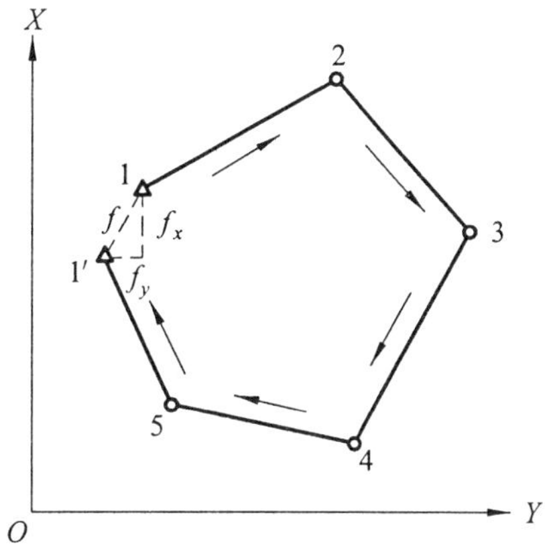

图 6.15　闭合导线全长闭合差

导线愈长，全长闭合差 f 值将愈大，因此，导线全长闭合差 f 并不能作为衡量导线精度的标准。通常，用导线全长相对闭合差 K 来衡量导线的精度，K 用分子为 1 的数值表示，计算公式为：

$$K=\frac{f}{\sum d} \tag{6.13}$$

式中，$\sum d$ 为导线边长的总和。

导线等级不同，K 值有不同的规定。图根导线允许值为 $K\leqslant 1/2\,000$。当 $K>1/2\,000$ 时，应对记录和计算进行复查，若记录、计算无误，则应到现场返工。如果 $K\leqslant 1/2\,000$，说明导线的测量成果合格但是还有误差，应对计算的坐标增量予以调整。由于计算坐标增量采用的是调整后的角度，因此坐标增量闭合差认为主要是由于测量边长引起的。调整原则是将坐标增量闭合差以相反的符号按照边长的比例分配到各边的坐标增量中。

设 δ_x、δ_y 分别为纵、横坐标增量改正数，则第 i 边的纵、横坐标增量改正数分别为：

$$\left.\begin{aligned}\delta_{xi}&=\frac{-f_x}{\sum d}\times d_i\\ \delta_{yi}&=\frac{-f_y}{\sum d}\times d_i\end{aligned}\right\} \tag{6.14}$$

改正数图根导线精确至厘米。由于计算时四舍五入，最后结果可能相差小数最末一位的一个单位，应进行补偿，使得

$$\left.\begin{aligned}\sum\delta_{xi}&=-f_x\\ \sum\delta_{yi}&=-f_y\end{aligned}\right\} \tag{6.15}$$

即经过改正后的坐标增量总和应与理论值相等，对于闭合导线来说，改正后的坐标增量总和为零（校核）。

综上所述，本例在表 6.5 下方的辅助计算栏内依次计算表中所列各项。

计算导线全长闭合差 f 和导线全长相对闭合差 K，并判断精度；计算各边坐标增量改正数，写在相应的增量右上方，按增量的取位要求，改正数凑整至 cm 或 mm，凑整后的改正数总和必须与反号的增量闭合差相等，并按（6.15）式校核。

表 6.5　闭合导线坐标计算表

点号	右角观测值 (° ′ ″)	改正后右角值 (° ′ ″)	方位角 (° ′ ″)	边长（m）	坐标增量（m）		改正后坐标增量（m）		坐标（m）		点号
					Δx	Δy	Δx	Δy	x	y	
1	2	3	4	5	6	7	8	9	10		
1									500.00	500.00	1
			46 43 18	230.20	−0.04 +157.81	+0.04 +167.59	+157.77	+167.63			
2	+7 97 03 12	97 03 19							657.77	667.63	2
			129 39 59	200.18	−0.04 −127.78	+0.03 +154.09	−127.82	+154.12			
3	+7 105 17 06	105 17 13							529.95	821.75	3
			204 22 46	216.64	−0.04 −197.32	+0.04 −89.42	−197.36	−89.38			
4	+7 101 46 24	101 46 31							332.59	732.37	4
			282 36 15	188.75	−0.03 +41.19	+0.03 −184.20	+41.16	−184.17			
5	+8 123 30 06	123 30 14							373.75	548.20	5
			339 06 01	135.17	−0.03 +126.28	+0.02 −48.22	+126.25	−48.20			
1	+7 112 22 36	112 22 43							500.00	500.00	1
			46 43 18								
2											
$\sum$	539 59 24	540 00 00		$\sum d$ =970.94	f_x=+0.18	f_y=−0.16	0	0			

$\sum \beta_{测} = 539°59'24''$，　$\sum \beta_{理} = 540°00'00''$，　$f_\beta \sum \beta_{测} - \sum \beta_{理} = -36''$，　$F_\beta = \pm 40''\sqrt{5} = \pm 89''$（按图根导线计），　$f_\beta \leqslant F_\beta$，测角精度合格

$f_x = +0.18$ m，　$f_y = -0.16$ m，　$f = \sqrt{f_x^2 + f_y^2} = 0.24$ m，　$K = \dfrac{f}{\sum d} = \dfrac{0.24}{970.94} = \dfrac{1}{\dfrac{970.94}{0.24}} = \dfrac{1}{4\,045} \approx \dfrac{1}{4\,000} < \dfrac{1}{2\,000}$，导线精度合格

（五）改正后的坐标增量计算

将坐标增量加坐标增量改正数填入表 6.5 的第 8、9 栏，作为改正后的坐标增量，此时表 6.5 中第 8、9 栏的总和应为零。

（六）导线点坐标计算

在图 6.14 中，1 点的坐标已知，各边改正后的坐标增量已经求得。所以有：

$$\begin{rcases} x_2 = x_1 + \Delta x_{12} \\ y_2 = y_1 + \Delta y_{12} \end{rcases}$$
$$\begin{rcases} x_3 = x_2 + \Delta x_{23} \\ y_3 = y_2 + \Delta y_{23} \end{rcases} \qquad (6.16)$$
$$\vdots$$

以此公式即可分别求出 3、4、5 点的坐标。最后要注意，由 5 点再推算出 1 点的坐标并应与 1 点的已知坐标相等（校核）。此项计算填入表 6.5 的第 10、11 栏。至此闭合导线的内业计算全部结束。

严格地说，由于坐标增量经过调整，其相应的导线边长与方位角都会随之发生变化，故算出坐标后，应按坐标反算公式反算出平差后的各导线边长及方位角，以备用。但在一般图根控制测量中，调整数不大，一般不进行反算。

算例中 1 点的坐标均取 500.00，是考虑到独立布设的控制网而假设的起始点的坐标。为了使所有导线点的坐标不出现负值，起始点的坐标取值较大；当导线与高级控制点联测时，起始点的坐标可取自高级控制点的坐标。

三、附合导线坐标计算

附合导线与闭合导线的坐标计算步骤基本相同，仅在角度闭合差和坐标增量闭合差计算的公式上有所差别，下面介绍这两处不同。

（一）角度闭合差的计算与调整

1. 求联测边坐标方位角

如图 6.16 所示为附合导线，*AB* 和 *CD* 为高级控制网的两条边，坐标均为已知，(b) 图为观测右角，(a) 图为观测左角，进行坐标反算，获得起始边 *AB* 与终边 *CD* 的坐标方位角 α_{AB} 和 α_{CD}，作为高级边的已知数据。

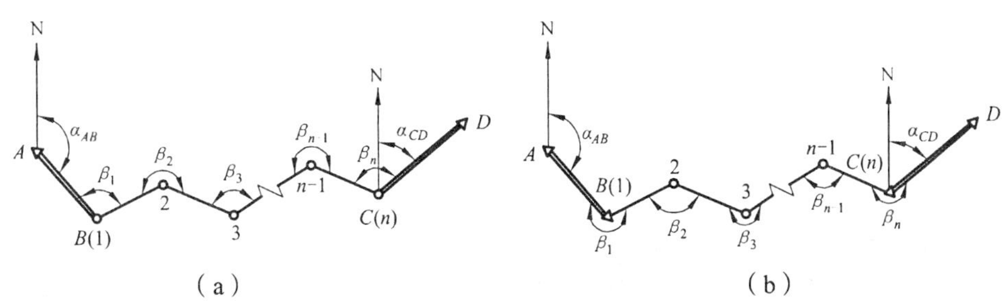

图 6.16　附合导线角度闭合差的计算

2. 角度闭合差的计算与调整

终边 *CD* 坐标方位角的理论值是坐标反算的结果，记为 α_{CD}，按照方位角的推算方法，*CD* 边的坐标方位角还可由 *AB* 边沿导线推算出来，记为 α'_{CD}，即：

$$
\begin{aligned}
&\alpha_{12}=\alpha_{AB}+180°-\beta_{1右}\\
&\alpha_{23}=\alpha_{12}+180°-\beta_{2右}\\
&\alpha_{34}=\alpha_{23}+180°-\beta_{3右}\\
&\quad\vdots\\
&\alpha_{n-1,n}=\alpha_{n-2,n-1}+180°-\beta_{n-1右}\\
&\alpha'_{CD}=\alpha_{n-1,n}+180°-\beta_{n右}
\end{aligned}
$$

等式两边相加可得：

$$\alpha'_{CD}=\alpha_{AB}+n\cdot 180°-\sum\beta_{右测}$$

把 *CD* 看做终边，终边的坐标方位角为：

$$\alpha'_{终}=\alpha_{始}+n\cdot 180°-\sum\beta_{右测} \tag{6.17}$$

式中，*n* 为包括连接角在内的导线右角的个数。

推算到终边的坐标方位角 α'_{CD}，理论上应与已知的 α_{CD} 相等，由于测角误差的存在，测量推算出来的 α'_{CD} 与 α_{CD} 不相等，其差值即为附合导线的角度闭合差，即：

$$f_\beta=\alpha'_{CD}-\alpha_{CD}$$

或

$$f_\beta=\alpha'_{终}-\alpha_{终} \tag{6.18}$$

在附合导线角度闭合差的调整中：若观测为左角，将角度闭合差反号平均分配到各个左角；观测为右角，则将方位角闭合差同号平均分配到各观测角上。

（二）坐标增量闭合差的计算与调整

由于附合导线起终点 *B*、*C* 都是高一级精度的点，这两点坐标值之差，就是附合导线理论上的坐标增量，即

$$\left.\begin{aligned}\sum\Delta x_{理}&=x_C-x_B=x_{终}-x_{始}\\ \sum\Delta y_{理}&=y_C-y_B=y_{终}-y_{始}\end{aligned}\right\} \tag{6.19}$$

如图 6.17 所示，由于在测量过程中,测角量边都不可避免地存在误差，使得导线最终未能附合到已知点 *C* 上，而落在 *C*′ 处。由 *B* 点到 *C* 点的坐标增量总和 $\sum\Delta x_{测}$、$\sum\Delta y_{测}$ 与理论值之差即为坐标增量闭合差，即：

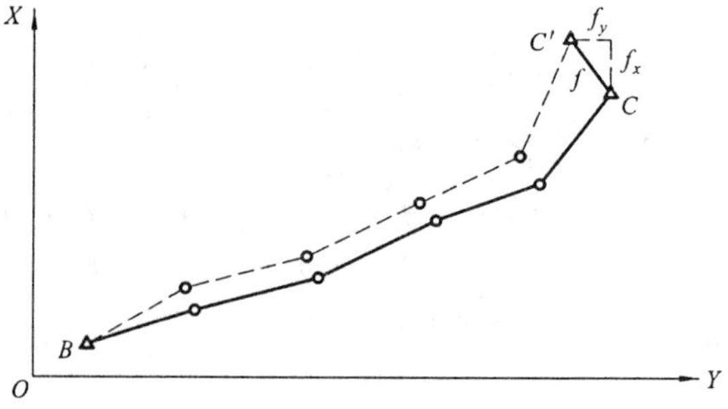

图 6.17　附合导线全长闭合差

$$\left.\begin{aligned}f_x&=\sum\Delta x_{测}-\sum\Delta x_{理}\\ f_y&=\sum\Delta y_{测}-\sum\Delta y_{理}\end{aligned}\right\} \tag{6.20}$$

与闭合导线相同，可求出导线全长相对闭合差 *K*。当 $K\leqslant 1/2\,000$，导线精度合格。坐标增量闭合差调整与闭合导线相同，再按调整后的增量推算各导线点的坐标。附合导线坐标计算的过程见表 6.6。

表 6.6　附合导线坐标计算表

点号	右角观测值 (° ′ ″)	改正后右角值 (° ′ ″)	方位角 (° ′ ″)	边长（m）	计算坐标增量（m）		改正后坐标增量（m）		坐标（m）		点号
					Δx	Δy	Δx	Δy	x	y	
1	2	3	4	5	6	7	8	9	10		
A									2 365.16	1 181.77	A
			137 52 00								
B	+10 267 29 50	267 30 00							1 771.03	1 719.24	B
			50 22 00	133.84	+0.03 +85.37	+0.06 +103.08	+85.40	+103.14			
2	+10 203 29 20	203 29 30							1 856.43	1 822.38	2
			26 52 30	154.71	+0.03 +138.00	+0.07 +69.94	+138.03	+70.01			
3	+10 184 29 20	184 29 30							1 944.46	1 892.39	3
			22 23 00	80.74	+0.02 +74.66	+0.03 +30.75	+74.68	+30.78			
4	+10 179 15 50	179 16 00							2 069.14	1 923.17	4
			23 07 00	148.93	+0.03 +136.97	+0.06 +58.47	+137.00	+58.53			
5	+10 81 16 20	81 16 30							2 206.14	1 981.70	5
			121 50 30	147.16	+0.03 −77.64	+0.06 +125.01	−77.61	+125.07			
C	+10 167 07 20	167 07 30							2 128.53	2 106.77	C
			134 43 00								
D									1 465.71	2 776.18	D
$\sum$	1083 08 00			$\sum d$ =665.38	+357.36	+387.25					

$\alpha'_{CD}=\alpha_{AB}+n\cdot180°-\sum\beta_{右i}=137°52'00''+6\times180°-1083°08'00''=134°44'00''$

$f_\beta=\alpha'_{CD}-\alpha_{CD}=134°44'00''-134°43'00''=+60''$

$F_\beta=\pm40''\sqrt{6}=\pm97''$（按图根导线计）

$f_\beta<F_\beta$　测角精度合格

$\sum\Delta x_{理}=x_C-x_B=2\,128.53-1\,771.03=357.50$

$\sum\Delta y_{理}=y_C-y_B=2\,106.77-1\,719.24=387.53$

$f_x=\sum\Delta x_{测}-\sum\Delta x_{理}=357.36-357.50=-0.14$

$f_y=\sum\Delta y_{测}-\sum\Delta y_{理}=387.25-387.53=-0.28$

$f=\sqrt{f_x^2+f_y^2}=0.31$

$K=\dfrac{f}{\sum d}=\dfrac{0.31}{665.38}=\dfrac{1}{\dfrac{665.38}{0.31}}=\dfrac{1}{2\,146}\approx\dfrac{1}{2\,100}<\dfrac{1}{2\,000}$　导线测量精度合格

四、支导线坐标计算

支导线中没有多余观测值，因此没有任何闭合差产生，因而导线转折角和坐标增量不需要进行改正。支导线的计算步骤为：

（1）根据观测的转折角推算出各边的方位角。

（2）根据各边方位角和边长计算坐标增量。

（3）根据各边的坐标增量推算出各点的坐标。

支导线没有检核条件，无法检验外业测量成果，因此测量和计算应仔细。以上各计算步骤的计算方法同闭合导线或附合导线。

五、全站仪坐标测量和导线坐标测量方法

1. 全站仪坐标测量

全站仪一般都有坐标测量的功能。如图 6.18 所示，输入测站点和后视点坐标，全站仪就可以测量出目标点（棱镜点）的坐标。

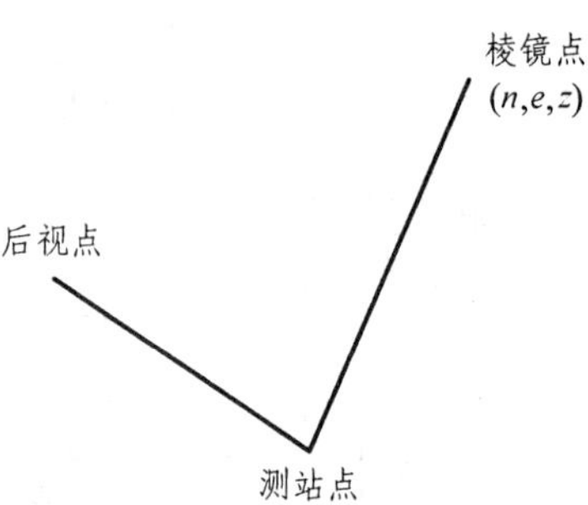

图 6.18　全站仪坐标测量

2. 导线坐标测量方法

如图 6.19 所示附合导线，用全站仪进行坐标测量，观测时先置仪器于 B 上，后视 A 点，测量 2 点坐标；再将仪器置于 2 点，后视 B 点，测量 3 点坐标……依此类推，最后得到 C 点的坐标。

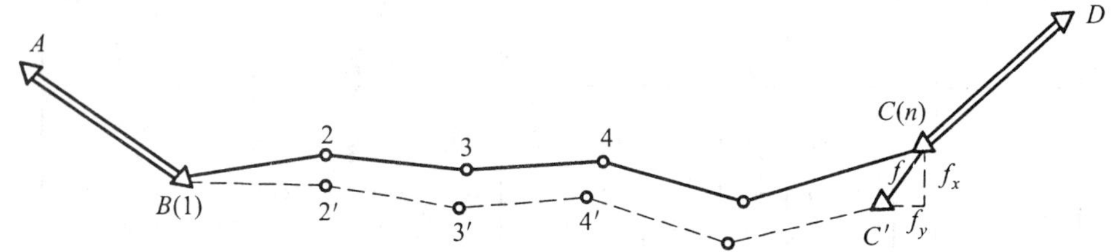

图 6.19　全站仪观测附合导线

设 C 点的坐标观测值为（x'_C，y'_C），已知 C 点的坐标值为（x_C，y_C）。可按下列步骤进行平差计算：

（1）计算坐标闭合差：

$$\left.\begin{aligned} f_x &= x'_C - x_C \\ f_y &= y'_C - y_C \end{aligned}\right\} \tag{6.21}$$

（2）计算导线全长闭合差：

$$f = \sqrt{f_x^2 + f_y^2} \tag{6.22}$$

（3）计算导线全长相对闭合差：

$$K=\frac{f}{\sum d}=\frac{1}{\sum d/f} \tag{6.23}$$

式中，$\sum d$ 为导线全长。

（4）当导线全长相对闭合差不大于规定的允许值时，测量结果合格。按式（6.24）计算各点坐标的改正数：

$$\left.\begin{aligned}\delta_{x_i}&=-\frac{f_x}{\sum d}\cdot\sum d_i\\ \delta_{y_i}&=-\frac{f_y}{\sum d}\cdot\sum d_i\end{aligned}\right\} \tag{6.24}$$

式中，$\sum d$ 为导线全长；$\sum d_i$ 为第 i 点之前导线边长之和，即坐标改正数为累计改正。

（5）计算改正后各点坐标：

$$\left.\begin{aligned}x_i&=x_i'+\delta_{x_i}\\ y_i&=y_i'+\delta_{y_i}\end{aligned}\right\} \tag{6.25}$$

式中，(x_i'，y_i')为第 i 点的坐标观测值；(δ_{xi}，δ_{yi})为第 i 点的坐标改正数。

以坐标为观测量的平差计算如表 6.7 所示。

表 6.7　以坐标为观测量的导线近似平差计算

点号	坐标观测值（m）		边长（m）	坐标改正数（mm）		坐标平差值（m）		点号
	x	y		δ_x	δ_y	x	y	
A						31 242.685	19 631.274	A
B(1)						27 654.173	16 814.216	B(1)
			1 573.261					
2	26 861.436	18 173.156		−5	+4	26 861.431	18 173.160	2
			865.360					
3	27 150.098	18 988.951		−8	+6	27 150.090	18 988.957	3
			1 238.023					
4	27 286.434	20 219.444		−12	+9	27 286.422	20 219.453	4
			1 821.746					
5	29 104.742	20 331.319		−18	+14	29 104.724	20 331.333	5
			507.681					
C(6)	29 564.269	20 547.130		−19	+16	29 564.250	20 547.146	C(6)
D			$\sum D$=6 006.071			30 666.511	21 880.362	D

辅助计算：

$f_x=x_C'-x_C=29\,564.269-29\,564.250=+0.019\text{ m}=+19\text{ mm}$

$f_y=y_C'-y_C=20\,547.130-20\,547.146=-0.016\text{ m}=-16\text{ mm}$

$f=\sqrt{f_x^2+f_y^2}=0.024\text{ m}=24\text{ mm}$

$K=\frac{f}{\sum d}=\frac{0.024}{6\,006.071}=\frac{1}{\frac{6\,006.071}{0.024}}=\frac{1}{250\,252}\approx\frac{1}{250\,000}$

第四节　交会定点

在进行平面控制测量时，当已有控制点的数量不能满足测图或施工放样需要时，需要增设少数图根控制点。控制点的加密经常采用交会法进行单点（或双点）加密。

交会定点方法有前方交会、后方交会和距离交会等。

一、前方交会

前方交会是指在两个已知控制点上通过观测水平角，再经计算即可求得待定点的坐标。如图 6.20 所示，已知控制点 A、B 的坐标为 $A(x_A, y_A)$，$B(x_B, y_B)$，P 为待求点。在 A、B 两点设站，测量水平角 α 、β ，则未知点 P 的坐标（x_P, y_P）可按以下方法计算。

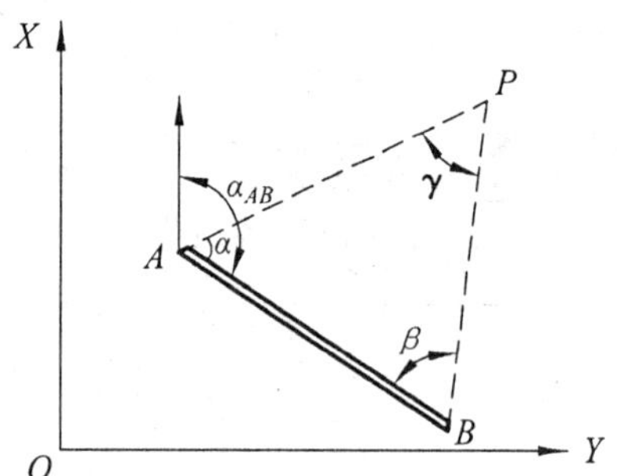

图 6.20　前方交会

1. 按导线推算 *P* 点的坐标

（1）用坐标反算公式计算 AB 边的坐标方位角 α_{AB} 的边长 D_{AB}：

$$\left.\begin{aligned}\alpha_{AB} &= \arctan\frac{y_B - y_A}{x_B - x_A} \\ D_{AB} &= \sqrt{(x_B - x_A)^2 + (y_B - y_A)^2}\end{aligned}\right\} \tag{6.26}$$

（2）计算 AP、BP 边的坐标方位角 α_{AP}、α_{BP} 及边长 D_{AP}、D_{BP}：

$$\left.\begin{aligned}\alpha_{AP} &= \alpha_{AB} - \alpha \\ \alpha_{BP} &= \alpha_{AB} \pm 180° + \beta \\ D_{AP} &= \frac{D_{AB}}{\sin\gamma}\sin\beta, \quad D_{BP} = \frac{D_{AB}}{\sin\gamma}\sin\alpha\end{aligned}\right\} \tag{6.27}$$

其中，$\gamma = 180° - \alpha - \beta$，且应有 $\alpha_{AP} - \alpha_{BP} = \gamma$（可用做检核）。

（3）按坐标正算公式计算 P 点的坐标：

$$\left.\begin{aligned}x_P &= x_A + D_{AP} \cdot \cos\alpha_{AP} \\ y_P &= y_A + D_{AP} \cdot \sin\alpha_{AP}\end{aligned}\right\} \tag{6.28}$$

或

$$\left.\begin{aligned}x_P &= x_B + D_{BP} \cdot \cos\alpha_{BP} \\ y_P &= y_B + D_{BP} \cdot \sin\alpha_{BP}\end{aligned}\right\} \tag{6.29}$$

由式（6.28）和式（6.29）计算的 P 点坐标理应相等，可用做校核。由于计算中存在小数位的取舍，可能有微小差异，可取其平均值。

2. 按余切公式计算 *P* 点的坐标

略去推导过程，*P* 点的坐标计算公式为：

$$\left.\begin{aligned} x_P &= \frac{x_A \cot\beta + x_B \cot\alpha + (y_B - y_A)}{\cot\alpha + \cot\beta} \\ y_P &= \frac{y_A \cot\beta + y_B \cot\alpha - (x_B - x_A)}{\cot\alpha + \cot\beta} \end{aligned}\right\} \tag{6.30}$$

式（6.30）称为余切公式。**注意：在运用该式计算时，三角形的点号 *A*、*B*、*P* 应按逆时针方向编号，否则公式中的加减号将有改变。**前方交会中（见图 6.20），由未知点至相邻两起始点方向间的夹角 γ 称为交会角。交会角过大或过小，都会影响 *P* 点位置测定精度，要求交会角一般应大于 30° 并小于 150°。

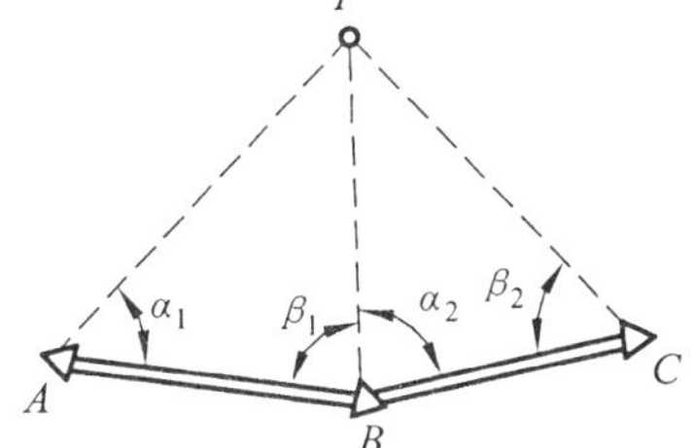

图 6.21　三个已知点交会

为了检核外业测量成果，并提高待定点 *P* 的精度，一般都布设 3 个已知点进行交会，如图 6.21 所示，观测两组角值，这时可分两组计算 *P* 点坐标，设两组计算 *P* 点坐标分别为 (x_{P1}, y_{P1})、$B(x_{P2}, y_{P2})$。当两组计算 *P* 点的坐标较差 $\varDelta$ 在容许限差内，则取它们的平均值作为 *P* 点的最后坐标。计算实例见表 6.8。

对于图根控制测量，其较差应不大于比例尺精度的 2 倍，即：

$$\varDelta = \sqrt{\delta_x^2 + \delta_y^2} = \sqrt{(x_{P1} - x_{P2})^2 + (y_{P1} - y_{P2})^2} \leqslant 2 \times 0.1M \quad \text{mm} \tag{6.31}$$

式中，δ_x、δ_y 为 *P* 点的两组坐标之差；*M* 为测图比例尺分母。

【例 6.1】　如图 6.21 中，*A*、*B*、*C* 为已知控制点，*P* 为待定点。并测得 α_1、β_1 和 α_2、β_2 角，用前方交会法计算待定点 *P* 的坐标，其过程见表 6.8。

表 6.8　前方交会计算

已知数据	x_A	35 522.01 m	y_A	41 527.29 m	x_B	35 189.35 m	y_B	41 116.90 m
	x_B	35 189.35 m	y_B	41 116.90 m	x_C	34 671.79 m	y_C	41 236.06 m
观测值	α_1	59°20′59″	β_1	54°09′52″	α_2	61°54′29″	β_2	55°44′54″
计算校核	x_{P1}	35 059.931 m	y_{P1}	41 595.341 m	x_{P2}	35 060.018 m	y_{P2}	41 595.347 m
	计算较差：测图比例尺 1∶1 000，$F_{\text{允}} = 2\times0.1M = 2\times0.1\times1\,000 = 200$ mm $\delta_x = x_{P1} - x_{P2} = -0.087$ m $\delta_y = y_{P1} - y_{P2} = -0.006$ m $\varDelta = \sqrt{\delta_x^2 + \delta_y^2} = 0.087\text{ m} = 87\text{ mm} \leqslant 2\times0.1M$ (合格) 取平均值：$x_P = \frac{1}{2}(x_{P1} + x_{P2}) = 35\,059.97$ $y_P = \frac{1}{2}(y_{P1} + y_{P2}) = 41\,595.34$ *P* 点坐标为 *P*(35 059.97，41 595.34)							

二、后方交会

如图 6.22 所示，A、B、C 为 3 个已知控制点，P 点为待求点。在 P 点上安置经纬仪，观测 α、β 角，根据 A、B、C 三点坐标和 α、β 角，即可解算出 P 点的坐标，这种方法称为后方交会。后方交会法的计算公式如下：

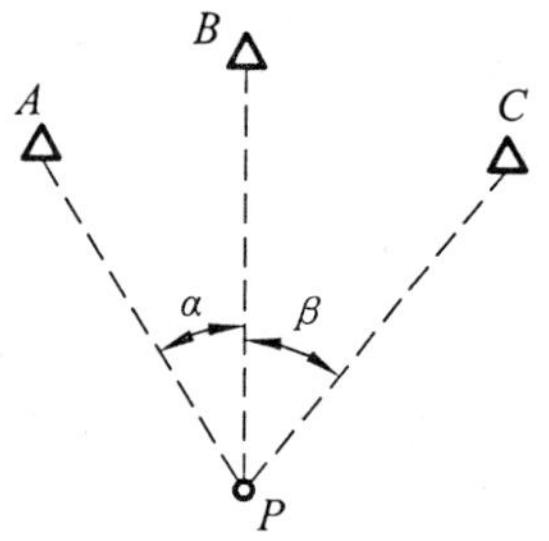

图 6.22　后方交会

1. 引入辅助量 a、b、c、d 和 K

$$\left.\begin{aligned} a&=(x_B-x_A)+(y_B-y_A)\cot\alpha \\ b&=(y_B-y_A)-(x_B-x_A)\cot\alpha \\ c&=(x_B-x_C)-(y_B-y_C)\cot\beta \\ d&=(y_B-y_C)+(x_B-x_C)\cot\beta \end{aligned}\right\} \tag{6.32}$$

令 $K=\dfrac{a-c}{b-d}$

2. P 点坐标计算公式

$$\left.\begin{aligned} x_P&=x_B+\frac{Kb-a}{K^2+1} \\ y_P&=y_B-K\cdot\frac{Kb-a}{K^2+1} \end{aligned}\right\} \tag{6.33}$$

3. 危险圆的判别

当 P 点正好落在通过 A、B、C 三个点的圆周上时，后方交会点将无法解算，此圆称为危险圆。此时在这一圆周上的任意点与 A、B、C 组成的 α 角和 β 角的值都相等，P 点位置不定，即当 $a=c$, $b=d$ 时：

$$K=\frac{a-c}{b-d}=\frac{0}{0} \tag{6.34}$$

应用此公式时，注意点号的安排应与图 6.22 一致，即 A、B、C、P 按顺时针方向排列，A、B 夹角为 α 角，B、C 夹角为 β 角。为了检核，实际工作中常要观测 4 个已知点，每次用 3 个点，共组成两组后方交会。对于图根控制测量而言，两组点位较差也不得超过 $2\times0.1M$ (mm)。

后方交会法的计算方法很多，用后方交会法求 P 点时，要特别注意危险圆。在测量中，一般将待求点 P 选在 3 个已知点构成的三角形内或选在三角形两边延长线的夹角内。

三、距离交会

如图 6.23 所示，A、B 为已知控制点，P 为待求点。测量距离 D_{AP}、D_{BP} 后，即可解算△ABP，可求出 P 点的坐标。距离交会又称边长交会。

由于 A、B 两点坐标已知，可通过坐标反算求得 AB 边的坐标方位角 α_{AB} 和距离 D_{AB}。按余弦定理可得：

$$\left.\begin{aligned}\angle A &= \arccos\left(\frac{D_{AB}^2 + D_{AP}^2 - D_{BP}^2}{2D_{AB}D_{AP}}\right) \\ D_{AB} &= \sqrt{(x_B - x_A)^2 + (y_B - y_A)^2}\end{aligned}\right\} \tag{6.35}$$

AP 边的坐标方位角为：

$$\alpha_{AP} = \alpha_{AB} - \angle A$$

P 点坐标为：

$$\left.\begin{aligned}x_P &= x_A + D_{AP}\cdot\cos\alpha_{AP} \\ y_P &= y_A + D_{AP}\cdot\sin\alpha_{AP}\end{aligned}\right\} \tag{6.36}$$

应用公式时注意点号的排列与图 6.23 一致，即 A、B、P 按逆时针排列，以上是两边交会法。为了检核和提高 P 点坐标精度，需测定三条边，如图 6.24 所示，组成两个距离交会图形，分两组计算 P 点坐标，较差满足（6.31）式，取平均值作为最后成果。

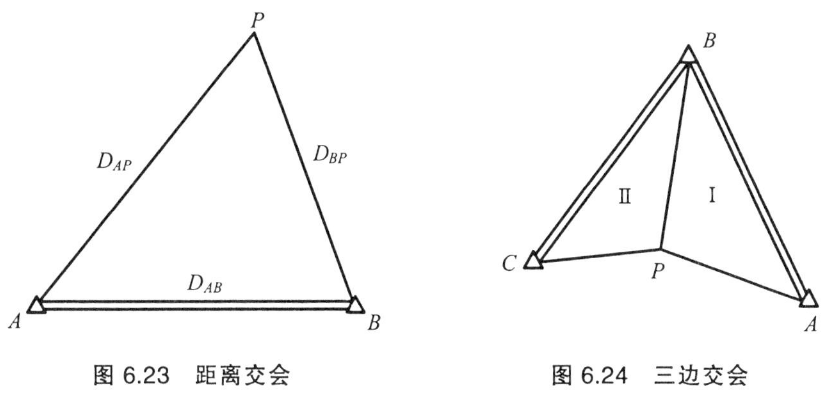

图 6.23　距离交会　　　　图 6.24　三边交会

由于全站仪和光电测距仪在工程中的普遍采用，这种方法在工程中已被广泛地应用。

第五节　高程控制测量

高程控制测量主要方法有水准测量和三角高程测量。小区域地形测图或施工测量中，多采用三、四等水准测量作为高程控制测量的首级控制。当水准测量作高程控制时，因地形困难无法施测时，可采用三角高程测量，本节介绍三、四等水准测量和三角高程测量。

一、水准测量主要技术要求

有关国家各等级水准测量的主要技术要求，如表 6.9 和表 6.10 所示。

表 6.9　水准测量的主要技术要求（一）

<table>
<tr><th rowspan="2">等级</th><th rowspan="2">每千米高差中误差（mm）</th><th rowspan="2">路线长度（km）</th><th rowspan="2">水准仪型号</th><th rowspan="2">水准尺</th><th colspan="2">观测次数</th><th colspan="2">往返较差、附合或环线闭合差</th></tr>
<tr><th>与已知点联测</th><th>附合路线或环线</th><th>平地（mm）</th><th>山地（mm）</th></tr>
<tr><td rowspan="2">三等</td><td rowspan="2">6</td><td rowspan="2">≤50</td><td>DS_1</td><td>因瓦</td><td rowspan="2">往返各一次</td><td>往一次</td><td rowspan="2">$12\sqrt{L}$</td><td rowspan="2">$4\sqrt{n}$</td></tr>
<tr><td>DS_3</td><td>双面</td><td>往返各一次</td></tr>
<tr><td>四等</td><td>10</td><td>≤16</td><td>DS_3</td><td>双面</td><td>往返各一次</td><td>往一次</td><td>$20\sqrt{L}$</td><td>$6\sqrt{n}$</td></tr>
<tr><td>五等</td><td>15</td><td>–</td><td>DS_3</td><td>单面</td><td>往返各一次</td><td>往一次</td><td>$30\sqrt{L}$</td><td>—</td></tr>
<tr><td>图根</td><td>20</td><td>≤5</td><td>DS_{10}</td><td></td><td>往返各一次</td><td>往一次</td><td>$40\sqrt{L}$</td><td>$12\sqrt{n}$</td></tr>
</table>

注：① L 为往返测段，附合或环线的水准路线长度（km）；n 为测站数。
② 当水准线路布设成支线时，其线路长度不应大于 2.5 km。

表 6.10　水准测量的主要技术要求（二）

<table>
<tr><th>等级</th><th>水准仪型号</th><th>视线长度（m）</th><th>前后视较差（m）</th><th>前后视累积差（m）</th><th>视线离地面最低高度（m）</th><th>基、辅分划或黑、红面读数较差（mm）</th><th>基、辅分划或黑、红面所测高差较差（mm）</th></tr>
<tr><td rowspan="2">三等</td><td>DS_3</td><td>100</td><td rowspan="2">3</td><td rowspan="2">6</td><td rowspan="2">0.3</td><td>1.0</td><td>1.5</td></tr>
<tr><td>DS_3</td><td>75</td><td>2.0</td><td>3.0</td></tr>
<tr><td>四等</td><td>DS_3</td><td>100</td><td>5</td><td>10</td><td>0.2</td><td>3.0</td><td>5.0</td></tr>
<tr><td>五等</td><td>DS_3</td><td>100</td><td>近似相等</td><td>—</td><td>—</td><td>—</td><td>—</td></tr>
<tr><td>图根</td><td>DS_{10}</td><td>≤100</td><td>—</td><td>—</td><td>—</td><td>—</td><td>—</td></tr>
</table>

注：三、四等水准采用变动仪器高度观测单面水准尺时，所测两次高差较差，应与黑面、红面所测高差之差的要求相同。

二、三等与四等水准测量

三、四等水准测量除用于国家高程控制网的加密外，还用于小地区建立首级高程控制网，即直接提供地形测图和各种工程建设所必需的高程控制点。三、四等水准点的高程一般是从国家一、二等水准点引测的，若测区内或附近没有国家一、二等水准点，也可以建立独立的首级高程控制网，这样起算点的高程采用假设高程，并且首级高程控制网应布设成闭合水准路线形式。三、四等水准点应选在土质坚硬、便于长期保存和使用的地方，并埋设水准标石。四等水准点也可以用埋石的平面控制点作为水准点，即平面控制点和高程控制点共用；为了便于日后寻找，各水准点应绘制“点之记”。

（一）观测方法

三、四等水准测量通常用 DS_3 级水准仪和双面水准尺，双面水准尺两根标尺黑面的尺底数均为 0，红面的底数一根为 4.687，另一根为 4.787（有的红面底数为 4.487 和 4.587），两根尺红面相差 0.1 m，且两根标尺应成对使用。下面介绍双面尺法的观测步骤。

1. 四等水准测量

视线长度不超过 100 m，每一测站上，按照下列顺序观测：

（1）后视水准尺的黑面，读下丝、上丝和中丝读数填入表 6.11 中（1）、（2）、（3）。

（2）后视水准尺的红面，读中丝读数填入表中（4）。

（3）前视水准尺的黑面，读下丝、上丝和中丝读数填入表中（5）、（6）（7）。

（4）前视水准尺的红面，读中丝读数填入表中（8）。

共计 8 个读数，这样的观测顺序称为后—后—前—前，在后视和前视读数时，均先读黑面再读红面，读黑面时读三丝读数，读红面时只读中丝读数。

表 6.11　四等水准测量记录（双面尺法）

日期：　　天气：　　仪器型号：　　观测：　　记录：

测站编号	测点编号	后尺 下丝 上丝 后视距 视距差 d	前尺 下丝 上丝 前视距 $\sum d$	方向及尺号	水准尺读数（m） 黑面	水准尺读数（m） 红面	K+黑−红（mm）	平均高差（m）	备注
		(1) (2) (9) (11)	(5) (6) (10) (12)	后 前 后—前	(3) (7) (15)	(4) (8) (16)	(13) (14) (17)	(18)	K_1 K_2
1	BM_1 | Z_1	1.891 1.525 36.6 −0.2	0.758 0.390 36.8 −0.2	后 前 后—前	1.708 0.574 +1.134	6.395 5.361 +1.034	0 0 0	+1.134 0	K_1=4.687 K_2=4.787
2	Z_1 | Z_2	2.746 2.313 43.3 −0.9	0.867 0.425 44.2 −1.1	后 前 后—前	2.530 0.646 +1.884	7.319 5.333 +1.986	−2 0 −2	+1.885 0	K_1=4.787 K_2=4.687
3	Z_2 | Z_3	2.043 1.502 54.1 +1.0	0.849 0.318 53.1 −0.1	后 前 后—前	1.773 0.584 +1.189	6.459 5.372 +1.087	+1 −1 +2	+1.188 0	K_1=4.687 K_2=4.787
4	Z_3 | BM_2	1.167 0.655 51.2 −1.0	1.677 1.155 52.2 −1.1	后 前 后—前	0.911 1.416 −0.505	5.696 6.102 −0.406	+2 +1 +1	−0.505 5	K_1=4.787 K_2=4.687

计算与检核：

$\sum(9)=185.2$

$-\sum(10)=186.3$

-1.1

末站(12) = −1.1（核）

总视距 $=\sum(9)+\sum(10)=371.5$

总高差 $=\sum(18)=+3.701\ 5$

总高差 $=\frac{1}{2}\left[\sum(15)+\sum(16)\right]=+3.701\ 5$

总高差 $=\frac{1}{2}\left\{\sum\left[(3)+(4)\right]-\sum\left[(7)+(8)\right]\right\}$

$=\frac{1}{2}(32.791-25.388)=+3.701\ 5$

2. 三等水准测量

视线长度不超过 75 m。观测顺序为：

（1）后视水准尺的黑面，读下丝、上丝和中丝读数。

（2）前视水准尺的黑面，读下丝、上丝和中丝读数。

（3）前视水准尺的红面，读中丝读数。

（4）后视水准尺的红面，读中丝读数。

此观测顺序简称为后—前—前—后。

（二）计算与检核

1. 测站计算与检核

（1）视距计算。

后视距离：$(9)=|(1)-(2)|\times 100$

前视距离：$(10)=|(5)-(6)|\times 100$

后视距离和前视距离为绝对值的计算。

前后视距差：$(11)=(9)-(10)$，对于四等水准测量，前后视距差不得超过±5 m；对于三等水准测量，不得超过±3 m。

前后视距累积差：(12)＝上站的（12）+本站的（11），对于四等水准测量，前后视距累积差不得超过±10 m；对于三等水准测量，不得超过±6 m。

（2）同一水准尺黑、红面中丝读数的检核。

同一水准尺黑面中丝读数加红面常数 K（4.687 或 4.787），减去红面中丝读数，理论上应为零。但由于误差的影响，一般不为零。同一水准尺红、黑面中丝读数之差为：

$$(13)=(3)+K_1-(4)$$

$$(14)=(7)+K_2-(8)$$

（13）、（14）的大小：对于四等水准测量，不得超过±3 mm；对于三等水准测量，不得超过±2 mm。

（3）高差的计算和检核。

黑面所测高差：$(15)=(3)-(7)$

红面所测高差：$(16)=(4)-(8)$

黑红面所测高差之差为：

$$(17)=(15)-[(16)\pm 0.100]=(13)-(14)\text{（检核用）}$$

（17）值的大小：在四等水准测量中不得超过±5 mm；对于三等水准测量，不得超过±3 mm。±0.100 为两根水准尺红面常数之差。

（4）计算平均高差。

当检核符合要求后，取黑、红面高差的平均值作为该站的高差，即：

$$(18)=\frac{1}{2}\{(15)+[(16)\pm 0.100]\}$$

2. 每页计算与检核

在记录簿每页末或每一测段完成后，应作下列检核：

（1）视距计算与检核。

后视距离总和减去前视距离总和应等于末站视距累积差，即：

$$\text{末站的}\,(12)=\sum(9)-\sum(10)\quad\text{（检核）}$$

检核无误后，算出总视距：

$$D=\sum(9)+\sum(10)$$

（2）高差计算与检核。

红、黑面后视总和减红、黑面前视总和应等于红、黑面高差总和，还应等于平均高差总和的 2 倍。即高差：

$$h=\frac{1}{2}\{\sum[(3)+\sum(4)]-\sum[(7)+(8)]\}=\frac{1}{2}\{\sum(15)+\sum(16)\}=\sum(18)$$

上式适用于测站数为偶数。若测站数为奇数，采用下式：

$$h=\frac{1}{2}\{\sum(15)+\sum[(16)\pm 0.100]\}=\sum(18)$$

用双面尺法进行三、四等水准测量的记录、计算与检核实例见表 6.11。

3. 水准点高程计算

测量成果经检核无误后，可按照第一章水准测量成果计算方法来计算水准点的高程。

对于四等水准测量，若没有双面水准尺，也可采用单面水准尺，用改变仪器高法进行。在每一测站上需变动仪器高度 0.1 m 以上。变更仪器高前，读下、上、中丝读数，变更仪器高后，只读中丝读数，观测顺序为后—前，变动仪器高后为前—后。并且将上述记录表中黑、红面中丝读数改为第一次读数和变动仪器高后第二次读数，(13)、(14) 两项不必计算，变动仪器高所测得的两次高差之差不得超过 5 mm。

应注意的是，《工程测量规范》规定，各等级水准网（指一、二、三、四等水准网）应按最小二乘法平差进行成果计算。而第一章介绍的水准测量成果计算方法，是一种近似平差方法，适用于等外水准测量的成果计算。由于本书没有介绍严密平差方法，所以三、四等水准测量成果处理的方法已经超出了本书的范围，如果需要，可以使用专用测量平差软件进行成果计算。

三、三角高程测量

由上看出，用水准测量方法测量控制点高程，虽然精度高，但在地形起伏大的地区或山区施测比较困难，另外受视线长度限制，测量速度较慢，可采用三角高程测量的方法。

三角高程测量是根据两点间的水平距离或斜距和竖直角通过三角公式计算来获得两点间的高差，再求出待定点高程，可用经纬仪或测距仪、全站仪，测量出两点间的水平距离或斜距、竖直角。

（一）三角高程测量的计算公式

如图 6.25 所示，已知 A 点高程为 H_A，求 B 点高程 H_B，可通过测量 A、B 两点高差 h_{AB}，计算 H_B。在 A 点安置经纬仪，在 B 点竖立觇标，用望远镜中丝瞄准觇标的顶点，测出竖直角 α_A，并分别量取仪器横轴到桩顶的高度 i_A（仪器高）和觇高程 v_B，观测平距 D_{AB}（或斜距 S_{AB}）即可测定地面点 A、B 之间的高差 h_{AB}。

由图 6.25 可知：

$$h_{AB}=D_{AB}\tan\alpha_A+i_A-v_B \tag{6.37}$$

故 B 点的高程为:

$$H_B=H_A+h_{AB}=H_A+D_{AB}\tan\alpha_A+i_A-v_B \tag{6.38}$$

式（6.37）基于两个假定：一是假定视线在空间是一条严格的直线，二是假定 A、B 点之间的水准面可以用水平面代替。这两个假定在精度要求不高、距离较短时是成立的，因而式(6.37）仅适用于短距离三角高程测量。当 A、B 点之间的距离较长时，进行三角高程测量必须考虑地球曲率和大气折光的影响。

地球曲率和大气折光对三角高程测量的影响，如图 6.26 所示。C 为仪器横轴中心，过 A 点的水准面、过 C 点的水准面、过 C 点的水平面分别交觇标垂直延长线于 G、N、N' 点，显然 NN' 即为地球曲率引起的高差误差 p（简称球差）；图中 CM' 为视线未受大气折光影响时的方向线，CM 为经过大气折光影响的方向线，显然 MM' 即为大气折光引起的误差 r（简称气差）。

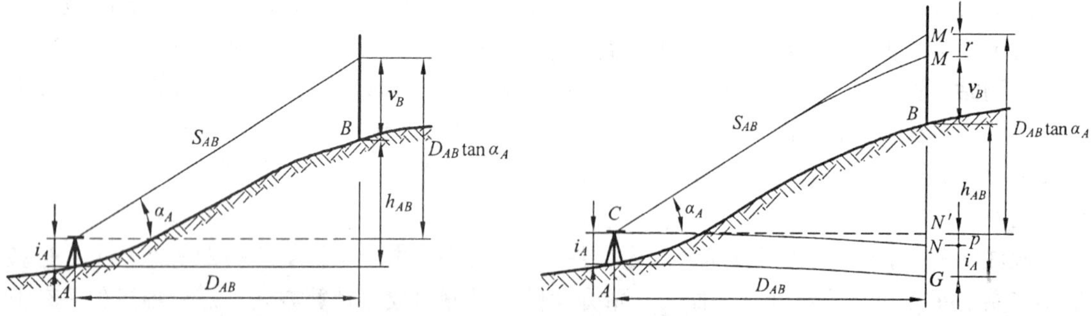

图 6.25　三角高程测量原理　　图 6.26　地球曲率和大气折光对三角高程的影响

根据（1.22）式可知，$p=\dfrac{D_{AB}^2}{2R}$，$r=K\dfrac{D_{AB}^2}{2R}=\dfrac{D_{AB}^2}{14R}$。

大气折光系数的大小与测点的地理位置、视线高度、地面植被情况、季节、大气温度和湿度等有关，很难精确确定，通常是根据所在地区的观测条件取一平均折光系数值。一般把折光曲线近似看成半径为 R'（$R'=7R$）的圆弧，则 $r=\dfrac{D_{AB}^2}{2R'}=0.07\dfrac{D_{AB}^2}{R}$。

由图 6.26 可见，在考虑地球曲率和大气折光的影响后，A、B 两点的高差为:

$$h_{AB}=D_{AB}\tan\alpha_A+p+i_A-r-v_B$$

或

$$h_{AB}=D_{AB}\tan\alpha_A+i_A-v_B+f \tag{6.39}$$

式中，$f=0.43\dfrac{D_{AB}^2}{R}$，$f$ 简称球气差改正。

若观测斜距为 S_{AB}，则高差 h_{AB} 为:

$$h_{AB}=S_{AB}\cdot\sin\alpha_A+i_A-v_B+f \tag{6.40}$$

三角高程测量一般进行往返观测，即由已知点 A 向 B 观测（称为直觇），再由待求点 B 向已知点 A 观测（称为反觇），这样的观测称为双向观测或对向观测。

如果进行对向观测，则由 B 向 A 观测时可得:

$$h_{BA} = D_{AB} \tan \alpha_B + i_B - v_A + f \tag{6.41}$$

取双向观测的平均值得：

$$h_{AB} = \frac{1}{2}(h_{AB} - h_{BA}) \tag{6.42}$$

从理论上可知采用对向观测可以抵消球气差的影响，但折光系数的大小与测点的地理位置、视线高度、地面植被情况、季节、大气温度和湿度等有关，很难精确确定，即使在同一条边上往返观测，因时间地点不同，K 值不可能完全相同，事实上不能完全抵消球气差。

（二）三角高程测量的观测与计算

1. 三角高程测量技术要求

小地区三角高程控制测量，一般可分为四等、五等和图根三角高程测量，其主要技术要求见表 6.12。

表 6.12　电磁波测距三角高程测量的主要技术要求

等级	仪器	边长（km）	竖直角测回数（中丝法）	指标差较差（″）	竖直角较差（″）	对向观测高差较差（mm）	附和或环线闭合差（mm）
四等	DJ_2	≤1	3	7	7	$40\sqrt{D}$	$20\sqrt{\sum D}$
五等	DJ_2	≤1	2	10	10	$60\sqrt{D}$	$30\sqrt{\sum D}$
图根	DJ_6	—	2	25	25	$80\sqrt{D}$	$40\sqrt{\sum D}$

注：D 为电磁波测距边的长度，单位为 km。

2. 三角高程测量的观测

（1）在测站上安置仪器，在目标点上安置觇标，量取仪器高和觇标高，读数至 mm。

（2）用经纬仪或测距仪采用测回法观测竖直角 α，测定斜距或平距，测回数应根据要求确定。

需要指出的是：对向观测最好同时进行，这样可以最好地消除大气折光的影响；如不能同时进行，应选在大气稳定的条件下进行。

3. 三角高程测量的计算

根据（6.39）式或（6.41）、(6.42）式进行三角高程测量计算，一般在表格中进行。

随着光电测距仪和全站仪的广泛应用，目前利用光电测距进行三角高程测量已经相当普遍。试验表明，光电测距三角高程测量的精度可以达到三、四等水准测量的要求。

思考题与习题

1. 控制测量的作用是什么？说明小区域内平面控制网的布设方法。
2. 导线的布设形式有哪几种？布设导线时应注意哪些问题？
3. 小区域高程控制的方法有哪些？各在什么情况下采用？

4. 导线计算的目的是什么？说明导线内业计算的步骤和内容。

5. 闭合导线和附合导线的计算有哪些不同？

6. 三、四等水准测量的观测程序如何？四等水准测量的主要技术要求有哪些？

7. 说明导线外业测量的步骤。

8. 怎样衡量导线测量的精度？导线闭合差是如何规定的？

9. 已知 A 点坐标为（1 645.49，1 073.79），B 点坐标为（2 003.45，1 339.18），计算 AB 的坐标方位角及边长。

10. 如图所示，已知 AB 边的坐标方位角为 $\alpha_{AB}=149°40'00''$，又测得 $\angle 1=168°03'14''$、$\angle 2=145°20'38''$，BC 边长为 236.02 m，CD 边长为 189.11 m，且已知 B 点的坐标为 $x_B=5\ 806.00$ m、$y_B=9\ 785.00$ m，求 C、D 两点的坐标。

11. 如图所示的闭合导线，已知 12 边的坐标方位角 $\alpha_{12}=46°57'02''$，1 点的坐标为 $x_1=540.38$ m、$y_1=1\ 236.70$ m，外业观测边长和角度资料如图示，计算闭合导线各点的坐标。

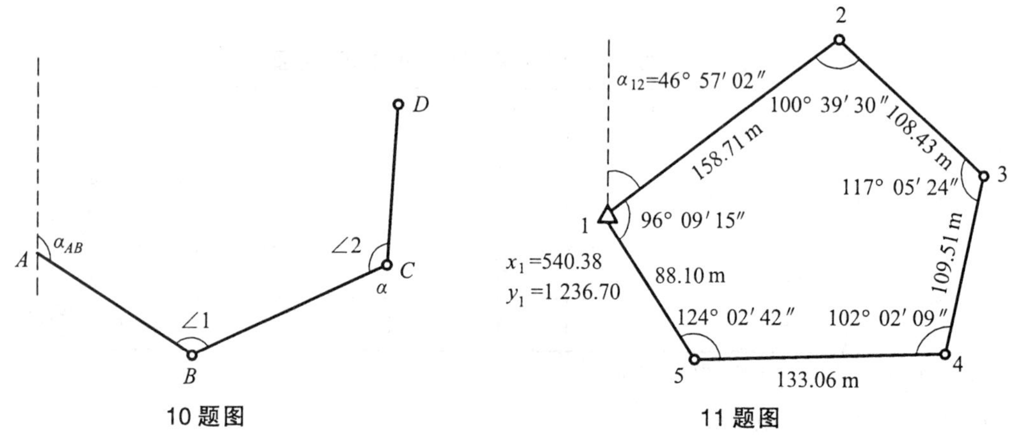

10 题图　　　　11 题图

12. 已知闭合导线的数据如表 6.13 所示，计算各导线点的坐标（按图根导线要求）并画出示意图。

表 6.13　闭合导线的已知数据

点号	右角观测值	方位角	边长（m）	坐标值（m）		点号
				x	y	
1	2	3	4	5	6	7
1				1 000.00	1 000.00	1
		87°19′30″	199.36			
2	128°39′34″					2
			150.23			
3	85°12′33″					3
			183.45			
4	124°18′54″					4
			105.42			
5	125°15′46″					5
			185.26			
1	76°34′13″					1
2						

13. 如图所示的附合导线，已知起、终边的坐标方位角 $\alpha_{AB}=45°00'00''$、$\alpha_{CD}=283°51'33''$，

B、C 两点的坐标分别为 $x_B = 864.22$ m、$y_B = 413.35$ m，$x_C = 970.21$ m、$y_C = 986.42$ m。外业观测的边长和角度资料如图示，计算附合导线 1、2、3 点的坐标。

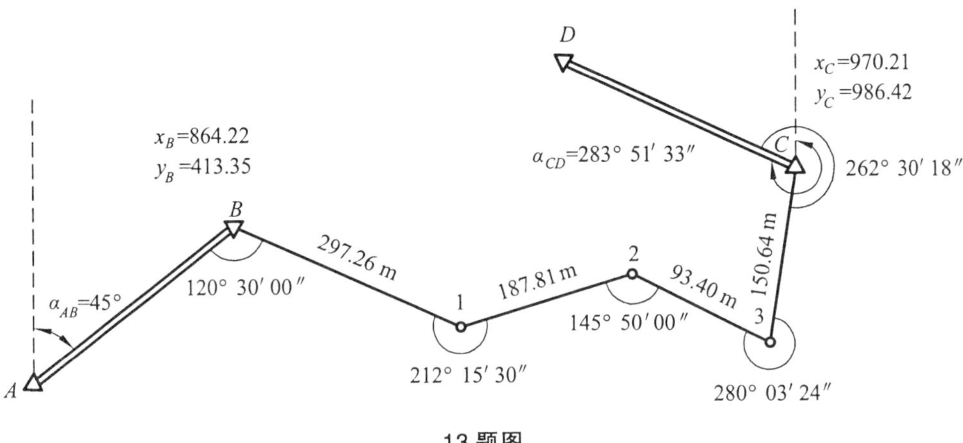

13 题图

14. 附合导线的已知数据及观测数据如表 6.14 所示，试计算导线点 1、2 的坐标（按图根导线要求）并画出示意图。

表 6.14　附合导线的已知数据

点号	观测右角（°　′　″）	边长（m）	坐标（m）	
			x	y
B			619.60	4 347.01
A	102　29　00		278.45	1 281.45
		607.31		
1	190　12　00			
		381.46		
2	180　48　00			
		485.26		
C	79　13　00		1 607.99	658.68
D			2 302.37	2 670.87

15. 用前方交会测定 P 点的位置，如图所示。已知点 A、B 的坐标及观测的交会角如图中所示，计算 P 点的坐标。

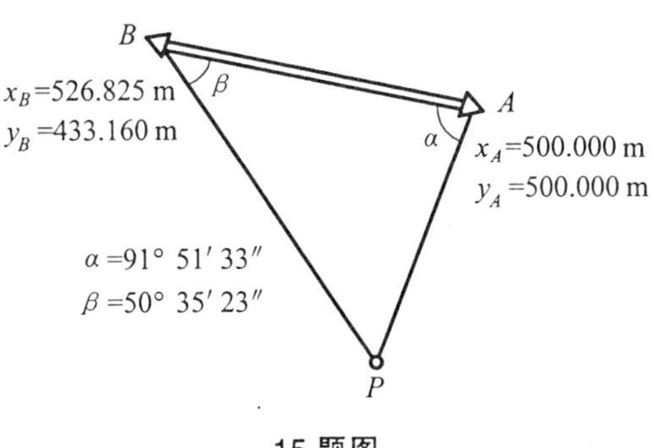

15 题图

第七章　GPS 卫星定位测量

第一节　概　述

一、GPS 全球定位系统及 GPS 定位测量的优点

GPS 是全球定位系统（Global Positioning System）的英文缩写，它是美国国防部主要为满足军事部门对海上、陆地和空中设施进行高精度导航和定位的要求而建立的。该系统自 1973 年开始设计、研制，历时 20 年，于 1993 年全部建成。

GPS 是目前世界上最先进、最完善的卫星导航与定位系统，它不仅具有全球性，全天候、实时精密三维导航与定位能力，而且具有良好的抗干扰性和保密性，因此引起世界各国军事部门和广大民用部门的普遍关注。由于 GPS 定位技术的高度自动化及其所达到的高精度和具有的潜力，引起了测绘界的高度重视。尤其是在近些年来，GPS 定位技术在应用基础的研究、新应用领域的开拓、软件和硬件的开发等方面都得到了迅速发展。广泛的科学试验活动也为这一新技术的应用展现了极为广阔的前景。

目前，GPS 精密定位技术已广泛地应用到经济建设和科学技术的许多领域，特别是在大地测量学及其相关学科领域，如地球动力学、海洋大地测量学、地球物理勘探、资源勘察、航空与卫星遥感、工程测量等方面的广泛应用，充分地显示了这一卫星定位技术的高精度和高效益。

近年来，GPS 精密定位技术已在我国得到了广泛应用。在大地测量、工程测量与变形监测、资源勘察及地壳运动监测等诸多方面都取得了良好效果和成功经验，充分地证明了 GPS 精密定位技术的优越性和巨大潜力。在 21 世纪，GPS 导航与定位技术将会获得进一步的发展，应用将更为广泛，效益会更为显著，并将为我国经济建设、国防建设的发展和科学技术的进步发挥更大的作用。

GPS 卫星定位技术与常规测量方法相比，具有以下优点：

（1）GPS 点之间不要求相互通视，对 GPS 网的几何圆形也没有严格要求，因而使 GPS 点位的选择更为灵活，可以自由地布设。

（2）定位精度高。目前采用载波相位进行相对定位，精度可达 1 ppm。

（3）观测速度快。目前利用静态定位方法，完成一条基线的相对定位所需要的观测时间，根据要求的精度不同，一般为 1～3 h。如果采用快速静态相对定位技术，观测时间可缩短至数分钟。

（4）功能齐全。GPS 测量可同时测定测点的平面位置和高程。采用实时动态测量还可进行施工放样。

（5）操作简便。GPS 测量的自动化程度极高，作业员在观测中只需安置和开启、关闭仪器、量取天线高度、监视仪器的工作状态及采集环境的气象数据，而其他如捕获、跟踪观测

卫星和记录观测数据等一系列测量工作均由仪器自动完成。

(6) 全天候、全球性作业。由于 GPS 卫星有 24 颗且分布合理，在地球上任何地点、任何时刻均可连续同步观测到 4 颗以上卫星，因此在任何地点、任何时间均可进行 GPS 测量。GPS 测量一般不受天气状况的影响。

除了美国 GPS 系统外，目前，运行或在建的卫星定位系统还有俄罗斯的 Glonass 系统、欧洲伽利略系统和中国北斗系统。

2000 年，我国成功发射“北斗一号”两颗工作卫星，2003 年又发射了第三颗“北斗一号”卫星作为备用星，建成了区域性的双星导航系统“北斗一代”。2007 年和 2009 年我国又成功发射了两颗导航卫星，开始组建与 GPS 功能相同的“北斗二代”系统。由此我国成为世界上继美国、俄罗斯之后第三个拥有卫星导航系统的国家。

第二节　GPS 系统的组成

GPS 系统由三部分组成，即空间星座部分、地面监控部分和用户设备部分。

一、空间星座部分

GPS 空间星座部分由 24 颗卫星组成，其中 21 颗工作卫星、3 颗备用卫星。卫星分布在 6 个轨道面上，每个轨道面上有 4 颗卫星，如图 7.1 所示。卫星轨道面相对地球赤道面的倾角约为 55°，各个轨道平面之间交角为 60°，同一轨道上各卫星之间交角为 90°。轨道平均高度约为 20 200 km，卫星的运行周期为 11 h 58 min，因而在同一观测站上，每天出现的卫星分布图形相同，只是每天提前约 4 min。每颗卫星每天约有 5 h 位于地平线以上，同时位于地平线以上的卫星数目，随时间和地点而不同，最少为 4 颗，最多可达 11 颗。GPS 卫星的上述时空配置，保证在地球上任何地点、任何时刻均至少可以同时观测到 4 颗卫星，因而满足了精密导航和定位的需要。

3 颗备用卫星的作用，是在必要时根据指令代替发生故障的卫星，以保障 GPS 空间部分正常而高效地工作。

GPS 卫星如图 7.2 所示，其主体呈圆柱形，直径约 1.5 m，质量约 774 kg(其中包括 310 kg 燃料)，两侧各设有两块双叶太阳能电池板，能自动对日定向，以保证卫星正常工作用电。每颗 GPS 卫星上装有 4 台高精度原子钟，其中两台为铷钟，两台为铯钟。原子钟为 GPS 定位提供高精度的时间标准。

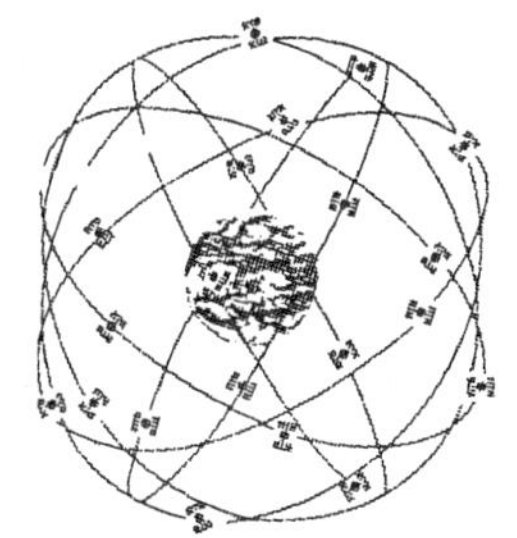
图 7.1　GPS 卫星分布

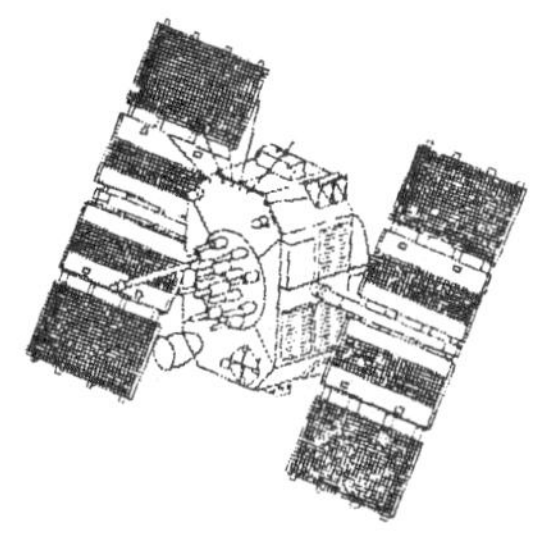
图 7.2　GPS 卫星

GPS 卫星的基本功能是:

(1) 接收并储存由地面监控站发送出来的导航信息，执行监控站的控制指令。

(2) 向 GPS 用户发送导航电文，提供导航和定位信息。

(3) 通过高精度的铷钟和铯钟，为用户提供精密的时间标准。

(4) 根据地面监控站的指令，调整卫星的姿态和启用备用卫星。

(5) 利用卫星上设有的微处理机，进行一些必要的数据处理工作。

二、地面监控部分

GPS 地面监控部分，目前由 5 个地面站组成，其中包括主控站、信息注入站和监测站。

主控站设在美国本土科罗拉多（Colorado Springs)。主控站除协调和管理所有地面监控系统的工作外，其主要任务还有:

(1) 根据本站和其他监测站提供的所有观测资料，推算编制各卫星的星历、卫星钟差和大气层的修正参数等，并把这些数据传送到注入站。

(2) 提供全球定位系统的时间基准。各监测站和 GPS 卫星的原子钟，均应与主控站的原子钟同步，或测出其间的钟差，并把这些钟差信息编入导航电文送到注入站。

(3) 调整偏离轨道的卫星，使之沿预定的轨道运行。

(4) 启用备用卫星以代替失效的工作卫星。

注入站现有 3 个，分别设在印度洋的迭哥加西亚（Diego Garcia)、南大西洋的阿松森岛（Ascencion）和南太平洋的卡瓦加兰（Kwajalein)，如图 7.3 所示。注入站的主要设备，包括一台直径为 3.6 m 的天线，一台 C 波段发射机和一台计算机。其主要任务是在主控站的控制下，将主控站推算和编制的卫星星历、钟差、导航电文和其他控制指令等注入到相应卫星的存储系统，并监测注入信息的正确性。

图 7.3 地面监控系统分布图

监测站现有 5 个，主控站和注入站兼作监测站，另外一个设在夏威夷（见图 7.3)。站内设有双频 GPS 接收机、高精度原子钟、计算机各一台和若干台环境数据传感器。接收机可对

GPS 卫星进行连续观测，以采集数据和监测卫星的工作状况。原子钟提供时间标准，而环境传感器收集有关当地的气象数据。所有观测资料由计算机进行处理，并存储和传送到主控站，为主控站编算导航电文提供观测数据。

整个 GPS 的地面监控部分，除主控站外均无人值守。各站间用现代化的通讯网络联系起来，在原子钟和计算机的驱动和精确控制下，各项工作均已实现了高度的自动化和标准化。

三、用户设备部分

全球定位系统的空间星座部分和地面监控部分，是用户应用该系统进行定位的基础，而用户只有通过用户设备，才能实现应用 GPS 定位的目的，如图 7.4 所示，为我国南方测绘公司生产的 NGS9600 测地型单频静态 GPS 接收机。

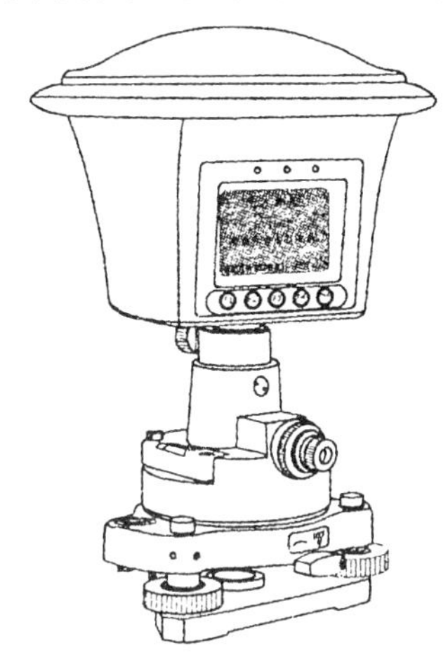

图 7.4　9600 静态 GPS 接收机

GPS 的用户设备部分由 GPS 接收机硬件、相应的数据处理软件和微处理机及其终端设备组成。GPS 接收机硬件包括接收机主机、天线和电源。它的主要功能是接收 GPS 卫星发射的信号，以获得必要的导航和定位信息及观测量，并经简单数据处理而实现实时导航和定位。GPS 软件是指各种后处理软件包，它通常由厂家提供，其主要作用是对观测数据进行加工，以便获得精密定位结果。

GPS 接收机的类型，一般可分为导航型、测量型和授时型三类。测量中使用的 GPS 接收机一般为测量型。

第三节　GPS 测量的作业模式

近几年来，随着 GPS 定位后处理软件的发展，为确定两点之间的基线向量，已有多种测量方案可供选择。这些不同的测量方案，也称为 GPS 测量的作业模式。目前，在 GPS 接收系统硬件和软件的支持下，较为普遍采用的作业模式主要有静态相对定位、快速静态相对定位、准动态相对定位、动态相对定位以及往返式重复设站等。下面就这些作业模式的特点及其适用范围作简要介绍。

一、静态相对定位

1. 作业方法

采用两台（或两台以上）接收设备，分别安置在一条或数条基线的两个端点，同步观测 4 颗以上卫星，每时段长 45 min 至 2 h 或更多。作业布置如图 7.5 所示。

2. 精　度

基线的定位精度可达 $5\ \text{mm}+1\times10^{-6}\cdot D$，$D$ 为基线长度（km）。

3. 适用范围

建立全球性或国家级大地控制网，建立地壳运动监测网、建立长距离检校基线、进行岛屿与大陆联测、钻井定位及精密工程控制网建立等。

4. 注意事项

所有已观测基线应组成一系列封闭图形（见图 7.5），以利于外业检核，提高成果可靠度。并且可以通过平差，有助于进一步提高定位精度。

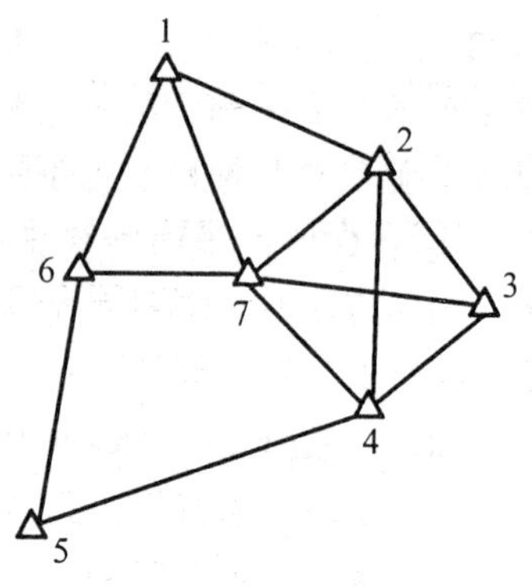

图 7.5 静态定位

二、快速静态相对定位

1. 作业方法

在测区中部选择一个基准站，并安置一台接收设备连续跟踪所有可见卫星；另一台接收机依次到各点流动设站，每点观测数分钟。作业布置如图 7.6 所示。

2. 精　度

流动站相对于基准站的基线中误差为 5 mm＋$1\times10^{-6}\cdot D$。

3. 应用范围

控制网的建立及其加密、工程测量、地籍测量、大批相距百米左右的点位定位。

4. 注意事项

在观测时段内应确保有 5 颗以上卫星可供观测；流动点与基准点相距应不超过 20 km；流动站上的接收机在转移时，不必保持对所测卫星连续跟踪，可关闭电源以降低能耗。

5. 优缺点

优点：作业速度快、精度高、能耗低；缺点：两台接收机工作时，构不成闭合图形（见图 7.7），可靠性较差。

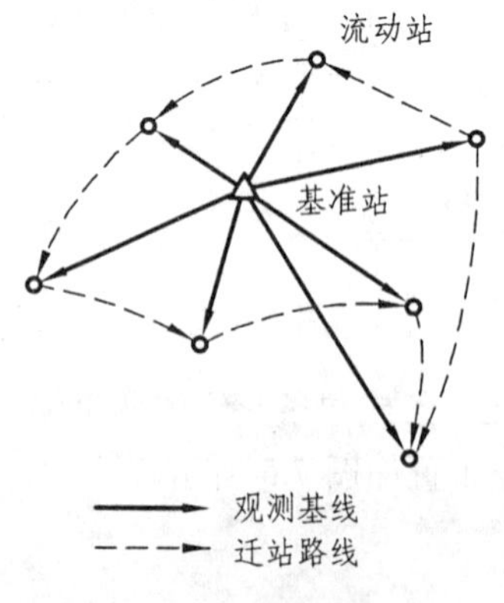

图 7.6 快速静态定位

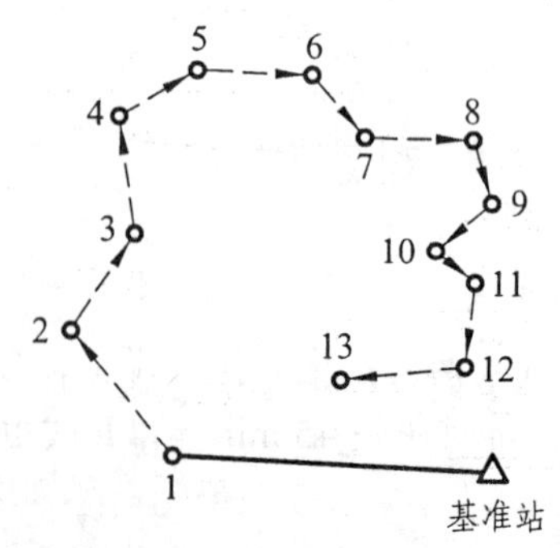

图 7.7 准动态定位

三、准动态相对定位

1. 作业方法

在测区选择一个基准点，安置接收机连续跟踪所有可见卫星；将另一台流动接收机先置于 1 号站（见图 7.8）观测；在保持对所测卫星连续跟踪而不失锁的情况下，将流动接收机分别在 2，3，4…各点观测数秒钟。

2. 精　度

基线的中误差约为 1～2 cm。

3. 应用范围

开阔地区的加密控制测量、工程定位及碎部测量、剖面测量及线路测量等。

4. 注意事项

应确保在观测时段上有 5 颗以上卫星可供观测；流动点与基准点距离不超过 20 km；观测过程中流动接收机不能失锁，否则应在失锁的流动点上延长观测时间 1～2 min。

四、动态定位

1. 作业方法

建立一个基准点安置接收机连续跟踪所有可见卫星（见图 7.8）；流动接收机先在出发点上静态观测数分钟；然后流动接收机从出发点开始连续运动；按指定的时间间隔自动测定运动载体的实时位置。

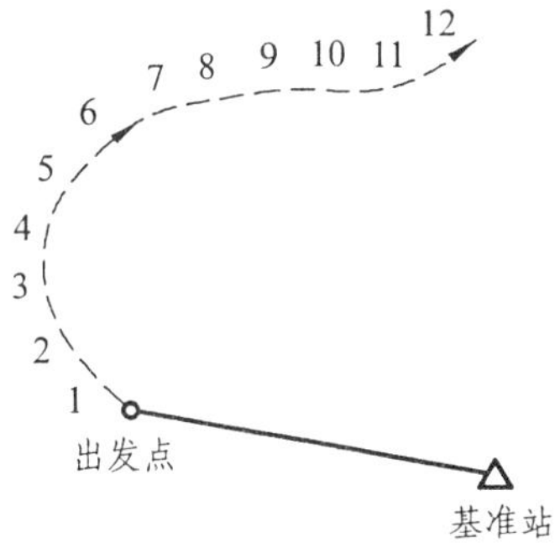

图 7.8　动态定位

2. 精　度

相对于基准点的瞬时点位精度 1～2 cm。

3. 应用范围

精密测定运动目标的轨迹、测定道路的中心线、剖面测量、航道测量等。

4. 注意事项

需同步观测 5 颗卫星，其中至少 4 颗卫星要连续跟踪；流动点与基准点相距不超过 20 km。

五、往返式重复设站

1. 作业方法

建立一个基准点安置接收机连续跟踪所有可见卫星；流动接收机依次到每点观测 1～2 min；1 h 后逆序返测各流动点 1～2 min。设站布置如图 7.9 所示。

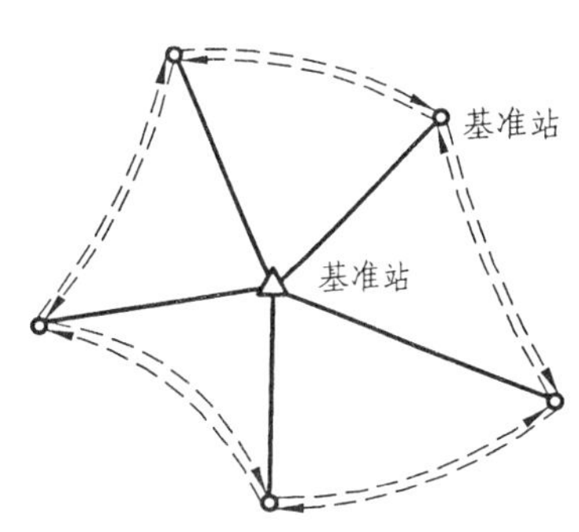

图 7.9　往返式重复设站

2. 精 度

相对于基准点的基线中误差为 5 mm＋$1\times10^{-6}\cdot D$。

3. 应用范围

控制测量及控制网加密、取代导线测量及三角测量、工程测量及地籍测量等。

4. 注意事项

流动点与基准点相距不超过 20 km；基准点上空开阔，能正常跟踪 3 颗以上的卫星。

第四节　GPS 实时动态测量

实时动态（Real Time Kinematic，RTK）定位技术，是 GPS 测量技术与数据传输技术相结合的产物，是 GPS 测量技术发展中的一个新的突破。

在未出现 RTK 测量技术之前，GPS 定位测量已有许多成熟的方法，如静态测量、快速静态测量、准动态测量以及动态测量等。其中有的可以达到很高精度，如静态测量的精度可达厘米级甚至毫米级。但是，它们的定位结果毫无例外地需要通过观测数据的测后处理才能获得。

由于观测数据需在测后处理，这样不仅无法实时地给出观测站点的定位结果，而且也无法对观测数据的质量进行实时检核。因而就难以避免在数据后处理中发现观测成果不合格，需要进行返工重测的情况。为了避免这种情况发生，过去采取的措施主要是延长观测时间，以获取大量的多余观测量，用以保障测量结果的可靠性。但是，这就显著降低了 GPS 测量的工作效率。

采用 RTK 定位技术，可实时计算定位结果。通过实时定位结果，便可监测观测成果的质量和解算结果的收敛情况，从而能实时地判定解算结果是否成功，以减少冗余观测，缩短观测时间。

此外，由于实时动态测量具有实时性，因而克服了 GPS 测量的局限性，不仅可以进行各种控制测量工作，而且可以进行施工放样。

一、实时 GPS 动态测量的特点

（1）实时动态测量保留了所有经典的 GPS 测量功能，如静态测量、快速静态测量等。观测数据也可以采用测后处理的方式。由于静态测量后处理的方式，目前仍是高精度控制测量最理想的方法，因此允许在实时动态环境下进行静态定位的多种功能选择，有效地保证了测量成果的可靠性和精度水平。而由于测后处理定位和实时定位可以同时进行，就能做到彼此互补，发挥各自特长。

（2）经典的 GPS 测量不具备实时性，因此不能用来放样。放样工作还得配备传统的测量仪器，采用传统的测量方法。实时动态测量弥补了这一缺陷，放样精度可达厘米级。

(3) 在实时动态测量中，尽管整周未知数初始化时间的长短，会受跟踪观测卫星数量、几何图形强度、多路径效应、电离层扰动等诸多因素影响，但目前已可在数分钟内完成。如果遇到障碍物（如通过丛林地带、穿过桥下）失锁，也能在重新捕获到卫星后数分钟内重新完成初始化，继续测量。

(4) 由于实时动态测量成果是在野外作业时实时提供的，所以能在现场及时对观测质量进行检核，避免外业出现返工。如整周未知数初始化情况及流动站点位精度等信息，均可在作业现场获得。

(5) 在能够接收到 GPS 卫星信号的任何地点，全天均可进行实时动态测量和放样。

(6) 在完成基准站的设置后，整个系统只需一人持流动站接收设备进行操作。也可几个流动站利用同一基准站的观测信息，各自独立开展工作。

目前，实时动态测量已在约为 20 km 的范围内获得成功应用，随着数据传输设备性能的不断提高和完善，数据处理软件功能的增强，其应用范围将会不断扩大。

二、坐标转换

由于 GPS 定位成果属于 WGS-84 协议地心坐标系，而我国使用的是国家大地坐标系，因此 GPS 成果的坐标转换是必要的。

为了计算出测区内 WGS-84 坐标系与测区坐标系的坐标转换参数，要求至少有两个及以上的 GPS 控制网点与测区坐标系的已知控制网点重合。坐标转换计算通常由 GPS 附带的数据软件自动完成。

三、实时 GPS 测量在铁路、公路建设中的应用

GPS 测量具有高精度、高效率的优点，在控制测量领域得到广泛应用。随着 GPS 接收机性能和数据处理技术逐渐完善，GPS 应用领域也不断拓宽。实时 GPS 测量在铁路、公路工程中可以完成多种工作。

1. 绘制大比例尺地形图

高等级公路选线多是在大比例尺（通常是 1∶2 000 或 1∶1 000）带状地形图上进行。用传统方法测图，先要建立控制网，然后进行碎部测量，绘制成大比例尺地形图。其工作量大，速度慢，花费时间长。用实时 GPS 动态测量，在沿线每个碎部点上仅需停留几分钟，即可获得各点坐标，结合输入的点特征编码及属性信息，构成碎部点的数据，在室内即可由绘图软件成图。由于只需要采集碎部点的坐标和输入其属性信息，而且采集速度快，大大降低了测图的难度，既省时又省力。

2. 工程控制测量

用 GPS 建立控制网，最精密的方法应属静态测量。对大型建筑物，如特大桥、隧道、互通式立交等进行控制，宜用静态测量。而一般铁路、公路工程的控制测量，则可采用实时 GPS 动态测量。这种方法在测量过程中能实时获得定位精度。当达到要求的点位精度，

即可停止观测，大大提高了作业效率。由于点与点之间不要求必须通视，使得测量更简便易行。

3. 铁路、公路中线测设

设计人员在大比例尺带状地形图上定线后，需将铁路、公路中线在地面标定出来，采用实时 GPS 测量，只需将中线桩点的坐标输入 GPS 接收机中，系统就会定出放样的点位。由于每个点的测量都是独立完成的，不会产生累积误差，各点放样精度趋于一致。

4. 铁路、公路纵、横断面测量

公路中线确定后，利用中线桩点坐标，通过绘图软件，即可绘出路线纵断面和各桩点的横断面。由于所用数据都是测绘地形图时采集来的，因此不需要再到现场进行纵、横断面测量，从而大大减少了外业工作。如果需要进行现场断面测量时，也可采用实时 GPS 测量。与传统方法相比，在精度、经济、实用各方面都有明显的优势。

5. 施工测量

实时 GPS 系统既有良好的硬件，也有极为丰富的软件可供选择。施工中对点、线、面以及坡度等放样均十分方便、快捷。精度可达厘米级。

6. 变形监测

变形监测网应具有毫米级精度，比一般工程控制网精度高一个数量级。实践表明，如果用较长的观测时间，分几个时段进行观测，并采取强制对中以及观测时天线指北等措施，长度不超过 4 km 的基线向量可达到 2～3 mm 的精度。随着实践和研究的深化，GPS 测量广泛用于变形监测是完全可能的。

第五节　南方测绘灵锐 S82 GPS RTK 操作简介

灵锐 S82 GPS RTK 是南方测绘公司 2005 年 10 月推出的产品，标准配置是一个基准站 11 个移动站，用户可以根据工作需要购买任意一个移动站。如图 7.10 所示，基准站由主机、数传电台、发射天线与电瓶组成。每个移动站的设备为一个主机与一个 JETT 手簿，移动站电台模块放置在主机内，通过主机顶部的数据链天线接发数据，手簿与接收机间通过内置的蓝牙卡进行数据通信。

S82 的主要技术参数为：独立 24 通道，L_1/L_2 双频跟踪信号，静态测量模式的平面精度 5 mm＋1 ppm，高程精度为 10 mm＋2 ppm，静态作用距离≤80 km，静态内存 32 M；RTK 测量模式的平面精度为 2 cm＋1 ppm，高程精度为 5 cm＋1 ppm，数传电台的发射功率为 25/15 W（H/L）。

RTK 由两部分组成：基准站部分和移动站部分。其操作步骤是先启动基准站，后进行移动站操作，详细操作方法请参阅产品说明书。

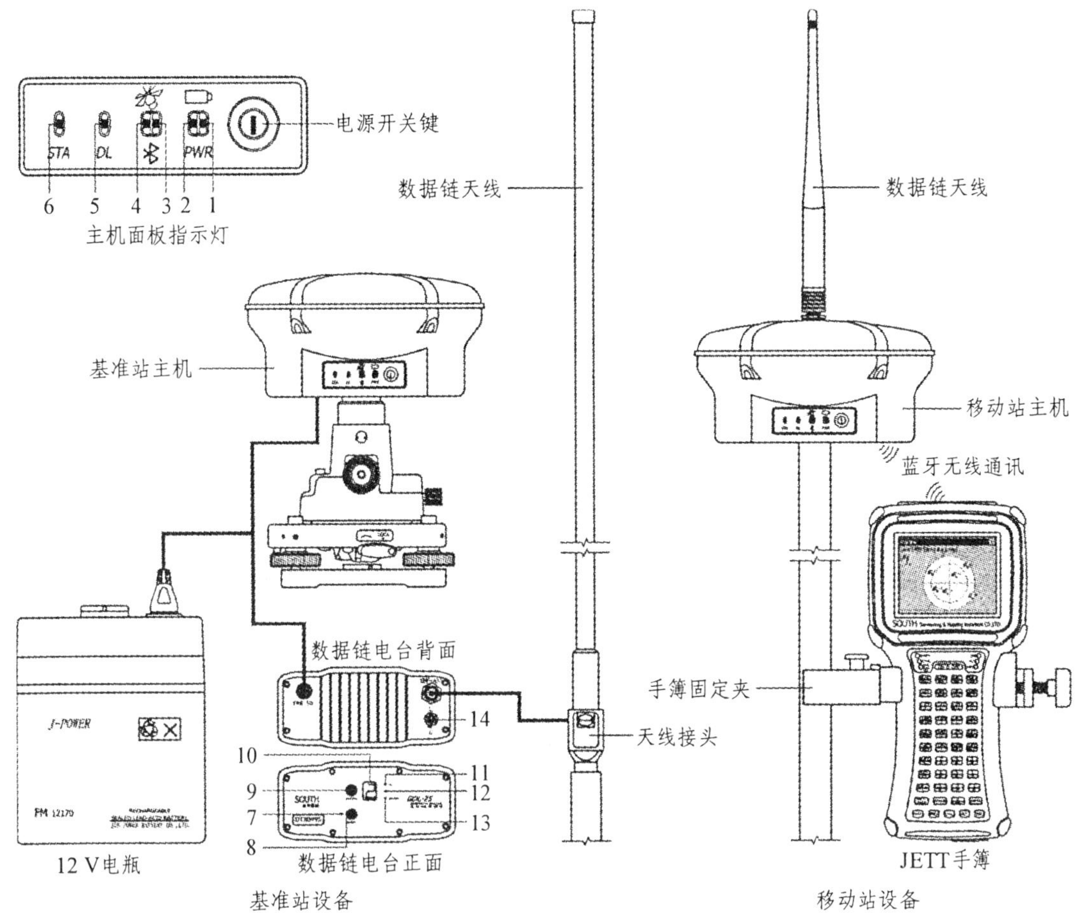

图 7.10 南方测绘灵锐 S82 GPS RTK

1—外接电瓶灯；2—内置电池灯；3—蓝牙灯；4—卫星灯；5—数据链灯；6—静态/GPRS/GSM 灯；
7—数传电台电源灯；8—数传电台开关；9—频道变换按钮；10—频道显示窗；
11—发射数据指示灯；12—接收数据指示灯；13—功率指示灯；
14—电台发射功率切换开关

一、基准站设备

（1）架好脚架于已知点上，对中整平（如架在未知点上，则大致整平即可）。

（2）接好电源线和发射天线电缆。注意电源的正负极正确（红正黑负）。

（3）打开主机和电台，主机开始自动初始化和搜索卫星，当卫星数和卫星质量达到要求后（大约 1 min），主机上的 DK 指示灯开始 5 s 快闪 2 次，同时电台上的 TX 指示灯开始 1 s 闪 1 次。这表明基准站差分信号开始发射，整个基准站部分开始正常工作。

注意：为了让主机能搜索到多数量卫星和高质量卫星，基准站一般应选在周围视野开阔，避免在截止高度角 15° 以内有大型建筑物；为了让基准站差分信号能传播的更远，基准站一般应选在地势较高的位置。

二、移动站设备

（1）将移动站主机接在碳纤对中杆上，并将接收天线接在主机顶部，同时将手簿夹在对中杆的适合位置。

（2）打开主机，主机开始自动初始化和搜索卫星，当达到一定的条件后，主机上的 DL 指示灯开始 1 s 闪 1 次（必须在基准站正常发射差分信号的前提下），表明已经收到基准站差分信号。

（3）打开手簿，启动工程之星软件。工程之星快捷方式一般在手簿的桌面上，如手簿冷启动后则桌面上的快捷方式消失，这时必须在 Flashdisk 中启动原文件（我的电脑→Flashdisk→SETUP→ERTKPro2.0.exe）。

（4）启动软件后，软件一般会自动通过蓝牙和主机连通。如果没连通则首先需要进行设置蓝牙（工具→连接仪器→选中“输入端口：7”→点击“连接”）。

（5）软件在和主机连通后，软件首先会让移动站主机自动去匹配基准站发射时使用的通道。如果自动搜频成功，则软件主界面左上角会有信号在闪动。如果自动搜频不成功，则需要进行电台设置（工具→电台设置→在“切换通道号”后选择与基准站电台相同的通道→点击“切换”）。

（6）在确保蓝牙连通和收到差分信号后，开始新建工程（工程→新建工程），依次按要求填写或选取如下工程信息：工程名称、椭球系名称、投影参数设置、四参数设置（未启用可以不填写）、七参数设置（未启用可以不填写）和高程拟合参数设置（未启用可以不填写），最后确定，工程新建完毕。

（7）进行校正。校正有两种：

方法一：利用控制点坐标库（设置→控制点坐标库）求四参数。

在控制点坐标库界面中点击“增加”，根据提示依次增加控制点的已知坐标和原始坐标，一般至少 2 个控制点，当所有的控制点都输入后且察看确定无误时，单击“保存”，选择参数文件的保存路径并输入文件名，建议将参数文件保存在当前工程下文件名 result 文件夹里面，保存的文件名称以当天的日期命名。完成之后单击“确定”。然后单击“保存成功”小界面右上角的“OK”，四参数已经计算并保存完毕。

方法二：校正向导（工具→校正向导），这时又分为两种模式。

注意：此方法只在此介绍单点校正，一般是在有四参数或七参数的情况下才通过此方法进行单点校正。

① 基准站架在已知点上。选择“基准站架设在已知点”，点击“下一步”，输入基准站架设点的已知坐标及天线高，并且选择天线高形式，输入完后即可点击“校正”。系统会提示你是否校正，并且显示相关帮助信息，检查无误后“确定”校正完毕。

② 基准站架在未知点上。选择“基准站架设在未知点”，再点击“下一步”。输入当前移动站的已知坐标、天线高和天线高的量取方式，再将移动站对中立于已知点上后点击“校正”，系统会提示是否校正，“确定”即可。

注意：如果当前状态不是“固定解”时，会弹出提示，这时应该选择“否”来终止校正，等精度状态达到“固定解”时重复上面的过程重新进行校正。

（8）将对中杆对中在需测的点上，当状态达到固定解时，利用快捷键“A”开始保存数据。

思考题与习题

1. 什么是“GPS”？简述其特点。
2. GPS 有几颗工作卫星？距离地表的平均高度是多少？
3. 简述 GPS 测量的作业模式。
4. 什么是 RTK 技术？
5. 实时 GPS 测量在铁路、公路建设中都有哪些主要应用？
6. 使用 S82GPS RTK 进行动态测量时，基准站是否一定要安置在已知点上？

第八章　地形图的测绘与应用

第一节　地形图的基本知识

一、地形图的概念

地球表面上的物体概括起来可以分为地物和地貌两大类。

地物是指自然形成或人工建成的有明显轮廓的物体，如道路、桥梁、隧道、房屋、耕地、河流、湖泊、树木、电线杆等。地貌是指地面高低起伏变化的地势，如平原、丘陵、山脉等。

从狭义上讲，地形是指地貌；从广义上讲，地形是地物和地貌的总称。测量学中用地形图表示地物、地貌的状况及地面点之间的相互位置关系。

地形图是把地面上地物和地貌的形状、大小和位置，采用正射投影的方法，运用特定的符号，按一定的比例尺缩绘于平面的图形（见图 8.1)。地形图既表示地物的平面位置，也表示地貌的形态。如果图纸上只反映地物的平面位置，而不反映地貌的形态，则称为平面图。

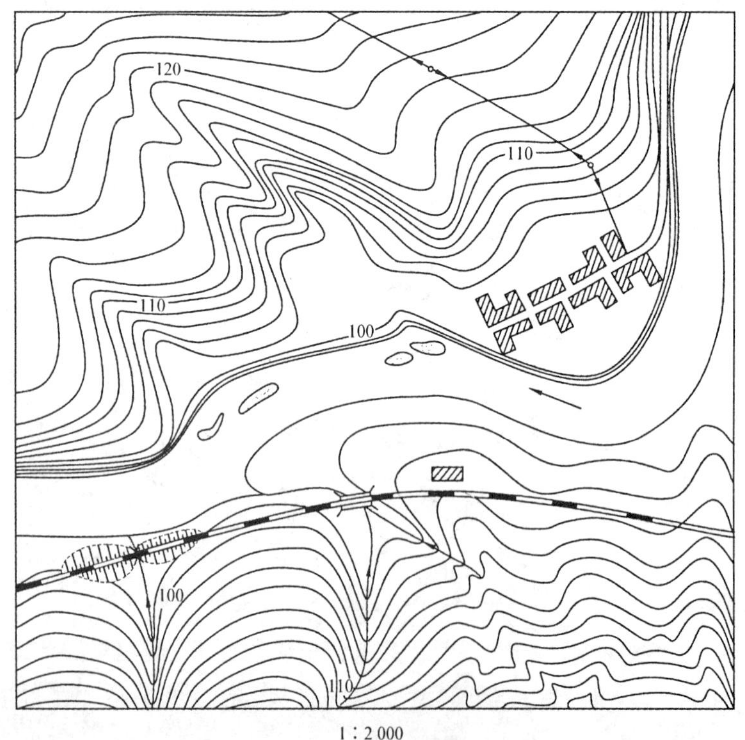

1∶2 000

图 8.1　地形图

如果考虑地球曲率的影响，采用地图投影的方法绘制的全球、全国、全省的大区域的图称为地形图。地形图是规划、设计工作的重要依据，在进行铁路、公路、桥梁、地下管道和房屋建筑等各种工程的规划和设计时，都必须对拟建地区的情况做周密的调查研究，以便使规划、设计从实际情况出发，使工程得以顺利进行。

地形图是用许多专用符号和注记表示出来的，如果符号不统一，就会给地形图的使用者造成混乱。国家测绘机关曾颁发了各种比例尺的《地形图图示》，各个企业部门也都按照国家的规定，结合本部门的特点，补充了一些具体的图例，供测绘和识图时使用。

随着测绘科技的快速发展，地形图的概念有所拓展，工程测量有关规范将地形图分为数字地形图和纸质地形图。地形图则是二者的统称。

二、地形图的比例尺及比例尺精度

1. 比例尺

地形图都是按一定的比例缩绘而成。地形图上的比例尺是图上任一线段 d 与地上相应线段水平距离 D 之比，称为图的比例尺。常见的比例尺有两种：数字比例尺和直线比例尺。

用分子为 1 的分数式来表示的比例尺，称为数字比例尺，即：

$$\frac{d}{D}=\frac{1}{M}$$

式中，M 为比例尺分母，表示缩小的倍数。

M 愈小，比例尺愈大，图上表示的地物地貌愈详尽。通常把 1∶500，1∶1 000，1∶2 000，1∶5 000 的比例尺称为大比例尺；1∶1 万，1∶2.5 万，1∶5 万，1∶10 万的称为中比例尺，小于 1∶10 万的称为小比例尺。我国规定，1∶1 万，1∶2.5 万，1∶5 万，1∶10 万，1∶25 万，1∶50 万，1∶100 万七种比例尺地形图为国家基本比例尺地形图。不同比例尺的地形图有不同的用途，大比例尺地形图多用于各种工程建设的规划和设计，国防和经济建设等多种用途的多属中小比例尺地图。

为了用图方便，以及避免由于图纸伸缩而引起的误差，通常在图上绘制图示比例尺，也称直线比例尺。图 8.2 为 1∶1 000 的图示比例尺，在两条平行线上分成若干 2 cm 长的线段，称为比例尺的基本单位，左端一段基本单位细分成 10 等分，每等分相当于实地 2 m，每一基本单位相当于实地 20 m。

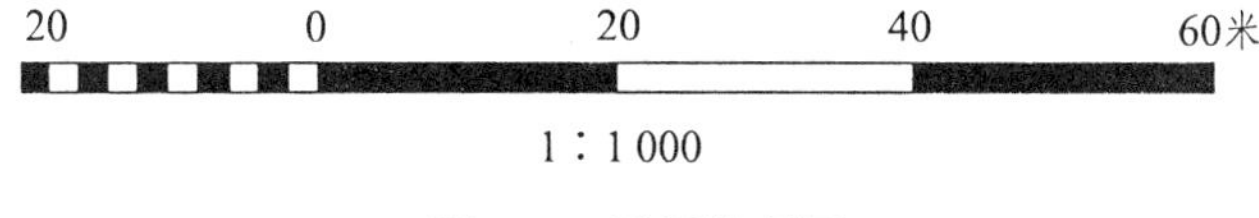

图 8.2 图示比例尺

2. 比例尺精度

人眼正常的分辨能力，在图上辨认的长度通常认为 0.1 mm，它在地上表示的水平距离 0.1 mm×M，称为比例尺精度。利用比例尺精度，根据比例尺可以推算出测图时量距应准确到什么程度。例如，1∶1 000 地形图的比例尺精度为 0.1 m，测图时量距的精度只需 0.1 m，小于 10.1 m 的距离在图上表示不出来。反之，根据图上表示实地的最短长度，可以推算测图比例尺。例如，欲表示实地最短线段长度为 0.5 m，则测图比例尺不得小于 1∶5 000。

比例尺愈大，采集的数据信息愈详细，精度要求就愈高，测图工作量和投资往往成倍增加，因此使用何种比例尺测图，应从实际需要出发，不应盲目追求更大比例尺的地形图。比例尺精度如表 8.1 所示。

表 8.1　比例尺精度

比例尺	1∶500	1∶1 000	1∶2 000	1∶5 000
比例尺精度（m）	0.05	0.1	0.2	0.5

三、地物的表示方法

地形图上的主要内容是地物和地貌，在地形图上地物都用规定的符号表示，表示地物的符号称为地物符号。我国由国家测绘局制定、技术监督局发布的《地形图图示》，对地形图上的符号做了统一的规定，按不同的比例尺分为若干册。测绘地形图时，应按照比例尺的不同选用相应的地形图图示所规定的符号来绘制；同时，应以最新版本为依据。表 8.2 是《地形图图示》的一部分。

地物符号可分为以下 4 种：

1. 比例符号

把地物的轮廓按测图比例尺缩绘于图上的相似图形，称为比例符号，如房屋、湖泊、水库、田地等。比例符号准确地表示出地物的形状、大小和所在位置。

2. 非比例符号

当地物轮廓很小，或因比例尺较小，按比例尺无法在地形图上表示出来的，则用统一规定的符号将其表示出来，这种符号称为非比例符号，如测量控制点、电杆、水井、树木、烟囱等。非比例符号不能准确表示出物体的形状和大小，只能表示地物的位置和属性。非比例符号的定位点基本遵循以下几点要求：

（1）规则的几何图形。其图形几何中心为定位点，如导线点、三角点等。

（2）底部为直角的符号。以符号的直角顶点为定位点，如独立树、路标等。

（3）底宽符号。以底线的中点为定位点，如烟囱、岗亭等。

（4）几种图形组合符号。以符号下方图形的几何中心为定位点，如路灯、消火栓等。

（5）下方无底线的符号。以符号下方两端点连线的中心为定位点，如窑洞、山洞等。

3. 半比例符号

对于一些带状延伸性地物，其长度可按比例尺缩绘，而宽度却不能按比例尺缩绘，这种符号称为半比例符号，如铁路、通讯线、小路、管道、围墙、境界等。半比例符号的线型宽度并不代表实地地物的实宽，只能说明地物的性质和相应的等级，但长度是按比例的，其符号中心线即为实地地物中心线的图上位置。

表 8.2 部分地形图图示

编号	符号名称	图例	编号	符号名称	图例
1	三角点 凤凰山—点名 394.468—高程	3.0 凤凰山 394.468	14	游泳池	泳
2	导线点 Ⅰ.16—等级,点号 84.46—高程	2.0 Ⅰ.16 84.46	15	路　灯	2.0 1.6 4.0 1.0
3	水准点 Ⅱ京石S—等级,点名 32.804—高程	2.0 Ⅱ京石5 32.804	16	喷水池	1.0 3.6
4	GPS控制点 B14—级别,点号 495.267—高程	3.0 B14 495.267	17	假石山	4.0 2 0 1.0
5	一般房屋 混—房屋结构 3—房屋层数	1.6 混3 2	18	塑　像 a.依比例尺的 b.不依比例尺的	a b 1.0 4.0 2.0
6	台　阶	0.6 1.0 1.0	19	旗　杆	1.6 4.0 1.0 1.0
7	室外楼梯 a.上楼方向	混B a 不表示	20	一般铁路	0.2 0.2 10.0 0.4 0.6 0.8 10.0
8	院　门 a.围墙门 b.有门房的	a 0.6 1.6 b 45°	21	建筑中的铁路	10.0 0.4 2.0 0.6 0.8 10.0 2.0
9	门　顶	1.0	22	高速公路 a.收费站 0—技术等级代码	0.4 0 a
10	围　墙 a.依比例尺的 b.不依比例尺的	a 10.0 b 10.0 0.3 0.6	23	大车路、机耕路	8.0 2.0 0.2
11	水　塔	2.0 1.0 3.6 1.0	24	小　路	4.0 1.0 0.3
12	温室、菜窖、花房	温室	25	内部道路	1.0 1.0
13	宣传橱窗、广告牌	1.0 2.0	26	电　杆	1.0

续表 8.2

编号	符号名称	图　例	编号	符号名称	图　例
27	电线架		36	滑　坡	
28	低压线	4.0	37	陡　崖 a.土质的 b.石质的	a　b
29	高压线	4.0	38	冲　沟 3.5 —深度注记	3.5
30	变电室(所) a. 依比例尺的 b. 不依比例尺的	a. 2.6 60° b. 1.0 3.6 1.6	39	陡　坎 a.未加固的 b.已加固的	a. 2.0 4.0 b.
31	一般沟渠	0.3	40	盐碱地	3.0 2.0
32	村　界	1.0 4.0 2.0 0.2	41	稻　田	0.2 3.0 1.0 10.0 10.0
33	等高线 a.首曲线 b.计曲线 c.间曲线	a. 0.15 b. 0.3 c. 1.0 6.0 0.15	42	旱　地	1.0 2.0 10.0 10.0
34	示坡线	0.8	43	水生经济作物地	10.0 3.0 10.0 2.0
35	一般高度点及注记 a. 一般高程点 b. 独立地物的高程	a　b 0.5 •163.5　75.4	44	果　园	1.6 3.0 10.0 10.0

注：① 图例符号旁标注的尺寸均以 mm 为单位；

② 在一般情况下，符号的线粗为 0.15 mm，点的大小为 0.3 mm；

③ 有的符号为左右两个，凡未注明的，其左边的为 1∶500 和 1∶1 000，右边的为 1∶2 000。

4. 注记符号

地形图上用文字、数字或特定符号对地物的性质、名称、高程等加以说明，称为注记符号。注记是对图式和地形的补充说明，如图上注明的地名、控制点名称、高程、房屋的层数、机关名称、河流的深度、流向等。需要指出的是，比例符号、非比例符号、半比例符号的运用也不是固定不变的，有时同一地物在不同比例尺的地形图上运用的符号就不相同。例如，某道路宽度为 6 m，在小于 1∶10 000 的地形图上用半比例符号表示，但是，在 1∶10 000 及其以上大比例尺地形图上则采用比例符号表示。总之，测图比例尺越大，用比例符号描绘的地物就越多；测图比例尺越小，用非比例符号和半比例符号描绘的地物就越多。

四、地貌符号

地貌形态多种多样，应根据地面倾角（α）大小，确定地形类别：地面倾斜角 $\alpha<3°$，称为平坦地；$3°\leqslant\alpha<10°$ 称为丘陵地；倾斜角在 $10°\leqslant\alpha<25°$，称为山地；$\alpha\geqslant25°$ 以上，称为高山地。

表示地貌的方法有多种，对于大、中比例尺地形图主要采用等高线法。对于特殊地貌采用特殊符号表示。

（一）等高线的概念

等高线是地面相邻等高点相连接的闭合曲线。一簇等高线，在图上不仅能表达地面起伏变化的形态，而且还具有一定立体感。如图 8.3 所示，设有一座小山头的山顶被水恰好淹没时的水面高程为 50 m，水位每退 5 m，则坡面与水面的交线即为一条闭合的等高线，其相应高程为 45 m、40 m、35 m。将地面各交线垂直投影在水平面上，按一定比例尺缩小，从而得到一簇表现山头形状、大小、位置以及它起伏变化的等高线。

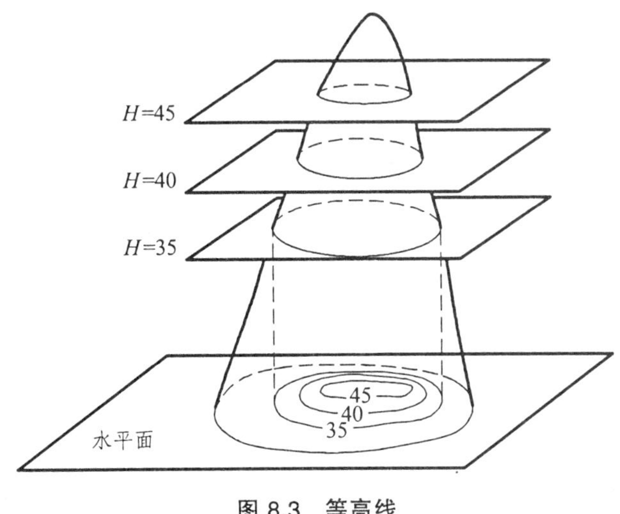

图 8.3　等高线

（二）等高距和等高线平距

相邻等高线之间的高差 h，称为等高距或等高线间隔，在同一幅地形图上，等高距是相同的。相邻等高线间的水平距离 d，称为等高线平距。由图 8.3 可知，d 愈大，表示地面坡度愈缓，反之愈陡。坡度与平距成反比。

用等高线表示地貌，等高距选择过大，就不能精确显示地貌；反之，选择过小，等高线密集，失去图面的清晰度。因此，应根据地形和比例尺参照表 8.3 选用等高距。

表 8.3　地形图的基本等高距　　(m)

地形类别	比例尺				备　注
	1∶500	1∶1 000	1∶2 000	1∶5 000	
平坦地	0.5	0.5	1	2	地形图上高程点的注记，当基本等高距为 0.5 m 时，应精确至 0.01 m；当基本等高距大于 0.5 m 时，应精确至 0.1 m
丘陵地	0.5	1	2	5	
山　地	1	1	2	5	
高山地	1	2	2	5	

（三）等高线分类

按表 8.3 选定的等高距称为基本等高距，同一幅图只能采用一种基本等高距。等高线的高程应为基本等高距的整倍数。按基本等高距描绘的等高线称为首曲线，用细实线描绘；为了读图方便，高程为 5 倍基本等高距的等高线用粗实线描绘并注记高程，称为计曲线；在基本等高线不能反映出地面局部地貌的变化时，可用 1/2 基本等高距用长虚线加密的等高线，称为间曲线；更加细小的变化还可用 1/4 基本等高距用短虚线加密的等高线，称为助曲线，如图 8.4 所示。

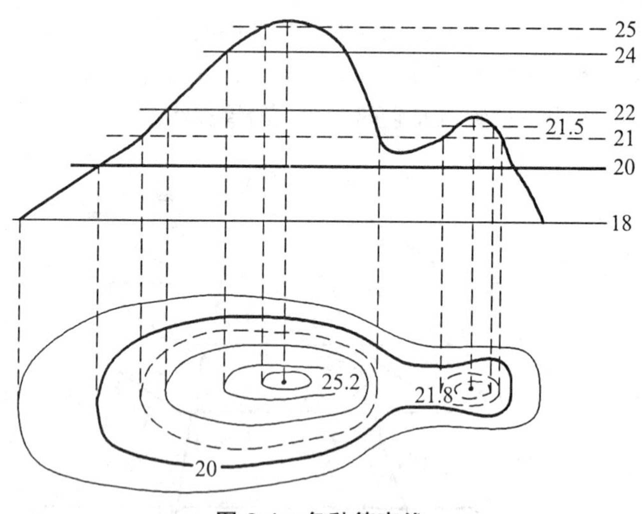

图 8.4　各种等高线

（四）典型地貌的等高线

地貌形态繁多，但主要由一些典型地貌的不同组合而成。要用等高线表示地貌，关键在于掌握等高线表达典型地貌的特征。典型地貌有：

1. 山头和洼地（盆地）

图 8.5 表示山头和洼地的等高线，其特征等高线表现为一组闭合曲线。

在地形图上区分山头或洼地可采用高程注记或示坡线的方法。高程注记可在最高点或最低点上注记高程，或通过等高线的高程注记字头朝向确定山头（或高处）；示坡线是从等高线起向下坡方向垂直于等高线的短线，示坡线从内圈指向外圈，说明中间高，四周低。由内向外为下坡，故为山头或山丘；示坡线从外圈指向内圈，说明中间低，四周高，由外向内为下坡，故为洼地或盆地。

2. 山脊和山谷

山脊是沿着一定方向延伸的高地，其最高棱线称为山脊线，又称分水线，如图 8.6 所示山脊的等高线是一组向低处凸出为特征的曲线。山谷是沿着一方向延伸的两个山脊之间的凹地，贯穿山谷最低点的连线称为山谷线，又称集水线，如图 8.6 中 T 所示，山谷的等高线是一组向高处凸出为特征的曲线。

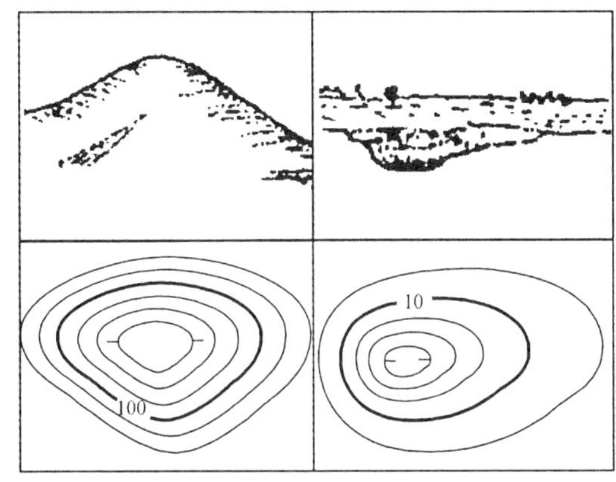

图 8.5 山头和洼地

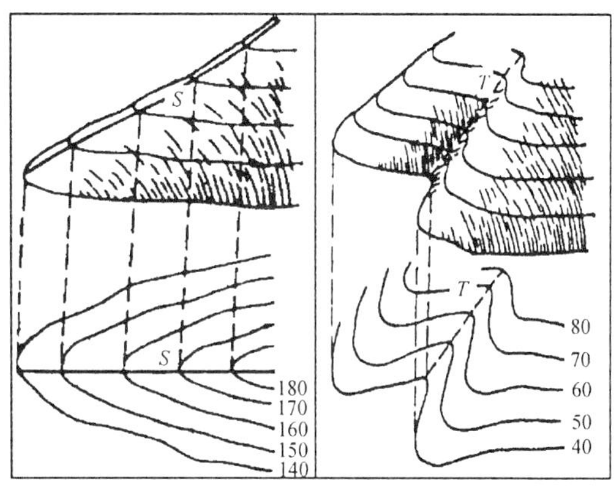

图 8.6 山脊和山谷

山脊线和山谷线是显示地貌基本轮廓的线，统称为地性线，它在测图和用图中都有重要作用。

3. 鞍 部

鞍部是相邻两山头之间低凹部位呈马鞍形的地貌，如图 8.7 所示。鞍部（K 点处）俗称垭口，是两个山脊与两个山谷的会合处，等高线由一对山脊和一对山谷的等高线组成。

4. 陡崖和悬崖

陡崖是坡度在 70° 以上的陡峭崖壁，有石质和土质之分，图 8.8 是石质陡崖的表示符号。悬崖是上部突出中间凹进的地貌，这种地貌等高线如图 8.9 所示。

5. 冲沟

冲沟又称雨裂，如图 8.10 所示，它是具有陡峭边坡的深沟，由于边坡陡峭而不规则，所以用锯齿形符号来表示。

熟悉了典型地貌等高线特征，就容易识别各种地貌，图 8.11 是某地区综合地貌示意图及其对应的等高线图，读者可自行对照阅读。

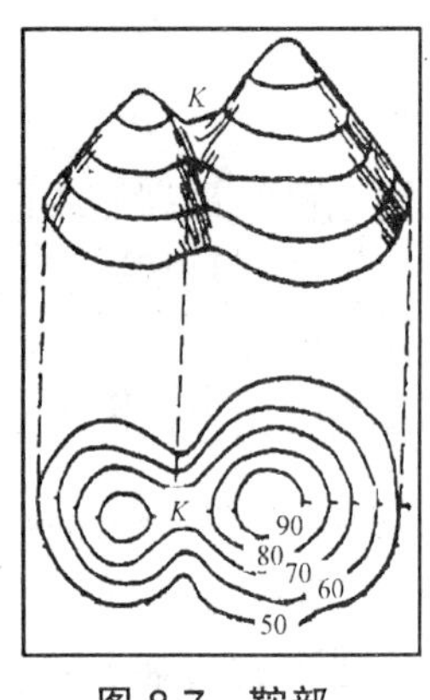

图 8.7　鞍部

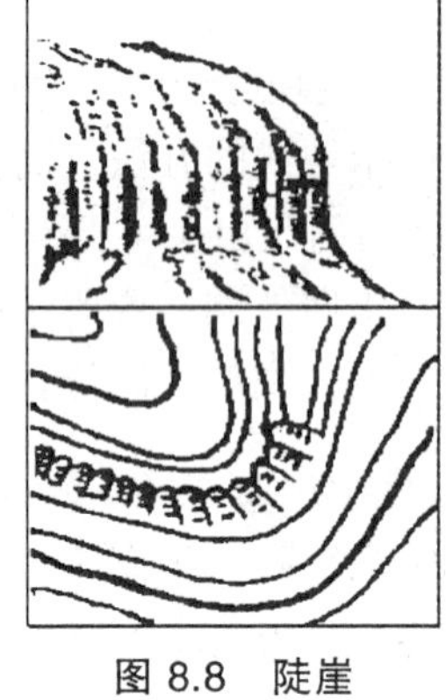

图 8.8　陡崖

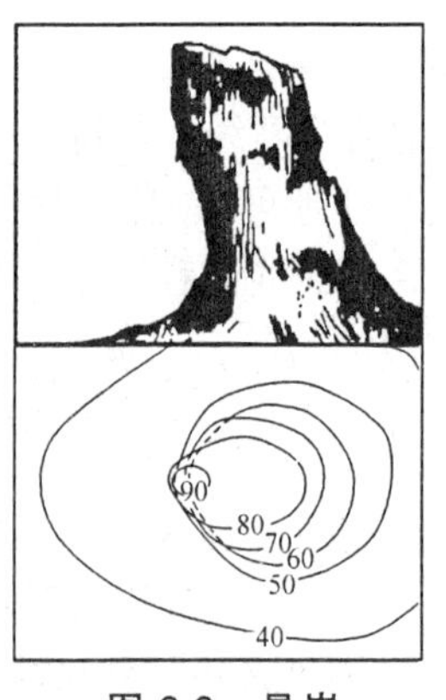

图 8.9　悬崖

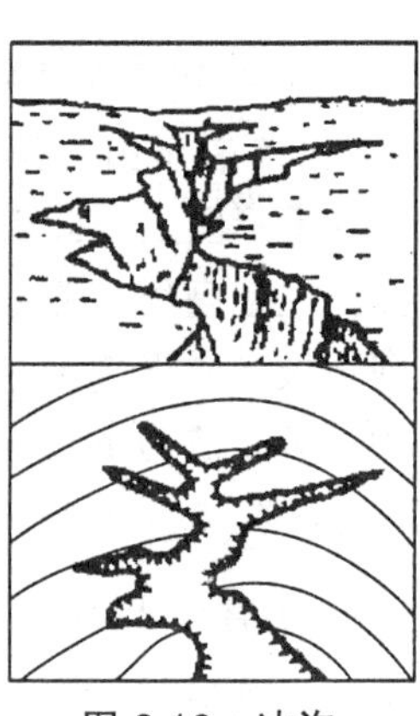

图 8.10　冲沟

（五）等高线的特性

根据等高线的原理和典型地貌的等高线，可得出等高线的特性：

（1）同一条等高线上的点，其高程必相等。

（2）等高线均是闭合曲线，如不在本图幅内闭合，则必在图外闭合，故等高线必须延伸到图幅边缘。

（3）除在悬崖或绝壁处外，等高线在图上不能相交或重合。

（4）等高线的平距小，表示坡度陡，平距大则坡度缓，平距相等则坡度相等，平距与坡度成反比。

（5）等高线和山脊线、山谷线成正交，如图 8.11 所示。

（6）等高线不能在图内中断，但遇道路、房屋、河流等地物符号和注记处可以局部中断。

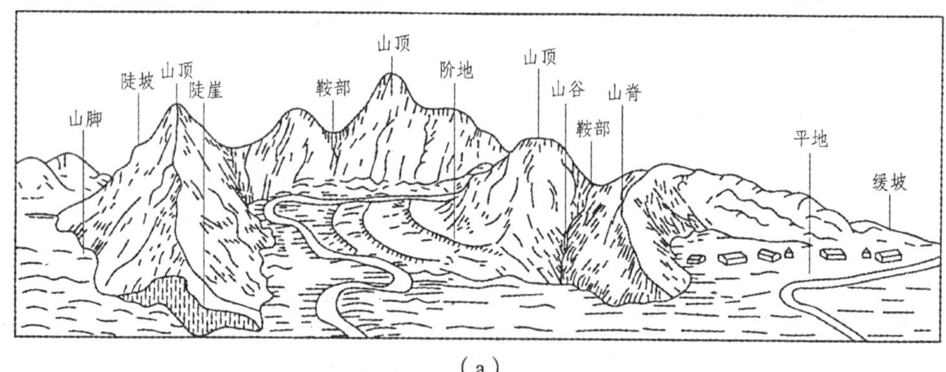

（a）

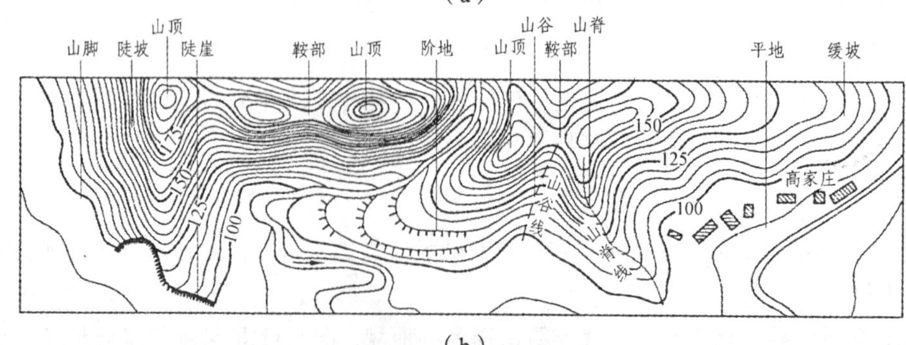

（b）

图 8.11　地貌与等高线

五、大比例尺地形图的分幅、编号和图外注记

（一）分幅和编号

广大区域的地形图必须分幅绘制。为便于管理和使用，地形图需要有统一的分幅和编号。图幅指图的幅面大小，即一幅图所测绘地貌、地物的范围。地形图的分幅可分为两大类：一种是梯形分幅法；另一种为矩形分幅法。前者主要用于中小比例尺地形图，而大比例尺地形图通常采用后者。为了适应各种工程设计和施工的需要，对于大比例尺地形图，大多按纵、横坐标格网线进行等间距分幅，即采用正方形分幅与编号方法。图幅大小如表 8.4 所示。

表 8.4　矩形分幅及面积

比例尺	图幅大小（cm×cm）	实地面积（km^2）	一幅 1：5 000 图幅包含相应比例尺图幅数目
1：5 000	40×40	4	1
1：2 000	50×50	1	4
1：1 000	50×50	0.25	16
1：500	50×50	0.625	64

1. 坐标编号法

图幅的编号一般采用坐标编号法。由图幅西南角纵坐标 x 和横坐标 y 组成编号，1：5 000 坐标值取至 km，1：2 000、1：1 000 取至 0.1 km，1：500 取至 0.01 km。例如，某幅 1：1 000 地形图的西南角坐标为 x=6 230 km、y=10 km，则其编号为 6230.0—10.0。

2. 连续编号法

当面积较大地区，且有几种不同比例尺的地形图时，常采用这种办法。

（1）1：5 000 地形图的编号，是以图廓西南角的坐标公里数，并在前加注所在投影带中央子午线的经度作为该图的图号。例如 117°—3914—84，表示该图在中央子午线 117° 的投影带内，图廓西南角坐标 x=3 914 km，y=84 km。但在较小范围内，常省略中央子午线经度，坐标也只取两位公里数，如图 8.12 用 20—60 表示。

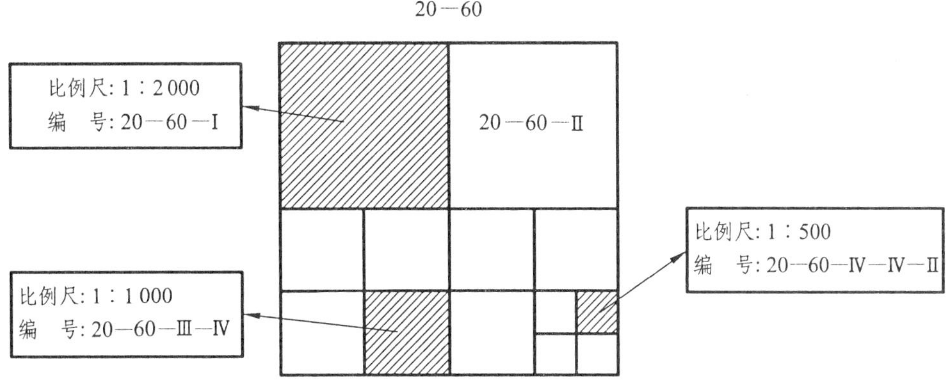

图 8.12　1：5 000 基本图号法的分幅编号

（2）1：2 000 地形图的编号，是以 1：5 000 的图为基础，将一幅 1：5 000 图分成 4 幅

1∶2 000的地形图，分别用罗马字Ⅰ、Ⅱ、Ⅲ、Ⅳ按图8.12中的顺序表示。其编号是在1∶5 000的图号后加相应的代号，如20—60—Ⅰ。

（3）1∶1 000地形图的编号，是将一幅1∶2 000图分成4幅，在1∶2 000的图号后分别加Ⅰ、Ⅱ、Ⅲ、Ⅳ，例如20—60—Ⅲ—Ⅳ。

（4）1∶500地形图的编号，是将一幅1∶1 000图分成4幅，在1∶1 000的图号后分别加Ⅰ、Ⅱ、Ⅲ、Ⅳ，例如20—60—Ⅳ—Ⅳ—Ⅱ。

3. 流水编号和行列编号法

在工程建设和小区规划中，还经常采用自由分幅编号。如可按自然序数从左到右，从上到下进行流水编号（见图8.13）；或以代号（*A*、*B*、*C*、*D*…）为横行，由上到下，以数字1、2、3…为代号的纵列，从左到右排列，先行后列进行编号（见图8.14）。在铁路、公路等线型工程中应用的带状地形图，图的分幅编号可采用沿线路方向进行编号。

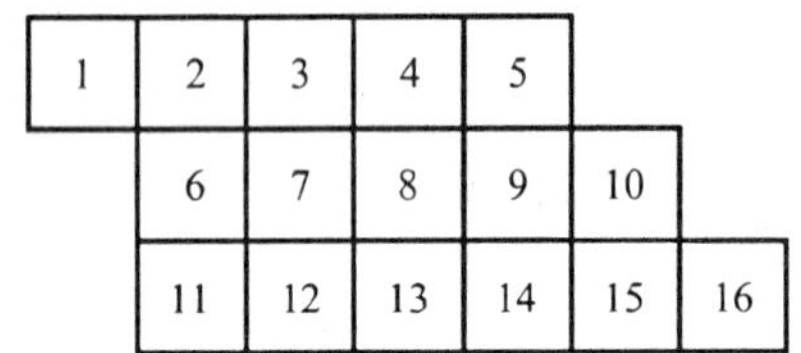

图8.13　流水编号

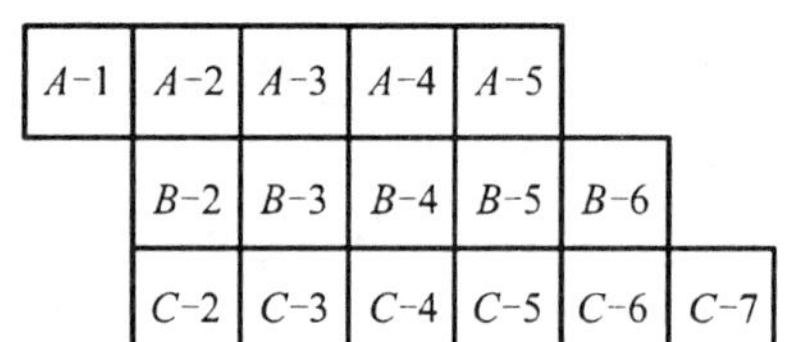

图8.14　行列编号

（二）图外注记

为了图纸管理和使用的方便，在地形图的图框外有许多注记，如图名、图号、接图表、图廓等，如图8.15所示。

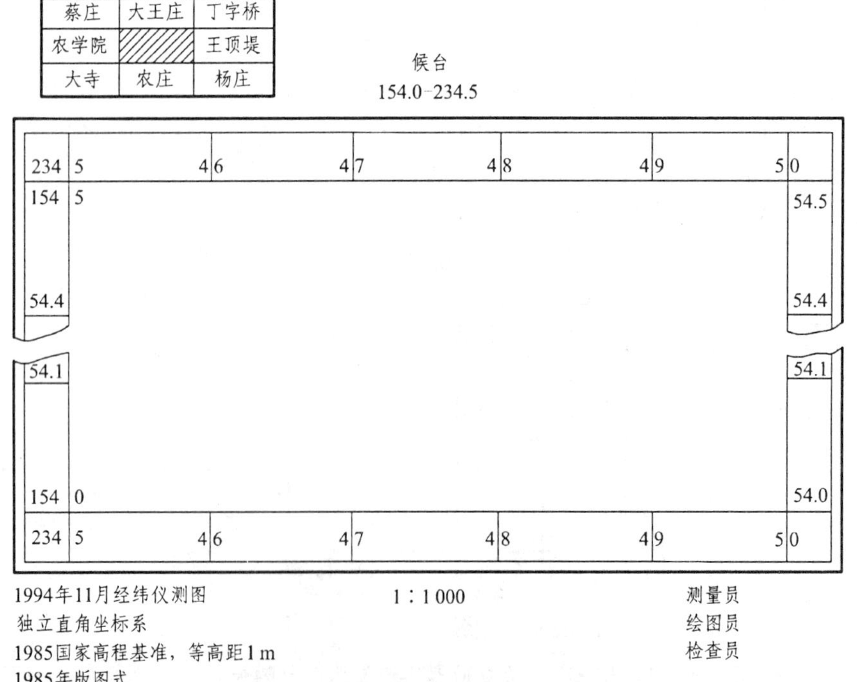

图8.15　图外注记

1. 图名和图号

图名就是本幅图的名称，常用本幅图内最著名的城镇、村庄、厂矿企业、名胜古迹或凸出的地物、地貌的名字来表示。图号即图的编号。图名和图号标在图幅上方中央。

2. 接图表

接图表是本幅图与相邻图幅之间位置关系的示意图，供查找相邻图幅之用。接图表位于图幅左上方，绘出本幅图与相邻 8 幅图的图名或图号。

3. 图廓和坐标格网

图廓是图幅四周的范围线，它有内外图廓之分。内图廓线是地形图分幅时的坐标格网，是测量边界线。外图廓线是距内图廓以外一定距离绘制的加粗平行线，仅起装饰作用。在内图廓外四角处注有坐标值，并在内图廓线内绘有 10 cm 间隔互相垂直交叉的 5 mm 短线，表示坐标格网线的位置。在内、外图廓线间还注记坐标格网线的坐标值。

在外图廓线外，除了有接图表、图名、图号，尚应注明测量所使用的平面坐标系、高程系、比例尺、成图方法、成图日期及测绘单位等，供日后用图时参考。

第二节　大比例尺地形图测绘

在《工程测量规范》(GB 50026—2007) 中，列出了三种测图方法：全站仪测图、GPS-RTK 测图和平板测图。

全站仪、GPS-RTK 测图称为数字测图，是用全站仪或 GPS-RTK 采集碎部点坐标数据，应用数字测图软件绘制成图，其方法有草图法、电子平板法和 PDA 法等。

平板测图指传统意义上的手工成图法，即采用经纬仪或平板仪确定方向和视距，然后在平板上展绘成图。常用的方法有：经纬仪配合量角器测绘法、大平板仪测绘法、经纬仪（或水准仪）配合小平板测绘法等。下面详细介绍经纬仪测绘法。

一、测图前的准备工作

1. 搜集资料与现场踏勘

测图前应将测区已有地形图及各种测量成果资料，如已有地形图的测绘日期，使用的坐标系统，相邻图幅图名与相邻图幅控制点资料等收集在一起。对本图幅控制点资料的收集内容包括：点数、等级、坐标、相邻控制点位置和坐标、测绘日期、坐标系统及控制点的点之记。

现场踏勘则是在测区现场了解测区位置、地物地貌情况、通视、通行及人文、气象、居民地分布等情况，并根据收集到的点之记找到测量控制点的实地位置，确定控制点的可靠性和可使用性。

收集资料与现场踏勘后，制订图根点控制测量方案的初步意见。

2. 制订测图技术方案

根据测区地形特点及测量规范针对图根点数量和技术的要求，确定图根点位置和图根控制形式及其观测方法，如确定测区内水准点数目、位置、联测方法等。测图精度估算、测图中特殊地段的处理方法及作业方式、人员、仪器准备、工序、时间等也均应列入技术方案之中。地表复杂区可适当增加图根点数目。

3. 图根控制测量

包括导线测量和图根水准点测量，见前述第六章。

4. 图纸准备

大比例尺地形图的图幅大小一般为 50 cm×50 cm、50 cm×40 cm、40 cm×40 cm。地形原图的图纸，宜选用厚度为 0.07～0.10 mm，伸缩率小于 0.2‰ 的聚酯薄膜。

5. 绘制坐标格网

为了准确地将控制点展绘在图纸上，首先要在图纸上绘制 10 cm×10 cm 的直角坐标格网。绘制坐标格网的工具和方法很多，如可用坐标仪或坐标格网尺等专用仪器工具。坐标仪是专门用于展绘控制点和绘制坐标格网的仪器；坐标格网尺是专门用于绘制格网的金属尺。它们是测图单位的一种专用设备。下面介绍对角线法绘制格网。

如图 8.16 所示，先用直尺在图纸上绘出两条对角线，从交点 *o* 为圆心沿对角线量取等长线段，得 *a*、*b*、*c*、*d* 点，用直线顺序连接 4 点，得矩形 *abcd*。再从 *a*、*d* 两点起各沿 *ab*、*dc* 方向每隔 10 cm 定一点；从 *d*、*c* 两点起各沿 *da*、*cb* 方向每隔 10 cm 定一点，连接矩形对边上的相应点，即得坐标格网。坐标格网是测绘地形图的基础，每一个方格的边长都应该准确，纵、横格网线应严格垂直。因此，坐标格网绘好后，要进行格网边长和垂直度的检查。小方格网的边长检查，可用比例尺量取，其值与 10 cm 的误差不应超过 0.2 mm；小方格网对角线长度与 14.14 cm 的误差不应超过 0.3 mm。方格网垂直度的检查，可用直尺检查格网的交点是否在同一直线上（见图 8.16 中 *mn* 直线），其偏离值不应超过 0.2 mm。如检查值超过限差，应重新绘制方格网。

6. 展绘控制点

展绘控制点前，首先要按图的分幅位置，确定坐标格网线的坐标值，也可根据测图控制点的最大和最小坐标值来确定，使控制点安置在图纸上的适当位置，坐标值要注在相应格网边线的外侧，如图 8.17 所示。

按坐标展绘控制点，先要根据其坐标，确定所在的方格。例如控制点 *D* 的坐标 $x_D=420.34$ m，$y_D=423.43$ m。根据 *D* 点的坐标值，可确定其位置在 *efhg* 方格内。分别从 *ef* 和 *gh* 按测图比例尺各量取 20.34 m，得 *i*、*j* 两点；然后从 *i* 点开始沿 *ij* 方向按测图比例尺量取 23.43 m，得 *D* 点。同法可将图幅内所有控制点展绘在图纸上，最后用比例尺量取各相邻控制点间的距离作为检查，其距离与相应的实地距离的误差不应超过图上 0.3 mm。在图纸上的控制点要注记点名和高程，一般可在控制点的右侧以分数形式注明，分子为点名，分母为高程，如图 8.17 中 *A*，…，*D* 点。

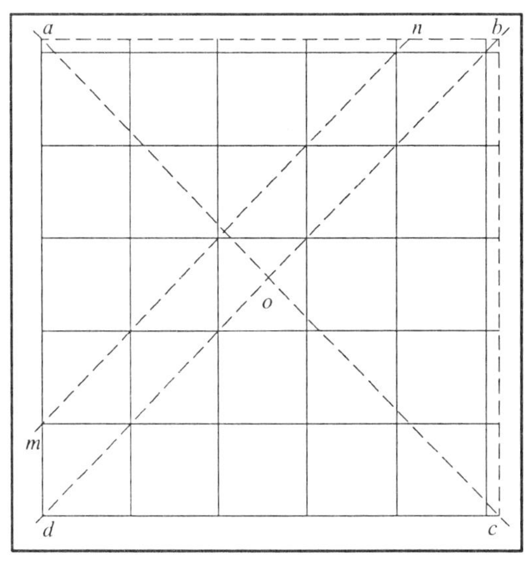

图 8.16　对角线法绘制格网

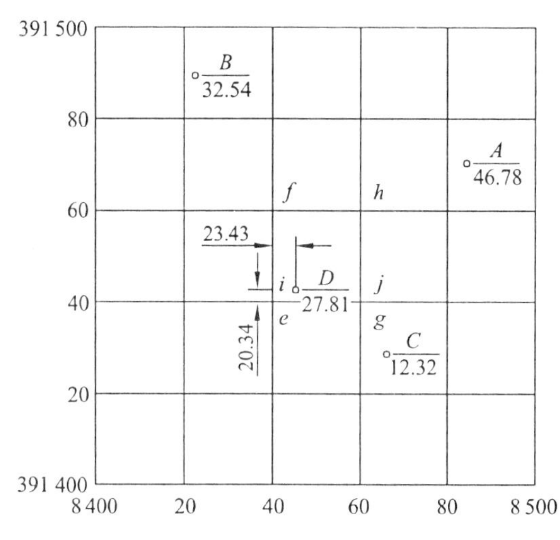

图 8.17　控制点展绘

二、地形图的测绘原理

地形图测绘是在已知控制点上设站，用测量仪器及工具测定控制点周围地形特征点的平面位置和高程，并按图式规定的符号将各种地物、地貌依比例缩小描绘成地形图的工作。地形图测绘分为测量和绘图两大部分，地形图测绘也称碎部测量，即以图根点（控制点）为测站，测定出测站周围碎部点的平面位置和高程，并按比例缩绘于图纸上。由于是按规定比例尺缩绘，图上碎部点连接成的图形与实地碎部点连接成的图形呈相似关系，其相似比值即为地形图比例尺数值。

1. 地形特征点

地物、地貌的特征点，统称为地形特征点，正确选择地形特征点是碎部测量中十分重要的工作，它是地形测绘的基础。地物特征点，一般选在地物轮廓的方向线变化处，如房屋角点、道路转折点或交叉点、河岸水涯线或水渠的转弯点等［见图 8.18 (a)］。连接这些特征点，就能得到地物的相似形状。对于形状不规则的地物，通常要进行取舍。一般的规定是主要地物凸凹部分在地形图上大于 0.4 mm 均应测定出来；小于 0.4 mm 时可用直线连接。一些非比例表示的地物，如独立树、纪念碑和电线杆等独立地物，则应选在中心点位置。地貌特征点，通常选在最能反映地貌特征的山脊线，山谷线等地性线上。如山顶、鞍部、山脊、山谷、山坡、山脚等坡度或方向的变化点，如图 8.18 (b) 所示的立尺点。利用这些特征点勾绘等高线，才能在地形图上真实地反映出地貌来。

碎部点的密度应该适当，过稀不能详细反映地形的细小变化，过密则增加野外工作量，造成浪费。碎部点在地形图上的间距约为 2～3 cm，根据《工程测量规范》(GB 50026—2007) 规定：各种比例尺的碎部点间距可参考表 8.5。在地面平坦或坡度无显著变化地区，地貌特征点的间距可以采用最大值。铁路、公路初测阶段测图要符合本行业规范（新建铁路测量规范或公路勘测规范）的要求。

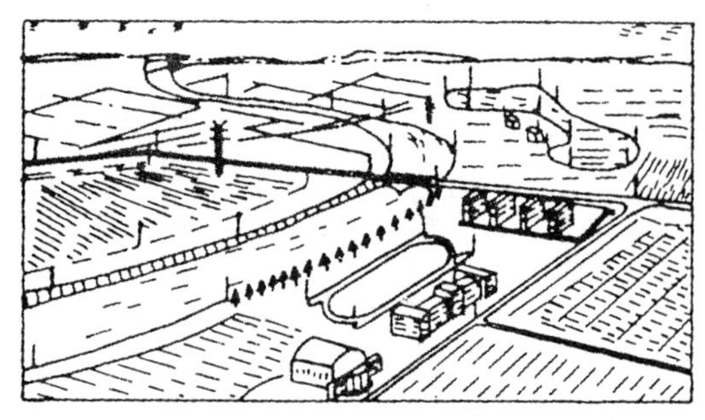
（a）地物特征点

（b）地貌特征点

图 8.18　地形特征点

表 8.5　地形点的最大点位间距　（m）

比　例　尺		1∶500	1∶1 000	1∶2 000	1∶5 000
一般地区		15	30	50	100
水域	断面间	10	20	40	100
	断面上测点间	5	10	20	50

注：水域测图的断面间距和断面的测点间距，根据地形变化和用图要求，可适当加密或放宽。

2. 测定碎部点（地形特征点）的方法

测定碎部点平面位置的基本方法有：极坐标法、角度交会法、距离交会法、直角坐标法。

（1）极坐标法。极坐标法是以测定碎部点与已知点间的水平距离以及与已知方向间组成的水平角来确定碎部点在地形图上的位置的测绘方法。如图 8.19（a）所示，A、B 为地面图根点，1 为碎部点。在 A 点安置仪器，在 1 点立尺，测出 $A1$ 方向与 AB 方向间的水平角度和 A 点到 1 点的水平距离 D_1，并将 D_1 按比例尺换算为图上距离 d_1。在地形图上根据已知的 AB 方向和 β_1 定出 1 点所在方向，在此方向上量取 d_1，即可在地形图上定出碎部点 1 的位置。极坐标法适用于通视良好的开阔地区，可以测定较大范围内的碎部点。极坐标法测定的点都是独立的，不会产生碎部点之间的误差累积；同时，当个别碎部点有错时，在描绘地物轮廓或等高线时就能及时发现，便于现场改正。

（2）角度交会法。角度交会法是分别在两个图根点安置仪器，测出导线边和碎部点的水平夹角，再利用图解法得到的到碎部点位置的方法。如图 8.19（b）所示，A、B 为图根点，P 点为碎部点。分别测出 AP 与 AB 的水平夹角 β_1 以及 BP 与 BA 的水平夹角 β_2，根据 β_1、β_2 和已知方向线 AB（BA），可定出 AP 和 BP 方向线，AP 和 BP 方向线的交点即为 P 点在地形图上的位置。角度交会法适用于碎部点距测站较远，或碎部点不便立尺和量距的情况，如测站点和碎部点之间有河流、水田等阻碍时。

（3）距离交会法。如图 8.19（b）所示，分别丈量碎部点 P 到图根点 A、B 的水平距离 AP、BP，按比例尺在地形图上用圆规即可交出碎部点 P 的位置，此法称为距离交会法。距离交会法适用于距离图根点较近的碎部点，且距离不要超过一整尺。

（4）直角坐标法。碎部点的平面位置可以用碎部点到导线的垂距和该垂足到导线点的距离确定。如图 8.19（c）所示，以图根点 A 为原点，以 AB 方向为 x 轴，量出碎部点 P 到 x 轴的垂距（y 值）和垂足点到 A 的距离（x 值），并按比例尺换算为图上距离，即可用小三角板确定 P 点在地形图上的位置。

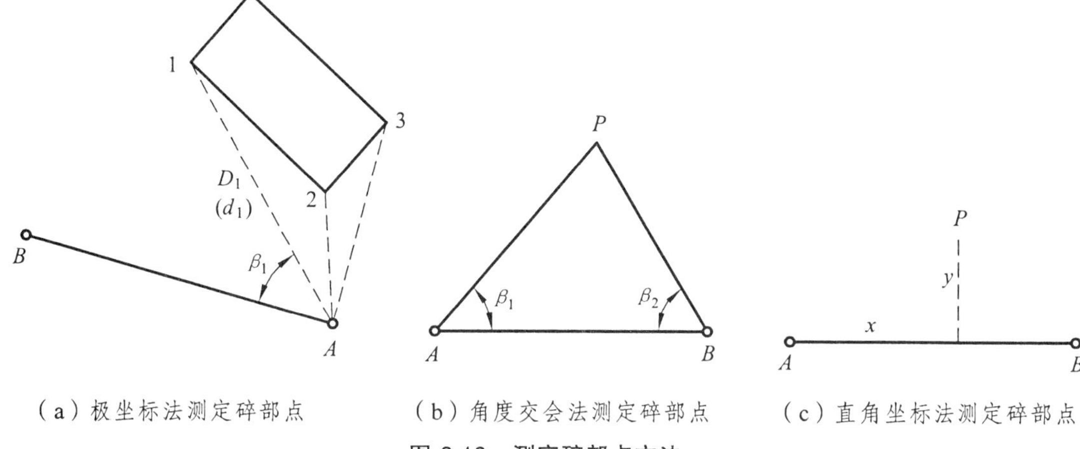

图 8.19　测定碎部点方法

直角坐标法适用于碎部点靠近图根控制点，周围有相互垂直的两方向且垂距较短的情况，垂直方向可用简单工具定出。

三、经纬仪测绘法的步骤

1. 仪器安置

如图 8.20 所示，在测站 A 安置经纬仪，量取仪器高 i，填入手簿；测定指标差（x）不应超过 2′；在视距尺上用红布条标出仪器高的位置，以便照准。将水平度盘读数配置为 0°，照准控制点 B，作为后视点的起始方向，并用视距法测定其距离和高差填入手簿，以便进行检查。当测站周围碎部点测完后，再重新照准后视点检查水平度盘零方向，在确定变动不大于 2′ 后，方能撤站。测图板置于测站旁。

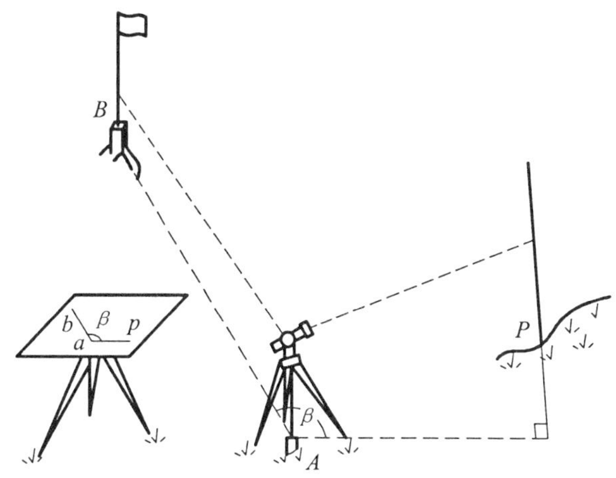

图 8.20　经纬仪测图

平板测图时，测站仪器的设置及检查应符合下列要求：

（1）仪器对中的偏差，不应大于图上 0.05 mm。

（2）以较远一点标定方向，另一点进行检核，其检核方向线的偏差不应大于图上 0.3 mm，每站测图过程中和结束前应注意检查定向方向。

（3）检查另一测站点的高程，其较差不应大于基本等高距的 1/5。

2. 跑　尺

在地形特征点上立尺的工作通称为跑尺。立尺点的位置、密度、远近及跑尺的方法影响着成图的质量和功效。立尺员在立尺之前，应弄清实测范围和实地情况，选定立尺点，并与观测员、绘图员共同商定跑尺路线，依次将尺立置于地物、地貌特征点上。

3. 观　测

将经纬仪照准地形点 P 的标尺，中丝对准视仪器高处的红布条（或另一位置读数），上下丝读取视距间隔 n，并读取竖盘读数 L 及水平角 β，记入手簿进行计算（见表 8.6）。然后将 β_P、D_P、H_P 报给绘图员。同法测定其他各碎部点，结束前，应检查经纬仪的零方向是否符合要求。

表 8.6　地形测量手簿

测站：$A4$　　后视点：$A3$　　仪器高 i：1.42 m　指标差 x：－1.0′　测站高程 H：207.40 m

点号	视距（m）	中丝读数 l	水平角 β	竖盘读数 L	竖直角 α	高差 h（m）	水平距离 D（m）	高程（m）	备注
1	85.0	1.42	160°18′	85°48′	4°11′	6.18	84.55	213.58	水渠
2	13.5	1.42	10°58′	81°18′	8°41′	2.02	13.19	209.42	
3	50.6	1.42	234°32′	79°34′	10°25′	9.00	48.95	216.40	
4	70.0	1.60	135°36′	93°42′	－3°43′	－4.71	69.71	202.69	电杆
5	92.2	1.00	34°44′	102°24′	－12°25′	－18.94	87.94	188.46	

平板测图的视距长度一般要符合《工程测量规范》（GB 50026—2007）或行业规范要求（见表 8.7 至表 8.9）。

4. 绘　图

绘图是根据图上已知的零方向，在 a 点上按照量角器定出 ap 方向，并在该方向上按比例尺针刺 D_P 定出 P 点；以该点为小数点注记其高程 H_P。同法展绘其他各点，并根据这些点绘图。测绘地物时，应对照外轮廓随测随绘。测绘地貌时，应对照地性线和特殊地貌外缘点勾绘等高线和描绘特征地貌符号。勾绘等高线时，应先勾出计曲线，经对照检查无误，再加密其余等高线。

表 8.7　工程测量规范

测图比例尺	最大视距（m）	
	地物	地形点
1∶500	60	100
1∶1 000	100	150
1∶2 000	180	250
1∶5 000	300	350

表 8.8　铁路测量规范

测图比例尺	最大视距（m）	
	竖直角<12°	竖直角≥12°
1∶500	100	80
1∶1 000	200	150
1∶2 000	350	300
1∶5 000	400	350
1∶10 000	600	600

表 8.9 视距法测距最大长度《公路勘测规范》（JTG C10—2007）

比例尺	测距最大长度（m）	比例尺	测距最大长度（m）
1∶500	≤80	1∶2 000	≤200
1∶1 000	≤120	1∶5 000	≤300

注：① 垂直角超过±10°时，测距长度应适当缩短。

② 1∶500、1∶1 000 比例尺施测地物时，测距读数应读至 0.1 m。

四、地形图的绘制

工作中，当碎部点展绘在图上后，就可在碎部测量时对照实地描绘地物和等高线。

1. 地物描绘

（1）轮廓符号的绘制，应符合下列规定：

① 依比例尺绘制的轮廓符号，应保持轮廓位置的精度。

② 半依比例尺绘制的线状符号，应保持主线位置的几何精度。

③ 不依比例尺绘制的符号，应保持其主点位置的几何精度。

（2）居民地的绘制，应符合下列规定：

① 城镇和农村的街区、房屋，均应按外轮廓线准确绘制。

② 街区与道路的衔接处，应留出 0.2 mm 的间隔。

（3）水系的绘制，应符合下列规定：

① 水系应先绘桥、闸，其次绘双线河、湖泊、渠、海岸线、单线河，然后绘堤岸、陡岸、沙滩和渡口等。

② 当河流遇桥梁时应中断；单线沟渠与双线河相交时，应将水涯线断开，弯曲交于一点。当两双线河相交时，应互相衔接。

（4）交通及附属设施的绘制，应符合下列规定：

① 当绘制道路时，应先绘铁路，再绘公路及大车路等。

② 当实线道路与虚线道路、虚线道路与虚线道路相交时，应实部相交。

③ 当公路遇桥梁时，公路和桥梁应留出 0.2 mm 的间隔。

2. 等高线勾绘

由于等高线表示的地面高程均为等高距 h 的整倍数，因而需要在两碎部点之间内插以 h 为间隔的等高点。内插是在同坡段上进行。下面介绍两种常见方法：

（1）目估法。如图 8.21（a）所示，某局部地区地貌特征点的相对位置和高程，已测定在图纸上。首先连接地性线上同坡段的相邻特征点 ba，bc 等，虚线表示山脊线，实线表示山谷线，然后在同坡段上，按高差与平距成比例的关系内差等高点，勾绘等高线。已知 a、b 点平距为 35 mm（图上量取），高差 $h_{ab}=48.5\ \text{m}-43.1\ \text{m}=5.4\ \text{m}$，如勾绘等高距为 1 m 的等高线，共有 5 根线穿过 ab 段，两根间的平距 $d=6.7$ mm（由 $d:35=1:5.4$ 求得）。a 点至第一根等高线的高差为 0.9 m，不是 1 m，按高差 1 m 的平距 d 为标准，适当缩短（将 d 分为 10 份，取 9 份），目估定出 44 m 的点；同法在 b 点定出 48 m 的点。然后将首尾点间的平距 4 等分定出 45 m、46 m、47 m 各点；同理，在 bc、bd、be 段上定出相应的点，如图 8.21（b）所示。最后将相邻等高的点，参照实地的地貌用圆滑的曲线徒手连接起来，就构成一簇等高线，如图 8.21（c）所示。

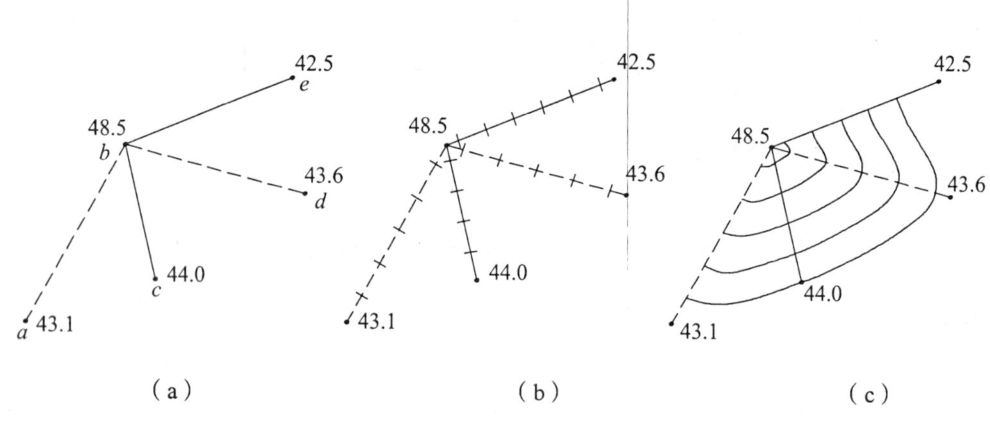

图 8.21 目估法勾绘等高线

（2）图解法。绘一张等间隔若干条平行线的透明纸，蒙在勾绘等高线的图上，转动透明纸，使 a、b 两点分别位于平行线间的 0.9 和 0.5 的位置上，如图 8.22 所示，则直线 ab 和 5 条平行线的交点，便是高程为 44 m、45 m、46 m、47 m 及 48 m 的等高线位置。

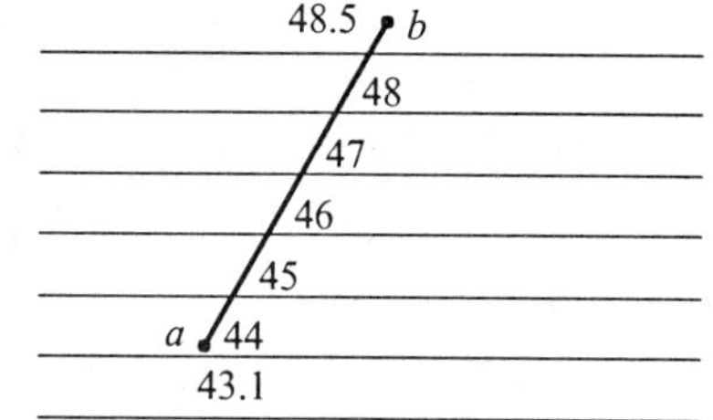

图 8.22 图解法内插等高线

（3）等高线的绘制应符合下列规定：

① 应保证精度，线划均匀、光滑自然。

② 当图上的等高线遇双线河、渠和不依比例尺绘制的符号时，应中断。

（4）境界线的绘制应符合下列规定：

① 凡绘制有国界线的地形图，必须符合国务院批准的有关国境界线的绘制规定。

② 境界线的转角处，不得有间断，并应在转角上绘出点或曲折线。

（5）各种注记的配置应分别符合下列规定：

① 文字注记，应使所指示的地物能明确判读。一般情况下，字头应朝北。道路河流名称，可随现状弯曲的方向排列。各字侧边或底边，应垂直或平行于线状物体。各字间隔尺寸应在 0.5 mm 以上；远间隔的也不宜超过字号的 8 倍。注字应避免遮断主要地物和地形的特征部分。

② 高程的注记，应注于点的右方，离点位的间隔应为 0.5 mm。

③ 等高线的注记字头，应指向山顶或高地，字头不应朝向图纸的下方。

（6）外业测绘的纸质原图，宜进行着墨或映绘，其成图应墨色黑实光润、图面整洁。

（7）每幅图绘制完成后，应进行图面检查和图幅接边、整饰检查，发现问题及时修改。

五、地形图的拼接、检查和整饰

1. 地形图的拼接

每幅图施测完后，在相邻图幅的连接处，无论是地物或地貌，往往都不能完全吻合。如图 8.23 所示，左、右两幅图边的房屋道路、等高线都有偏差。如相邻图幅地物和等高线的偏差，不超过表 8.10 规定的 $2\sqrt{2}$ 倍，取平均位置加以修正。修正时，通常用宽 5～6 cm 的透明纸蒙在左图幅的接图边上，用铅笔把坐标格网线、地物、地貌描绘在透明纸上，然后再把透明纸按坐标格网线位置蒙在右图幅衔接边上，同样用铅笔描绘地物、地貌。若接边差在限差内，则在透明纸上用彩色笔平均配赋，并将纠正后的地物地貌分别刺在相邻图边上，以此修正图内的地物、地貌。

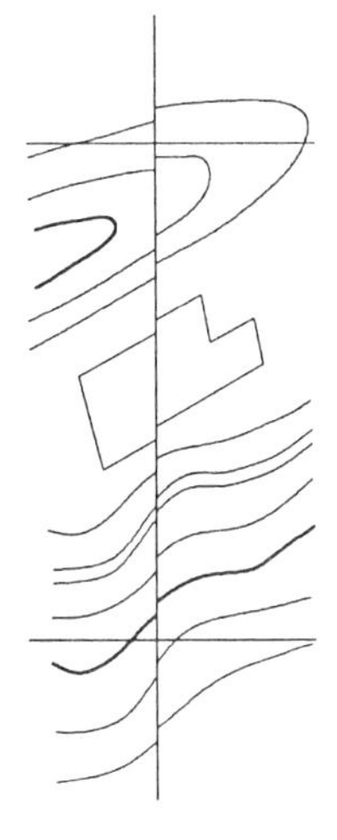

图 8.23　地形图接边差

表 8.10　图上地物点点位中误差和等高线插求点的高程中误差

图上地物点点位中误差（mm）		等高线插求点的高程中误差（m）			
一般地区	城镇居住区工矿区	平坦地	丘陵地	山地	高山地
0.8	0.6	$\frac{1}{3}H_d$	$\frac{1}{2}H_d$	$\frac{2}{3}H_d$	$1H_d$

2. 地形图的检查

（1）室内检查。观测和计算手簿的记载是否齐全、清楚和正确，各项限差是否符合规定；图上地物、地貌的真实性、清晰性和易读性，各种符号的运用、名称注记等是否正确，等高线与地貌特征点的高程是否符合，有无矛盾或可疑的地方，相邻图幅的接边有无问题等。如发现错误或疑点，应到野外进行实地检查修改。

（2）外业检查。首先进行巡视检查，它根据室内检查的重点，按预定的巡视路线，进行实地对照查看。主要查看原图的地物、地貌有无遗漏；勾绘的等高线是否逼真合理，符号、注记是否正确等。然后进行仪器设站检查，除对在室内检查和巡视捡查过程中发现的重点错误和遗漏进行补测和更正外，对一些怀疑点，地物、地貌复杂地区，图幅的四角或中心地区，也需抽样设站检查，抽样一般为 10% 左右。

3. 地形图的整饰

当原图经过拼接和检查后，要进行清绘和整饰，使图面更加合理、清晰、美观。整饰应遵循先图内后图外，先地物后地貌，先注记后符号的原则进行。工作顺序为：内图廓线、坐标格网，控制点、地形点符号及高程注记，独立物体及各种名称、数字的绘注，居民地等建筑物，各种线路、水系等，植被与地类界，等高线及各种地貌符号等。图外的整饰包括外图廓线、坐标网、经纬度、接图表、图名、图号、比例尺，坐标系统及高程系统、施测单位、测绘者及施测日期等。图上地物以及等高线的线条粗细、注记字体大小均按规定的图式进行绘制。

现代测绘部门已广泛采用计算机绘图工序，经外业测绘的地形图，只需用铅笔完成清绘，然后用扫描仪使地图矢量化，便可通过 AutoCAD 等绘图软件进行地形图的机助绘制。

第三节　地形图的应用

地形图是国家各个部门、各项工程建设中必需的基础资料，在地形图上可以获取多种、大量的所需信息。并且，从地形图上确定地物的位置和相互关系及地貌的起伏形态等情况，比实地更准确、更全面、更方便、更迅速。

一、确定图上点位的坐标

1. 求点的直角坐标

欲求图 8.24 (a) 中 P 点的直角坐标，可以通过从 P 点作平行于直角坐标格网的直线，交格网线于 e、f、g、h 点。用比例尺（或直尺）量出 ae 和 ag 两段距离，则 P 点的坐标为：

$$x_P = x_a + ae = 21\,100 + 27 = 21\,127 \text{ m}$$
$$y_P = y_a + ag = 32\,100 + 29 = 32\,129 \text{ m}$$

为了防止图纸伸缩变形带来的误差，可以采用下列计算公式消除：

$$x_P = x_a + \frac{ae}{ab} \cdot l = 21\,100 + \frac{27}{99.9} \times 100 = 21\,127.03 \text{ m}$$
$$y_P = y_a + \frac{ag}{ad} \cdot l = 32\,100 + \frac{29}{99.9} \times 100 = 32\,129.03 \text{ m}$$

式中，l 为相邻格网线间距。

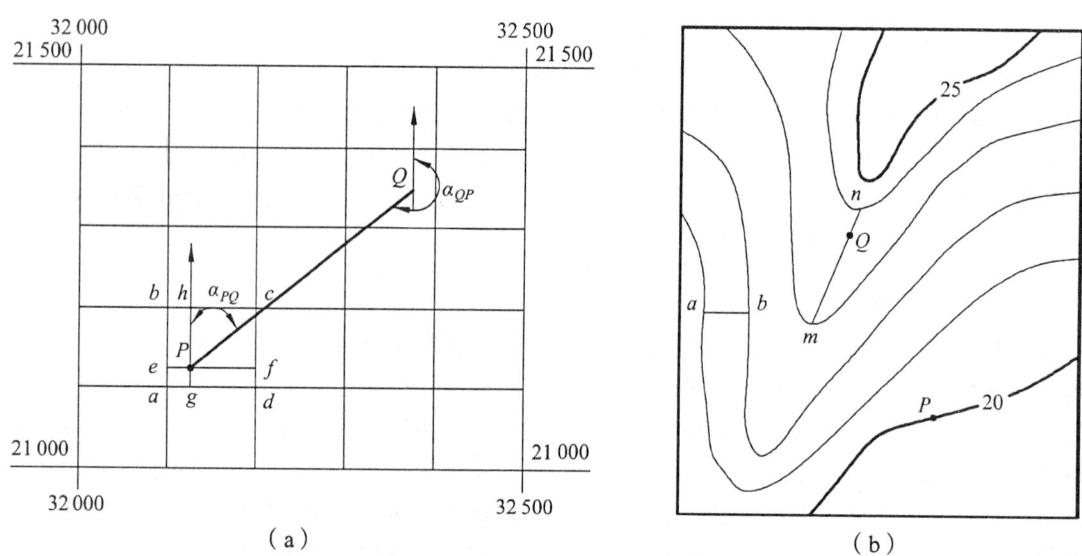

图 8.24　确定点的坐标、高程、直线段的距离、坐标方位角和坡度

2. 求点的大地坐标

在求某点的大地坐标时，首先根据地形图内外图廓中的分度带，绘出大地坐标格网。接

着，作平行于大地坐标格网的纵、横直线，交于大地坐标格网。然后，按照上面求点直角坐标的方法计算出点的大地坐标。

二、确定图上直线段的距离

若求 PQ 两点间的水平距离，如图 8.24（a）所示，最简单的办法是用比例尺或直尺直接从地形图上量取。为了消除图纸的伸缩变形给量取距离带来的误差，可以用两脚规量取 PQ 间的长度，然后与图上的直线比例尺进行比较，得出两点间的距离。更精确的方法是利用前述方法求得 P、Q 两点的直角坐标，再用坐标反算出两点间距离。

三、图上确定直线的坐标方位角

如图 8.24（a）所示，若求直线 PQ 的坐标方位角 α_{PQ}，可以先过 P 点作一条平行于坐标纵线的直线，然后用量角器直接量取坐标方位角 α_{PQ}。要求精度较高时，可以利用前述方法先求得 P、Q 两点的直角坐标，再利用坐标反算公式计算出 α_{PQ}。

四、确定图上点的高程

根据地形图上的等高线，可确定任一地面点的高程。如果地面点恰好位于某一等高线上，则根据等高线的高程注记或基本等高距，便可直接确定该点高程。如图 8.24（b）所示，P 点的高程为 20 m。当确定位于相邻两等高线之间的地面点 Q 的高程时，可以采用目估的方法确定。更精确的方法是，先过 Q 点作垂直于相邻两等高线的线段 mn，再依高差和平距成比例的关系求解。例如，图中等高线的基本等高距为 1 m，则 Q 点高程为：

$$H_Q = H_n + \frac{mQ}{mn} \cdot h = 23 + \frac{14}{20} \times 1 = 23.7\ \text{m}$$

如果要确定两点间的高差，则可采用上述方法确定两点的高程后，相减即得两点间高差。

五、确定图上地面坡度

由等高线的特性可知，地形图上某处等高线之间的平距越小，则地面坡度越大。反之，等高线间平距越大，坡度越小。当等高线为一组等间距平行直线时，则该地区地貌为斜平面。

如图 8.24（b）所示，欲求 P、Q 两点之间的地面坡度，可先求出两点高程 H_P、H_Q，然后求出高差 $h_{PQ} = H_Q - H_P$，以及两点水平距离 d_{PQ}，再按下式计算：

P、Q 两点之间的地面坡度：$i = \dfrac{h_{PQ}}{d_{PQ}}$

P、Q 两点之间的地面倾角：$\alpha_{PQ} = \arctan\dfrac{h_{PQ}}{d_{PQ}}$

当地面两点间穿过的等高线平距不等时，计算的坡度则为地面两点平均坡度。

两条相邻等高线间的坡度，是指垂直于两条等高线两个交点间的坡度。如图 8.24（b）所示，垂直于等高线方向的直线 ab 具有最大的倾斜角，该直线称为最大倾斜线（或坡度线），通常以最大倾斜线的方向代表该地面的倾斜方向。最大倾斜线的倾斜角，也代表该地面的倾斜角。此外，也可以利用地形图上的坡度尺求取坡度。

六、在图上设计规定坡度的线路

对管线、渠道、交通线路等工程进行初步设计时，通常先在地形图上选线。按照技术要求，选定的线路坡度不能超过规定的限制坡度，并且线路最短。如图 8.25 所示，地形图的比例尺为 1∶2 000，等高距为 2 m。设需在该地形图上选出一条由车站 A 至某工地 B 的最短线路，并且在该线路任何一处的坡度都不超过 4%。常见的作法是将两脚规在坡度尺上截取坡度为 4% 时相邻两等高线间的平距；也可以按下式计算相邻等高线间的最小平距（地形图上距离）：

$$d=\frac{h}{M\cdot i}=\frac{2}{2\ 000\cdot 4\%}=25\ \text{mm}$$

然后，将两脚规的脚尖设置为 25 mm，把一脚尖立在点 A，并以 A 点为圆心画弧，交另一等高线（120 m）1′ 点，再以 1′ 点为圆心，另一脚尖交相邻等高线 2′ 点。如此继续直到 B 点。这样，由 A、1′、2′、3′ 至 B 连接的 AB 线路，就是所选定的坡度不超过 4% 的最短线路。从图 8.25 中看出，如果平距 d 小于图上等高线间的平距，则说明该处地面最大坡度小于设计坡度，这时可以在两等高线间用垂线连接。此外，从 A 到 B 的线路可采用上述方法选择多条，例如，由 A、1″、2″、3″ 至 B 所确定的线路。最后选用哪条，则主要根据占用耕地、拆迁民房、施工难度及工程费用等因素决定。

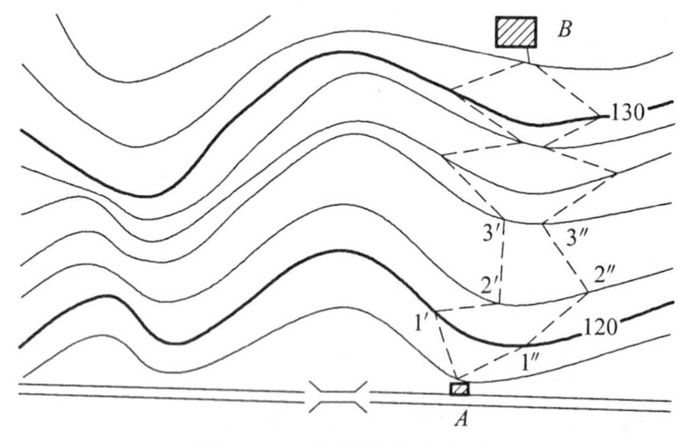

图 8.25　按设计坡度定线

七、沿图上已知方向绘制断面图

地形断面图是指沿某一方向描绘地面起伏状态的竖直面图。在交通、渠道以及各种管线工程中，可根据断面图地面起伏状态，量取有关数据进行线路设计。断面图可以在实地直接测定，也可根据地形图绘制。

绘制断面图时，首先要确定断面图的水平方向和垂直方向的比例尺。通常，在水平方向采用与所用地形图相同的比例尺，而垂直方向的比例尺通常要比水平方向大 10 倍，以突出地形起伏状况。

如图 8.26（a）所示，要求在等高距为 5 m、比例尺为 1∶5 000 的地形图上，沿 *AB* 方向绘制地形断面图，方法如下：

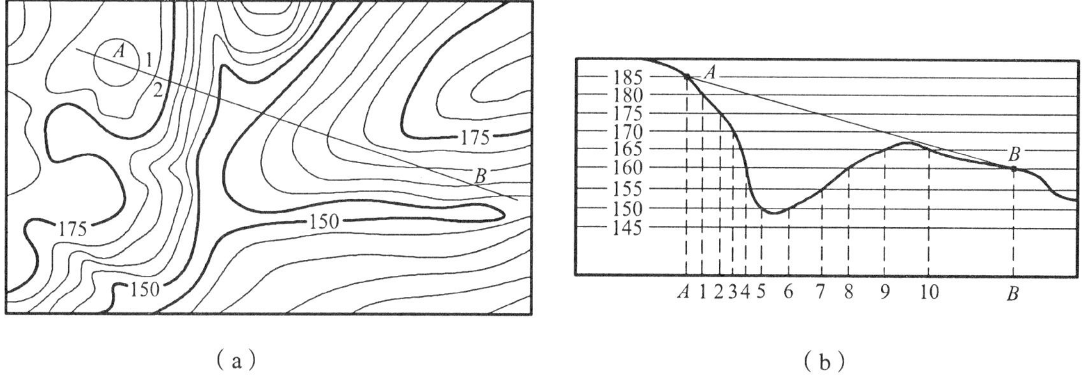

图 8.26　绘制地形断面图和确定地面两点间通视情况

在地形图上绘出断面线 *AB*，依次交于等高线 1、2、3…点。

（1）如图 8.26（b）所示，在另一张白纸（或毫米方格纸）上绘出水平线 *AB*，并作若干平行于 *AB* 等间隔的平行线，间隔大小依竖向比例尺而定，再注记出相应的高程值。

（2）把 1、2、3…交点转绘到水平线 *AB* 上，并通过各点作 *AB* 垂直线，各垂线与相应高程的水平线交点即断面点。

（3）用平滑曲线连各断面点，则得到沿 *AB* 方向的断面图，如图 8.26（b）所示。

八、确定两地面点间是否通视

要确定地面上两点之间是否通视，可以根据地形图来判断。如果地面两点间的地形比较平坦时，通过在地形图上观看两点之间是否有阻挡视线的建筑物就可以进行判断。但在两点之间地形起伏变化较复杂的情况下，则可以采用绘制简略断面图来确定其是否通视，如图 8.26 所示，则可以判断 *AB* 两点是否通视。

九、在地形图上绘出填挖边界线

在平整场地的土石方工程中，可以在地形图上确定填方区和挖方区的边界线。如图 8.27 所示，要将山谷地形平整为一块平地，并且其设计高程为 45 m，则填挖边界线就是 45 m 的等高线，可以直接在地形图上确定。

如果在场地边界 *aa′* 处的设计边坡为 1∶1.5（即每 1.5 m 平距下降深度 1 m），欲求填方坡脚边界线，则需在图上绘出等高距为 1 m、平距为 1.5 m、一组平行 *aa′* 表示斜坡面的等高线。如图 8.27 所示，根据地形图同一比例尺绘出间距为 1.5 m 的平行等高线与地形图同高程等高线的交点，即为坡脚交点。依次连接这些交点，即绘出填方边界线。同理，根据设计边坡，也可绘出挖方边界线。

十、确定汇水面积

在修建交通线路的涵洞、桥梁或水库的堤坝等工程建设中，需要确定有多大面积的雨水量汇集到桥涵或水库，即需要确定汇水面积，以便进行桥涵和堤坝的设计工作。通常是在地形图上确定汇水面积。

汇水面积是由山脊线所构成的区域。如图 8.28 所示，某公路经过山谷地区，欲在 *m* 处建造涵洞，*cn* 和 *en* 为山谷线，注入该山谷的雨水是由山脊线（即分水线）*a*、*b*、*c*、*d*、*e*、*f*、*g* 及公路所围成的区域。区域汇水面积可通过面积量测方法得出。另外，根据等高线的特性可知，山脊线处处与等高线相垂直，且经过一系列的山头和鞍部，可以在地形图上直接确定。

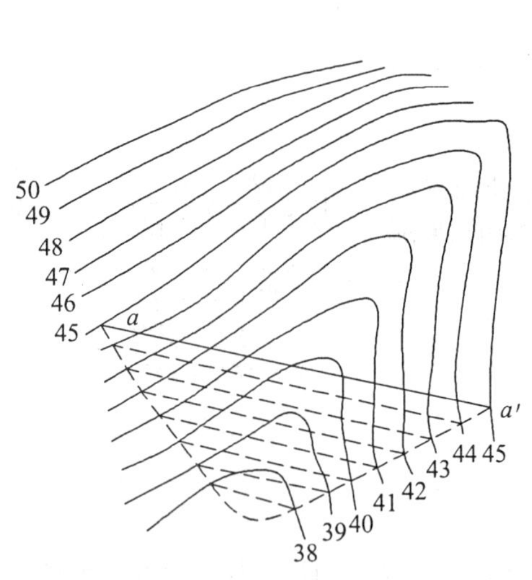

图 8.27　图上确定填挖边界线

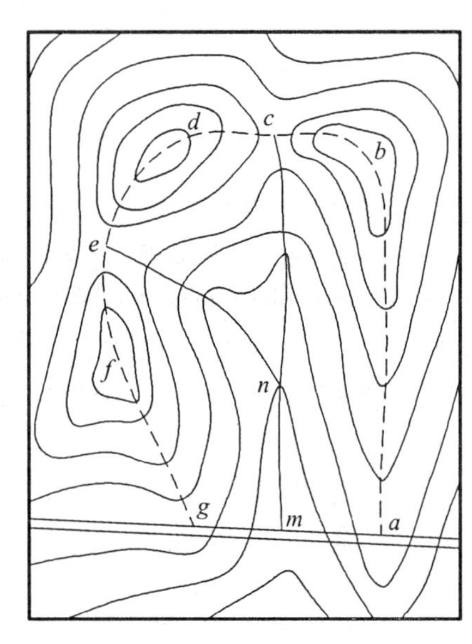

图 8.28　图上确定汇水面积

十一、根据地形图平整场地

建筑工程正式施工前，应进行"三通一平"，三通即水通、电通、路通，一平是平整场地。所谓平整场地是指对原地貌进行必要的改造，使地面高程符合设计要求。其目的是方便施工场地布置、解决并排除地面水及交通运输等问题。在平整场地的工作中，常需估算土石方的工程量，这项工作可利用地形图进行，其主要方法有方格网法、等高线法和断面法。

（一）方格网法

方格网法适用于地形起伏不大或地形变化比较规律的地区。

1. 把自然地面平整为水平场地

图 8.29 所示为一块待平整的坡地，地形图比例尺为 1∶1 000，要求在划定范围内平整为同一高程的平地，同时满足填挖方平衡的条件。

（1）布置方格网。在需要平整场地的地形图上的相应位置布置方格网，方格边长取决于地形变化情况、地形图比例尺大小和土方估算的精度要求，一般取 10 m、20 m、50 m，根据地形图的比例尺，在图上绘出方格网，并进行编号。为了计算的方便，在同一范围内，方格的边长一般取相同长度，但在特殊地形处，也可采用不同的边长。图 8.29 中的方格边长为 10 m。

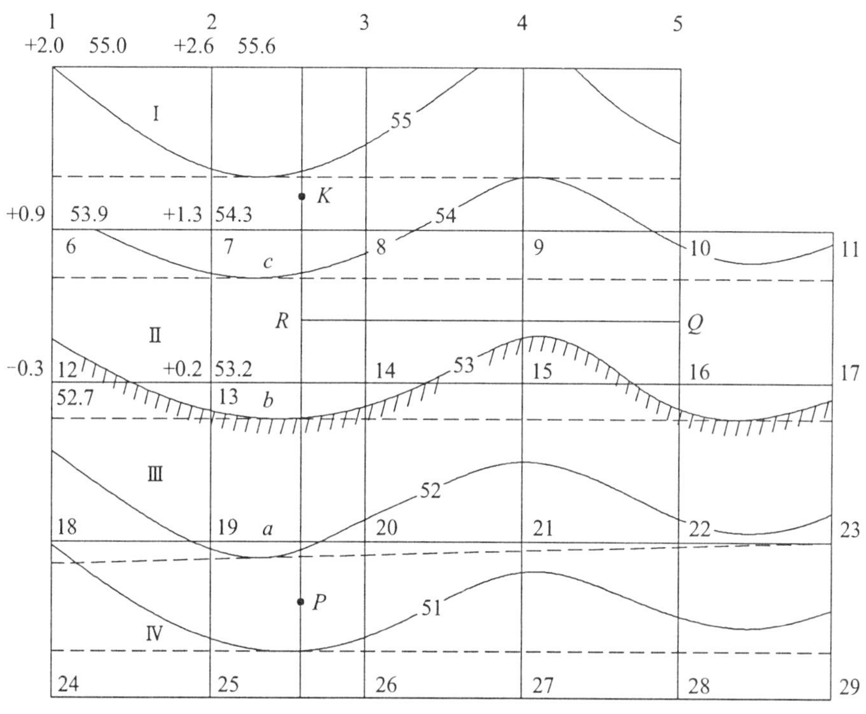

图 8.29　方格网法计算土方量

（2）计算方格角点的地面高程和方格网的平均高程，可根据等高线内插法求出各方格角点的地面高程，并标于相应角点的右上方。

（3）计算设计高程。平整场地后的高程称为设计高程。先分别计算每一方格四个角点高程的平均值，再把各方格的平均高程加起来除以方格数，即得设计高程。经分析可知，在计算设计高程时，方格网外围角点高程用 1 次，如图 8.29 中的 1、5、11、24、29 点；边点高程用 2 次，如 2、3、4、6 点；拐点高程用 3 次，如 10 点；中点高程用 4 次，如 7、8、9 点，则设计高程的计算公式可写成：

$$H_{设}=\frac{\sum H_{角}+2\sum H_{边}+3\sum H_{拐}+4\sum H_{中}}{4n}$$

式中，n 为方格的个数；$\sum H_{角}$、$\sum H_{边}$、$\sum H_{拐}$、$\sum H_{中}$ 为各角点、边点、拐点和中点的高程之和（m）。

根据计算的设计高程 $H_{设}$，在地形图上用内插法找出设计高程点，用圆滑的曲线连接起来，即得填挖边界线。与该等高线相比，地势高的一侧为挖方区，地势低的一侧为填方区。

(4) 计算填挖高度。用方格顶点的地面高程和设计高程可计算出方格角点的填、挖高度，即：

$$填（挖）高度=地面高程-设计高程$$

将填（挖）高度注记在各方格角点的左上方，正号为挖方，负号为填方。

(5) 计算填（挖）土石方量。可按角点、边点、拐点、中点分别按下列公式计算：

角点： $$V_{填(挖)}=\sum h_{填(挖)}\times\frac{1}{4}方格面积 \tag{8.4}$$

边点： $$V_{填(挖)}=\sum h_{填(挖)}\times\frac{1}{2}方格面积 \tag{8.5}$$

拐点： $$V_{填(挖)}=\sum h_{填(挖)}\times\frac{3}{4}方格面积 \tag{8.6}$$

中点： $$V_{填(挖)}=\sum h_{填(挖)}\times 1方格面积 \tag{8.7}$$

2. 把自然地面设计成倾斜地面

(1) 打方格网求场地重心的设计高程。利用地形图设计有一定坡度的斜平面。首先是在地形图的相应位置打方格网，用内插法求出各方格角点的高程，然后按照前面计算设计高程的公式，算出场地重心的设计高程。例如，算出场地重心点的设计高程为 51.8 m。

(2) 确定斜面上最高点和最低点的设计高程。从图 8.30 中可知，场地最高边为 AB，最低边为 DC，AB 至 DC 为 8% 的下坡，所以 AB 与 DC 的高差为：

$$h_{AD}=AD\times i=40\times\frac{8}{100}=3.2\ \text{m}$$

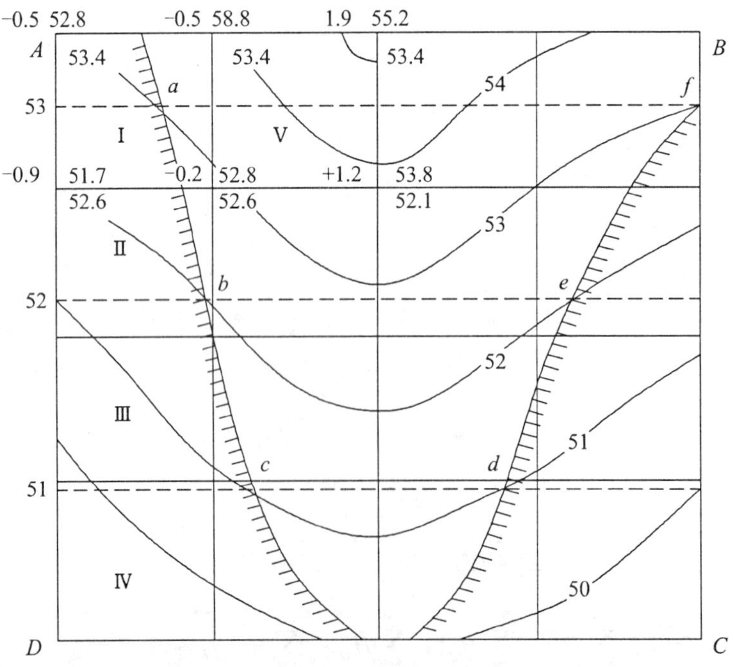

图 8.30 把自然地面平整为倾斜地面

A、D（或 B、C）点的设计高程分别为：

$$H_{A(设)}=51.8+\frac{3.2}{2}=53.4\text{ m}$$

$$H_{D(设)}=51.8-\frac{3.2}{2}=50.2\text{ m}$$

（3）确定地面设计等高线的位置，绘出填挖边界线。根据 A、D 的设计高程，用内插法求出设计等高线高程为 51 m、52 m、53 m 等通过的位置。然后过 AD 设计等高线的通过点，作设计等高线的平行线，该平行线即为设计等高线。设计等高线与地形图上原有等高线的交点，即为填挖边界点，连接这些边界点，即得填挖边界线界。如图 8.30 中画有短线的曲线，即为填挖边界线。

（4）确定填挖高度。根据地形图，用内插法求出各方格角点的地面高程，并将该高程注在角点的右上方。用同样的方法计算出各方格角点的设计高程，并注在角点的右下方，然后用地面高程减去设计高程，即得各角点的填挖高度，并注在各角点的左上方。

（5）计算填挖方量。根据上面算出的各方格角点的填挖高度及各方格内的填挖面积，即可按照前面已用过的方法计算各方格内的填挖方量，最后算出总填方量和总挖方量。如图 8.30 中，在填挖边界线的内侧为挖方，外侧为填方。

（二）等高线法

当场地地面起伏较大，且仅计算挖方时，可采用等高线法。这种方法是从场地设计高程的等高线开始，算出各等高线所包围的面积，分别将相邻两条等高线所围面积的平均值乘以等高距，就是该两条等高线平面间的土石方量，再求和即得总的挖方量。如图 8.31 所示，地形图等高距为 2 m，要求平整场地后的设计高程为 55 m。先在图中用内插法设计高程 55 m 的等高线（见图 8.31 中虚线），再分别求出 55 m、56 m、58 m、60 m、62 m 五条等高线所围成的面积 A_{55}、A_{56}、A_{58}、A_{60}、A_{62}，即可算出每层土石方量为：

$$V_1=\frac{1}{2}(A_{55}+A_{56})\times 1$$

$$V_2=\frac{1}{2}(A_{56}+A_{58})\times 2$$

$$\vdots$$

$$V_5=\frac{1}{3}A_{62}\times 0.8$$

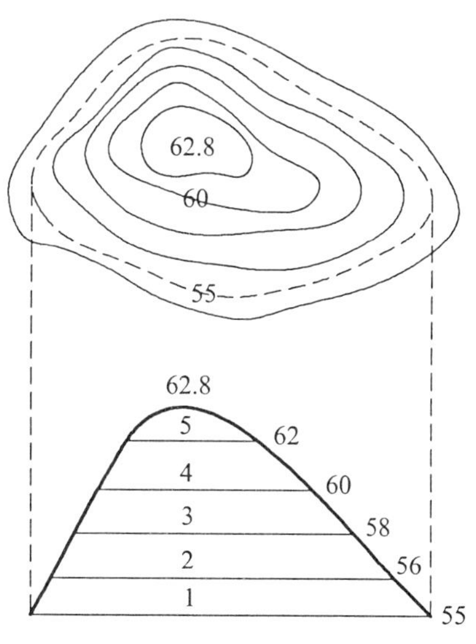

图 8.31　等高线法计算土方量

V_5 是 62 m 等高线以上山头顶部的土石方量，总挖方量为：$V_{总}=V_1+V_2+\cdots+V_5$。

（三）断面法

在道路和管线建设（或坡地的平整）中，沿中线（或挖、填边线）至两侧一定范围内线状地形的土石方计算常用断面法。这种方法是在施工场地范围内，利用地形图以一定间距绘出断面图，分别求出各断面由设计高程线与断面曲线（地面高程线）围成的填方面积和挖方面积，然后计算每相邻断面间的填（挖）方量，分别求和即为总填（挖）方量。

如图 8.32 所示，若地形图比例尺为 1∶1 000，欲在矩形范围内修建一段道路，其设计高程为 47 m。为了求土石方量，先在地形图上绘出相互平行、间隔为 d（一般实地距离为 20～40 m）的断面方向线，如 1-1，2-2，…，6-6；再按一定比例尺绘出各断面图（纵、横轴比例尺应一致，常用的比例尺为 1∶100 或 1∶200），并将设计高程线展绘在断面图上（见图 8.32 中 1-1，2-2 断面）；然后在断面图上分别求出各断面设计高程线与断面图所包围的填土面积或挖土面积 A_{Ti}和A_{Wi}（i 表示断面编号）；最后计算两断面间的土石方量。例如，1-1 和 2-2 两断面间的土石方量为：

填方量　　$V_{T(1-2)}=\dfrac{1}{2}\times(A_{T1}+A_{T2})\times d$

挖方量　　$V_{W(1-2)}=\dfrac{1}{2}\times(A_{W1}+A_{W2})\times d$

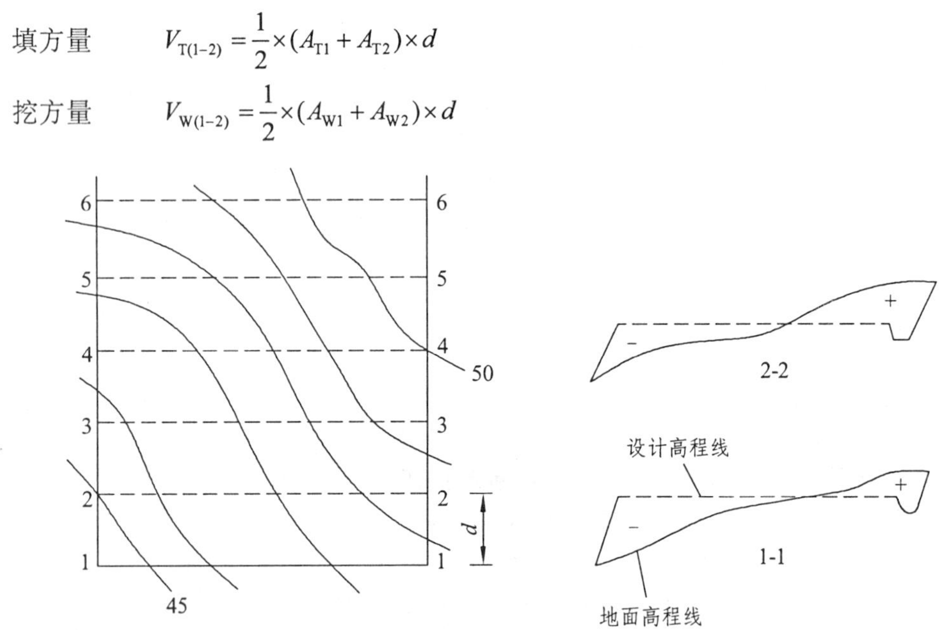

图 8.32　断面法计算土石方量

用同样方法依次计算出每两相邻断面间的土石方量，最后将填方量和挖方量分别累加，即得总的土石方量。

上述三种土石方估算方法各有特点，应根据场地地形条件和工程要求选择合适的方法。当实际工程土石方估算精度要求较高时，往往要到现场实测方格网图（方格点高程）、断面图或地形图。随着计算机的普及应用，土石方量的计算可采用计算机编程完成，也可利用现有的专业软件，根据实地测定的地面点坐标和设计高程，快速、准确地计算指定范围内的填、挖土石方量，并给出填挖边界线。

第四节　数字地形图在工程中的应用

数字地形图是以数字形式存储在计算机存储介质上，用以表示地物、地貌特征点的空间集合形态。随着计算机技术的迅速发展及向工程建设各个领域的渗透，数字地形图在工程建设中的应用也越来越广泛，如在 AutoCAD 软件环境下，利用数字地形图可以很方便地查询各种工程建设中需要的基本几何要素；应用工程建设中相关的专业软件可以非常方便地进行面积、土方量计算和地形三维轴视图以及纵、横断面图的绘制等。

传统纸质地形图在工程建设中的基本应用内容已在本章第三节做了较详细的介绍，本节针对工程建设对地形信息的需求及量测工作，以南方 CASS2008 数字化成图软件中工程应用部分为例，从基本几何要素的查询、土方量计算、断面图绘制和面积应用等方面介绍数字地形图在工程建设中的应用，以方便读者了解数字地形图在工程建设中的应用功能。

所有的地形图应用功能都在 CASS 界面下拉菜单“工程应用”下，如图 8.33 所示。

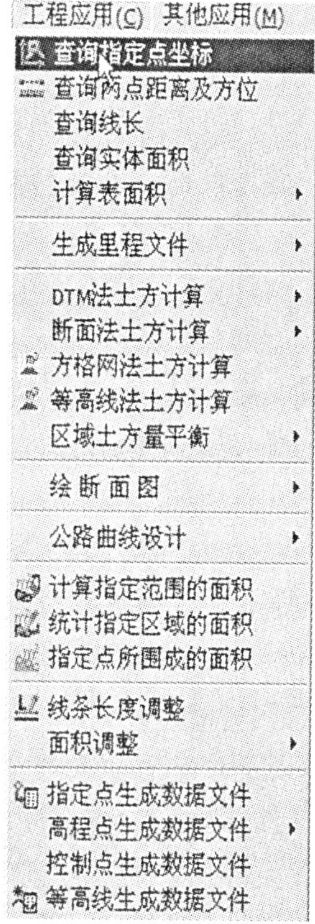

图 8.33 “工程应用”菜单

一、基本几何要素的量测

地形图的基本几何要素主要包括点的坐标、两点间距离和方向、任一线段长度、实体面积和表面积等。

打开安装 CASS2008 文件路径下的文件夹的图例“CASS2008\DEMO\study.dwg”下面的查询操作都在该图形文件中进行，图例如图 8.34 所示。

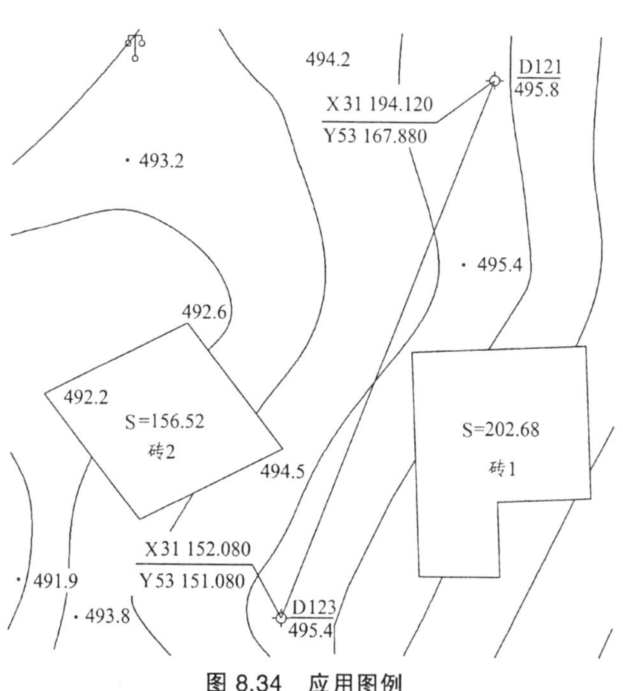

图 8.34 应用图例

1. 查询指定点的坐标

执行下拉菜单“工程应用\查询指定点坐标”命令，在屏幕菜单设置图层区，点“捕捉方式”，选择合适的物体捕捉方式，用鼠标点取所要查询的点即可。具体示例如下：

指定查询点：（圆心捕捉图 8.34 中的图根点 D121）

测量坐标：X＝31 194.120 米 Y＝53 167.880 米 H＝495.800 米

如要在图上注记点的坐标，应执行屏幕菜单的“文字注记”命令，在弹出的“注记”对话框中双击坐标注记图标，鼠标点取指定注记点和注记位置后，CASS 自动标注该点的 X，Y 坐标。图 8.34 注记了图根点 Dl21 和 Dl23 点的坐标。

2. 查询两点的距离和方位角

执行下拉菜单“工程应用\查询两点距离及方位”命令，提示如下：

第一点：（圆心捕捉图 8.34 中的 Dl21 点）

第二点：（圆心捕捉图 8.34 中的 Dl23 点）

两点间距离＝45.273 米，方位角＝201 度 46 分 57.39 秒。

3. 查询线长

执行下拉菜单“工程应用\查询线长”命令，提示如下：

请选择要查询的线状实体：以图 8.34 中 D121～ D123 点的直线为例，左键点击直线，则提示“找到 1 个”，点右键，则出现如图 8.35 所示的对话框，同时命令区显示“共有一条线状实体，实体总长度为 45.274 米”。

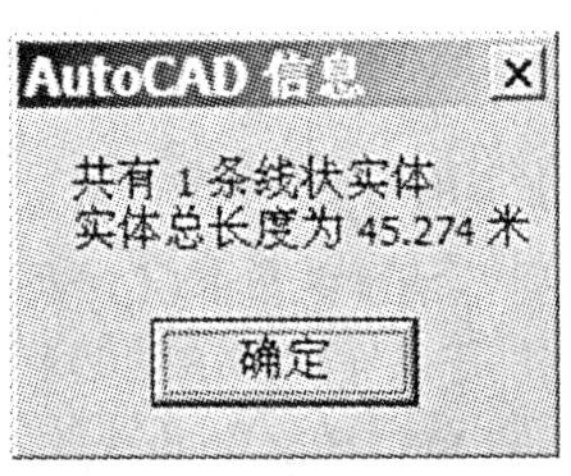

图 8.35 线长提示

4. 查询封闭对象的面积

执行下拉菜单“工程应用\查询实体面积”命令，提示如下：

请选择实体：（点取图 8.34 中混凝土房屋轮廓线上的点）

实体面积为：202.68 平方米

5. 注记封闭对象的面积

执行下拉菜单“工程应用\计算指定范围的面积”命令，提示如下：

① 选目标/②选图层/③选指定图层的目标<1>。

① 选目标：选择指定的封闭对象。

② 选图层：键入图层名，注记该图层上的全部封闭对象的面积。

③ 选指定图层的目标：先键入图层名，再选择该图层上的封闭对象，注记它们的面积。

注记图中全部封闭房屋的面积并填充斜线的操作步骤如下：

①选目标/②选图层/③选指定图层的目标<1>2

图层名：jmd

是否对统计区域加青色阴影线？（1）是（2）否<1>Enter

注意：CASS 将各种类型房屋都放置在 JMD（意为居民地）图层，面积注记文字位于封闭对象的中央，并自动放置在 MJZJ（意为面积注记）图层中。

6. 统计注记面积

对图中面积注记数字求和。统计上述全部房屋面积的操作步骤为：执行下拉菜单“工程应用\统计指定区域的面积”命令，提示如下：

面积统计计算可用：窗口（W．O/多边形窗口（WP．CP）/...等多种方式选择已计算过面积的区域

选择对象：all

选择对象：Enter

总面积：597.88 平方米

也可以点取单个面积注记文字，当面积注记文字比较分散时，可使用窗选方式选择面积注记对象，CASS 自动过滤出 MJZJ 图层上的面积注记对象进行统计计算，统计计算的结果只在命令行提示，不注记在图上。

注意：CASS2008 给出的示例图形 STUDY 中，砖 2 图形并未封闭，读者要将其封闭后，再执行上述操作才能得到上述结果。

7. 计算指定点围成的面积

执行下拉菜单“工程应用\指定点所围成的面积”命令，提示如下：

指定点：用鼠标指定想要计算的区域的第一点，底行将一直提示输入下一点，直到按鼠标的右键或回车键确认指定区域封闭（结束点和起始点并不是同一个点，系统将自动地封闭结束点和起始点）。这时显示：

指定点所围成的面积＝×.××× 平方米

CASS 计算出由指定点围成的多边形的面积，结果只在命令行提示，不注记在图上。

8. 计算表面积

对于不规则地貌，其表面积很难通过常规的方法来计算，在这里可以通过建模的方法来计算，系统通过 DTM 建模，在三维空间内将高程点连接为带坡度的三角形，再通过每个三角形面积累加得到整个范围内不规则地貌的面积。

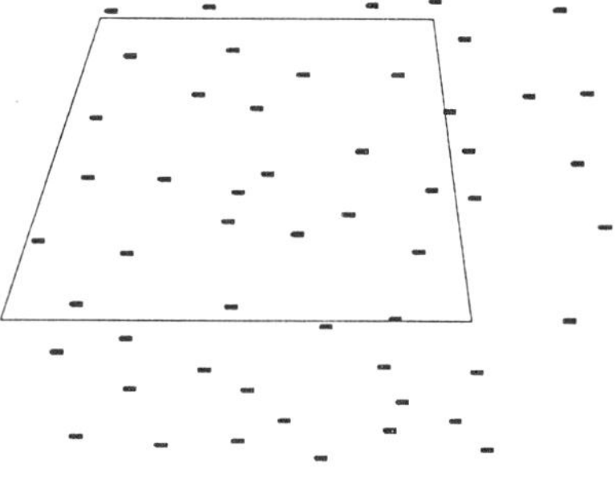

图 8.36 选定计算区域

执行下拉菜单“绘图处理\展高程点”命令，将坐标数据文件 dgx.dat 中的碎部点三维坐标展绘在当前图形中。执行工具菜单的画复合线命令，绘制一条闭合多段线作为表面积计算的边界，如图 8.36 所示。

点击“工程应用\计算表面积\根据坐标文件”命令，命令区提示：

请选择：（1）根据坐标数据文件（2）根据图上高程点：回车选 1；

选择土方边界线用拾取框选择图上的复合线边界；

请输入边界插值间隔(米):<20> 5，输入在边界上插点的密度；

表面积 ＝10 175.025 平方米，详见 surface.log 文件显示计算结果，surface.log 文件保存在\CASS2008\SYSTEM 目录下面。

图 8.37 为建模计算表面积的结果。

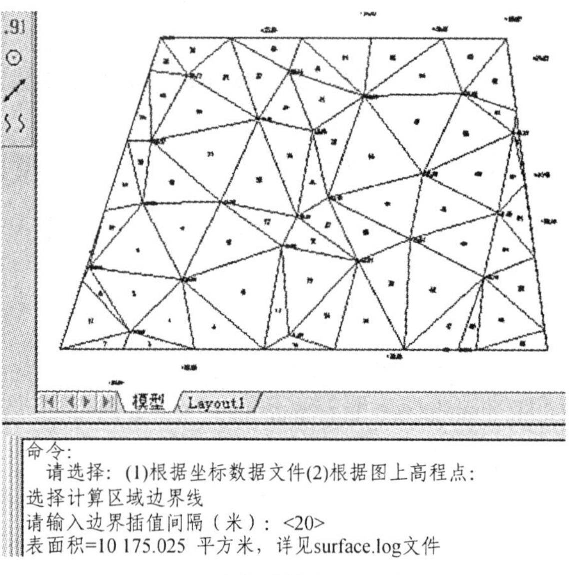

图 8.37 建模计算表面积的结果

另外计算表面积还可以根据图上高程点，操作的步骤相同，但计算的结果会略有差异，因为由坐标文件计算时，边界上内插点的高程由全部的高程点参与计算得到，而由图上高程点来计算时，边界上内插点只与被选中的点有关，故边界上点的高程会影响到表面积的结果。到底由哪种方法计算合理与边界线周边的地形变化条件有关，变化越大的，越趋向与由图面上来选择。

二、土方量的计算

CASS 设置有 DTM 法、断面法、方格网法、等高线法和区域土方量平衡法 5 种计算土方量的方法，命令如图 8.38 所示。本节只介绍方格网法和区域土方量平衡法，使用的案例坐标数据文件为 CASS 自带的 dgx．dat。

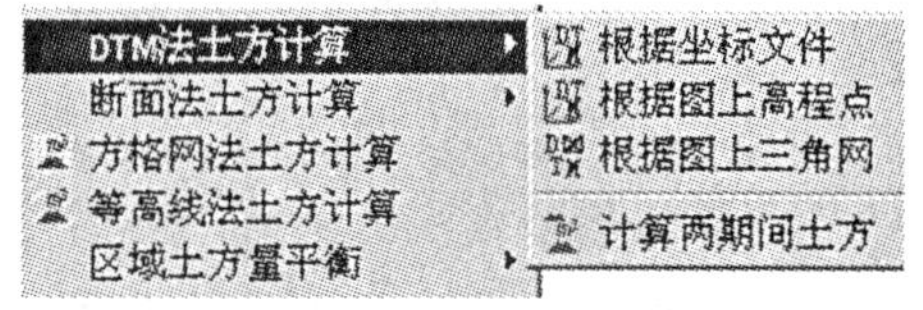

图 8.38 CASS 土方量计算命令

1. 方格网法土方计算

执行下拉菜单“绘图处理\展高程点”命令，将坐标数据文件 dgx.dat 中的碎部点三维坐标展绘在当前图形中。执行工具中的画复合线命令，可绘制一条闭合多段线作为土方计算的边界，如图 8.39 所示。

执行下拉菜单“工程应用\方格网法土方计算”命令，点选土方计算闭合多段线，在弹出的“方格网土方计算”对话框（见图 8.39）中选择 dgx.dat 文件，在“设计面”区选择“平面”，方格宽度输入 10，结果如图 8.39 所示，单击“确定”按钮，CASS 按对话框的设置自动绘制方格网，计算每个方格网的挖填土方量，并将计算结果绘成图 8.40，屏幕给出下列计算结果提示：

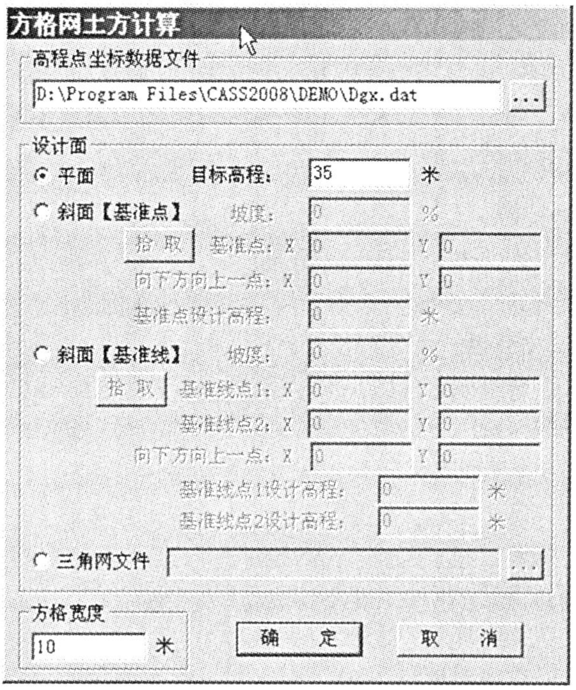

方格网土方计算

高程点坐标数据文件

D:\Program Files\CASS2008\DEMO\Dgx.dat

设计面

平面　目标高程：35 米

斜面【基准点】　坡度：0 %

拾取　基准点：X 0　Y 0

向下方向上一点：X 0　Y 0

基准点设计高程：0 米

斜面【基准线】　坡度：0 %

拾取　基准线点1：X 0　Y 0

基准线点2：X 0　Y 0

向下方向上一点：X 0　Y 0

基准线点1设计高程：0 米

基准线点2设计高程：0 米

三角网文件

方格宽度

10 米

确　定　　取　消

图 8.39 “方格网土方计算”对话框

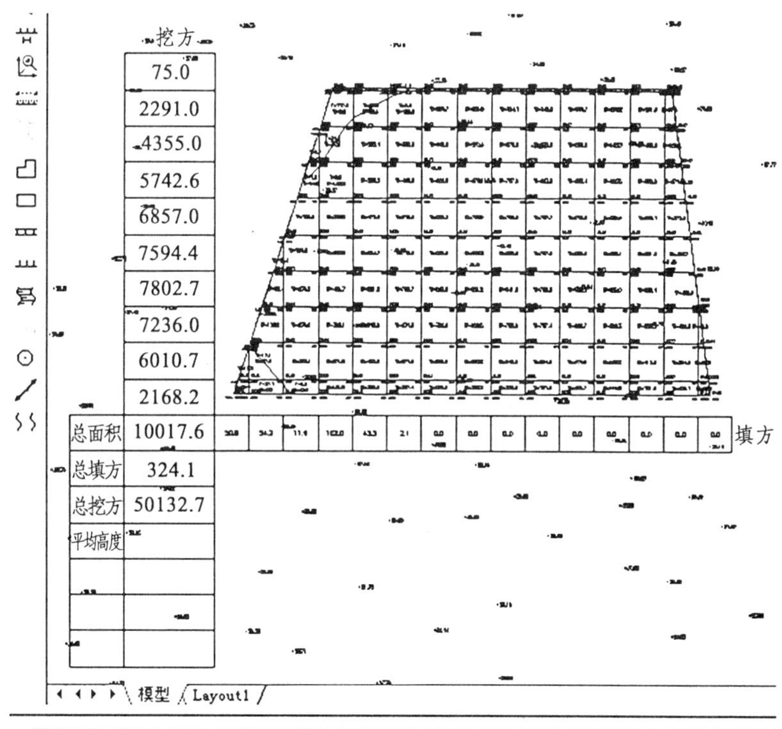

命令：fgwtf

选择计算区域边界线

最小高程=24.368 米，最大高程=43.900 米

请确定方格起始位置<缺省位置>

总填方=324.1立方米，总挖方=50 132.7立方米

图 8.40 方格网法土方计算表格

最小高程＝24.368 米，最大高程＝43.900 米

总填方＝324.1 立方米，总挖方＝50 132.7 立方米

方格宽度一般要求为图上 2 cm，在 1：500 比例尺的地形图上，2 cm 的实地距离为 10 m。方格宽度越小，土方计算精度就越高。

2. 区域土方量平衡计算

计算指定区域挖填平衡的设计高程和土方量。

执行下拉菜单“工程应用\区域土方量平衡\根据坐标数据文件”命令，在弹出的标准文件对话框中选择 dgx.dat 文件后，命令行提示及输入如下：

选择土方边界线（点选封闭多段线）

请输入边界插值间隔（m）：<20>10（回车，在屏幕上弹出图 8.41 所示的信息框），土方平衡高度＝34.134 米，挖方量＝0 立方米，填方量＝0 立方米

请指定表格左下角位置：<直接回车不绘表格>

请指定表格左下角位置：<直接回车不绘表格>（在展绘点区域外拾取一点）

完成响应后，CASS 在指定点处绘制一个土方计算表格和挖填平衡分界线，如图 8.42 所示。

图 8.41　土方计算结果

三角网法土石方计算

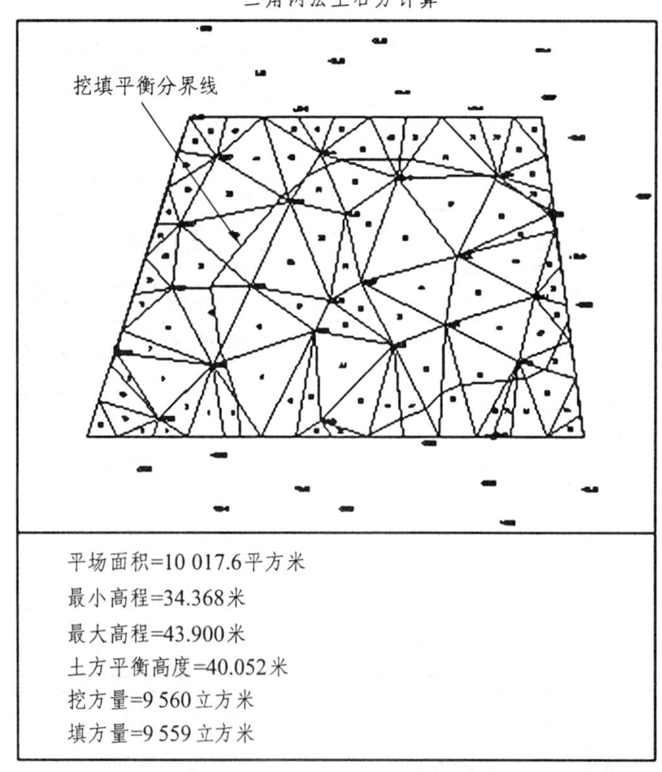

计算日期: 2009年3月28日　　　　计算人:

图 8.42　区域土方量平衡计算表格

思考题与习题

1. 什么叫比例尺？

2. 地形图比例尺的表示方法有哪些？国家基本比例尺地形图有哪些？何为大、中、小比例尺？

3. 何为比例尺的精度，比例尺的精度与碎部测量的距离精度有何关系？

4. 地物符号分为哪些类型？各有何意义？

5. 地形图上表示地貌的主要方法是等高线，等高线、等高距、等高线平距是如何定义的？等高线可以分为哪些类型？如何定义与绘制？

6. 典型地貌有哪些类型？它们的等高线各有何特点？

7. 绘制典型地貌的等高线示意图。

8. 用经纬仪视距法测绘地形，其一个测站上的工作有哪些？数字测图有哪些方法？各有什么特点？

9. 按图所示的碎部点高程，勾绘出等高距为 1 m 的等高线。

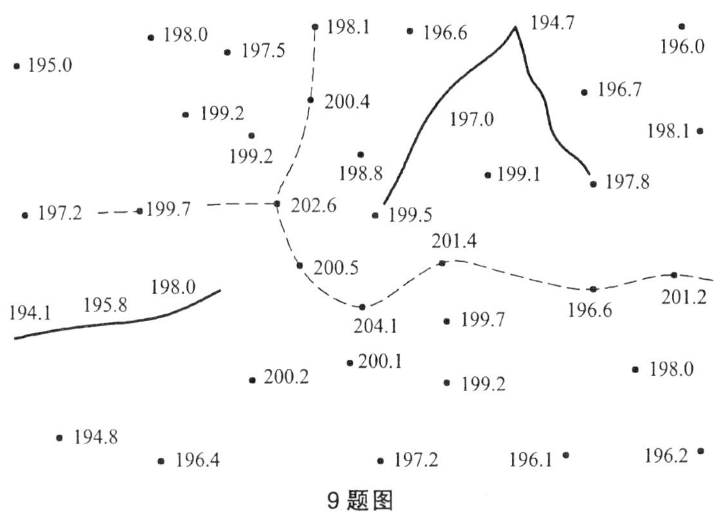

9 题图

10. 在图中（比例尺为 1∶2 000）完成下列工作：

（1）在地形图上用圆括号内符号绘出山顶（△），鞍部的最低点（×），山脊线（— ·— ·—），山谷线（……）。

（2）*B* 点高程是多少？*AB* 水平距离是多少？

（3）判断 *A*、*B* 两点间是否通视？

（4）从 *C* 点到 *D* 点作出一条坡度不大于 3% 的最短线路。

（5）绘出 *A*、*B* 之间的断面图，平距比例尺为 1∶2 000，高程比例尺为 1∶200。

（6）绘出过 *C* 点的汇水面积。

11. 如图所示，为一 1∶2 000 比例尺地形图，现要求在图示方格网内将场地整平。

（1）根据填挖土石方量平衡的原则，计算平整场地的设计高程。

（2）在图中绘出填挖边界线。

（3）计算填挖土石方量。

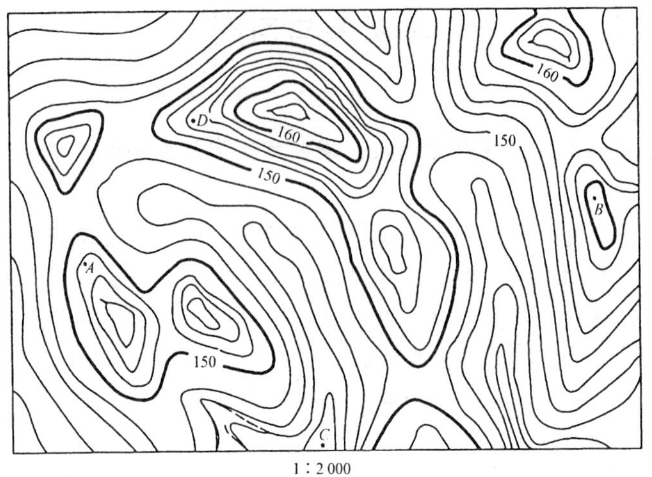

10 题图

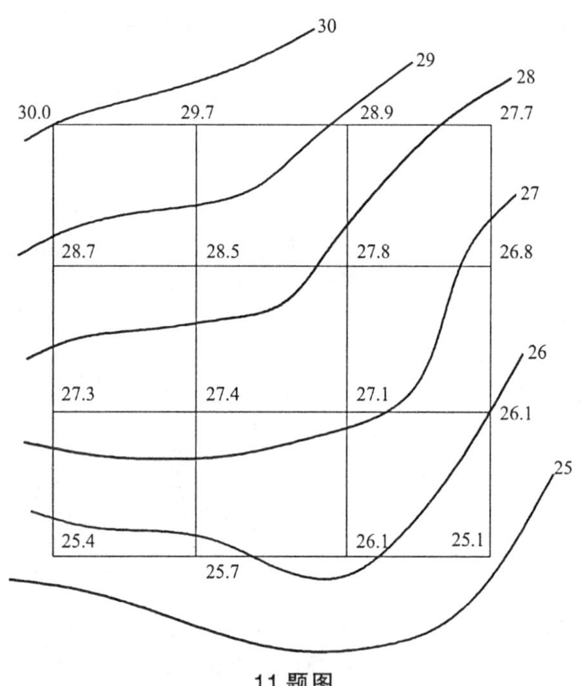

11 题图

12. 利用 CASS 自带的坐标数据文件 dgx.dat，根据 A(53400, 31500)、B(53550, 31510)、C (53500，31350) 和第 11 点 (53380，31340) 4 个点围成的四边形为边界，试用 CASS 完成下列计算：

（1）计算 A、C 之间的距离和四边形对角线交点的坐标。

（2）计算四边形边界长。

（3）计算四边形面积。

（4）计算四边形所围的地表面积。

（5）按填挖平衡的原则平整为水平面，试计算挖填平衡高程及土方量。

（6）将其平整为高程为 37.15 m 的水平面，用方格网法计算挖方量与填方量，方格宽度取 5 m。

第九章　施工测量的基本工作

施工测量是指把图纸上设计好的建（构）筑物位置（包括平面和高程位置）在实地标定出来的工作，即按设计的要求将建（构）筑物各轴线的交点、道路中线、桥墩等点位标定在相应的地面上。这项工作又称为测设或放样。这些待测设的点位是根据控制点或已有建筑物特征点与待测设点之间的角度、距离和高差等几何关系，应用测绘仪器和工具标定出来的。因此，测设已知水平距离、测设已知水平角、测设已知高程是施工测量的基本工作。

第一节　测设已知水平距离

测设已知水平距离是从地面一已知点开始，沿已知方向测设出给定的水平距离以定出第二个端点的工作。根据测设的精度要求不同，可分为一般测设方法和精确测设方法。

一、用钢尺测设已知水平距离

1. 一般方法

在地面上，由已知点 A 开始，沿给定方向，用钢尺量出已知水平距离 D 定出 B 点。为了校核与提高测设精度，在起点 A 处改变读数，按同法量出已知距离 D 定出 B' 点。由于量距有误差，B 与 B' 两点一般不重合，其相对误差在允许范围内时，则取两点的中点作为最终位置。

2. 精确方法

当水平距离的测设精度要求较高时，按照上面一般方法在地面测设出的水平距离，还应再加上尺长、温度和高差 3 项改正，但改正数的符号与精确量距时的符号相反。即：

$$S = D - \varDelta_{l} - \varDelta_{t} - \varDelta_{h} \tag{9.1}$$

式中，S 为实地测设的距离；D 为待测设的水平距离；$\varDelta_{l}$ 为尺长改正数，$\varDelta_{l} = \dfrac{\Delta l}{l_0} \cdot D$，$l_0$ 和 Δl 分别是所用钢尺的名义长度和尺长改正数；$\varDelta_{t}$ 为温度改正数，$\varDelta_{t} = \alpha \cdot D \cdot (t - t_0)$，$\alpha = 1.25 \times 10^{-5}$ 为钢尺的线膨胀系数，t 为测设时钢尺的温度，t_0 为钢尺的标准温度，一般为 20 °C；$\varDelta_{h}$ 为倾斜改正数，$\varDelta_{h} = -\dfrac{h^2}{2D}$，$h$ 为线段两端点的高差。

【例 9.1】　如图 9.1 所示，欲测设水平距离 $D_{AB} = 60$ m，所使用钢尺的尺长方程式为：

$$l_t = 30.000\ \text{m} + 0.003\ \text{m} + 1.2\times10^{-5}\times30(t - 20\ °\text{C})\ \text{m}$$

测设时的温度为 5 °C，AB 两点之间的高差为 1.2 m，试计算测设时在实地应量出的长度是多少？

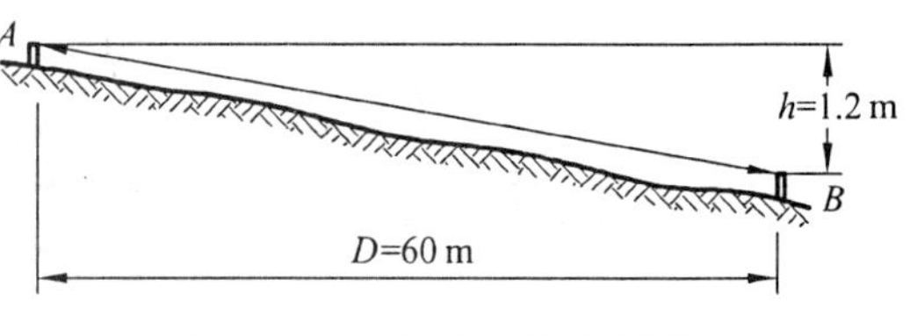

图 9.1　已知水平距离测设

解　根据精确量距公式算出 3 项改正：

尺长改正

$$\varDelta_l = \frac{\Delta l}{l_0}\cdot D = \frac{0.003}{30}\cdot 60 = 0.006\ \text{m}$$

温度改正　$\varDelta_t = \alpha\cdot D\cdot(t - t_0) = 1.2\times10^{-5}\times60\times(5-20) = 0.011\ \text{m}$

倾斜改正　$\varDelta_h = -\dfrac{h^2}{2D} = -\dfrac{1.2^2}{2\times60} = 0.012\ \text{m}$

则实地测设水平距离为：$S = D - \varDelta_l - \varDelta_t - \varDelta_h = 60 - 0.006 + 0.011 + 0.012 = 60.017\ \text{m}$

测设时，自线段的起点 A 沿给定的 AB 方向量出 S，定出终点 B，即得设计的水平距离 D。为了检核，通常再放样一次，若两次放样之差在允许范围内，则取平均位置作为终点 B 的最后位置。

二、光电测距仪（全站仪）测设已知水平距离

用光电测距仪测设已知水平距离与用钢尺测设方法大致相同。如图 9.2 所示，光电测距仪安置于 A 点，棱镜沿已知方向 AB 移动，使仪器显示的距离大致等于待测设距离 D，定出 B' 点，测出 B' 点反光镜的竖直角及斜距，计算出水平距离 D'。再计算出 D' 与需要测设的水平距离 D 之间的改正数 $\Delta D = D - D'$。根据 ΔD 的符号在实地沿已知方向用钢尺由 B' 点量 ΔD 定出 B 点，AB 即为测设的水平距离 D。

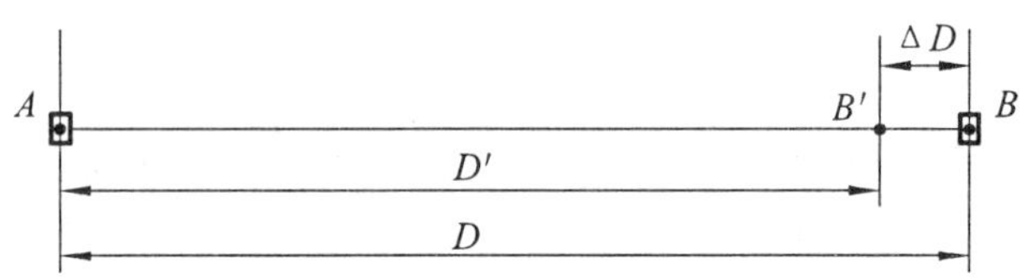

图 9.2　光电测距仪放样距离

由于全站仪瞄准位于 B 点附近的棱镜后，能够直接显示出全站仪与棱镜之间的水平距离 D'，因此，可以通过前后移动棱镜使其水平距离 D' 等于待测设的已知水平距离 D 时，即可定出 B 点，但一定要注意棱镜的对中整平。

为了检核，将棱镜安置在 B 点，测量 AB 的水平距离，若不符合要求，则再次改正，直至在允许范围内为止。

第二节　测设已知水平角

测设已知水平角就是根据一已知方向测设出另一方向，使它们的夹角等于给定的设计角值。按测设精度要求不同分为一般方法和精确方法。

一、一般方法

当测设水平角精度要求不高时，可采用此法，即用盘左、盘右取平均值的方法。如图 9.3 所示，设 OA 为地面上已有方向，欲测设水平角 β，在 O 点安置经纬仪，以盘左位置瞄准 A 点，配置水平度盘读数为 0。转动照准部使水平度盘读数恰好为 β 值，在视线方向定出 B_1 点。然后用盘右位置，重复上述步骤定出 B_2 点，取 B_1 和 B_2 中点 B，则 $\angle AOB$ 即为测设的 β 角。

该方法也称为盘左盘右分中法。

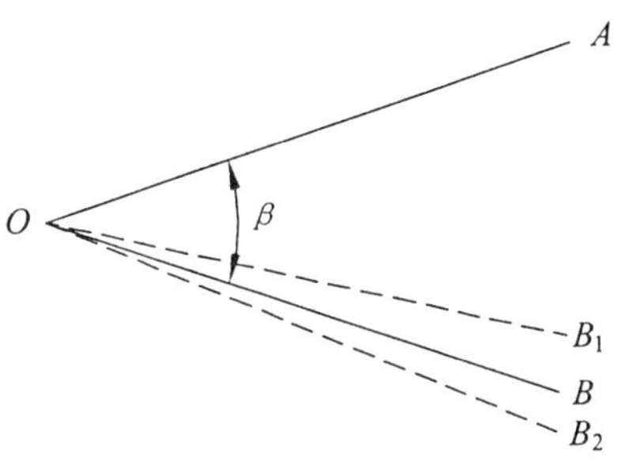

图 9.3　一般方法测设水平角

二、精确方法

当测设精度要求较高时，可采用精确方法测设已知水平角。如图 9.4 所示，安置经纬仪于 O 点，按照上述一般方法测设出已知水平角 $\angle AOB'$，定出 B' 点。然后较精确地测量 $\angle AOB'$ 的角值，一般采用多个测回取平均值的方法，设平均角值为 β'，测量出 OB' 的距离。按下式计算 B' 点处 OB' 线段的垂距 $B'B$。

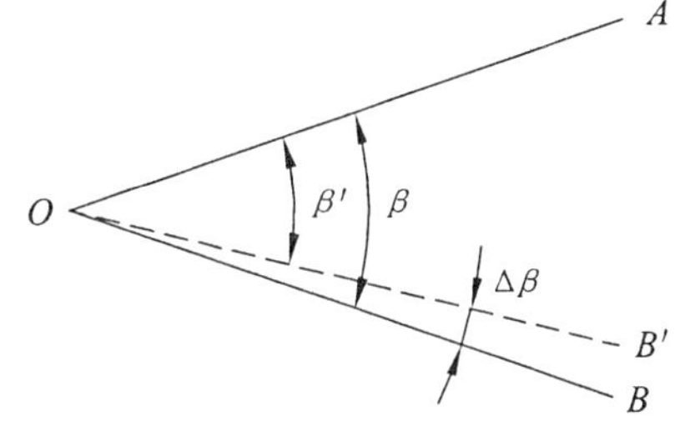

图 9.4　精确方法测设水平角

$$B'B = \frac{\Delta\beta''}{\rho''} \cdot OB' = \frac{\beta - \beta'}{206\ 265''} \cdot OB' \qquad (9.2)$$

然后，从 B' 点沿 OB' 的垂直方向调整垂距 $B'B$，$\angle AOB$ 即为 β 角。如图 9.4 所示，若 $\Delta\beta > 0$ 时，则从 B' 点往内调整 $B'B$ 至 B 点；若 $\Delta\beta < 0$ 时，则从 B' 点往外调整 $B'B$ 至 B 点。

第三节　测设已知高程

测设已知高程就是根据已知点的高程，通过引测，把设计高程标定在固定的位置上。如图 9.5 所示，已知高程点 A，其高程为 H_A，需要在 B 点标定出已知高程为 H_B 的位置。方法是：在 A 点和 B 点中间安置水准仪，精平后读取 A 点的标尺读数为 a，则仪器的视线高程为 $H_i = H_A + a$，由图可知测设已知高程为 H_B 的 B 点标尺读数应为：

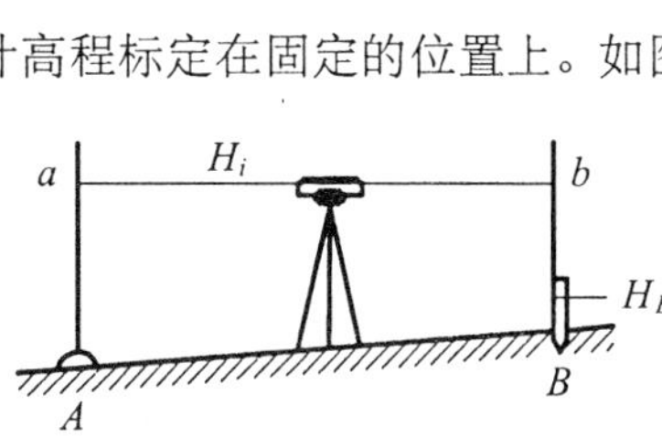

$$b = H_i - H_B \qquad (9.3)$$

图 9.5　已知高程测设

将水准尺紧靠 B 点木桩的侧面上下移动，直到尺上读数为 b 时，沿尺底画一横线，此线

即为设计高程 H_B 的位置。测设时应始终保持水准管气泡居中。

在建筑设计和施工中，为了计算方便，通常把建筑物的室内设计地坪高程用±0 高程表示，建筑物的基础、门窗等高程都是以±0 为依据进行测设。因此，首先要在施工现场利用测设已知高程的方法测设出室内地坪高程的位置。

在地下坑道施工中，高程点位通常设置在坑道顶部。通常规定当高程点位于坑道顶部时，在进行水准测量时水准尺均应倒立在高程点上。如图 9.6 所示，A 为已知高程 H_A 的水准点，B 为待测设高程为 H_B 的位置，由于 $H_B=H_A+a+b$，则在 B 点应有的标尺读数 $b=H_B-(H_A+a)$。因此，将水准尺倒立并紧靠 B 点木桩上下移动，直到尺上读数为 b 时，在尺底画出设计高程 H_B 的位置。

同样，对于多个测站的情况，也可以采用类似分析和解决方法。如图 9.7 所示，A 为已知高程 H_A 的水准点，C 为待测设高程为 H_C 的点位，由于 $H_C=H_A-a-b_1+b_2+c$，则在 C 点应有的标尺读数 $c=H_C-(H_A-a-b_1+b_2)$。

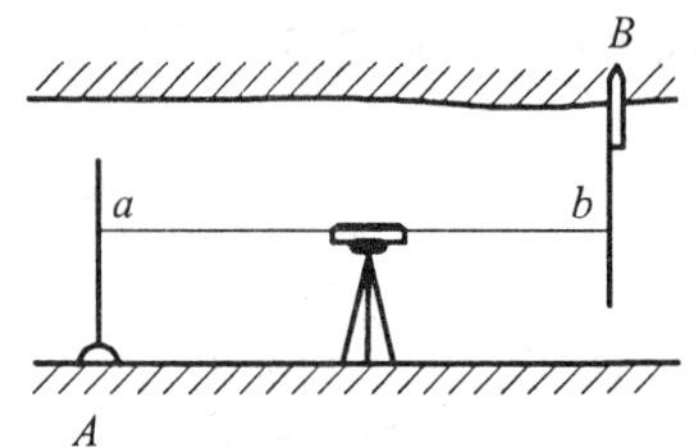

图 9.6 高程点在顶部的测设

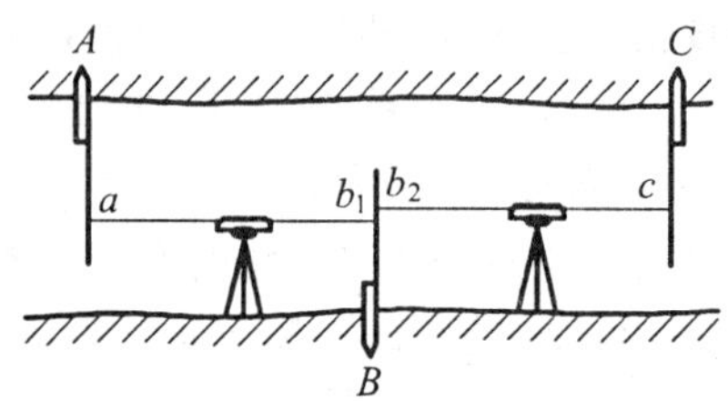

图 9.7 多个测站高程点测设

当待测设点与已知水准点的高差较大时，则可以采用悬挂钢尺的方法进行测设。如图 9.8 所示，钢尺悬挂在支架上，零端向下并挂一重物，A 为已知高程为 H_A 的水准点，B 为待测设高程为 H_B 的点位。在地面和待测设点位附近安置水准仪，分别在标尺和钢尺上读数 a_1、b_1 和 a_2。由于 $H_B=H_A+a-(b_1-a_2)-b_2$，则可以计算出 B 点处标尺的读数 $b_2=H_A+a-(b_1-a_2)-H_B$。同样，图 9.9 所示情形也可以采用类似方法进行测设，即计算出前视读数 $b_2=H_A+a+(a_2-b_1)-H_B$，再画出已知高程位 H_B 的标志线。

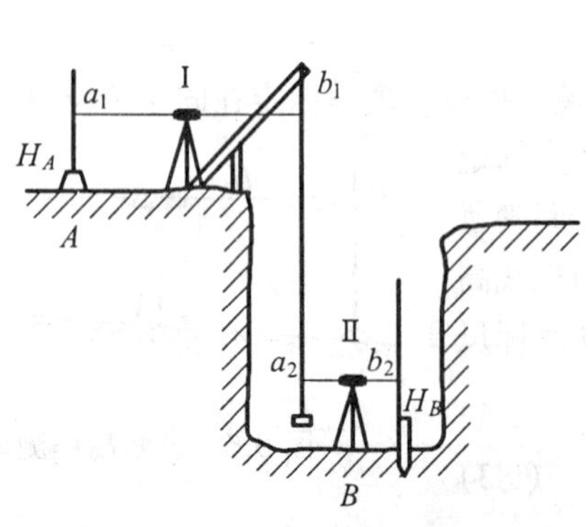

图 9.8 测设建筑基底高程

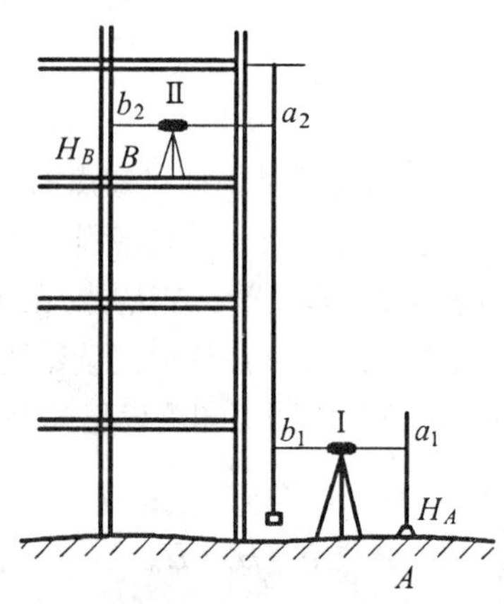

图 9.9 测设建筑楼层高程

第四节　测设点的平面位置

点的平面位置测设是根据已布设好的控制点的坐标和待测设点的坐标，反算出测设数据，即控制点和待测设点之间的水平距离和水平角，再利用上述测设方法标定出设计点位。根据所用的仪器设备、控制点的分布情况、测设场地地形条件及测设点精度要求等条件，可以采用以下几种方法进行测设工作。

一、直角坐标法

直角坐标法是建立在直角坐标原理基础上测设点位的一种方法。当建筑场地已建立有相互垂直的主轴线或建筑方格网时，一般采用此法。

如图 9.10 所示，A、B、C、D 为建筑方格网或建筑基线控制点，1、2、3、4 点为待测设建筑物轴线的交点，建筑方格网或建筑基线分别平行或垂直待测设建筑物的轴线。根据控制点的坐标和待测设点的坐标可以计算出两者之间的坐标增量。下面以测设 1、2 点为例，说明测设方法。

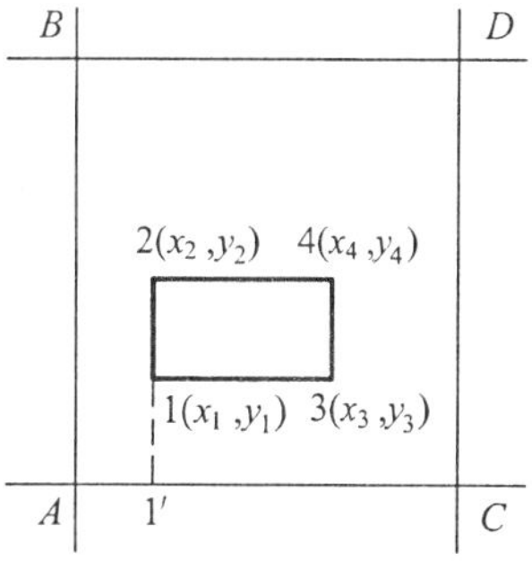

图 9.10　直角坐标法测设点位

首先计算出 A 点与 1、2 点之间的坐标增量，即：

$$\Delta x_{A1}=x_1-x_A\text{，}\quad \Delta y_{A1}=y_1-y_A$$

测设 1、2 点平面位置时，在 A 点安置经纬仪，照准 C 点，沿此视线方向从 A 沿 C 方向测设水平距离 Δy_{A1} 定出 1′ 点。再安置经纬仪于 1′ 点，盘左照准 C 点（或 A 点），转 90° 给出视线方向，沿此方向分别测设出水平距离 Δx_{A1} 和 Δx_{12} 定 1、2 两点。同法以盘右位置再定出 1、2 两点，取 1、2 两点盘左和盘右的中点即为所求点位置。

采用同样的方法可以测设 3、4 点的位置。

检查时，可以在已测设的点上架设经纬仪，检测各个角度是否符合设计要求，并丈量各条边长。

如果待测设点位的精度要求较高，可以利用精确方法测设水平距离和水平角。

二、极坐标法

极坐标法是根据控制点、水平角和水平距离测设点平面位置的方法。在控制点与测设点间便于钢尺量距的情况下，采用此法较为适宜，而利用测距仪或全站仪测设水平距离，则没有此项限制，且工作效率和精度都较高。

如图 9.11 所示，$A(x_A, y_A)$、$B(x_B, y_B)$ 为已知控制点，$1(x_1, y_1)$、$2(x_2, y_2)$ 为待测设点。根据已知点坐标和测设点坐标，按坐标反算方法求出测设数据，即 D_1、D_2、$\beta_1=\alpha_{A1}-\alpha_{AB}$、$\beta_2=\alpha_{A2}-\alpha_{AB}$。

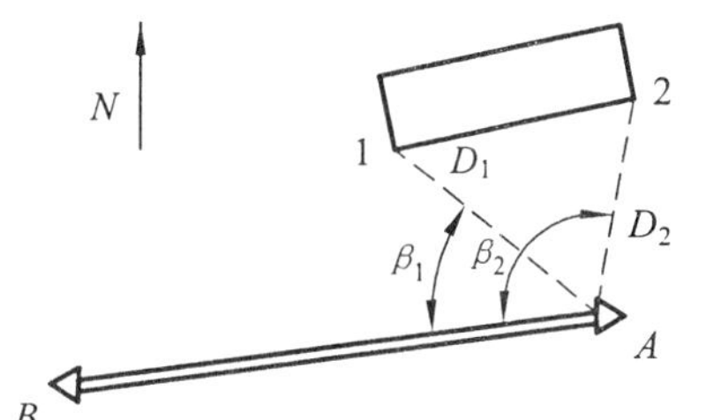

图 9.11　极坐标法测设点位

测设时，经纬仪安置在 A 点，后视 B 点，置度盘为零，按盘左盘右分中法测设水平角 β_1、β_2，定出 1、2 点方向，沿此方向测设水平距离 D_1、D_2，则可以在地面标定出设计点位 1、2 两点。

检核时，可以采用丈量实地 1、2 两点之间的水平边长，并与 1、2 两点设计坐标反算出的水平边长进行比较。

如果待测设点 1、2 的精度要求较高，可以利用前述的精确方法测设水平角和水平距离。

三、角度交会法

角度交会法是在 2 个控制点上分别安置经纬仪，根据相应的水平角测设出相应的方向，根据两个方向交会定出点位的一种方法。此法适用于测设点离控制点较远或量距有困难的情况。

如图 9.12 所示，根据控制点 A、B 和测设点 1、2 的坐标，反算测设数据 β_{A1}、β_{A2}、β_{B1} 和 β_{B2} 的角值。将经纬仪安置在 A 点，瞄准 B 点，利用 β_{A1}、β_{A2} 角值按照盘左盘右分中法，定出 $A1$、$A2$ 方向线，并在其方向线上的 1、2 两点附近分别打上 2 个木桩（俗称骑马桩），桩上钉小钉以表示此方向，并用细线拉紧。然后，在 B 点安置经纬仪，同法定出 $B1$、$B2$ 方向线。根据 $A1$ 和 $B1$、$A2$ 和 $B2$ 方向线可以分别交出 1、2 两点，即为所求待测设点的位置。

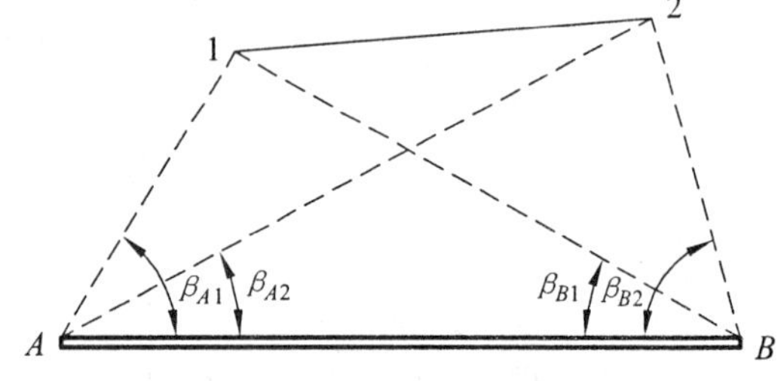

图 9.12　角度交会法测设点位

当然，也可以利用两台经纬仪分别在 A、B 两个控制点同时设站，测设出方向线后标定出 1、2 两点。

检核时，可以采用丈量实地 1、2 两点之间的水平边长，并与 1、2 两点设计坐标反算出的水平边长进行比较。

四、距离交会法

距离交会法是从两个控制点利用两段已知距离进行交会定点的方法。当建筑场地平坦且便于量距时，用此法较为方便。

如图 9.13 所示，A、B 为控制点，1 点为待测设点。首先，根据控制点和待测设点的坐标反算出测设数据 D_A 和 D_B，然后用钢尺从 A、B 两点分别测设两段水平距离 D_A 和 D_B，其交点即为所求 1 点的位置。

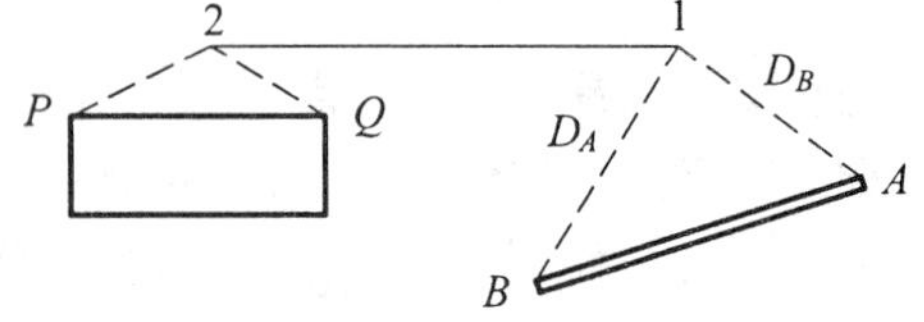

图 9.13　距离交会法测设点位

同样，2 点的位置可以由附近的地形点 P、Q 交会出。

检核时，可以实地丈量 1、2 两点之间的水平距离，并与 1、2 两点设计坐标反算出的水平距离进行比较。

五、十字方向线法

十字方向线法是利用两条互相垂直的方向线相交得出待测设点位的一种方法。如图 9.14 所示，设 A、B、C 及 D 为一个基坑的范围，P 点为该基坑的中心点位，在挖基坑时，P 点则会遭到破坏。为了随时恢复 P 点的位置，则可以采用十字方向线法重新测设 P 点。

首先，在 P 点架设经纬仪，设置两条相互垂直的直线，并分别用两个桩点来固定。当 P 点被破坏后需要恢复时，则利用桩点 A′A″ 和 B′B″ 拉出两条相互垂直的直线，根据其交点重新定出 P 点。

为了防止由于桩点发生移动而导致 P 点测设误差，可以在每条直线的两端各设置两个桩点，以便能够发现错误。

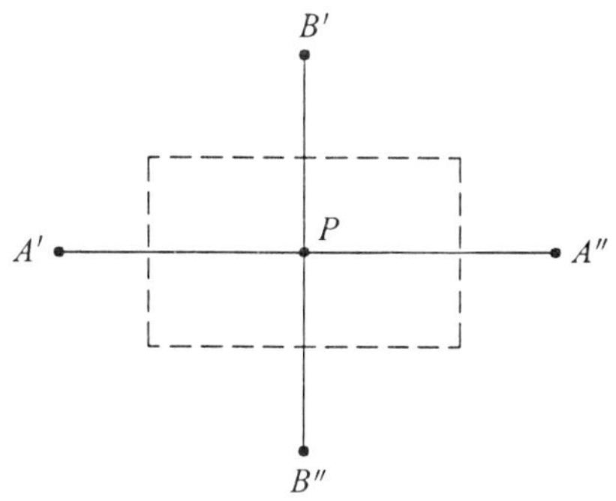

图 9.14　十字方向线法测设点位

六、全站仪坐标测设法

全站仪不仅具有测设高精度、速度快的特点，而且可以直接测设点的位置。同时，在施工放样中受天气和地形条件的影响较小，从而在生产实践中得到了广泛应用。

全站仪坐标测设法，就是根据控制点和待测设点的坐标定出点位的一种方法。首先，将仪器安置在控制点上，使仪器置于测设模式，然后输入控制点和测设点的坐标，一人持反光棱镜立在待测设点附近，用望远镜照准棱镜，按坐标测设功能键，全站仪显示出棱镜位置与测设点的坐标差。根据坐标差值，移动棱镜位置，直到坐标差值等于零，此时，棱镜位置即为测设点的点位。

为了能够发现错误，每个测设点位置确定后，可以再测定其坐标作为检核。

第五节　测设已知坡度

测设已知坡度就是在地面上定出一条直线，其坡度值等于已给定的设计坡度。在交通线路工程、排水管道施工和敷设地下管线等项工作中经常涉及该问题。

如图 9.15 所示，设地面上 A 点的高程为 H_A，AB 两点之间的水平距离为 D，要求从 A 点沿 AB 方向测设一条设计坡度为 δ 的直线 AB，即在 AB 方向上定出 1、2、3、4、B 各桩点，使其各个桩顶面连线的坡度等于设计坡度 δ。

具体测设时，先根据设计坡度 δ 和水平距离 D 计算出 B 点的高程。即:

$$H_B = H_A - \delta \times D \tag{9.4}$$

计算 B 点高程时，注意坡度 δ 的正、负，在图 9.15 中 δ 应取负值。

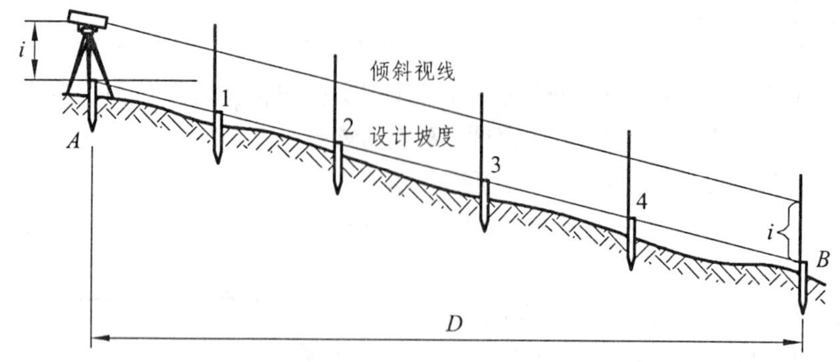

图 9.15　已知坡度线测设

然后，按照本章第三节所述测设已知高程的方法，把 B 点的设计高程测设到木桩上，则 AB 两点的连线的坡度等于已知设计坡度 δ。

为了在 AB 间加密 1、2、3、4 等点，在 A 点安置水准仪时，使一个脚螺旋在 AB 方向线上，另两个脚螺旋的连线大致与 AB 线垂直，量取仪器高 i，用望远镜照准 B 点水准尺，旋转在 AB 方向上的脚螺旋，使 B 点桩上水准尺上的读数等于 i，此时仪器的视线即为设计坡度线。在 AB 中间各点打上木桩，并在桩上立尺使读数皆为 i，这样的各桩桩顶的连线就是测设坡度线。当设计坡度较大时，可利用经纬仪定出中间各点。

当使用电子经纬仪或全站仪测设时，可以将其竖盘显示单位切换为坡度单位，直接将望远镜视线的坡度值调整到设计坡度 δ 即可，不需要先测设出 B 点的平面位置和高程。

【例 9.2】　已知 A、B 两点的高程：$H_A=1\ 104.710$ m，$H_B=1\ 105.510$ m，A、B 两点间的水平距离 $D=110.000$ m。仪器安置于 A 点上，量得仪器高 $i=1.140$ m。欲测设＋0.8% 的坡度线，B 点尺上的读数为多少时，A 点与 B 点尺底位置的连线即为该坡度线？

解　根据式（9.4），A、B 两点连线的坡度为＋0.8% 时的 B 点高程为：

$$H'_B = H_A + D\cdot\delta$$
$$=1\ 104.710+110.000\times(+0.8\%)=1\ 105.590\ \text{m}$$

仪器的视线高：

$$H_i = H_A + i = 1\ 104.710+1.140=1\ 105.850\ \text{m}$$

A 点与 B 点尺底位置的连线为 0.8% 时，B 点尺上读数应为：

$$b=H_i-H'_B=1\ 105.850-1\ 105.590=0.260\ \text{m}$$

思考题与习题

1. 什么是测设？测设的基本工作有哪些？它与量距、测角、测高程有什么区别？

2. 建筑物施工测量的目的是什么？它有什么特点？

3. 测设已知点位的方法有哪些？各种方法的适用条件是什么？

4. 在一斜坡上放样已知长度的直线段，该直线段在 1∶1 000 图纸上量得其水平距离为 31.2 mm，直线两端点的高差为 11.2 m，今用名义长度为 20 m，而检定长度为 19.981 m 钢尺放样，略去温度影响，试换算出测设长度 D。

5. 今欲在倾斜的地面设置平距为 100 m 的线段，已知该线段两端的高差为 1.24 m，所用 30 m 钢尺的实际长度为 30.005 m，测设时的温度比尺子检定时高 10 °C，已知钢尺线膨胀系数 $\alpha = 1.25\times10^{-5}$/°C，测设时的拉力和检定时相同，计算用这一把钢尺应量出的倾斜距离。

6. 如图所示，已知 A 点的高程为 104.710 m，AB 两点的距离为 110 m，B 点的地面高程为 105.510 m，已知安置于 A 点，仪器高为 1.140 m，今欲设置 +8‰ 的倾斜视线，试求视线在 B 点尺上应截切的读数。

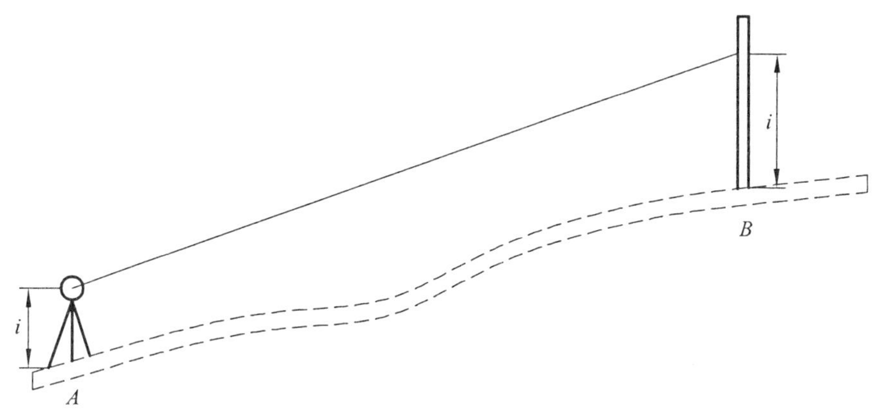

6 题图

7. 如图所示，要确定厂房主轴线 A、O、B，现根据控制网测设出 A'、O'、B' 三点，测得 $AO = a = 100$ m，$OB = b = 200$ m，求各点的移动量。

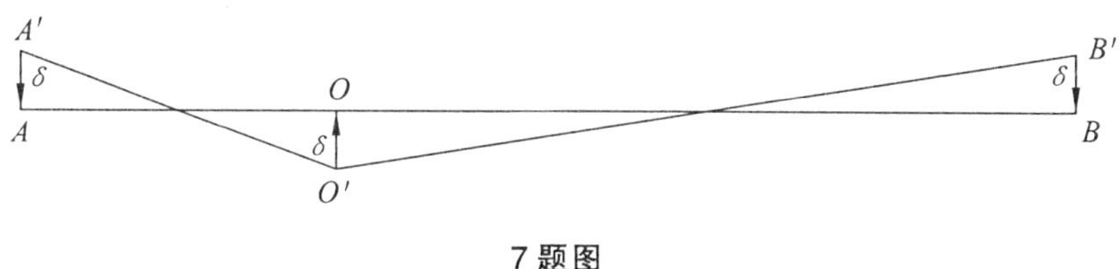

7 题图

8. 已知某水准点 A 的高程为 507.531 m，欲测设高程为 506.940 m 的建筑物 B 的高程。设水准尺在 A 点上的横丝读数为 1.023 m，问当水准尺立在该建筑物 B 的木桩上，其横丝读数为多少时，水准尺底部就是建筑物 B 的高程位置。

9. 如图所示，水准点 A 的高程为 17.500 m，欲测设基坑水平桩 C 点的高程为 13.960 m，设 B 点为基坑的转点，将水准仪安置在 A、B 间时，其后视读数为 0.762 m，前视读数为 2.631 m，将水准仪安置在基坑底时，用水准尺倒立于 B、C 点，得到后视读数为 2.550 m，当前视读数为多少时，尺底即是测设的高程位置？

9 题图

10. 图中，已知 A、B 为建筑物的施工控制点，M、N 为测设点，其坐标列于表中，试用角度交会法计算出测设数据，并说明测设过程。

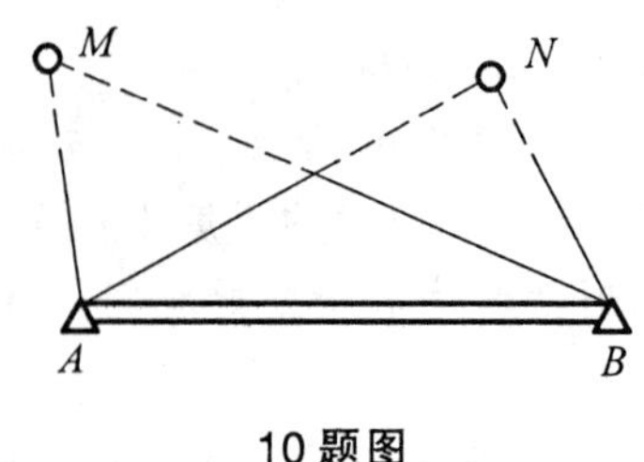

10 题图

11. 已知 $x_A = 250.394$，$y_A = 570.816$，$\alpha_{AB} = 211°20'46''$，若用极坐标法从 A 点测设坐标为 $x_P = 321.478$，$y_P = 542.863$ 的 P 点，计算出所需的测设数据、并绘图说明测设方法。

12. 基坑附近一水准点的高程为 235.463 m，基坑底面设计高程为 228.300 m，挖基坑时如何测设，并绘图说明。

13. 在坑道内要求把高程从 A 传递到 B，已知 $H_A = 75.675$ m，要求 $H_B = 75.870$ m，观测结果如图所示，问在 B 点的应有前视读数是多少？

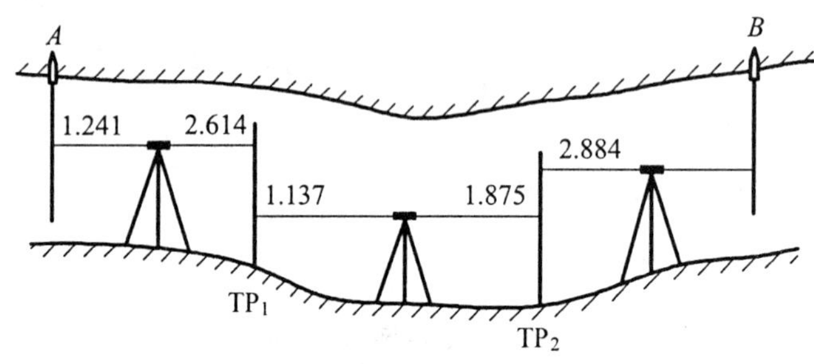

13 题图

第三篇

专业测量

第十章　曲线测量

第一节　路线平面组成和曲线测量工作概述

一、路线平面组成

铁路与公路线路的平面通常由直线和曲线构成，这是因为在线路的定线中，由于受地形、地物或其他因素限制，需要改变方向。在改变方向处，相邻两直线间要求用曲线连接起来，以保证行车顺畅安全。这种曲线称平面曲线。

铁路与公路线路上采用的平面曲线主要有圆曲线和缓和曲线。如图 10.1 所示，圆曲线是具有一定曲率半径的圆弧；缓和曲线是连接直线与圆曲线的过渡曲线，其曲率半径由无穷大（直线的半径）逐渐变化为圆曲线半径。在铁路干线线路中都要加设缓和曲线；但在地方专用线、厂内线路及站场内线路中，由于列车速度不高，有时可不设缓和曲线，只设圆曲线。高速公路，一、二、三级公路的直线与表 10.4 中所列不设超高圆曲线最小半径相衔接处应设置缓和曲线进行连接。

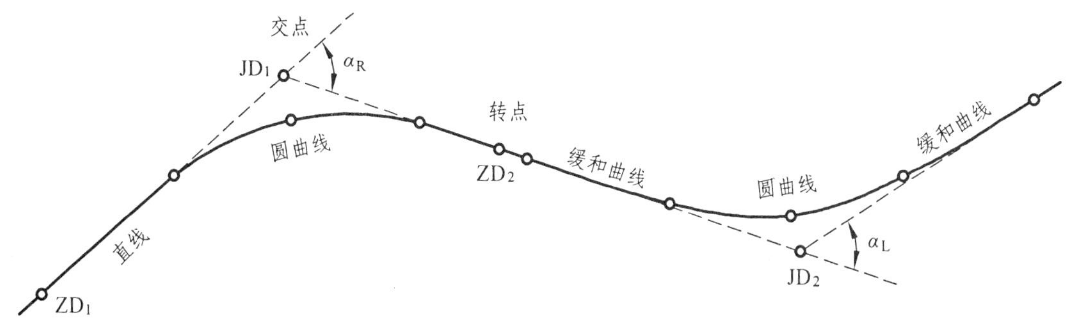

图 10.1　线路平面的组成

二、线路平面位置标志

线路测量的主要工作之一，就是用各种桩橛把线路中心线标定在地面上。《新建铁路工程测量规范》(TB 10101—99) 把桩橛分为方桩、标志桩和板桩。规范中规定：方桩边长宜为 4～5 cm (若用圆桩，顶面直径 4～5 cm)，桩长宜为 30～35 cm；标志桩宜为宽 5～8 cm，厚 2 cm，长 35～40 cm；板桩尺寸宜为宽 4～5 cm，厚 1～1.5 cm，长 30～35 cm。

《公路勘测规范》(JTG C10—2007) 把线路桩分为线路控制桩和标志桩两种。规范规定：线路控制桩应采用木质桩，断面不应小于 5 cm×5 cm，长度不应小于 30 cm；标志桩应采用木质或竹质桩，断面不应小于 5 cm×1.5 cm，长度不应小于 30 cm。

方桩或线路控制桩都应打入地下，使桩顶与地面齐平，在桩顶钉小钉表示点位。

线路起点、终点、各个交点、直线上的转点、曲线主要点都要钉设方桩或线路控制桩。

为了便于寻找控制桩，在线路前进方向的左侧（曲线地段在外侧），距控制桩约 30 cm 处打一标志桩（指示桩）。标志桩上写明编号、里程及有关资料，如图 10.2 所示。

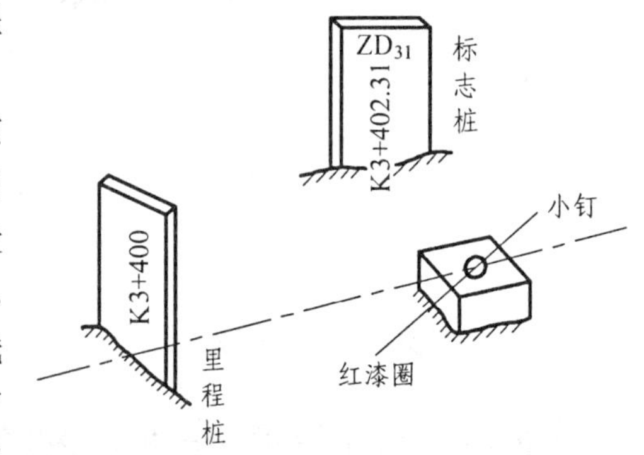

图 10.2 平面位置标志

在线路方向上，每隔一百米打一个木桩，该桩叫做百米桩，在百米桩之间地形变化处以及明显的重要地物点，铁路公路管线等交叉处，应设置加桩。百米桩、加桩都是中线桩，也叫里程桩。它是为了标志线路的位置和长度，同时也作为线路纵断面和横断面测量的依据。里程桩的注写方法是以公里和米为单位进行编号注记。如线路的起点处写为 DK0＋000，以后各百米桩依次为 DK0＋100，DK0＋200…，“＋”号前为公里数，“＋”号后为米数（DK 为定测里程的意思），如为初测阶段，则写为 CK××＋×××。再如“ZD_{10}—DK4＋103.45，表示第 10 个转点距离起点是 4 km 零 103.45 m。里程桩都用板桩或标志桩。里程桩在注记时，其字迹面向线路起点方向。控制桩的标志，也要按上述方法写明里程。

三、曲线测量

如图 10.1 所示，线路曲线测量工作就是根据地面已测设的直线转点桩（ZD_1、ZD_2…）、交点桩（JD_1、JD_2）用测量仪器和工具按一定的方法将曲线（圆曲线和缓和曲线）用木桩按规范详细地标定到地面上。具体步骤如下：

(1) 根据施工图或实地踏勘，搜集曲线测量资料，如圆曲线半径、缓和曲线长、转点桩、交点桩（交点桩有时需要根据转点桩另行测设）等。

(2) 根据曲线半径、缓和曲线长、曲线转向角（有时需实地测定）计算曲线要素，如曲线长、切线长、外矢距等。

(3) 根据转点或交点里程及曲线要素计算曲线主要控制点（主点）里程（桩号）。

(4) 选择测量仪器及曲线测量方法，计算曲线详细测设数据，如支距、偏角、坐标等。

(5) 以交点或转点桩为依据，测设曲线主点桩。

(6) 以主点为依据详细测设曲线（加桩）。

选择的测量仪器不同，测量方法会有很大差别。如采用全站仪可以任意点设站甚至实现一站测设曲线。

第二节　圆曲线及其测设

一、圆曲线主点测设

1. 圆曲线半径

铁路圆曲线半径一般取 50 m、100 m 的整倍数，即 10 000 m、8 000 m、6 000 m、5 000 m、4 000 m、3 000 m、2 500 m、2 000 m、1 800 m、1 500 m、1 200 m、1 000 m、800 m、700 m、600 m、550 m、500 m、450 m、400 m 和 350 m。客货共线Ⅰ、Ⅱ级铁路线路区间最小曲线半径如表 10.1 所示，客运专线铁路区间线路最小半径和最大半径如表 10.2 所示，车站平面最小曲线半径如表 10.3 所示。

表 10.1　客货共线Ⅰ、Ⅱ级铁路线路区间线路最小曲线半径

铁路等级	Ⅰ			Ⅱ	
路段设计行车速度（km/h）	200	160	120	120	80
一　　般（m）	3 500	2 000	1 200	1 200	600
特殊困难（m）	2 800	1 600	800	800	500

表 10.2　客运专线铁路区间线路最小曲线半径和最大曲线半径

设计速度（km/h）	最小曲线半径（m）		最大曲线半径（m）	
	一般	困难	一般	困难
200	2 200	2 000	10 000	12 000
250	4 000	3 500	10 000	12 000
300	4 500		12 000	14 000
350	7 000		12 000	14 000

表 10.3　车站平面最小曲线半径

路段设计行车速度（km/h）	最小曲线半径（m）		
	区段站、编组站	中间站	
		一般	困难
80	800	600	600
120		1 200	800
160	1 600	2 000	1 600
200	2 000	3 500	2 800

我国《公路工程技术标准》(JTG B01—2003) 中规定各级公路的最小曲线半径应符合表 10.4 的规定。

表 10.4　各级公路最小曲线半径

设计速度（km/h）		120	100	80	60	40	30	20
一般值（m）		1 000	700	400	200	100	65	30
极限值（m）		650	400	250	125	60	30	15
不设超高最小半径（m）	路拱≤2.0%	5 500	4 000	2 500	1 500	600	350	150
	路拱>2.0%	7 500	5 250	3 350	1 900	800	450	200

2. 圆曲线主点

圆曲线的主点如图 10.3 所示，图中：

ZY——直圆点，即直线与圆曲线的分界点；

QZ——曲中点，即圆曲线的中点；

YZ——圆直点，即圆曲线与直线的分界点；

JD——两直线的交点，也是一个重要的点，但不在线路上。

ZY、QZ、YZ 总称为圆曲线的主点。

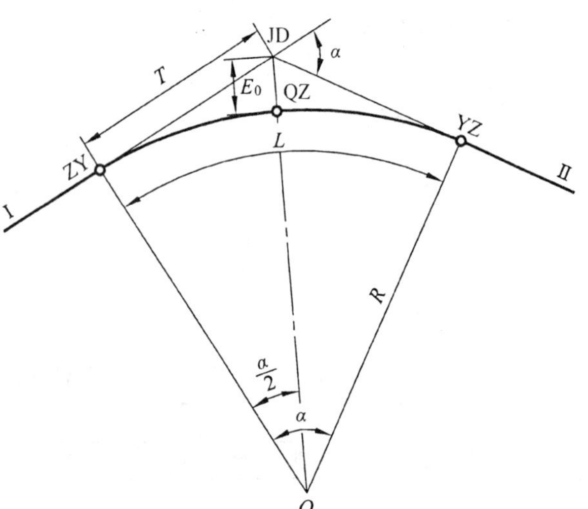

图 10.3　圆曲线主点及要素

3. 圆曲线要素及其计算

T——切线长，即交点至直圆点或圆直点的直线长度；

L——曲线长，即圆曲线的长度(ZY-QZ-YZ 圆弧的长度)；

E_0——外矢距，即交点至曲中点的距离（JD 至 QZ 的距离）；

α——转向角，即直线转向角；

R——圆曲线半径。

T、L、E_0、α、R 总称为圆曲线要素，其几何关系为：

$$\left.\begin{aligned}&\text{切线长}\quad && T = R\cdot\tan\frac{\alpha}{2}\\&\text{曲线长}\quad && L = R\cdot\alpha\cdot\frac{\pi}{180^\circ}\\&\text{外矢距}\quad && E_0 = R\cdot\sec\frac{\alpha}{2} - R = R\left(\sec\frac{\alpha}{2}-1\right)\\&\text{切曲差}\quad && q = 2T - L\end{aligned}\right\}\qquad(10.1)$$

在《公路勘测细则》公路测量符号和图式表中，切曲差用 J（中文）或 D（英文）表示。

式中，α 和 R 可分别根据实际测定或在线路设计时选定，然后按式（10.1）即可计算圆曲线要素 T、L、E_0。实际工作中，也可以根据 α、R，由专门编制的铁路或公路曲线测设用表（以下简称“曲线表”）查得相应的圆曲线要素。

4. 圆曲线主点桩里程（桩号）计算

在主要点测设之前，应先算出各主要点的桩号，并在标志桩上写明。由图 10.3 可知，直圆点（ZY）的桩号等于交点的里程减去切线长，曲中（QZ）点的里程等于直圆点的里程加曲线长的一半，圆直（YZ）点的里程等于曲中点的里程加曲线长的一半，也等于直圆点（ZY）的里程加曲线长。

应该注意，曲线终点里程必须沿着曲线计算，不能沿切线计算。只有把终点里程算出后，才能接着算下一直线上的里程。

里程计算公式如下：

$$\left.\begin{aligned} &\mathrm{ZY}=\mathrm{JD}-T \\ &\mathrm{QZ}=\mathrm{ZY}+\frac{L}{2} \\ &\mathrm{YZ}=\mathrm{QZ}+\frac{L}{2} \\ &\mathrm{YZ}=\mathrm{JD}+T-q \end{aligned}\right\} \tag{10.2}$$

在式（10.2）中，第四个算式利用切曲差校核 YZ 点里程的计算结果。

【例 10.1】 已知：$\alpha_Y=18°22'00''$, $R=1\,000$ m，JD 里程为 DK48＋028.05。求曲线要素 T、L、E_0、q 的值及各主要点里程。

解

（1）计算曲线要素。曲线要素可用计算器方便计算出来。测量工作中普遍使用可编程计算器，使用方法参考说明书或相关资料。另外，还可使用曲线表很方便地查得相关要素。具体要素值如下：

$$T=161.67\ \mathrm{m};\quad L=320.56\ \mathrm{m};\quad E_0=12.98\ \mathrm{m};\quad q=2.78\ \mathrm{m}$$

（2）计算主点里程。根据式（10.2）各主点里程为：

	JD		DK48＋028.05
−)		T	161.67
	ZY		47＋866.38
+)		$\frac{L}{2}$	160.28
	QZ		48＋026.66
+)		$\frac{L}{2}$	160.28
	YZ		48＋186.94

为了保证计算无误，需进行校核。校核方法为：YZ＝JD＋T－q，

	JD	DK48＋028.05	
+)	T	161.67	
		DK48＋189.72	
−)	q	2.78	
	YZ	DK48＋186.94	(校核结果计算无误)

5. 圆曲线主点测设

圆曲线主要点（简称主点）的测设步骤为：

(1) 将经纬仪安置在交点（也叫转向点），后视直线上的转点（ZD），固定水平制动螺旋，沿视线方向定线，并用钢尺量出切线长。例如，上例切线长 T 为 161.67 m，往测时可用钢尺量取切线长的整数值 160 m，在该处插测钎，然后从此处返测这段直线长度，量得结果为 160.02 m，则该段直线的平均值为 160.01 m，最后从这个插测钎的地方再延长 1.66 m，在地面上打桩，然后在视线上距测钎 1.66 m 处钉小钉即可，该点就是曲线起点（ZY 点）。注意往测所取整数值，可根据地势及切线长小数点前一位数的数字多少而定，但最好使测钎至木桩的距离在 2 m 以内。

使用全站仪时，可省去用钢尺量距的烦锁工作。操作方法为：用距离放样模式先找到 ZY 或 YZ 点的概略位置，打下木桩，然后在切线方向上再在此桩前或桩后约 1～2 m 处打下另一木桩，在桩顶找到切线上的一点立棱镜，测出水平距离。再用小钢尺沿切线方向量出切线长与此水平距离之差，即可精确定出 ZY 或 YZ 点。当然也可用三杆棱镜直接放出点位。

(2) 用望远镜瞄准另一切线上的转点，固定水平制动螺旋，按上法定出曲线终点（YZ 点）。

(3) 先以盘左位把望远镜从切线方向转 $(180°-\alpha)/2$ 的角度值，定出分角线方向，从交点沿分角线方向量出外矢距 E_0，打下木桩；然后在分角线上再量 E_0，用铅笔在桩顶标记出盘左位时的曲中位置。倒镜成盘右位，在分角线方向再量 E_0，用铅笔在桩顶标记出盘右位时的曲中位置（若两点重合，则该点即为 QZ 的位置）。否则，取盘左、盘右中间位置即得曲线中点（QZ）。

在主点的测设中，用钢尺丈量的相对较差应小于1/2 000，各主点的木桩顶面上均应钉小钉，以示点的位置。

二、圆曲线的详细测设

铁路曲线的中桩间距一般为 20 m，当地形平坦，且曲线半径大于 800 m 时，可为 40 m。且圆曲线的中桩里程宜设为 20 m 的倍数。

公路曲线详细测设时，其桩距 d_0 与曲线半径有关，一般有如下规定：

不设超高的曲线，$d_0 = 25$ m

$R > 60$ m 时，$d_0 = 20$ m

30 m $< R \leqslant 60$ m 时，$d_0 = 10$ m

$R > 30$ m 时，$d_0 = 5$ m

按桩距 d_0 在曲线上设桩，通常有两种方法：

(1) 整桩号法。将曲线上靠近起点 ZY 的第一个桩的桩号凑成为 d_0，倍数的整桩号，然后按桩距 I_0 连续向曲线终点 YZ 设桩。这样设置的桩均为整桩号。

(2) 整桩距法。从曲线起点 ZY 和终点 YZ 开始，分别以桩距 d_0 连续向曲线中点 QZ 设桩。由于这样设置的桩均为零桩号，因此应注意加设百米桩和公里桩。

中线测量中一般均采用整桩号法。圆曲线的详细测设方法主要有切线支距法、偏角法等。

(一) 切线支距法

这种方法是以切线作为 X 轴，垂直于切线的方向作为 Y 轴，原点设在曲线起点或终点，利用直角坐标设置曲线上的各点，所以也叫直角坐标法。

1. 计算公式

如图 10.4 所示，各点坐标 x、y 按下列公式计算：

$$\left.\begin{aligned} x &= R\times\sin\varphi \\ y &= R(1-\cos\varphi) \end{aligned}\right\} \tag{10.3}$$

其中

$$\varphi = \frac{180°\times l}{\pi R} \tag{10.4}$$

式中，l 为某一测点到起点或终点的曲线长；φ 为弧长 l 所对的圆心角。

以每 10 m 设一点为例，根据每段曲线弧长 L＝10、20…代入（10.4）式，先计算出圆心角 φ，然后再根据（10.3）式计算出各点的坐标。

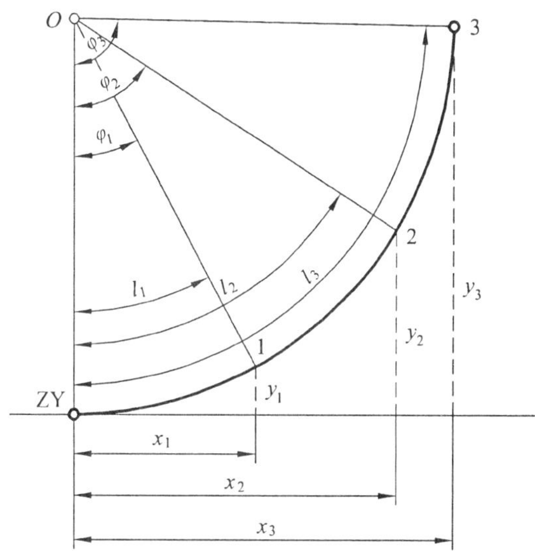

图 10.4　圆曲线各点坐标

2. 测设方法

如图 10.5 所示，圆曲线各点测设方法如下：

（1）首先由曲线起点（ZY）起，沿切线方向用钢尺量出 10 m、20 m、30 m…点，从这些点再退回相应的 $L-x$ 的值，这样便得到曲线上相隔 10 m 的各点在切线上的投影（垂足）点，如图 10.5 所示。这样做是为了施测方便。

（2）从垂足点用方向架或量角器定出切线的垂线方向，沿垂线方向用钢尺量出相应的 y 值，即得曲线上的各点，直到曲中点（QZ）。

（3）最后用钢尺检查曲线上各点间的距离，并量取曲中点与其相邻点的距离，作为校核进行检查。切线支距法的优点是积累误差小，但当支距 y 值太长时不容易准确。为了克服这个缺点，可把整个曲线分成若干段，作出各段曲线的切线，根据各段的曲线长与转向角再算出新的较小支距。当支距较长时，也可以用经纬仪测各点的垂线方向。

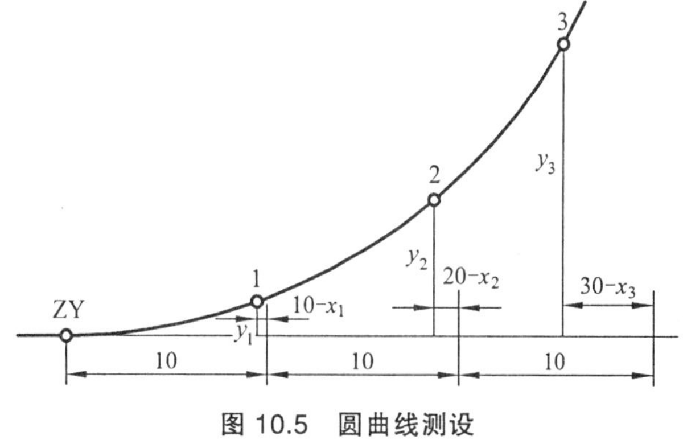

图 10.5　圆曲线测设

另外用全站仪坐标放样的功能，先将以上坐标输入全站仪内存，即可确定出各测点位置。

(二) 偏角法

偏角法测设圆曲线是以曲线起点 ZY 或曲线终点 YZ 为测站，计算出测站至曲线上任一点弦线与切线的夹角 δ（弦切角，也称偏角）和弦长 c，据此确定点位。其中 ZY 至 QZ 之间的各点在 ZY 点设站测设，QZ 至 YZ 之间的各点在 YZ 点设站测设。

1. 偏角计算公式

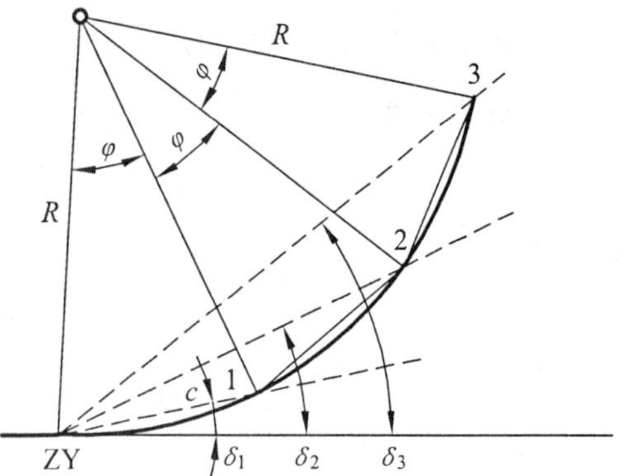

图 10.6 偏角计算

设 l 为某点到至起点的弧长，c 为对应的弦长，如图 10.6 所示。偏角 δ 是弦切角，根据几何原理弦切角等于同弧所对圆心角的一半。因为

$$\varphi = \frac{180° \times l}{\pi R}$$

所以

$$\delta = \frac{\varphi}{2} = \frac{180° \times l}{2\pi R} = \frac{90° \times l}{\pi R}$$

由此得到计算曲线上任一点的偏角和弦长的公式为：

$$\left.\begin{aligned} \delta &= \frac{90° \times l}{\pi R} \\ c &= 2R\sin\delta \end{aligned}\right\} \tag{10.5}$$

【例 10.2】 $\alpha = 18°22'00''$，$R = 1\,000$ m，整弦 $c = 20$ m，ZY—DK47＋866.38。求曲线上各点的偏角。

解 从例 10.1 知道曲中点里程为 QZ48＋026.66，按整桩号设置圆曲线，则各测点里程如表 10.5 所示。

表 10.5 测 点 偏 角

测站（置镜点）	桩号（或点号）	偏角		备注
		正拨	反拨	
ZY	JD	0°00′00″	360°00′00″	α = 18°22′00″
	47 + 880	0°23′25″	359°36′35″	R = 1 000 m
	+ 900	0°57′48″	359°02′12″	T = 161.67 m
	+ 920	1°32′10″	358°27′50″	L = 320.56 m
	+ 940	2°06′33″	357°53′27″	E_0 = 12.98 m
	+ 960	2°40′56″	357°19′04″	q = 2.78 m
	+ 980	3°15′18″	356°44′32″	JD—DK48 + 028.05
	48 + 000	3°49′41″	356°10′19″	ZY—DK47 + 866.38
	+ 020	4°24′04″	355°35′56″	QZ—DK48 + 026.66
	QZ + 026.66	4°35′30″	355°24′30″	YZ—DK48 + 186.94

按式（10.5）计算的偏角都是正拨偏角（曲线右偏），当曲线为左偏时，则偏角为反拨偏角。由于经纬仪水平度盘均为顺时针注记，所以反拨时的偏角应为 360° − δ 角，如表 10.5 所示。

当曲线半径较大时，弧弦差值很小，例如半径为 1 000 m 时，弧长 20 m、30 m、40 m

的弧弦差不足 1 mm、2 mm、3 mm。因此在实际测量时，大半径曲线可把弧长近似当做弦长（如本例）。但对小半径曲线则要根据式（10.5）计算弦长（此弦长不是每一测点至曲线起点或终点的弦长，是两相邻测点之间的弦长）。

2. 测设方法

（1）用经纬仪、钢尺测设。

① 将经纬仪安置在曲线起点，瞄准交点（JD），使水平度盘读数为 0°00′00″。

② 松开照准部制动螺旋，转动照准部，使水平度盘上的读数为 δ_1 角（如上例 $\delta_1=0°23'25''$），旋紧照准部制动螺旋。在视线方向上量弦长 c_1（$c_1=13.62$ m），打桩得第一点。

③ 松开照准部制动螺旋，继续转动照准部，使水平度盘读数为 δ_2（如上例 $\delta_2=0°57'48''$），从点 1 向视线方向量 20 m 的弦长 c，使该线段的终点落在望远镜的视线上，并打木桩定点位，这样就得第二点。

④ 用上述方法继续设置 3、4 及以后各点，直到曲中点为止（在较短的曲线上可一直设置到曲线终点）。

⑤ 为了校核曲线是否闭合，应该丈量曲线中点至其最近邻点的距离，此时看两点的实际水平距离是否与理论上算出的一样，以便检查纵向误差，例如曲中点邻点的里程为 48＋020，曲中点的里程为 48＋026.66，显然该两点的距离应该 是 6.66 m，这是理论中的数值。我们可以用钢尺直接丈量该段距离，结果实际数值与理论数值之差即纵向误差。另外在曲中点的相邻点，从原有偏角数值基础上（如上例为 $\delta_2=4°24'04''$），使读数增加到曲中点的偏角数（上例为 $\delta_2=4°35'30''$），看望远镜视线是否通过已设置好的曲中点上，如不通过曲中点从曲中点量至望远镜视线与分角线交点的距离，这个距离就是曲线的横向误差值。

⑥ 将仪器搬至曲线终点，用上法设置另一半曲线，也是到曲中点进行校核，检查测量的精度是否合乎规范要求。如果精度不符合要求，应返工重测。

按照铁路测量规定要求，在铁路曲线测量中，其精度要求为：

横向误差（顺半径方向）为 ±0.1 m。

纵向误差（顺切线方向）为 $\frac{1}{2\,000}l$（l 为实测曲线长度）。

公路曲线测量的纵、横向误差规定如表 10.6 所示。

表 10.6 曲线测量闭合差

公路等级	纵向闭合差（m）		横向闭合差（cm）		曲线偏角闭合差（″）
	平原微丘区	山岭重丘区	平原微丘区	山岭重丘区	
高速公路、一级公路	1/2 000	1/1 000	10	10	60
二级及以下公路	1/1 000	1/500	10	15	120

曲线测量不闭合的原因很多，如算错曲线资料，测错主点的位置及看错读数等。因此，当测量结果不闭合时，应进行全面的分析和认真细致的检查，以免盲目返工。

用经纬仪偏角法设置曲线的优点是迅速方便；可自行复核。缺点是距离积累误差较大，因此应分段进行。

用偏角法设置曲线时，也可以把零弦偏角在度盘上与施测的曲线方向相反拨出一个δ_1值，并瞄准交点，即望远镜瞄准交点时，水平度盘上有零弦偏角值，然后转动照准部，当水平度盘读数对到 0°00′00″ 时，望远镜视线方向与零弦方向一致，此时量零弦长度（如 13.62 m）打桩定第一点点位。以后就可以直接用曲线表所列整弦偏角设置以后各点。此法不用计算，可以直接用曲线表测设曲线，非常方便，所以在现场也广为使用。

（2）用全站仪测设。

由于全站仪可以非常精确地同时测出角度和水平距离，所以采用全站仪以偏角法测设曲线时要比用经纬仪和钢尺更快速、方便，且每一点弦长都是从测站量取，也不存在积累误差，这种测设方法也称为长弦偏角法。

首先要按式（10.5）计算出每一测点的偏角和该测点至曲线起点或终点的弦长，填入表 10.5（在表中增加弦长一栏），然后在曲线起点或终点安置全站仪，照准交点 JD，配置水平角读数为 0°00′00″，即可根据每一测点偏角和弦长定出所有测点。

第三节　缓和曲线

一、缓和曲线的概念

公路车辆或铁路列车以高速由直线进入圆曲线时，会产生离心力影响行车的舒适与安全。为减小离心力的影响，公路路面在弯道上必须在曲线外侧加高，铁路曲线地段外轨轨面也要比内轨轨面适当抬高（统称为曲线超高），使列车产生一个内倾力 F_1'，以抵消离心力的影响，如图 10.7 所示。曲线超高由圆曲线上的某一数值过渡到直线上的零值，需要在直线和圆曲线之间插入一段半径由无穷大逐渐变化到圆曲线半径的过渡曲线，以减小离心力及铁路轮轨冲击力对行车平稳性的影响，这段曲线称为缓和曲线。缓和曲线主要控制点（主点）包括：曲线起点（直缓点 ZH）、缓圆点 HY、曲中点 QZ、圆缓点 YH、曲线终点（缓直点 HZ）。

缓和曲线与直线分界处的半径为∞，与圆曲线相连处的半径与圆曲线半径 R 相等。缓和曲线上任一点的曲率半径 ρ 与该点到曲线起点的长度成反比，如图 10.8 所示。

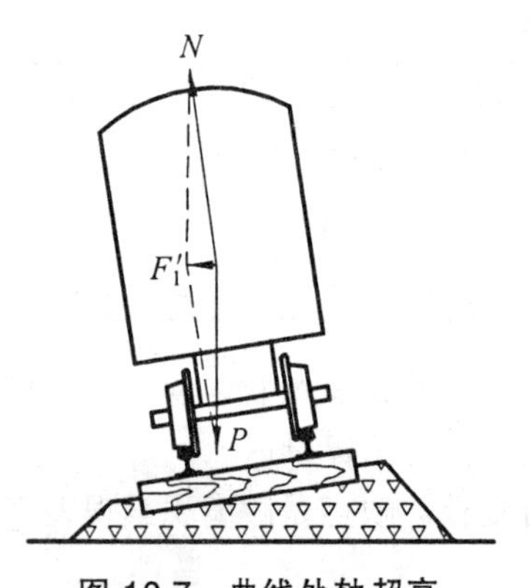

图 10.7　曲线外轨超高

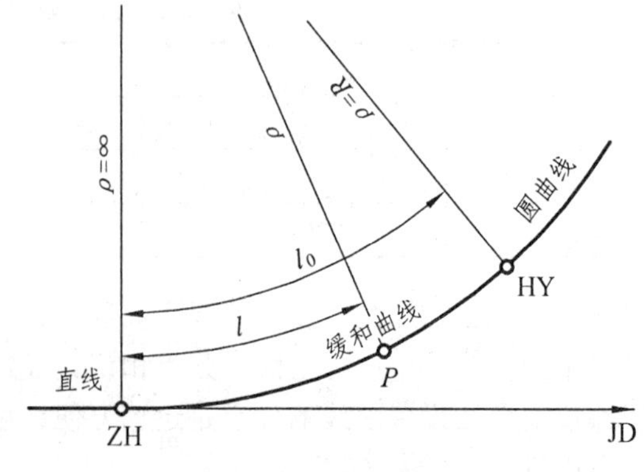

图 10.8　缓和曲线

$$\rho \propto \frac{1}{l} \quad 或 \quad \rho l = C$$

式中，C 为一个常数，称为缓和曲线的半径变更率。

当 $l=l_0$ 时，$\rho = R$，所以

$$Rl_0 = C \tag{10.6}$$

式中，l_0 为缓和曲线总长。

$\rho l = C$ 是缓和曲线的必要条件，实用中能满足这一条件的曲线可作为缓和曲线，如回旋线（辐射螺旋线）、三次抛物线等。我国铁路、公路的缓和曲线一般采用辐射螺旋线。

二、缓和曲线的方程式

按 $C = \rho l$ 为必要条件导出的缓和曲线（螺旋线）方程为：

$$\begin{cases} x = l - \dfrac{l^5}{40C^2} + \dfrac{l^9}{3\,456C^4} + \cdots \\ y = \dfrac{l^3}{6C} - \dfrac{l^7}{336C^3} + \dfrac{l^{11}}{4\,224C^5} + \cdots \end{cases}$$

根据测设精度的需要，实际使用时常舍去高次项，并顾及到 $C = Rl_0$，于是上式变为：

$$\left.\begin{aligned} x &= l - \frac{l^5}{40R^2 l_0^2} \\ y &= \frac{l^3}{6Rl_0} \end{aligned}\right\} \tag{10.7}$$

式中，x、y 为缓和曲线上任一点的直角坐标，坐标原点为直缓点（ZH）或缓直点（HZ），过 ZH 或 HZ 的切线为 X 轴，x、y 都是正值，如图 10.9 所示。

当 $l=l_0$ 时，则 $x=x_0$，$y=y_0$，代入式（10.7）得：

$$\left.\begin{aligned} x_0 &= l_0 - \frac{l_0^3}{40R^2} \\ y_0 &= \frac{l_0^2}{6R} \end{aligned}\right\} \tag{10.8}$$

式中，x_0、y_0 为缓圆点（HY）或圆缓点（YH）的坐标。

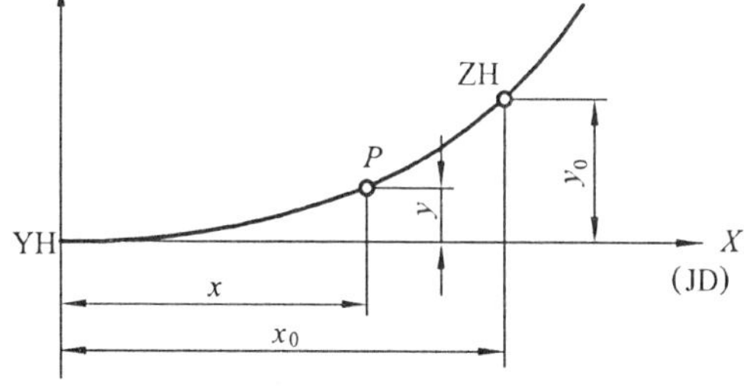

图 10.9　缓和曲线方程

三、缓和曲线的插入方法及参数计算

铁路和公路缓和曲线的插入方法都是将圆曲线向曲线内侧移动，以使圆曲线与加设的缓和曲线相切。但铁路曲线插入缓和曲线是保持圆曲线半径 R 不变，将圆心向内侧移动，圆曲线弧由于半径发生变化，做不平行内移，如图 10.10 所示；而公路插入缓和曲线一般保持圆

心不变，将圆曲线弧向内侧平行移动一个距离 p，圆曲线半径由 $R+p$ 减小到 R，如图 10.11 所示。两者虽然原理不同，但最后得到的曲线参数和要素计算公式却完全相同，只是铁路和公路两个行业所使用的符号有些不同。《公路勘测细则》对公路测量符号有统一要求，如表 10.7 所示。铁路测量符号大部分与之相同，只有少部分不一样，在使用时要注意加以区分。以铁路缓和曲线为例，缓和曲线各参数计算如下。

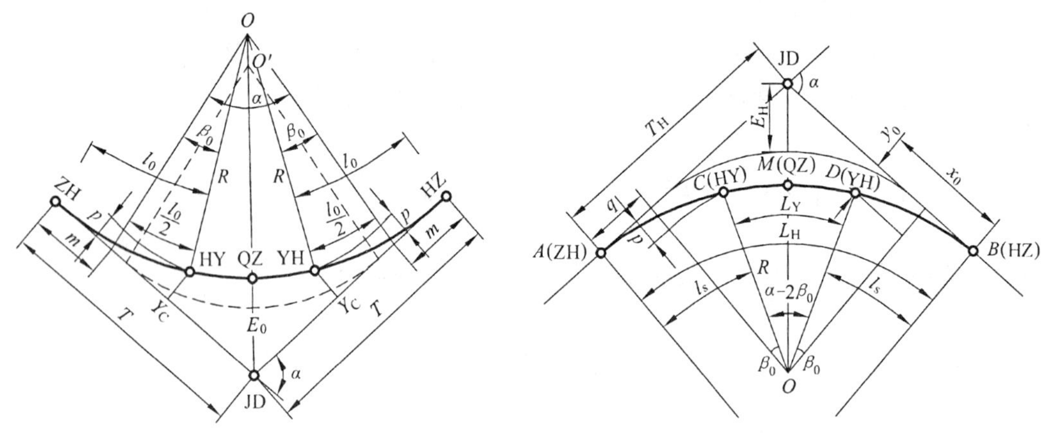

图 10.10　铁路插入缓和曲线　　　　图 10.11　公路插入缓和曲线

x_0、y_0 的计算见（10.8）式，其他各参数的计算公式如下：

$$\left.\begin{aligned}\beta_0&=\frac{l_0}{2R}\frac{180^\circ}{\pi}\\ \delta_0&=\frac{1}{3}\beta_0=\frac{l_0}{6R}\frac{180^\circ}{\pi}\\ p&=\frac{l_0^2}{24R}-\frac{l_0^4}{2\,688R^3}\\ m&=\frac{l_0}{2}-\frac{l_0^3}{240R^2}\end{aligned}\right\}\tag{10.9}$$

式中，β_0 为缓和曲线的切线角，即 HY 或 YH 点的切线与主切线的夹角；m 为切垂距，即自圆心 O 向主切线作垂线的垂足到 ZH 或 HZ 的距离；p 为圆曲线移动量（内移距），它是过圆心的主切线的垂线与圆曲线半径 R 之差；δ_0 为缓和曲线的总偏角。

β_0、δ_0、m、p、x_0、y_0 称为缓和曲线的常数。

图 10.12 中，缓和曲线长度 l 所对应的转角 β（即距 ZH 点距离为 l 的缓和曲线上任意点的切线角）的计算公式如下：

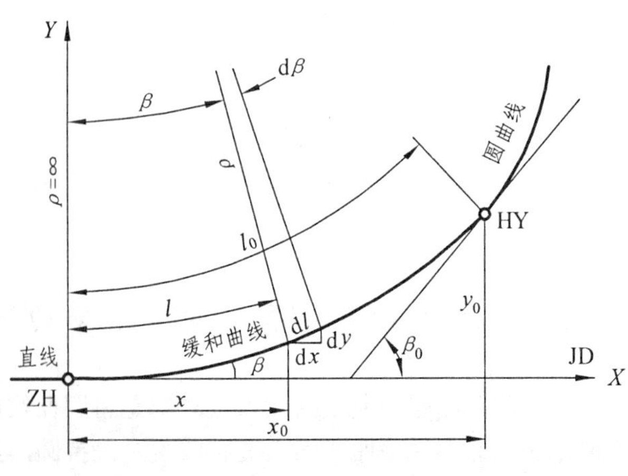

图 10.12　缓和曲线参数

$$\beta = \int_0^l \mathrm{d}\beta = \int_0^l \frac{\mathrm{d}l}{\rho} = \int_0^l \frac{l\mathrm{d}l}{Rl_0} = \frac{l^2}{2Rl_0} \tag{10.10}$$

表 10.7　公路测量常用符号

名　称	汉语拼音或我国习惯符号	英文符号	图式	备　注
三角点	SJ	TAP	△	
GPS 点	G	GPS	▲	
导线点	D	TP	■	
水准点	BM	BM	□	
图根点	T	RP	□	
横坐标	X	X		
纵坐标	Y	Y		
高程	H	EL		
方位角	α	α		在 α 后以下标形式表示其方向
东	E	E		
西	W	W		
南	S	S		
北	N	N		
左	L	L		左
右	R	R		右
交点	JD	IP		交点
转点	ZD	TMP		转点
圆曲线起点	ZY	BC		直圆点
圆曲线中点	QZ	MC		曲中点
圆曲线终点	YZ	EC		圆直点
线路起点	SP	SP		
线路终点	EP	EP		
复曲线公切点	GQ	PCC		公切点
反向曲线起点	FGQ	PRC		反拐点
第一缓和曲线起点	ZH	TS		直缓点
第一缓和曲线终点	HY	SC		缓圆点
第二缓和曲线起点	YH	CS		圆缓点
第二缓和曲线终点	HZ	ST		缓直点
变坡点	SJD	PVI		变坡点
竖曲线起点	SZY	BVC		竖直圆点
竖曲线终点	SYZ	EVC		竖圆直点
竖曲线公切点	FSCQ	PRVC		竖公切点
比较线标记、匝道标记	A、B、C…	A、B、C…		冠于比较线、匝道里程桩号和控制点编号前
公里标记	K	K		
左偏角	$\alpha_{左}$	α_{L}		
右偏角	$\alpha_{右}$	α_{R}		
曲线长	L	L		包括圆曲线长、缓和曲线长

续表 10.7

名　称	汉语拼音或我国习惯符号	英文符号	图式	备　注
圆曲线长	L_Y	L_C		
缓和曲线长	L_S	L_H		
平、竖曲线半径	R	R		
平、竖曲线切线长	T	T		包括设置缓和曲线所增加的切线长
平、竖曲线外距	E	E		平曲线外距包含设置缓和曲线所增外距
缓和曲线角	β	β		
缓和曲线参数	A	A		
校正值（两切线长与曲线长度的差值）	J	D		含设置缓和曲线所引起的变化
改线、改移、差改正	G	R		冠在里程桩前
超高值	h_c	h_s（或 e）		
超高缓和长度	l_c	l_r		
加宽缓和长度	l_j	l_w		
路基宽度	B	B		
路基加宽度	B_j	B_w		
路面加宽度	b_j	b_w		

第四节　加缓和曲线后的圆曲线综合要素计算和主要点设置

一、曲线要素计算

为了测设曲线的各主点，并计算它们的里程，需要计算出切线长 T，曲线长 L，外矢距 E_0 和切曲差 q 等综合要素。由图 10.10 知，它们的计算公式为：

$$\left.\begin{aligned}
&T=m+(R+p)\cdot\tan\frac{\alpha}{2}\\
&L=2l_0+\frac{R(\alpha-2\beta_0)\pi}{180^\circ}=l_0+\frac{\pi R\alpha}{180^\circ}\\
&E_0=(R+p)\sec\frac{\alpha}{2}-R\\
&q=2T-L
\end{aligned}\right\}\tag{10.11}$$

各要素可查“曲线表”或用计算器直接计算。

【例 10.3】　已知 $\alpha=18^\circ22'00''$，$R=1\,000$ m，$l_0=70$ m。求：（1）缓和曲线常数 β_0、m、p；（2）各要素 T、L、E_0、q。

解

（1）计算缓和曲线常数：

缓和曲线角　$\beta_0=2°00'19''$

切垂距　$m=34.999$ m

内移距　$p=0.204$ m

（2）计算曲线各要素：

$T=211.73-15.03=196.70$ m

$L=420.56-30.00=390.56$ m

$E_0=13.41-0.22=13.19$ m

$q=2.90-0.06=2.84$ m

二、主要点里程（桩号）计算

主要点的里程计算与无缓和曲线时圆曲线的主要里程计算方法基本相同，只是多出两个主要点（HY 及 YH）。现用例 10.3 数据，若 ZH 的里程为 DK47＋831.35，则各主要点的里程计算的形式如下：

$$
\begin{array}{lll}
 & \text{ZH} & \text{DK}47+831.35 \\
+) & l_0 & 70 \\
\hline
 & \text{HY} & \text{DK}47+901.35 \\
+) & \left(\dfrac{L}{2}-l_0\right) & 125.28 \\
\hline
 & \text{QZ} & \text{DK}48+026.63 \\
+) & \left(\dfrac{L}{2}-l_0\right) & 125.28 \\
\hline
 & \text{YH} & \text{DK}48+151.91 \\
+) & l_0 & 70 \\
\hline
 & \text{HZ} & \text{DK}48+221.91
\end{array}
$$

校核

$$
\begin{array}{lll}
 & \text{ZH}- & \text{DK}47+831.35 \\
+) & 2T & 393.40 \\
\hline
 & & \text{DK}48+224.75 \\
-) & q & 2.84 \\
\hline
 & \text{HZ} & \text{DK}48+221.91
\end{array}
$$

(HZ 的两个计算结果相同, 说明计算无误)

三、主要点的测设

加缓和曲线后曲线主要点的设置，与无缓和曲线时圆曲线主要点的设置方法基本相同，只是多出两个点，即缓圆点及圆缓点，该两点的设置，是用直角坐标法进行。这两点的直角

坐标为 x_0，y_0，（见图 10.9）；x_0，y_0 由式（10.8）计算，也可以查“曲线表”。

主要点的测设步骤如下：

（1）将经纬仪安置在交点上，沿两切线方向量出 $T-x_0$，分别打木桩得 x_c 点，如图 10.13 所示。

（2）从 x_c 点向曲线起点或终点方向量取 x_0 值，打木桩即得直缓点和缓直点。切线长要丈量 2 次，精度应达到 $\frac{1}{2\ 000}$。

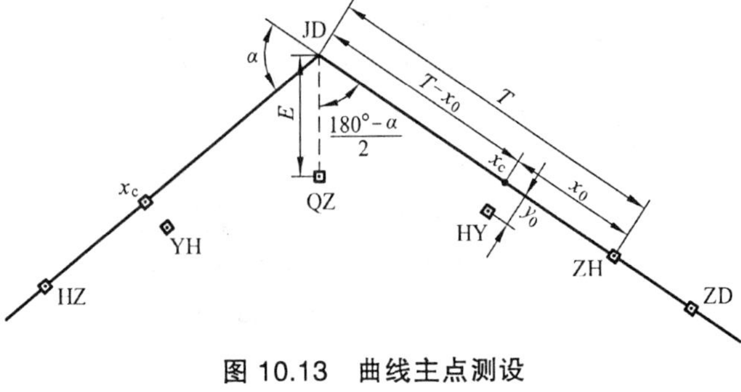

图 10.13　曲线主点测设

（3）把经纬仪水平度盘读数对到 0°00′00″，使望远镜瞄准切线方向，再将水平度盘读数转到 $\frac{180°-\alpha}{2}$ 角，此时沿望远镜视线方向，量取外矢距长度，打木桩即得曲中点（QZ）。但应注意，曲中点的设备，取两个盘位分中进行比较准确。

（4）将经纬仪移至 x_c 桩上，使水平度盘读数对到 0°00′00″，瞄准切线方向，转动照准部，使读数对到 90°，从 x_c 沿望远镜视线方向量 y_0 值，打木桩即得缓圆点和圆缓点，如图 10.13 所示。

上述步骤使用全站仪配合小钢尺可免去切线较长时用钢尺丈量距离的麻烦。

第五节　加缓和曲线后的圆曲线详细测设

同单圆曲线的详细测设一样，加缓和曲线后的圆曲线详细测设一般也是在测设完主要点后进行。主要方法有切线支距法、偏角法和全站仪坐标放样法。

一、切线支距法

（一）加缓和曲线后的坐标公式

如图 10.14 所示，带缓和曲线的圆曲线的切线坐标原点是 ZH 或 HZ 点，以过 ZH（HZ）点的主切线为 X 轴。X 轴的正向是 ZH（HZ）→ JD。曲线上各点的 y 值均为正值。

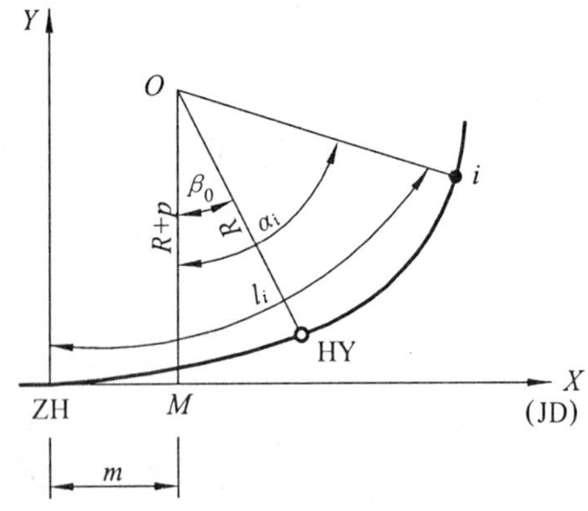

图 10.14　曲线坐标计算

1. 缓和曲线部分

由（10.7）式知：

$$\left.\begin{aligned}x&=l-\frac{l^5}{40R^2l_0^2}\\y&=\frac{l^3}{6R_0l_0}\end{aligned}\right\}\tag{10.12}$$

2. 圆曲线部分

$$\left.\begin{aligned} x_i &= m+R\cdot\sin\alpha_i \\ y_i &= R+p-R\cos\alpha_i \\ \alpha_i &= \beta_0+\frac{l_i-l_0}{R}\frac{180^\circ}{\pi} \end{aligned}\right\} \tag{10.13}$$

式中，l_i为 ZH（HZ）到测设点的曲线长。

实际应用时，也可以查“曲线表”。

（二）测设方法

算出缓和曲线和圆曲线上各点的直角坐标后，可按与圆曲线切线支距法相同的方法进行曲线详细测设。

二、偏角法

用偏角法测设时，缓和曲线与圆曲线的偏角一般分别计算。

（一）缓和曲线部分偏角的计算

在图 10.15 中，设距起点距离为 L 的 t 点的偏角为 i_t，因为 i_t角甚小（一般不超过 3°），所以可按下式计算：

$$i_t \approx \sin i_t = \frac{y}{L}$$

因为 $$y=\frac{l^3}{6Rl_0}$$

所以 $$i_t=\frac{L^2}{6Rl_0}(\text{rad})=\frac{L^2}{6Rl_0}\cdot\frac{180^\circ}{\pi}(^\circ) \tag{10.14}$$

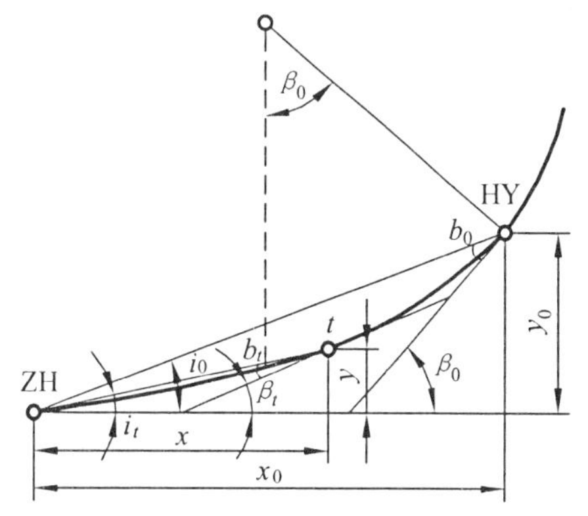

图 10.15 缓和曲线偏角计算

式中，L 为缓和曲线上任一点至切点的距离。

当 $L=l_0$ 时， $$i_0=\frac{l_0^2}{6Rl_0}=\frac{l_0}{6R}(\text{rad})=\frac{l_0}{6R}\cdot\frac{180^\circ}{\pi}(^\circ) \tag{10.15}$$

又因为 $$\beta_0=\frac{l_0}{2R}(\text{rad})$$

所以 $$i_0=\frac{1}{3}\beta_0 \tag{10.16}$$

将（10.14）与（10.15）两式相比，得：

$$\frac{i_t}{i_0}=\frac{\dfrac{L_0^2}{6Rl_0}}{\dfrac{l_0}{6R}}=\frac{L^2}{l_0^2}$$

所以 $$i_t = i_0\left(\frac{L}{l_0}\right)^2 \tag{10.17}$$

在详细设置时，把缓和曲线全长 l_0 分成 n 等分，每段之长为 l_0/n，则每段终点的偏角为：

第一点的偏角 $$i_1 = i_0\left(\frac{\frac{l_0}{n}}{l_0}\right)^2 = \frac{i_0}{n^2} \tag{10.18}$$

第二点的偏角 $$i_2 = i_0\left(\frac{2\frac{l_0}{n}}{l_0}\right)^2 = 2^2 i_1$$

第三点的偏角 $$i_3 = i_0\left(\frac{3\frac{l_0}{n}}{l_0}\right)^2 = 3^2 i_1$$

$\vdots$ $\vdots$

第 n 点的偏角 $$i_n = i_0\left(\frac{n\frac{l_0}{n}}{l_0}\right)^2 = n^2 i_1$$

缓和曲线上由任意点 t 观测 ZH 或 HZ 的反偏角为：

$$b_t = \beta_t - i_t = \frac{L_t^2}{2Rl_0} - \frac{L_t^2}{6Rl_0} = \frac{L_t^2}{3Rl_0} = 2i_t \tag{10.19a}$$

因此，当在缓和曲线终点 HY 或 YH 时，缓和曲线的总偏角 i_0、切线角 β_0 及反偏角 b_0 也有以下关系：

$$b_0 = \beta_0 - i_0 = \frac{l_0}{3R} = 2i_0 \tag{10.19b}$$

根据上面公式的推演过程可知，欲求缓和曲线各点的偏角，必须先求缓和曲线上第一点的偏角，然后乘上各点点号的平方即得。

缓和曲线上第一点的偏角，称为缓和曲线基本角。

铁路缓和曲线一般都设为 10 m 的整倍数，公路缓和曲线则为 5 m 或 10 m 的整倍数。铁路缓和曲线桩距一般按 10 m 设置，公路缓和曲线则根据圆曲线半径大小按 5 m、10 m、20 m 等设置。但一般都按等间距测设。

（二）圆曲线部分偏角的计算

设置圆曲线部分时，仪器应从直缓点搬到缓圆点，为了用偏角设置以后的圆曲线，首先应找出缓圆点的切线方向，如图 10.16 所示。

缓圆点的切线方向，可用 HY 点的反偏角 b_0（$\beta_0 - i_0$）来设置。从缓圆点的切线方向到圆曲线上各点的偏角的计算方法，与无缓和曲线时圆曲线的偏角计算方法相同。

应该注意仪器在 HY 或 YH 对于 QZ 点的偏角 δ_{QZ} 等于 $\dfrac{\alpha-2\beta_0}{4}$，而不能按 $\dfrac{\alpha}{4}$ 计算。

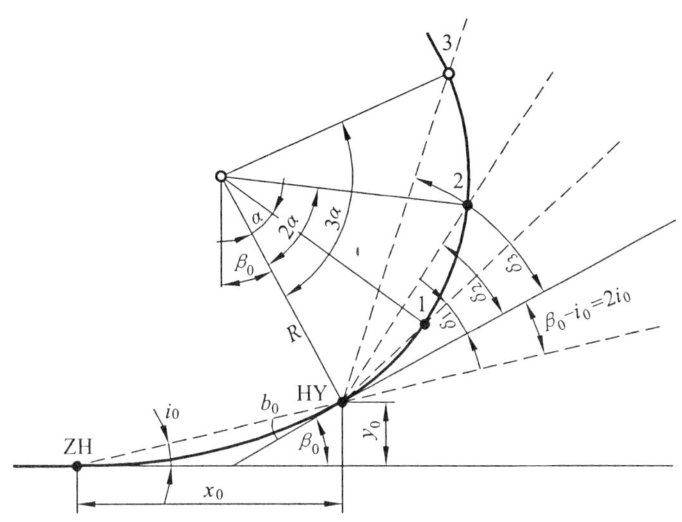

图 10.16　圆曲线部分偏角计算

【例 10.4】　已知 $\alpha_{右}=18°22'00''$，$R=1\ 000$ m，$l_0=70$ m，ZH—DK47＋831.35，HY—DK47＋901.35，QZ—DK48＋026.63。求：各点的偏角（缓和曲线上每 10 m 一点，圆曲线上每 20 m 一点，圆曲线上第一点为零弦）。

解　70÷10＝7。由式（10.15）得：

$$i_0=\frac{l_0}{6R}\cdot\frac{180°}{\pi}=\frac{70}{6\times1\ 000}\times\frac{180°}{\pi}\times3\ 600''=2\ 406''$$

所以　$i_1=\dfrac{i_0}{n^2}=\dfrac{2\ 406}{7^2}=49.11''$（取 49″）

因为　$i_n=n^2i_1$

所以　$i_2=4\times49.11=196.44''$，取 3′16″

$i_3=49.11\times9=441.99''$，取 7′22″

$i_4=49.11\times16=785.76''$，取 13′04″

$i_5=49.11\times25=1\ 227.75''$，取 20′28″

$i_6=49.11\times36=1\ 767.96''$，取 29′28″

$i_7=49.11\times49=2\ 406.39''$，取 40′06″

因为　$i_7=i_0$

所以　$2i_0=2\times40'06''=1°20'12''$

即　$b_0=1°20'12''$

整条曲线偏角计算如表 10.8 所示。

表 10.8　曲线偏角计算

置镜点	观测点	水平度盘读数		备　　注
		加零弦偏角	不加零弦偏角	
ZH	JD	0°00′00″		$\alpha_y = 18°22'00''$
(DK47 + 831.35)	47 + 841.35	0°00′49″		$R = 1\ 000$ m
	+ 851.35	0°03′16″		$l_0 = 70$ m
	+ 861.35	0°07′22″		$T = 196.70$ m
	+ 871.35	0°13′06″		$L = 390.56$ m
	+ 881.35	0°20′28″		$E_0 = 13.19$ m
	+ 891.35	0°29′28″		$q = 2.84$ m
	+ 901.35	0°40′06″		$x_0 = 69.99$ m
HY	ZH	358°39′48″(盘左)	358°07′45″(盘左)	$y_0 = 0.82$ m
(DK47 + 901.35)	47 + 920	0°32′03″(盘右)	0°00′00″(盘右)	$\frac{2}{3}\beta_0 = 1°20'12''$(即 $2i_0$)
	+ 940	1°06′26″(盘右)	0°34′23″(盘右)	$\frac{180° - \alpha}{2} = 80°49'00''$
	+ 960	1°46′48″(盘右)	1°08′45″(盘右)	
	+ 980	2°15′11″(盘右)	1°43′08″(盘右)	$\frac{\alpha - 2\beta_0}{4} = 3°35'20''$
	48 + 000	2°49′34″(盘右)	2°17′31″(盘右)	
	+ 020	3°23′56″(盘右)	2°51′53″(盘右)	ZH—DK47 + 831.35
	QZ(48 + 026.63)	3°35′30″(盘右)	3°03′17″(盘右)	HY—DK47 + 901.35
	QZ(48 + 026.63)	356°24′40″(盘右)	356°45′08″(盘右)	QZ—DK48 + 026.63
	+ 040	356°47′39″(盘右)	357°08′07″(盘右)	YH—DK48 + 151.91
	+ 060	357°22′01″(盘右)	357°42′29″(盘右)	HZ—DK48 + 221.91
	+ 080	357°56′24″(盘右)	358°16′52″(盘右)	
	+ 100	358°30′47″(盘右)	358°51′15″(盘右)	
	+ 120	359°05′09″(盘右)	359°25′37″(盘右)	
YH	48 + 140	359°39′32″(盘右)	0°00′00″(盘右)	
(DK48 + 151.91)	HZ	1°20′12″(盘左)	1°40′40″(盘左)	
	+ 151.91	359°19′54″		
	+ 161.91	359°30′32″		
	+ 171.91	359°39′32″		
	+ 181.91	359°46′54″		
	+ 191.91	359°52′38″		
	+ 201.91	359°56′44″		
HZ	48 + 211.91	359°59′11″		
(DK48 + 221.91)	JD	0°00′00″		

（三）测设方法

1. 仪器安置在曲线起点或终点设置缓和曲线

(1) 在 ZH（或 HZ）点安置经纬仪，瞄准交点（JD），使水平度盘读数对到 00°00′00″。

（2）转动照准部，使水平度盘的读数分别对到各点的偏角数，按照偏角法在无缓和曲线时设置圆曲线的方法，设置出缓和曲线上各点，并与已设置出的 HY（或 YH）点校核。

2. 仪器在 HY（或 YH）点设置圆曲线

仪器在 HY 点设置圆曲线的工作，关键问题是要正确找出切线方向。为了找出该点的切线方向，应先把水平度盘的读数对到 b_0（$180°\pm 2i_0$）（曲线从切线向左转时取“+”，向右转时取“−”），然后用望远镜瞄准 ZH 或 HZ 点。当视线转到切线方向时，水平度盘读数正好为 0°00′00″，这时继续转动照准部，根据圆曲线上各点的偏角，设置圆曲线上的各点，到曲中点时进行校核（当圆曲线较短时，可由 HY 点测到 YH 点）。

当仪器视准轴的误差很微小时（正倒镜偏差在 100 m 的距离范围，最大不超过 5 mm），仪器在 HY（或 YH）点设置圆曲线，可先把水平度盘读数安置在与施测曲线方向相反的 b_0（或 $2i_0$）处，瞄准 ZH 或（HZ），倒转望远镜转动照准部，使水平度盘读数为 0°00′00″时，视线方向即为切线方向，如图 10.17 所示。

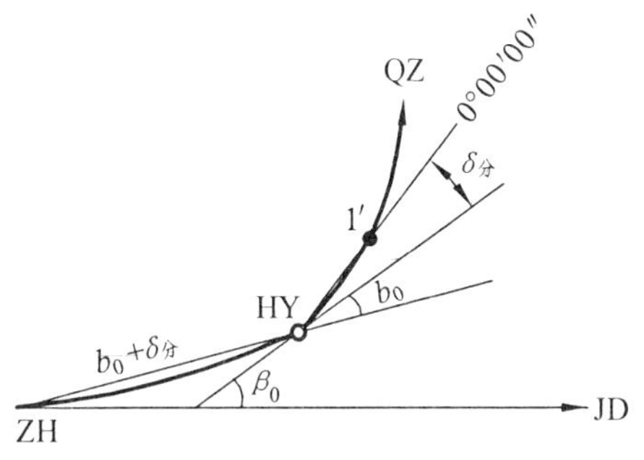

图 10.17　消除圆曲线零弦偏角

为了直接使用曲线表设置曲线，一般可采用水平度盘的读数为 0°00′00″ 时，视线与零弦方向（HY→1′）一致的方法，以消除零弦偏角，以后不再累加。因此，操作时应以（$180°+b_0+\delta_{分}$）后视 ZH，照准部转到水平度盘数为 0°00′00″ 时，即为 HY→1′，如图 10.16 所示。也可以 $b_0+\delta_{分}$ 后视 ZH，倒转望远镜后照准部转到 0°00′00″ 时，方向即为视线方向——HY→1′。

三、全站仪坐标法

用全站仪可在任意点设站利用坐标法测设曲线。

（1）建立坐标。如图 10.18 所示。一般以切线方向为 X 轴，垂直于切线方向为 Y 轴，坐标原点 O 选在 ZH 或 HZ 点（也可根据具体情况，选在其他方便坐标计算的点上）。

（2）计算曲线上各分段点 1、2、3、4…各点坐标，若坐标原点选在 ZH 或 HZ 点，则坐标计算与切线支距法计算各分段点坐标方法相同。

（3）在 ZH 或 HZ 点安置全站仪以 JD 为后视，在放样模式下，即可完成各分段点放样工作。

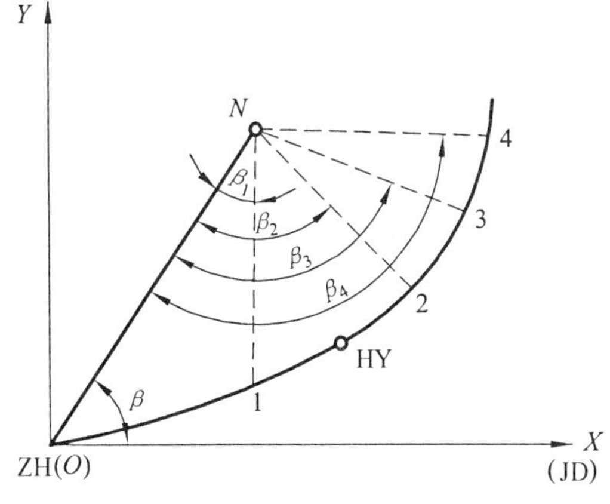

图 10.18　任意点设站测曲线

（4）根据周围地形，选定一点 N，在 N

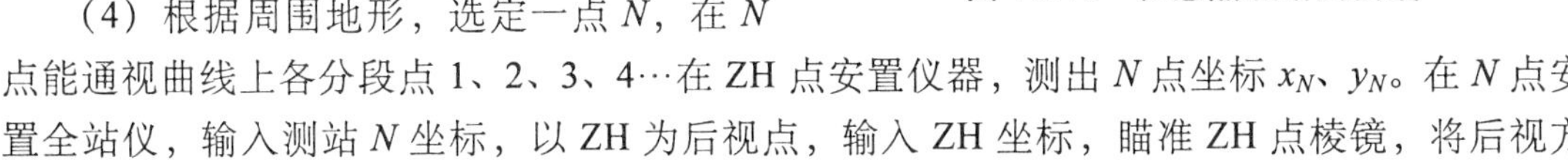

点能通视曲线上各分段点 1、2、3、4…在 ZH 点安置仪器，测出 N 点坐标 x_N、y_N。在 N 点安置全站仪，输入测站 N 坐标，以 ZH 为后视点，输入 ZH 坐标，瞄准 ZH 点棱镜，将后视方

向的水平度盘读数设置为后视方位角，然后依次输入各分段点坐标测设出各分段点直至曲中点。要注意熟悉各型全站仪的坐标放样菜单的操作步骤可能有所不同。

用相同方法测设另一半曲线。注意此时坐标系已改变为以 HZ 点为原点，要重测 N 点坐标（或另选点）。

若想在 N 点一次将曲线测完，则必须用坐标变换公式统一坐标系后，才能进行。

ZH 和 HZ 点两坐标系的转换，可按下式计算：

$$\left.\begin{aligned}x &= T(1+\cos\alpha)-x'\cos\alpha-y'\sin\alpha\\ y &= T\sin\alpha-x'\sin\alpha+y'\cos\alpha\end{aligned}\right\} \tag{10.20}$$

式中，x、y 为测站在 ZH（HZ）点坐标系的坐标；x'、y' 为测站在 HZ（ZH）点坐标系的坐标；T 为曲线的切线长；α为曲线的转向角。

用全站仪测设曲线是由测站独立地测设出曲线上的各点，在相邻两点测设后，可量取两点间的距离进行检查。若地面上已钉设出曲线主点 HY、QZ 和 YH，则可用曲线主点进行校核。

若用光电测距仪配合经纬仪在 N 点设站测设曲线则需要采用极坐标法，分别计算出曲线各分段点以 N 为原点，以 N→ZH 为极轴的极坐标放样数据。

具体步骤如下：

如图 10.18 所示，先将仪器安置于 ZH 或 HZ 点，以 JD 为后视零方向，以 ZH 或 HZ 为坐标原点，量出水平角 β 及到坐标 N 点的平距 ON，则 $\alpha_{ON}=\beta$。计算 N 点的坐标（x_N, y_N）。由式（10.12）根据 1 点里程计算出 1 的坐标（x_1, y_1），则 1 点放样数据为：

$$\left.\begin{aligned}&\text{平距} && D_{N1}=\sqrt{(x_1-x_N)^2+(y_1-y_N)^2}\\ &\text{方位角} && \alpha_{N1}=\arctan\frac{y_1-y_N}{x_1-x_N}\\ &\text{水平角} && \beta=\alpha_{N1}-\alpha_{NO}\end{aligned}\right\} \tag{10.21}$$

同法可计算出 2、3…各点放样数据。

测设时，以 N 为测站，以 NO 为极坐标轴，转水平角 β，测出平距 D，即可得到各分段点。

用坐标法或极坐标法测设铁路或公路曲线，其精度要符合各自规范的要求。

现场还有一种比较简易的曲线坐标放样方法，具体过程如下：

（1）在 AutoCAD 中画出要放样的曲线的切线方向（必须按照设计提供的坐标画）。

（2）计算曲线要素，根据切线长度就可以定出 ZH、HZ 两点的放样坐标。

（3）利用偏角计算公式分别计算缓和曲线上＋10 m、＋20 m…圆曲线上＋10 m、＋20 m…对应的偏角。

（4）根据第三步计算出来的偏角，在 CAD 中以切线为基准，旋转此角度就可以得到该点的坐标。（圆曲线上旋转时要注意先找出 HY 或 YH 的切线方向。）

（5）记录各点坐标，利用全站仪进行现场放样。

另外，利用 CAD 图求取放样数据的方法还被用于其他放样测量的场合，要注意放样数据是否符合精度要求。

第六节　遇障碍时的曲线测设

一、交点不能安置仪器或切线受阻的曲线测设

（一）设两个副交点

如图 10.19 所示，JD 落在了河里，不能测转向角 α，也不能在交点处安置仪器设置曲线主点。这时曲线测设步骤如下：

（1）在两直线上分别打下木桩 A、B，在桩顶钉下小钉精确表示点位（为精确记，要采用正、倒镜分中的方法确定两直线在 A、B 桩顶的点位）。

（2）A、B 称为主交点 JD 的两副交点、该两点位置的选定，应保证通视及便于量距（指用钢尺量距，若用全站仪或测距仪则通视即可）。在 A、B 两点分别安置仪器一测回测出分转向角 α_1、α_2（方法同前述），则曲线转角 $\alpha=\alpha_1+\alpha_2$。

（3）用钢尺丈量 AB 长度。要往返丈量，相对误差不超过 1/3 000（或按规范要求）取平均值作为 AB 距离。

图 10.19　设两个副交点测曲线

（4）计算 AV 和 BV 线段长度，即：

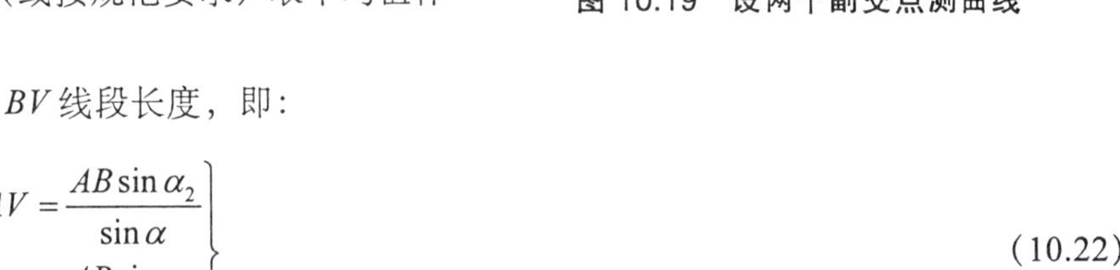

$$\left.\begin{aligned}AV&=\frac{AB\sin\alpha_2}{\sin\alpha}\\BV&=\frac{AB\sin\alpha_1}{\sin\alpha}\end{aligned}\right\}\tag{10.22}$$

（5）计算曲线要素 T、E_0、L。

（6）在 A 点安置经纬仪，前视直线上转点，量出 $T-AV$，定出 ZH 点。同样方法在 B 点安置仪器量出 $T-BV$，定出 HZ 点。

（7）计算 HY、YH 点坐标 x_0、y_0，将仪器安置在 ZH 或 HZ，定出 HY 及 YH 点。

（8）曲中点可将仪器分别放在 ZH、HZ 点用交会法得出，一般不设。

（9）计算缓和曲线及圆曲线各分点的偏角或坐标，然后按前述方法利用偏角法或切线支距法详细测设曲线。

（二）设三个副交点

如图 10.20 所示，切线方向受阻。若设两个副交点，AD 两点又不通视，在这种情况下，可设三个副交点 A、B、C，相邻两点要通视。

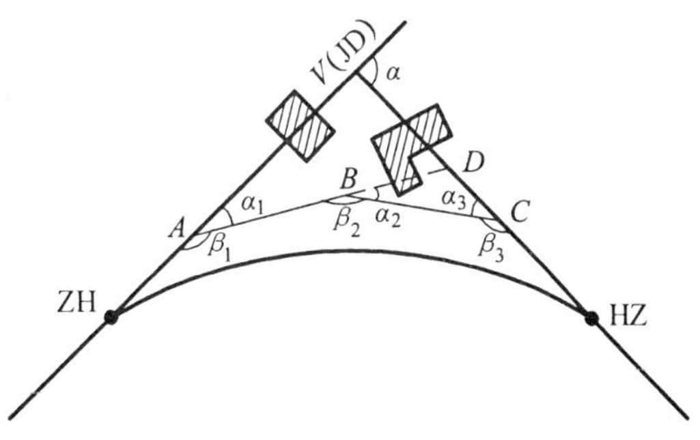

图 10.20　设三个副交点测曲线

具体测设步骤如下：

(1) 在两直线上分别打下木桩 A、C，在桩顶钉下小钉精确表示点位（为精确记，要采用正、倒镜分中的方法确定两直线在 A、C 桩顶的点位）。

(2) 在 A、C 之间选定一点 B，使 A、B，B、C 两点通视，并方便量距（指用钢尺量距，若用全站仪或测距仪，则通视即可），精确丈量 AB、BC 距离。

(3) 分别在 A、B、C 三点安置仪器，用一测回测出转角 β_1、β_2、β_3，计算各分转向角 α_1、α_2、α_3，则总转向角 $\alpha=\alpha_1+\alpha_2+\alpha_3$。

(4) 计算 AV 和 CV 长度，即：

$$AV=\frac{AD\sin(\alpha_2+\alpha_3)}{\sin\alpha} \tag{10.23}$$

因为 $$DV=\frac{AD\sin\alpha_1}{\sin\alpha}$$

则 $$CV=CD+DV$$

(5) 根据半径 R 及转向角 α 计算曲线要素 T、E_0、L。

以下步骤同“（一）设两个副交点”曲线测设步骤之 (6)、(7)、(8)、(9)。

二、用偏角法设置圆曲线遇障碍时的测法

用偏角法设置圆曲线，如因曲线上有房屋、树林等障碍物挡住视线，把经纬仪放在起点定出若干点后，不能再继续设置时，可采用下列方法解决。

例如在图 10.21 中，各段弧长以 20 m 倍数递增。仪器在 ZY 设置第 4 点时，由于视线被房屋阻挡，不能钉出，这时可将仪器移到第 3 点，使水平度盘读数对到 0°00′00″，后视 ZY 点，然后倒镜，转动照准部，使水平度盘的读数对到第 4 点的偏角数 δ_4（即仪器在直圆点对于第 4 点的弦切角），这时视线在 3—4 弦线方向上，由第 3 点沿视线量弦长，打木桩定点位，即得第 4 点。继续转动照准部，同样对准 5、6 …点的偏角，根据每段弦长分别在视线上定点，即得以后各点的位置。

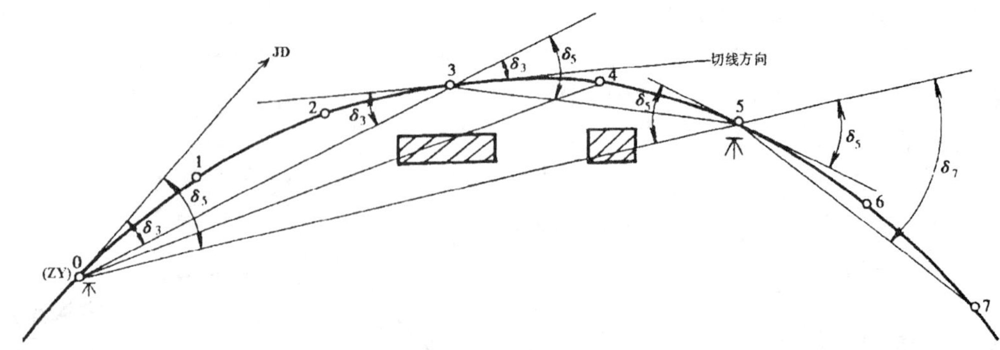

图 10.21　遇障碍时测设圆曲线

若由第 3 点定第 6 点时，视线又受到阻碍，可将仪器搬到第 5 点，但在第 5 点看不到起点 ZY，只能看到第 3 点，这时将水平度盘读数对到第 3 点的偏角数（即三段圆弧的偏角），

后视第 3 点。倒镜转动照准部，使水平度盘读数对到第 6、第 7 …点的偏角数，这样可分别得出这些点的视线方向，并分别量取各段弦长，在视线上打桩定点，即可得出 6、7 …点的位置。

根据上述测设步骤，用偏角法设置圆曲线遇障碍时的测法可归纳如下：

将仪器安置在曲线上的任一点，继续设置圆曲线上以后的各点时，首先把水平度盘读数对到仪器要后视的那一点的偏角数（如仪器在第 5 点后视第 3 点，则水平读数就对到第 3 点的偏角数 δ_3 上)，并用望远镜后视该点。倒镜、转动照准部，使水平度盘读数对到欲测点的偏角数值，此时望远镜所视方向即为置镜点与所测点的连线方向，量距、打桩便得出欲测点的位置。

这种方法的原理比较简单，就是根据同一圆周上的等弧，所对的弦切角（偏角）相等的道理。

但是应该注意，上面所提对各观测点的偏角数，是指仪器在 ZY 点或 YZ 点对曲线上各测点的偏角，这些角值可在圆曲线偏角表上查出。在观测时，水平度盘上的读数用顺拨值或用反拨值与进测曲线时的弯曲方向相同。如图 10.21 中，仪器在第 3 点和第 5 点都用顺拨值(正拨值)。

如仪器视准轴误差较大时，可用平转法。即照准后视点时读数增加 180°，然后平转照准部，使水平度盘读数对到前视观测点的偏角数，再沿视线量距打桩定点即可。上述方法叫做偏角累计法。

还有一种方法叫做置镜点切线偏角法。这种方法的偏角不累计，而是用置镜点的切线与观测点间所夹的偏角进行观测设置。即以置镜点的切线为主要依据，计算该切线对前后视各测点的偏角。在图 10.21 中，仪器在第 5 点后视第 3 点，使水平度盘的读数对到第 3 点的偏角 δ_3，则：

$$\delta_3=\frac{40}{2R}(\text{rad})=\frac{40\times180}{2R\pi}=\frac{3\,600}{\pi R}\quad(°) \tag{10.24}$$

倒镜前视第 6 点，使水平度盘的读数对到第 6 点的偏角 δ_6，则

$$\delta_6=\frac{20}{2R}(\text{rad})=\frac{1\,800}{\pi R}\quad(°)$$

在置镜点用切线偏角法设置曲线，如用平转法时，必须掌握望远镜视线要转到置镜点的切线方向，使水平度盘上的读数为 0°00′00″。为此，在置镜点后视某点时，应使水平度盘读数对到 $180°\pm\delta$，δ 为置镜点至后视点的偏角数。根据几何原理，并结合水平度盘读数的刻注情况，可知：当曲线进测方向是向左弯时，应该用“＋”号，向右弯时应该用“－”号。上面两种方法的区别，关键是在置镜点瞄准前后视点时，水平度盘上的偏角数不同，一是累计后的偏角，一是从新切线算起的偏角。

三、用偏角法设置缓和曲线遇障碍时的测法

如图 10.22 所示，用偏角法设置缓和曲线，有时起点或终点不能安置仪器，需要将仪器安置在缓和曲线上任意点进行设置，这时的偏角计算公式为：

$$i_n=\frac{30}{\pi Rl}(L_f-L_t)(L_f+2L_t)\quad(^\circ)$$
$$=\frac{572.96}{Rl}(L_f-L_t)(L_f+2L_t)\quad(')\qquad(10.25)$$

式中，i_n为置镜点对于前视各点的偏角；L_f为自缓和曲线起点（ZH）到观测点C或H的距离；L_t为自缓和曲线起点（ZH）至置镜点T的距离。

按公式算出的偏角，如为正值，是前视点的偏角，如为负值则是后视点的偏角。

如果置镜点是在缓和曲线上10 m倍数的整分段点上时，上述公式可简化为：

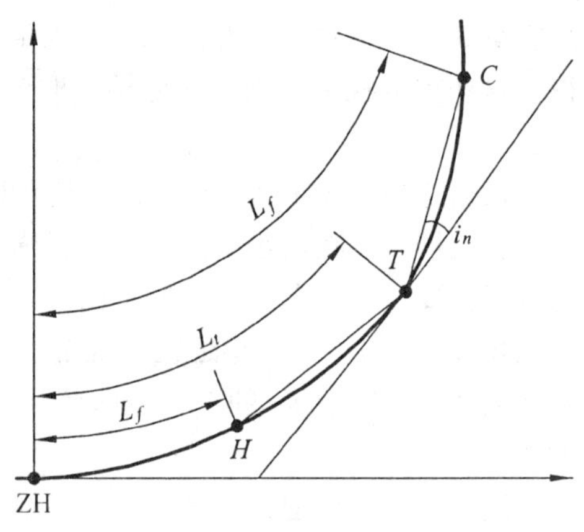

图10.22　缓和曲线上任意点置镜的偏角示意图

$$i_n=i_1(f-t)(f+2t)\qquad(10.26)$$

式中，i_1为缓和曲线上按10 m分段第一分段点的偏角，$i_1=\frac{57\ 296'}{Rl_0}$；$f$为观测点的点号数（ZH或HZ点偏号为0点，从ZH到HY或从HZ到YH每10 m一段，依次编号为1、2、3、4…）；t为置镜点的点号数。

计算时应注意，正值表示前视点偏角，负值表示后视点偏角。

仪器在缓和曲线上的任一分段点，设置缓和曲线的方法如下：

（1）仪器在缓和曲线上某一分段点，使水平度盘读数对到所要观测的后视点的偏角数，如仪器在第5点后视第3点时，假设第3点偏角数为0°14′54″，就将水平度盘读数对到0°14′54″（如曲线向右弯则读数对到360°－0°14′54″＝359°45′06″。

（2）倒镜，转动照准部，使水平度盘读数对到欲测点的偏角数。如设置第6点，假设第6点偏角数为0°9′10″，可使水平度盘读数对到（360°－0°9′10″），量置镜点5到第6点的距离，即定出经6点。以此类推，便可定出其他各点。

如仪器视准轴误差较大，可用平转法。即在置镜点瞄准后视点时，水平度盘上的读数应对到180°±δ。δ为置镜点切线对于后视点的偏角。当曲线向左弯时用“＋”号，曲线向右弯时用“－”号。平转照准部使度盘读数对到欲测点的偏角时，拧紧照准部制动螺旋，然后量距定点即可。

第七节　圆曲线两端缓和曲线不等长的测设

由于受地形条件的限制，或者因线路改动的需要，在平面设计中有时需在圆曲线两端设置不等长的缓和曲线，如图10.23所示。

设圆曲线始端缓和曲线长为l_1，终端缓和曲线长为l_2，圆曲线半径为R，所测转角为α，则：

切线角
$$\left.\begin{aligned}\beta_1&=\frac{l_1}{2R}\cdot\frac{180°}{\pi}\\ \beta_2&=\frac{l_2}{2R}\cdot\frac{180°}{\pi}\end{aligned}\right\}\tag{10.27}$$

内移值
$$\left.\begin{aligned}p_1&=\frac{l_1^2}{24R}\\ p_2&=\frac{l_2^2}{24R}\end{aligned}\right\}\tag{10.28}$$

切垂距
$$\left.\begin{aligned}q_1&=\frac{l_1}{2}-\frac{l_1^3}{240R^2}\\ q_2&=\frac{l_2}{2}-\frac{l_2^3}{240R^2}\end{aligned}\right\}\tag{10.29}$$

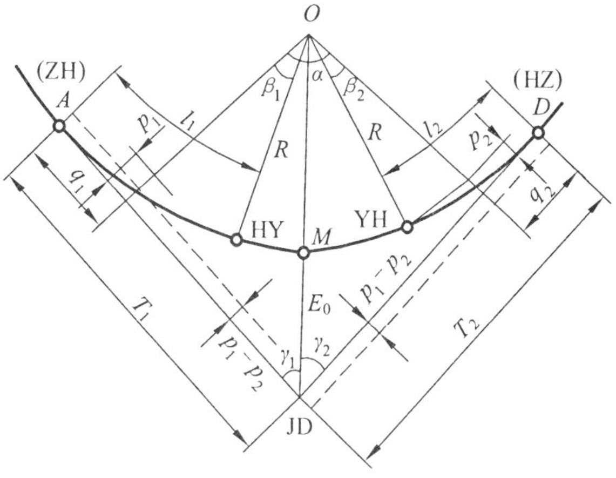

图 10.23 圆曲线两端的缓和曲线不等长

切线长
$$\left.\begin{aligned}T_1&=(R+p_1)\tan\frac{\alpha}{2}+q_1-\frac{p_1-p_2}{\sin\alpha}\\ T_2&=(R+p_2)\tan\frac{\alpha}{2}+q_2-\frac{p_1-p_2}{\sin\alpha}\end{aligned}\right\}\tag{10.30}$$

曲线长
$$L=(\alpha-\beta_1-\beta_2)R\frac{\pi}{180°}+l_1+l_2\tag{10.31}$$

或者
$$L=\alpha\cdot R\frac{\pi}{180°}+\frac{l_1+l_2}{2}\tag{10.32}$$

由于圆曲线两端的缓和曲线不等长，故曲线中点与圆曲线的中点并不一致。为了便于测设，一般就取曲线交点和圆心的连线与圆曲线相交之点 M 作为曲线中点，其测设元素为：

$$\left.\begin{aligned}r_1&=\arctan\frac{R+p_1}{T_1-q_1}\\ r_2&=\arctan\frac{R+p_2}{T_2-q_2}\end{aligned}\right\}\tag{10.33}$$

$$E_0=\frac{R+p_1}{\sin r_1}-R\tag{10.34}$$

或
$$E_0=\frac{R+p_2}{\sin r_2}-R\tag{10.35}$$

当曲线的测设元素算出后，即可按对称型曲线的测设方法测设曲线。

【例 10.5】 如图 10.23 所示，曲线转角 $\alpha=50°40'20''$，圆曲线半径 $R=600$ m，两缓和曲线不等长，$l_1=140$ m，$l_2=60$ m。计算曲线测设元素。

解 按式（10.27）计算两缓和曲线切线角：

$$\beta_1=\frac{140}{2\times600}\times\frac{180°}{\pi}=6°41'04''$$

$$\beta_2=\frac{60}{2\times600}\times\frac{180°}{\pi}=2°51'53''$$

按式（10.28）和式（10.29）计算两缓和曲线内移值和切线增值：

$$p_1=\frac{140^2}{24\times600}=1.361\ \text{m}$$

$$p_2=\frac{60^2}{24\times600}=0.250\ \text{m}$$

$$q_1=\frac{140}{2}-\frac{140^3}{240\times600^2}=69.968\ \text{m}$$

$$q_2=\frac{60}{2}-\frac{60^3}{240\times600^2}=29.998\ \text{m}$$

按式（10.30）计算切线长：

$$T_1=(600+1.361)\times\tan\frac{54°40'20''}{2}+69.968-\frac{1.361-0.250}{\sin 50°40'20''}=353.258\ \text{m}$$

$$T_2=(600+0.250)\times\tan\frac{50°40'20''}{2}+29.998-\frac{1.361-0.250}{\sin 50°40'20''}=315.634\ \text{m}$$

按式（10.31）计算曲线长：

$$L=(50°40'20''-6°41'04''-2°51'53'')\times600\times\frac{\pi}{180°}+140+60=630.640\ \text{m}$$

按式（10.32）校核：

$$L=50°40'20''\times600\times\frac{\pi}{180°}+\frac{140+60}{2}=630.638\ \text{m}$$

按式（10.33）及式（10.34）计算曲中 M 的测设数据：

$$r_1=\arctan\frac{600+1.361}{353.258-69.968}=64°46'33''$$

$$r_2=\arctan\frac{600+0.250}{315.634-29.998}=64°33'07''$$

校核： $\alpha=180°-r_1-r_2=180°-64°46'33''-64°33'07''=50°40'20''$

按式（10.35）校核：

$$E_0=\frac{600+1.361}{\sin 64°46'33''}-600=64.746\ \text{m}$$

$$E_0=\frac{600+0.250}{\sin 64°46'07''}-600=64.747\ \text{m}$$

最后需要提及的是，曲中 M 点既不是整个曲线的中点，也不是圆曲线的中点。因为 M 点至 HY 点圆曲线所对应的圆心角为：

$$90°-r_1-\beta_1=90°-64°46'33''-6°41'04''=18°32'23''$$

该段圆曲线长：

$$600\times 18^\circ 32'23''\times\frac{\pi}{180^\circ}=194.148\ \text{m}$$

M 点至 YH 点圆曲线所对的圆心角为:

$$90^\circ-r_2-\beta_2=90^\circ-64^\circ 33'07''-2^\circ 51'53''=22^\circ 35'00''$$

其圆曲线为:

$$600\times 22^\circ 35'00''\times\frac{\pi}{180^\circ}=236.492\ \text{m}$$

所以 M 点并非圆曲线的中点。

又以 M 为界的两段曲线长:

$$140+194.148=334.148\ \text{m}$$
$$60+236.492=296.492\ \text{m}$$

显然 M 点也不是整个曲线的中点，这里选取 M 点只是便于测设而已。

第八节　复曲线的测设

由两个或两个以上不同半径的同向曲线相连而成的曲线称为复曲线。因其连接方式不同，可分为三类。

(1) 全由圆曲线组成的复曲线。

(2) 中间由圆曲线直接相连，而两端设有缓和曲线的复曲线。

(3) 除两端设有缓和曲线外，中间圆曲线之间也设有缓和曲线的复曲线。

下面仅就第一类由两个圆曲线组成的复曲线作说明。

如图 10.24 所示，在现场，依据地形情况，先定出其中一个圆曲线半径，该曲线称为主曲线，另一个圆曲线称为副曲线，其半径则通过主曲线半径及测量的相关数据求得。

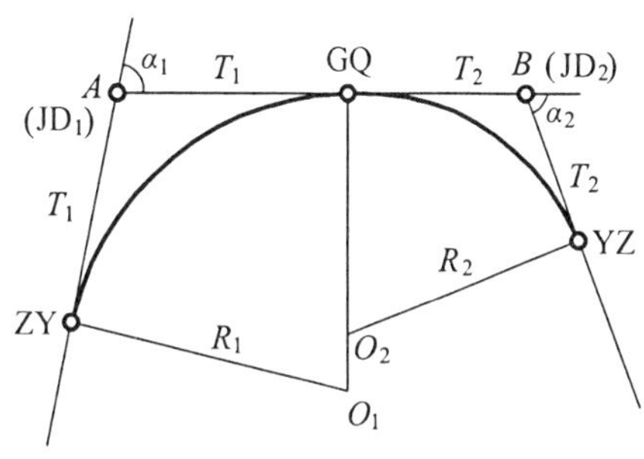

图 10.24　复曲线的测设

图中主、副曲线的交点为 A、B，两曲线相接于公切点 GQ。观测转角 α_1、α_2 并量测切基线 AB。在选定主曲线半径 R_1 后，即可按以下步骤计算副曲线的半径 R_2 及测设元素:

(1) 根据主曲线的转角 α_1 和半径 R_1，计算主曲线的测设元素 T_1、L_1、E_1 和 D_1。

(2) 根据切基线 AB 长度和主曲线切线长 T_1，计算副曲线的切线长 T_2:

$$T_2=AB-T_1 \tag{10.36}$$

(3) 根据副曲线的转角 α_2 和切线长 T_2，计算副曲线半径 R_2:

$$R_2 = \frac{T_2}{\tan\frac{\alpha_2}{2}} \tag{10.37}$$

$$T_2 = 417.99 \times \tan\frac{30°38'}{2} = 114.48 \text{ m}$$

$$L_2 = 417.99 \times 30°38' \times \frac{\pi}{180°} = 223.48 \text{ m}$$

$$E_2 = 417.99 \times \left(\sec\frac{30°38'}{2} - 1\right) = 15.39 \text{ m}$$

$$D_2 = 114.48 \times 2 - 223.48 = 5.48 \text{ m}$$

【例 10.6】 复曲线如图 10.25 所示，已知切基线 $AB=67.24$ m，$BC=87.21$ m，$\alpha_1=18°18'$，$\alpha_2=30°20'$，$\alpha_3=22°30'$，计算两曲线的半径。

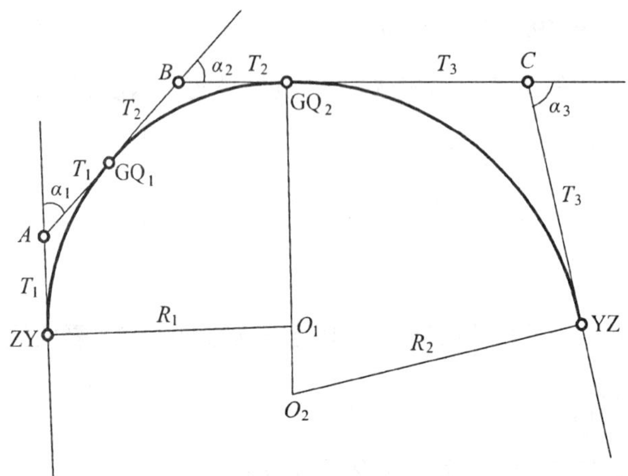

图 10.25 复曲线的另一种形式

解 （1）根据切基线 AB 计算主曲线半径 R_1：

$$R_1 = \frac{67.24}{\tan\frac{18°18'}{2} + \tan\frac{30°20'}{2}} = 155.60 \text{ m}$$

（2）根据 $R_1=155.60$ m，$\alpha_1=18°18'$，计算切线长 T_1：

$$T_1 = 155.60 \times \tan\frac{18°18'}{2} = 25.06 \text{ m}$$

则切线长 T_2 为：

$$T_2 = AB - T_1 = 67.24 - 25.06 = 42.18 \text{ m}$$

（3）根据式（10.36）计算切线长 T_3：

$$T_3 = 87.21 - 42.18 = 45.03 \text{ m}$$

（4）根据式（10.37）计算副曲线半径 R_2：

$$R_2 = \frac{45.03}{\tan\frac{22°30'}{2}} = 226.38 \text{ m}$$

第九节　长大曲线和回头曲线的测设

一、长大曲线的测设

当转向角比较大时，曲线会很长，采用偏角法测设，若中间不增加控制点，则横向误差极易超限而返工。通常是在圆曲线部分增加若干控制点，采用分段测设、分段闭合。如图 10.26 所示，将曲线分为三段，两端是缓和曲线加圆曲线，称两端曲线；中间仅有圆曲线，称中间曲线。

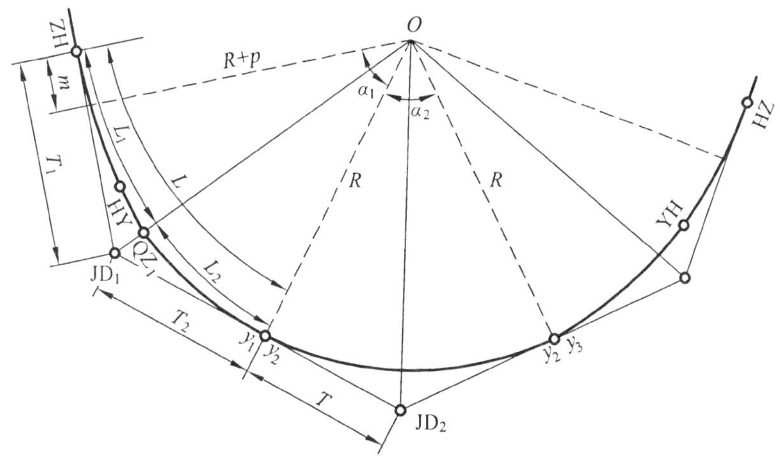

图 10.26　长大曲线测设

分段时应注意使各段曲线长为 10 m 的整倍数；由两端向中间分段，不使一根缓和曲线分为两段。

分段后曲线综合要素的计算略有变化，如图 10.27 所示，做平行于切线 T_2 的直线，交切线 T_1 于 JD_1'，使两平行线间的距离为 p，则：

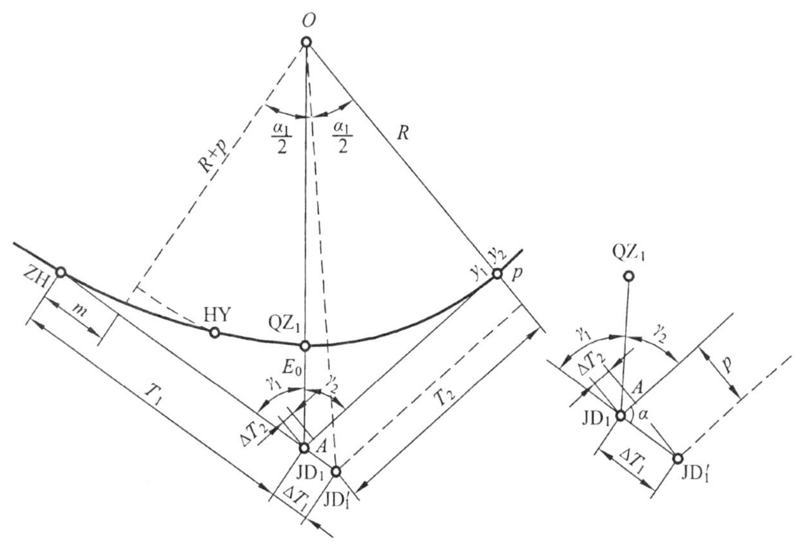

图 10.27　长大曲线计算要素

$$
\left.\begin{aligned}
T_1 &= (R+p)\tan\frac{\alpha_1}{2} + m - p/\sin\alpha_1 \\
T_2 &= (R+p)\tan\frac{\alpha_1}{2} + p/\tan\alpha_1 \\
\alpha_1 &= \left(L - \frac{l_0}{2}\right)\cdot 180°/\pi R
\end{aligned}\right\} \tag{10.38}
$$

曲中点 QZ 测设所用的γ_1、γ_2角，不再是 JD_1 内角的一半，而由下式计算：

$$
\left.\begin{aligned}
\gamma_1 &= \arctan\frac{R+p}{(R+p)\tan\dfrac{\alpha_1}{2} - \Delta T_1} \\
\gamma_2 &= \arctan\frac{R}{(R+p)\tan\dfrac{\alpha_2}{2} - \Delta T_2}
\end{aligned}\right\} \tag{10.39}
$$

其中 $\Delta T_1 = p/\sin\alpha_1$，$\Delta t_2 = p/\tan\alpha_1$

$$
E_0 = \frac{R+p}{\sin\gamma_1} - R \tag{10.40}
$$

中间圆曲线的计算同第二节。

长大曲线测设资料，也可查“曲线表”第三册第八表“几个偏角时曲线综合要素表”。

测设时，由 ZH 点按起始切线方向量 T_1 得第 1 分段的交点 JD_1，拨第 1 分段的转向角 α_1，在这个方向上量 T_2，得圆曲线上的主点 y_1、y_2；不改变方向继续向前丈量中间圆曲线的切线 T，可得 JD_2；用 γ_1或 γ_2角和 E_0 测设 QZ_1。再按同样方法继续测设各分段的控制桩。

二、回头曲线的测设

曲线总转向角 α 大于或接近 180° 时为回头曲线，也称套线。由图 10.27 得知，切线长 T 的计算公式如下：

$$
T = (R+p)\tan(180° - \alpha/2) - m \tag{10.41}
$$

当 $180° < \alpha < 360°$ 时，由 JD 沿切线方向丈量 T，可得 ZH 和 HZ；当按式（10.41）所得 T 为正值时，交点位于直线段内，自交点沿直线里程增加的方向量出 T 得 ZH 点，在另一方向得 HZ 点，如图 10.28（a）所示；当所得 T 为负值时，交点位于切线内，故自交点沿切线向里程减少的方向量出 T 得 ZH，在另一方向上得 HZ，如图 10.28（b）所示。

得出曲线的起终点后，按长大曲线的测设方法分段定点、分段测设。

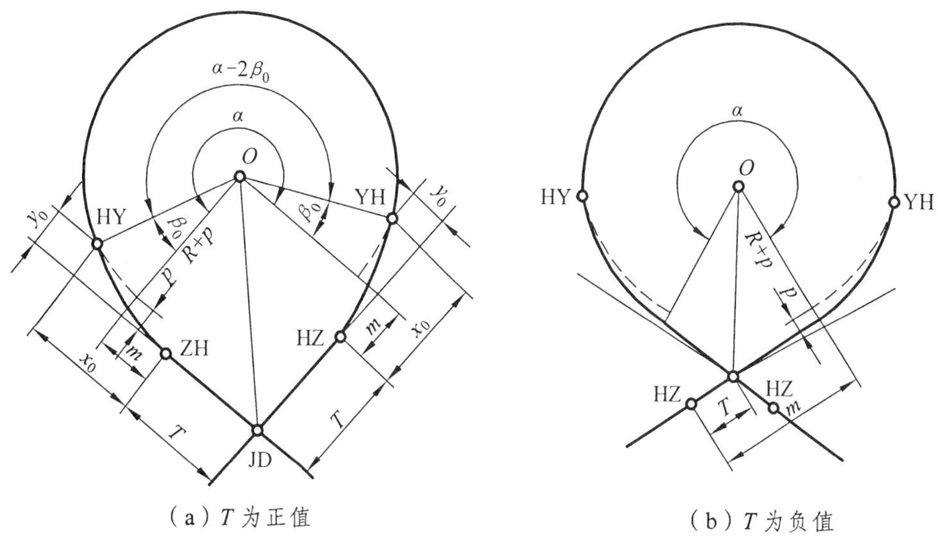

（a）T 为正值　　（b）T 为负值

图 10.28　回头曲线

思考题与习题

1. 在铁路、公路曲线上为什么要加缓和曲线？它的特性是什么？

2. 铁路、公路曲线上有哪些主要控制点（绘图说明）？

3. 测设曲线的主要方法有哪些？各适用于什么情况？

4. 试分析用偏角法测设曲线时产生闭合差的因素有哪些？

5. 用偏角法测设曲线遇到障碍怎么办？在仪器搬到新的测站时，怎样找出该点的切线方向？

6. 什么叫正拨和反拨？试述它与曲线测设方向的关系（绘图说明）。

7. 什么叫副交点？它起什么作用？怎样利用副交点来求切线长？

8. 长大曲线的要素如何计算？为了减少曲线测设时的误差累积，应注意什么？

9. 已知某线路曲线的转向角为 $\alpha_{右} = 30°06'15''$，$R = 300$ m，ZY 点里程为 DK3 + 319.45 m，里程从 ZY 到 YZ 为增加，求：

（1）圆曲线要素及主点里程。

（2）置镜于交点（JD），测设各主点的方法。

（3）在 ZY 点置镜，用切线支距法测设前半条曲线的资料（每 10 m 一点）。

（4）在 YZ 点置镜，用偏角法测设后半条圆曲线的资料（曲线点要求设置在 20 m 倍数的里程上）。

10. 某曲线 $R = 400$ m，$\alpha_{左} = 27°03'08''$，$l_0 = 80$ m，交点的里程为 DK189 + 472.16，试计算：

（1）曲线的综合要素及主点里程。

（2）置镜于交点，测设各主点的方法。

（3）在 ZH 点置镜，用切线支距法测设前半条曲线（每 10 m 一点）。

（4）在 ZH 与 YH 点置镜，测设后半条曲线的偏角资料（圆曲线部分要求测设 20 m 整倍数里程）。

11. 设有一曲线，如图所示，JD 不能安置仪器，今测得 $\alpha_1 = 14°04'00''$，$\alpha_2 = 15°32'09''$，A 点桩号为 DK19 + 134.83，已知 $R = 500$ m，$l_0 = 80$ m，试计算曲线综合要素及 ZH、HY、QZ、YH、HZ 的里程，并说明曲线主点的测设方法。

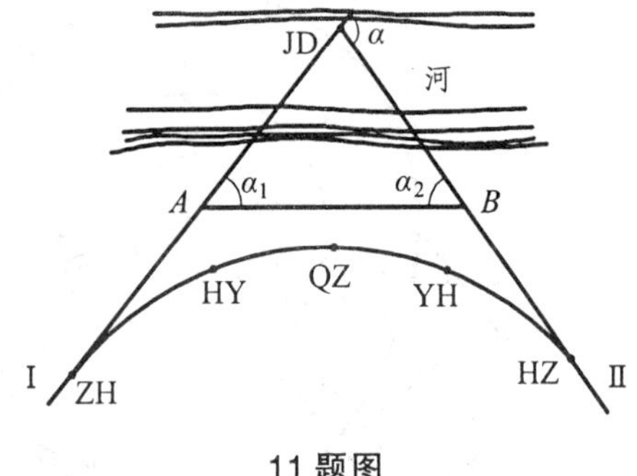

11 题图

12. 已知某曲线的半径为 $R = 500$ m，$\alpha_{右} = 12°10'15''$，$l_0 = 80$ m，ZH 点的里程为 K34 + 207.25，若曲线各主点已测设完毕，试按下列要求用偏角法详细测设该曲线：

（1）仪器置于 ZH 点时，求 ZH—HY 间各点的偏角资料。

（2）仪器置于 HY 时，求 HY—QZ 间各点的偏角资料。

（3）仪器置于 HZ 点时，求 HZ—YH 点间各点的偏角资料。

（4）仪器置于 YH 点时，求 YH—QZ 点间各点的偏角资料（曲线部分要求测设 20 m 整倍数里程）。

13. 已知曲线半径为 $R = 600$ m，$\alpha_{左} = 14°40'$，$l_0 = 90$ m，交点里程为 DK3 + 385.33，但是该曲线的起点和终点都不能安置仪器和对中，其他主点设好，问用偏角法如何测设该曲线？并详细计算测设该曲线的资料。

14. 如图所示，圆曲线的中间部分位于陡峭的岩壁上，不便量距，如何测设曲线上各点？已知曲线的 A 点距 ZY 点为 25 m，B 点距 YZ 点为 35 m，$R = 800$ m，转向角 $\alpha_{右} = 25°25'$，ZY 里程为 DK19 + 521.00，求峭壁上各测点的里程及测设资料。

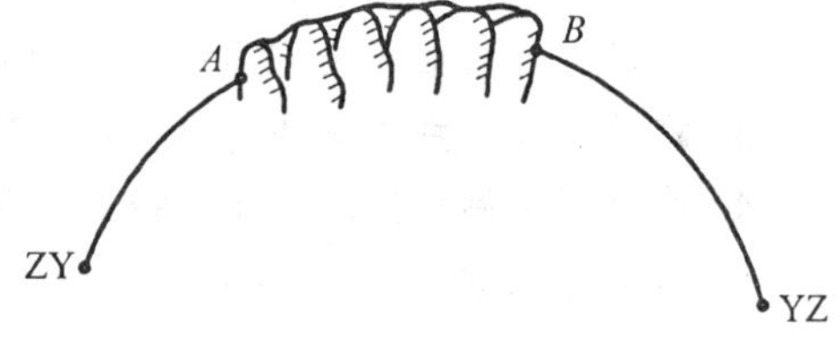

14 题图

15. 已知某曲线的半径为 $R = 400$ m，$\alpha_{右} = 32°25'00''$，$l_0 = 80$ m，ZH 点里程为 DK9 + 501.25，当置镜于 ZH 时，不能通视 HY，需要将仪器移至距 ZH 为 50 m 的里程桩上继续测设，而在圆曲线部分，仪器需置于 HY 点前方第二个整数桩上继续向前测设，试求出测设前半条（ZH—QZ）曲线的偏角资料。已知各主点均已测设。

16. 已知有一右转向曲线 $R = 500$ m，$l_0 = 60$ m，各主点均已测设，ZH 点的里程为 3 + 327.20，QZ 点的里程为 3 + 414.71，HZ 点里程为 3 + 502.22，求置镜于 YH 点时测设曲线 YH—QZ 的偏角资料（曲线部分要求测设 20 m 整倍数里程）。

17. 如图所示，设某一圆曲线转向角为 α，由于地形原因必须通过 C 点，已知 C 点到 JD 点的距离为 d，JD 和 C 点的连线与切线的夹角为 β，试求该圆曲线的半径 R。

18. 已知某一长大曲线的总转向角 $\alpha_{右} = 179°02'56''$，$R = 400$ m，$l_0 = 90$ m。为保证精度，今要分成 6 段测设，前 5 段每段曲线长 200 m，已知 ZH 点里程为 DK14 + 500.00，试求算分段后各主要点（各分段的交点，ZH、HY、YY、YH、HZ）的里程。

19. 如图所示，某曲线半径为 $R = 500$ m，缓和曲线长 60 m，转向角 $\alpha = 38°24'$，ZH 点里程为 K101 + 422.14，由于前半条曲线上障碍物很多，决定采用光电测距仪任意点置镜测设。先在曲线内选定一处 E 点，该点与曲线上各点通视良好，测得 E 至 ZH 的平距为 95.436 m，试计算出置镜 E 点，用极坐标法测设图中 1、2、3、4 点的资料，并说明如何测设。已知各测设点的里程如下：1 点：K101 + 432.14；2 点：K101 + 452.14；3 点：

K101 + 500.00；4 点：K101 + 540.00。

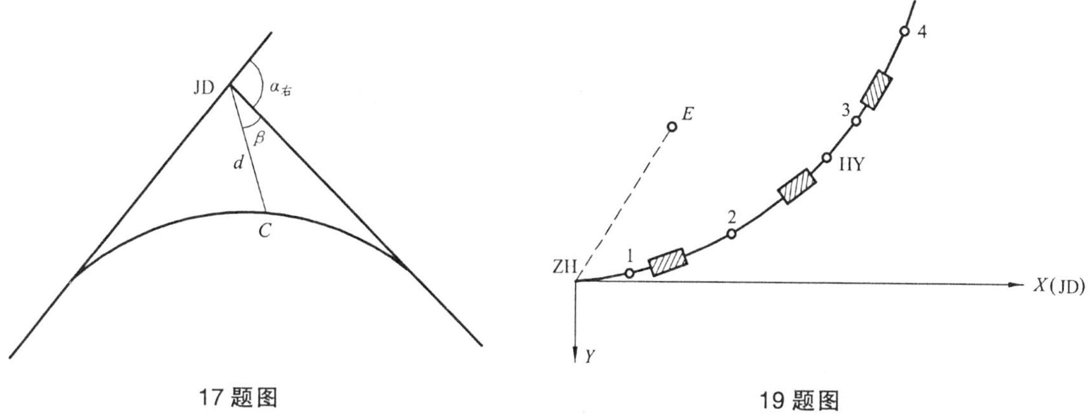

17 题图　　　　　　　　　　　　　　　　19 题图

20. 如图所示复曲线，设 $\alpha_1 = 28°24'$，$\alpha_2 = 31°36'$，$AB = 298.35$ m，主曲线半径 $R_1 = 300$ m，试计算复曲线的测设元素。

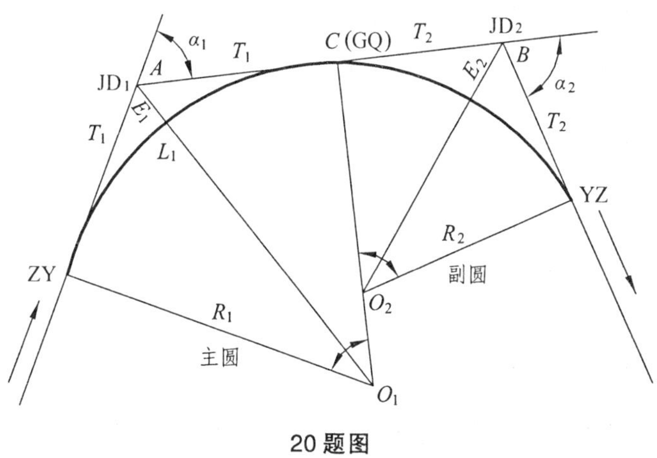

20 题图

第十一章　线路测量

第一节　线路测量工作概述

线路测量是指铁路、公路线路在勘测、设计和施工等阶段中所进行的各种测量工作。它主要包括：为选择和设计线路中心线的位置所进行的各种测绘工作；为把所设计的线路中心线标定在地面上所进行的测设工作；为进行路基、轨道、站场的设计和施工所进行的测绘和测设工作。

修建一条铁路或公路，国家要花费大量的人力、物力、财力，为保证新建铁路、公路在国民经济建设和国防建设中能充分发挥其效益，故修建一条新线一般要经过下列程序。

一、方案研究

在地形图上找出线路可行的方案和初步选定一些重要技术标准，如线路等级、限制坡度、牵引种类、运输能力等，并提出初步方案。

二、初测和初步设计

初测阶段的主要任务是沿选定的线路方向进行控制测量（包括平面控制和高程控制测量），在控制点的基础上测量路线方向的带状地形图并收集水文、地质等有关资料。为线路方案比选和编制设计文件等工作提供依据。

三、定测和施工设计

定测阶段的主要任务是解决线路平、纵、横三方面的位置问题，将选定的线路标定到实地上去，即在选定的线路上进行中线测量、纵断面测量和横断面测量，为施工图技术设计提供重要资料，施工技术设计是根据定测所取得的资料，对线路全线和所有个体工程做出详细设计，并提供工程数量和工程预算。该阶段的主要工作是线路纵断面设计和路基设计，并对桥涵、隧道、车站、挡土墙等作出单独设计。

四、施工测量

线路施工时，测量工作的主要任务是测设出作为施工依据的桩点的平面位置和高程。这些桩点是指标志线路中心位置的中线桩和标志路基施工界线的边桩。

工程结束后还要进行竣工测量，检查施工成果是否符合设计要求，并为铁路、公路使用和养护提供资料，这些测量工作称为竣工测量。

公路测量工作的内容和程序与铁路测量工作大体相同，下面主要以铁路为主，说明各阶段的测量工作。

第二节　线路初测

初测工作包括：插大旗、导线测量、高程测量、地形测量。初测在一条线路的全部勘测工作中占有重要地位，它决定着线路的基本方向。

一、插大旗

根据方案研究中在小比例尺地形图上所选线路位置，在野外用“红白旗”标出其走向和大概位置，并在拟定的线路转向点和长直线的转点处插上大旗，为导线测量及各专业调查指出进行的方向。大旗点的选定，一方面要考虑线路的基本走向，故要尽量插在线路位置附近；另一方面要考虑到导线测量、地形测量的要求，因为一般情况下大旗点即为导线点，故要便于测角、量距及测绘地形。插大旗是一项十分重要的工作，应考虑到设计、测量各方面的要求，通常由技术负责人来做此项工作。

二、导线测量

初测导线是测绘线路带状地形图和定测放线的基础。导线测量的外业及内业工作前已述及，此处仅介绍线路测量中导线的检核计算方法。

1. 导线联测及限差要求

《铁路测量技术规则》（以后简称《测规》）规定，导线起终点及每延伸不远于 30 km 处，应与国家大地点（三角点、导线点、I 级军控点）或其他单位不低于四等的大地点联测；有条件时，也可采用 GPS 全球定位技术加密四等以上大地点。其限差应符合规范要求。

2. 导线长度的两化改正

当初测导线与国家大地点联测时，首先应将导线测量成果改化到大地水准面上，然后再改化到高斯平面上，才能与大地点坐标进行比较检核，为此要进行导线的两化改正。特别是导线处于海拔较高或位于投影带的边缘时，必须进行两化改正。

设导线在地面上的长度为 s，则改化到大地水准面上的长度 s_0 可按下式计算：

$$s_0 = s\left(1-\frac{H_{\mathrm{m}}}{R}\right)\text{（其距离改正数为 }s\frac{H_{\mathrm{m}}}{R}\text{）} \tag{11.1}$$

式中，H_m 为导线两端的平均高程；R 为地球半径。

将 s_0 再改化至高斯平面上，可按下式计算：

$$s_g = s_0\left(1+\frac{y_m^2}{2R^2}\right)\text{（其改正数为 } s_0\frac{y_m^2}{2R^2}\text{）} \tag{11.2}$$

式中，y_m 为导线边距中央子午线的平均距离；R 为地球半径。

当用 s 代替 s_0 时，其改正数与用式（11.2）计算出的数值相差甚微，故铁路工程测量规范采用简化公式计算。

在初测导线计算中，都是采用坐标增量 Δx、Δy 来求算闭合差，故只需求出坐标增量总和（$\sum\Delta x, \sum\Delta y$），将其经过两化改正，求出改化后的坐标增量总和，才能计算坐标闭合差。

两次改化后的坐标增量总和按下式计算：

$$\left.\begin{aligned}\sum\Delta x_s &= \sum\Delta x\left(1-\frac{H_m}{R}+\frac{y_m^2}{2R^2}\right)\\ \sum\Delta y_s &= \sum\Delta y\left(1-\frac{H_m}{R}+\frac{y_m^2}{2R^2}\right)\end{aligned}\right\} \tag{11.3}$$

式中，$\sum\Delta x_s$、$\sum\Delta y_s$ 为两化改正后的纵、横坐标增量和（m）；$\sum\Delta x$、$\sum\Delta y$ 为导线的纵、横坐标增量和（m）；y_m 为距中央子午线的平均距离（即导线两端点横坐标的平均值）；H_m 为导线两端点的平均绝对高程。

3. 坐标换带计算

在高斯平面直角坐标系中，由于分带投影，使参考椭圆体上统一的坐标系被分割成各带独立的直角坐标系。铁路、公路初测导线与国家大地点联测，有时两已知点会处于两个投影带中，因而，必须先将邻带的坐标换算为同一带的坐标才能进行检核，简称坐标换带。换带计算可采用坐标换带表或采用计算机程序进行换算。

三、高程测量

初测高程测量的任务有两个：一是沿线路设置水准点，作为线路的高程控制网；二是测定导线点和加桩的高程，为地形测绘和专业调查使用。

（一）水准点高程测量

线路水准点一般每隔 2 km 设置一个，重点工程地段应根据实际情况增设水准点。水准点高程按五等水准测量要求的精度施测；水准点高程测量应与国家水准点联测，其路线长度不远于 30 km 联测一次，形成附合水准路线；水准点高程测量可采用水准测量或光电测距三角高程测量方法进行，高程取至 mm。

1. 水准测量

水准仪的精度不应低于 DS_3 级，水准尺宜用整体式；可采用一组往返测或两台水准仪并测。高差较差在限差以内时采用平均值。五等水准测量限差要求如表 11.1 所示，表中 R 为测段长度，L 为附合路线长度，F 为环线长度，均以 km 为单位。

表 11.1　五等水准测量精度

每公里高差中数的中误差（mm）	限差（mm）			
	检验已测段高差之差	往返测不符值	附合路线闭合差	环闭合差
≤7.5	$\pm30\sqrt{R}$	$\pm30\sqrt{R}$	$\pm30\sqrt{L}$	$\pm30\sqrt{F}$

视线长度应不大于 150 m，跨越深沟、河流时可增至 200 m。前、后视距离应大致相等，其差值不宜大于 10 m，视线离地面高度不应小于 0.3 m，并应在成像清晰稳定时进行。

当跨越大河、深沟，其视线长度超过 200 m 时，应按五等跨河水准测量的要求进行。

2. 光电测距三角高程测量

光电测距三角高程测量，可与平面导线测量合并进行。水准点的设置要求、闭合差限差及检测限差应符合水准测量要求。

导线点应作为高程转点。高程转点间的距离和竖直角必须往返观测。

（二）加桩（中桩）高程测量

加桩是指导线点之间所钉设的板桩，用于里程计算和专业调查，一般每 100 m 钉设一桩；在地形变化处及地质不良地段，也应加桩。

1. 加桩水准测量

加桩水准测量使用精度不低于原 S_{10} 级的水准仪；采用单程观测，水准路线应起闭于水准点，导线点应作为转点，转点高程取至 mm；加桩高程取至 cm。加桩限差要求可查阅规范规定。

2. 加桩光电测距三角高程测量

加桩高程测量可与水准点光电测距三角高程测量同时进行；若单独进行加桩光电测距三角高程测量时，其高程路线必须起闭于水准点，其限差符合《测规》要求。

高程转点间的竖直角用中丝法往返观测各一测回；加桩高程测量的距离和竖直角，可单向观测一测回，半测回间高差之差在限差以内时取平均值。

3. 一般三角高程测量

在困难地段和隧道顶加桩高程测量也可采用一般三角高程测量。其三角高程路线分段起闭于具有水准高程的导线点；转点间的竖直角应往返观测各一测回，半测回间角值较差限差为 30″；高程测量限差符合《测规》要求。

第三节　线路定测

线路定测阶段的测量工作主要有：中线测量、线路高程测量和线路纵、横断面测量。

一、中线测量

中线测量是新线定测阶段的主要工作，它的任务是把在带状地形图上设计好的线路中线测设到地面上，并用木桩标定出来。

中线测量包括放线测量和中桩测设两部分工作。放线是把纸上定线各交点间的直线段测设于地面上；中桩测设是沿着直线和曲线详细测设中线桩。

（一）放线测量

放线的任务是把中线上直线部分的控制桩（JD、ZD）测设到地面，以标定中线的位置。

1. 交点的测设

对于铁路、高等级公路或地形复杂的地段，需在带状地形图上进行纸上定线，然后把纸上定好的路线放到地面上，一般采用下述方法标定交点位置。

（1）放点穿线法。

① 准备数据。如图 11.1 所示，D_4、D_5、D_6、D_7、D_8 为初测导线点，欲放出直线Ⅰ和直线Ⅱ的交点及临时点 P_4、P_5、P_6…在测图上从导线点 D_5、D_6、D_8 出发作导线边的垂线，它们与路线设计中线（即路线导线）交于 P_5、P_6、P_8 点。在图上量取各垂线的长度 l_5、l_6、l_8，直角和垂线长度就是放线所需要的数据，此法称为支距法；还可在图上量出 P_4、P_7 点放线数据水平角 β_4 和 β_7 和 l_4、l_7，此法称为极坐标法。

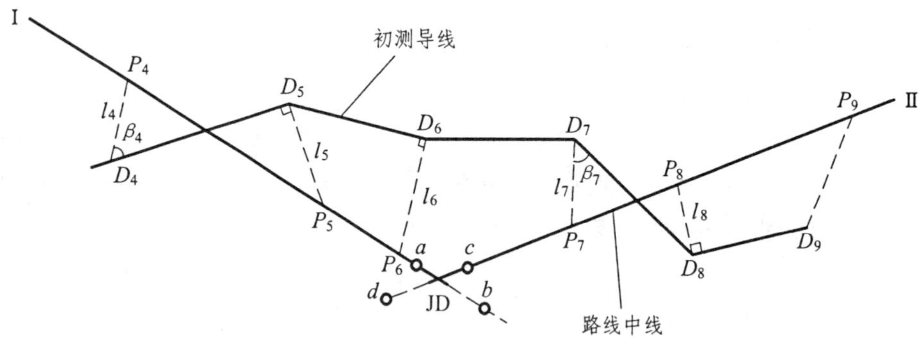

图 11.1 放点

② 放临时点。根据上述数据在现场用经纬仪测设直角或水平角，在视线上量距，即可标定出分别位于两条不同直线上的 P_4、P_5、P_6 和 P_7、P_8、P_9 点，这些点尽可能选在地势较高、通视条件较好的位置，以利于下一步的穿线或放置转点。为了检查和比较，同一直线上至少要放出 3 个点。

③ 穿线。上述方法放出的临时点，理论上应在同一条直线上，但由于放点时图解数据和测设的误差及地形的影响，使放出的点并不在同一条直线上，如图 11.2 所示。这时可利用经纬仪定出一条尽可能多地穿过或靠近临时点的直线方向 AB，在 A、B 或其方向线上打下两个以上的转点桩，同时清除原来的临时桩，这一步工作叫穿线。

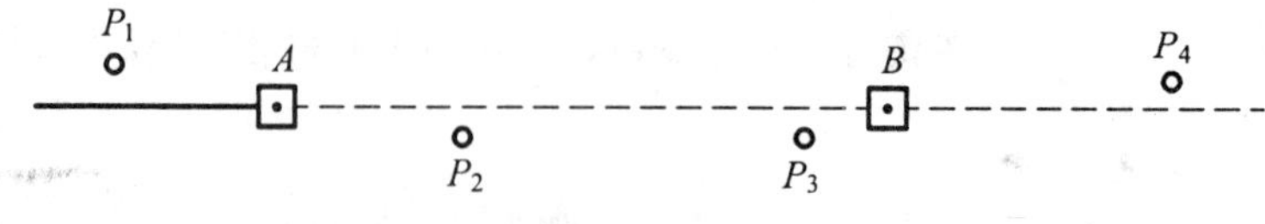

图 11.2 穿线

④ 交点。相邻两直线在地面上确定后，如果通视良好，即直接延长直线进行交会定点。如图 11.1 所示，在 P_6 点安置经纬仪，后视 P_5 点，采用正倒镜分中法，在交点大概位置前后的视线方向上各打一桩 a、b（称骑马桩），并在桩顶上钉小钉，挂上细线，延长定出直线 I 的方向，同法定出骑马桩 c、d，得直线 II 的方向。两方向的相交处打下木桩，并钉以小钉，得到 JD。

穿线交点法测设精度高，但速度较慢。

（2）拨角放线法。

① 准备放线数据。根据纸上定线或航测定线的交点纵横坐标值，用坐标反算的方法计算相邻交点间的距离和方位角，并根据方位角之差算出交点处的转角。放线的起算数据 β_1、s_1 可根据测图导线点的坐标值和第一个待放交点的坐标值反算求得。如图 11.3 所示，测图导线点 D_1、D_2 作为放线的起算点，其坐标值是已知的，交点 JD_1、JD_2、JD_3 为待放点，其坐标值已在纸上定线时确定。通过坐标反算可推算其放线数据为：β_1、s_1、β_2、s_2、β_3、s_3。

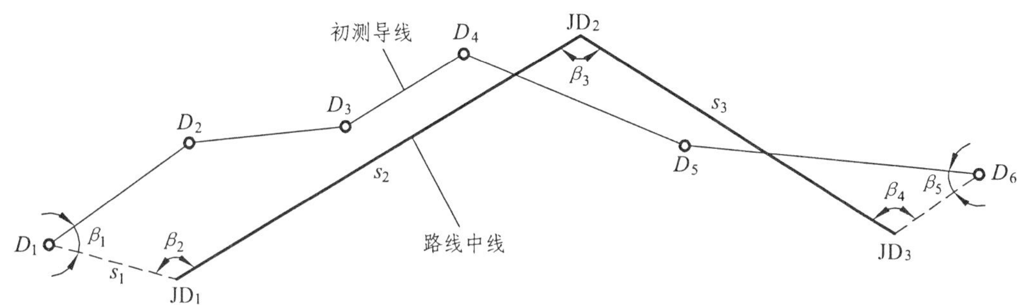

图 11.3　拨角放线法

② 实地放点。在导线点 D_1 安置经纬仪，后视 D_2，拨角 β_1 并量距 s_1 得交点 JD_1；将经纬仪移至 JD_1，后视 D_1，拨角 β_2 并量距 s_2 得交点 JD_2；按同样的方法可定出交点 JD_3。在测设中，由于相邻交点间的距离往往很长，因而在放线过程中需要采用正倒镜分中法延长直线，并在直线的适当位置钉设必要的转点桩。应用正倒镜分中法延长直线时，其后视点不宜太近，一般以 100～200 m 为宜。

为进行检核和防止误差积累，放出几个交点后应与近旁的测图导线点联测一次（见图 11.3，在交点 JD_3 处与导线点 D_6 联测）。如果联测计算的闭合差在限差之内，一般可不作闭合差调整，但需以联测导线点作为新的起算点，重新计算起算数据再继续放线，这样可有效地截断误差积累。

（3）用全站仪测设交点。

在地形图上量出纸上定线的交点坐标后，将全站仪安置在导线点上，按交点坐标直接将交点测设在地面上。

对于高等级公路，由于平曲线的长度很长，有时受地形影响，相邻交点间不通视，故可利用路线中线上各中桩坐标，用全站仪直接将其测设出来，也可不测设交点。

2. 转点的测设

在相邻交点间距离较远或不通视的情况下，需在其连线上测定一点或数点，供测角和量距时照准用，这样的点称为转点（ZD）。当两交点间距离较远，但尚能通视或已有转点需加密时，可采用经纬仪直接定线或正反镜分中法测设转点。当相邻两交点互不通视时，可用下述方法测设转点。

（1）两交点间设转点。

如图 11.4 所示，JD_5、JD_6 为相邻不通视的交点，可在两点间高处选 ZD′ 为初定转点（ZD′ 的大概位置可由花杆逐渐趋近法定线确定），现欲在不移动交点的条件下精确定出转点，可将经纬仪安置于 ZD′，后视 JD_5，用正倒镜分中法延长直线 JD_5—ZD′— JD_6'，用视距法测定前后交点与 ZD′ 的视距分别为 a、b。如果 JD_6' 与 JD_6 的偏差为 f，则 ZD′ 应横移的距离 e 可用下式计算：

$$e=\frac{a}{a+b}f \tag{11.4}$$

按计算值 e 移动 ZD′ 定出 ZD，然后将仪器移至 ZD，检查 ZD 是否位于两交点的连线上，如果偏差在容许范围内，则 ZD 可作为 JD_5 与 JD_6 间的转点。

（2）延长线上设转点。

如图 11.5 所示，JD_8 与 JD_9 互不通视，可在其延长线上初定转点 ZD′，在 ZD′ 安置经纬仪，用正倒镜照准 JD_8，并以相同竖盘位置俯视 JD_9，分中得 JD_9'，若 JD_9' 与 JD_9 重合或偏差值 f 在容许范围内，可将 JD_9' 作为交点。否则应重设转点，量出 f 值，用视距法测出 a、b，则 ZD′ 应横向移动的距离 e 可根据比例按下式计算：

$$\frac{f}{e}=\frac{a}{a-b}\Rightarrow e=\frac{a}{a-b}f \tag{11.5}$$

将 ZD′ 按 e 值移至 ZD。重复上述方法，直至符合要求为止。

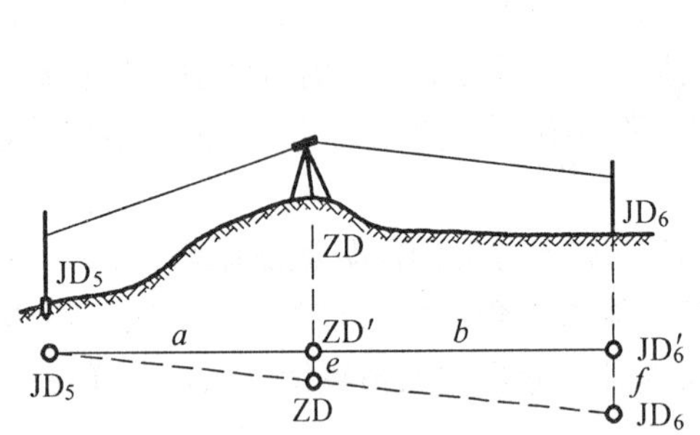

图 11.4　两不通视交点间设置转点

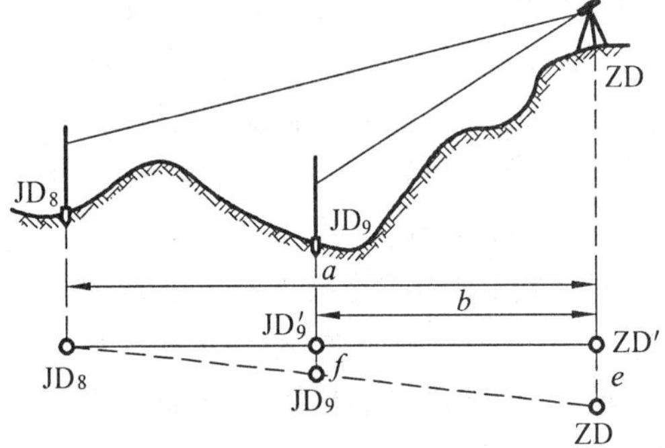

图 11.5　两不通视交点延长线上设置转点

（二）中线测设

放线工作完成之后，地面上已有了控制中线位置的转点桩 ZD 和交点桩 JD。依据 ZD 和 JD 桩，即可将中线桩详细测设在地面上，这项工作通称中线测量。它包括直线和曲线两部分，本节只介绍直线测设，曲线测设已有介绍。

中线上应钉设公里桩、百米桩和加桩。直线上中桩间距不宜大于 50 m；在地形变化处或按设计需要应另设加桩，加桩一般宜设在整米处。

中线距离应用光电测距仪或钢尺往返测量，在限差以内时取平均值。百米桩、加桩的钉设以第一次量距为准。中桩桩位误差，按《测规》要求不超过下列限差：

$$纵向为\left(\frac{s}{2\,000}+0.1\right)\ \text{m}，横向为\ 10\ \text{cm}$$

式中，s 为转点至桩位的距离，以 m 计。

定测控制桩，即直线转点、交点、曲线主点桩，一般都应用固桩。固桩可埋设预制混凝土桩或就地灌注混凝土桩，桩顶埋入铁钉。

二、线路高程测量与线路纵断面测量

线路初测和定测阶段都要进行高程测量，它包括水准点高程测量和中桩高程测量。

（一）线路水准点高程测量

线路水准点高程测量现场称基平测量。它的任务是沿线布设水准点、施测水准点的高程，作为线路测量工作的高程控制点。

1. 水准点的布设

定测阶段水准点的布设应在初测水准点布设的基础上进行。首先对初测水准点逐一检核，其不符值在 $\pm30\sqrt{K}$ mm 以内时，采用初测成果（K 为水准路线长度，以 km 为单位）；若确认超限，方能更改。其次，若初测水准点远离线路，则重新移设至距线路 100 m 的范围内。水准点的布设密度一般 2 km 设置一个，但长度在 300 m 以上的桥梁和 500 m 以上的隧道两端和大型车站范围内，均应设置水准点。

水准点设置在坚固的基础上或埋设混凝土标桩，以 BM 表示并统一编号。

2. 水准点高程测量

其测量方法与要求同初测水准点高程测量。

3. 跨河水准测量

在水准点测量中，当跨越河流或深谷时，由于前、后视线长度相差悬殊及水面折光的影响，不能按通常的方法进行水准测量。当跨越大河、深沟视线长度超过 200 m 时，应按跨河水准测量进行。

基平测量时，水准点的高程，一般应与国家点联测，形成附合水准路线，以获得更多的校核条件。联测有困难时，也可采用假定高程，建立独立的高程系统。

（二）中桩高程测量

初测时中桩高程测量是测定导线点及加桩桩顶的高程，为地形测量建立图根高程控制。定测时，则是测定中线上各控制桩、百米桩、加桩处的地面高程，为绘制线路纵断面提供资料。

1. 中桩水准测量

中桩水准测量一般简称为中平测量。中桩高程测量方法如图 11.6 所示。

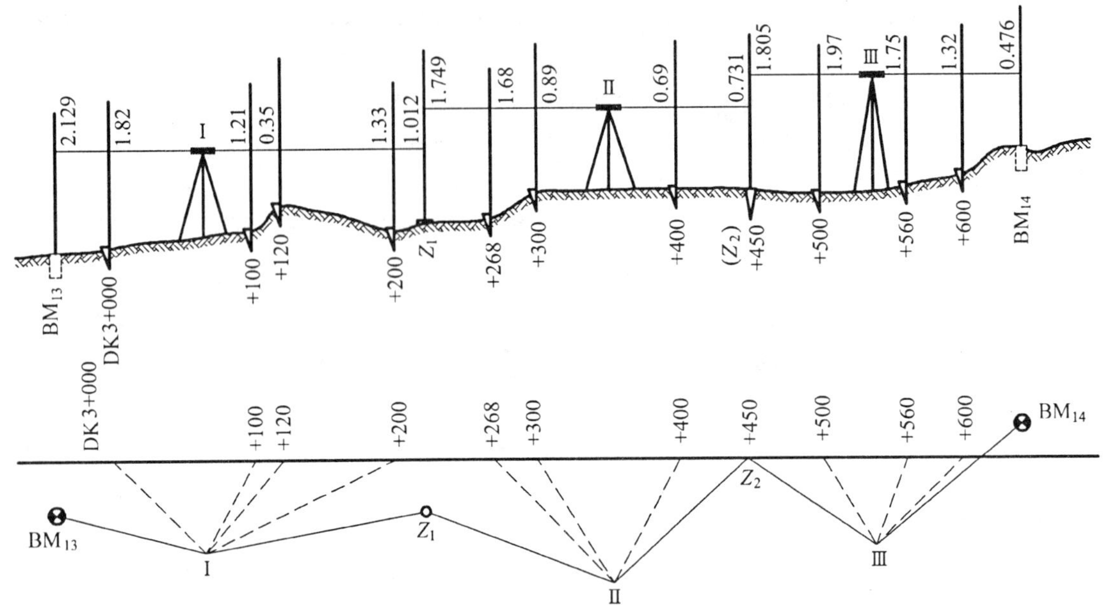

图 11.6 中桩水准测量

将水准仪安置于Ⅰ，读取水准点 BM_{13} 尺读数，作为后视读数。然后依次读取各中线桩的尺读数，由于这些尺读数是独立的，不传递高程，故称为中视读数。最后读取转点 Z_1 的读数，作为前视读数。再将仪器搬至Ⅱ，后视转点 Z_1，重复上述方法，直至闭合于 BM_{14}，中视读数读至 cm，转点读数读至 mm。记录、计算如表 11.2 所示。

表 11.2 中桩水准测量记录

测 点	后 视（m）	仪器高程（m）	中 视（m）	前 视（m）	计算高程（m）	附 注
BM_{11}	2.129	217.591			215.462	原有 215.462
DK3+000			1.82		215.77	
+100			1.21		216.38	
+120			0.35		217.24	
+200			1.33		216.26	
Z_1	1.749	218.328		1.012	216.579	
+268			1.68		216.65	
+300			0.89		217.44	
+400			0.69		217.64	
（Z_2）+450	1.805	219.402		0.731	217.597	
+ 500			1.97		217.43	
+560			1.75		217.65	
+600			1.32		218.08	
BM_{14}				0.476	218.926	原有 218.917
Σ	5.683			2.219		

计算高程是在记录表格中进行的。计算公式为：

仪器高程＝后视点高程＋后视读数

中桩高程＝仪器高程－中视读数

转点高程＝仪器高程－前视读数

在表 11.2 中：

测站Ⅰ的仪器高程 $H_i = H_{13} + a_1 = 215.462 + 2.129 = 217.591$ m

中桩 DK3＋000 的高程 $= 217.591 - 1.82 = 215.77$ m

转点 Z_1 的高程 $= 217.591 - 1.012 = 216.579$ m

检核实测高差为：

$$h_{测} = \sum a - \sum b = 5.683 - 2.219 = +3.464 \text{ m}$$

原有高差为：

$$h_{原} = H_{14} - H_{13} = 218.917 - 215.462 = +3.455 \text{ m}$$

则闭合差为：

$$f_h = h_{测} - h_{原} = 3.464 - 3.455 = 0.009 \text{ m} = 9 \text{ mm}$$

铁路测量中，规定纵断面测量允许闭合差为 $F_h = \pm 50\sqrt{L}$ (mm)，式中 L 为附合水准路线的长度，以公里计。本例 $L = 0.6$ km，则：

$$f_h = \pm 50\sqrt{L} = \pm 50\sqrt{0.6} = \pm 39 \text{ mm}$$

$f_h < F_h$（测量合格）

测量精度合格后，即可计算表 11.2 中各点的高程。

中平测量只作单程观测。计算该水准点高程并与该水准点已知高程相比较得高程闭合差，高速公路、一二级公路一般不得大于 $\pm 30\sqrt{L}$ (mm)，铁路、三级及以下公路不得大于 $\pm 50\sqrt{L}$ mm 。限差为 $\pm 50\sqrt{L}$ mm。中桩高程宜观测两次，中桩高程地面误差对于高速公路、一二级公路不得超过 5 cm，铁路、三级及以下公路不得超过 10 cm。中桩高程闭合差在限差以内时不作调整，可直接使用各观测结果。

2. 跨沟谷的中桩水准测量

线路中桩水准测量，往往需要跨越沟谷，如图 11.7 所示。为了避免因仪器通过谷底的多

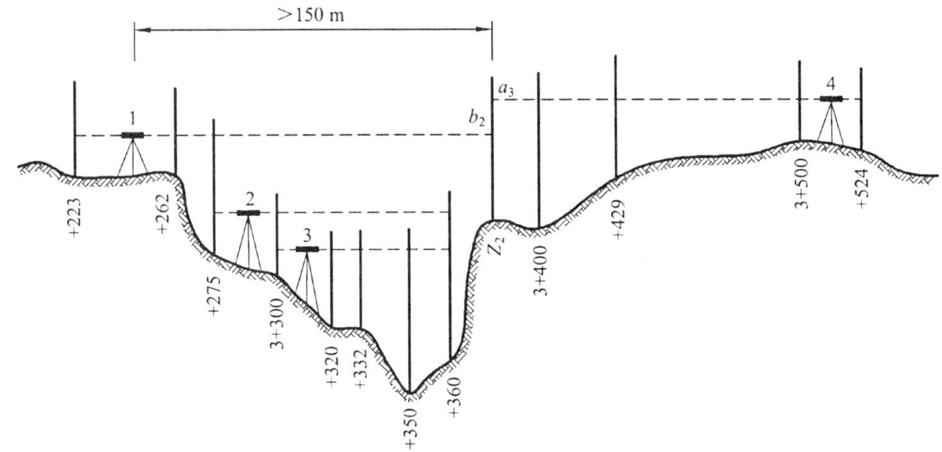

图 11.7　跨深谷中桩水准测量

次安置中产生的误差，可在测站 1 先读取沟对岸的转点 Z_2 的前视读数，然后以支水准路线形式测定谷底中桩高程；结束后，将仪器搬至测站 4 读取转点 Z_2 的后视读数。为了削减由于测站 1 前视距离长而产生的测量误差，可将测站 4 的后视距离适当加长。另外，沟底中桩水准测量因为是支水准路线，故应另行记录。

当跨越的深谷较宽时，也可采用跨河水准测量方法。

中桩高程测量也可以采用光电测距三角高程测量方法。

（三）线路纵断面图

按照线路中线里程和中桩高程，按选定的比例尺，绘制出沿线路中线地面起伏变化的图，称纵断面图。

线路纵断面图中，采用直角坐标法绘制纵断面图，其横向表示里程，比例尺为 1∶10 000；纵向表示高程，比例尺为 1∶1 000，纵向比横向比例尺大 10 倍，以突出地面的起伏变化。纵断面图上还包括线路的平面位置、设计坡度、地质状况等资料，因此，它是施工设计的重要技术文件之一。

图 11.8 所示为一张公路纵断面图，在图的上半部从左至右绘有两条贯穿全图的线，一条是细的折线，表示中线方向的实际地面线，它是根据桩间距离和中桩高程按比例绘制的；另一条是粗线，表示路线纵向坡度的设计线。此外，图上还注有：水准点的位置、编号和高程；桥涵里程、长度、结构与孔径；同公路、铁路交叉的位置与说明；竖曲线示意图及曲线要素；施工时的填挖高度等。

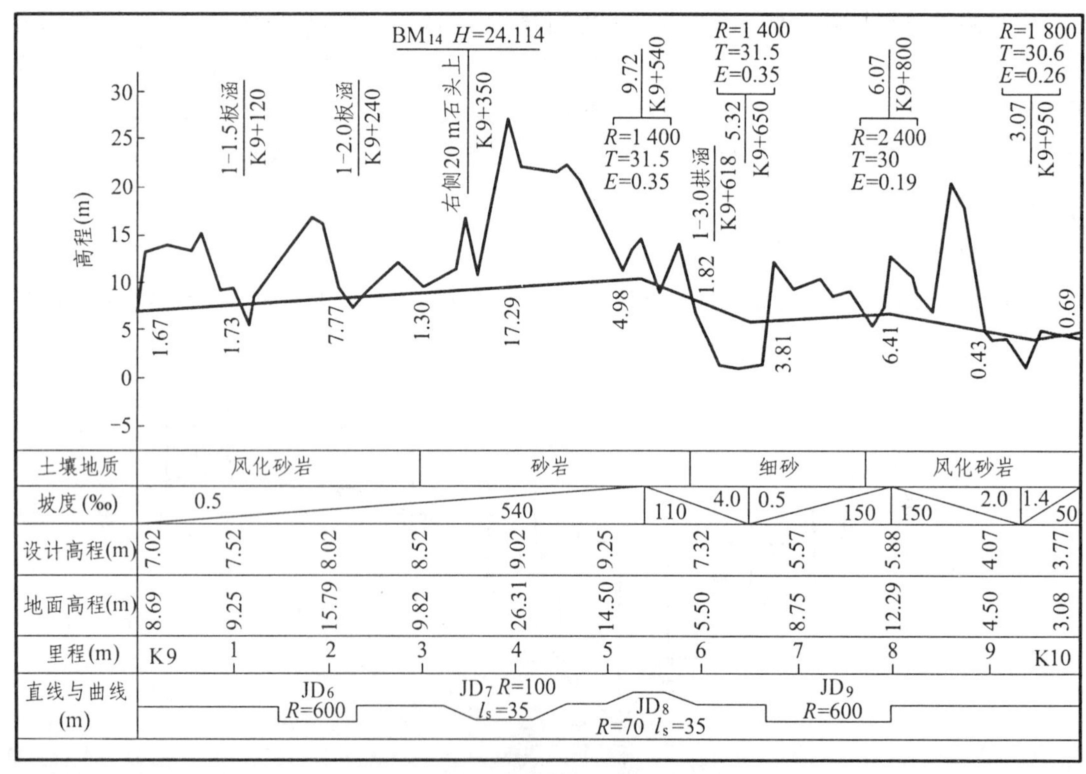

图 11.8　线路纵断面图

图的下半部绘有表格，填写有关测量和纵坡设计的数据，主要包括以下内容：

（1）直线与曲线：是中线平面线型示意图，按中线测量资料绘制。直线部分用居中直线表示，曲线部分用凸出的折线表示，上凸的表示路线右转，下凸的表示路线左转，并在凸出部分注明交点编号和曲线半径、缓和曲线长度，在不设曲线的交点位置，用锐角的折线表示。

（2）里程：按比例标注百米桩和公里桩。

（3）地面高程：为中桩高程。

（4）设计高程：按中线设计纵坡计算的里程桩处的设计高程。

（5）坡度：指中线设计线的坡度大小，从左至右向上倾斜的直线表示上坡（正坡），向下倾斜的表示下坡（负坡），水平的表示平坡；斜线上以百分数注记坡度的大小（铁路用 ‰ 表示坡度），斜线下注记坡长，水平路段坡度为零，不同的坡段用竖线分开。

（6）土壤地质情况说明：标明路段的土壤地质情况。

三、线路横断面测量

横断面是指沿垂直线路中线方向的地面断面线。横断面测量的任务，是测出各中线桩处的横向地面起伏情况，并按一定比例尺给出横断面图。横断面图主要用于路基断面设计、土石方数量计算、路基施工放样等。

（一）横断面测量的密度和宽度

横断面施测的密度和宽度，应根据地形、地质情况和设计需要而定。

一般应在百米桩和线路纵、横向地形明显变化处及曲线控制桩处测绘横断面。在大桥桥头、隧道洞口、挡土墙等重点工程地段及地质不良地段，横断面应适当加密。

横断面测绘宽度，根据地面坡度、路基中心填挖高度、设计边坡及工程上的需要来决定，应满足路基、取土坑、弃土堆及排水沟设计的需要和施工放样的要求，一般要求中线两侧各测 50～100 m；对于地面点距离和高差的测定，一般只需精确至 0.1 m。

（二）横断面方向的测定

线路横断面方向，在直线上应垂直线路中线；在曲线地段，则应与测点处的切线相垂直。

1. 直线段横断面方向的测定

直线段横断面方向即是与公路中线相垂直的方向，一般用方向架测定。如图 11.9 所示，将方向架置于桩点处，以其交叉成 90° 的两个方向中之一照准线路中桩，则另一方向即为所求横断面方向。

2. 圆曲线上横断面方向的测定

圆曲线横断面方向为过桩点指向圆心的半径方向。一般在方向架上安装一个能转动的定向杆来施测。如图 11.10 所示，首先将方向架安置在 ZY（或 YZ）点，用 *ab* 杆瞄准切线方向，则与其垂直的 *cd* 杆方向即是过 ZY（或 YZ）点的横断面方向；转动定向杆 *ef* 瞄准桩 1，并固紧其位置。然后，搬方向架于桩 1，*cd* 杆瞄准 ZY（或 YZ），则定向杆 *ef* 方向即是桩 1 的横断面方向。若在该方向立一标杆，并以 *cd* 杆瞄准它时，则 *ab* 杆方向即为切线方向，可用上述测定桩 1 横断面方向的方法来测定桩 2 的横断面方向。

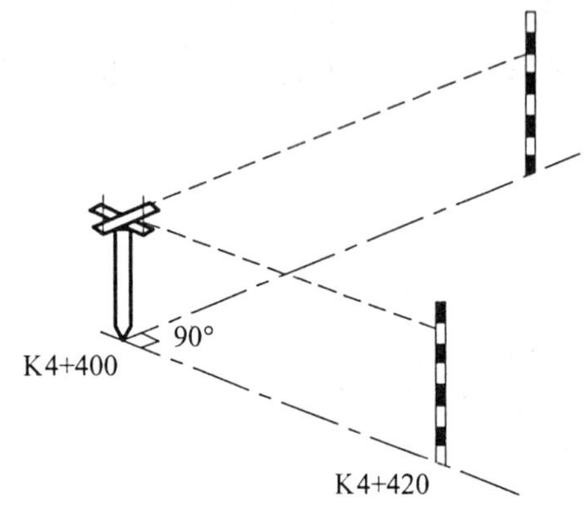

图 11.9 直线段横断面方向的测定

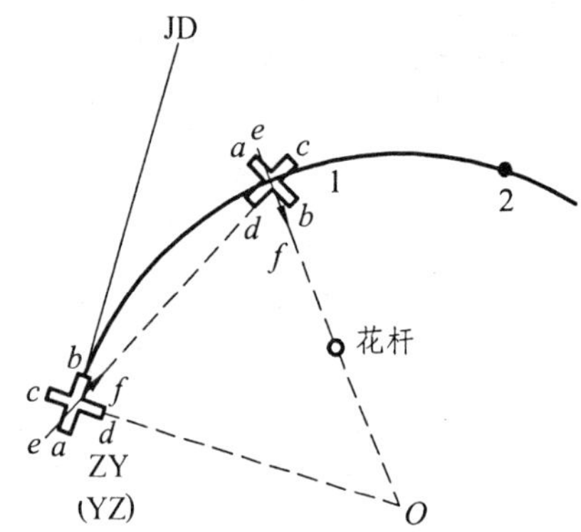

图 11.10 圆曲线上横断面方向的测定

3. 缓和曲线上横断面方向的测定

缓和曲线上任一点横断面的方向，即过该点的法线方向。只要获得桩点至前视（或后视）点的偏角便可确定该点的法线方向，即横断面方向。

如图 11.11 所示，设缓和曲线上任一点 *D*，后视 *B* 点偏角为 δ_h，前视 *E* 点偏角为 δ_q，δ_h、δ_q 可计算或从缓和曲线偏角表中查取。施测时可将经纬仪置于 *D* 点，以 0°00′00″ 照准前视点 *E*（或后视点 *B*），再顺时针转动经纬仪照准部，使读数为 $90° + \delta_q$（或 $90° - \delta_h$），此时经纬仪视线方向即为所求 *D* 点的横断面方向。

（三）横断面测绘方法

横断面的测量方法很多，应根据地形条件、精度要求和仪器来选择。

1. 标杆皮尺法

如图 11.12 所示，*A*、*B*、*C*…为沿横断面方向选定的变坡点。施测时将标杆立于 *A* 点，皮尺贴中桩地面拉平量出中桩至 *A* 点的距离，皮尺截于标杆的高度即为两点间的高差。同法，可得 *A* 至 *B*，*B* 至 *C*…测段的距离与高差，直至需要的宽度为止。中桩另一边的测量同法进行。此法简便，但精度较低。当横断面上坡度变化较大时，每次施测长度应先估计，否则过短无法制图。

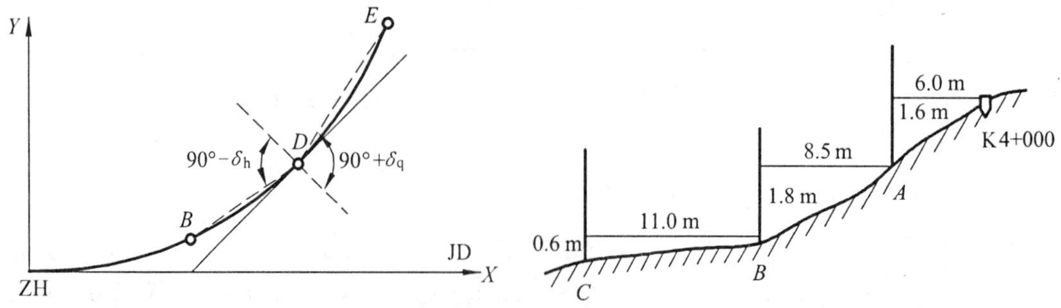

图 11.11 缓和曲线上横断面方向的测定　　图 11.12 标杆皮尺法测量横断面

记录表格如表 11.3 所示，表中按路线前进方向分左侧与右侧，分数中分母表示测段水平距离，分子表示测段两端点的高差，高差为正号表示上坡，为负号表示下坡。

表 11.3 横断面测量记录表 (m)

左侧			桩号	右侧			
	⋮		⋮		⋮		
$\frac{-0.6}{11.0}$	$\frac{-1.8}{8.5}$	$\frac{-1.6}{6.0}$	K4+000	$\frac{+1.5}{4.6}$	$\frac{+0.9}{4.4}$	$\frac{+1.6}{7.0}$	$\frac{+0.5}{10.0}$
$\frac{-0.5}{7.8}$	$\frac{-1.2}{4.2}$	$\frac{-0.8}{6.0}$	K3+980	$\frac{+0.7}{7.2}$	$\frac{+1.1}{4.8}$	$\frac{-0.4}{7.0}$	$\frac{+0.9}{6.5}$

2. 水准仪法

当横断面精度要求高，横断面方向地面平坦时，多采用此法。施测时，用方向架定方向，把水准仪设置于适当位置，用钢尺或皮尺量距，用水准仪后视中桩标尺，求得视线高程后，前视横断面方向上坡度变化点上的标尺读数，视线高程减去各前视点读数即得测点高程。安置一次仪器，可以测多个横断面。

3. 经纬仪法

在地形复杂横坡较陡的地段，可采用此法。施测时，将经纬仪安置在中桩上，用视距法测出横断面方向上各变坡点至中桩的水平距离和高差。

4. 全站仪法

利用全站仪的对边测量功能可测得横断面上各点相对中桩的水平距离和高差。

此法速度快、精度高，而且安置一次仪器可以测多个断面。值得注意的是，由于视线长，为防止各断面点互相混淆，应画草图，做好记录。

横断面测量的精度要求见表 11.4。

表 11.4 横断面测量的精度要求

线路名称	距离（m）	高程（m）
铁路、高速和一级公路	$\frac{l}{100}+0.1$	$\frac{h}{100}+\frac{l}{200}+0.1$
二级及以下公路	$\frac{l}{50}+0.1$	$\frac{h}{50}+\frac{l}{100}+0.1$

注：① l 为测点至线路中线桩的水平距离（m）;
② h 为测点至线路中线桩的高差（m）。

（四）横断面图的绘制

横断面图一般绘在毫米方格纸上，为便于路基断面设计和面积计算，其水平距离和高程采用相同比例尺，一般为 1∶200 或 1∶100，如图 11.13 所示。

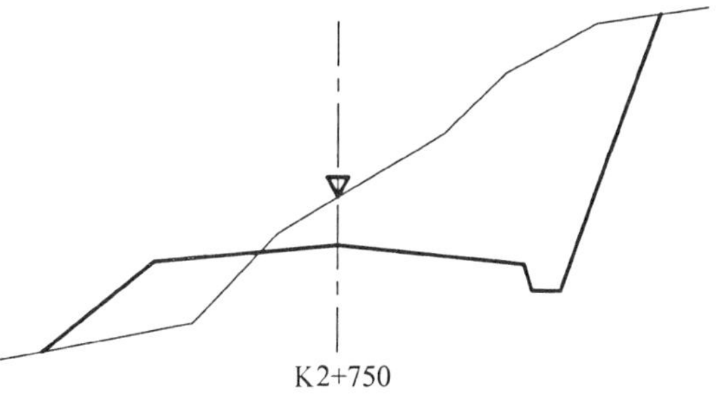

图 11.13 横断面图

横断面图最好采取现场边测边绘的方法，这样既可省去记录，又可及时校核。若用全站仪测量、自动记录，则可在室内通过计算绘制横断面图，大大提高工效。

绘图时，以一条纵向粗线为中线，以纵横线相交点为中桩位置，向左右两侧绘制。先标注中桩的桩号。再根据水平距离和高差，将变坡点绘到图纸上，用直线连接相邻各点即得横断面地面线。一幅图上可绘多个断面图，一般规定：绘图顺序是从图纸左下方起，自下而上、由左向右，依次按桩号绘制。经横断面设计后，设计的横断面图也绘于该图上（俗称戴帽子）。如图 11.13 所示，细线为横断面地面线，粗线为路基横断面的设计线。

根据设计横断面和地面线组成的图形，可量出各横断面的填方和挖方面积。当每一个横断面的填、挖方面积求得后，再按断面法计算整条线路的土石方量。

目前，横断面绘图大多采用计算机并选用合适的软件进行绘制。

第四节　线路施工测量

施工测量就是将设计图纸中的各项元素按规定的精度要求准确无误地测设于实地，作为施工的依据；并在施工过程中进行一系列的测量工作，以保证施工按设计要求进行，施工测量俗称“施工放样”。线路中线定测后，一般情况要过一段时间才能施工，在这段时间内，部分标志桩被破坏或丢失，因此在施工开始之前，必须进行中线的恢复工作和水准点的检验工作，检查定测资料的可靠性和完整性，这项工作称为线路复测。在线路复测后，路基施工前，为防止中线桩被碰动或丢失，对中线的主要控制桩应钉设护桩。

修筑路基之前，需要在地面上把路基施工界线标定出来，这些桩称边桩；测设边桩的工作称为路基边坡放样。

线路施工测量主要包括：恢复路线中线、施工控制桩及路基边桩的测设等内容。为做到放样准确，上述放样工作仍应遵循测量工作“从整体到局部，先控制、后碎部”的基本原则。

一、线路中线施工测量

（一）施工复测准备

1. 资料准备

施工复测前，施工单位首先应把设计单位移交的有关图表进行室内检核和现场核对，全面了解线路与附近建筑物之间的关系及地形情况，以便确定相应的测量方法。

2. 桩橛交接

施工单位会同设计单位在现场进行桩橛交接，主要桩橛有：直线上的转点、曲线交点、曲线主点、三角点、水准点、导线点及隧道洞口投点，大、中桥两端控制桩。

（二）中线复测

施工复测的精度要求与定测基本相同，复测与定测成果的不符值在下列规定的范围时，采用定测的成果。

复测与定测成果的不符值限差为:

(1) 水平角: ±30″。

(2) 距离: 钢尺 1/2 000, 光电测距 1/4 000。

(3) 转点点位横向差: 每 100 m 不应大于 5 mm, 当点间距离长于 400 m 时, 也不应大于 20 mm。

(4) 曲线横向闭合差: 10 cm(施工时应调整桩位)。

(5) 水准点高程闭合差: $\pm 30\sqrt{K}$ mm。

(6) 中桩高程: ±10 cm。

(三)桩橛保护

施工复测后, 中线控制桩必须保持固定正确的位置, 以便在施工中经常据以恢复中线。因此, 在施工前应对线路各主要桩橛设置护桩。

设置护桩可采用图 11.14 中的任意一种进行布置。一般设两根交叉的方向线, 交角不小于 60°, 每一方向上的护桩应不少于 3 个, 以便在有 1 个不能利用时, 用另外 2 个护桩仍能恢复方向线。如地形困难, 也可用 1 根方向线加测精确距离, 也可用 3 个护桩作距离交会。

设护桩时将经纬仪置在中线控制桩上; 选好方向后, 以远点为准用正倒镜定出各护桩的点位; 然后测出方向线与线路所构成的夹角, 并量出各护桩间的距离。为便于寻找, 需绘制"点之记", 如图 11.15 所示。护桩的位置应选在施工范围以外, 并考虑施工中桩点不被破坏, 视线也不至于被阻挡。

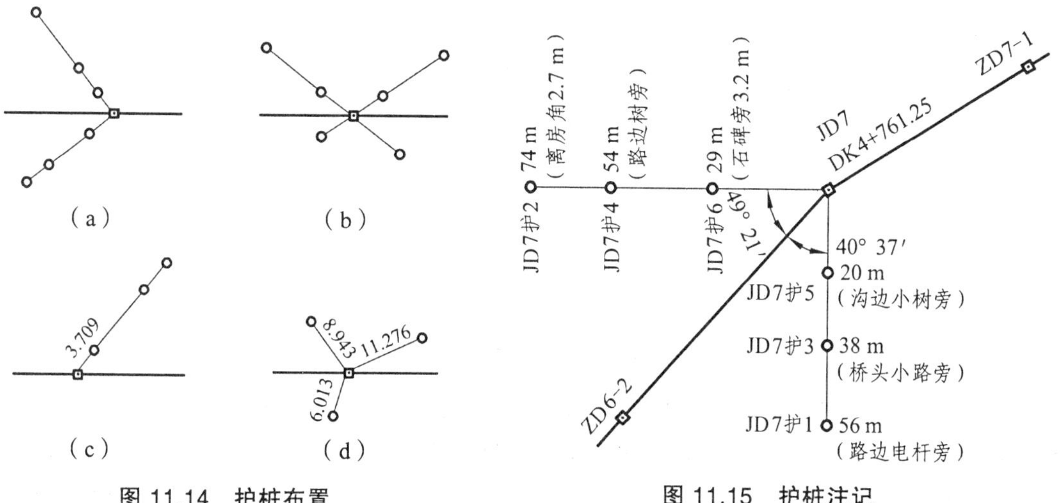

图 11.14 护桩布置

图 11.15 护桩注记

二、站场股道中线施工测量

(一)股道中线施工测量

1. 股道在直线上

直线股道的设置, 一般以正线为基准, 根据各股道岔心在正线的相应里程(或坐标)及线间距，设置各到发线股道。如图 11.16 所示，有 4 股道的车站，先按照设计里程在正线的中线上测定控制点 1、A、3、B、C、D、4、2，置镜 A、B、C、D 各点，用直角坐标放出 JD_1、E、JD_3、F、JD_2、JD_4 各点。连接各股道相应点 JD_1 和 JD_4、E 和 F、JD_3 和 JD_2 即得各股道以Ⅱ线为基准的平行线。5 和 6 可以从梯线丈量而得，也可用直角坐标放出。

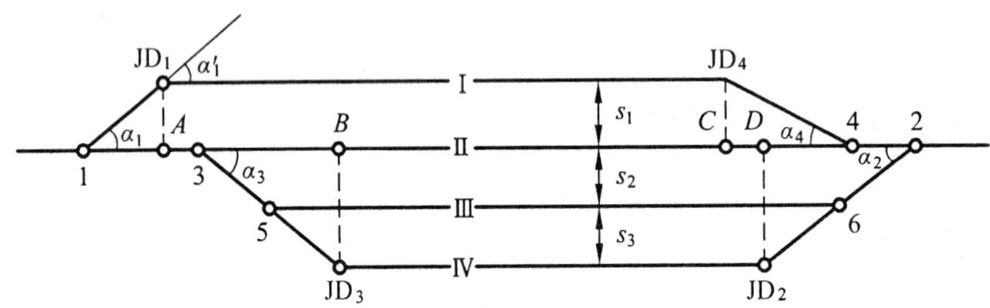

图 11.16　直线股道复测

各主要点放出以后，应进行复核。例如在三角形 $1JD_1A$ 中，可根据边角关系检查 1 至 JD_1 的长度，也可以置镜 JD_1、检查 α_1' 角，即 $\alpha_1'=\alpha_1=$ 辙叉角。当所有控制点都确认无误后，即可根据这些点进行股道中线的详细测设。

2. 股道在曲线上

曲线股道的设置，正线中线测量同普通的曲线测设，到发线两端的切线也可比照直线的办法处理。在曲线上测定的控制点较直线股道尚需增加直缓、缓直两点，如图 11.17 所示。

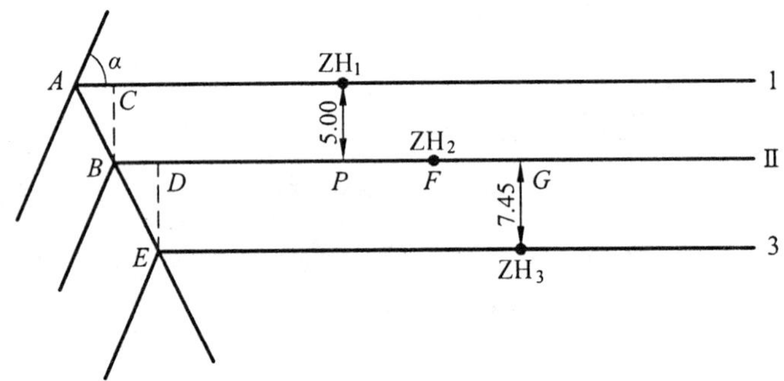

图 11.17　曲线股道复测

已知正线 $R_2=600$ m、$l_2=110$ m、$\alpha_2=33°43'08''$、$T_2=237.085$ m、$L_2=463.103$ m。到发线 1 股道 $R_1=605.14$ m、$l_1=100$ m、$\alpha_1=33°43'08''$、$T_1=233.596$ m、$L_1=456.128$ m，到发线 3 股道 $R_3=592.37$ m、$l_3=120$ m、$\alpha_3=33°43'08''$、$T_3=239.825$ m、$L_3=468.613$ m。

曲线股道测设时，首先应复测正线（Ⅱ股道）的曲线控制桩，符合精度要求后，再设置到发线（1、3 股道）的曲线控制桩。为此，需确定 1、3 股道直缓点、缓直点与Ⅱ股道直缓点、缓直点之间的关系。

$$AC=BC\times\tan\frac{\alpha}{2}=5.000\times\tan16°51'34''=1.515\ \text{m}$$

$$BD = ED \times \tan\frac{\alpha}{2} = 7.450 \times \tan 16°51'34'' = 2.258\ \text{m}$$

$$PF = T_2 - T_1 + AC = 237.085 - 233.596 + 1.515 = 5.004\ \text{m}$$

$$FG = T_3 - T_2 + BD = 239.825 - 237.085 + 2.258 = 4.998\ \text{m}$$

据此，可根据Ⅱ股道 ZH_2 位置，测设出 1、3 股道 ZH_1、ZH_3 位置。同理，HZ_1、HZ_3 位置也可用类似的方法求得。即可进行到发线 1、3 股道曲线的详细测设。

（二）单开道岔放样

在铺轨前需进行道岔的定位测量，所谓定位测量，就是把道岔的主要点（基本轨前端、尖轨尖、岔心、辙叉理论中心和辙叉跟）用桩橛固定下来。

实地测设时，首先按设计里程在主线中线上定出岔心位置。在岔心置镜按 a、b、q、m 等值，测设出相应各点。股道和道岔之间的圆曲线（一般称为连接曲线或附带曲线），在铺轨前应根据设计资料，定出圆曲线的直圆点、曲中点、圆直点，如图 11.18 所示。

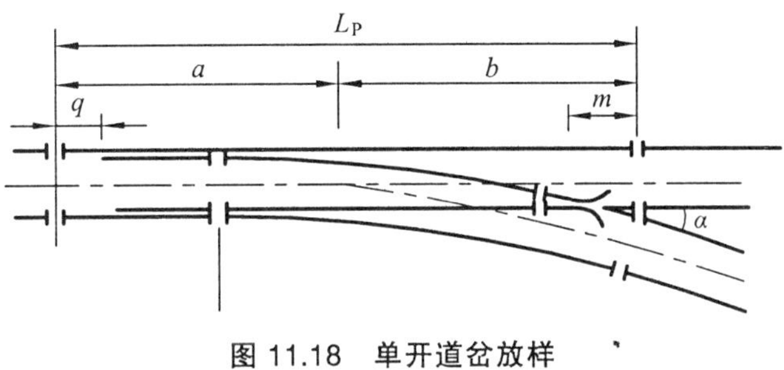

图 11.18　单开道岔放样

三、路基施工放样

路基横断面是根据中线桩的填挖高度和所用材料在横断面图上画出的。路基的填方称为路堤；挖方称为路堑；在填挖高为零时，称为路基施工零点。

路基施工放样的主要工作包括边桩放样和边坡放样。

1. 路基边桩的放样

路基边桩的放样就是根据设计断面图和各中桩的填挖高度，它是用木桩标出路堤坡脚线或路堑坡顶线到线路中线的距离，作为修筑路基填挖方开始的范围。常用的边桩放样方法有图解法和解析法。

（1）图解法。当路基填挖方不大时，采用此法较为简便。

① 先在横断面图上量出路基的坡脚点或坡顶点与中桩的水平距离。

② 然后用皮尺沿横断面方向在实地量出水平距离，并钉上木桩。

③ 同法放样出各断面的坡脚点和坡顶点，将这些边桩连起来便是路基施工开挖或填方线。

（2）解析法。根据路基设计的填挖高度、边坡率、路基宽度和横断面地形情况，先计算出路基中桩至边桩的距离，然后到实地沿横断面方向量出距离，定出边桩的位置。对于平坦地段和倾斜地段来说，其计算和测设方法不同。

① 平坦地段的路基边桩放样。

如图 11.19 所示，路堤边桩至中桩的距离为：

$$D_1 = D_2 = \frac{B}{2} + m \cdot h \tag{11.6}$$

如图 11.20 所示，路堑边桩至中桩的距离为：

$$D_1 = D_2 = \frac{B}{2} + s + m \cdot h \tag{11.7}$$

式中，B 为路基设计宽度；m 为边坡率；$1:m$ 为路基边坡坡度；s 为路堑边沟顶宽。

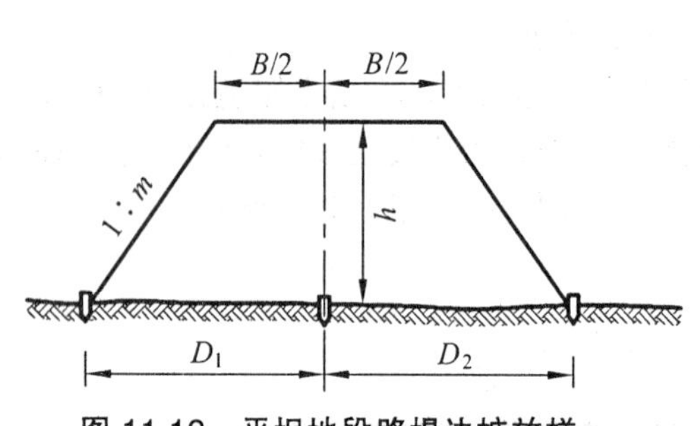

图 11.19 平坦地段路堤边桩放样

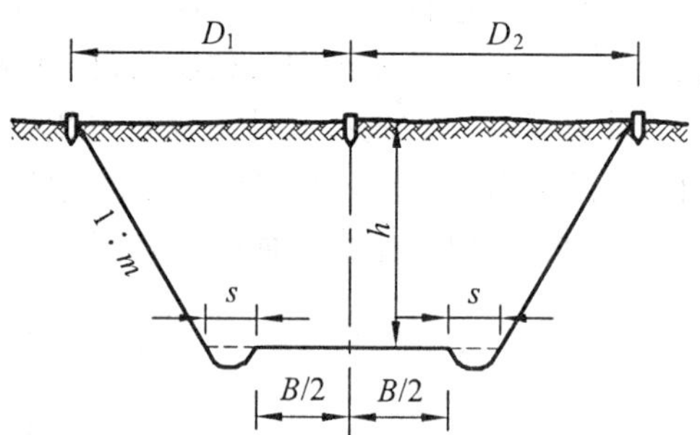

图 11.20 平坦地段路堑边桩放样

② 倾斜地段的路基边桩放样。

在倾斜地段，路基边桩至中桩的距离随着地面坡度的变化而变化。如图 11.21 所示，路堤边桩至中桩的距离为：

$$\left.\begin{aligned} &\text{斜坡下侧} \quad D_{下} = \frac{B}{2} + m(h_{中} + h_{下}) \\ &\text{斜坡上侧} \quad D_{上} = \frac{B}{2} + m(h_{中} - h_{上}) \end{aligned}\right\} \tag{11.8}$$

如图 11.22 所示，路堑边桩至中桩的距离为：

$$\left.\begin{aligned} &\text{斜坡下侧} \quad D_{下} = \frac{B}{2} + s + m(h_{中} - h_{下}) \\ &\text{斜坡上侧} \quad D_{上} = \frac{B}{2} + s + m(h_{中} + h_{上}) \end{aligned}\right\} \tag{11.9}$$

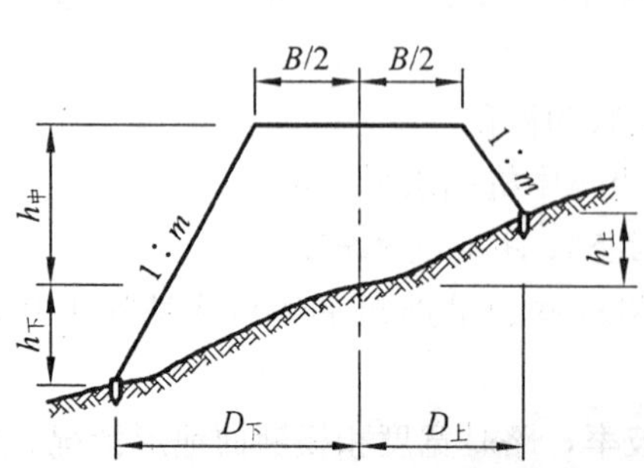

图 11.21 倾斜地段路堤边桩放样

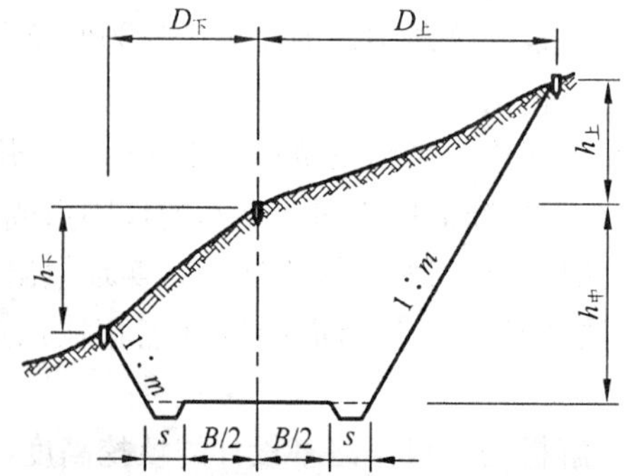

图 11.22 倾斜地段路堑边桩放样

式中，$D_下$、$D_上$为斜坡下、上侧边桩与中桩的距离；$h_中$为中桩处的地面填挖高度，亦为已知设计值；$h_上$、$h_下$为斜坡上、下侧边桩处与中桩处的地面高差（均以其绝对值代入）。

B、s 和 m 意义同前，均为已知的设计值，故 $D_下$、$D_上$随 $h_上$、$h_下$而变。由于边桩位置待定，故 $h_上$、$h_下$ 在边桩未定出之前为未知数，因而在实际放样过程中可沿着横断面方向采用逐点趋近法测设边桩。以例 11.1 说明此法。

【例 11.1】 如图 11.23 所示，设路基左侧加沟顶宽度为 6.0 m，右侧为 6.0 m，中桩挖土深为 5.0 m，边坡坡度为 1∶1，用逐点接近法放样路堑的开挖边桩。

解 （1）估计边桩位置：根据横断面图，先确定下侧（左侧）路边桩 a' 点的概略距离 $D'_下=9.2$ m。

（2）实测高差：测出 a' 点与中桩地面高差为 2.14 m，则 a' 点距中桩距离为：

$$D_下=6.0+(5.0-2.14)\times 1=8.86\ \text{m}$$

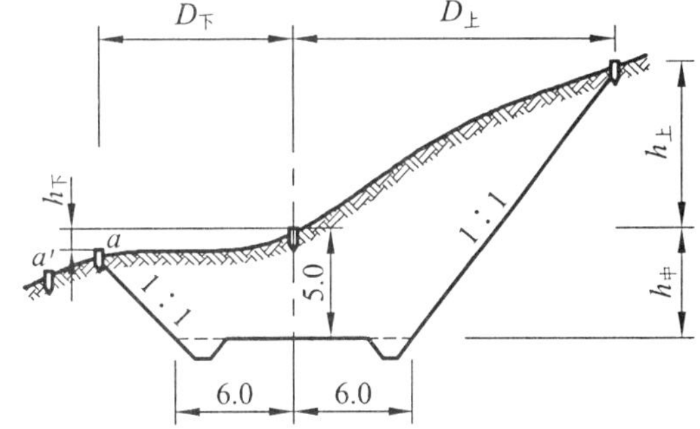

图 11.23 逐点趋近法放样边桩（单位：m）

因 $D_下<D'_下$，此值比原估计值 9.2 m 小，说明假定的边桩位置较远，应该更近一些，因此正确的边桩位置应在 a' 点内侧。

（3）重估边桩位置：重估距中桩 9.0 m 处，在地面定出 a 点；

（4）重测高差：测出 a 点与中桩的高差为 2.0 m，则 a 点与中桩距离为：

$$D_下=6.0+(5.0-2.0)\times 1=9.0\ \text{m}$$

此值与估计值相符，故 a 点即为左侧边桩位置。

右侧边桩位置可同左侧方法定出。

由上述情况可知，逐点趋近放样边桩位置的步骤是：先根据地面实际情况，并参考路基横断面图，估计边桩的位置 D'，然后用水准仪测出该估计位置与中桩的高差 $h_上$、$h_下$，并以此带入式（11.8）或式（11.9）计算 $D_下$、$D_上$。根据 $\Delta D=D-D'$ 的数值，重新移动水准尺的位置再次试测，直至 $\Delta D<0.1$ m 时，可认为立尺点为边桩位置。否则重新估计边桩位置，重复上述工作，直至相符为止。此法也称试探法，要在现场边测边算，有经验之后试测一两次即可确定边桩位置。在地形复杂地段采用此法较为准确、便捷。

若路基断面与上述断面不一致，如路基设有护坡道，边坡有变坡等，式（11.8）和式（11.9）也应作相应的改变。根据路基横断面图，即可得到相应的计算公式。

2. 路基边坡的放样

公路施工在放出边桩后，还应将设计边坡在实地标定出来，确定边坡的位置。

（1）挂线法放样边坡。

如图 11.24 所示，O 为中桩，A、B 为两边桩，CD 为路基宽度。放样时，在 C、D 两点竖立标杆（标杆可为长木桩、木板或竹竿），并在标杆上等于中桩填土高度的位置 C、D 作标记，用细绳连接 A、C'、D'、B，即得到路堤外廓形，即为设计边坡线。当填土高度较小（填土小于 3 m）时，适用此法。

当路堤填土较高时，可采用分层填土、逐层挂线的方法进行边坡的放样，如图 11.25 所示。这种方法适用于填方路段的施工。

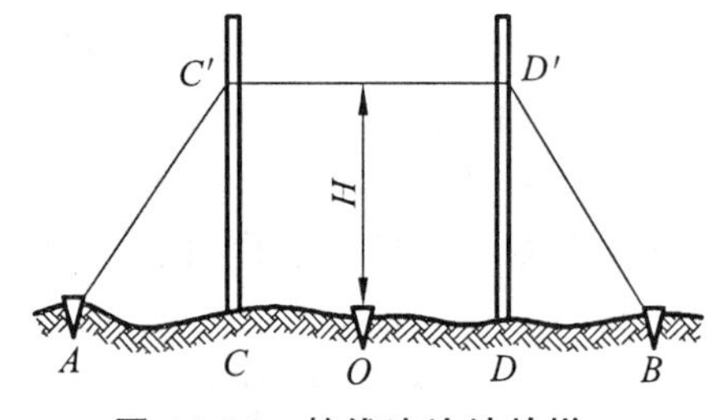

图 11.24 挂线法边坡放样

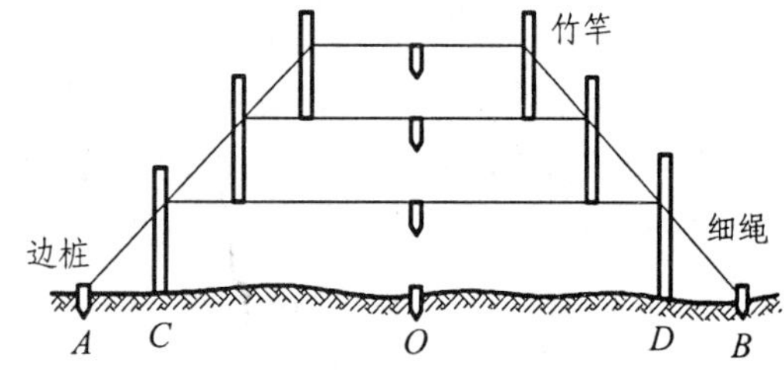

图 11.25 分层挂线边坡放样

(2) 用边坡样板放样边坡。

事先根据设计边坡坡度将边坡样板（即坡度尺）制作好，施工时即可按照边坡样板进行放样。

坡度尺多为自制，是依据坡度比用木料临时做的，形如直角三角形，使用时将斜边靠在边坡上，观察垂球线即可，如图 11.26 所示。

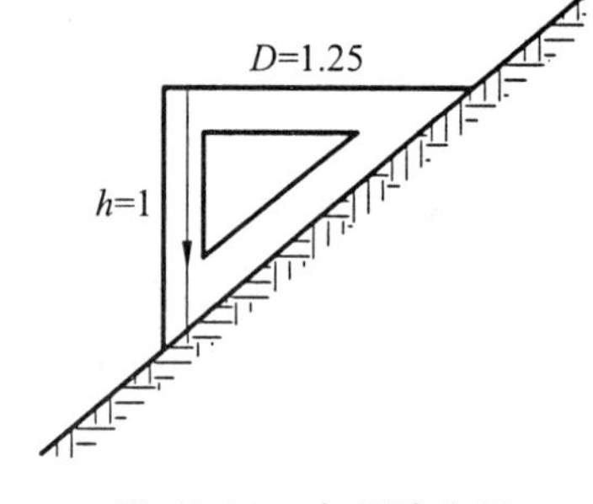

图 11.26 自制坡度尺

边坡样板有活动边坡尺和固定边坡样板两种。如图 11.27 所示，采用活动边坡尺放样路堤边坡。当边坡尺上水准器气泡居中时，尺的斜边所指示的坡度即是设计边坡坡度，以此检核路堤的填铺。活动边坡尺同样也可检核路堑的开挖。

固定边坡样板放样边坡如图 11.28 所示。在开挖路堑时，可在两边桩外侧按设计坡度钉设坡度样板，施工时可检核开挖是否合乎设计要求。

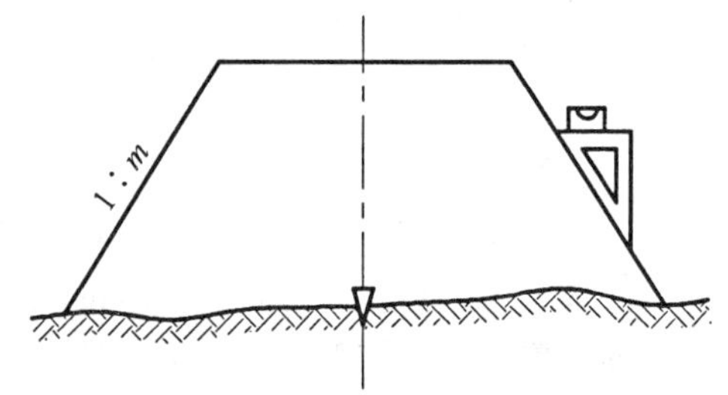

图 11.27 活动边坡尺放样边坡

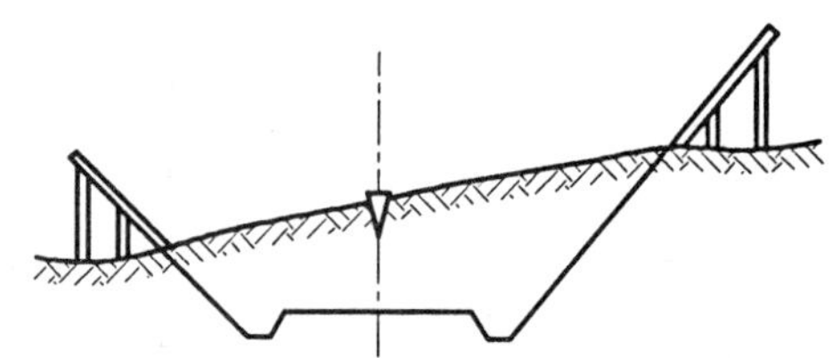
图 11.28 固定边坡样板放样边坡

四、公路路面施工测量

路面施工是公路施工的最后一个环节。路面施工放样的精度要求较高。为了保证精度、便于测量，通常在路面施工之前，将线路两侧的导线点和水准点引测到路基上。路面施工阶段的测量工作主要是恢复中线、设置边线和放样路面各结构层的高程等测量工作。

（一）路槽放样

路槽放样包括两方面的内容：中线施工控制桩恢复放样和中平测量；路槽横坡放样。路槽放样可按以下步骤进行：

(1) 在路基基本完工后，在路基面上恢复中线，中桩密度根据路面施工需要而定，一般每隔 10 m 加密中桩。

(2) 沿各中桩的横断面方向，如图 11.29 所示，自中桩 M 向左、右两侧各量取路槽宽度的一半，设置路槽边桩 A、B；量取路基宽度的一半，设置路肩边桩。如果中桩位于曲线路段且有加宽，在设边桩时，应在曲线内侧加入加宽值。

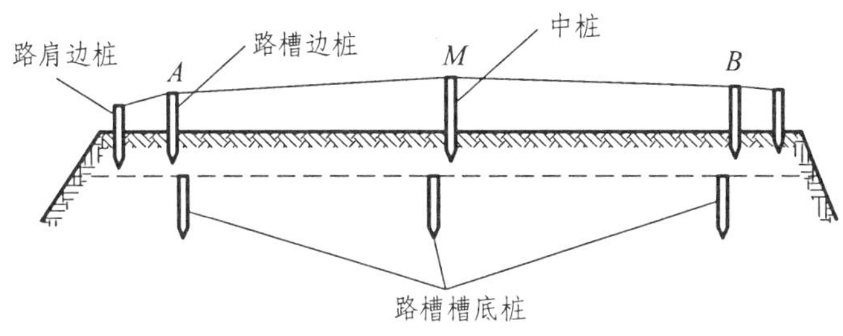

图 11.29　路槽放样

(3) 从最近的水准点出发，用水准测量的方法使中桩、路槽边桩及路肩边桩的桩顶高程，等于其路面设计高程。在放样时，应考虑路面、路肩横坡及有超高的情况。

(4) 在 A、B、M 桩旁边各挖一小坑，在坑中钉一木桩为路槽槽底高程桩，使桩顶高程等于槽底的设计高程，这样即可开挖。

(二) 路面施工放样

典型路面结构层次如图 11.30 所示，由路面结构层可知，路面自下而上为路基、底基层、基层和面层，路基以上各结构层的铺筑施工都是在路基基础上用不同填料进行加高，因此路基以上各结构层的施工测量主要任务是：控制线路外形尺寸，满足对路基以上各结构层平面位置的设计要求；控制线路纵断高程、横断高程（横坡度）、路层厚度、路面平整度，满足对路基以上各结构层高程位置的设计要求。可见，基层和路面层的施工测量就是控制这些层面的平面位置和高程。

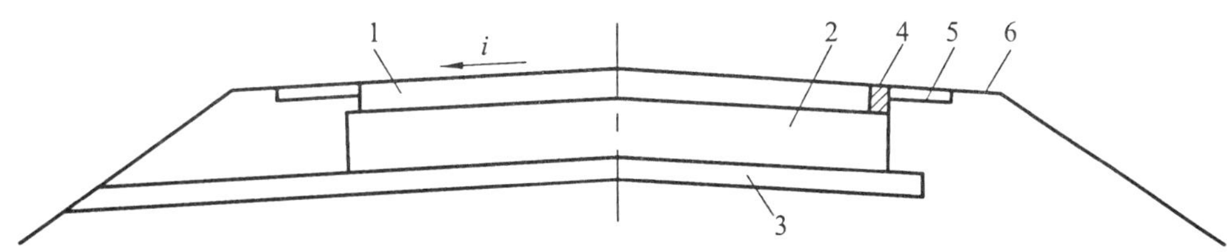

图 11.30　路面结构层次划分

i—路拱横坡度；1—面层；2—基层（有时包括底基层）；3—垫层；4—路缘石；5—加固路肩；6—土路肩

在放样前，需要进行施工放样数据准备，需计算施工中桩、左右边桩坐标放样数据，尤其是在计算上面层各结构层中、边桩坐标值时，先要从路面结构图计算出各结构层中桩至边桩的宽度，即底基层中桩至边桩的宽度、基层中桩至边桩的宽度、路面层中桩至边桩的宽度。

1. 路面边桩放样

先放出中线，再根据中线的位置和横断面方向用钢尺丈量放出边桩。在高等级公路路面施工中使用全站仪，有时不放中桩而直接根据边桩的坐标放样边桩。

2. 路拱放样

路拱是指在保证行车平稳的情况下，为有利于路面排水，使路中间按一定的曲线形式（抛物线、圆曲线）进行加高，并向两侧倾斜而形成的拱状。路拱有抛物线形和圆弧形，抛物线形的路拱放样如下：

从中线开始，按图 11.31 坐标形式放样，一般把路幅宽分为 10 等分。路拱的抛物线方程为：

$$y=\frac{4h}{B^2}\cdot x^2 \tag{11.10}$$

$$B'=\frac{B}{10},\ h_1=h=\frac{B}{2}\cdot i,\ h_2=0.96h_1,\ h_3=0.84h_1,\ h_4=0.64h_1,\ h_5=0.36h_1$$

式中，x 为离中线横向距离；y 为相应于 x 各点的竖向距离；B 为车道宽度（即路面宽）；h 为路拱高；i 为平均横坡度（%）。

放样：从中桩沿横断面方向左、右分别量取 x_1、x_2、x_3…打桩，使桩顶高为 y_1、y_2、y_3…

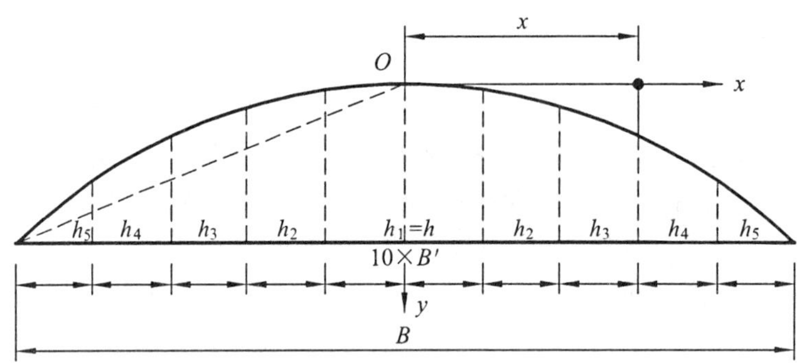

图 11.31　二次抛物线路拱放样

（三）基层高程放样

以图 11.32 为例说明基层高程放样。基层施工图所示为水泥混凝土路面的横断面形式，其中，中间带宽度为 4.50 m，半幅行车道宽度为 8.50 m，基层厚度为 18.0 cm，面层厚度为 25 cm。

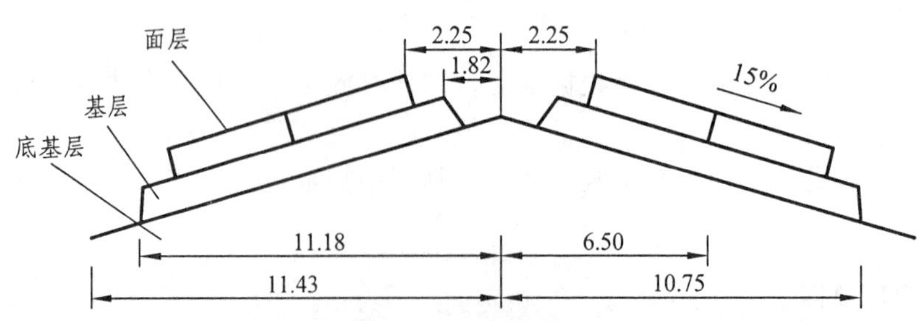

图 11.32　水泥混凝土路面的横断面（单位：m）

设基层设计高程为 $H=h+0.18$ m（h 为底基层中心设计高程）；则距中心 1.82 m、11.1 8 m、11.43 m 处的基层设计高程为：

$$H_{1.82}=H-1.82\times i$$
$$H_{11.18}=H-11.18\times i$$
$$H_{11.43}=H-11.43\times i$$

将计算的设计高程放样到实地，便可指导基层施工。以上设计高程中：$H_{1.82}$、$H_{11.18}$ 是在摊料时所用，H、$H_{11.43}$ 是在推土机初步压实后为找平时所用，其虚厚按不同的路面结构形式掌握。

（四）面层高程放样

如图 11.32 所示，由中线控制桩量出 2.25 m、6.50 m、10.75 m 处边线，钉入钢钉，测出桩顶高程，根据水泥混凝土面层的设计高程得出模板高程。当模板支好后，用经纬仪对顺直度，用水准仪对模板高程进行复测，不合格者予以调整，然后开始铺筑混凝土。

基层、底基层和路面面层放样精度应符合《公路工程质量检验评定标准》的有关规定。

五、挡墙施工测量

挡墙的放样是根据施工设计图中挡墙与路线之间的相互关系进行实施的。如图 11.33 所示的下挡墙的放样，在设计图中，A、B 两点之间的水平距离为 a，B 点的设计高程为 H_B。A 点的高程 H_A 为已知，挡墙的放样可按以下步骤进行：

（1）将仪器安置在 A 点上，在该横断面方向上适当位置定出一点 D，测出 A、D 间水平距离 b 和 D 点高程 H_D。

（2）由 D 沿横断面方向量取水平距离 $c=b-a$，得地面点 E，E 位于 B 点的铅垂线上。测出 D、E 的高差 h。

（3）计算 E、B 间的高 $h'=H_D-H_B+h$。

（4）根据高差 h 和基坑开挖边坡坡度，定出基坑开挖的边桩 F。

若挡墙的长度较长，从路线中线放样困难时，可将路线中线平移至挡墙附近适当位置，如 D 点。

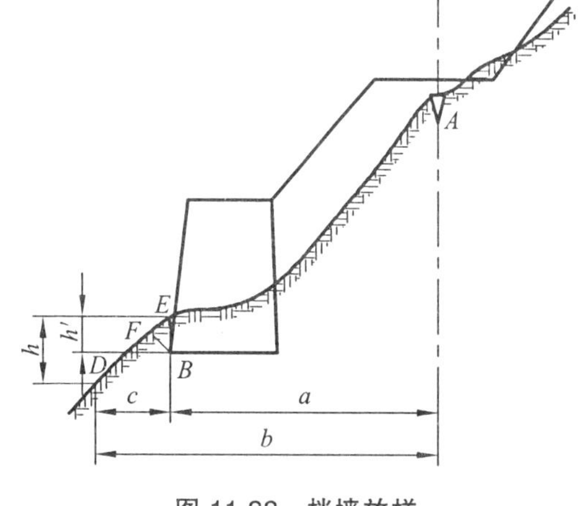

图 11.33　挡墙放样

第五节　全站仪中线测设及断面测量

上述中线测量和断面测量都是采用传统的方法，即使用常规仪器，分组作业。随着全站仪的普及和计算机辅助设计，线路勘测手段也随之改变。目前，线路测量多采用全站仪。全站仪法主要用极坐标法放样出中桩点的平面位置，同时用全站仪（测距仪）三角高程测量方法测出中桩点的高程，依此作纵断面图。还可以根据需要确定该中桩处的横断面方向，并测定该方向的地面起伏状况，为绘制横断面图提供基础数据。采用全站仪极坐标法进行中线测量，已成为线路测量的一种简便、迅速、精确的方法。

一、测设原理

全站仪极坐标法测设中线，是将仪器安置在导线点上，应用极坐标法测设线路上各中桩。

如图 11.34 所示，当要测设线路上 P 点中桩时，首先计算出 P 点在测量坐标系中的坐标 $(x_P,\ y_P)$，之后根据导线点 C_i、C_{i+1} 和 P 点的坐标求出夹角 β 和距离 D:

$$\beta=\alpha_{i,i+1}-\alpha_{i,P}$$

$$D=\sqrt{(x_P-x_{C_i})^2+(y_P-y_{C_i})^2}$$

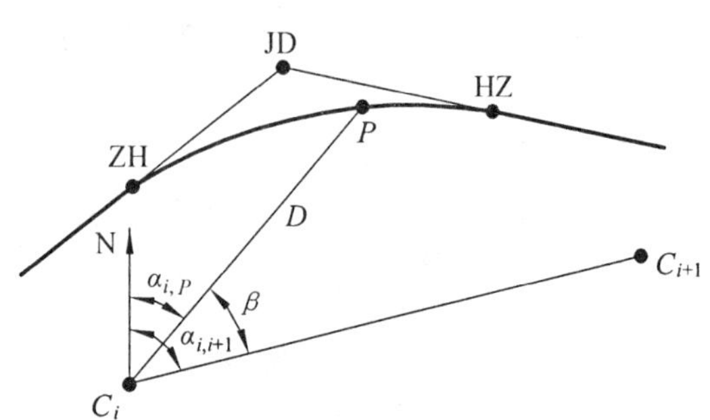

图 11.34 极坐标法测设中桩

在导线点 C_i 安置仪器，后视 C_{i+1} 点，根据夹角 β 得到 C_iP 方向，沿此方向测设距离 D，即可定出 P 点。

若是利用全站仪的坐标放样功能测设点位，只需输入有关点的坐标值即可，现场不需要做任何手工计算，而是由仪器自动完成有关数据计算。具体操作可参照全站仪使用手册。

二、交点坐标与转角的确定

若沿路线走向，已有该区域大比例尺地形图，则可先在图上确定路线的主要控制点位置，交出路线交点，拟定平曲线半径。这样，便可图解出交点坐标，并根据交点和控制导线点的坐标值，计算出测设元素，在导线点上安置仪器，将交点测设到实地上。若需要根据实地情况进行调整，则调整后再测定其坐标。

交点也可在现场直接选定，还可以通过两直线相交确定。若在导线测量的同时，已分别测量了相邻两直线上各自两个路线控制点的坐标，则根据这些路线控制点的坐标，可以计算出交点坐标。如图 11.35 所示，A、B、C、D 点的坐标已经测定，求交点的坐标。

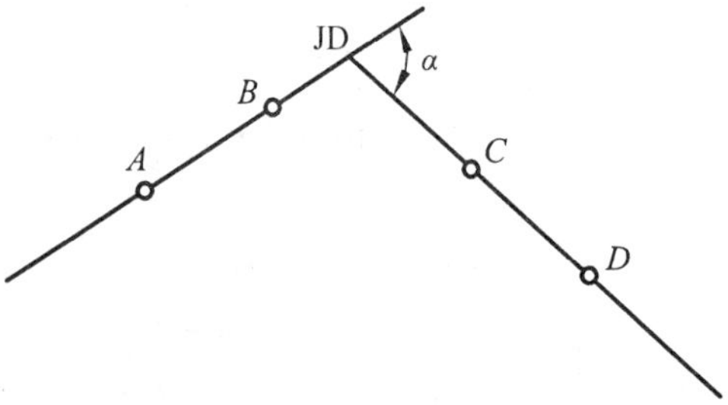

图 11.35 交点坐标与转角的确定

设 $$K_1=\frac{y_B-y_A}{x_B-x_A} \tag{11.11}$$

直线 AB 的方程为:

$$y-y_A=K_1(x-x_A) \tag{11.12}$$

同理 $$K_2=\frac{y_D-y_C}{x_D-x_C} \tag{11.13}$$

直线 CD 的方程为:

$$y-y_C=K_2(x-x_C) \tag{11.14}$$

直线与 AB 与 CD 相交，得交点 JD，设交点的坐标为（x_J、y_J），由方程组

$$y_J - y_A = K_1(x_J - x_A)$$

$$y_J - y_C = K_2(x_J - x_C)$$

解得

$$\left.\begin{aligned} x_J &= \frac{K_1 x_A - K_2 x_C - y_A + y_C}{K_1 - K_2} \\ y_J &= K_1(x_J - x_A) + y_A \end{aligned}\right\} \tag{11.15}$$

转角可由两相交直线的方位角确定，先求出两直线象限角如图 11.35 所示：

$$R_{AB} = \arctan\left|\frac{\Delta y_{AB}}{\Delta x_{AB}}\right|, \qquad R_{CD} = \arctan\left|\frac{\Delta y_{CD}}{\Delta x_{CD}}\right|$$

可按导线测量所讲坐标反算，由象限角推算方位角 α_{AB} 和 α_{CD}。

当 $\alpha_{CD} > \alpha_{AB}$ 时，路线右转，$\alpha_{右} = \alpha_{CD} - \alpha_{AB}$。

当 $\alpha_{CD} < \alpha_{AB}$ 时，路线左转，$\alpha_{左} = \alpha_{AB} - \alpha_{CD}$。

直线的方位角也可直接由交点坐标反算得到。

三、中桩点坐标计算

有了交点坐标，就可以计算线路上任一点坐标，和交点之间的距离及直线方位角。中线测设就是根据线路上中桩的坐标及导线点的坐标，反算出中线点相对于导线点的测设元素，在导线点上安置仪器，放样出中桩点位。

用坐标法测设中桩，不需要在实地标定交点位置，这对于交点位于陡壁、深沟、河流及建筑内等无法到达的地方，无疑是十分方便的。这也是区分于常规方法的显著优点。

（一）直线上桩点坐标的计算

如图 11.36 所示，各交点的测量坐标系坐标已经测定或在地形图上量算出，按坐标反算公式求得线路相邻交点连线的坐标方位角 α 和边长 S。HZ 点至 ZH 点为直线段，可先由（11.16）式计算 HZ 点的测量坐标系坐标：

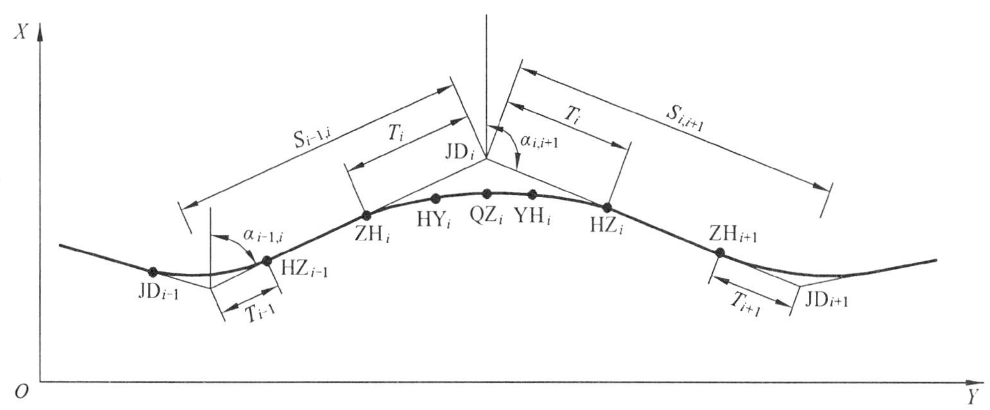

图 11.36　中线中桩坐标计算

$$\left.\begin{aligned}X_{\mathrm{HZ}_{i-1}}&=X_{\mathrm{JD}_{i-1}}+T_{i-1}\cos\alpha_{i-1,i}\\Y_{\mathrm{HZ}_{i-1}}&=Y_{\mathrm{JD}_{i-1}}+T_{i-1}\cos\alpha_{i-1,i}\end{aligned}\right\}\tag{11.16}$$

式中，$X_{\mathrm{JD}_{i-1}}$、$Y_{\mathrm{JD}_{i-1}}$ 为交点 JD_{i-1} 的坐标；T_{i-1} 为交点 JD_{i-1} 处的切线长；$\alpha_{i-1,i}$ 为交点 JD_{i-1} 至 JD_i 的坐标方位角。

然后按下式计算直线上桩点的测量坐标系坐标：

$$\left.\begin{aligned}X&=X_{\mathrm{HZ}_{i-1}}+D\cos\alpha_{i-1,i}\\Y&=Y_{\mathrm{HZ}_{i-1}}+D\sin\alpha_{i-1,i}\end{aligned}\right\}\tag{11.17}$$

式中，D 为计算桩点至 HZ_{i-1} 点的距离，即桩点里程与 HZ_{i-1} 点里程之差。

ZH 点为该段直线的终点，其坐标除可按式（9.6）计算外，还可按下式计算：

$$\left.\begin{aligned}X_{\mathrm{ZH}_i}&=X_{\mathrm{JD}_{i-1}}+(S_{i-1,i}-T_i)\cos\alpha_{i-1,i}\\Y_{\mathrm{ZH}_i}&=Y_{\mathrm{JD}_{i-1}}+(S_{i-1,i}-T_i)\cos\alpha_{i-1,i}\end{aligned}\right\}\tag{11.18}$$

式中，$S_{i-1,i}$ 为线路交点 JD_{i-1} 至 JD_i 的距离；T_i 为交点 JD_i 处的切线长。

（二）曲线上桩点坐标的计算

首先根据前面讲述的曲线上点的坐标计算公式，求出曲线上任一桩点在以 ZH（或 HZ）为原点的切线直角坐标系中的坐标（x, y），然后通过坐标变换将其转换成测量坐标系中的坐标（X，Y）。

坐标变换的公式为：

$$\left.\begin{aligned}X&=X_{ZH_i}+x\cdot\cos\alpha_{i-1,i}-\zeta\cdot y\cdot\sin\alpha_{i-1,i}\\Y&=Y_{ZH_i}+x\cdot\sin\alpha_{i-1,i}+\zeta\cdot y\cdot\cos\alpha_{i-1,i}\end{aligned}\right\}\tag{11.19}$$

或

$$\left.\begin{aligned}X&=X_{\mathrm{HZ}_i}-x\cdot\cos\alpha_{i,i+1}-\zeta\cdot y\cdot\sin\alpha_{i-1,i}\\Y&=Y_{\mathrm{HZ}_i}-x\cdot\sin\alpha_{i,i+1}-\zeta\cdot y\cdot\cos\alpha_{i-1,i}\end{aligned}\right\}\tag{11.20}$$

式中，当曲线右转时 $\zeta=1$，左转时 $\zeta=-1$；$\alpha_{i,i+1}$ 为交点 JD_i 至 JD_{i+1} 的坐标方位角。

计算第一缓和曲线及上半圆曲线（ZH～HY～QZ）上桩点的测量坐标时用式（11.19），计算下半圆曲线及第二缓和曲线（QZ～YH～HZ）上桩点的测量坐标时用式（11.20）。

计算曲线上桩点的测量坐标时，求得桩点在其切线直角坐标系中的坐标（x, y）之后，也可先将以 HZ 点为原点的切线直角坐标系中下半圆曲线及第二缓和曲线上桩点坐标，转换成以 ZH 点为原点的切线直角坐标系中的坐标，然后再利用式（11.19）进行坐标变换，求得曲线上各桩点在测量坐标系中的坐标。

【例 11.2】 在图 11.37 所示曲线中，有关的交点和导线点的测量坐标及交点里程见表 11.5，在 JD_{32} 处线路转向角 $\alpha_{左}=29°30'23''$，设计选配半径 $R=300$ m、缓和曲线长 $l_0=70$ m，试计算详细测设曲线时各桩点的测量坐标。

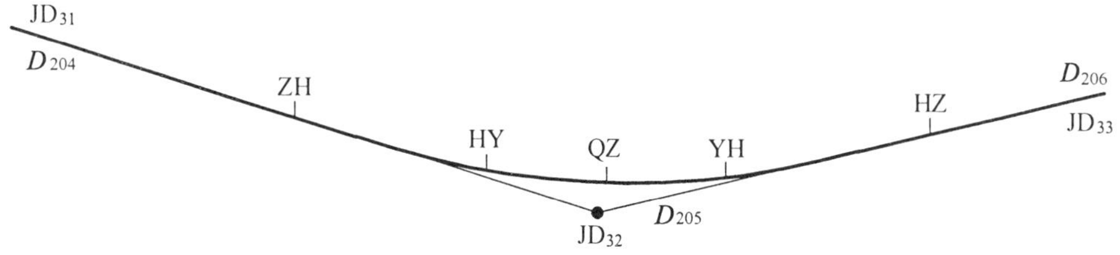

图 11.37　中桩坐标计算

表 11.5　已知交点、导线点坐标

点名	JD_{31}	JD_{32}	JD_{33}	D_{204}	D_{205}	D_{206}
里程	K52+833.140	K53+408.720	K54+546.810			
X(m)	4 357 150.236	4 356 982.241	4 357 233.268	4 357 139.802	4 356 989.693	4 357 120.772
Y(m)	587 040.122	587 596.301	588 710.268	587 058.475	587 603.032	588 196.411

解　根据 JD_{31}、JD_{32}、JD_{33} 的坐标，可反算出：

$$\alpha_{31,32}=106°48'25'',\quad \alpha_{32,33}=77°18'03''$$
$$S_{31,32}=580.997\text{ m},\quad S_{32,33}=1\ 141.901\text{ m}$$

根据公式计算出缓和曲线常数：

$$\beta_0=6°41'04'',\quad p=0.680\text{ m},\ m=34.984\text{ m}$$

并计算出曲线要素：

$$T=114.165\text{ m},\ L=224.496\text{ m},\ E_0=10.931\text{ m},\ q=3.834\text{ m}$$

根据 JD_{32} 的里程和曲线要素推算出曲线主点的里程：

ZH　K53+294.555　　HY　K53+364.555　　QZ　K53+406.803

YH　K53+449.050　　HZ　K53+519.050

分别计算出曲线的第一缓和曲线及上半圆曲线、下半圆曲线及第二缓和曲线上的细部桩点在其切线直角坐标系中的坐标（x, y），结果见表 11.6。

根据式（11.18）计算出 ZH 点的测量坐标：

$$X_{ZH}=X_{JD_{31}}+(S_{31,32}-T_{32})\cos\alpha_{31,32}=4\ 357\ 015.252\text{ m}$$
$$Y_{ZH}=Y_{JD_{31}}+(S_{31,32}-T_{32})\sin\alpha_{31,32}=587\ 487.013\text{ m}$$

根据坐标转换公式计算出 HZ 点的测量坐标：

$$X_{HZ}=X_{JD_{32}}+T_{32}\cos\alpha_{32,33}=4\ 357\ 007.338\text{ m}$$
$$Y_{HZ}=Y_{JD_{32}}+T_{32}\sin\alpha_{32,33}=587\ 707.673\text{ m}$$

根据式（11.19）、式（11.20）分别将各桩点的切线直角坐标（x, y）进行转换计算，得到其测量坐标（X，Y），结果见表 11.6。

现在，越来越多的初测带状地形图采用数字化测图，设计人员直接在数字化地形图上进行设计，因而中线上各桩点的坐标可以通过计算机及相关软件，直接在数字化设计图上点击获取，十分简便，且所得桩点坐标的精度较高。

表 11.6　各桩点的切线直角坐标和测量坐标（m）

桩　号	x	y	X	Y
ZH　K53+294.555	0.000	0.000	4 357 015.252	587 487.013
K53+300	5.445	0.001	4 357 013.679	587 492.226
K53+320	25.444	0.131	4 357 008.020	587 511.408
K53+340	45.434	0.745	4 357 002.828	587 530.721
K53+360	65.377	2.225	4 356 998.478	587 550.240
HY　K53+364.555	69.904	2.719	4 356 997.642	587 554.717
K53+380	85.191	4.911	4 356 995.320	587 569.985
K53+400	104.783	8.913	4 356 993.486	587 589.897
QZ　K53+406.803	111.381	10.571	4 356 993.164	587 596.692
K53+420	98.548	7.491	4 356 992.982	587 609.889
K53+440	78.876	3.908	4 356 993.811	587 629.868
YH　K53+449.050	69.905	2.722	4 356 994.626	587 638.880
K53+460	59.009	1.634	4 356 995.960	587 649.748
K53+480	39.045	0.473	4 356 999.216	587 669.479
K53+500	19.050	0.055	4 357 003.204	587 689.077
HZ　K53+519.05	0.000	0.000	4 357 007.338	587 707.673

南方 CASS 数字化地形地籍成图系统软件具有路线中桩坐标计算和图形显示的功能，其操作步骤为：打开南方 CASS 数字化地形地籍成图系统，鼠标选取“工程应用\公路曲线设计\单个交点处理”命令，弹出对话框，在公路曲线计算栏中输入事先准备的数据，点击“开始”，在屏幕指定平曲线要素表位置后绘出曲线及要素表，平移并放大图形可查看计算的结果。

表 11.7　平曲线要素

JD_{32}	K53+408.720
偏角（左偏）	29°30′23″
R	300.000
T	114.165
L_0	70.000
L	224.495
E_0	10.929

上例中直接在图上点击得到的平曲线要素、曲线细部桩点的测量坐标见表 11.7、表 11.8。将表 11.6 中通过公式计算出的 X、Y 坐标值与表 11.8 中直接点击获得的 X、Y 坐标值相比较，二者之间最大相差仅 2 mm（因存在计算数据取位的影响而导致），可以认为二者完全一致，从而说明在实际应用时，能够很方便地获得中线桩点的测量坐标。

表 11.8　曲线细部桩点的测量坐标（m）

桩　　号	X	Y
ZH　K53+294.555	4 357 015.252	587 487.013
K53+300	4 357 013.679	587 492.226
K53+320	4 357 008.020	587 511.408
K53+340	4 357 002.828	587 530.721
K53+360	4 356 998.476	587 550.240
HY　K53+364.555	4 356 997.642	587 554.718
K53+380	4 356 995.318	587 569.985
K53+400	4 356 993.484	587 589.897
QZ　K53+406.803	4 356 993.163	587 596.693
K53+420	4 356 992.980	587 609.887
K53+440	4 356 993.809	587 629.866
YH　K53+449.050	4 356 994.624	587 638.880
K53+460	4 356 995.960	587 649.748
K53+480	4 356 999.216	587 669.479
K53+500	4 357 003.204	587 689.077
HZ　K53+519.05	4 357 007.339	587 707.673

四、现场测设与检核

当导线点和待测设中桩点的测量坐标数据均准备好后，即可进行中线测量。测设图 11.37 中曲线时，可在导线点 D_{205} 上安置全站仪，后视导线点 D_{204}（或 D_{206}）进行定向；输入测站点和定向点的坐标，输入待测设中桩点 P 的坐标，仪器可以计算出夹角 β 和距离 D 并自动存储起来；在测站点到 P 点的方向上置反射棱镜并测距，测距时将量测到的距离 D' 自动与 D 进行比较，面板显示其差值 $\Delta D = D' - D$，当 $\Delta D > 0$ 时，应向测站方向移动反射棱镜，当 $\Delta D < 0$ 时，应向远离测站方向移动反射棱镜，直到面板显示的 ΔD 值为 0.000 m 时，即为 P 点的准确位置。

另外，求得整个线路桩点的统一测量坐标之后，也可使用 RTK 进行中桩测设。

中线测设后进行现场检核，一般是在其他测站上安置仪器，定向后实测各桩点的坐标与计算值比较，如果出现较大偏差，说明存在测设错误，应查找原因予以纠正。由于用全站仪极坐标法进行中桩测设时，实际的点位误差主要是测设时的测量误差，误差一般很小，完全能够达到精度要求，可不做调整。

极坐标法测设中桩的点位误差容许值为 ± 5 cm。

五、中桩高程测量方法

1. 测量方法

全站仪由于具有三维坐标测量的功能，在中线测量中可以同时测量中桩高程。

在中桩点位定出后，随即测出该桩的地面高程（Z 坐标），如此就无需再进行纵断面测量中的中平测量工作，便可获得线路的纵断面。中桩高程测量是在中桩测设的同时，读出仪器瞄准立于中桩点上反光镜的竖盘读数，根据测站高程、仪器高度以及反光镜高度，按三角高程计算公式求出中桩地面高程 H_{ZZ}。即：

$$H_{ZZ} = H_Z + D\tan\alpha + i - v \tag{11.21}$$

式中，H_Z 为测站高程；D 为中桩测设时由坐标反算出的中桩至测站的水平距离；i 为仪器高度；v 为反光镜高度。

在实际测量中，只需将安置仪器点的测站高程 H_Z、仪器高 i、反光镜高度 v 直接输入全站仪，在中桩放样完成的同时，就可直接从仪器的显示屏中读取中桩点高程 H_{ZZ}。

2. 测量注意事项

在利用全站仪进行中平测量过程中，为提高观测速度及观测精度，在施测过程中应注意以下事项：

（1）应合理选择全站仪安置点，使其既能观测到尽可能多的中桩点，又能与已知高程控制点通视，以便获得后视高差。

（2）安置全站仪只需整平，不需对中，不需量取仪器高，因此，大大提高了仪器安置的速度，为随时移动仪器提供了方便。

（3）对在一个测站上观测不到的中桩点，可适当移动仪器位置。

（4）仪器位置移动后，必须重新对已知高程控制点进行观测，以获得新的后视高差，并作为新测站上的后视高差来计算中桩高程。

（5）对必须设置转点方能观测到的中桩点，转点的设置应尽量使仪器至转点和至后视已知高程控制点的距离相等，以消除残余地球曲率、大气折光以及仪器竖盘指标差对高程观测的影响。对转点高程的观测应仔细，转点高程获得后，即可作为新的已知高程点来观测其他中桩点。

为防止在观测过程中由于置仪点与后视点（高程已知点）高差及转点高程观测错误而造成中桩高程观测错误，两已知高程控制点间的中桩高程观测完成后，应对下一已知高程控制点进行高程观测检核，其闭合差应符合中平测量的精度要求。

横断面测量也可与中桩测设同时进行。

应用全站仪（或测距仪）进行线路勘测，可以把一条线路采集的数据存入计算机内，由计算机直接进行线路设计。对设计好的线路再采用前述方法测设线路平面位置和进行纵、横断面测量。同法，可进行施工测量，于是可实现勘测、设计、施工一体化。

第六节　无砟轨道铁路工程测量

一、概　述

无砟轨道是以钢筋混凝土或沥青混凝土道床取代散粒体道砟道床的整体式轨道结构。为适应高速行车对线路稳定性和平顺性的要求，整体性强、稳定性好、高平顺、少维修的无砟轨道结构已成为我国客运专线铁路轨道的主要结构形式。随着客运专线无砟轨道的推广和使用，带来了铁路工程测量理念的更新。

为保证高速行车对线路平顺性的要求，线路必须具备准确的几何线形参数。无砟轨道铺设工艺复杂，一旦建成后很难进行调整，若出现问题，将为整个工程的使用留下隐患，期间若想改善轨道几何参数将非常困难。因此，无砟轨道的施工质量是客运专线建设能否成功的关键，其施工精度必须保持在毫米级的范围内。高精度的测量是无砟轨道施工质量的重要保证。

无砟轨道对测量精度要求高，其测量方法也有别于普通铁路测量，但并非仅仅使用高精度的测量仪器设备。采用高等级的测量方法来建立客运专线测量控制网，便可一劳永逸地解决无砟轨道的测量问题。我国传统铁路测量方法是采用定测中线控制桩作为联系铁路勘测设计与施工的线路平面测量控制基准。中线控制桩在线路竣工后已不复存在，铁路平面控制基准已经失去，因而在竣工和运营阶段的线路复测只能通过相对测量的方式进行。这种方式只适合测量精度要求低的普通铁路测量。从既有铁路线路提速的实践可以发现，轨道几何参数有较大变化时，仅依靠相对测量对线路进行维护是远远不够的，必须引入绝对测量系统，恢复平面控制网。根据国外高速铁路建设和运营经验，在无砟轨道的勘测、施工、竣工和运营的各个环节，需要建立统一的空间数据基础，这样才能在勘测、施工、竣工和运营过程使轨道变形监测的测量数据基准统一，才有利于第三方的检测验收和测量数据的标准化和规范化。要成功地建设客运专线无砟轨道，就必须有一套完整、高效且非常精确的测量系统。因此，客运专线的勘测控制网、施工控制网和运营维护控制网必须统一坐标系统和起算基准，即所谓“三网合一”。

二、“三网合一”

客运专线无砟轨道铁路工程测量的平面、高程控制网，按施测阶段、施测目的及功能的不同可分为勘测控制网、施工控制网、运营维护控制网。这就是客运专线无砟轨道铁路工程测量的三个控制网，简称“三网”。

无砟轨道的最大特点是工程施工工艺和精度要求高，运营维护技术特殊，周期长（按60年设计标准）。为保证控制网的测量成果质量满足勘测、施工、运营维护三个阶段测量的要求，适应无砟轨道铁路工程建设和运营管理的需要，三阶段的平面、高程控制测量必须采用统一的基准，即勘测控制网、施工控制网、运营维护控制网均采用CPⅠ为基础平面控制网，二等水准基点网为基础高程控制网，简称为“三网合一”。“三网合一”包括以下几方面的内容：

（1）勘测控制网、施工控制网、运营维护控制网坐标高程系统的统一。在客运专线无砟轨道的勘测设计、线下施工、轨道施工及运营维护的各阶段均采用坐标测量定位，因此必须保证三网的坐标高程系统的统一，以使无砟轨道的勘测设计、线下施工、轨道施工及运营维护工作顺利进行。

（2）勘测控制网、施工控制网、运营维护控制网起算基准的统一。客运专线勘测控制网、施工控制网、运营维护控制网平面测量应以基础平面控制网CPⅠ为平面控制基准，高程控制测量应以二等水准基点为高程控制测量基准。

（3）线下工程施工控制网与轨道施工控制网、运营维护控制网的坐标高程系统和起算基准的统一。

(4) 勘测控制网、施工控制网、运营维护控制网测量精度的协调统一。

三、无砟轨道测量工作流程

客运专线无砟轨道铁路工程测量分为勘测设计、施工、运营维护三个阶段，其基本工作流程如图 11.38 所示。

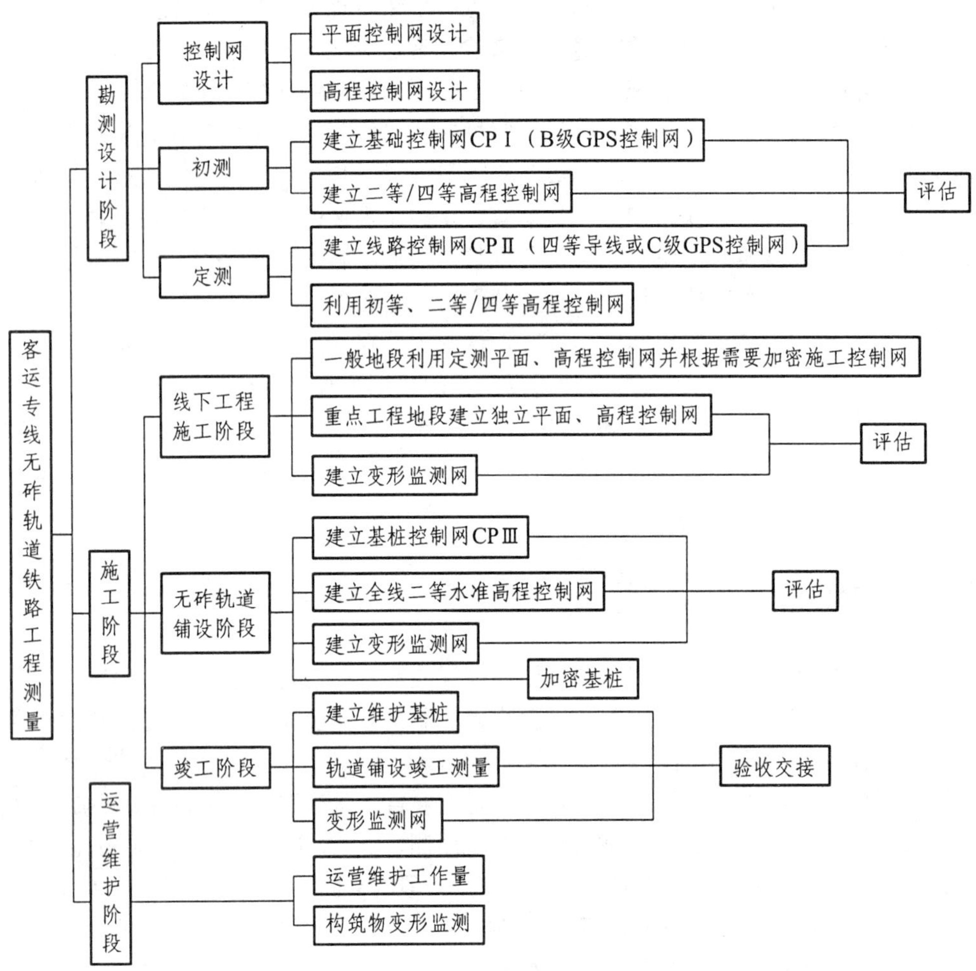

图 11.38　客运专线无砟轨道铁路工程测量基本工作流程

四、初　测

初测阶段控制测量内容及要求如下：

初测时应建立基础平面控制网（CPⅠ）和高程控制网。CPⅠ网主要为勘测设计、施工、运营维护提供坐标基准，按 B 级 GPS 网精度要求施测，全线（段）一次布网，整体平差。CPⅠ网布设方案与 CPⅡ网采用的测量方法有关。如果 CPⅡ网采用导线测量，CPⅠ沿线路每 4 km 布设 1 对 GPS 点，每对 GPS 点间距不宜小于 800 m，并采用边联结方式构网，形成由三角形或大地四边形组成的带状网；如果 CPⅡ网采用 GPS 测量，那么 CPⅠ网沿线路每 4 km 布设 1 个 GPS 点。布设应符合表 11.9 的要求。为求得无砟轨道铁路工程独立坐标系统与国家坐标系统之间的转换参数，CPⅠ网一般每 50 km 左右与国家二等及二等以上三角点或 GPS 点联测。GPS 控制测量外业观测和基线解算应执行现行全球定位系统（GPS）铁路测量规程的相关规定。

表 11.9 各级平面控制网布网要求

控制网级别	测量方法	测量等级	点间距（m）	备 注
CPⅠ	GPS	B 级	≥800	≤4 km 一对点
CPⅡ	GPS	C 级		
	导线	四等	800～1000	
CPⅢ	导线	五等	150～200	
	边角后方交会		50～60	10～20 m 一对点

在初测阶段，有条件的测区可一次布设二等水准测量精度的高程控制网。如果不具备二等水准测量条件，可分两阶段施测：勘测阶段按四等水准测量要求建立高程控制网；线下工程施工完成后，全线再按二等水准测量要求重新建立高程控制网。高程控制测量应与高一等级及以上的国家水准点联测。四等水准测量一般每 30 km 联测一次，困难条件下不应大于 80 km；二等水准测量一般每 150 km 联测一次，困难条件下不应大于 400 km，并形成附合水准路线。

无砟轨道高程控制网采用两阶段施测的前提条件是：线下工程施工完成后，应根据二等水准贯通测量的结果，允许对线路纵断面进行调整，否则应在勘测阶段或在线下工程施工前布设二等水准高程控制网。

五、定 测

定测阶段的测量工作内容包括：CPⅡ控制网测量；线路定线测量；路基断面测量；桥涵定测；隧道定测；站场定测；现场交桩。这里只介绍 CPⅡ控制网测量、线路定线测量和现场交桩的内容。

1. CPⅡ控制网测量

CPⅡ控制网测量是定测阶段最主要的一项控制测量工作，此时线路方案已稳定，为建立线路控制网（CPⅡ）创造了条件。

CPⅡ控制网测量是在 CPⅠ网的基础上采用四等导线测量或 C 级 GPS 测量方法施测。CPⅡ控制点的布设应符合表 11.9 的要求，一般选在距线路中线 50～100 m、稳定可靠、不易破坏的范围内，并按规定埋石且作点之记。在线路勘测设计起点、终点及其他平面控制网衔接地段，应联测两个以上平面控制点，并在测量成果中反映出相互关系。

CPⅡ控制网测量的具体方法和技术要求应符合有关规定。

2. 线路定线测量

线路定线测量的目的是确定线路的空间位置，主要是将线路中线（包括直线和曲线）按设计位置进行实地测设。线路中线（包括直线控制桩、曲线控制桩、百米桩和中线桩）可根据 CPⅠ控制点或 CPⅡ控制点，采用极坐标法或 GPS RTK 测设，并测定高程。一般地段中线桩间距不宜大于 20 m，在地形变化处或施工需要时，应另设加桩。直线上的转点、曲线控制桩的测设，宜使用全站仪极坐标法或 GPS RTK 直接测设，并钉设方桩及标志桩。测点应观测两测回，取其平均值，计算测点实际坐标，以便中线加桩测量。

采用全站仪极坐标法测设中线，宜使用标称精度不低于 2″、2 mm＋2 ppm 的全站仪，置镜于 CPⅠ或 CPⅡ控制点上直接观测定点，特殊困难情况下不能通视时，应从 CPⅠ或 CPⅡ控制点发展附合导线或从 CPⅠ、CPⅡ控制点上转 1 站（转点要返测）置镜测设。全站仪极坐标法测设中线要求如下：

（1）采用全站仪直接放线，不测设交点桩，其偏角、间距和桩号均以理论计算资料为准。放线时，应一次放出中桩与加桩。

（2）测站转移前，应观测核对相邻控制点的方位角。测站转移后，应对前一测站所放中桩重放 1～2 个桩点以供校核。点位允许偏差为 ±100 mm，超限时应认真分析原因，进行重测。采用支导线敷设中桩，只限于 2 次传递，超过 2 次应与控制点闭合。点位闭合允许偏差为 ±100 mm，超限时必须从起始控制点开始重测。

（3）采用支导线敷设中桩时，转点桩宜和中线控制桩重合，通视困难时可以钉设在中线外。

（4）当 GPS 点、导线控制点离中线在 300 m 以上时，可以先按五等导线精度加密导线点，再放中线。

采用 GPS RTK 测设中线，基准站应设置于 CPⅠ、CPⅡ控制点上，基准站间距以 3～5 km 为宜。GPS RTK 测设中线要求如下：

（1）每次更换基准站后，都应对前一基准站测量的最后两个中线控制桩进行复测并记录，平面互差应小于 2.5 cm，高程互差应小于 5 cm。当中线控制桩和中桩分别测设并且还没有进行中线控制桩测设时，应对前一基准站测量的最后两个中桩进行复测并记录，平面互差应小于 10 cm，高程互差应小于 10 cm。超过限差时，应重测并查明原因。

（2）中线控制桩测设时，流动站在中线控制桩上的测量时间应大于 60 s，点位理论位置与实测位置差应控制在 1 cm 以内，并且控制器屏幕上显示的平面精度应小于 1 cm，高程精度应小于 2 cm。

（3）中桩测设时，流动站在中桩上的测量时间应大于 10 s，点位理论位置与实测位置差应控制在 10 cm 以内，并且控制器屏幕上显示的平面精度应小于 3 cm，高程精度应小于 5 cm。

3. 现场交桩

现场交桩是无砟轨道铁路工程测量的重要环节，设计单位将勘测阶段施测的 CPⅠ控制点、CPⅡ控制点和水准点移交给施工单位，施工单位以此作为平面高程控制基准开展施工测量的基础；现场交桩也是实现无砟轨道铁路工程测量“三网合一”一个不可缺少的环节。现场交桩应符合下列规定：

（1）施工前，勘测设计单位应向施工单位现场移交各级平面、高程控制点。

（2）交接的主要测量成果资料包括：① CPⅠ控制桩成果表及点之记；② CPⅡ控制桩成果表及点之记；③ 水准点成果表及点之记；④ 线路曲线要素表。

（3）需交接的控制桩包括：① CPⅠ控制桩；② CPⅡ控制桩；③ 勘测水准点桩。

六、线下工程施工测量

线下工程施工测量的内容包括：施工控制网复测；施工控制网加密；线路施工测量；路基施工测量；桥涵施工测量；隧道施工测量。

1. 施工控制网复测

施工复测前，由建设单位组织设计单位向施工单位进行测量成果资料和现场桩橛交接，并履行交接手续，监理单位按有关规定参加交接工作。设计单位向施工单位提交下列资料：

（1）CPⅠ控制点、CPⅡ控制点及水准点的成果表及点之记。

（2）桩橛包括 CPⅠ控制点、CPⅡ控制点、水准点。

（3）测量技术报告（或技术总结）。

复测采用的方法、使用的仪器和精度应符合相应等级的规定。当复测结果与设计单位提供勘测结果不符时，必须再进行复测。复测结果应符合线路控制网（CPⅡ）和水准点复测限差要求。

2. 施工控制网加密

由于 CPⅡ的密度无法满足施工的要求，在线下工程施工前，应进行平面控制网加密。加密时，应按五等导线要求进行选点、埋石和测量。

施工高程控制点加密测量宜按精密水准测量精度要求施测。

3. 线路施工测量

线路施工测量是将线路中线（包括直线和曲线）按设计的位置进行实地测设。在地面按设计的位置放出中线上的直线控制点、曲线交点或副交点，直缓、缓圆、曲中、圆缓、缓直等桩橛，以及中线加桩，并在施工前设置护桩。

线路施工测量的方法和要求与线路定线测量相同。

4. 路基施工测量

路基测量包括路堤、路堑施工放样测量、地基加固工程施工放样、桩板结构路基施工放样。地基加固范围施工放样和路堤、路堑施工放样测量可在恢复中线的基础上采用横断面法、极坐标法或 GPS RTK 施测。

地基加固工程中各类群桩基础的桩位，应根据设计要求在已测设的地基加固范围内布置，一般采用横断面法测设。为有效控制地基不均匀沉降，要求相邻桩位距离限差不大于 50 mm。

桩板结构路基是一种特殊的路基结构，由下部钢筋混凝土桩基、上部钢筋混凝土承载板与地基共同组成，钢筋混凝土承载板直接与轨道结构相连接。桩板结构路基平面控制测量可采用 GPS 测量、导线测量，要求桩位及承载板平面控制点的线路纵、横向中误差不大于 10mm；高程控制测量采用水准测量，桩顶及承载板高程控制点的高程中误差不大于 2.5 mm。

七、线下工程竣工测量

线下工程施工完毕后，应进行线路竣工测量。竣工测量的主要内容有：线路中线贯通测量、路基竣工测量、横断面竣工测量、桥涵竣工测量以及隧道竣工测量。其目的：一是对线下工程施工作出评价；二是为无砟轨道铺设做准备。

下面仅就线路中线贯通测量简述如下：

线下工程竣工测量前，应沿线路进行全线（段）二等水准贯通测量，并以二等水准点和CPⅡ控制点为基准进行线路中线测量和高程测量，并贯通全线的里程和高程。

线路中线加桩设置，应满足编制竣工文件的需要。中线上应钉设公里桩和加桩，并宜钉设百米桩。直线上中桩间距不宜大于50 m，曲线上中桩间距宜为20 m。在曲线起终点、变坡点、竖曲线起终点、立交道中心、桥涵中心、大中桥台前及台尾、每跨梁的端部、隧道进出口、隧道内断面变化处、车站中心、道岔中心、支挡工程的起终点和中间变化点等处均应设置加桩。线路中线加桩应利用CPⅡ控制点测设，中线桩位限差应满足纵向 $S/20\,000+0.005$（S 为转点至桩位的距离，以m计）、横向±10 mm的要求。线路中线加桩高程应利用二等水准基点作为起闭点进行测量，中桩高程限差为±10 mm。

八、无砟轨道铺设阶段测量

在无砟轨道铺设阶段，首先应建立无砟轨道铺设控制网，包括基桩控制网和高程控制网，然后进行无砟轨道的安装测量，主要有加密基桩测量、轨道安装测量、道岔安装测量、轨道衔接测量、线路整理测量，最后进行轨道铺设竣工测量。

（一）基桩控制网（CPⅢ）建立

基桩控制网（CPⅢ）主要为铺设无砟轨道和运营维护提供控制基准，是在CPⅠ、CPⅡ基础上采用导线测量或自由设站边角交会法施测的。基桩控制网的布网和测量方法应根据无砟轨道的结构形式及施工工艺来确定。

（1）采用导线测量法施测基桩控制网（CPⅢ）时，为了保证无砟轨道施工满足线路平顺性要求，CPⅢ控制点应设为线路外移桩，距线路中线的距离一般为3～4 m，控制点的间距以150～200 m为宜。CPⅢ控制点有条件时宜埋设混凝土强制对中标。

（2）采用自由设站边角交会法施测基桩控制网（CPⅢ）时，应采用强制对中标的方法将CPⅢ埋设在接触网杆、桥梁防撞墙或隧道边墙上，大约每60 m（接触网杆间距）设1对，采用自由设站的方式进行观测，形成如图11.39所示的边角交会网。

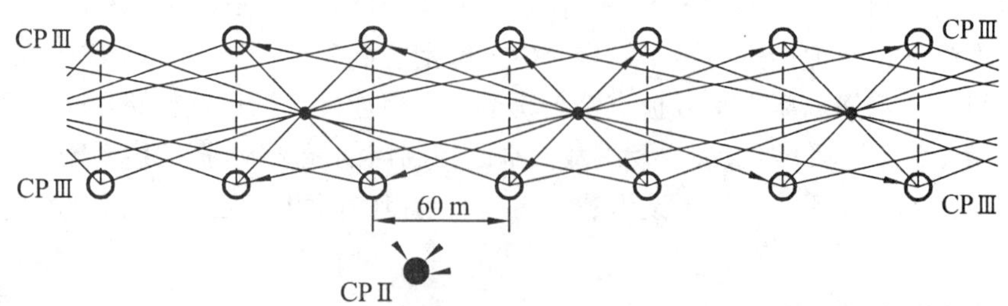

图11.39　自由设站边角交会网

每隔两个接触网柱建立一个自由设站测量点位；在前后两个方向各瞄准3×2个永久标记点（CPⅢ）；每个永久标记点将被瞄准3次；最大的测量范围的距离约150 m；与CPⅡ控制

点进行连接测量。

（3）基桩控制网（CPⅢ）高程测量按精密水准测量要求施测，并起闭于二等水准基点。

（二）无砟轨道的安装测量

1. 加密基桩测量

无砟轨道安装之前，应依据基桩控制网（CPⅢ）进行基桩加密。加密时可采用光学准直法和精密水准测量方法，逐一测定加密基桩的位置和高程，并标定点位；加密基桩间距应根据施工方法确定，一般在 5～10 m 范围设置一个；加密基桩一般设置在线路中线上，也可设置在线路中线的两侧；道岔区应在岔心、岔前、岔后位置及道岔前后 100～200 m 范围内增设控制基桩，其位置一般在直股和曲股的两侧，可按坐标直接测设，也可按岔心和直股与曲股线路方向测设，并应埋置永久性桩位。

2. 无砟轨道安装测量

无砟轨道类型不同，需测设的内容也有所不同，但基本上都有底座施工测量、支承层的施工测量以及轨排或轨道板安装测量。

底座的测设主要是利用控制基桩放样并控制模板安装位置，平面采用坐标法，高程放样按精密水准测量要求测设。混凝土支承层施工测量应以 CPⅢ控制点为依据，进行模板或基准线桩放样，使用混凝土摊铺机进行混凝土支承层摊铺作业时应设置基准线或导向钢索。

轨排安装测量分为轨排粗调和轨排精调测量。轨排粗调是以加密基桩为调整基准点，控制轨排中线放样误差和钢轨顶面高程放样误差；轨排精调应在钢筋绑扎和模板安装结束后进行，轨排精调是利用控制基桩或加密基桩为调整基准点，使用轨检小车或全站仪+水准仪进行调整。

轨道板安装测量主要是控制轨道板的安装定位。

3. 道岔安装测量

道岔安装测量的主要任务是测设中线控制点、轨排粗调测量和精调测量。根据道岔控制基桩在底座或支承层混凝土上施测岔前、岔心、岔后点位中线控制点，直股应布置不少于 5 个中线控制点，侧股不少于 2 个控制点。

4. 轨道衔接测量

区间无砟轨道施工宜采取单一作业面。当采用多个作业面施工时，应做好各施工作业面衔接测量。衔接测量的主要内容是设置贯通作业面，并在贯通作业面设置共用中线及高程控制点，在距贯通作业面不小于 200 m 范围内，作为两作业面施工测量的共用控制桩。

5. 线路整理测量

线路整理测量主要内容：线路整理测量前应对 CPⅢ控制点进行复测；需要设置临时铺轨基桩时，应以 CPⅢ控制点为基准测设于线路中线上；钢轨调整宜采用轨检小车测量，也可采用全站仪+水准仪测量；线路中线整理测量完成后，应编制线路、道岔调整后的坐标、高程成果表。

（三）轨道铺设竣工测量

竣工测量之前，应进行维护基桩测量。维护基桩测量应注意：维护基桩应根据维修检测方式布设，并充分利用已设置的基桩；利用已设置的基桩作为维护基桩时，应对其进行复测；需要增设中线维护基桩时，应检测 CPⅢ控制点，并根据 CPⅢ控制点进行线路中线和维护基桩测量；维护基桩的复测和增设的测量精度应不低于相应轨道结构加密基桩的精度要求，且满足线路维护要求。

轨道铺设竣工测量主要检测线路中线位置、轨面高程、测点里程、坐标、轨距、水平、高低、扭曲，应采用轨检小车测量。轨检小车测量步长宜为 1 个轨枕间距。

竣工测量完成后，应提交成果资料。

思考题与习题

1. 铁路新线勘测的初测、定测阶段，测量工作的主要任务是什么？
2. 什么情况下初测导线的测量成果要进行两化改正？
3. 何谓坐标换带？在导线计算中有哪些情况要进行坐标换带？
4. 定测阶段的测量工作包括哪些内容？
5. 定测放线的方法有哪几种？各适用于何种条件？优缺点有哪些？
6. 试述拨角放线的步骤与方法。
7. 在定测中进行中桩高程测量的目的是什么？测量时应注意哪些问题？
8. 试述横断面测量的目的及方法。
9. 如图所示，初测导线点 C_1 的坐标为 x_0=10 117 m，y_0 = 10 259 m；C_1C_2 边的坐标方位角为 72°14′07″；从图上量得中线交点 JD_1 的坐标为 x_1 = 10 045 m、y_1 = 10 268 m，JD_2 的坐标为 x_2 = 11 186 m、y_2 = 12 094 m，试计算用拨角放线法测设 JD_1 和 JD_2 所需要的资料。
10. 在拨角放线中，与初测导线联测的资料如图所示。已知 C_5C_6 边的坐标方位角为 75°18′20″，C_6 的坐标 x_6 = 9 312.40 m、y_6 = 15 328.80 m；JD_4 的坐标为 x_D = 9 262.42 m、y_D = 15 362.75 m，原内业计算的 JD_3 ~ JD_4 的坐标方位角为 82°57′40″，此闭合导线（包括中线）共有置镜点 32 个，总长为 9 200 m，问中线测设精度是否符合要求？说明联测以后的放线资料如何计算？

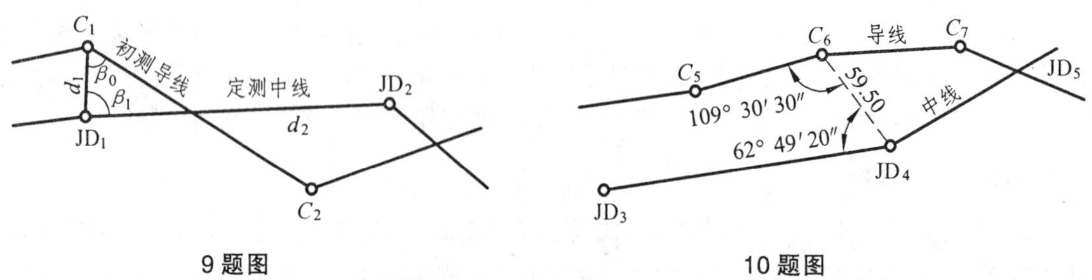

9 题图　　10 题图

11. 在定测线路上进行中桩水准测量，观测结果如图。已知 BM_5 的高程为 501.276 m，BM_6 的高程为 503.795 m，试列表计算各点的高程，并检验其闭合差。

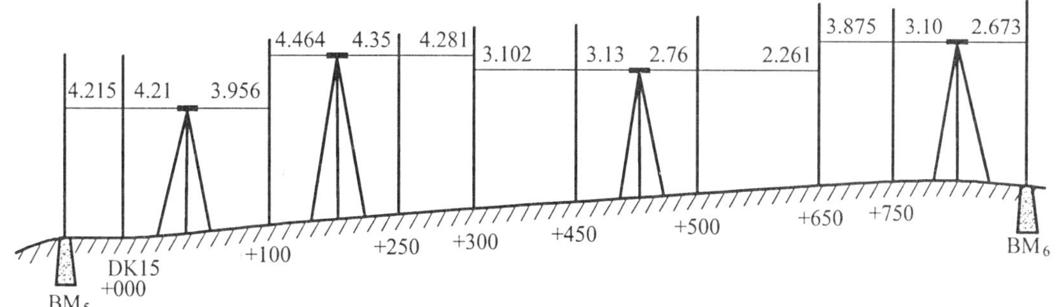

11 题图

12. 如图所示，要在圆曲线 DK13＋140 处测设横断面，已知 $R=600$ m，置仪器于 DK13＋140 处后视 DK13＋100 时，其水平度盘读数为 45°10′00″，问横断面方向的度盘读数应为多少？

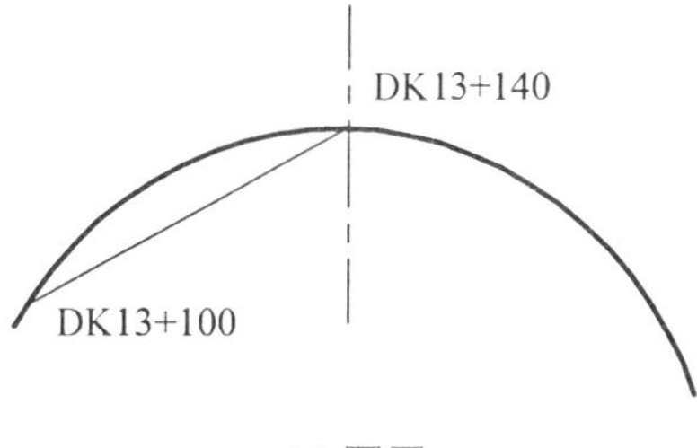

12 题图

13. 单开道岔如何定位？

14. 试述用试探法测设路基边桩的方法和步骤。

15. 无砟轨道测量工程中，何谓“三网”和“三网合一”？

16. 何谓 CPⅠ、CPⅡ、CPⅢ网？

17. 无砟轨道的安装测量包括哪几项？

第十二章　建筑施工测量

第一节　施工测量概述

一、施工测量概念

在进行建筑、道路和管道等工程建设时，都需要经过勘测、设计、施工这三个阶段。前面所讲的大比例尺地形图的测绘和应用,都是为上述各种工程进行规划设计提供必要的资料。在设计工作完成后，就要在实地进行施工。在施工阶段所进行的测量工作，称为施工测量。这项工作又称“放样”。

二、施工测量的目的和内容

施工测量的目的与一般测图工作相反，它是按照设计和施工的要求将设计的建筑物、构筑物的平面位置在地面上标定出来，作为施工的依据并进行一系列的测量工作，以衔接和指导各工序之间的施工。

施工测量贯穿于整个施工过程中。从场地平整、建筑物定位、基础施工，到建筑物构件安装等工序，都需要进行施工测量，才能使建筑物、构筑物各个部分的尺寸、位置符合设计要求。其主要内容有:

(1) 建立施工控制网。

(2) 建筑物、构筑物的详细放样。

(3) 检查、验收。每道施工工序完工之后，都要通过测量检查工程各部位的实际位置及高程是否与设计要求相符合。

(4) 变形观测。随着施工的进展，测定建筑物在平面和高程方面产生的位移和沉降，收集整理各种变形资料，作为鉴定工程质量和验收工程设计、施工是否合理的依据。

三、施工测量的特点和原则

施工测量的精度主要取决于建筑（构筑）物的结构、材料、性质、用途、大小和施工方法等。一般情况下，高层建筑物的测设精度要求高于低层建筑物；钢结构建筑物的测设精度要高于钢筋混凝土结构建筑物；装配式建筑物的测设精度要求应高于非装配式建筑物；工业建筑物测设精度要求应高于民用建筑物等。施工测量工作与工程质量及施工进度有着密切的联系。测量人员必须了解设计的内容、性质及其对测量工作的精度的要求，熟悉图纸上的平面和高程数据，了解施工的全过程，并掌握施工现场的变化情况，使施工测量工作能够与施工密切配合。同时，土木工程施工技术、管理人员也要了解施工测量的工作内容、方法及需要，为施工测量工作的开展创造必要的条件（包括时间、场地、物资等），进行必要的指导、协调、检查工作，使测量工作更好的配合施工。施工场地多为地面与高空各工种交叉作业，并有大量的土方填挖，地面情况变动很大，再加上动力机械及车辆来往频繁，因此各种测量标志必须埋设在稳固且置于不易破坏的位置，应做妥善保护并经常检查，如有破坏应及时恢复。

施工测量必须遵循“从整体到局部，先控制后碎部”的原则，即首先在建筑物场地上建立统一的施工控制网，然后根据控制网测设建（构）筑物的平面位置和高程，测量工作的检核工作非常重要，必须采用各种不同的方法加强外业和内业的检核工作。

第二节　建筑场地的施工控制测量

施工测量必须遵循“先控制后碎部”的原则，因此施工以前，在建筑场地上要建立统一的施工控制网。在勘测阶段所建立的测图控制网，可以作为施工测量放样时使用，但是在勘测阶段时建筑物的设计位置尚未确定，测图控制网无法考虑满足施工测量要求，而且在施工现场，由于大量的土方填挖，地面变化很大，原来布置的测图控制点往往会被破坏掉，因此在施工以前，应在建筑场地重新建立施工控制网，以供建筑物的施工放样和变形观测等使用。相对于测图控制网来说，施工控制网具有控制范围小、控制点密度大、精度要求高、使用频繁等特点。

施工控制网一般布置成矩形的格网，称为建筑方格网。当建筑物面积不大、结构又不复杂时，只需布置一条或几条基线作平面控制，称为建筑基线。当建立方格网困难时，常用导线或导线网作为施工测量的平面控制网。

一、平面控制测量

（一）建筑基线

对于小面积的建筑场地，平面布置相对简单，地势较为平坦而狭长的建筑场地，常在场地内布设若干条基准线，作为施工测量的平面控制，称为建筑基线。

1. 建筑基线的布设

建筑基线的布设是根据建筑设计总平面图的施工坐标系及建筑物的分布情况、场地地形等因素确定的，常用的形式有“一”字形、“L”形、“T”形和“十”字形等，也可以灵活多样，选择适合于各种地形条件的基线形式，如图 12.1 所示。

布设建筑基线的要求是：

（1）建筑基线应平行或垂直于主要建筑物的轴线。

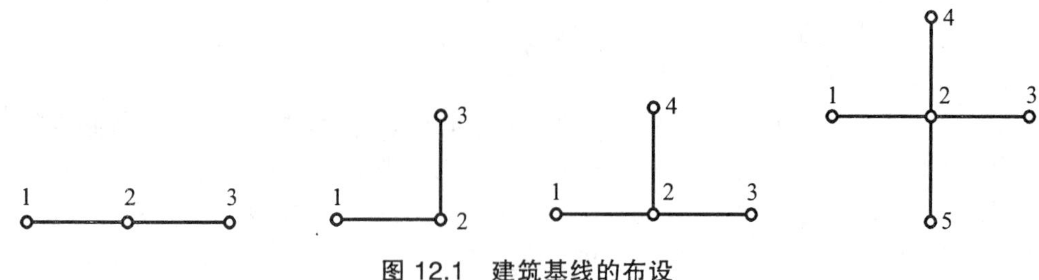

图 12.1 建筑基线的布设

（2）建筑基线点应不小于 3 个，以便检测建筑基线点有无变动。

（3）建筑基线点间应相互通视，且不宜被破坏，为了能长期保存，要埋设永久性的混凝土桩。

（4）建筑基线的测设精度应满足施工放样要求。

2. 建筑基线的测设

（1）根据建筑红线测设建筑基线。在城市建筑区，建筑用地的边界由城市规划部门根据城市规划与发展在现场直接标定，可用作建筑基线的放样依据。图 12.2 中的 1、2、3 点就是地面上标定出来的边界点，其连线 12、23 通常是正交的直线，称为“建筑红线”。一般情况下，建筑基线与建筑红线平行或垂直，所以可根据建筑红线用平行推移法测设建筑基线 OA、OB。当把 A、O、B 三点在地面上用木桩标定后，将经纬仪安置 O 点处，精确观测 $\angle AOB$ 是否等于 90°，其不符值不应超过允许误差。量 OA、OB 距离是否等于设计长度，其不符值不应大于允许误差。若误差超限，应检查求解平行线时的测设数据；若误差在允许范围之内，则适当调整 A、B 点的位置。

（2）根据测量控制点测设建筑基线。若建筑场地没有建筑红线作依据时，根据附近已有测量控制点的分布情况，可采用极坐标法测设，如图 12.3 所示。

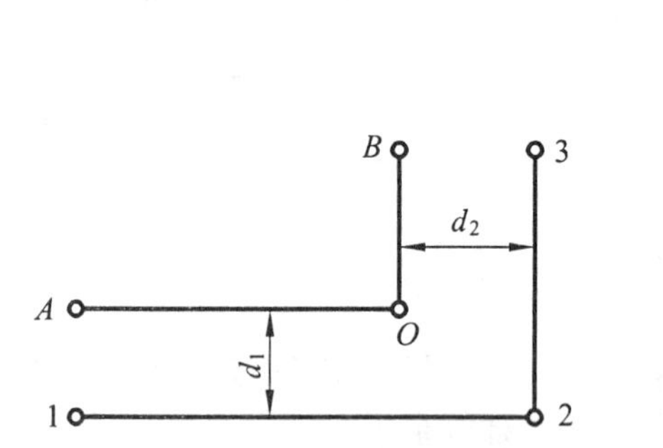

图 12.2 建筑红线测设建筑基线

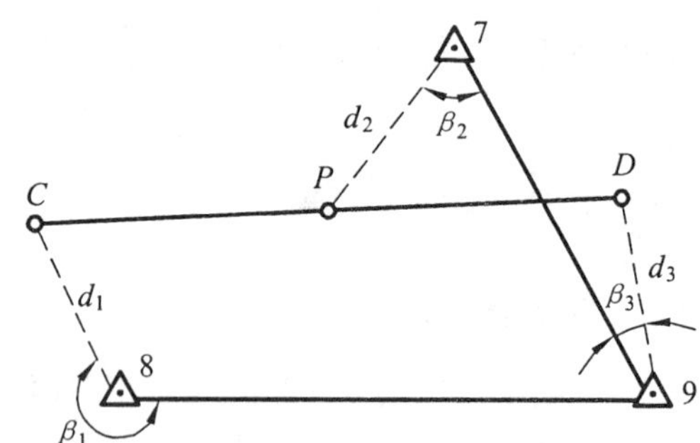

图 12.3 测量控制点测设建筑基线

测设步骤如下:

① 计算测设数据。根据建筑基线主点 C、P、D 及测量控制点 7、8、9 的坐标，反算测设数据 d_1、d_2、d_3 及 β_1、β_2、β_3。

② 测设主点。分别在控制点 7、8、9 上安置经纬仪，按极坐标测设出三个主点的定位点 C'、P'、D'，并用大木桩标定，如图 12.4 所示。

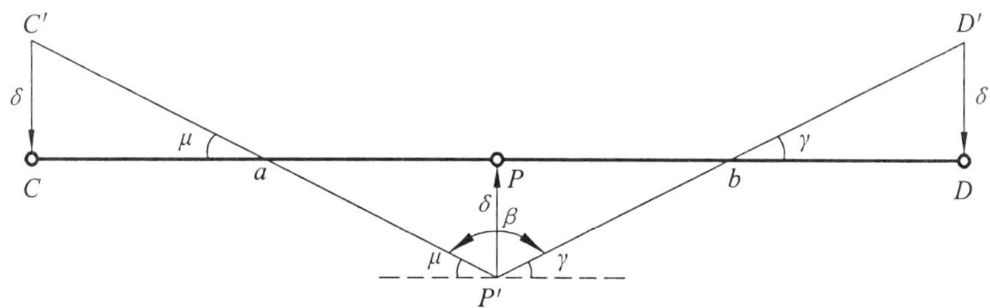

图 12.4　建筑调整原理图

③ 检查 3 个定位点的直线性。安置经纬仪于 P' 点，检测 $\angle C'P'D'$，如果观测角值 $\angle CPD$ 与 180° 之差大于允许误差则应对点位进行调整。

④ 调整 3 个定位点的位置。先根据 3 个主点之间的距离 a、b 按下式计算出改正数 δ，即：

$$\delta = \frac{ab}{a+b}\left(90° - \frac{\beta}{2}\right)'' \frac{1}{\rho''} \tag{12.1}$$

当 $a=b$ 时，则：

$$\delta = \frac{a}{2}\left(90° - \frac{\beta}{2}\right)'' \frac{1}{\rho''} \tag{12.2}$$

式中，$\rho''=206\ 265''$；δ 为各点的调整值（m）；a、b 为分别为 CP、PD 的长度（m）。

然后将定位点 C'、P'、D' 3 点按 δ 值移动 3 个定位点之后，再重复检查和调整 C、P、D，调整后误差应在允许范围之内。

⑤ 调整 3 个定位点之间的距离。先检查 C、P 及 P、D 间的距离，若检查结果与设计长度之差的相对误差大于相应的允许误差，则以 P 点为准，按设计长度调整 C、D 两点，最后确定 C、P、D 三点位置。

（二）建筑方格网

由正方形或矩形格网组成的施工控制网称为建筑方格网，适用于地形较平坦的大、中型建筑场地。利用建筑方格网进行建筑物定位放线时，可按直角坐标法进行，不仅放样方便，且具有较高的测设精度。

1. 建筑方格网的布设

布设建筑方格网时，应根据建筑物、道路、管线的分布，结合场地的地形等因素，先选定方格网的纵、横主轴线，再全面布设方格网。主轴线选定是否合理，会影响控制网的精度和使用，布设要求与建筑基线基本相同，另需遵循以下原则：

（1）主轴线应尽量选在整个场地的中部，方向与主要建筑物的基本轴线平行。

（2）纵、横主轴线要严格正交成 90°。

（3）主轴线的长度以能控制整个建筑场地为宜。

（4）主轴线的定位点称为主点，一条主轴线不能少于三个主点，其中一个必是主轴线的交点。

（5）主点间距离不宜过小，一般为 300～500 m，以保证主轴线的定向精度，主点应选在通视良好、便于施测的位置。

2. 建筑方格网的测设

(1) 主轴线放样。

根据原有控制点坐标与主轴线点坐标计算出测设数据，测设主轴线点。建筑方格网的主轴线是建筑方格网扩展的基础。

如图 12.5 所示，先测设主轴线 MON，其方法与建筑基线测设方法相同，但$\angle MON$与 180°的差应在±10″之内。M、O、N 在各主点测设好后，测设与 MON 垂直的另一主轴线 COD。在 O 点安置经纬仪，瞄准 M 点，分别向左、向右转 90°，并根据主点间的距离在地面上定出其概略位置 C' 和 D'。精确测出$\angle MOC'$和$\angle MOD'$，分别计算出它们与 90°之差 ε_1 和 ε_2，并计算出调整值 l_1 和 l_2，公式为：

$$l = L\frac{\varepsilon}{\rho} \tag{12.3}$$

式中，L 为 OC' 或 OD' 的长度。

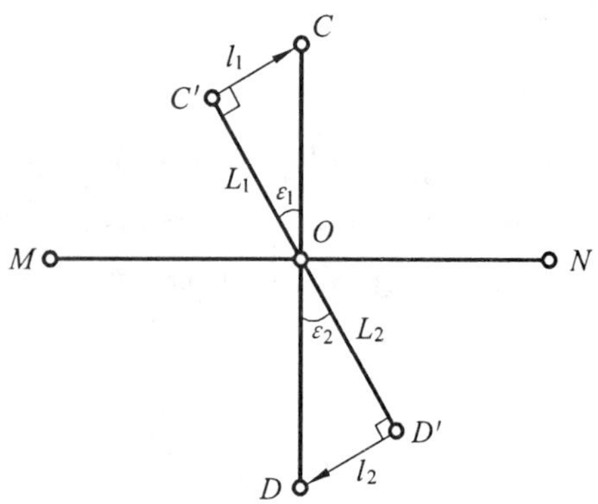

图 12.5 建筑方格网的调整

将 C' 沿垂直于 OC' 方向移动 l_1 距离得 C 点，将 D' 沿垂直于 OD' 方向移动 l_2 距离得 D 点。点位改正后，应检测两主轴线的交角是否等于 90°，其角差应小于±10″，否则应重复校正，另外还需检测主轴线点间距离，精度应小于 1/12 000。

(2) 建筑方格网的放样。

主轴线测设完成后，分别在主轴线端点安置经纬仪，均以 O 点为起始方向，分别向左、向右测设 90°，用交会法定出方格网点，形成“田”字形方格网点。为了进行校核，在方格网上安置经纬仪，测量其角是否为 90°，并测量各相邻点间的距离是否与设计边长相等，误差均应在允许范围之内。再以基本方格网点为基础，用同样的方法测设其余网点的位置。

(三) 建筑坐标系与测量坐标系的坐标变换

1. 施工坐标系

在设计和施工部门，为了便于建筑物的设计和施工放样，在设计总平面图上，常采用以建筑物的主要轴线作为坐标轴而建立起来的局部坐标系统，称为建筑坐标系或施工坐标系。如图 12.6 所示，建筑坐标系的坐标轴通常与建筑物主轴线方向一致，坐标原点设置在总平面图的西南角上，纵坐标通常用 A 表示，横坐标通常用 B 表示。

2. 测量坐标系

测量坐标系与施工场地地形图坐标系一致，目前，工程建设中地形图坐标系有两种情况，一种是采用的全国统一的高斯平面直角坐标系统；另一种是采用的测区独立平直角坐标系统。如图 12.6 所示，测量坐标系纵轴指向正北用 X 表示，横轴用 Y 表示，测量坐标也叫 XY 坐标。

3. 坐标转换

如果建筑基线或建筑方格网的建筑坐标系与施工场地的测量坐标系不一致，则在测设前，需要进行建筑坐标系统与测量坐标系统的变换。

如图 12.7 所示，设 XOY 为测量坐标系，$AO'B$ 为建筑坐标系，x_0、y_0 为建筑坐标系的原点在测量坐标系中的坐标，α 为建筑坐标系的纵轴在测量坐标系中的方位角，已知 P 点的建筑坐标为（A_P，B_P），则换算为测量坐标系时，可按下式计算：

$$\left.\begin{aligned} x_P &= x_0 + A_P\cos\alpha - B_P\sin\alpha \\ y_P &= y_0 + A_P\sin\alpha + B_P\cos\alpha \end{aligned}\right\} \tag{12.4}$$

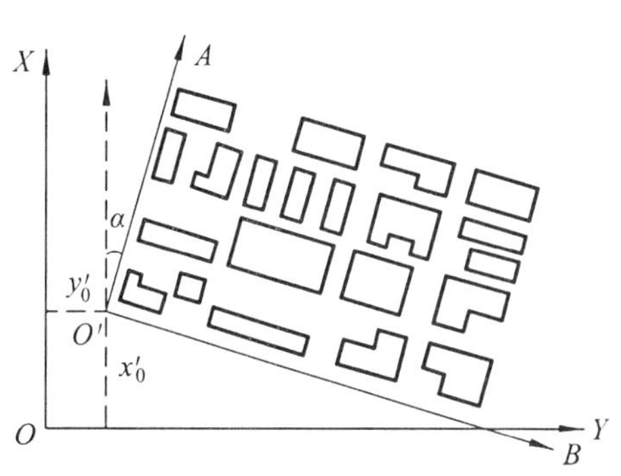

图 12.6　建筑坐标系与测量坐标系

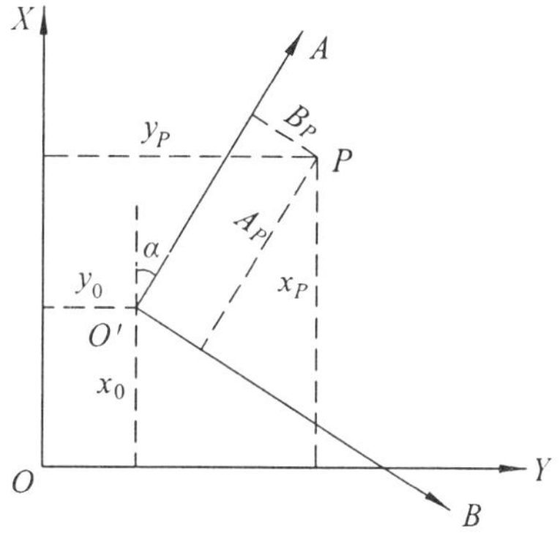

图 12.7　建筑坐标系与测量坐标系的变换

如已知 P 点的测量坐标为 (x_P, y_P)，则可将其换算为建筑坐标 (A_P, B_P)，即：

$$\left.\begin{aligned} A_P &= (x_P - x_0)\cos\alpha + (y_P - y_0)\sin\alpha \\ y_P &= -(x_P - x_0)\sin\alpha + (y_P - y_0)\cos\alpha \end{aligned}\right\} \tag{12.5}$$

二、高程控制测量

建筑场地的高程控制测量必须与国家高程控制系统相联系，建立统一的高程控制系统，在整个建筑场地内建立可靠的水准点。水准点的密度尽可能满足在施工放样时一次安置仪器即可测设所需的高程点的要求，高程控制点应埋设成永久标志，保持其位置不变。一般情况下按四等水准测量的方法确定水准点高程，可在局部范围内采用三等水准测量，设置三等水准点。加密水准网以首级水准网为基础，可根据不同的测设要求按四等水准测量的要求进行布设。进行等级水准测量时，应严格执行国家规范。

第三节　民用建筑场地的施工测量

一、概　述

（一）施工测量主要过程

住宅楼、商店、学校、医院、食堂、办公楼、水塔等建筑物都属于民用建筑。民用建筑分为低层（1～3 层）、多层（4～6 层）、中高层（7～10 层）和高层（10 层以上）。由于建筑物类型不同，其放样方法和精度也有所不同，但总的放样过程基本相同，即建筑物定位、放线、基础工程施工测量、墙体工程施工测量等。在建筑场地完成了施工控制测量工作之后，就可按照施工的各个工序开展施工放样工作，将建筑物的位置、基础、墙、柱、门、窗、楼板、顶盖等基本结构放样出来，设置标志，作为施工的依据。建筑场地放样的主要过程是：

（1）准备资料，如总平面图、建筑物的设计与说明等。

（2）熟悉资料，结合场地情况制订放样方案，并满足工程测量技术规范，如表 12.1 所示。

（3）现场放样、检测及调整等。

表 12.1　建筑物施工放样的主要技术要求

建筑物结构特征	测距相对中误差 K（mm）	测角中误差 m_β（″）	按距离控制点 100 m，采用极坐标法测设的点位中误差 m_P（mm）	在测站上测定高差中误差（mm）	根据起始点水平面在施工水平面上测定高程中误差（mm）	竖向传递轴线点中误差（mm）
金属结构、装配式钢筋混凝土结构、建筑物高度 100 ~ 200 m 或跨度 30 ~ 36 m	1/20 000	±5	±5	1	6	4
15 层房屋、建筑物高度 60 ~ 100 m 或跨度 18 ~ 30 m	1/10 000	±10	±11	2	5	3
5 ~ 15 层房屋、建筑物高度 15 ~ 60 m 或跨度 6 ~ 18 m	1/5 000	±20	±22	2.5	4	2.5
5 层房屋、建筑物高度 15 m 或跨度 6 m	1/3 000	±30	±36	3	3	2
木结构、工业管线或公路铁路专用线	1/2 000	±30	±52	5	—	—
土工竖向整平	1/1 000	±45	±102	10	—	—

（二）施工前的准备工作

1. 熟悉设计图纸

设计资料及图纸是施工放样的依据，在放样前应熟悉设计资料和图纸。根据建筑总平面图了解施工建筑物与地面控制点及相邻地物的关系，从而确定平面放样位置的方案，即定位。

从建筑平面图中（包括底层平面及楼层，见图 12.8）查取建筑物的总尺寸和内部各定位轴线之间的关系尺寸。它是放样的基础资料。

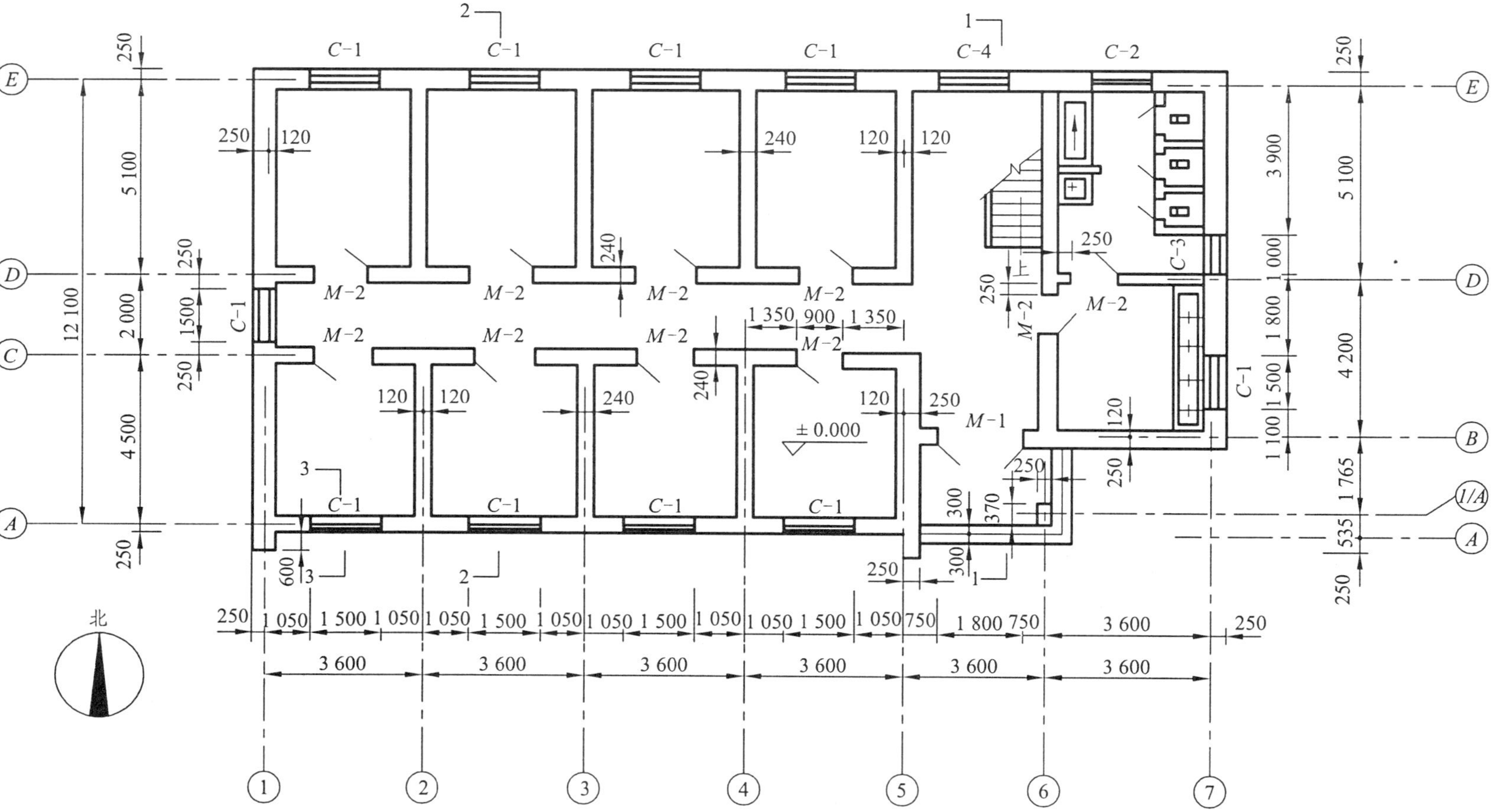

图 12.8 底层平面图

基础平面图给出了建筑物的整个平面尺寸及细部结构与各定位轴线之间的关系，从而确定放样基础轴线的必要数据，如图 12.9 所示。

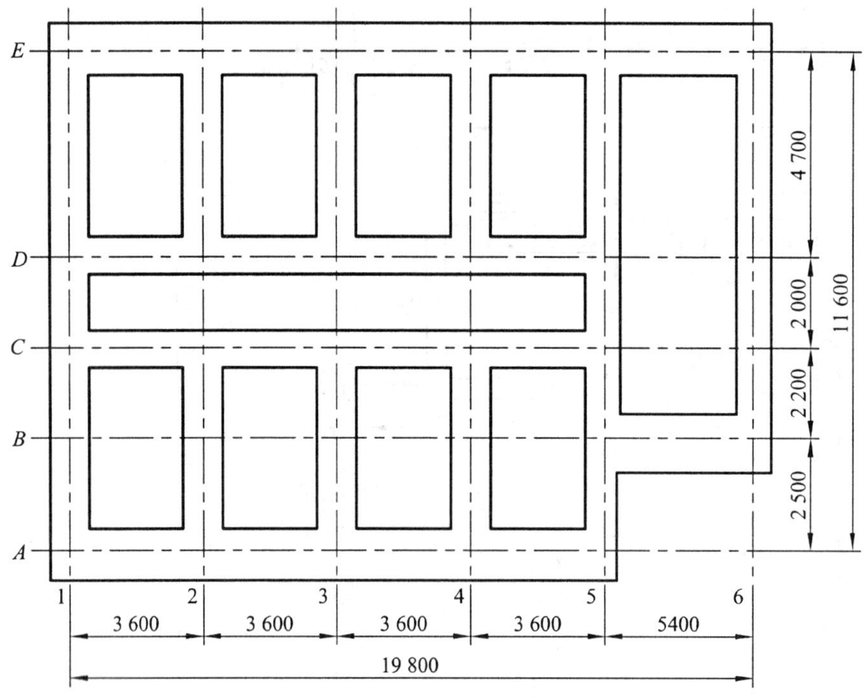

图 12.9 基础平面图

基础剖面图给出了基础剖面的尺寸（边线至中轴线的距离）及其设计高程（基础与设计地坪的高差），从而确定开挖边线和基坑底面的高程位置，如图 12.10 所示。还有其他各种立面图、剖面图等。

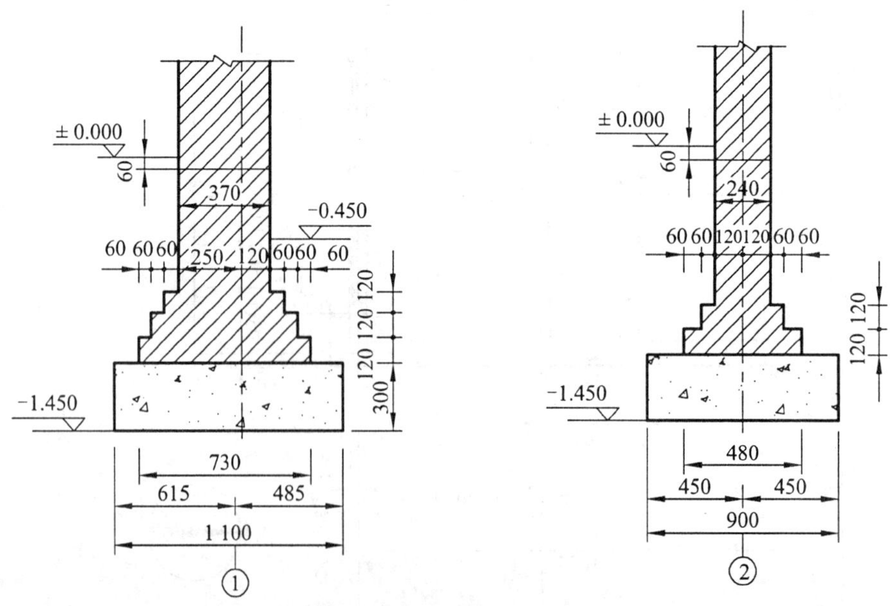

图 12.10 基础剖面图（mm）

2. 现场踏勘

目的是了解现场的地物、地貌和控制点分布情况，并调查与施工测量有关的问题。

3. 拟订放样计划和绘制放样草图

放样计划包括放样数据和所用仪器、工具的准备。一般应根据放样的精度要求，选择相应等级的仪器和工具。在放样前，对所用仪器、工具要进行严格的检验和校正。

二、多层民用建筑施工测量

（一）建筑物的定位与放线

建筑物的定位就是将建筑物外廓各轴线交点（简称角桩，如图 12.11 中 $A1$、$E1$、$E6$、$A6$ 点）放样到地面上，作为放样基础和细部的依据。

放样定位点方法很多，有极坐标法、直角坐标法等，除了上一节所介绍的根据控制点、建筑基线、建筑方格网放样外，还可以根据已有建筑物放样。如图 12.11 所示，1 号楼为已有建筑物，2 号楼为待建建筑物（8 层、6 跨）。$A1$、$E1$、$E6$、$A6$ 建筑物定位点的放样步骤如下：

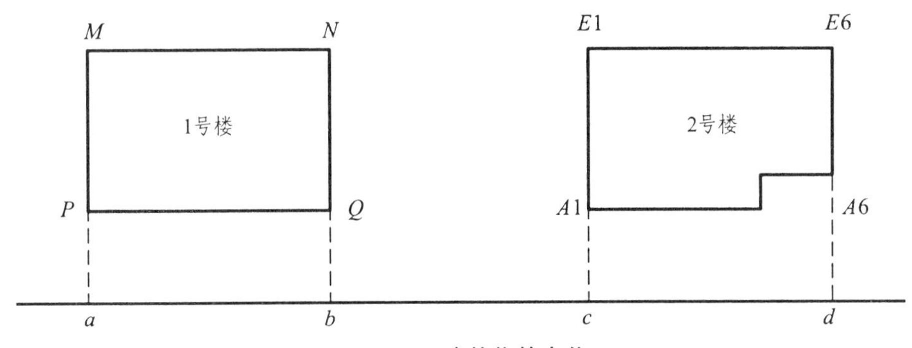

图 12.11　建筑物的定位

（1）用钢卷尺紧贴于 1 号楼外墙 MP、NQ 边各量出 2 m（距离大小根据实地地形而定，一般为 1～4 m），得 a、b 两点，打入桩，桩顶钉上铁钉标志，以下类同。

（2）把经纬仪安置于 a 点，瞄准 b 点沿 ab 方向量出 12.250 m，得 c 点，再继续量 19.800 m，得 d 点。

（3）将经纬仪安置在 c 点，瞄准 a 点，水平度盘读数配置到 0°00′00″，顺时针转动照准部，当水平度盘读数为 90°00′00″ 时，锁定此方向，并按距离放样法沿该方向用钢尺量出 2.25 m 得 $A1$ 点，再继续量出 11.600 m，得 $E1$ 点。

（4）将经纬仪安置在 d 点，同法测出 $A6$、$E6$，则 $A1$、$E1$、$E6$、$A6$ 四点为待建筑物外墙轴线交点。检测各桩点间的距离，与设计值相比较，其相对误差不超过 1/2 500，用经纬仪检测 4 个拐角是否为直角，其误差不超过 40″。建筑物放线就是根据已定位的外墙轴线交点桩放样建筑物其他轴线交点桩（简称中心桩），如图 12.12 中 $A2$、$A3$、$A4$、$A5$、$A6$ 等各点为中心桩，其放样方法与角桩点相似，即以角桩为基础，用经纬仪和钢尺放样。

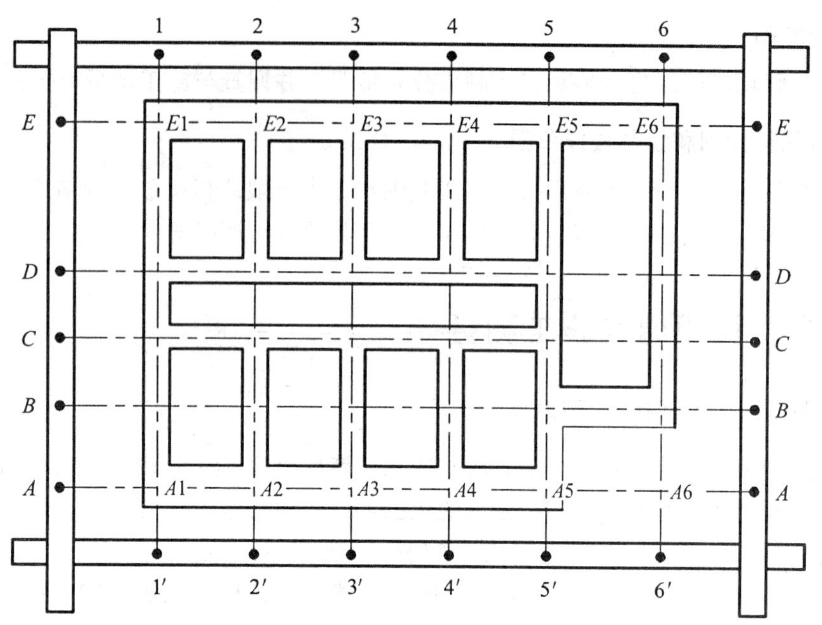

图 12.12 轴线定位

由于基坑开挖后角桩和中心桩将被挖掉，为了便于在施工中恢复各轴线位置，应把各轴线延长到基槽外安全地方，并作好标志。其方法有设置轴线控制桩和龙门板两种形式。

龙门板法适用于一般砌体结构的小型民用建筑物。在建筑物四角与隔墙两端基槽开挖边界线以外约 2 m 处打下大木桩，使各桩连线平行于墙基线轴线，用水准仪将±0.000（若现场条件受限制时也可比±0.000 高或低一个整数高程）测设在木桩上，将龙门板上边对准±0.000（高或低一个整数高程）位置钉在木桩上，安置仪器于各角桩、中心桩上，用延长线法将轴线引测到龙门板上，作出标志，如图中 *A*、*B*、…、*E*，1、2、…、6 等为建筑物各轴线延长至龙门板上的标志点。也可用拉细线的方法将角桩、中心桩延长至龙门板上。具体方法是用锤球对准桩点，然后沿两锤球线拉紧细绳，把轴线标定在龙门板上。

轴线控制桩设置在基槽或基础轴线的延长线上，建立半永久性标志（多数为混凝土包裹木桩），如图 12.13 所示，可作为开挖基槽后恢复轴线位置的依据。

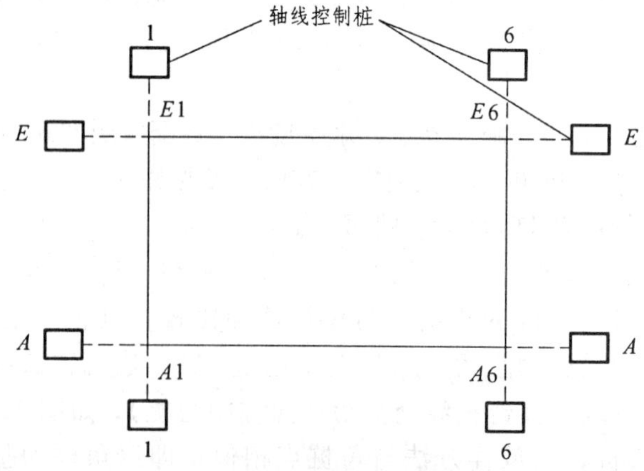

图 12.13 轴线控制框桩

为了确保轴线控制桩的精度，通常是先直接放样轴线控制桩，然后根据轴线控制网放样角桩。如果附近有已建的建筑物，也可将轴线投测到建筑物的墙上。

角桩和中心桩被引到安全地点之后，用细绳来标定开挖边界线，并沿此线撒下白灰，施工时按此线进行开挖。

（二）建筑物基础施工测量

开挖边线标定之后，就可进行基槽开挖。如果超过基底，不得以土回填，因此，必须控制好基槽的开挖深度。如图 12.14 所示，在即将挖到槽底设计高程时，用水准仪在基槽壁上设置一些水平桩，使水平桩表面离槽底设计高程为整分米数，用以控制开挖基槽的深度。各水平桩间距约 3～5 m，在转角处必须再设一个，以此作为修平槽底和打垫层的依据。水平桩放样的允许误差为±10 mm。

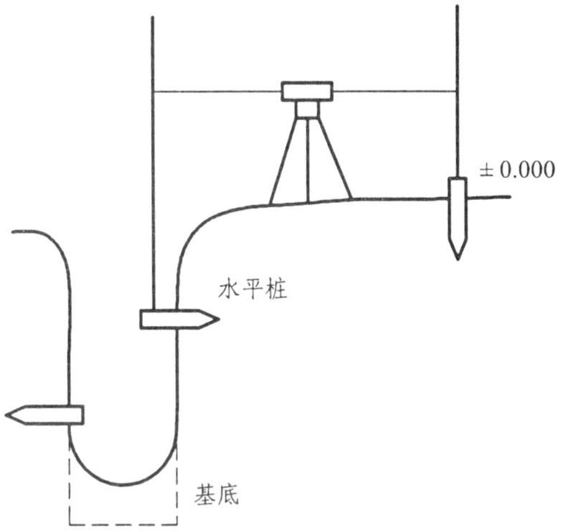

打好垫层后，先将基础轴线投影到垫层上，再按照基础设计宽度定出基础边线，并弹墨线标明。

图 12.14 基槽深度施工测量

（三）建筑物主体施工测量

主体施工中的测量工作，依建筑物的结构形式、高度、施工方法的不同而有所不同，下面介绍多层建筑施工中常见的砌体结构施工测量。

1. 砌筑中的测量工作

基础完工以后，根据龙门板上轴线钉（或轴线控制桩），将轴线投测到基础侧面上，以红三角“▲”标示，以备向上投测轴线之用。再将轴线投测在基础顶面上，并据此轴线弹出纵、横墙边线，同时定出门、窗和其他洞口的位置，并将这些线弹设到基础的侧面上。

砌筑中，墙体各部位构件的高程，用皮数杆作为控制，如图 12.15 所示。皮数杆是用长 2 m 的方木制成，按照设计尺寸，在杆上从±0 线起向上划有每层砖和灰缝厚度，以及门、窗、过梁、楼板等位置。立皮数杆时，先在立杆处打一木桩，并把±0 高程测设在桩的侧面上，再把皮数杆上的±0 线与桩上的±0 线对准，并钉牢。一层楼砌好后，若有二、三等层，则从一层皮数杆起，一层、一层往上接着立皮数杆，从而完成各层各部位的高程控制。一般墙身砌起 500 mm 以后，根据龙门板的±0 高程，在室内砖墙上测设出＋300 mm 的高程线，供室内地坪找平和室内装修之用。二层高程线是由一层高程线用尺向上量一楼层高而定出的，同法依次定出各层的高程线。另外，也可用悬吊钢尺的方法传递高程。

2. 轴线投测

吊锤球线法：可在楼板、柱顶边缘悬吊锤球，依线在楼板或柱边缘投设轴线的一个投设点，同法将轴线另一端再投设一点，两点的连线即为定位轴线。对投设的轴线控制点及轴线，需用钢尺丈量并与设计长度比较检查，满足要求后方可继续施测。

经纬仪投测法：如图 12.16 所示，安置经纬仪于定位主轴线的控制桩或引桩上。严格整平仪器，分别用盘左、盘右位置照准基础侧面上的主轴线标志“▲”；仰起望远镜，向楼板或柱边缘投设轴线，并取两次投测的中点为结果，即为所投测主轴线上的一点。同法，在建筑物另一侧投测该主轴线点，两点的连线即为楼层的定位主轴线。根据投测的两条相互垂直的主轴线，经检查合格后，即可进行各层的轴线测设及细部施工放样。

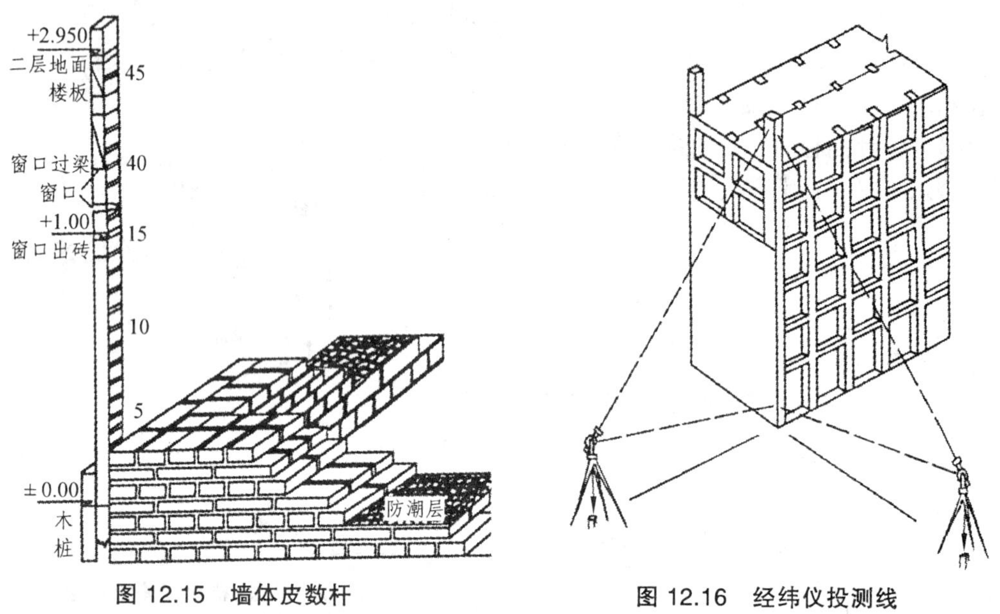

图 12.15　墙体皮数杆　　　图 12.16　经纬仪投测线

对于某些建筑物，由于主轴线上构造柱中有钢筋，为方便放样，可投测一条与该轴线平行且与该轴距离为一整数（如 1m）的平行线。

按规范要求，在多层建筑施工测量中一般应每施工 2～3 层后用经纬仪投测轴线。为保证投测质量，应对所使用的经纬仪进行严格的检验与校正，尤其是照准部水准管轴应严格垂直于仪器时，必须使照准部水准管严格居中，并使用盘左、盘右投测并取中点为结果。应选在无风时投测，并给仪器打伞遮阳。

三、高层民用建筑施工测量

（一）基础施工测量

在高层建筑中，多采用箱形基础。箱形基础挖深较大，有时深达 20 m，施工测量要注意以下几项工作：

1. 施工控制点的保存

由于施工场地狭窄，建筑设备、材料、作业区布置紧凑，基础施工过程中很多因素均会造成地表沉降、基坑壁水平位移，故对施工控制点位要采取较好的保存措施，如对施工场地内的点应砌护墩，将后视这些点位的方向投测到施工范围外的建筑物上，也可瞄准远处一些地物，记录各方向读数以备作为后视检核控制点是否发生位移，并应尽可能将坐标、轴线与高程引测至施工范围外作备用点位保存。

2. 基坑的标定

根据建筑物的大小、几何图形的繁简程度、施工场地条件等因素，可考虑如下方案：

（1）按设计要素计算出各基坑轮廓点的施工坐标，根据施工场地上已有的导线点、建筑方格（基线）点，以极坐标法测设这些基坑轮廓点以确定开挖范围。

（2）根据建筑红线、现有建筑物、建筑方格网（基线）、导线点等，测设建筑物的主轴线，再根据主轴线控制点测设基坑开挖范围。

（3）在施工场地上已进行了建筑物定位，根据施工场地上建筑物角桩或其轴线控制桩测设基坑开挖范围。

3. 基坑支护工程的监测

通常情况下，由于施工场地狭窄，不可能采用放坡开挖施工，为保证土壁的稳定，深基坑一般需要采用挡土支护措施。为此需要对基坑支护结构的变形以及基坑施工对周围建筑物影响进行现场监测，以便为基坑施工以及周围环境保护问题做出合理的技术决策。对于基坑支护工程的沉降监测这里仅介绍支护工程水平位移监测方法。

（1）视准线法。

水平位移监测方法有很多，诸如视准线法、引张线法、极坐标法以及前方交汇法等。结合到建筑施工工地的特点，对支护工程多采用视准线法。如图 12.17 所示，建立一条基线 AB，利用精密经纬仪测定小角 $\Delta\beta''$，从而可计算 P 点的水平位移 δ_P 值，即：

$$\delta_P = \frac{\Delta\beta''}{\rho''} D \tag{12.6}$$

式中，D 是测站点 A 到观测点 P 之间的水平距离。

在视准线法中，水平距离 D 只需丈量一次，在以后的各期观测中，可以认为 D 值不变。因此，这种方法方便易行，但在狭窄的施工现场布设 4 条基线通常比较困难。

（2）全站仪监测法。

观测原理如图 12.18 所示，对任何形状的施工现场，均需建立一条基准线 MN，将测站点 M、后视点 N 的施工坐标 A_M、β_M 和 A_N、B_N 输入全站仪，利用全站仪的坐标测量功能观测某位移观测点 i，即可得到 i 点的施工坐标 A_i、B_i。对于普通的测距仪，则可观测 i 点的水平角 β_i 和水平距离 D_{Mi}，则：

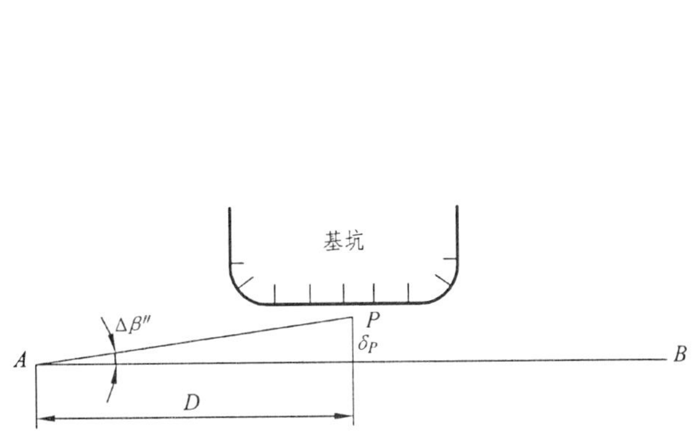

图 12.17　视准线法测定水平位移

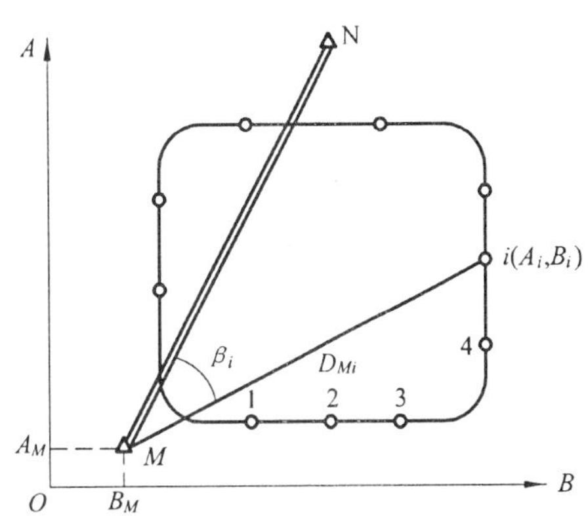

图 12.18　全站仪测定水平位移

$$
\left.\begin{aligned}
A_i &= A_M + D_{Mi}\cos(\alpha_{MN}+\beta_i)\\
B_i &= B_M + D_{Mi}\sin(\alpha_{MN}+\beta_i)
\end{aligned}\right\} \tag{12.7}
$$

由于基坑壁方向即为建筑物轴线方向，亦即施工坐标轴方向，故两次 i 点坐标结果之差 δA_i 或 δB_i 即是该期间内 i 点的水平位移，其中 δA_i 为南北轴线方向的位移值，δB_i 为东西轴线方向的位移值。

在观测中应该注意以下事项：

① 基准点 M 应选在与所有观测点通视的地方，最好做成强制对中式的观测墩，这样可消除对中误差，同时提高了工作效率，而且在繁杂的工地上也易于得到保护。

② 基准方向至少选两个，如 N 和 P，每次观测时可以检查基准线 MN 与 MP 间夹角 β，以便间接检查 M 点的稳定性；另外，N 点和 P 点应选取尽可能远离基坑且与 M 点距离不同的建筑物上的明显标志点，避免 M 点与 N、P 点构成危险圆。

③ 观测点应设置在支护的柱或圈梁上，应稳固且尽可能明显，以提高成果质量。

④ 监测成果应及时反馈给监理公司、业主、承包商等各方，及时解决施工中出现的问题。

4. 基坑的高程测设

高程控制测量，也可采用悬吊钢尺的方法将高程传递到基坑中，也可利用土方施工中的工作面，以水准测量方法传递高程。在坑底设置多个临时水准点，并应通过检核使其精确度符合要求，供基坑中垫层、模板支护、基础浇筑等项施工的高程测设之用。

5. 基础轴线的测设

在基础垫层上，根据基坑周围的导线点、建筑方格（基线）点或建筑物主轴线控制桩，在基坑底进行建筑物定位，并测设各轴线，检查各项均应符合精度要求。

某些建筑物采用箱基和桩基联合的基础形式。在测设基础各轴线后，根据桩位平面图，测设桩位。

（二）主体结构施工测量

1. 轴线点投测

（1）外控法。

当施工场地比较宽阔时，多使用此法。施测时主要是将经纬仪安置在高层建筑物附近进行竖向投测，故此法也称经纬仪投测法。

如图 12.19 所示，下面介绍轴线投测方法：

① 把经纬仪安置在中心轴线控制桩 A_1、A_1'、B_1'、B_1 上，严格整平。

② 用望远镜瞄准墙角上已弹出的轴线 a_1、a_1'、b_1 和 b_1' 点，用盘左、盘右两个竖盘位置向上投测在第二层楼面上，并取其中点得 a_2、a_2'、b_2 和 b_2' 点。

③ 依据 a_2、a_2'、b_2 和 b_2' 点，精确定出 a_2a_2' 和 b_2b_2' 点的交点 O_2，然后再以 a_2Oa_2' 和 b_2Ob_2' 为准在楼面上测设其他轴线。

同法依次逐层向上投测。

当楼层逐渐增高，而控制桩离建筑物较近时，投测时经纬仪望远镜的仰角太大，再以原控制桩投测操作不便，同时投测的精度也随仰角的增加而降低，为此需将原轴线控制桩延长至更远或附近已在建筑物层面上便于投测的地方，具体方法如下：

① 将经纬仪安置在已经投测上去的较高层（如第十层）楼面轴线 $a_{10}O_{10}a'_{20}$ 及 $b_{10}O_{10}b'_{10}$ 上，严格整平。

② 用望远镜瞄准地面上原有的轴线控制桩 A_1、A'_1、B'_1、B_1，用盘左、盘右两个竖盘位置将轴线延长至远处，并取其中点得 A_2、A'_2、B'_2、B_2 点，并用标志固定其位置，图 12.20 所示的 A_2、A'_2 即为 A 轴心投测的控制桩。

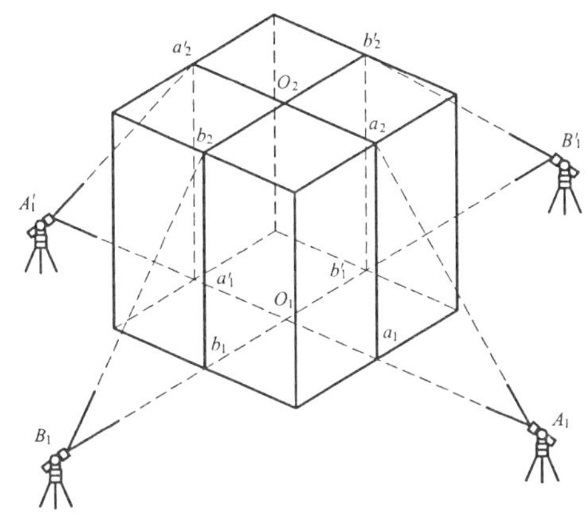

图 12.19 经纬仪轴线投测法

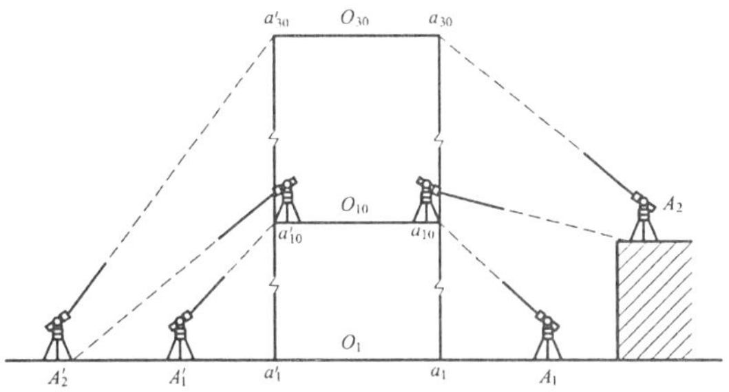

图 12.20 高层处轴线投测法

③ 将经纬仪安置在 A_2、A'_2、B'_2、B_2 点，用望远镜瞄准 a_{10}、a'_{10}、b_{10}、b'_{10} 或 a_1、a'_1、b_1、b'_1 点，用盘左、盘右投测更高层的轴线控制点。

按上述方法依次逐层投测，直至工程结束。

（2）内控法。

在建筑密集的建筑区，施工场地窄小，无法在建筑物以外的轴线上安置经纬仪时，多用此法。施测时在建筑物底层测设室内轴线控制点，用垂线法原理将其竖直投测到各层楼面上做为各层轴线投测的依据，故此法也叫垂准线投测法。

室内轴线控制点的布置视建筑物的平面形状而定，对一般平面形状不复杂的建筑物，可布设成“L”形或矩形。内控点应设在角点的柱子近旁，其连线与柱子设计轴线平行，相距为 0.5～0.8 m。内控制点应选择在能保持通视（不受构架梁等的影响）和水平通视（不受柱子等影响）的位置。当基础工程完成后，根据建筑物场地平面控制网，校测建筑物轴线控制桩后，将轴线内控点测设到底层地面上，并埋设标志，作为竖向投测轴线的依据。为了将底层的轴线点投测到各层楼面上，在点的垂直方向上的各层楼面应预留约 200 mm×200 mm 的传递孔，并在孔周用砂浆做成 20 mm 高的防水斜坡，以防投点时施工用水通过传递孔流落在仪器上。依竖向投测使用仪器的不同，又分为以下三种投测方法。

① 吊线坠法。吊线坠法是使用直径 0.5～0.8 mm 的钢丝悬吊 100～200 N 重特制的大锤球，以底层轴线控制点为准，通过预留孔直接向各施工层投测轴线。每个点的投测应进行两次，两次投点的偏差：在投点高度小于 5 m 时不大于 3 mm，高度在 5 m 以上时不大于 5 mm，即可认为投点无误，取用其平均位置，将其固定下来。然后再检查这些点间的距离和角度，如与底层相应的距离、角度相差不大时，可做适当调整。最后根据投测上来的轴线控制点加密其他轴线。施测中，如果采用的措施得当，如防止风吹和震动等，使用线坠引测铅直线是

既经济、简单，又直观、准确的方法。

② 天顶准直法。天顶准直法是使用能测设铅直向上方的仪器进行竖向投测。常用的仪器有激光垂准仪、激光经纬仪和配有 90° 弯管目镜的经纬仪等。采用激光垂准仪或激光经纬仪进行竖向投测是将仪器安置在底层轴线控制点上，进行严格整平和对中（用激光经纬仪需将望远镜指向天顶）。在施工层预留孔中央设置用透明聚酯膜片绘制的靶、起辉激光器，经过光斑聚焦，使在接收靶上接收成一个最小直径的激光光斑。接着水平旋转仪器，检查光斑有无划圆情况，以保证激光束铅直，然后移动靶心使其与光斑中心垂直，将接收靶固定，靶心即为欲铅直投测的轴线点。

③ 天底准直法。天底准直法是使用能测设铅直向下方向的垂直仪器，进行竖向投测的。测法是把垂准经纬仪安置在浇注后的施工层上，通过在每层楼面相应于轴线点处的预留孔，将底层轴线点引测到施工层上。

2. 高程传递

高层建筑物施工中，要由下层楼面向上层传递高程，以使上层楼板、门窗中、室内装修等工程的高程符合设计要求。传递高程的方法有以下几种：

（1）利用皮数杆传递高程。在皮数杆上自 ±0.00 m 高程线起，门窗中、过梁、楼板等构件的高程都已注明。一层楼砌好后，则从一层皮数杆起一层一层往上接。

（2）利用钢卷尺直接丈量。在高程精度要求较高时，可用钢卷尺沿某一墙角自 ±0.00 m 高程处起向上直接丈量，把高程传递上去。然后用由下面传递上来的高程立皮数杆做为该层土墙身砌筑和安装门窗、过梁及室内装修、地坪抹灰时控制高程的依据。

（3）悬吊钢卷尺法。在楼梯间悬吊钢卷尺，钢卷尺下端挂一重锤，使钢尺处于铅垂状态，用水准仪在下面与上面楼层分别读数，按水准测量原理把高程传递上去。

（三）数字化测设方法

数字化测设法的实质是在 CASS 中打开经校准及坐标变换后的 dwg 格式基础平面图，在图中采集需要测设点位的平面坐标并生成坐标数据文件，将坐标数据文件上传到全站仪内存文件中，应用全站仪的放样命令测设坐标数据文件中的点位。

全站仪的精度指标分测角精度和测距精度。5″ 全站仪的测距误差一般为 5 mm＋5 ppm（$1\ ppm = 1\ mm/1\ km = 10^{-6}$），2″ 站仪的测距误差一般为 3 mm＋2 ppm，加上主流全站仪的双轴补偿功能大大削弱了仪器轴系误差对角度观测的影响，因此，全站仪单盘位测设点位的精度是很高的。当在场区控制点上安置全站仪，测站至测设点位的距离控制在 120 m 以内时，使用 5″ 全站仪测设点位的误差将小于 6 mm，测距相对误差小于 1/20 000；使用 2″ 全站仪测设点位的误差将小于 4 mm，测距相对误差小于 1/35 000。

实现数字化测设的关键问题是如何获取测设点位的坐标。经过近几年的施工放样生产实践，我们提出并完善了在 dwg 格式基础平面图上设计并采集测设点位平面坐标的方法，操作步骤如下：

1. 获取施工项目的 dwg 格式设计文件

由于设计单位一般只为施工单位提供有设计、审核人员签字并盖有图章的设计蓝图，因此，应通过工程甲方向设计单位索取 dwg 格式的设计文件。

2. 校准施工项目的 dwg 格式设计文件

校准施工项目设计文件的目的是使设计图纸的实际尺寸与标注尺寸完全一致，这一步非常重要。因为项目施工是以蓝图上标注的尺寸为依据进行的，即使在 AutoCAD 中，对象的实际尺寸不等于标注尺寸，依据蓝图放样也不会影响放样的正确性，但要在 AutoCAD 中直接采集放样点的坐标，则应绝对保证标注尺寸与实际尺寸完全一致，否则将酿成重大的责任事故。

在 AutoCAD 中打开基础平面图，将其另存盘，最好不要破坏原设计文件。图纸校准的操作步骤如下：

(1) 检查轴线尺寸。可以执行文字编辑命令 ddedit，选择需要查看的轴线尺寸文字对象，若显示为“＜＞”，表明该尺寸文字为 AutoCAD 自动计算的，只要尺寸的标注点位置正确，该尺寸应没有问题。但有些设计图纸的全部尺寸文字都是文字，这时，可以新开设一个图层如“Dtest”并设为当前图层，执行相应的尺寸标注命令，对全部尺寸重新标注一次，查看新标注尺寸与原有尺寸的吻合情况。

(2) 检查构件尺寸。构件尺寸的检查应参照大样图进行。以“××中心血站主楼基础平面图—原设计图 .dwg 文件为例，该项目采用桩基础承台，图 12.21 为设计三桩与双桩承台详图尺寸与设计图尺寸的比较，显然，设计图中双桩承台尺寸未按详图尺寸绘制，必须重新绘制。

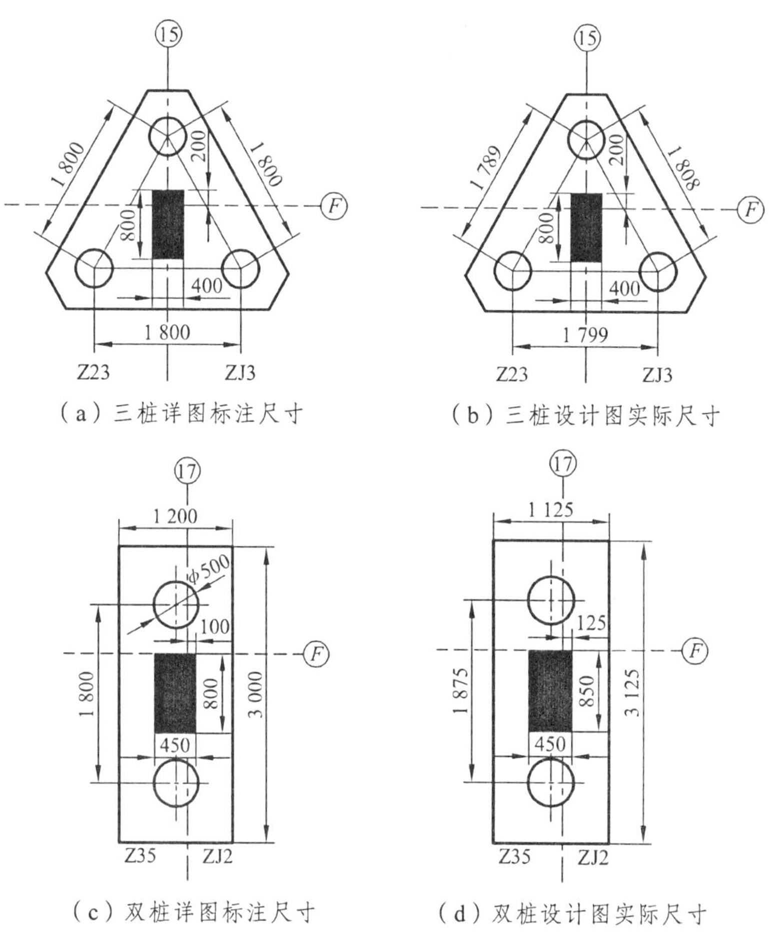

(a) 三桩详图标注尺寸　(b) 三桩设计图实际尺寸

(c) 双桩详图标注尺寸　(d) 双桩设计图实际尺寸

图 12.21　三桩与双桩承台详图尺寸与设计图尺寸

设计规范一般要求桩基础承台的形心应与柱中心重合，所以，柱尺寸的正确性也将影响承台位置的正确性，应仔细检查柱尺寸。如果修改了柱尺寸，则应注意同时修改承台形心的位置。在图 12.21（d）中，双桩承台柱子的尺寸与详图是不一致的，因此承台与柱子都应按详图尺寸重新绘制，并使桩基础承台的形心与柱中心重合。

dwg 格式设计图的校准工作，根据设计图纸的质量及操作者的 AutoCAD 熟练水平不同，需要花费的时间也不同。例如，××中心血站分主楼与副楼，结构设计由两人分别完成，其中主楼的桩基础承台尺寸与详图尺寸相差较大，而副楼的桩基础承台尺寸与详图尺寸基本一致，因此主楼的校准工作量要比副楼的大得多。

3. 将设计图纸坐标系变换到测量坐标系中

建筑设计一般以 mm 为单位，而测量坐标是以 m 为单位，因此应执行比例命令 Scale 将图纸缩小 1 000 倍，然后执行对齐命令 Align，将设计图变换到测量坐标系中，当命令最后提示“是否基于对齐点缩放对象？[是（Y）/否（N）]＜否＞:”，应选择“否（N）”选项。其中原点的位置应直接在命令行输入建筑红线点的测量坐标，格式为 y，x，其坐标可从项目的建筑总平面图上获取。

4. 桩位与轴线控制桩编号

使用文字命令 Text，复制命令 Copy，文字编辑命令 Ddedit，在各桩位处绘制与编辑桩号文字。根据施工场地的实际情况，确定轴线控制桩至墙边的距离 D，执行构造线命令 Mine 的“偏移（O）”选项，将外墙线或轴线向外偏移距离 D；执行延伸命令 Extend，将需测设轴线控制桩的轴线延伸到前已绘制的构造线上；执行点命令 Point，在轴线与构造线的交点处绘制点；执行点样式命令 Ddptype，选择适当的点样式，最后为轴线控制桩绘制编号文字。轴线控制桩编号的规则建议为，第一段字符为桩号，如 1、2、3…或 A、B、C…，后为 N、S、E、W，分别表示北、南、东、西，具体可根据轴线控制桩的方位确定，最后存盘保存。

5. 生成桩位与轴线控制桩坐标数据文件

用 CASS 中打开校准后的基础平面图，设置自动对象捕捉为圆心捕捉和节点捕捉，执行下拉菜单“工程应用\指定点生成数据文件”命令，在弹出的“输入数据文件名”对话框中键入文件名字符，如 yx051108，响应后，命令行循环提示与输入如下：

指定点：（捕捉：1 号桩位圆心点）

地物代码：Enter

高程＜0.000>：Enter

测量坐标系：X=61.883 m　　Y=60.163 m　　Z=0. 000 m　　　Code：

请输入点号：<1> Enter

指定点：捕捉 2 号桩位圆心点

先按编号顺序采集完全部桩位圆心点的坐标，此时，点号可以使用命令自动生成的编号，再捕捉轴线控制桩。由于命令要求输入的点号应为数字，不能为其他字符，所以轴线控制桩编号不能在“请输入点号：<1>”提示下输入，只能在“地物代码:”提示下输入。最后在“指定点:”提示下，按 Enter 键，空响应结束命令操作。

当因故中断命令执行时，可以再执行该命令，选择相同的数据文件，向该数据文件末尾追加采集点的坐标数据。

6. 坐标数据文件的检核

执行下拉菜单“绘图处理\展野外测点点号”命令，在弹出的“输入坐标数据文件名”对话框中选择前已创建的数据文件，CASS 将展绘的点位对象自动放置在“ZDH”图层，操作员应放大视图，仔细察看展绘点位与设计点位的吻合情况，发现错误应及时更正。

7. 坐标数据文件的编辑

使用 CASS 采集的放样坐标数据文件格式是，每点的数据占一行，每行数据的格式为“点号，编码，y，x，H”。管桩桩位点的坐标数据不需要编辑，应将轴线控制桩的编码位前移为点号位，也即将轴线控制桩行的数据由“点号，编码，y，x，H”，格式变成“编码，y，x，H”格式。如某轴线控制桩的数据格式为：356，AS，123.123，456.456，0.000，应将其编辑为 AS，123.123，456.456，0.000。

可以使用光盘程序，“\建筑物数字化放样\PG7-3. exe”自动编辑坐标数据文件，它有 5 个功能。

程序 PG7-3 要求坐标数据文件名的前两个字符应为 xy, yx, cs 或 sv，文件名的总字符数应小于等于 8，输入文件名时可以带路径，程序执行界面与案例如图 12.22 所示。

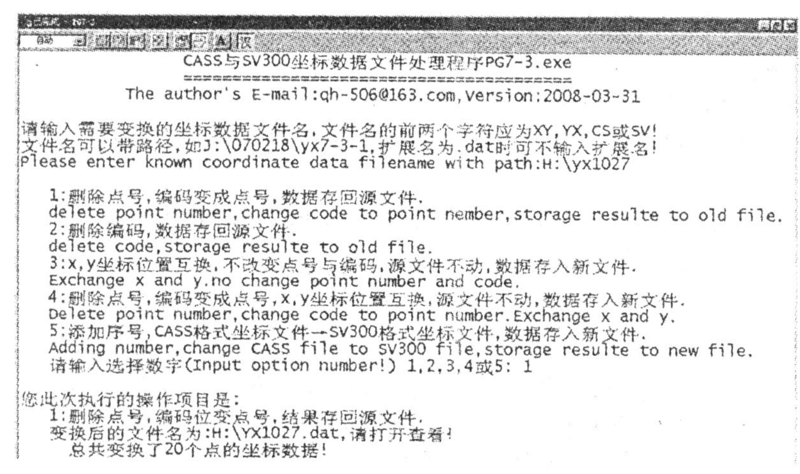

图 12.22　坐标变换程序 PG7-3.exe 的动能与执行界面

对于南方测绘 NTS-310 系列全站仪，上传的坐标数据文件格式为：点号，编码，y, x,H，执行程序 PG7-3.exe 时应输入数字 1 选择第 1 选项。

采集坐标与编辑数据文件的操作方法请播放光盘“\教学演示片\采集与编辑坐标数据文件演示.avi”文件观看。

8. 坐标数据文件上传到 NTS-312P 全站仪

启动通讯软件 NTS-310. exe，用其打开坐标数据文件，设置好通讯软件的通讯参数与仪器一致，执行下拉菜单“通讯（COM）/计算机 →NTS310 全站仪（坐标）”命令，在弹出的提示框中单击 确定 按钮开始发送数据，操作界面如图 12.23 所示。

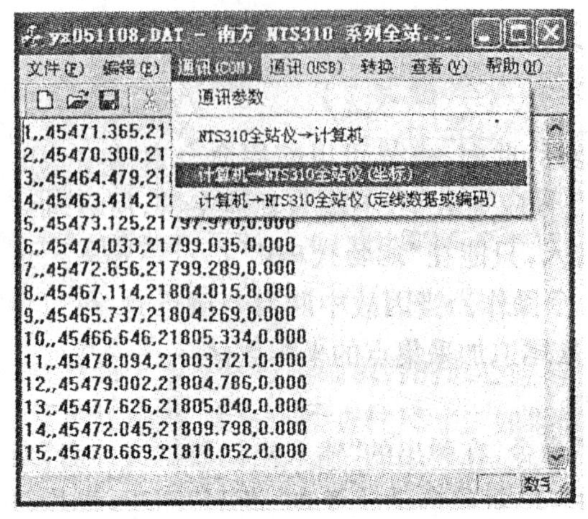

图 12.23　用 NTS-310.exe 通讯软件上传坐标数据文件到 NTS-312P 全站仪工作内存坐标文件中

第四节　工业建筑施工测量

一、概　述

工业建筑中以厂房为主体，分单层和多层。我国较多采用预制钢筋混凝土柱装配式单层厂房。施工中的测量工作包括厂房矩形控制网测设、厂房柱列轴线放样、杯形基础施工测量、厂房构件与设备的安装测量等。进行放样前，除做好与民用建筑相同的准备外，还需做好下列准备工作。

1. 制订厂房矩形控制网放样方案及计算放样数据

对于一般中、小型工业厂房，在其基础的开挖线以外约 4 m 左右，测设一个与厂房轴线平行的矩形控制网即可满足放样的需要。对于大型厂房或设备基础复杂的工业厂房，为了使厂房部分精度一致，需先测设主轴线，然后根据主轴线测设矩形控制网。对于小型厂房，也可采用民用建筑定位的方法进行控制。

根据厂区总平面图、厂房施工平面图、厂区控制网和现场地形情况等资料制订厂房矩形控制网的放样方案。厂房矩形控制网的放样方案内容主要包括确立主轴线、矩形控制网、距离指示桩的点位、形式及其测设方法和精度要求等。在确立主轴线点及矩形控制网位置时，必须保证控制点能长期保存，因此要避开地上和地下管线，并与建筑物基础开挖边线保持 1.5～4 m 的距离。距离指示桩的间距一般等于柱子间距的整数倍，但不超过所用钢卷尺的长度。如图 12.24 所示，矩形控制网 R、S、P、Q 4 个点可根据厂区建筑方格网用直角坐标法进行放样，故其 4 个角点的坐标是按四个房角点的设计坐标加减 4 m 算得的。

2. 绘制放样略图

图 12.24 所示是根据设计总平面图和施工平面图，按一定比例绘制的放样略图。图中标有

厂房矩形控制网两个对角点 S、Q 的坐标及 R、Q 点相对于方格网点下的平面尺寸数据。

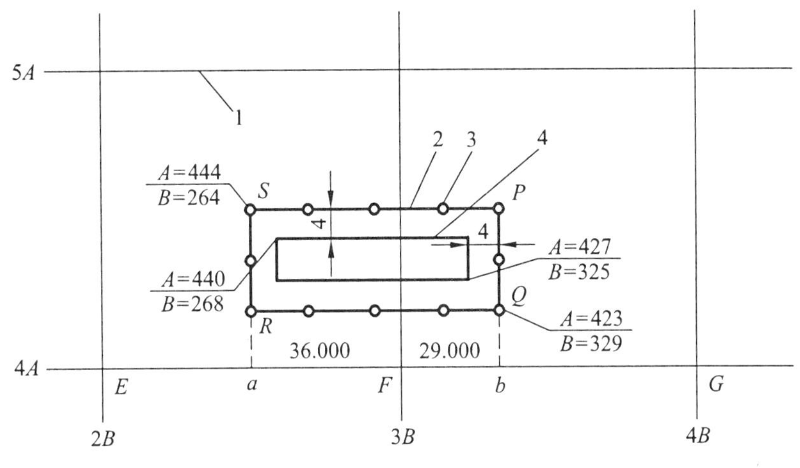

图 12.24 放样略图

二、厂房控制网的建立

厂房与一般民用建筑相比，它的柱子多、轴线多，且施工精度要求高，因而对于每幢厂房还应在建筑方格网的基础上，再建立满足厂房特殊精度要求的厂房矩形控制网，作为厂房施工的基本控制。如图 12.25 描述了建筑方格网、厂房矩形控制网和厂房的相互位置关系。

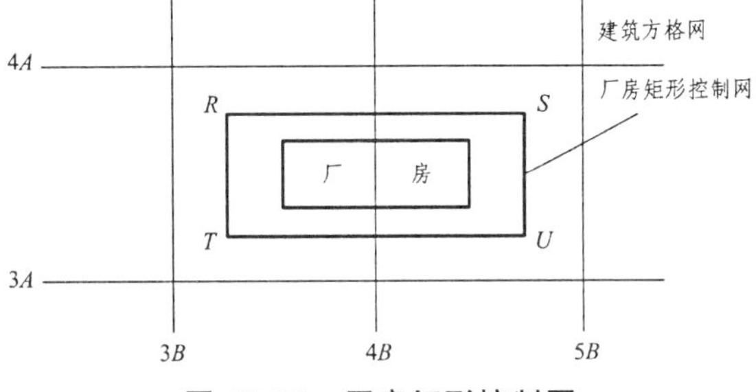

图 12.25 厂房矩形控制网

厂房矩形控制网是依据已有建筑方格网按直角坐标法来建立的，其边长误差应小于 1/10 000，各角度误差小于±10″。

三、厂房柱基测设

厂房矩形控制网建立之后，根据控制桩和距离指示桩，用钢卷尺沿控制网边线逐段丈量出各柱列轴线端点的位置，并设置轴线控制桩，作为柱基放样的依据，如图 12.26 所示。

1. 柱基测设

安置两台经纬仪在两条互相垂直的柱列轴线的轴线控制桩上，瞄准各自轴线另一端的控制桩，交会的轴线交点作为该基础的定位点，并在基坑边线外约 1～2 m 处的轴线方向打入四个小木桩作为基坑定位桩。然后按柱基图上尺寸用白灰线标出挖坑范围。

2. 柱基施工测量

基坑挖到接近坑底设计高程时，在坑壁的四个角上测设相同高程的水平桩与坑底设计高程一般约 0.5 m，用做修正坑底和垫层施工的高程依据。

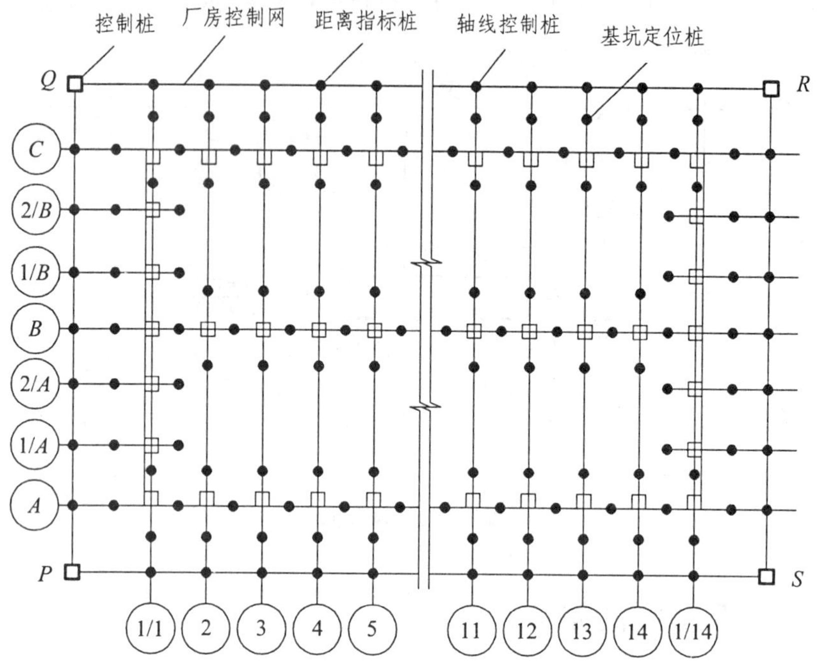

图 12.26　厂房柱基的测设

基础的混凝土垫层完成并达到一定强度后，由基坑定位小木桩顶面的轴线钉拉细线绳，用锤球将轴线投测到垫层上，并以轴线为基准定出基础边线，弹出墨线，作为立模板的依据。

四、构件安装测量

装配式单层工业厂房由柱、吊车梁、屋架、天窗架和屋面板等主要构件组成。在吊装每个构件时，有绑扎、起吊、就位、临时固定、校正和最后固定等几道操作工序。下面着重介绍柱子、吊车梁及吊车轨道等构件在安装时的校正工作。

（一）柱子安装测量

1. 柱子安装的精度要求

（1）柱脚中心线应对准柱列轴线，允许偏差为±5 mm。

（2）牛腿面的高程与设计高程一致，其误差不应超过：

柱高在 5 m 以下为±5 mm；柱高在 5 m 以上为±8 mm。

（3）柱的全高竖向允许偏差值为 1/1 000 柱高，但不应超过 20 m。

2. 吊装前的准备工作

柱子吊装前，应根据轴线控制桩，把定位轴线投测到杯形基础的顶面上，并用红油漆画上“▲”标明，如图 12.27 所示。同时还要在杯口内壁，测出一条高程线，从高程线起向下量取一整分米数即到杯底的设计高程。

在柱子的 3 个侧面弹出柱中心线，每一面又需分为上、中、下 3 点，并画小三角形“▲”标志，以便安装校正，如图 12.28 所示。

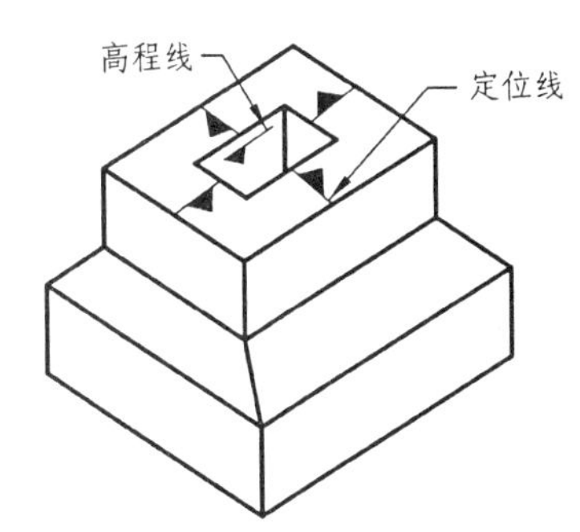

图 12.27　定位轴线投测

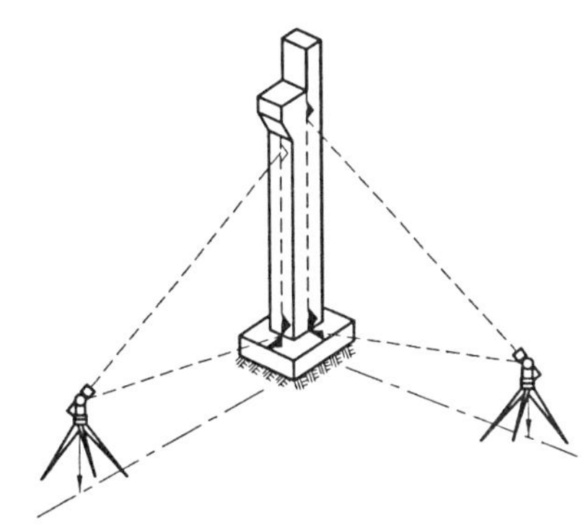

图 12.28　柱子竖向校正

3. 柱长的检查与杯底找平

通常柱底到牛腿面的设计长度 l 加上杯底高程 H_1 应等于牛腿面的高程 H_2，如图 12.29 所示。但柱子在预制时，由于模板制作和模板变形等原因，不可能使柱子的实际尺寸与设计尺寸一样。为了解决这个问题，往往在浇筑基础时把杯形基础底面高程降低 2～5 cm，然后用钢尺从牛腿顶面沿柱边量到柱底，根据这根柱子的实际长度，用 1∶2 水泥砂浆在杯底进行找平，使牛腿面符合设计高程。

4. 安装柱子时的竖直校正

柱子插入杯口后，首先应使柱身基本竖直，再令其侧面所弹的中心线与基础轴线重合。用木楔或钢楔初步固定，然后进行竖直校正。校正时用两架经纬仪分别安置在柱基纵横轴线附近，如图 12.30 所示，离柱子的距离约为柱高的 1.5 倍。先瞄准柱子中心线的底部，然后固定照准部，再仰视柱子中心线顶部。如重合，则柱子在这个方向上就是竖直的；如不重合，应进行调整，直到柱子两个侧面的中心线都竖直为止。

由于纵轴方向上柱距很小，通常把仪器安置在纵轴的一侧，在此方向上，安置一次仪器可校正数根柱子，如图 12.30 所示。

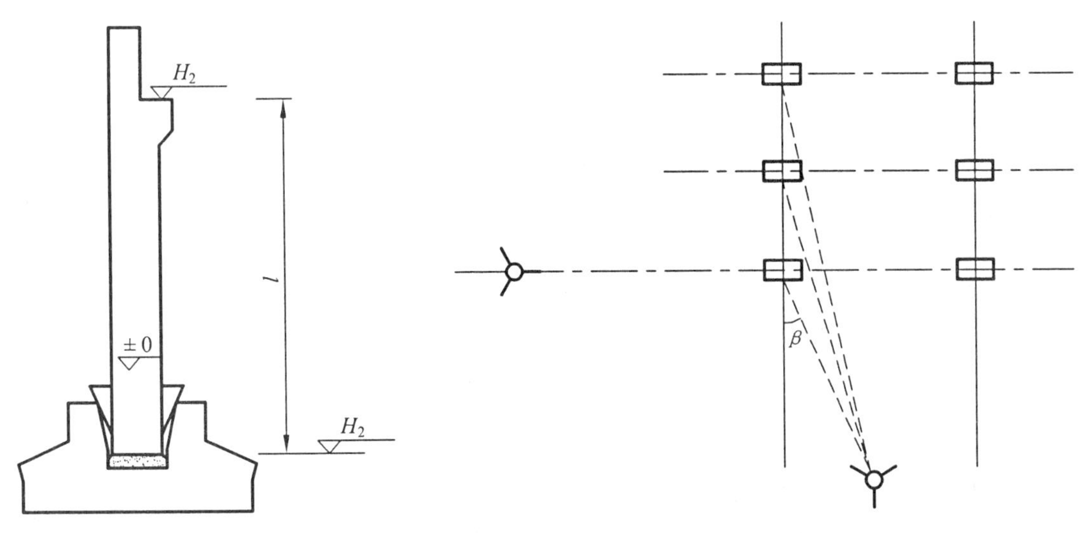

图 12.29　杯底找平

图 12.30　柱子竖向校正

5. 柱子校正的注意事项

（1）校正用的经纬仪事前应经过严格检校，因为校正柱子竖直时，往往只用盘左或盘右观测，仪器误差影响很大，操作时还应注意使照准部水准管气泡严格居中。

（2）柱子在两个方向的垂直度都校正好后，应再复查平面位置，看柱子下部的中线是否仍对准基础的轴线。

（3）当校正变截面的柱子时，经纬仪必需放在轴线上校正，否则容易产生差错。

（4）在阳光照射下校正柱子垂直度时，要考虑温度影响，因为柱子受太阳照射后，柱子向阴面弯曲，使柱顶有一个水平位移。为此应在早晨或阴天时校正。

（5）当安置一次仪器校正几根柱子时，仪器偏离轴线的角度 β 最好不超过 15°，如图 12.30 所示。

（二）吊车梁安装测量

安装前先弹出吊车梁顶面中心线和吊车梁两端中心线，再将吊车轨道中心线投到牛腿面上。其步骤是：如图 12.31 所示，利用厂房中心线 A_1A_1，根据设计轨距在地面上测设出吊车轨道中心线 $A'A'$ 和 $B'B'$；然后分别安置经纬仪于吊车轨道中线的一个端点 A' 上，瞄准另一端点 A'，仰起望远镜，即可将吊车轨道中线投测到每根柱子的牛腿面上并弹以墨线；然后，根据牛腿面上的中心线和梁端中心线，将吊车梁安装在牛腿上。吊车梁安装完后，应检查吊车梁的高程，可将水准仪安置在地面上，在柱子侧面测设 +50 cm 高程线，再用钢尺从该线沿柱子侧面向上量出至梁面的高度，检查梁面高程是否正确，然后在梁下用铁板调整梁面高程，使之符合设计要求。

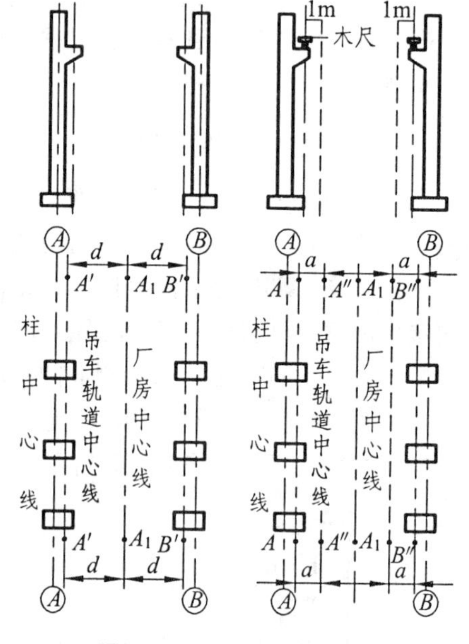

图 12.31　吊车轨道安装

（三）吊车轨道安装测量

安装吊车轨道前，需先对梁上的中心线进行检测，此项检测多用平行线法（见图 12.31）。首先在地面上从吊车轨中心线向厂房中心线方向量出长度 a（1 m），得平行线 $A''A''$ 和 $B''B''$。然后安置经纬仪于平行线一端 A'' 上，瞄准另一端点，固定照准部，仰起望远镜投测。此时另一人在梁上移动横放的木尺，当视线正对准尺上一米刻划时，尺的零点应与梁面上的中线重合。如不重合应予以改正，可用撬杠移动吊车梁，使用吊车使梁中线至 $A''A''$（或 $B''B''$）的间距等于 1 m 为止。

吊车轨道按中心线安装就位后，可将水准仪安置在吊车梁上，水准尺直接放在轨道顶上进行检测，每 3 m 测一个高程，与设计高程相比较，误差不得超过 ±5 mm。

（四）屋架安装测量

屋架吊装前，用经纬仪或其他方法在柱顶面上放出屋架定位轴线，并应弹出屋架两端头的中心线，以便进行定位。屋架吊装就位时，应该使屋架的中心线与柱顶上的定位线对准，允许误差为±5 mm。

屋架的垂直度可用锤球或经纬仪进行检查。用经纬仪检查时，可在屋架上安装3把卡尺，如图12.32所示，一把卡尺安装在屋架上弦中点附近，另外两把分别安装在屋架的两端。自屋架几何中心沿卡尺向外量出一定距离，一般为500 mm，并做标志。然后在地面上距屋架中线同样距离处安置经纬仪，观测3把卡尺上的标志是否在同一竖直面内，若屋架竖向偏差较大，则用机具校正，最后将屋架固定。垂直度允许偏差为：薄腹梁为5 mm；桁架为屋架高的1/250。

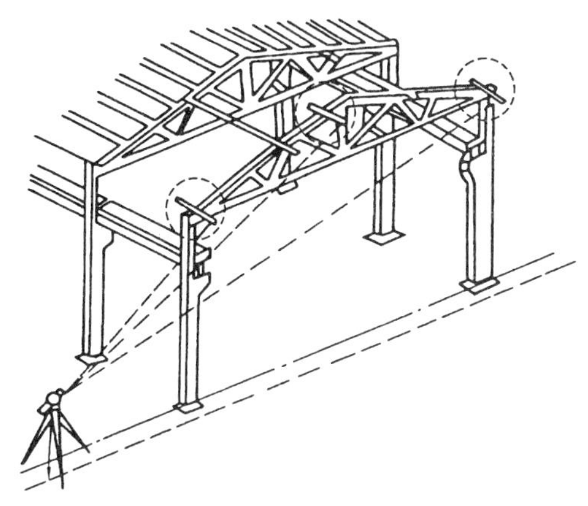

图12.32 屋架安装测量卡尺

第五节 激光定位技术在施工测量中的应用

随着激光技术的出现与发展，各种激光定位仪器得到了迅速发展，在建筑测量中得到了愈来愈广泛的应用。激光是基于物质受激辐射原理所产生的一种新型光源，由于它方向性强、亮度高、单色性好和相干性好，因此可在工程测量中作为理想的定位基线。与光学仪器相比，激光仪器具有直观、精确、高效率及适宜在阴暗环境或夜间作业等优点，因此在光线差的地方（如夜间、地下、车间等）效果特别好。

下面简单介绍几种在建筑工程施工中常见的激光定位仪器。

一、激光水准仪

激光水准仪是将激光装置安装在望远镜上方，将激光器发生的激光束导入望远镜筒内，使之能沿视准轴方向射出一条可见红光的特殊水准仪。

图12.33所示为国产激光水准仪，它是用两组螺钉将激光器固定在护罩内，护罩与望远镜相连，并随望远镜绕竖轴旋转。由激光器发出的激光，在棱镜和透镜的作用下与视准轴共轴，因而既保持了水准仪的性能，又有可见的红色激光。

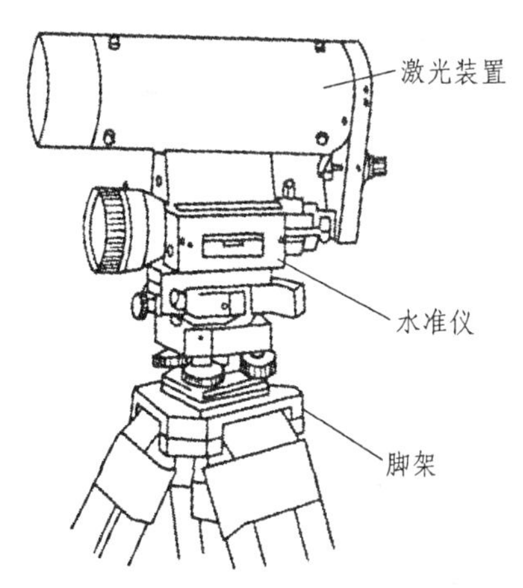

图12.33 激光水准仪

激光水准仪适用于工程施工测量，飞机机械安装测量及机械化、自动化施工中准直和导向。激光水准仪整平后发射的激光束可在空间扫描出一个水平面，故利用激光水准仪抄平，尤其在大面积的场地平整测量中，用它来检查场地的平整度及造船工业等大型构件装配中的水平面和水平线放样十分方便、精确。在灌溉工程、管道工程及装饰工程等施工中，可利用清晰明亮的激光束来指示设计坡度、标定直线等。在自动化机械顶管施工中，可采用激光水准仪进行激光导向，随时监测掘进方向和坡度。作业时将仪器安置在管道中线或平行中心的轴线上，使光轴平行于管线中线。仪器置平后开启电源，即发射一束水平光束。在掘进机头上安装一有控制器的接收光靶，光斑偏移正确位置时可随时校正方向，从而提高工效。

二、激光经纬仪

图 12.34 所示是由苏州第一光学仪器厂生产的 J2-JDA 型激光经纬仪。它是在 J2 型光学经纬仪望远镜筒上安装激光装置制成的，激光器在望远镜筒上随望远镜一起转动。激光装置由半导体激光器、电池腔与棱镜导光系统所组成。激光器的功率为 5 mW，发射波长为 0.632 8 μm，光束发散角为 3 mrad（毫弧度）（100 m 处光斑 5 mm），照准有效射程白天是 180 m，夜间是 800 m。仪器采用一体化设计，携带方便。打开电源开关，半导体激光器发生的激光导入经纬仪的望远镜内并与视准轴重合，沿视准轴方向射出一束可见的红色激光，以代替视准轴；关闭电源，可作普通经纬仪使用。

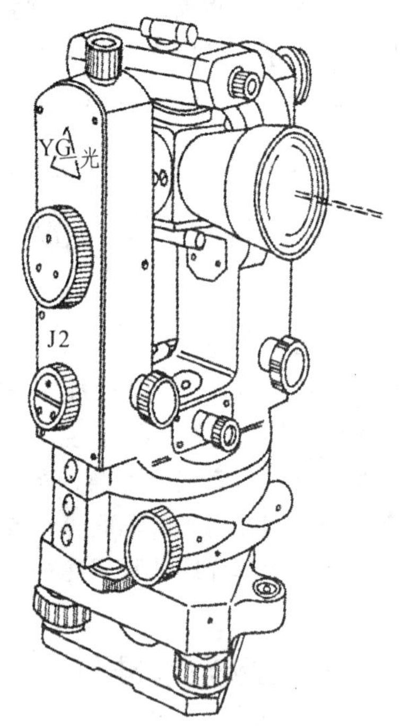

图 12.34　激光经纬仪

激光经纬仪可以放样直线，放样倾斜线，放样水平角，扫描出垂直面等，还可以让望远镜视准轴指向天顶，代替激光垂准仪进行烟囱、竖井和高层建筑施工中的竖向投点。因此，它在施工测量、构件装配的划线放样和大型机械设备安装、船体放样等方面应用广泛。如工业厂房进行构件安装测量时，可用激光经纬仪来检验校正柱子安装的垂直度。将仪器分别安置在柱的纵、横轴线上，使激光束瞄准柱中心线的底部，然后固定照准部，仰视柱的顶部，就可根据柱的上部中心线与光斑中心是否重合判定柱的垂直度。

三、激光垂准仪

激光垂准仪是一种供铅直定位的专用仪器，可用来测量相对垂准线的微小水平偏差，可进行铅垂线的点位传递和物体垂直轮廓的测量，广泛应用于高层建筑、电梯、矿井、水塔、烟囱、大型设备安装、飞机制造、造船等行业。图 12.35 所示为国产 DZJ2 激光垂准仪。它在原光学垂准系统的基础上添加了两套半导体激光器，采用一体化机身设计，仪器的结构保证了激光束光轴与望远镜视准轴同心、同轴、同焦。其中一只激光器通过上垂准望远镜发射激光束，当望远镜照准目标时，在目标处就会出现一红色小亮斑。在目镜外装上仪器配备的滤光片，可用人眼直接观察。仪器还配有网格激光靶，使测量更方便。另一只激光器通过下对点系统将激光束发射出来，利用激光束对准基准点，快速直观。同时配有度盘，对径测量更准确、方便。

高层楼房及高大的烟囱、筒仓、冷却塔等，采用滑升模板施工，由模板、工作平台组成的提升系统向上滑升时，可通过激光垂准仪对其垂直度偏差、变形和扭转进行严格的控制。如图 12.36 所示，高层建筑施工时，将仪器安置在观测控制点上，对塔式构筑物则应将仪器安置在基础中心点上。仪器经过对中整平后，在工作平台上布置光接收靶，移动接收靶，使靶心与光斑中心重合，将接收靶固定。每次提升平台后都应读取激光靶的读数，经与安置激光靶时的初始读数比较，就能确定建筑物的垂直度偏差和偏移方向，作为继续施工的依据。

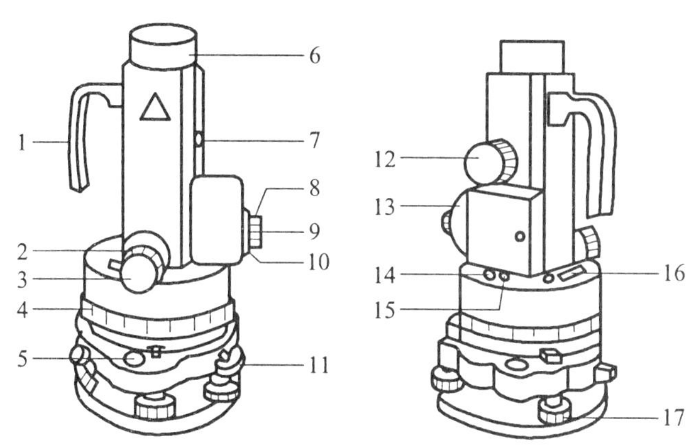

图 12.35 激光垂准仪

1—提手；2—对点调焦手轮；3—护盖；4—度盘；5—圆水准器；6—物镜盖；7—激光警示标志；8—目镜；9—滤色片；10—圆罩；11—基座固定钮；12—调焦手轮；13—激光外罩；14—激光开关；15—电源开关；16—水准管；17—脚螺旋

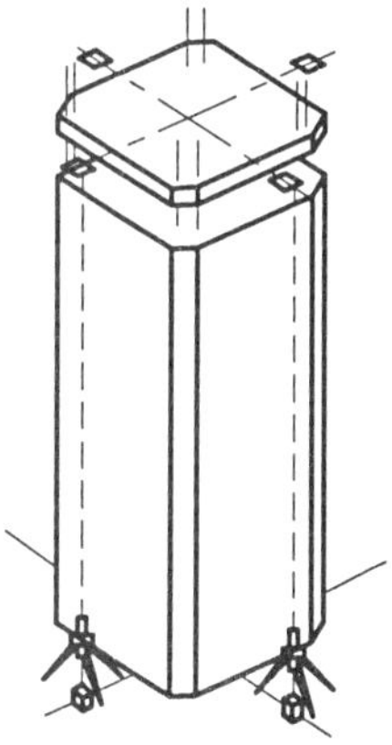

图 12.36 激光垂准仪使用

第六节 特殊构筑物的施工测量

建筑施工测量中除了工业与民用建筑施工测量外，还有大量的特殊构筑物，它们因其形体的不同，施工测量的方法也各有不同，下面介绍几种常见构筑物的施工测量方法。

一、烟囱、水塔施工测量

烟囱（见图 12.37）和水塔的形式不同，但有共同特点，即：基础小、主体高，其对称轴通过基础圆心的铅垂线。在施工过程中，测量工作的主要目的是严格控制它们的中心位置，保证主体竖直。其放样方法和步骤如下：

（一）基础中心定位

首先按设计要求，利用与已有控制点或建筑物的尺寸关系，在实地定出基础中心 O 的位置。如图 12.38 所示，在 O 点安置经纬仪，定出两条相互垂直的直线 AB、CD，使 A、B、C、D 各点至 O 点的距离为构筑物直径的 1.5 倍左右。另在离开基础开挖线外 2 m 左右标定 E、

G、F、H 4 个定位小木桩，使它们分别位于相应的 AB、CD 直线上。

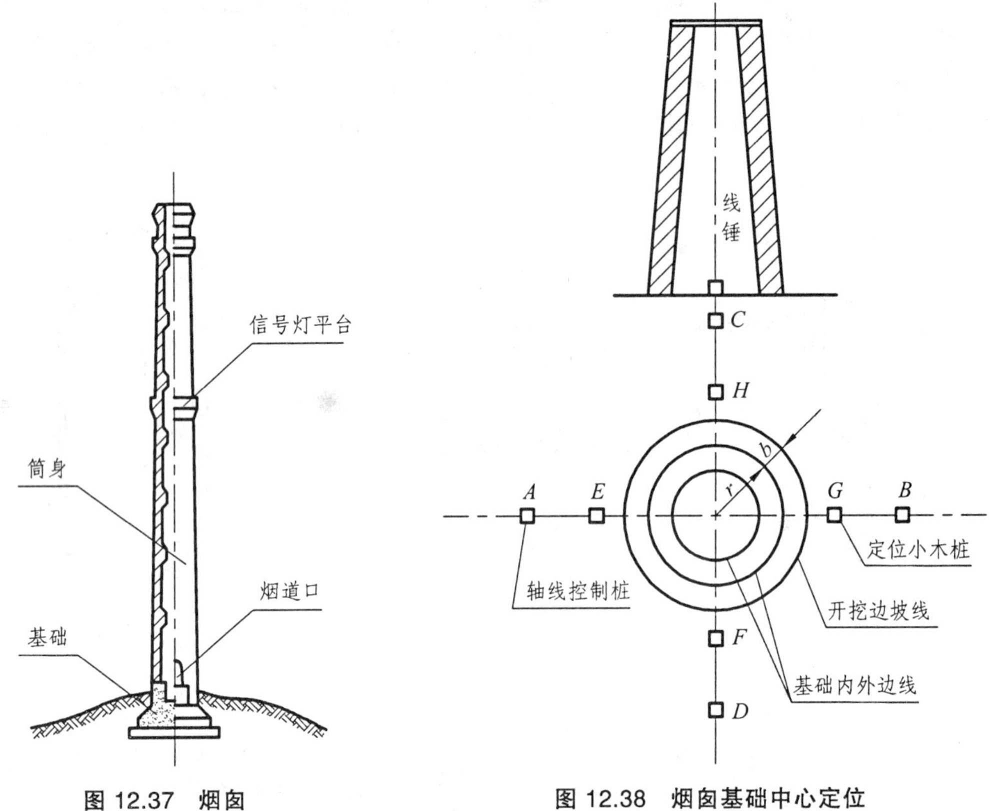

图 12.37　烟囱　　　　图 12.38　烟囱基础中心定位

以中心点 O 为圆心，以基础设计半径 r 与基坑开挖时放坡宽度之和为半径（$R=r+b$），在地面画圆，撒上灰线，作为开挖的边界线。

（二）基础施工测量

当基础开挖到一定深度时，应在坑壁上放样整分米水平桩，控制开挖深度。当开挖到基底时，向基底投测中心点，检查基底大小是否符合设计要求。浇筑混凝土基础时，在中心面上埋设铁桩，然后根据轴线控制桩用经纬仪将中心点投设到铁桩顶面，用钢锯锯刻“十”字形中心标记，作为施工时控制垂直度和半径的依据。

（三）主体施工测量

烟囱主体向上砌筑时，主体中心线、半径、收坡要严格控制，应随时将中心点引测到施工作业面上，以检核施工作业面的中心与基础中心是否在同一垂直线上。

1. 吊锤线法

如图 12.39 所示，吊锤线法是在施工作业面上安置一根断面较大的方木，另设一带刻划的木杆插与方木铰结在一起，尺杆可绕铰结点转动。铰结点下设置的挂钩上用钢丝吊一个质量为 8～12 kg 的大锤球，烟囱越高使用的锤球应越重。投测时，先调整钢丝的长度，使锤球尖与基础中心点标志之间仅存在很小的间隔。然后调整作业面上的方木位置，使锤球尖对准标志的“十”字交点，则钢丝上端的方木铰结点就是该工作面的主体中心点。在工作面上根据相应高度的主体设计半径转动木尺杆画圆，即可检查筒壁偏差和圆度，作为指导下一步施工的依据。烟囱每升高一步架，要用锤球引测一次中心点，每升高 5～10 m 还要用经纬仪复核一次。复核时把经纬仪先后安置在各轴线控制点上，照准基础侧面上的轴线标志，用盘左、盘右取中的方法，分别将轴线投测到施工面上，并做标志。然后按标志拉线，两线交叉点即为烟囱中心点。它应与锤球引测的中心重合或偏差不超过限差，一般不超过所砌高度的 1/1 000。以经纬仪投测的中心点为准，作为继续向上施工的依据。

吊锤线法是一种垂直投测的传统方法，使用简单，但易受风的影响，有风时吊锤线发生摆动和倾斜，随着主体增高，对中的精度会越来越低。因此，仅适用于高度在 100 m 以下的烟囱。

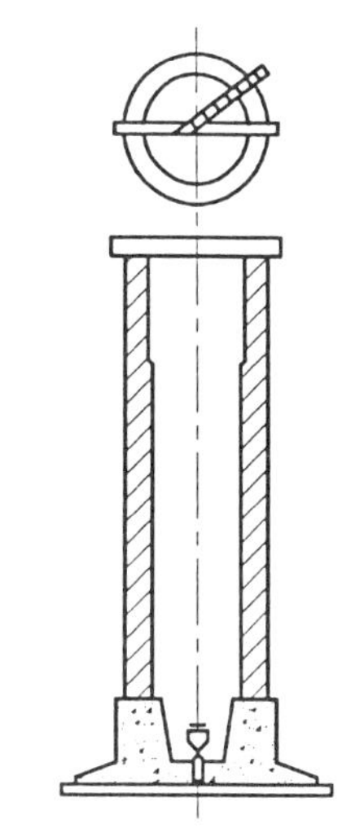

图 12.39　烟囱主体测量

2. 激光导向法

高大的钢筋混凝土烟囱常采用滑升模板施工，若仍采用吊锤线或经纬仪投测烟囱中心点，无论是投测精度还是投测速度，都难以满足施工要求。采用激光垂准仪投测烟囱中心点，能克服上述方法的不足。投测时，将激光垂准仪安置在烟囱底部的中心标志上，在工作台中央安置接收靶，烟囱模板滑升 25～30 cm 浇灌一层混凝土，每次模板滑升前后各进行一次观测。观测人员在接收靶上可直接得到滑模中心对铅垂线的偏离值，施工人员依此调整滑模位置。在施工过程中，要经常对仪器进行激光束的垂直度检验和校正，以保证施工质量。

（四）主体高程测量

对烟囱砌筑的高度，一般是先用水准仪在烟囱底部的外壁上测设出某一高度（如 +0.500 m）的高程线，然后以此线为准，用钢卷尺直接向上量取。主体四周水平，应经常用水平尺检查上口水平，发现偏差应随时纠正。

第七节　建筑物的变形观测

一、房屋建筑变形测量概述

为保证建筑物在施工、使用和运行中的安全，以及为建筑设计积累资料，通常需要对建（构）筑物及其周边环境的稳定性进行观测，这种观测称之为建筑物的变形观测。变形观测的主要内容包括沉降观测、位移观测、倾斜观测和裂缝观测等。

（一）建筑物产生变形的原因

建筑物发生变形的原因主要有两方面，一是自然条件及其变化，即建筑物地基的工程地质、水文地质及土壤的物理性质等；二是与建筑物本身相联系的原因，即建筑物本身的自重，建筑物的结构、形式及动荷载（如风力、震动等）。此外，由于勘测、设计、施工以及运营管理等方面工作做得不合理还会引起建筑物产生额外的变形。所谓变形观测，就是用测量仪器或专用仪器测定建（构）筑物及其地基在建（构）筑物荷载和外力作用下随时间变形的工作。"变形"是一个总体的概念，包括地基沉降、回弹，也包括建筑物的裂缝、位移以及扭曲等。变形按时间长短可分为：长周期变形（建筑物自重引起的沉降和变形）、短周期变形（温度变化所引起的变形）和瞬时变形（风震引起的变形等）。按类型可分为：静态变形和动态变形两类。静态变形是时间的函数，观测结果只表示在某一期间内的变形；动态变形是指在外力影响下而产生的变形，这是以外力为函数来表示，对于时间的变化，其观测结果表示在某一时刻的瞬时变形。

变形观测的任务是周期性地对观测点进行重复观测，求得其在两个观测周期间的变化量。而为了求得瞬时变形，则应采用多种自动记录仪器记录其瞬时位置，本章主要说明静态变形的观测方法。

（二）变形测量的技术要求及内容

1. 变形测量的基本要求

（1）建筑变形测量应能确切反映建筑物、构筑物及其场地的实际变形程度或变形趋势，并以此作为确定作业方法和检验成果质量的基本要求。

（2）变形测量工作开始前，应根据变形类型、测量目的、任务要求以及测区条件进行施测方案设计。重大工程或具有重要科研价值的项目，尚应进行监测网的优化设计。施测方案应经实地勘选、多方案精度估算和技术经济分析比较后择优选取。

2. 变形测量实施的程序与要求

（1）应按测定沉降或位移的要求，分别选定测量点，埋设相应的标志，建立高程控制网或平面控制网，也可建立三维控制网。高程测量宜采用测区原有高程系统，平面测量可采用独立坐标系统。

（2）应按确定的观测周期与总次数，对监测网进行观测。新建的大型和重要建筑，应从其施工开始进行系统的观测，直至变形达到规定的稳定程度为止。

（3）对各周期的观测成果应及时处理，并应选取与实际变形情况接近或一致的参考系进行严密平差计算和精度评定。对重要的监测成果，应进行变形分析，并对变形趋势做出预报。

3. 设置变形测量点的要求

变形测量点可分为控制点和观测点（又称变形点）。控制点包括基准点、工作基点、联系点、检核点、定向点等工作点。各种测量点的选设及使用，应符合下列要求：

（1）基准点应选设在变形影响范围以外且便于长期保存的稳定位置。使用时，应作稳定性检查或检验，并应以稳定或相对稳定的点作为测定变形的参考点。

（2）工作基点应选设在靠近观测目标且便于检测观测点的稳定或相对稳定位置。测定总体变形的工作基点，当按两个层次布网观测时，使用前应利用基准点或检核点对其进行稳定性检测。测定区段变形的工作基点可直接用作起算点。其中，总体变形系指观测目标均为动点的变形，包括地基与基础的绝对变形与相对变形；区段变形系指观测目标具有相对定点的变形，包括独立的局部地基变形、建筑物整体变形和结构段变形等。

（3）当基准点与工作基点之间需要进行连接时应布设联系点，选设其点位时应顾及连接的构形，位置所在处应相对稳定。

（4）对需要单独进行稳定性检查的工作基点或基准点应布设检核点，其点位应根据使用的检核方法成组地选设在稳定位置。

（5）对需要定向的工作基点或基准点应布设定向点，并应选择稳定且符合照准要求的点位作为定向点。

（6）观测点应选设在变形体上能反映变形特征的位置，可从工作基点或邻近的基准点和其他工作点对其进行观测。

4. 建筑变形测量的精度等级

建筑变形测量的等级划分及其精度要求列于表 12.2。

表 12.2 建筑变形测量的等级及其精度要求

变形测量等级	沉降观测	位移观测	适用范围
	观测点测站高差中误差 μ（mm）	观测点坐标中误差 μ（mm）	
特级	≤0.05	≤0.3	特高精度要求的特种精密工程和重要科研项目变形观测
一级	≤0.15	≤1.0	高精度要求的大型建筑物和科研项目变形观测
二级	≤0.50	≤3.0	中等精度要求的建筑物和科研项目变形观测；重要建筑物主体倾斜观测、场地滑坡观测
三级	≤1.50	≤10.0	低精度要求的建筑物变形观测；一般建筑物主体倾斜观测、场地滑坡观测

注：① 观测点测站高差中误差，系指几何水准测量测站高差中误差或静力水准测量相邻观测点相对高差中误差。
② 观测点坐标中误差，系指观测点相对测站点的坐标中误差、坐标差中误差以及等价的观测点相对基准线的偏差值中误差、建筑物（或构筑物）相对底部点的水平位移分量中误差。

5. 变形测量的周期

（1）对于单一层次布网，观测点与控制点应按变形观测周期进行观测；对于两个层次布网，观测点及联测的控制点应按变形观测周期进行观测，控制网部分可按复测周期进行观测。

（2）变形观测周期应以能系统反映所测变形的变化过程且不遗漏其变化时刻为原则，根据单位时间内变形量的大小及外界因素影响确定。当观测中发现变形异常时，应及时增加观测次数。

（3）控制网复测周期应根据测量目的和点位的稳定情况确定，一般宜每半年复测一次。在建筑施工过程中应适当缩短观测时间间隔，点位稳定后可适当延长观测时间间隔。当复测成果或检测成果出现异常，或测区受到如地震、洪水、台风、爆破等外界因素影响时，应及时进行复测。

（4）变形测量的首次（即零周期）观测应适当增加观测量，以提高初始值的可靠性。

（5）不同周期观测时，宜采用相同的观测网形和观测方法，并使用相同类型的测量仪器。对于特级和一级变形观测，还宜固定观测人员，选择最佳观测时段，且在基本相同的环境和条件下观测。

二、建筑物的位移观测

（一）建筑物的垂直位移观测

建筑物的垂直位移也称为建筑物的沉降，其观测是根据水准点测定建筑物上所设沉降点的高程随时间变化的工作。

1. 水准点和沉降观测点的布设

沉降观测是根据水准点进行的。为了保证水准点高程的正确性和便于相互检核，一般不得少于三个水准点。埋设地点应保证有足够的稳定性，必须将水准点设置在受压、受震的范围以外。冰冻地区水准点应埋设在冻土浓度线以下 0.5 m。为了提高观测精度，水准点和观测点不能相距太远，一般应在 100 m 范围内。进行变形观测的建筑物、构筑物上应埋设观测点。观测点的数量和位置，应能全面反映建筑物、构筑物的沉降情况。一般观测点是均匀设置的，但在荷载有变化的部位、平面形状改变处、沉降缝的两侧、具有代表性的柱子基础上、地质条件变化处，应设置足够的观测点，如图 12.40 所示。

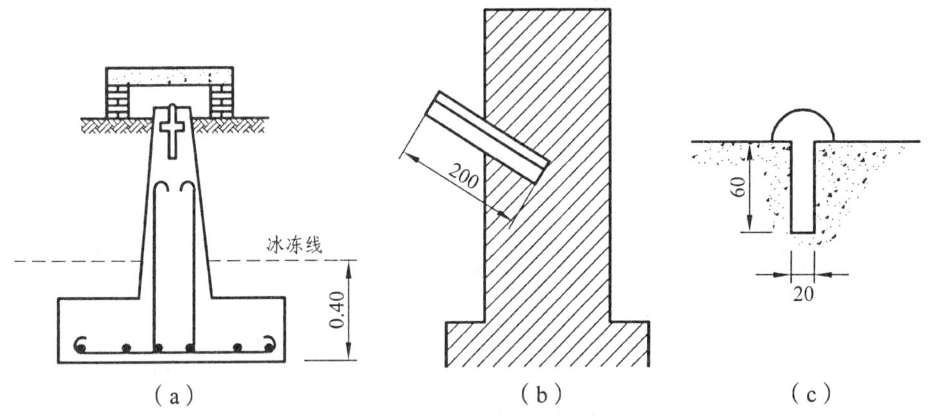

图 12.40 沉降观测点的埋设

沉降观测点可用圆钢或铆钉预埋在基础上，或用角钢埋在墙或柱子上，如图 12.41 所示。如在墙上凿取 100～160 mm 深的孔眼，插入圆钢后用 1∶2 砂浆浇筑在建筑物上。

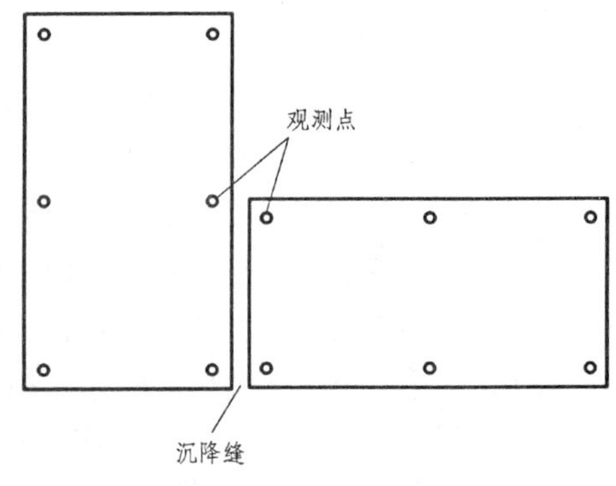

图 12.41 观测点布设

2. 沉降观测周期、方法和精度要求

（1）沉降观测周期。沉降观测周期应根据建筑物（构筑物）的特征、变形速率、观测精度和工程地质条件等因素综合考虑，并根据沉降量的变化情况作适当调整。例如，一般待观测点埋设稳定后，即可进行第一次观测。在建筑物增加荷重前后，均应随时进行沉降观测。工程竣工后，一般每月观测一次，如沉降速度减缓，可改为 2～3 个月观测一次，直至沉降量稳定时，观测才可停止。

（2）沉降观测方法和精度要求。沉降观测是根据水准点定期进行水准测量，测量出建筑物上观测点的高程，从而计算其沉降量。对于一般精度要求的沉降观测，采用 DS_3 水准仪即可。高层建筑物或大型建筑物以及桥梁、大坝的沉降观测，通常采用 DS_1 精密水准仪，按国家二等水准测量的要求进行施测。观测精度要求和观测方法如表 12.3 所示。观测时，为提高精度，应在成像清晰、稳定时间内进行；视线长应小于 50 m；前、后视距应相等；并且每次观测应采用固定的观测路线，使用固定的仪器和固定的观测人员进行沉降测量。

表 12.3 沉降观测方法和精度要求

等级	垂直位移测量（mm）		观测方法	适用范围
	高程中误差	相邻点高程中误差		
一等	±0.3	±0.1	除按国家一等精密水准测量的技术要求实施外，尚需设双转点，视线≤15m，前后视差≤0.3m，视距累差≤1.5m，精密液体静力水准测量，微水准测量等	变形特别敏感的高层建筑、工业建筑、高耸建筑物、重要古建筑物、精密工程设施等
二等	±0.5	±0.3	按国家一等精密水准测量的技术要求实施精密液体静力水准测量，微水准测量	变形比较敏感的高层建筑、工业建筑、高耸建筑物、古建筑物、重要工程设施和重要建筑场地的滑坡监测
三等	±1.0	±0.5	按国家二等精密水准测量的技术要求实施精密液体静力水准测量	一般性的高层建筑、工业建筑、高耸建筑物、滑坡监测等
四等	±2.0	±1.0	按国家三等精密水准测量的技术要求实施精密液体静力水准测量，短视线三角高程测量	观测精度要求较低的建筑物、构筑物和滑坡监测等

（3）沉降观测的成果整理。每次观测结束后，应检查记录中的数据和计算是否准确、精度是否合格，然后把观测点的高程列入成果表中，并计算再次观测之间的沉降量累计量，同时也要注明观测日期和荷载情况。为了更清楚地表示沉降、荷载、时间三者的关系，还要画出各观测点的沉降、荷载、时间关系曲线图，如图 12.42 所示。

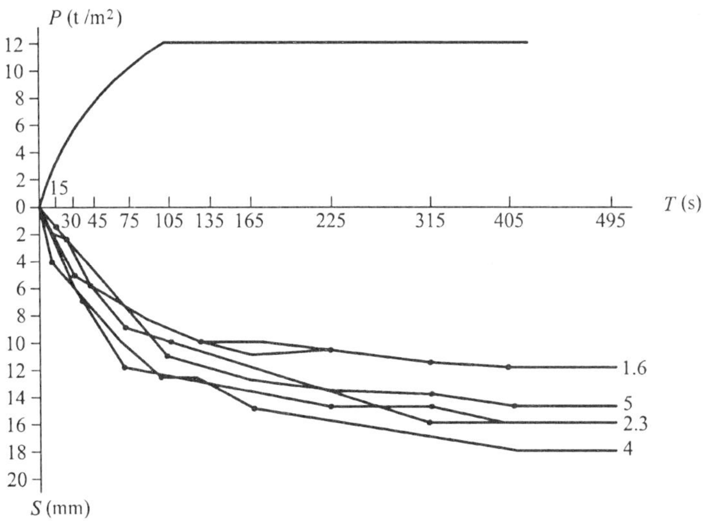

图 12.42 沉降、荷载、时间关系曲线图

（二）建筑物的水平位移测量

根据场地条件，可采用基准线法、小角法、导线法和前方交会法等测量水平位移。

1. 基准线法和小角法测水平位移

（1）基准线法。基准线法的原理是在与水平位移垂直的方向上建立一个固定不变的铅垂面，测定各观测点相对该铅垂面的距离变化，从而求得水平位移量。在深基坑监测中，主要是对锁口梁的水平位移（一般偏向基坑内侧）进行监测。如图 12.43 所示，在锁口梁轴线两端基坑的外侧分别设立两个稳固的工作基点 A 和 B，两工作基点的连线即为基准线方向。锁口梁上的观测点应埋设在基准线的铅垂面上，偏离的距离不大于 2 cm。观测点标志可埋设直径 16～18 mm 的钢筋头，顶部锉平后，做出“十”字标志，一般每 8～10 m 设置一点。观测时，将经纬仪安置于一端工作基点 A 上，瞄准另一端工作基点 B（称后视点），此视线方向即为基准线方向，通过量测观测点 P 偏离视线的距离变化，即可得到水平位移值。

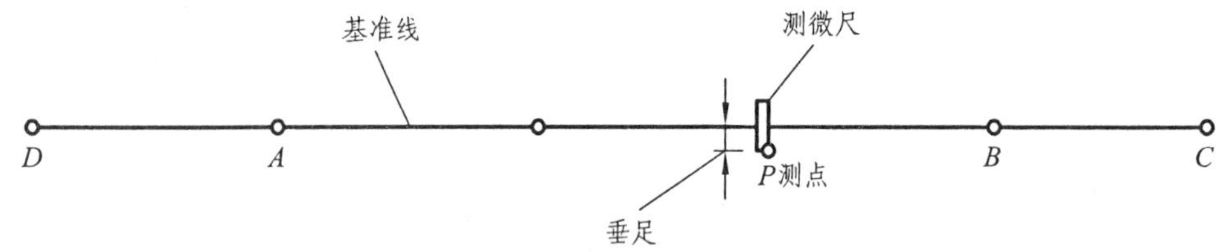

图 12.43　基准线法测位移

（2）小角法。用小角法测量水平位移的方法如图 12.44 所示。将经纬仪安置于工作基点 A，在后视点 B 和观测点 P 分别安置观测觇牌，用测回法测出 $\angle BAP$。设第一次观测角值为 β_1，后一次为 β_2，根据两次角度的变化量 $\Delta\beta = \beta_2 - \beta_1$，即可算 P 点的水平位移量 δ，即：

$$\delta = \frac{\Delta\beta}{\rho''} D \tag{12.8}$$

式中，ρ'' 为 206 265″；D 为 A 至 P 点距离。

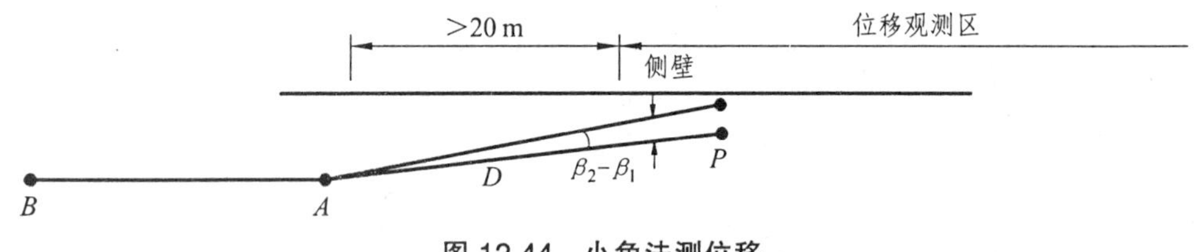

图 12.44　小角法测位移

角度观测的测回数视仪器精度（应使用不低于 DJ_2 的经纬仪）和位移观测精度要求而定。位移的方向根据 $\Delta\beta$ 的符号确定。

工作基点在观测期间也可能发生位移，因此工作基点应尽量远离开挖边线，同时，两工作基点延长线上应分别设置后视检核点。为减少对中误差，在必要时工作基点可做成混凝土墩台，在墩台上安置强制对中设备。

观测周期视水平位移大小而定，位移速度较快时，周期应短；位移速度减慢时，周期相应增长；当出现险情如位移急剧增大，出现管涌或渗漏，割去支护对撑或斜撑等情况时，可进行间隔数小时的连续观测。

建筑物水平位移（滑动）观测方法与深基坑水平位移的观测方法基本相同，只是受通视条件限制，工作基点、后视点和检核点都设在建筑物的同一侧（见图 12.45）。观测点设在建筑物上，可在墙体上用红油漆做“▲”标志然后按基准线法或小角法观测。

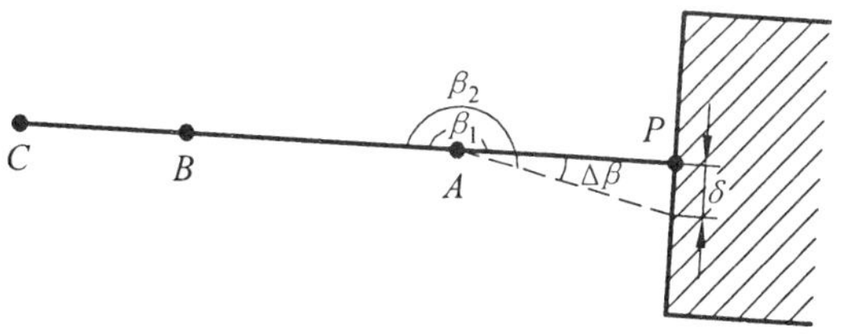

图 12.45 建筑物位移观测

2. 导线法和前方交会法测水平位移

基准线法和小角法监测深基坑和建筑物的水平位移是很方便的，但受工程场地环境的限制，若不能采用这两种方法时，可用导线法和前方交会法观测水平位移。

首先在场地上建立水平位移监测控制网，然后用精密导线或前方交会的方法测出各观测点的坐标，将每次测出的坐标值与前一次测出的坐标值进行比较，即可得到水平位移在 X 轴和 Y 轴方向的位移分量（Δx，Δy），则水平位移量为 $\delta=\sqrt{\Delta x^2+\Delta y^2}$，位移的方向根据 Δx、Δy 求出的坐标方位角来确定。

在特殊情况下，可用 GPS 卫星定位测量方法来观测点位坐标的变化，从而求出水平位移值。还可以采用地面摄影测量的方法求取水平位移值。但这两种方法成本较高，一般情况较少采用。

三、建筑物的倾斜观测

1. 水准仪观测法

如图 12.46 所示，建筑物的倾斜观测可在利用精密水准仪进行沉降观测的基础上，计算一段时期内基础两端点的沉降量之差 Δh，再根据两点间的距离 D，即可计算出基础的倾斜度 i，即：

$$i=\frac{\Delta h}{D} \tag{12.9}$$

如果知道建筑物的高度 h，则可计算出建筑物顶部的倾斜位移值 δ，即：

$$\delta=i\cdot h=\frac{\Delta h}{L}h \tag{12.10}$$

2. 经纬仪观测法

初次观测时，在建筑物的高处设置一个观测点 A，在大致垂直于墙面的方向找一点 M，使 M 至 A 点的仰角不大于 45°。如图 12.47（a）所示，在 M 点安置经纬仪（需要整平，不必对中），瞄准 A 点，放平望远镜，在墙面上投设出与 A 点位于同一铅垂面内的 B 点，做好标记，并测出 AB 的高差 h。每次观测时，仪器仍安置在 M 点附近，用经纬仪把观测点 A 投测到 B 点所在水平线上，得到 B' 点，则 BB' 为 A 点的倾斜位移值，据此可计算出 A、B 点两点连线的倾斜度 i，即：

$$i=\frac{BB'}{h} \tag{12.11}$$

如果将 A 点选在建筑物某个拐角的棱上，分别在建筑物两个墙面延长线上的 M、N 两点安置经纬仪进行上述观测，设 MB 方向为 X 轴，NB 方向为 Y 轴，则可得建筑物在这两个方向的倾斜位移值 δy、δx，如图 12.47（b）所示，若建筑物两墙面互相垂直，则建筑物该角顶部的总倾斜量：

$$\delta=\sqrt{\delta x^2+\delta y^2} \tag{12.12}$$

相对于 X 轴正向的倾斜方向方位角：

$$\theta=\arctan\frac{\delta y}{\delta x} \tag{12.13}$$

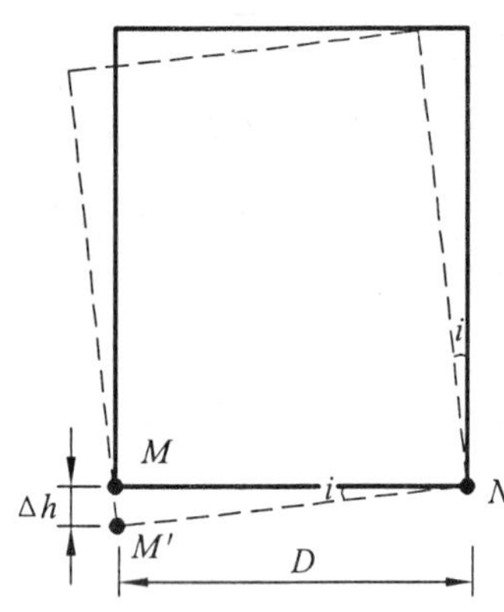

图 12.46　基础倾斜观测

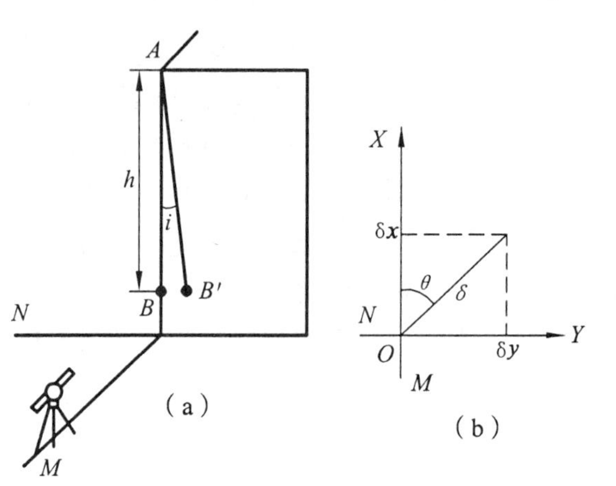

图 12.47　经纬仪进行倾斜观测

若建筑物两墙面不垂直，可依其夹角合成其总倾斜量和倾斜方向。对圆形建（构）筑物的倾斜观测，可在其底部横放一根标尺，作为 Y 轴，如图 12.48 所示。用经纬仪将烟囱顶部边缘 A、A' 两点和底部边缘 B、B' 两点分别投测倒标尺上，得读数为 y、y_1'、y_2、y_2'。同法在与其垂直的方向放另一根标尺，作为 X 轴，并投测得读数 x_1、x_1'、x_2、x_2'。则 δx、δy 为：

$$\left.\begin{aligned}\delta x&=\frac{x_1-x_1'}{2}-\frac{x_2-x_2'}{2}\\\delta y&=\frac{y_1-y_1'}{2}-\frac{y_2-y_2'}{2}\end{aligned}\right\} \tag{12.14}$$

可按上述公式计算其总倾斜量和倾斜方向。

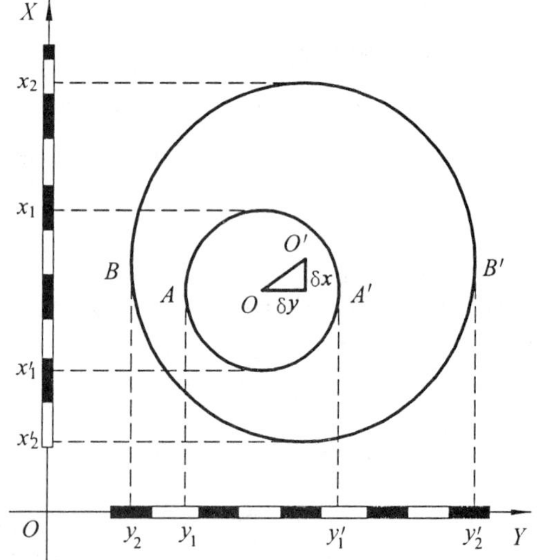

图 12.48　圆形建筑物的倾斜观测

四、建筑物的裂缝与挠度观测

发现建筑物裂缝，应立即检查，绘出裂缝分布图，量出每一裂缝的长度、宽度、深度。然后用两块大小不同的矩形白铁皮，使其边缘相互平行，部分重叠地分别固定在裂缝两侧，如图 12.49 所示。固定后，将白铁皮的端线相互投到另一块的表面上，用红油漆画成“▲”

标记。如果裂缝继续发展，则白铁皮端线与“▲”标记逐渐离开，定期量取两组端线与标记之间的距离，并取其平均值，即为裂缝在某段时间内的发展情况。

1. 建筑物裂缝观测

工程建筑物发生裂缝时，为了解其现状和掌握其发展情况，应对裂缝进行观测，以便据这些观测资料分析其产生裂缝的原因和它对建筑安全的影响，及时地采取有效措施加以处理。当建筑物多处发生裂缝时，应先对裂缝进行编号，然后分别观测裂缝的位置、走向、长度、宽度等项目，并绘制裂缝分布图。为了系统地进行裂缝变化的观测，要在裂缝处设置观测标志。如图 12.49 所示，观测标志可用两块大小不同的矩形白铁皮分别固定在裂缝两侧。固定时，内外两白铁皮的边缘应相互平行；固定后，将两铁皮端线相互投到另一块的表面上，用红油漆化成两个“▲”标记。如果裂缝继续发展，则铁皮端线与三角形边线逐渐离开，定期分别量取两组端线与边线之间的距离，取其平均值，即为裂缝变化的宽度，连同观测时间一起记录入手簿中。

2. 建筑物的挠度观测

建筑物在应力作用下产生弯曲和扭曲时，应进行挠度观测。对于平置的构件，在两端及中间设置三个沉降点进行沉降观测，可以测得某时间段内三个点的沉降量分别为 h_a、h_b、h_c，则该构件的挠度值为：

$$\tau = \frac{1}{2}(h_a + h_c - 2h_b)\frac{1}{s_{ab}} \tag{12.15}$$

式中，h_a、h_b 为构件两端点的沉降量；h_c 为构件中间点的沉降量；s_{ab} 为两端点间的平距。

对于直立的构件，要设置上、中、下三个位移观测点进行位移观测，利用三点的位移量求出挠度大小。在这种情况下，常把在建筑物垂直面内各不同高程点相对于底点的水平位移称为挠度。挠度观测的方法常采用正垂线法，即从建筑物顶部悬挂一根铅垂线，直通至底部，在铅垂线的不同高程上设置观测点，用测量仪器测出各点与铅垂线之间的相对位移。如图 12.50 所示，任意点 N 的挠度：

$$S_N = S_0 - S'_N \tag{12.16}$$

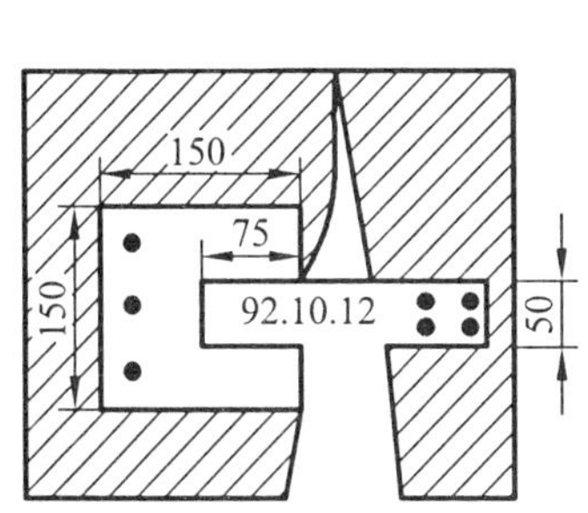

图 12.49　裂缝观测

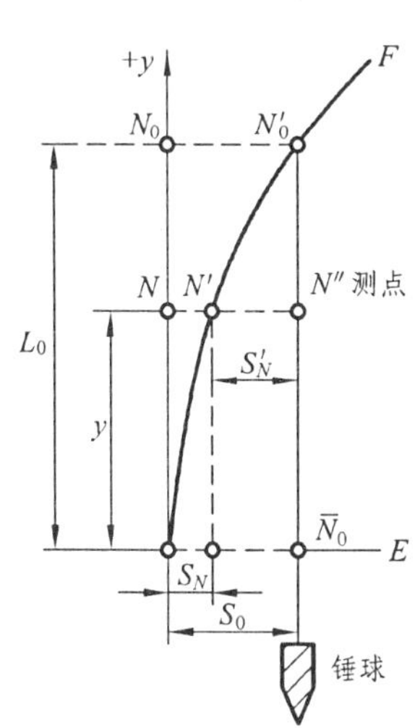

图 12.50　挠度观测

式中，S_0 为铅垂线最低点与顶点之间的相对位移；S'_N 为任意点 N 与顶点之间的相对位移。

前面讲述了用工程测量的办法求得建（构）筑物的变形，也可以用地面摄影测量方法来测定。简要说就是在变形体周围选择稳定的点，在这些点上安置摄影机，对变形体进行摄影，然后通过量测和数据量算得变形体上目标点的二维或三维坐标，比较不同时刻目标点的坐标，得到各点的位移。这种方法有许多优点，较经常地用于桥梁等的变形观测中。变形量的计算是以首期观测的结果作为基础，即变形量是相对于首期结果而言的，变形观测的成果表现应清晰直观，便于发现变形规律，通常采用列表和作图形式。

第八节　竣工测量

竣工测量是指工程建设竣工验收时所进行的测量工作。它主要是对施工过程中设计有所更改的部分，直接在现场指定施工的部分，以及资料不完整无法查对的部分，根据施工控制网进行现场实测或加以补测，绘制竣工总平面图。

一、竣工测量的内容

在每个单项工程完成后，必须由施工单位进行竣工测量，提出工程的竣工测量成果，作为编绘竣工总平面图的依据。不同工程项目竣工测量的内容如下：

1. 工业厂房及民用建筑物

包括房角坐标、各种管线进出口的位置和高程；并附房屋编号、结构层数、面积和竣工时间等资料。

2. 铁路和公路

包括止起点、转折点、交叉点的坐标，曲线元素、桥涵、路面、人行道、绿化带界线等构筑物的位置和高程。

3. 地下管网

窨井转折点的坐标，井盖、井底、沟槽和管顶等高程；并附注管道及窨井的编号、名称、管径、管材、间距、坡度和流向。

4. 架空管网

包括转折点、结点、交叉点的坐标，支架间距、基础面高程等。

5. 特种构筑物

包括沉淀池、烟囱、煤气罐等及其附属建筑物的外形和四角坐标，圆形构筑物的中心坐标，基础面高程，烟囱高度和沉淀池深度等。

竣工测量完成后，应提交完整的资料，包括工程的名称、施工依据、施工结果等作为编绘竣工总平面图的依据。

二、竣工总平面图的作用

竣工总平面图是设计总平面图在施工结束后实际情况的全面反映。由于在施工过程中经常出现设计时没有考虑到的因素而使设计有所变更，设计总平面图与竣工总平面图一般不会完全一致，这种临时变更设计的情况必须通过测量反映到竣工总平面图上，因此，施工结束后应及时编绘竣工总平面图。其目的在于：

（1）它是对建筑物竣工成果和质量的验收测量。

（2）它将便于日后进行各种设施的维修工作，特别是地下管道等隐蔽工程的检查和维修工作。

（3）为企业的改、扩建提供了原有各建筑物的地上和地下各种管线及测量控制点的坐标、高程等资料。

编绘竣工总平面图，需要在施工过程中收集一切有关的资料和必要的实地测量，并对资料加以整理，然后及时进行编绘。为此，从建筑物开始施工起，就应有所考虑和安排。

三、竣工总平面图的编绘方法

竣工总平面图主要是根据竣工测量资料和各专业图测量成果综合编绘而成的。比例尺一般为1∶1 000，并尽可能绘制在一张图纸上，重要碎部点要按坐标展绘并编号，以便与碎部点坐标、高程明细表对照。地面起伏一般用高程注记方法表示。编绘竣工总平面图的具体方法如下：

1. 准　备

（1）首先在图纸上绘制坐标方格网，一般用两脚规和比例尺展绘在图上，其精度要求与地形测图的坐标格网相同。

（2）展绘控制点。将施工控制点按坐标值展绘在图上，展点对邻近的方格而言，其容许误差为±0.3 mm。

（3）展绘设计总平面图。根据坐标格网，将设计总平面图的图面内容按其设计坐标，用铅笔展绘于图纸上，作为底图。

（4）展绘竣工总平面图。一是根据设计资料展绘；二是根据竣工测量资料或施工检查测量资料展绘。

2. 现场实测

现场实测是对于直接在现场指定位置施工的工程及多次变更设计而无法查对的工程，竣工现场的竖向布置、围墙和绿化情况，施工后尚保留的大型临时设施以及竣工后的地貌情况，都应根据施工控制网进行实测，加以补充。实测的内容有：

（1）碎部点坐标测量。如房屋角点、道路交叉点等，实测出选定碎部点的坐标。重要建筑物房角和各类管线的转折点、井中心、交叉点、起止点等均应用解析法测出其坐标。

（2）各种管线测绘。地下管线应在回填土前准确测出其起点、终点、转折点的坐标。对于上水道的管顶、下水道的管底、主要建筑物的室内地坪、井盖、井底、道路变坡点等要用水准仪测量其高程。

（3）道路测量。要正确测出道路圆曲线的元素，如交角、半径、切线长和曲线长等。

3. 分类竣工总平面图的编绘

厂区地上和地下所有建筑物、构筑物绘在一张竣工总平面图上时，如果线条过于密集而不醒目，则可根据工程的密集与复杂程度，按工程性质分类采用分类编图，如综合竣工总平面图，厂区铁路、道路竣工总平面图，工业管线竣工总平面图和分类管道竣工总平面图等，比例尺一般采用 1∶10 000，对不能清楚地表示某些特别密集的地区，也可局部采用 1∶500 的比例尺。这些分类总图主要是满足相应专业管理和维修之用，它是各专业根据竣工测量资料和总图编绘而成的。在图中除了要详尽反映本专业工程或设施的位置、特征点坐标、高程及有关元素，还要绘出有关厂房、道路等位置轮廓，以便反映它们之间的关系。

4. 综合竣工平面图的编绘

综合竣工总平面图是设计总平面图在施工后实际情况的全面反映。综合竣工总平面图的编绘与分类竣工总平面图的编绘最好都随着工程的陆续竣工相继进行编绘，这样才能使竣工图真实反映实际情况。综合竣工总平面图的编绘资料来源于实测、设计图、施工中的设计变更通知单、竣工测量成果。综合竣工总平面图上应包括建筑方格网点、水准点、厂房、辅助设施、生活福利设施、架空与地下管线、铁路等建筑物或构筑物的坐标和高程，以及场区内空地和未建区的地形。有关建筑物、构筑物的符号应与设计图例相同，有关地形图的图例应使用国家地形图图式符号。

随编绘好的竣工总平面图一并提交的还应有控制测量成果表及控制点布置图、施工测量外业资料、施工期间进行的测量工作和各个建（构）筑物沉降和变形观测的说明书；设计图纸文件、原始地形图、地质资料；设计变更资料、验收记录；大样图、剖面图等。

思考题与习题

1. 试述施工测量的目的和内容。
2. 施工测量的特点和原则是什么？
3. 为什么要建立施工控制网？
4. 建筑场地平面控制网的形式有哪几种？它们各适用于哪些场合？
5. 建筑基线、建筑方格网如何设计，如何测设？
6. 在测设三点“一”字形的建筑基线时，为什么基线点不少于 3 个？当三点不在一条直线上时，为什么横向调整量是相同的？
7. 建筑施工场地对高程控制网有哪些要求？如何布设？
8. 如图所示，已知施工坐标原点 O' 的测量坐标为 $x_0 = 187.500$ m，$y_0 = 112.500$ m，建筑基线点 P 的施工坐标为 $A_P = 135.000$ m，$B_P = 100.000$ m，设两坐标系轴线间

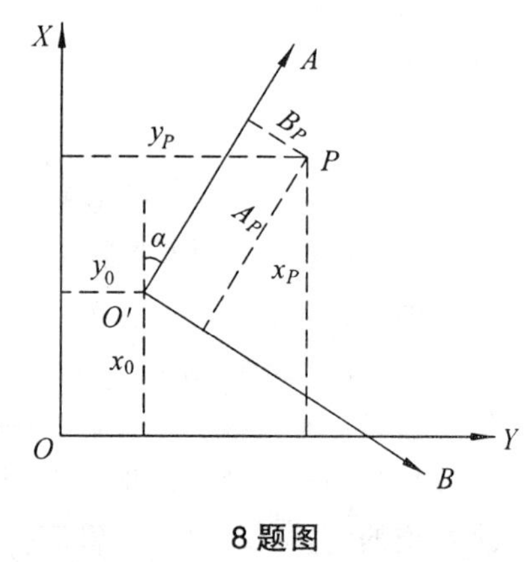

8 题图

的夹角 $\alpha=16°00'00''$，试计算 P 点的测量坐标值。

9. 民用建筑施工测量包括哪些主要测量工作？

10. 轴线控制桩和龙门板的作用是什么？如何设置？

11. 试述基槽开挖时控制深度的方法。

12. 建筑施工中如何由下层楼板向上层传递高程？试述基础皮数杆和墙身皮数杆的立法。

13. 高层建筑施工中如何将底层轴线投测到地层楼面上？

14. 在图中已给出新建筑物与原有建筑物的相对位置（墙厚 370 mm，轴线偏里），试述测设新建筑物的方法和步骤。

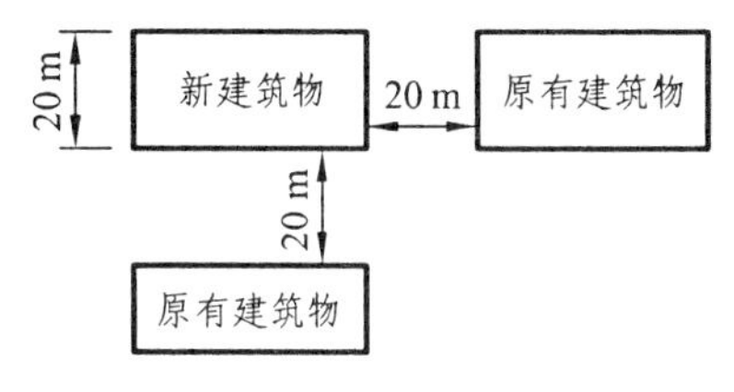

14 题图

15. 如图所示，测得 $\beta=180°00'42''$。设 $a=150.000$ m，$b=100.000$ m，试求 A'、O'、B'三点的调整移动量 δ。

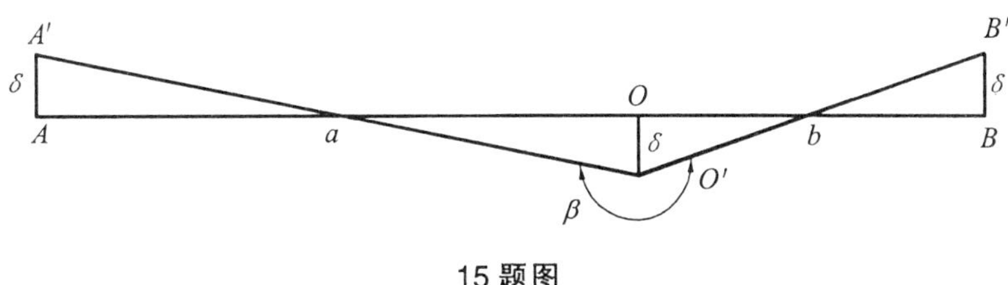

15 题图

16. 建筑物轴线投测方法有哪几种？在使用中应注意哪些问题？

17. 在工业建筑的定位放线中，现场已有建筑方格网作为控制，为何还要测设矩形控制网？

18. 试述柱基的放样方法。

19. 杯形基础定位放线有哪些要求？如何检验是否满足要求？

20. 试述吊车梁的吊装测量工作应注意哪些问题？

21. 对柱子安装测量有何要求？如何进行柱子的竖直校正工作？校正时应注意哪些事项？

22. 烟囱施工测量有何特点？怎样制订施测方案？

23. 为什么要进行变形观测？变形观测主要包括哪几种？

24. 简述沉降观测的目的和方法。

25. 如图 12.48 所示，对某烟囱进行了变形观测，设沿 Y 轴方向观测到的标尺读数为：$y_1=0.57$ m、$y_1'=1.97$ m、$y_2=0.07$ m、$y_2'=2.87$ m，沿 X 轴方向标尺读数为：$x_1=2.05$ m、$x_1'=0.65$ m、$x_2=2.95$ m、$x_2'=0.15$ m，烟囱高为 30 m，试求烟囱、倾斜度及倾斜方向。

26. 为什么要编绘竣工总平面图？竣工总平面图包括哪些内容？

第十三章　桥梁施工测量

桥梁是公路和铁路最重要的组成部分之一。建设一座桥梁，需要进行各种测量工作，其中包括勘测、施工测量、竣工测量等。

桥梁施工测量的目的，是利用测量仪器设备，根据设计图纸中的各项参数（如线路平纵横要素）和控制点坐标（或路线控制桩），按一定精度将桥位准确地测设在地面上，指导施工。根据桥梁类型、施工方法和基础类型的不同，桥梁施工测量的内容和测量方法、精度要求各有不同。概括起来主要包括桥轴长度测量，墩、台中心的定位及细部放样等。

第一节　桥轴线长度的确定及控制测量

一、桥轴线长度的确定

桥梁的中心线称为桥轴线，于桥头两端埋设两个控制点，两控制点 A、B 间的水平距离称为桥轴线长度，如图 13.1 所示。由于墩、台定位时主要以这两点为依据，所以桥轴线长度的精度直接影响墩、台定位的精度。为了保证墩、台定位的精度要求，首先需要估算出桥轴线长度需要的精度，从而合理地拟订测量方案，规定各项测量限差。下面为钢筋混凝土梁桥轴线精度的估算公式。

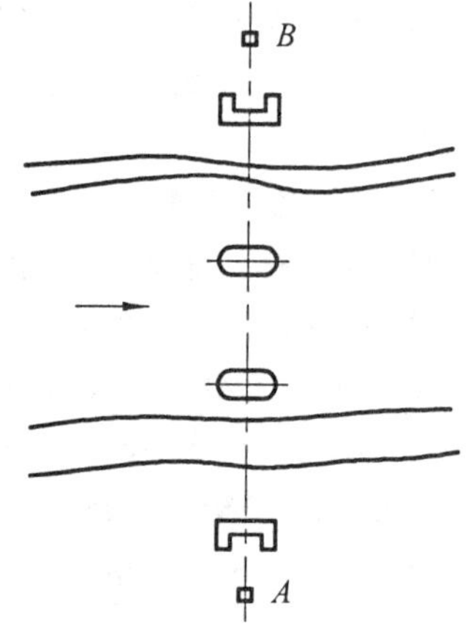

图 13.1　桥轴线

设墩中心点位放样限差为 Δ_D（一般为 ±10 mm），全桥共有 N 跨，则桥轴线长度中误差为：

$$m_L = \pm\frac{\Delta_D}{\sqrt{2}}\sqrt{N} \tag{13.1}$$

其他桥型桥轴线精度的估算公式可查相关资料。按照上式求出桥轴线中误差以后，除以桥轴线长度 L，并化为 $K = 1/N$ 形式，即为桥轴线长度测量应满足的相对中误差。公路桥梁桥位三角网桥轴线精度要求如表 13.1 所列。

表 13.1　公路桥梁桥位三角网桥轴线精度要求

等级	桥轴线的控制桩间距离（m）	测角中误差（″）	桥轴线相对中误差	基线相对中误差
二	＞5 000	±1.0	1/130 000	1/260 000
三	2 000～5 000	±1.8	1/70 000	1/140 000
四	1 000～2 000	±2.5	1/40 000	1/80 000
五	500～1 000	±5.0	1/20 000	1/40 000
六	200～500	±10.0	1/10 000	1/20 000
七	＜200	±20.0	1/5000	1/10 000

二、桥梁平面控制

建立平面控制网的目的是测定桥轴线长度和据以进行墩、台位置的放样；同时，也可用于施工过程中的变形监测。桥梁平面控制以桥轴线控制为主，并保证全桥与线路连接的整体性，同时为墩、台定位提供测量控制点。对于跨越无水河道的直线小桥，桥轴线长度可以直接测定，墩、台位置也可直接利用桥轴线的两个控制点测设，无需建立平面控制网。对于大桥、特大桥，为确保桥轴线长度和墩、台定位精确，不能使用勘测阶段建立的测量控制网来进行施工放样工作，必须布设专用的施工平面控制网。

（一）控制点位要求

布设控制网时，可利用桥址地形图，拟订布网方案，并在仔细研究桥梁设计图及施工组织计划的基础上，结合当地情况进行踏勘选点，点位布设应力求满足以下要求：

（1）图形应尽量简单，并能利用布设的点，用前方交会法，以足够的精度对桥墩进行放样。

（2）控制网一般布设成三角网、边角网和精密导线网，其边长与河宽有关，一般在 0.5～1.5 倍河宽的范围内变动。

（3）为使桥轴线与控制网紧密联系，选择控制点时，应尽可能使桥的轴线作为三角网的一个边，以利于提高桥轴线的精度。如不可能，也应将桥轴线的两个端点纳入网内，以间接求算桥轴线长度，控制点与墩、台的设计位置相距不应太远，以方便墩、台的施工放样。

当桥梁位于曲线上时应把交点桩、主点尽量纳入网中，当这些点不能作为主网的控制点时，应把他们作为附网的控制点，其目的是使控制网与线路紧密联系在一起，从而以比较高的精度获取曲线要素，为精确放样墩、台作准备。

（4）控制点定点后宜组成方正的图形，图形中各三角形的边长应大致相等，交会角不致太大或太小。控制点应选在地质条件稳定、视野开阔、通视良好和便于交会墩位的地方。为便于观测和保存，所有控制点不应位于淹没地区和土壤松软地区，并尽量避开施工区，堆放材料及交通干扰的地方。

在控制点上要埋设标石及刻有“十”字的金属中心标志。如果兼作高程控制点使用，则中心标志宜做成顶部为半球状。

（二）平面控制网布设方法

在布网方法上，桥梁平面控制网可以按常规地面测量方法布设，也可以应用 GPS 技术布网。

桥梁平面控制网按常规方法布设时，基本网形是三角形和四边形，并以跨江正桥部分为主。应用较多的有双三角形、大地四边形、双大地四边形以及三角形与四边形结合的多边形，如图 13.2 所示。根据观测要素的不同，桥梁控制网可布设成三角网、边角混合网、精密导线网等，现分述如下。

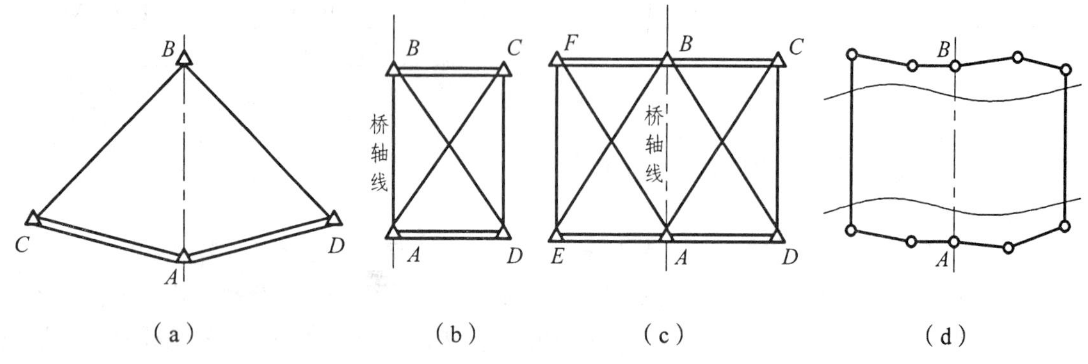

图 13.2　桥梁控制网常用的图形

1. 三角网

桥梁控制网中若观测要素仅为水平角时，控制网就称为测角网。由于测角网中至少应有一条起算边，为了检核，通常应高精度地量测两条基线边，每岸各一条。三角网的基线以前通常用铟瓦尺或经过检定的钢卷尺丈量，现在可采用高精度的光电测距仪和全站仪。

2. 边角混合网

由于全站仪既能量边，又能同时测角，所以在使用中等精度的全站仪观测时，布设测边网的情况很少。同时，测边网边长一般较短，多余观测数很少，可靠性也低，因此，一般用全站仪布设边角网。观测网中全部内角，测量全网所有边长或测量部分边长时，一般应观测三条或三条以上的边长，其中一条是桥轴线，另外在两岸各布设一条边。

3. 精密导线网

由于高精度测距仪的应用，桥梁控制网除了采用三角网和边角网的形式外，还可以选择布设精密导线的方案。如图 13.2（d）所示，在河流两岸的桥轴线上各设立一个控制点，并在桥轴线上、下游沿岸布设最有利交会桥墩的精密导线点。这种布网形式的图形简单，可避免远点交会桥墩时交会精度差的缺陷，因此简化了桥梁控制网的测量工作。

在布设三角网后，需要进行外业测量和内业计算两部分工作。桥梁三角网的外业主要包括角度测量和边长测量。外业测量应根据桥梁等级及精度要求按照角度测量和距离丈量的方法施测。目前一般采用全站仪进行测角和量边。由于桥轴线长度及各个边长都是根据基线及角度推算的，为保证桥轴线有可靠的精度，基线精度要高于桥轴线精度 2～3 倍。如果采用测边网或边角网，因边长是直接测定的，所以不受或少受测角误差的影响，测边的精度与桥轴线要求的精度相当即可。公路桥位三角网主要技术要求见表 13.1。

由于桥梁三角网一般都是独立的，没有坐标及方向的约束条件，所以平差时都按自由网处理。它所采用的坐标系，一般是以桥轴线作为 X 轴，而桥轴线始端控制点的里程作为该点的 x 值。这样，桥梁墩台的设计里程即为该点的 x 坐标值，可以便于以后施工放样的数据计算。

在施工时如因机具、材料等遮挡视线，无法利用主网的点进行施工放样时，可以根据主网两个以上的点将控制点加密。这些加密点称为插点。插点的观测方法与主网相同，但在平差计算时，主网上点的坐标不得变更。

三、桥梁高程控制测量

建立高程控制网的常用方法是水准测量和测距三角高程测量。

1. 高程控制网的布设形式及技术要求

在桥梁的施工阶段，为了作为放样的高程依据，应建立高程控制网，高程控制网的主要形式是水准网，即在河流两岸建立若干个水准基点。这些水准基点除用于施工外，也可作为以后变形观测的高程基准点。

水准基点布设的数量视河宽及桥的大小而异。一般小桥可只布设 1 个；在 200 m 以内的大、中桥，宜在两岸各布设 1 个；当桥长超过 200 m 时，由于两岸联测不便，为了在高程变化时易于检查，则每岸至少设置 3 个。

水准基点是永久性的，必须十分稳固。除了它的位置要求便于保护外，根据地质条件，可采用混凝土标石、钢管标石、管柱标石或钻孔标石。在标石上方嵌以凸出半球状的铜质或不锈钢标志。

为了方便施工，也可在附近设立施工水准点，由于其使用时间较短，在结构上可以简化，但要求使用方便，也要相对稳定，且在施工时不致破坏。

桥梁水准点与线路水准点应采用同一高程系统。与线路水准点联测的精度不需要很高，当包括引桥在内的桥长小于 500 m 时，可用四等水准联测，大于 500 m 时可用三等水准进行测量。但桥梁本身的施工水准网，则宜用较高精度，因为它是直接影响桥梁各部放样精度的，所以当桥长在 300 m 以上时，应采用二等水准测量的精度；当桥长在 1 000 m 以上时，两岸的水准联测（即跨河水准测量）需采用一等水准测量的精度；桥长在 300 m 以下时施工水准测量可采用三等水准测量的精度。

2. 跨河水准测量

当水准路线需要跨越较宽的河流或山谷时，因跨河视线较长，超过了规定的长度，使水准仪 i 角的误差、大气折光和地球曲率误差均增大，且读尺困难。所以必须采用特殊的观测方法，这就是跨河水准测量方法。这里主要阐述一、二等跨河水准测量。

（1）场地选择。进行跨河水准测量，首先是要选择好跨河地点，如选在江河最窄处，视线避开草丛沙滩的上方，仪器站应选在开阔通风处，跨河视线离水面 2～3 m 以上。跨河场地仪器站和立尺点的布置如图 13.3 所示。

（2）观测方法。当跨河视距较短，渡河比较方便，在短时间内可以完成观测工作时，可采用如图 13.3（a）所示的“Z”字形布设过河场地，图中 I_1、I_2 既是仪器站又是立尺点；当使用两台水准仪作对向观测时，宜布置成图 13.3（b）或（c）的形式。I_1、I_2 为仪器站，b_1、b_2 为立尺点，要求跨河视线尽量相等，岸上视线 I_1b_1、I_2b_2 不少于 10 m 并相等。

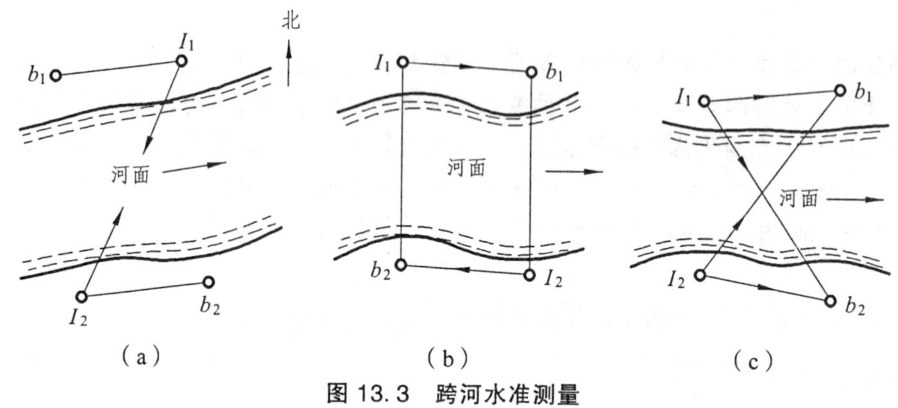

图 13.3　跨河水准测量

观测时，仪器在 I_1 和 I_2 站同时观测 b_1 和 b_2 的立尺，得到两个高差 h_1、h_2，然后取两站所得高差的平均值，此为一个测回。再将仪器对换，同时将标尺对换，同法再测一个测回，取两个测回的平均值作为两点 b_1、b_2 的高差值。

随着电磁波测距技术的发展，测距三角高程测量的应用越来越广泛，其精度可以代替三、四等水准测量，这种方法简便灵活，受地形条件的限制较少。

测距三角高程的基本计算公式前面章节已讨论过，为了削弱大气折光的影响，通常采用对向观测法进行测量。

四、桥轴线长度的测量

桥轴线长度的测量可采用钢尺的精密丈量和光电测距仪测距。当桥梁位于干枯或河面较窄的河段，可用检定后的钢尺直接丈量，目前工程上多采用全站仪测量桥轴线长度。

第二节　桥梁墩、台中心定位及轴线测设

在桥梁墩、台的施工过程中，首要的是测设出墩、台的中心位置，此工作称为墩台定位。其测设数据是根据控制点坐标和设计的墩、台中心位置计算出来的。放样方法则可采用直接测设或交会的方法。

一、直线桥的墩、台中心定位

直线桥梁的墩、台定位所依据的原始资料为桥轴线控制桩的里程和桥梁墩、台的设计里程，根据里程可以算出它们之间的距离，并由此距离定出墩、台的中心位置。

如图 13.4 所示，直线桥的墩、台中心位置都位于桥轴线的方向上。墩、台中心的设计里程及桥轴线起点的里程是已知的，相邻两点的里程相减即可求得它们之间的距离。墩、台定位的方法，可视河宽、河深及墩、台位置等具体情况而定，可采用直接测距法或交会法测设出墩、台中心的位置。

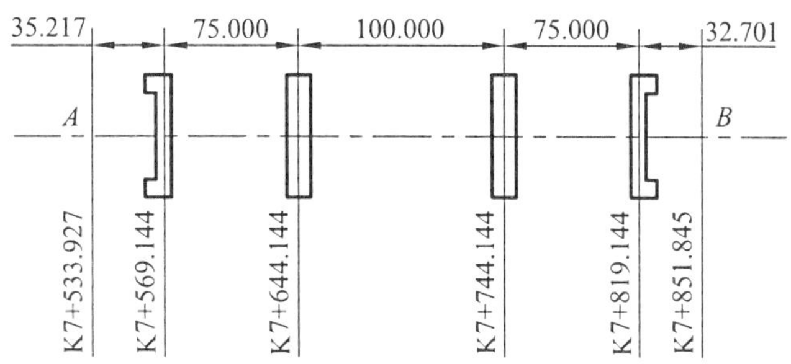

图 13.4　直线桥梁墩、台布置

1. 直接测距法

这种方法适用于无水或浅水河道。根据计算出的距离，从桥轴线的一个端点开始，用检定过的钢尺逐段测设出墩、台中心，并附合于桥轴线的另一个端点上。如在限差范围之内，则依据各段距离的长短按比例调整已测设出的距离。在调整好的位置上在测设出的点位上要用大木桩进行标定，在桩顶钉一小钉，即为测设的点位。

测设墩、台顺序最好从一端到另一端，并在终端与桥轴线的控制桩进行校核，因为按照这种顺序，容易保证桥梁每一跨都满足精度要求。也可从中间向两端测设，但这样容易将误差积累在中间衔接的一跨上。

用全站仪进行直线桥梁墩、台定位，快速、精确，只要墩、台中心处可以安置反射棱镜，而且仪器与棱镜能够通视，即使其间有水流障碍也可采用。

测设时最好将仪器置于桥轴线的一个控制桩上，瞄准另一控制桩。此时，望远镜所指方向为桥轴线方向，在此方向上移动棱镜，通过测距定出各墩、台中心，这样的测设可有效地控制横向误差。如在桥轴线控制桩上的测设遇有障碍，也可将仪器置于任何一个施工控制点上，利用墩、台中心的坐标进行测设。为确保测设点位的准确，测设后应将仪器搬至另一个控制点上再测设一次，进行校核。

2. 交会法

当桥墩位于水中，无法丈量距离及安置棱镜时，则采用角度交会法。

如图 13.5 所示，A、C、D 位控制网的三角点，且 A 为桥轴线的端点，E 为墩中心位置。在控制测量中 φ、φ'、d_1、d_2 为已知值。AE 的距离 l_E 可根据两点里程求出，也为已知，则：

$$\alpha = \arctan\left(\frac{l_E \sin\varphi}{d_1 - l_E \cos\varphi}\right) \tag{13.2}$$

$$\beta = \arctan\left(\frac{l_E \sin\varphi'}{d_2 - l_E \cos\varphi'}\right) \tag{13.3}$$

α、β 也可以根据 A、C、D、E 的已知坐标求出。

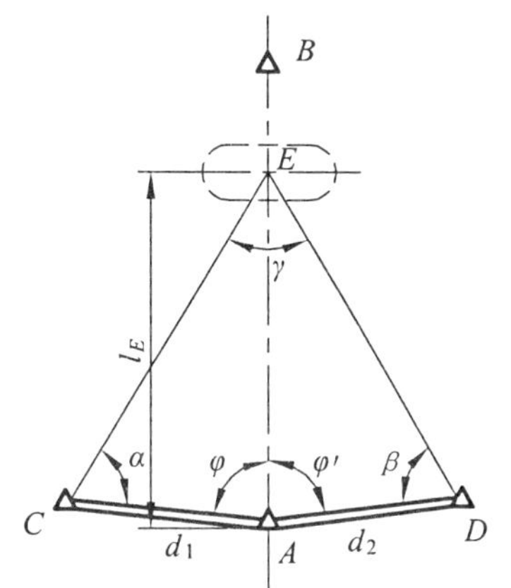

图 13.5　角度交会法

在 C、D 点上架设经纬仪，分别自 CA 及 DA 测设出 α 及 β 角，则两方向的交点即为 E 点的位置。为获得有利的测量数据，不一定要在同岸交会，应充分利用两岸的控制点，选择最为有利的观测条件，必要时也可以在控制网上增设插点，以满足测设要求。

为了检核精度及避免错误，通常都用三个方向交会，即同时利用桥轴线 AB 的方向。

由于测量误差的存在，三个方向不交于一点，形成示误三角形，如图 13.6 所示。如果示误三角形在桥轴线方向上的边长不大于限差，则将交会点 E' 投影至桥轴线上，作为墩中心的点位。

随着工程的进展，需要多次交会桥墩中心的位置。为了工作方便，通常都是在交会方向的延长线上设立标志，如图 13.7 所示。在以后交会时不必重新测设角度，而是直接照准标志即可。

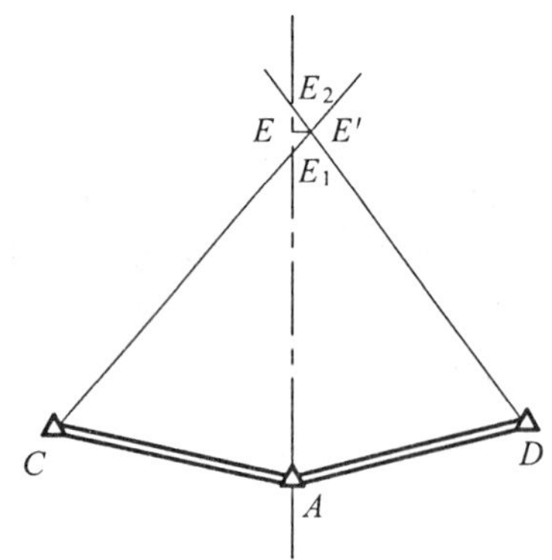

图 13.6　方向交会示误三角形

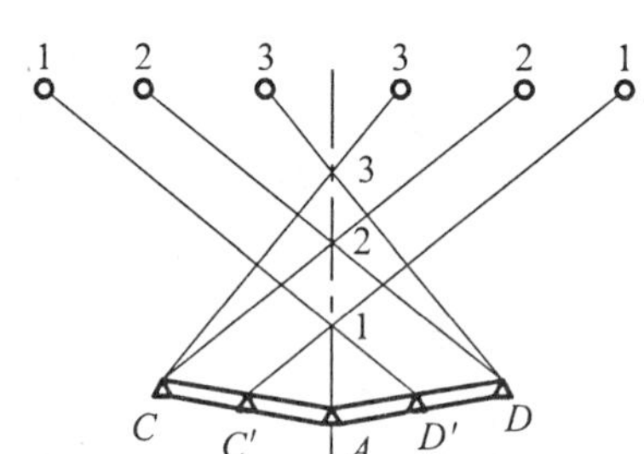

图 13.7　墩台中心交会

当桥墩筑出水面以后，即可在墩上架设棱镜，利用全站仪，以直接测距法定出墩中心的位置。

二、曲线桥的墩、台中心定位

曲线桥墩、台的测设与直线桥大致相同，也要先测设出线路中线上的主要控制点，作为墩、台位置测设及检核的依据。在测设出主要控制点后，经检核无误，即可进行墩、台中心测设。下面以铁路桥为例，说明曲线桥墩、台的中心定位。

在直线桥上，桥梁和线路的中线都是直的，两者完全重合。桥梁位于曲线上，线路中线为曲线，而每孔梁中线是直线，这样线路中线与梁中线两者不吻合。梁在曲线上布置是将各跨梁的中线连接起来，成为与线路中线基本符合的折线，这条折线称为桥梁工作线，也称为墩中心距，用 L 表示，如图 13.8 所示。相邻梁跨工作线所构成的偏角 α 称为桥梁偏角。墩、台中心即位于折线的交点上，曲线桥的墩、台中心定位，就是测设工作线的交点。

在桥梁设计中，梁中心线的两端并不位于线路的中心线上，因为如果位于线路的中线上，梁的中部线路必然偏向梁的外侧，当列车通过时，梁的两侧受力不均。因此桥梁工作线应尽量接近线路中线，所以梁的布置应使桥梁工作线各转折点相对外侧移动一段距离 E，这段距离称为“桥墩偏距”。偏距 E 一般是以梁长为弦线的中矢的一半，这种布梁方法称为平分中矢布置；如果偏距 E 等于中矢值，称为切线布置。两种布置如图 13.9、13.10 所示。

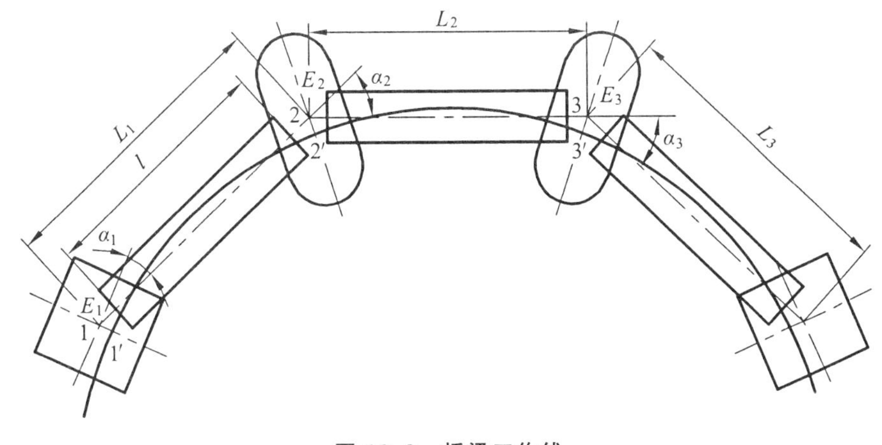

图 13.8 桥梁工作线

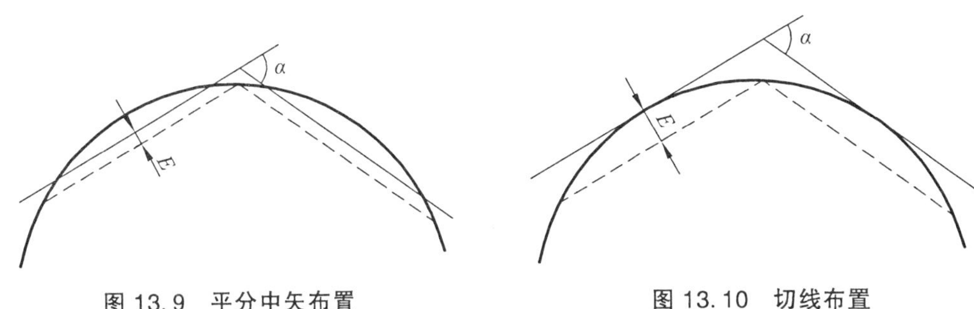

图 13.9 平分中矢布置　　　　图 13.10 切线布置

E、*α*、*L* 在设计图中都已经给出，根据给出的 *E*、*α*、*L* 即可测设墩位。

控制点在线路中线上的位置，可能一端在直线上，而另一端在曲线上（见图 13.11），也可能两端都位于曲线上（见图 13.12）。与直线不同的是曲线上的桥轴线控制桩不能预先设置在线路中线上，再沿曲线测出两控制桩间的长度，而是根据曲线长度，以要求的精度用直角坐标法测设出来。用直角坐标法测设时，是以曲线的切线作为 *X* 轴。为保证测设桥轴线的精度，则必须以更高的精度测量切线的长度，同时也要精密地测出转向角 α。

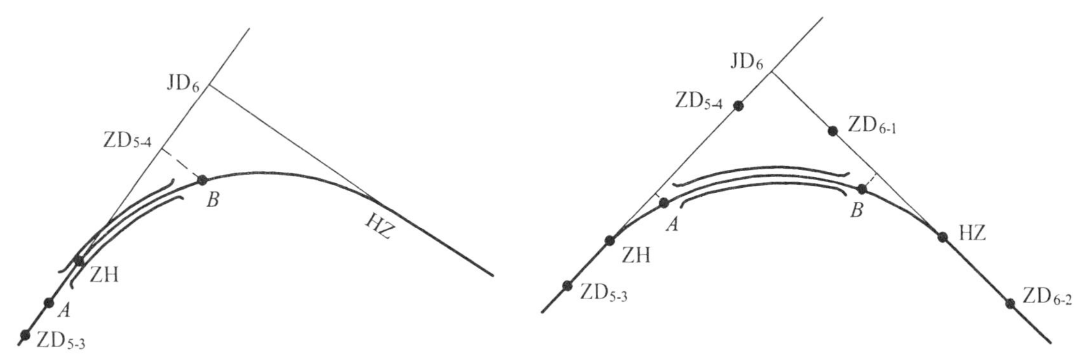

图 13.11 控制点一端在直线上　　　　图 13.12 控制点两端在曲线上

测设控制桩时，如果一端在直线上，而另一端在曲线上（见图 13.12），则先在切线方向上设出 *A* 点，测出 *A* 至转点 $ZD_{5\text{-}3}$ 的距离，则可求得 *A* 点的里程。测设 *B* 点时，应先在桥台以外适宜的距离处，选择 *B* 点的里程，求出它与 ZH（或 HZ）点里程之差，即得曲线长度，据此，可算出 B 点在曲线坐标系内的 x、y 值。ZH 及 A 的里程都是已知的，则 A 至 ZH 的距离可以求出。这段距离与 B 点的 x 坐标之和，即为 A 点至 B 点在切线上的垂足 $ZD_{5\text{-}4}$ 的距离。从 A 沿切线方向精密地测设出 $ZD_{5\text{-}4}$,再在该点垂直于切线的方向上设出 y，即得 B 点的位置。

在测设出桥轴线的控制点以后，即可据以进行墩、台中心的测设。根据条件，也是采用直接测距法、极坐标法或交会法。

1. 直接测距法

在墩、台中心处可以架设仪器时，宜采用这种方法。

由于墩中心距 L 及桥梁偏角 α 是已知的，可以从控制点开始，逐个测设出角度及距离，即直接定出各墩、台中心的位置，最后再符合到另外一个控制点上，以检核测设精度。这种方法称为导线法。

2. 利用全站仪测设时，为了避免误差的积累，可采用极坐标法

由于控制点及各墩、台中心点在曲线坐标系内的坐标是可以求得的，故可据以算出控制点至墩、台中心的距离及其与切线方向的夹角 δ_i。自切线方向开始测设出 δ_i，再在此方向上测设出 D_i，如图 13.13 所示，即测得墩、台中心位置。此种方法因各点是独立测设的，不受前一点测设误差的影响。但在某一点上发生错误或有粗差不易发现，因此一定要对各个墩中心距进行检核。

3. 交会法

当墩位于水中，无法架设仪器及反光镜时，宜采用交会法。

由于这种方法是利用控制网点交会墩位，所以墩位坐标系与控制网的坐标系必须一致才能进行交会数据的计算。如果两者不一致时，则需先进行坐标转换，现举例说明交会数据的计算及交会方法。

在图 13.14 中，A、B、C、D 为控制点，E 为桥墩中心。在 A 点进行交会时，要算出自 AB、AD 作为起始方向的角度 θ_1 及 θ_2。

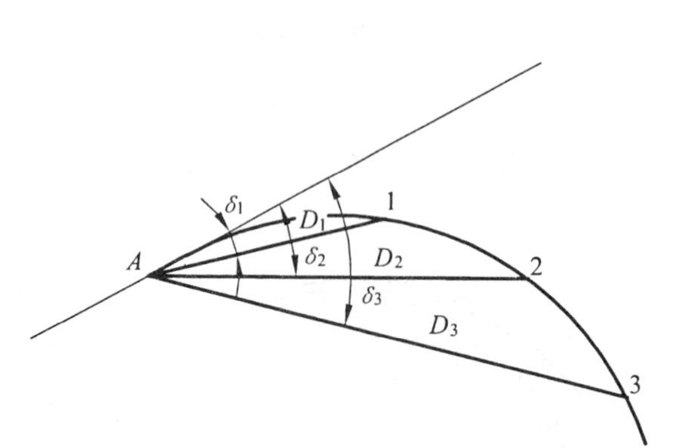

图 13.13 极坐标法测设墩、台中心

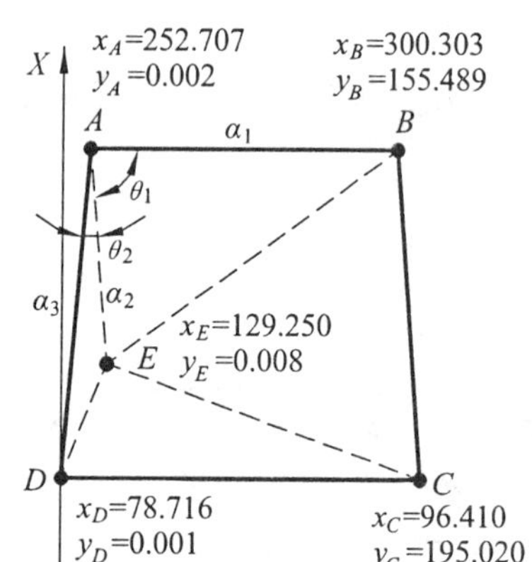

图 13.14 交会数据计算

控制点及墩位的坐标是已知的，可据以算出 AE 的坐标方位角。

$$\alpha_2=\arctan\left(\frac{y_E-y_A}{x_E-x_A}\right)=\arctan\left(\frac{0.008-0.002}{129.250-252.707}\right)=\arctan\left(\frac{0.006}{-123.455}\right)=179°59'50.0''$$

在控制网资料中，已知 AB 的坐标方位角为 $\alpha_1=72°58'48.7''$，AD 的坐标方位角为

$\alpha_3 = 180°00'01.0''$，则：

$$\theta_1 = \alpha_2 - \alpha_1 = 179°59'50.0'' - 72°58'48.7'' = 107°01'01.3''$$
$$\theta_2 = \alpha_3 - \alpha_2 = 180°00'01.0'' - 179°59'50.0'' = 0°00'11.0''$$

同法可求出在 B、C、D 各点交会时的角值。

在 A 点交会时，可以 AB 或 AD 作为起始方向，测设出相应的角值，即得 AE 方向。在交会时，一般需用三个方向，当示误三角形的边长在容许范围内时，取其重心作为墩中心位置。

三、墩、台纵、横轴线的测设

为了进行墩、台施工的细部放样，需要测设其纵、横轴线。在直线上，纵轴线是指过墩、台中心平行于线路方向的轴线；而横轴线是指过墩、台中心垂直于线路方向的轴线；桥台的横轴线是指桥台的胸墙线。

公路、铁路直线桥墩、台的纵轴线与桥轴线的方向重合，无需另行测设。在墩、台中心架设仪器，自纵轴线方向测设 90° 角或 90° 减斜交角度，即为横轴线的方向（见图 13.15）。

曲线桥的墩、台轴线位于桥梁偏角的分角线上，由于相邻墩、台中心曲线长度为 l，曲线半径为 R，则：

$$\frac{\alpha}{2} = \frac{l}{2R} \cdot \frac{180°}{\pi} \tag{13.4}$$

在墩、台中心架设仪器，照准相邻的墩、台中心，测设 $\alpha/2$ 角，即为纵轴线的方向，横轴线方向与直线桥墩测设方法一致（见图 13.16）。

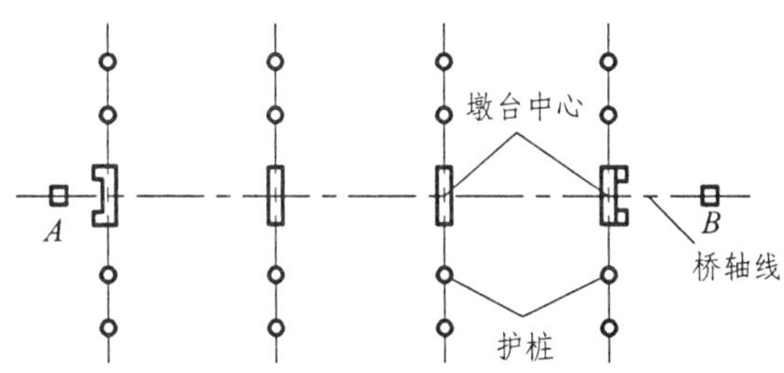

图 13.15 护桩标定墩、台纵、横轴线

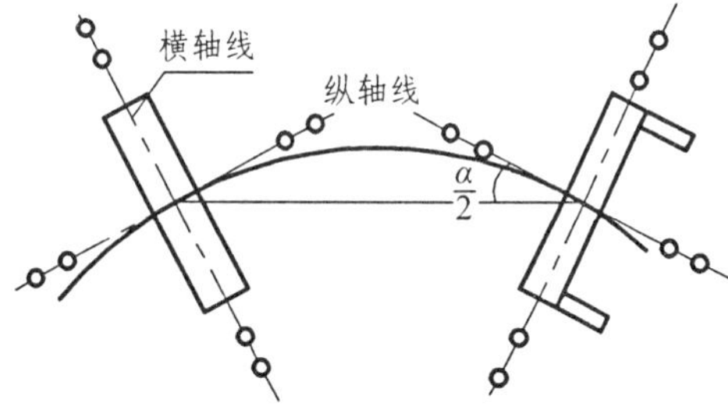

图 13.16 曲线墩台、纵、横轴线

在施工过程中，墩、台中心的定位桩要被挖掉，但随着工程的进展，施工中又经常需要恢复墩、台中心位置，因而要在施工范围以外订设护桩，据以恢复墩台中心的位置。在水中的桥墩，由于不能架设仪器，也不能钉设护桩，所以暂不测设轴线，待筑岛、围堰或沉井露出水面以后，再利用它们钉设护桩，准确地测设出墩台中心及纵、横轴线。

护桩就是在墩、台的纵、横轴线上，于两侧不被干扰的位置各钉设至少两个木桩，因为有两个桩点才可恢复轴线的方向。为防破坏，可以多钉几个木桩。在曲线桥上的护桩纵横交错，使用时容易混淆，因此在桩上一定要注明墩、台编号。

第三节　桥梁细部放样

就整个桥梁放样而言，前面已分别叙述了三个部分：桥轴线放样、根据桥轴线测设墩、台位置，在墩、台中心放样其纵、横轴线。随着施工的进展，随时都要进行放样工作，但桥梁的结构及施工方法不同，所以测量的方法及内容也各不相同。现根据墩、台中心及其纵、横轴线，叙述墩台的细部放样工作，总的来说，主要包括基础放样和墩、台放样和高程测设等工作。

一、桥梁基础的施工放样

1. 明挖基础的施工放样

中小型桥梁的基础，最常用的是明挖基础和桩基础。明挖基础的构造如图 13.17 所示，它是在墩、台位置处挖出一个基坑，将坑底平整后，再灌注基础及墩身。明挖基础多在地面无水的地基上施工。如果在水上明挖基础，则要先建立围堰，将水排出后在进行。

在基础开挖之前，应根据墩、台的中心点及纵、横轴线按设计的平面形状测设出基础轮廓线的控制点。如果基础形状为方形或矩形，基础轮廓线的控制点应为四个角点及四条边与纵、横轴线的交点，如图 13.18 所示的 A、B、C、D 角桩，撒白灰线即可；如果是圆形基础，则为基础轮廓线与纵、横轴线的交点，必要时还可加设轮廓线与纵、横轴线成 45° 线的交点。控制点距桥墩中心点或纵、横轴线的距离应略大于基础设计的底面尺寸，一般可大 0.3～0.5 m，以保证能够正确安装基础模板为原则。如果地基土质稳定，不易坍塌，坑壁可垂直开挖，不设模板，可贴靠坑壁直接砌筑基础和浇筑基础混凝土，此时可不增大开挖尺寸，但应保证基础尺寸偏差在规定容许范围之内。

在开挖基坑时，如坑壁需要有一定的坡度，则应根据基坑深度及坑壁坡度设出开挖边界线。边坡桩至墩、台轴线的距离 D（见图 13.19）依下式计算：

$$D = \frac{b}{2} + h \cdot m \tag{13.5}$$

式中，b 为坑底的长度或宽度；h 为坑底与地面的高差，即基坑开挖深度；m 为坑壁坡度系数的分母。

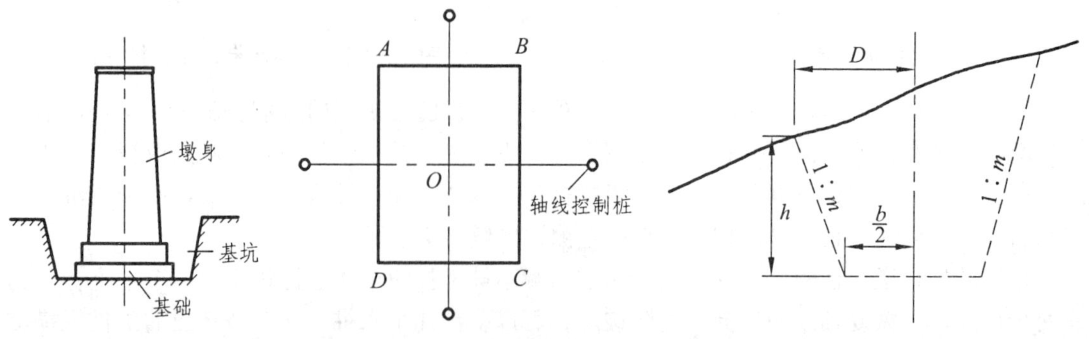

图 13.17　桥梁明挖基础　　图 13.18　基础轮廓线　　图 13.19　基坑边坡桩的测设

在测设边界桩时，自桥墩、台中心点和纵、横轴线，用钢尺丈量水平距离 d，在地面上测设出边坡桩，再根据边坡桩划出灰线，即可依此灰线进行施工开挖。

当基坑挖至坑底的设计高程时，应对坑底进行整平清理，然后安装模板，浇筑基础及墩身。在进行基础及墩身的模板放样时，可将经纬仪安置在墩、台中心线的一个护桩上，以另一个较远的护桩定向，这时仪器的视线即为中心线的正确位置。当模板的高度低于地面时，可用仪器在临时基坑的位置，放出中心线上的两点。在这两点上挂线并用垂球指挥模板的安装工作，如图 13.20 所示。在模板建成后，应检验模板内壁长、宽、及与纵、横轴线之间的关系尺寸，以及模板内壁的垂直程度。

2. 桩基础的施工放样

桩基础是目前常用的一种基础类型。根据施工方法的不同，可分为打入桩和钻（挖）孔桩。打入桩基础是预先将桩制好，按设计的位置及深度打入地下；钻（挖）孔桩是在基础的设计位置上钻（挖）好桩孔，然后在桩孔内放入钢筋笼，并浇筑混凝土成桩。在桩群的上部灌注承台，使桩和承台连成一体，再在承台以上修筑墩身，如图 13.21 所示。

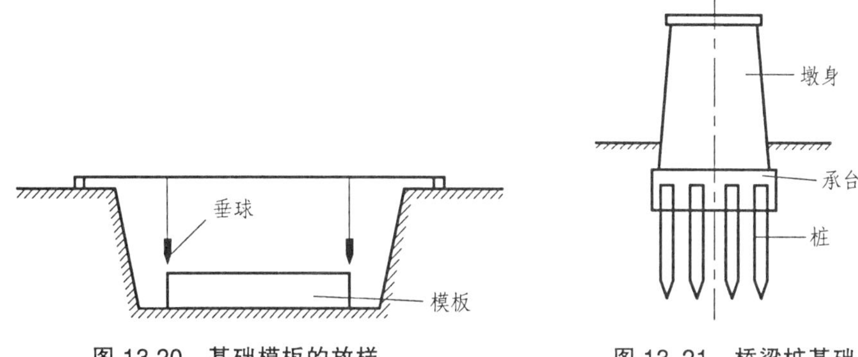

图 13.20 基础模板的放样

图 13.21 桥梁桩基础

在无水的情况下，桩基础的每一根桩的中心点可按其所在以桥梁墩、台纵、横轴线为坐标的轴的坐标系中的设计坐标，用支距法进行测设，如图 13.22 所示。如果各桩为圆周形布置，则各桩也可以其与墩、台纵、横轴线的偏角和至墩、台中心点的距离，用极坐标法进行测设，如图 13.23 所示。一个墩、台的全部桩位宜在场地平整后一次测设出，并以木桩标定，以便桩基础的施工。

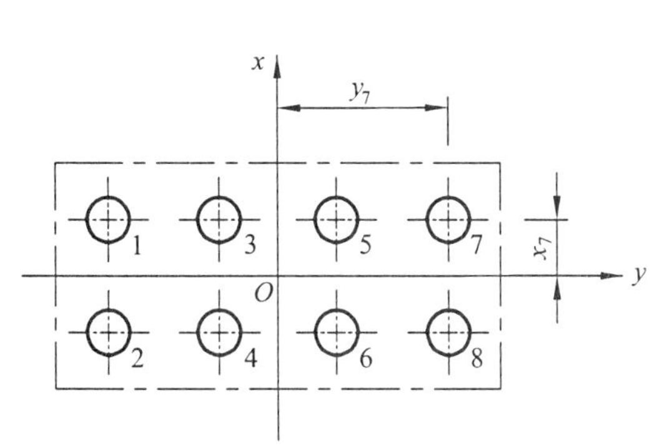

图 13.22 支距法测设桩基础的桩位

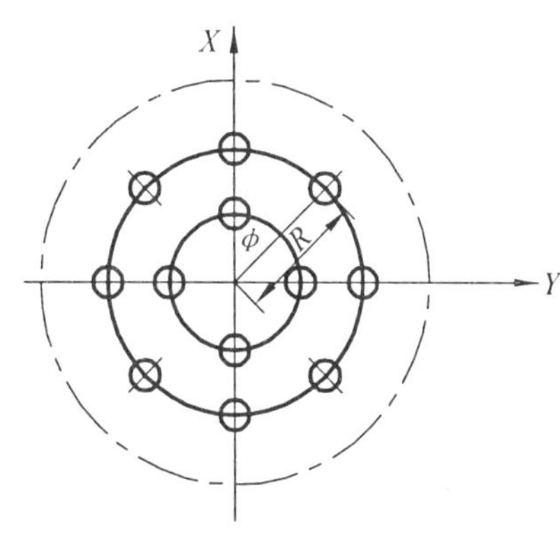

图 13.23 极坐标法测设桩基础的桩位

如果桩基础位于水中，则可用前方交会法直接将每一个桩位定出，也可用交会法测设出其中一行或一列桩位，然后用大型三角尺测设出其他所有的桩位，如图 13.24 所示。

在测设出各桩的中心位置后，应对其进行检核，与设计的中心位置偏差不能大于限差要求。在钻(挖)孔桩浇注完成后，修筑承台以前，应以各桩的中心位置再进行一次测定，作为竣工资料使用。

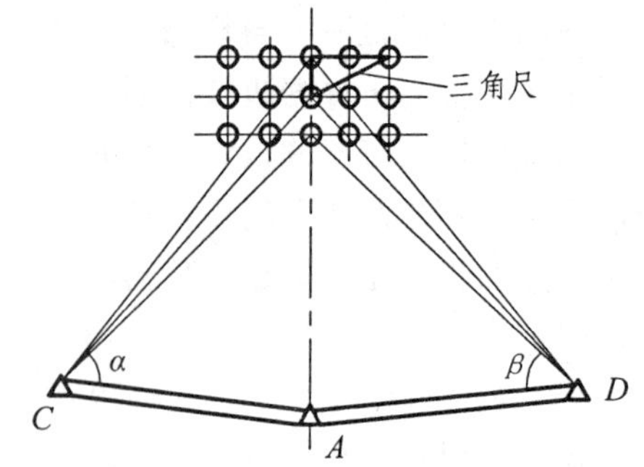

图 13.24 前方交会法测设桩基础的桩位

二、桥梁墩、台高程测设

在开挖基坑、砌筑桥墩的高程放样中，均要进行高程传递，通常都在墩台附近设立一个施工水准点，根据这个水准点以水准测量方法测设各部分的设计高程。但在基础底部及墩、台的上部，由于高差过大，无法用水准尺直接传递高程时，可用悬挂钢尺的办法传递高程。

当高程向下传递时，如图 13.25 所示，可在基坑上下各安置一台水准仪，上面的水准仪后视已知点 A，下面的水准仪前视待求点 D，然后视基坑深度悬挂一根钢尺，使钢尺的零端向下，下面吊一个 10 kg 的重锤。当钢尺稳定后，上下水准仪可同时读取钢尺上下的刻划读数 b 和 c，则 AD 两点的高差为:

$$h_{AD} = (a - b) + (c - d) = a - (b - c) - d \tag{13.6}$$

当高程向上传递时，如图 13.26 所示，可在桥墩上倒挂一根钢尺，使零端向下，则 AD 的高差仍然按上式计算。

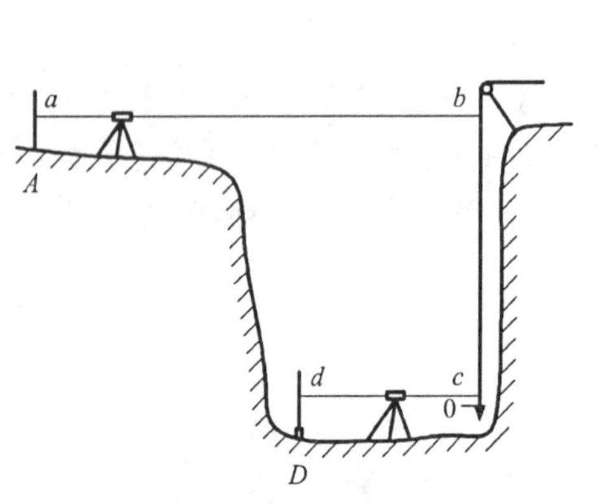

图 13.25 高程向下传递

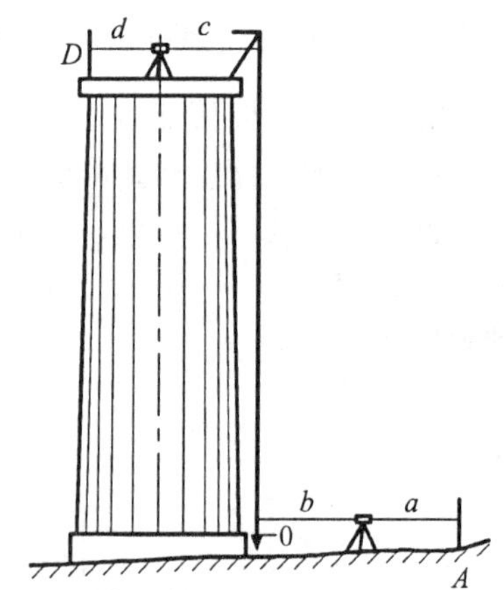

图 13.26 高程向上传递

三、桥（涵）锥体护坡放样

为使路堤与桥台连接处的路基不被冲刷，需在桥台两侧填土呈锥体形，并于表面砌石，称为锥体护坡，简称锥坡。

桥涵中的锥形护坡通常采用1/4椭圆截锥体，如图13.27所示，其平面投影的短边（短半轴）靠近桥台并与桥台的侧墙相接触，而长边（长半轴）与路堤相接。当锥坡的填土高度小于6 m时，锥坡的纵向即平行于路线方向的坡度一般为1∶1；横向即垂直于路线方向的坡度一般为1∶1.5，与桥台后的路基边坡一致。当锥坡的填土高度大于6 m时，路基面以下超过6 m的部分纵向坡度由1∶1变为1∶1.25；横向坡度由1∶1.5变为1∶1.75。

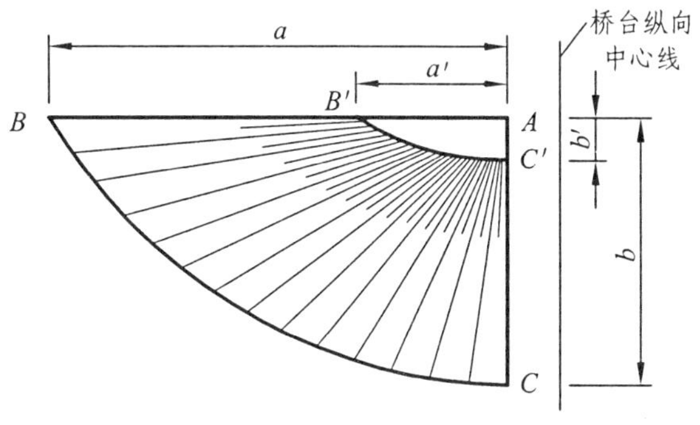

图13.27 锥坡

锥坡的顶面和底面都是椭圆的1/4。锥坡顶面的高程与路肩相同，其长半径 a' 等于桥台宽度与桥台后路基宽度差值的一半；短半径 b' 等于桥台人行道顶面高程与路肩高程之差，但不应小于0.75 m。锥体底面的高程一般与地面高程相同，其长半径 a 等于顶面长半径 a' 加横向边坡的水平距离；短半径 b 等于顶面短半径 b' 加纵向边坡的水平距离。

当锥坡的填土高度 h 小于6 m时：

$$\left.\begin{aligned} a &= a' + 1.5h \\ b &= b' + h \end{aligned}\right\} \tag{13.7}$$

当锥坡的填土高度 h 大于6 m时：

$$\left.\begin{aligned} a &= a' + 1.75h - 1.5 \\ b &= b' + 1.25h - 1.5 \end{aligned}\right\} \tag{13.8}$$

锥坡放样时，只需放出锥坡坡脚的轮廓线（1/4个椭圆），即可由坡脚开始，按纵、横边坡上进行施工。

锥体护坡放样的方法有：支距法、纵横等分图解法、双点双距图解法、双圆垂直投影图解法等。这里重点介绍较简便常用的支距法、纵横等分图解法和双点双距图解法。

1. 支距法

由于放样锥坡是在桥台已修筑完成的前提下进行，因此，放样时要充分顾及到放样的便利条件。其测设步骤如下：

（1）如图13.28所示，在椭圆形曲线的外侧过 B 点作 AB 的延长线 BC，使延长的长度等于椭圆锥长半轴长度 a 即 $BC=a$，并将此长度10等分（可根据实际需要确定），得出各相应等分点，如图中1、2、3…点。每相邻等分的间距为 $x_1=0.1a$，$x_2=0.2a$，$x_3=0.3a$…

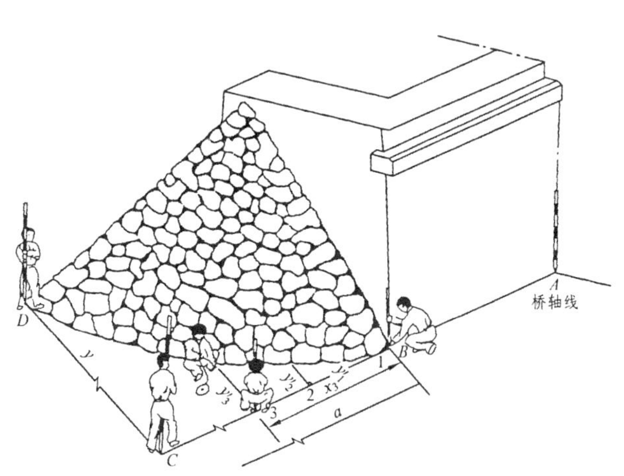

图13.28 锥形护坡放样

（2）计算各等分点的支距 y'。根据解析几何方法，可以求算椭圆上等分点所对应的坐标 y 值：

$$y=\frac{b}{a}\sqrt{a^2-x^2}$$

因此，各等分点支距 y' 可用下式计算：

$$y'=b-y=b(1-\sqrt{1-0.01n^2}) \tag{13.9}$$

式中，b 为锥形护坡短半轴长；n 为等分数，$n=1$、2、3、…、10。

（3）用直尺沿平行椭圆短轴 CD 的方向量出各点相应的 y' 值并钉桩，再用线绳连接各点便得到椭圆曲线。

（4）基础开挖时，根据基础襟边宽度和开挖深度及基坑放坡计算后放出施工开挖线。

2. 纵横等分图解法

这种方法是先在图纸上按一定比例绘出椭圆曲线。如图 13.29 所示，以椭圆长、短半径 a、b 作一矩形 $ACDB$，将 BD、DC 各分成相同的等份，并以图中所示方法进行编号，连接相应编号的点得直线 1-1、2-2、3-3…1-1 与 2-2 相交于Ⅰ，2-2 与 3-3 相交于Ⅱ，3-3 与 4-4 相交于Ⅲ……交点Ⅰ、Ⅱ、Ⅲ…的连线即为椭圆曲线。按绘图比例尺量取Ⅰ、Ⅱ、Ⅲ…各点的纵距和横距，以此作为放样数据。

实地放样时，先在地面测设矩形 $ACDB$，然后自 B 在 BD 直线上量出Ⅰ、Ⅱ、Ⅲ…各点的纵距 y_1、y_2、y_3…得各点垂足，由此再量出各点横距 x_1、x_2、x_3…即得Ⅰ、Ⅱ、Ⅲ…各点即为坡脚点，其连线即是椭圆所在的坡脚线，在Ⅰ、Ⅱ、Ⅲ…各点打桩并分别与锥顶连接挂线调顺即可。

这种方法简便，知道了锥体的高度和横顺坡就可在现场放出 1/4 椭圆的坡脚线，如果现场条件许可，也可不绘图，直接在现场按上述作图方法拉线交出Ⅰ、Ⅱ、Ⅲ…各点打桩。

此法等分的数目越多，得到的坡脚挂线点越多就越精确。

3. 双点双距图解法

这种方法也是在图纸上按一定比例尺绘出椭圆曲线，比例尺宜大些，一般采用 1∶50 或 1∶100，以满足放样精度的要求。其步骤如下：

（1）如图 13.30 所示，先在图纸上绘出一条直线 BB'，使 $BB'=2a$，取 BB' 的中点 A，自 A 作 AC 垂直于 BB'，且使 $AC=b$。

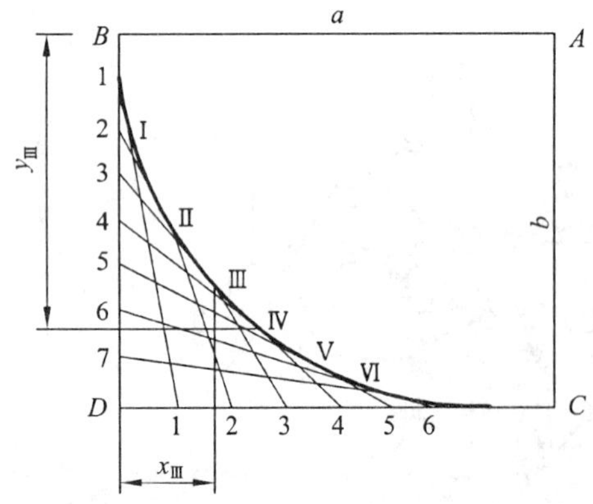

图 13.29 纵横等分图解法

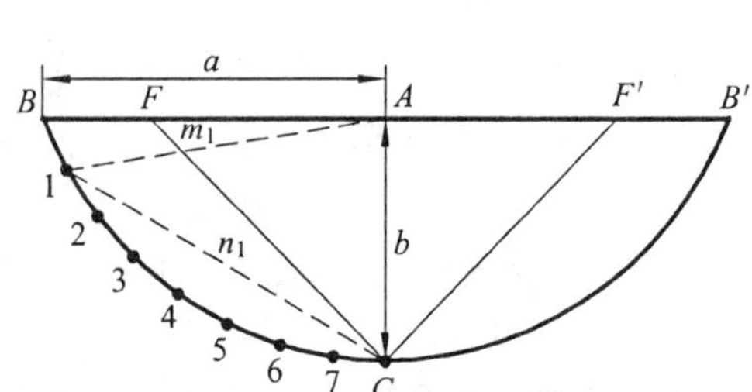

图 13.30 双点双距图解法

(2) 以 C 为圆心，a 为半径画弧交 BB' 于 F、F' 两点，即为椭圆两焦点。

(3) 将一根长度为 $2a$ 细线，用针将其两端分别固定在焦点 F、F' 上，用铅笔尖靠在细线上拉紧细线画弧，即成半个椭圆 BCB'。

(4) 将 BC 弧分成若干段，得到 1、2、3…各点，按绘图比例尺量出这些点至 A、C 的距离 m_i、n_i等，并列表作为放样数据。

现场放样时，先根据长、短半轴长 a、b 测设出 A、B（B'）C 三点，然后自 A、C 两点相应量取 m_1、n_1 交会于 1 点，量取 m_2、n_2 交会于 2 点等，交会时注意两尺拉紧并置于同一水平面上。

4. 全站仪坐标法

在目前全站仪逐渐普及的情况下，采用全站仪放样锥坡极为简便、精确。

这种方法可按支距法将 b 或 a 等分成 n 段，根据各等分点的 x 值或 y 值，按椭圆方程计算各相应的 y 值或 x 值，从而获得 n 个椭圆曲线点坐标。测设时，将全站仪安置在 A、B、C、D 任一点上，后视另一点，即可按坐标测设出椭圆曲线上各点。

第四节　涵洞施工测量

涵洞属小型公路、铁路构造物，进行涵洞施工测量时，利用路线勘测时建立的控制点就可进行，不需另建施工控制网。

涵洞施工测量时要首先放出涵洞的轴线位置，即根据涵洞施工设计图表给出的涵洞中心里程，放出涵洞轴线与线路中线的交点，然后根据涵洞轴线与线路中线的交角，放出涵洞的轴线方向。

放样直线上的涵洞时，依涵洞的里程，自附近测设的里程桩沿线路方向量出相应的距离，即得涵洞轴线与线路中线的交点。若涵洞位于线路曲线上，则用测设曲线的方法定出涵洞轴线与线路中线的交点。

涵洞分为正交涵洞和斜交涵洞两种。正交涵洞的轴线与线路中线或其切线垂直；斜交涵洞的轴线与线路中线或其切线不相垂直而成斜交角 φ，φ 角与 90° 之差称为斜度 θ，如图 13.31 所示。

定出涵洞轴线与线路的交点后，将经纬仪安置在涵洞轴线与线路中线的交点处拨角即可定出涵洞轴线方向，涵洞轴线用大木桩标志在地面上，这些标志桩应在线路两侧涵洞的施工范围以外，每侧两个。自涵洞轴线与线路中线的交点处沿涵洞轴线方向量出上、下游的涵长，即得涵洞口的位置，并用小木桩标志涵洞口。

涵洞细部的高程放样，一般是利用附近已有的水准点用水准测量的方法进行。

涵洞基础及基坑边线由涵洞轴线设定，在基础轮廓线的转折处都要用木桩标定，如图 13.32 所示。开挖基础前还应定出基坑的开挖边界线。

基础建成后，安装管节或砌筑涵身等各个细部的放样，仍应以涵洞轴线为基准进行。这样基础的误差不会影响到涵身的正确位置。

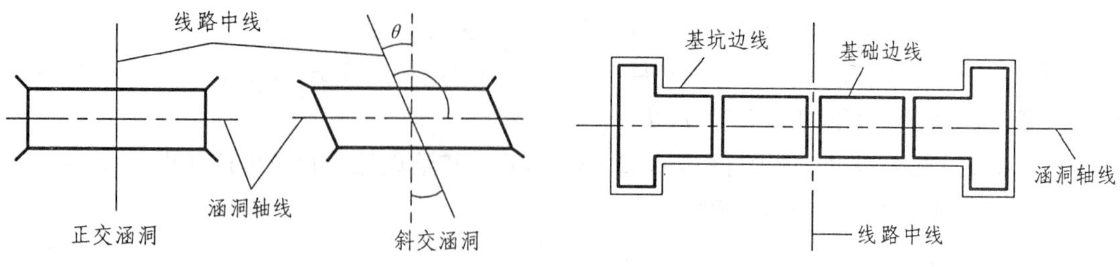

图 13.31　涵洞轴线测设　　　　**图 13.32　涵洞基础测设**

对于基础面纵坡的测设，当涵洞顶部填土在 2 m 以上时，应设置预留拱度，以便路堤下沉后仍能保持涵洞原有的坡度。根据基坑土壤的种类，预留拱度一般采用 $H/50$ 或 $H/80$。H 为线路中心处涵洞流水槽面到路基设计高的填土高度。

测量放样时，应保证涵洞长度、涵底高程的正确。涵洞施工测量的精度比桥梁施工测量的精度低，在平面放样时，主要保证涵洞轴线与公路轴线保持设计的角度，即控制涵洞的长度。在高程控制放样时，要控制洞底与上、下游的衔接，保证洞底纵坡与设计图纸一致，不得积水。

思考题与习题

1. 什么是桥轴线？它的需要精度有何规定？
2. 桥梁施工测量的主要内容分哪几部分？桥梁控制测量的目的是什么？
3. 布设桥梁平面控制网时，应满足哪些要求？通常采用哪几种形式？各有什么特点？
4. 桥梁墩、台的纵、横轴线是怎样测定的？为什么在设立护桩时每侧不少于 2 个？
5. 如何测设涵洞轴线方向？
6. 在控制点 A、C、D 处安置仪器，用角度交会法测设桥墩中心 E，已知控制点及桥墩中心的坐标为

x_C=1 212.45　　y_C=－234.72

x_A=1 238.96　　y_A=0

x_D=1 207.63　　y_D=243.85

x_E=1 492.78　　y_E=0

计算在 C、D 测设 E 点的角度 α 和 β，叙述测设方法。

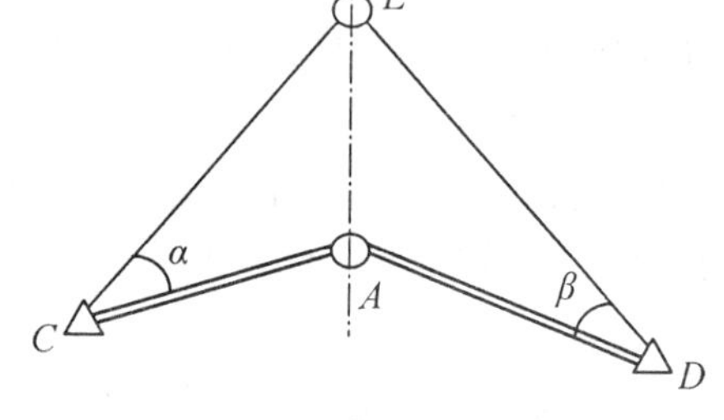

6 题图

第十四章　隧道测量

隧道测量的主要任务，在勘测设计阶段是提供选址地形图和地质填图所需的测绘资料，定测时将隧道中线桩测设在地面上；在施工阶段是保证隧道从两端沿中线开挖能按照设计规定的精度正确贯通，并按设计要求对隧道各个部位的断面尺寸进行放样。

勘测设计阶段的测量工作，主要是为满足设计需要而测绘 1∶2 000 或 1∶5 000 的带状地形图，宽度为隧道中线两侧 100～200 m。

在施工阶段，主要是根据隧道施工所要求的精度和工作顺序安排相应的测量工作。施工阶段的主要测量工作包括：隧道开挖之前先做好洞外的地面控制测量，然后将地面控制网中的坐标和高程传递到洞内，称为联系测量；开挖以后，必须按照与地面控制测量统一的坐标系统，建立洞内控制网；再根据洞内控制导线标定隧道中线及其衬砌位置，保证隧道的正确贯通和施工；隧道贯通以后，还要进行实际贯通误差的测定和线路中线的调整。

工程完工以后，还要进行竣工测量，检查施工质量，为交付运营提供各种测量数据。运营以后，还要定期进行沉降、位移观测。

第一节　隧道洞外控制测量

因隧道施工造价高、施工难度大等原因，不同于桥梁等其他构造物。公路隧道按其洞身的长度可分为四级，如表 14.1 所示。

表 14.1　公路隧道分级

公路隧道分级	特长隧道	长隧道	中隧道	短隧道
直线形隧道长度（m）	$L>3\,000$	$3\,000\geqslant L>1\,000$	$1\,000\geqslant L>500$	$L\leqslant 500$
曲线形隧道长度（m）	$L>1\,500$	$1\,500\geqslant L\geqslant 500$	$500>L\geqslant 250$	$L<250$

隧道施工时一般从两端沿中线相向开挖，随着中线向洞内延伸，中线测设误差会逐渐积累。对于较长隧道为了缩短工期，需要增加开挖工作面，根据地形采用横洞、斜井、竖井或平行坑道，将隧道分成多段施工。因此，为保证隧道贯通，使中线平面位置和高程在规定的限差内，首先要进行洞外控制测量。洞外控制测量包括平面控制测量和高程控制测量。

一、洞外平面控制测量

洞外平面控制测量的主要任务是测定两相向开挖洞口各控制点的相对位置，并与洞外线路中线点相联系，以便根据洞口控制点按设计方向进行开挖，保证隧道按规定精度贯通。隧道洞外平面控制测量可以结合隧道的长度和平面形状以及路线通过地区的地形情况等，分别采用：中线法、导线法、三角锁法、GPS 测量。

1. 中线法

对于长度较短的直线隧道，可以采用中线法定线。中线法就是在隧道洞顶地面上用直接定线的方法，把隧道的中线每隔一定的距离用控制桩精确地标定在地面上，作为隧道施工引测进洞的依据。由于洞口两点不通视，需要在洞顶地面上反复校核中线控制桩是否精确地放在路线中线上。通常采用正倒镜分中延长直线法，从一端洞口的控制点向另一端洞口延长直线。

如图 14.1 所示，图中 A、D 为定测时路线的中线点（也是隧道洞口的控制桩），B、C…为隧道洞顶的中线控制桩，在施工之前要进行复测，确认这些桩是否在一条直线上，并测量它们之间的距离。可按如下方法进行测设：

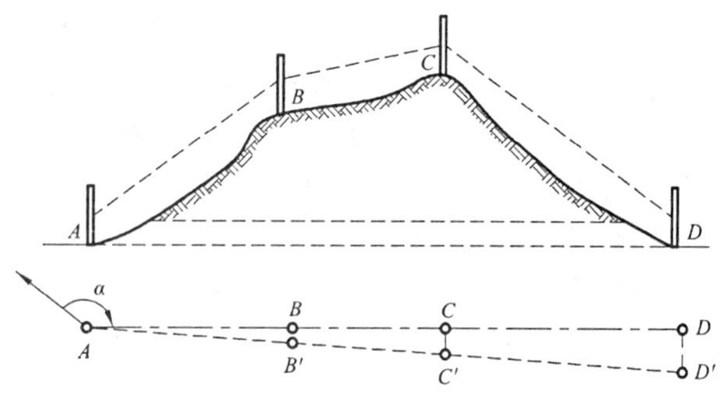

图 14.1　中线法地面控制

在 A 点安置仪器（经纬仪或全站仪），根据概略方向在洞顶地面上定出 B' 点，搬仪器到 B' 点，采用正倒镜分中法延长直线 AB' 到 C' 点，同法继续延长该直线，直到另一洞口控制桩 D 点的近旁 D' 点。在延长直线的同时，用经纬仪视距法或全站仪测距法测定 AB'、$B'C'$ 和 $C'D'$ 的距离。此时 D、D' 两点若不重合，量取 D、D' 两点的距离 DD'。按比例关系计算出 C 点偏离中线的距离 CC'：

$$CC' = \frac{AC'}{AD'} \cdot DD' \tag{14.1}$$

在 C' 点沿垂直于 $C'D'$ 的方向量取距离 CC' 定出 C 点，将仪器安置于 C 点，采用正倒镜分中法，延长直线 DC 到 B 点，同法继续延长该直线，直到另一洞口控制桩 A 点的近旁得 A' 点，若 A' 点与 A 点重合（或在容许误差范围内），则测设完成；否则，用同样的方法进行第二次趋近，直至 B、C 等点精确位于 A、D 方向上为止。B、C 等点即可作为隧道掘进方向的定向点，A、B、C、D 的分段距离应用全站仪测定，测距的相对误差不应大于 1/5 000。

施工时，将仪器安置于隧道洞口控制桩 A 或 D 上，照准定向点 B 或 C，即可向洞内延伸直线。

隧道位于曲线时，主要是在山顶测设切线（方法与直线隧道相同），则应首先精确标出两切线方向，然后精确测出转向角，将切线长度正确地标定在地表上，以切线上的控制点为准，将中线引入洞内。中线法简单、直观，但其精度不高。

2. 导线法

目前，全站仪已普及使用，导线测量建立洞外平面控制测量已成为主要方法。导线法平面控制就是用导线连接进出口中线控制点，按精密导线方法实测和计算，求得隧道两端洞口中线控制点间的相对位置，作为引测进洞和洞内测量的依据。对于曲线隧道，导线也应沿两端洞口连线布设成直伸型导线为宜，并应将曲线的起、终点以及曲线切线上的两点包含在导线中。这样，曲线的转角即可根据导线测量结果计算出来，据此便可将路线定测时所测得的转角加以修正，从而获得更为精确的曲线测设元素。在有横洞、斜井和竖井的情况下，导线应经过这些洞口，以减少洞口投点。为了增加校核条件，提高导线测量的精度，导线布设形式一般多采用闭合导线环和主副导线闭合环。主副导线闭合环是将主导线尽量沿隧道中线布设，副导线采取较自由的方法布设，一般与主导线平行，主副导线在两洞口附近闭合。主导线既测角又测边，并计算各点坐标。副导线只测角不测边，目的是使导线角度测量得以检查，因此，不必计算副导线点坐标。

导线水平角的观测，应以总测回数的奇数测回和偶数测回，分别观测导线前进方向的左角和右角，以检查测角错误；将它们换算为左角或右角后再取平均值，可以提高测角精度。

为了减小仪器误差对测角精度的影响，导线点之间的高差不宜过大，视线应高出旁边障碍物或地面 1 m 以上，以减小地面折光和旁折光的影响。导线环水平角的观测，应以总测回数的奇数测回和偶数测回分别观测导线前进方向的左角和右角，以检查测角错误。导线法比较灵活、方便，对地形的适应性比较大。隧道洞外导线测量的等级划分、适用长度和精度要求可参考相关规范的技术要求。

3. 三角锁法

对长隧道或曲线隧道及上、下行隧道的施工控制网，由于地形复杂、要求更高，应以布设三角锁为宜，如图 14.2 所示。三角网的点位精度比导线点高，有利于控制隧道贯通的横向误差。布设三角锁时，先根据隧道平面图拟订三角网，然后实地选点，用三角测量的方法建立隧道施工控制网。

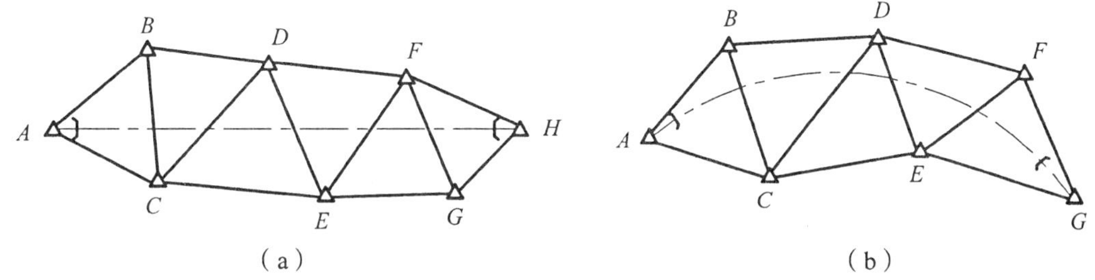

图 14.2　三角锁法地面控制

用三角锁布设隧道施工控制网时，一般布置成与路线同一方向延伸，隧道全长及各进洞点均包括在控制范围内，三角点应分布均匀，并考虑施工引测方便和使误差最小。基线不应离隧道轴线太远，否则将增加三角锁中三角形的个数，从而降低三角锁最远边推算的精度。隧道三角锁的图形，取决于隧道中线的形状、施工方法及地形条件。

直线隧道以单锁为主，三角点尽量靠近中线，条件许可时，可利用隧道中线作为三角锁的一边，以减少测量误差对横向贯通的影响。曲线隧道三角锁以沿两端洞口的连线方向布设较为有利；较短的曲线隧道可布设成中点多边形锁；长曲线隧道，包括一部分是直线、一部分是曲线的隧道，可布设成任意形式的三角形锁。

4. GPS 测量

用 GPS 定位技术作隧道地面控制测量，只需要在洞口外布点即可。对于直线隧道，洞口控制点应选在线路中线上，另外再布设两个定向点，定向点要与洞口点通视，便于引测进洞，但定向点间可不通视。对于曲线隧道，除洞口点外，还应在曲线的两个切线方向上选择两点作为 GPS 控制点，以便精确计算转向角。

GPS 控制测量时不要求点之间相互通视，而且对于网的图形也没有严格的要求，因此点的选择较传统的控制测量要简便，但 GPS 点要满足良好的接收信号的要求。由于 GPS 测量具有定位精度高、观测时间短、布网与观测简单，以及可以全天候作业等优点，在隧道地面控制测量中已得到广泛应用。

二、洞外高程控制测量

洞外高程控制测量的任务，是按照设计精度施测两相向开挖洞口附近水准点的高程，以便将整个隧道的统一高程系统引入洞内，而且，根据两洞口点间的高差和距离，可以确定隧道底面的设计坡度，并按设计坡度控制隧道底面开挖的高程。

洞外高程控制一般采用水准测量和光电测距三角高程测量。当山势陡峻采用水准测量困难时，也可采用光电测距三角高程的方法测定各洞口高程。每一个洞口应埋设不少于两个水准点，两水准点之间的高差，以安置一次水准仪即可测出为宜。两端洞口之间的距离大于 1 km 时，应在中间增设临时水准点，水准点间距以不大于 1 km 为宜。洞外高程控制通常采用三、四等水准测量方法，往返观测或组成闭合水准路线进行施测。

水准线路应选择在连接两端洞口最平坦和最短的地段，以期达到设站少、观测快、精度高的要求。水准线路应尽量直接经过辅助坑道附近，以减少联测工作。水准点的埋设位置应尽可能选在能避开施工干扰、稳定坚实的地方。水准测量的精度，当两开挖洞口之间的水准路线长度短于 10 km 时，容许高程闭合差 $\Delta h = \pm 30\sqrt{L}$ (mm)（L 为单程路线长度，单位为 km）。若高程闭合差在限差以内，取其平均值作为测段之间的高差。

目前，光电测距三角高程测量已广泛使用，因此隧道高程控制测量与地面平面控制测量进行联合作业可减小外业的劳动强度。

第二节　隧道进洞测量

一、进洞测量

隧道贯通误差的大小，除与洞外、洞内控制测量的精度密切相关外，与隧道线路中线的测定精度也有密切关系。由于隧道横向贯通中误差只有几十毫米，线路中线测量的精度一般不能满足隧道横向贯通的精度要求。

图 14.3 所示为一直线隧道，A、B、C、D 为线路中线测量定出的四个转点，理论上应

位于同一直线上，但因线路中线测量的精度远低于洞内、洞外控制测量的精度，实际上四点并不共线。在这种情况下，如果按照 AB 方向和 DC 方向进洞，即使洞内测量再不产生误差，AB、DC 延长之后在贯通面上的中线位置将分别为 F 和 G，仅仅由于线路中线测量误差而产生的贯通误差就有可能使其超限。因此，为了避免线路测量精度过低所导致的影响，通常是将 A、B、C、D 四点纳入地面控制网，或以必要的精度进行联测。这样就可以精确判定 A、B、C、D 四点是否位于同一直线上，也使各点的点位，各点之间的距离，各线段的坐标方位角具有较高的精度。

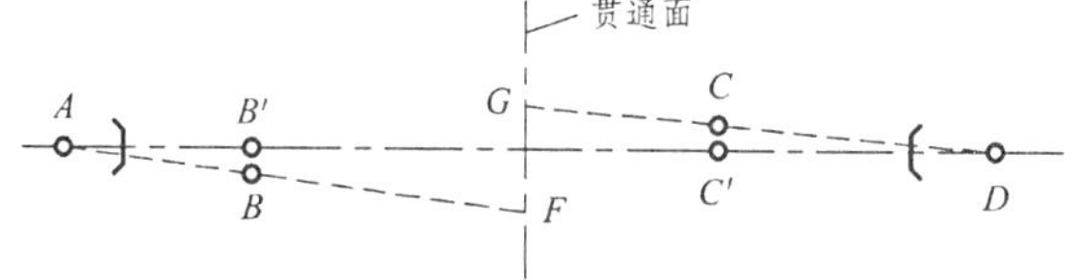

图 14.3　直线隧道进洞测量

在实际作业时，应将两端洞口点即 A 点和 D 点标定。A、D 两点的连线即作为隧道线路中线的平面理论位置，并以此为准。为了线路进洞照准方向方便，则可在两端洞口附近，在 AD 方向增设方向标，如可将 B 点移设至 B'点，将 C 点移设至 C' 点。但 B'、C' 两点不能作为直线隧道的标准控制点使用，否则又会带来误差。当作为方向标使用时，B'点距 A 点，C' 点距 D 点的距离不应过近，一般应在 200 m 以上。

对于曲线隧道也有类似的情况。如图 14.4 所示，该隧道进口端为曲线，出口端为直线。图中 A、B、C、D、E 为线路中线测量所设之点。由于测设精度较低，AB 与 ED 的延长线将不会交于 C 点，且在 C 点上测出的转角也有较大误差，由此计算的曲线测设元素也含有较大误差，如果根据这些数据进洞，会带来较大的贯通误差。因此，A、B、C、D、E 等各点也必须纳入地面控制网或与其进行联测，从而取得各点的精确坐标，然后即可确定各点及各线段之间的精密关系，并可反算出精确的转角值，以此推算曲线测设元素。根据这些精确的数据，才能避免线路测量误差的影响。

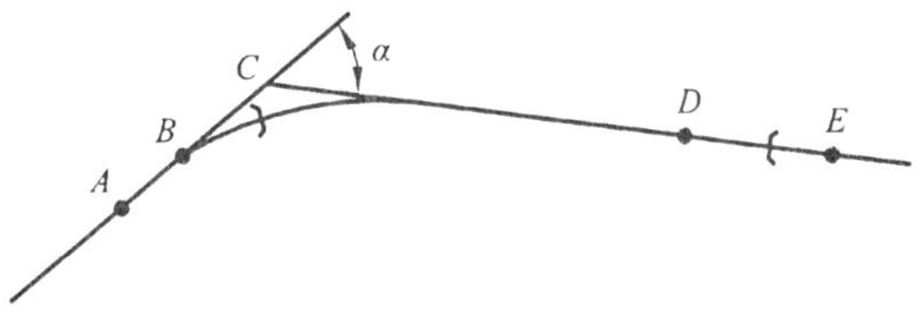

图 14.4　曲线隧道进洞测量

实际作业时，通常都是确定两端洞口外的曲线切线方向。确定的方法，可以在两洞口附近的地面上各定出切线上的两个控制点，通常称为转点，如图 14.4 中的 A、B 和 E、D 点。也可定出 A、C、E 三点作为控制点，C 点作为两切线的交点。

因此，无论直线隧道，还是曲线隧道，应先选定洞口控制点、切线控制点及曲线交点等作为线路标准控制点标定在地面上，再与地面控制网进行联测。这样，隧道线路中线就与洞外、洞内控制测量取得了紧密的关系。施工时，根据洞内设计点和洞口附近控制点之间的距离、角度和高差关系（测设数据），即可进行线路中线的计算，采用极坐标法或其他方法，测设洞内设计点位，从而指导隧道施工。

二、线路进洞关系数据的计算

线路进洞关系数据的计算，是指根据地面控制测量中所得到的洞口控制点的坐标及与之相联系的控制点的坐标和方向，计算进洞的数据，用以指示隧道的开挖方向。一般在直线段

以线路中线作为 X 轴；曲线上则以一条切线方向作为 X 轴。

1. 直线进洞关系数据的计算

直线隧道通常在洞口设置两个控制点，如图 14.5 所示，A、B、C、D 为线路测量时设置的四个转点，A、D 作为两洞口标准控制点。在布设地面控制网时，将四点纳入网中，在得到四点的精密坐标值之后，即可反算 AB、CD 和 AD 的坐标方位角及直线长度。AD 与 AB 坐标方位角之差即为 β_1；DA 与 DC 坐标方位角之差即为 β_2，于是 B 点对于 AD 的垂距 BB'、C 点对于 AD 的垂距 CC' 可就计算出，即：

$$\left.\begin{aligned} BB' &= AB\sin\beta_1 \\ CC' &= CD\sin\beta_2 \end{aligned}\right\} \tag{14.2}$$

为了测设 B' 点，可将经纬仪置于 B 点，后视 A 点，逆时针拨角（$90° - \beta_1$），按视线方向量出 BB' 长度取得 B' 点。同法可测设 C'点，此时 B'、C' 即在 AD 直线上，B'、C' 即可作为方向标使用。以上 B'、C'方向标的测设，通常称为隧道控制点的移桩。

线路进洞时，将经纬仪置于 A 点（D 点），瞄准 B'点（C'点），即得出进洞的方向。为了避免仪器轴系误差的影响，通常采用正倒镜分中定向的方法。洞内线路中线各点的坐标应根据标准控制点 A、D 的坐标计算，而不能使用 B'、C' 点计算。

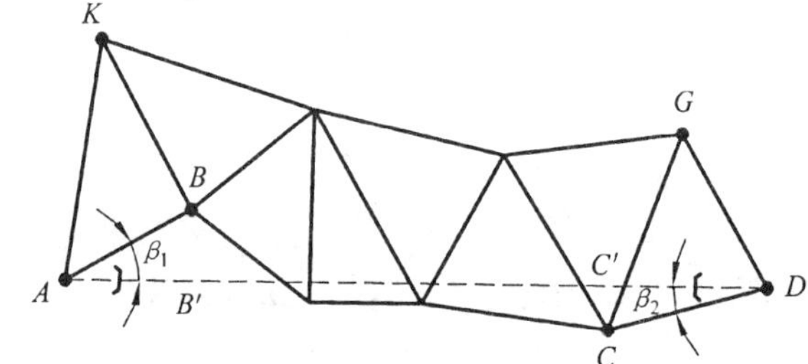

图 14.5　直线隧道控制点的移桩

当洞口仅设置一个控制点时，如图 14.5 所示的 A 和 D 点，这两点为标准控制点。只要将 A、D 点纳入地面控制网中，取得 A、D 两点的精密坐标值，即可反算出 AD 方向的坐标方位角。AK、DG 的坐标方位角也可通过坐标反算求得，$\angle KAD$ 和 $\angle GDA$ 也就可以算出。进洞时将经纬仪置于 A、D 点，即可后视 K、G 点拨角得到进洞的方向。

2. 曲线进洞关系数据的计算

曲线进洞时先计算洞口中线插点的测设数据，测设出该点，然后计算由该点进洞的数据，测设出该点的切线方向。

（1）圆曲线进洞。如图 14.6 所示，设 M、N、P、Q 为曲线两切线上的转点，是控制点，已纳入地面控制网，它们的坐标已知。按照前面所述的圆曲线测设方法可计算出交点 JD、圆心 O、曲线上的主点的坐标。将曲线上的主点纳入地面控制网的坐标系，据此即可计算洞口曲线中线插点 A 的坐标。

曲线中线点 A 一般应选在距洞口位置数米至数十米的地方，该点的中线里程应为整桩号，且与地面其他控制点通视，且便于向洞内引测中线。

A 点坐标求得后，即可用极坐标法测设 A 点，计算 A 点的测设数据 δ 和 s。测设时将仪器置于 N 点上，后视 M 点，拨 δ 角，然后沿视线方向量取 s 距离，即得 A 点。

进洞方向实际上就是 A 点的切线方向，只要计算出图中的放样角 θ 即可。

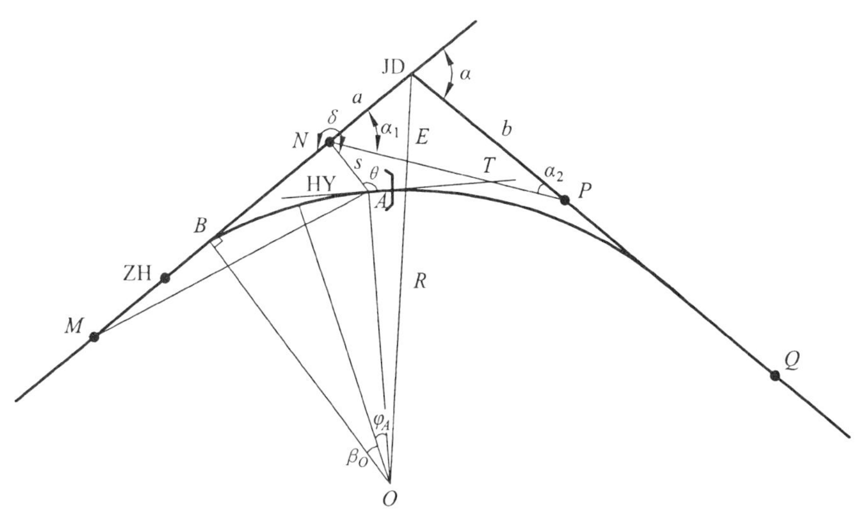

图 14.6　圆曲线进洞测量

$$右转：\alpha_{AT}=\alpha_{OA}+90° \qquad 左转：\alpha_{AT}=\alpha_{OA}-90° \tag{14.3}$$

$$右转：\theta=\alpha_{AT}-\alpha_{AN} \qquad 左转：\theta=\alpha_{AN}-\alpha_{AT} \tag{14.4}$$

将仪器置于 A 点，后视 N 点，拨 θ 角定出 A 点的切线方向。切线方向定出后，按 A 点里程和需要测设的曲线桩里程，用曲线测设的方法施测进洞。

(2) 缓和曲线进洞。如图 14.7 所示，参照圆曲线进洞计算和缓和曲线的测设方法计算出交点坐标，然后根据 A 点里程按前面所讲缓和曲线计算公式计算 A 点的切线支距法坐标，再经坐标的旋转和平移，得出 A 点在地面坐标系中的坐标（x_A，y_A）。

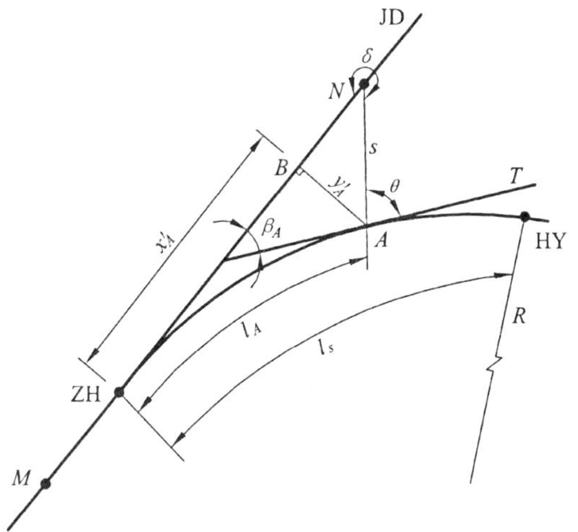

图 14.7　缓和曲线进洞测量

A 点的坐标求得后，再按照极坐标法测设 A 点。先计算测设数据 δ 和 s，测设方法均与圆曲线进洞相同。A 点切线方向的测设也需计算放样角 θ，但与圆曲线进洞时的计算方法不同，应按以下方法计算：

$$\theta=90°+\beta_A-\angle BAN \tag{14.5}$$

A 点的切线角　$\beta_A=\dfrac{l_A^2}{2Rl_s}\cdot\dfrac{180°}{\pi}$

右转：$\angle BAN=\alpha_{AN}-\alpha_{AB}$　　左转：$\angle BAN=\alpha_{AB}-\alpha_{AN}$

这样在 A 点上按计算所得 θ 角即可将 A 点的切线放出。

三、由洞外向洞内传递方向和坐标

为了加快施工进度，隧道施工中除了进、出口的两个开挖面外，还会用平行导坑、斜井、横洞或竖井来增加施工开挖面。为此就要经由它们布设导线，把洞外导线的方向和坐标传递给洞内导线，构成一个洞内、洞外统一的控制系统，这种导线称为联系导线，如图 14.8 所示。联系导线属支导线性质，其测角误差和边长误差直接影响隧道的横向贯通精度，故使用中必须多次精密测定、反复校核，确保无误。

当由竖井进行联系测量时，可以采用垂准仪光学投点、陀螺经纬仪定向的方法，来传递坐标和方位。

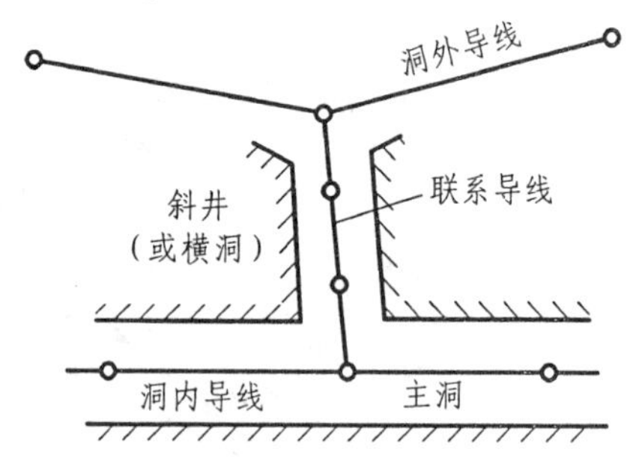

图 14.8　联系导线

四、由洞外向洞内传递高程

经由斜井或横洞向洞内传递高程时，可采用往返水准测量，当高差较差合限时取平均值的方法。由于斜井坡度较陡，视线很短，测站很多，加之照明条件差，故误差积累较大，每隔 10 站左右应在斜井边脚设一临时水准点，以便往返测量时校核。随全站仪的普及，现常用光电测距三角高程测量的方法来传递高程，大大提高了工作效率。

由竖井传递高程，是通过测量井深而将地面水准点的高程传递至井下的水准点，高程传递应独立进行两次，其互差应满足限差要求。竖井传递高程有以下两种方法：

1. 钢尺导入法传递高程

此法为传统的竖井传递高程的方法，即在井上悬挂一根经过检定的钢尺（或钢丝），尺零点下端挂一标准拉力的重锤，如图 14.9 所示，在井上、井下各安置一台水准仪，同时读取钢尺读数 l_1 和 l_2，然后再读取井上、井下水准点的尺读数 a、b，为避免钢尺上下移动对测量结果的影响，井上、井下读取钢尺读数 l_1 和 l_2 必须同时进行。变更仪器高，并将钢尺升高或降低，重新观测一次。观测时应量取井口和井下的温度。由此可求得井下水准点 B 的高程：

$$H_B = H_A + a - [(l_1 - l_2) + \Delta t + \Delta k] - b \tag{14.6}$$

式中，H_A 为井上水准点 A 的高程；a、b 为井上、井下水准尺读数；l_1、l_2 为井上、井下钢尺读数，$L = l_1 - l_2$；Δk 为钢尺尺长改正数；Δt 为钢尺温度改正数，

$$\Delta t = \alpha L(t_{均} - t_0)$$

式中，α 为钢尺膨胀系数，取 1.25×10^{-5}/°C；$t_{均}$ 为井上、井下平均温度；t_0 为钢尺检定时的温度。

2. 用光电测距仪传递高程

此法用光电测距仪代替钢尺测定竖井的深度，由于观测的是竖直距离，就需按仪器的外部轮廓加工一个支架，支架由托架和脚架组成，测量时将仪器平放在托架上，使仪器竖轴处于水平位置。

如图 14.10 所示，将光电测距仪安置在地面井口盖板上的特制支架上，并使仪器竖轴水平，望远镜竖直瞄准井下预置的反射棱镜，在测井深前，应将气象参数即温度和气压以及棱镜常数输入仪器，然后测出井深 h。在井上、井下各置一台水准仪。由地面上的水准仪在已知水准点 A 的水准尺上读取读数 a，在测距仪横轴位置（发射中心）立尺读取读数 b；由井

下水准仪在洞内水准点 B 的水准尺上读取读数易 b'，将尺立于反射棱镜中心读取读数 a'。井下水准点 B 的高程为：

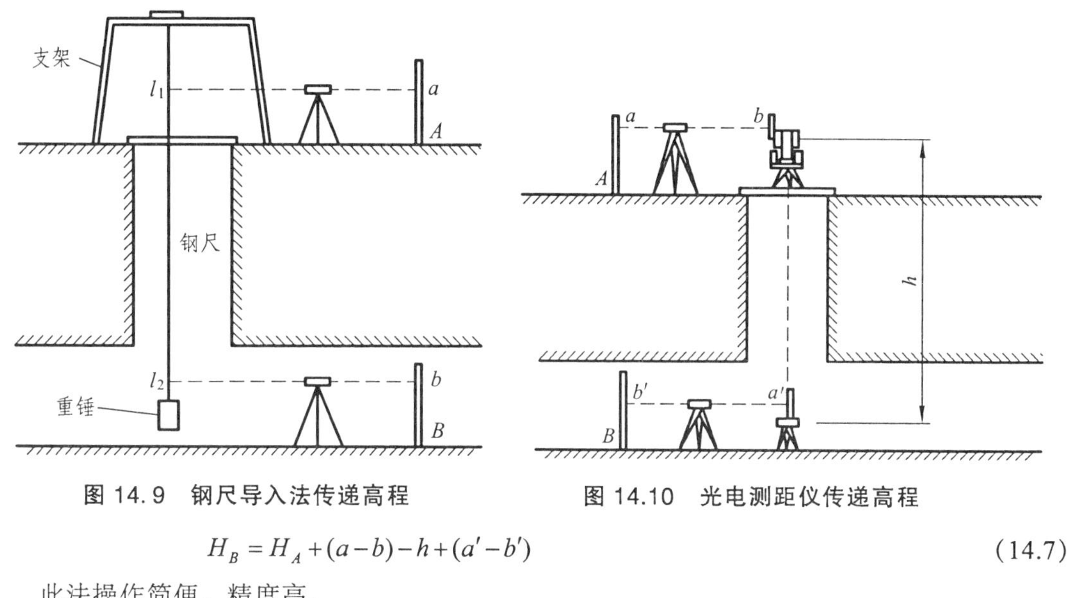

图 14.9　钢尺导入法传递高程　　　图 14.10　光电测距仪传递高程

$$H_B = H_A + (a-b) - h + (a'-b') \tag{14.7}$$

此法操作简便，精度高。

第三节　洞内控制测量

隧道洞内控制测量包括平面控制测量和高程控制测量。隧道洞内施工放样是依据中线，随着开挖延伸长度的增加，中线纵向测量误差、横向测量误差、高程测量误差的累积，将会影响贯通质量，因此，除建立洞外控制系统外，还要建立洞内控制系统，将洞外建立的平面控制和高程控制传递到洞内，从而建立洞内控制点。其目的是依据洞内控制点的放样中线，可以及时修正隧道中线的偏差，控制掘进方向，保证洞内建筑物的精度和隧道施工中多向掘进的贯通精度。

一、洞内平面控制测量

由于隧道洞内场地狭窄，故洞内平面控制主要采用中线和导线两种形式。

（一）中线形式

中线形式是指用中线控制点直接进行施工放样。一般以定测精度测设出新点，测设中线点的距离和角度数据由理论坐标值反算，这种方法一般用于较短的隧道。若将上述测设的新点，再以高精度测角、量距，算出实际的新点精确点位，再和理论坐标相比较，若有差异，应将新点移到正确的中线位置上，这种方法可以用于曲线隧道 500 m、直线隧道 1 000 m 以上的较长隧道。

如图 14.11 所示，1、2、3…为以定测精度测设的中线点，当掌子面距洞口较远，延伸中线精度不足时，可将中线点的某些点，例如 1、4、7、9 点以高精度测其水平角和水平距离，然后计算各点坐标并和这些点的理论坐标相比较，如果不符，再把这些导线点精密地移动到理论坐标位置上，中间各中线点 2、3、5、6、8 如果偏离中线不远，能保证放样精度时，不再移设，偏离中线较远的应加以移设。

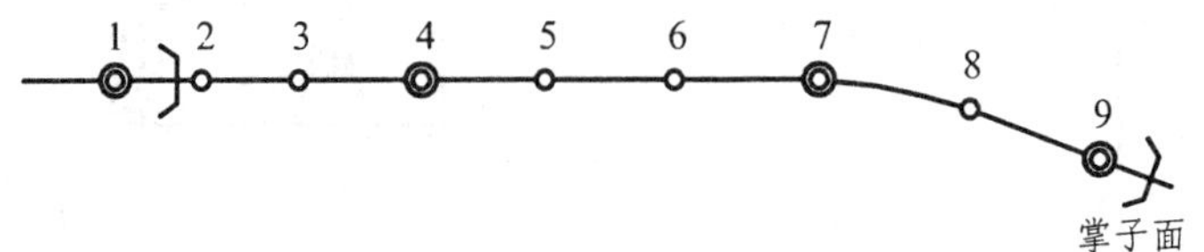

图 14.11 中线形式

（二）导线形式

洞内导线有多种形式，洞内导线需要随隧道的掘进不断向前延伸，即需要依据导线测设中线，进行施工放样。因此，对洞内导线的形式最主要的要求有两个：其一是尽可能有利于提高导线临时端点的点位精度；其二是每次在建立新点之前，必须检测前一个老点的稳定性，及时观察由于山体压力或洞内施工、运输等影响而产生的点位位移，只有在确认老点没有发生变动时，才能用它来发展新点。洞内导线一般采取下列形式：

1. 单导线

一般用于短隧道，为了检核，导线必须独立进行 2 次以上的测量。如图 14.12 所示，A 点为地面平面控制点，1、2、3、4…为洞内导线点。导线角采用左右角观测，即在一个导线点上，用半数测回观测左角（图中 α 角），半数测回观测右角（图中 β 角）。计算时再将所测角度统一归算为左角或右角，然后取平均值。观测右角时，仍以左角起始方向配置度盘位置。在左角和右角分别取平均值后，应计算该点的圆周角闭合差 Δ，且不大于规定的限差，即：

$$\Delta=\alpha_{i平}+\beta_{i平}-360° \tag{14.8}$$

式中，$\alpha_{i平}$ 为导线点 i 左角观测值的平均值；$\beta_{i平}$ 为导线点 i 右角观测值的平均值。

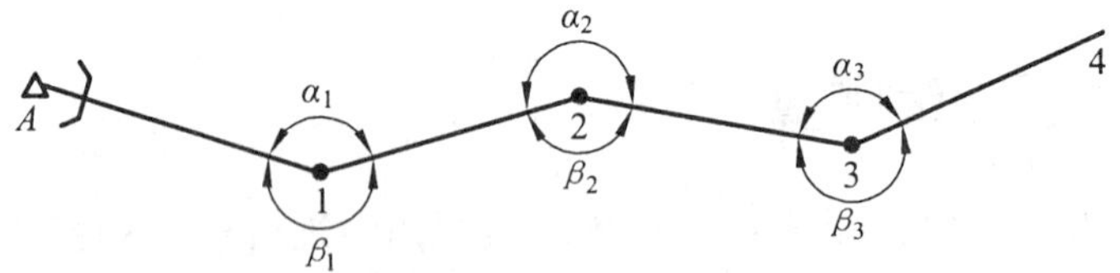

图 14.12 单导线左、右角观测法

2. 主、副导线环

如图 14.13 所示，双线为主导线，单线为副导线。副导线只测角不量距离，主导线既测角又量距离。闭合环角度平差后，对提高导线端点的横向点位精度很有利，并可对角度测量加以检查；同时根据角度闭合差还可以评定测角精度，节省了副导线大量的测边工作。但导线点坐标只能沿主导线进行传递。

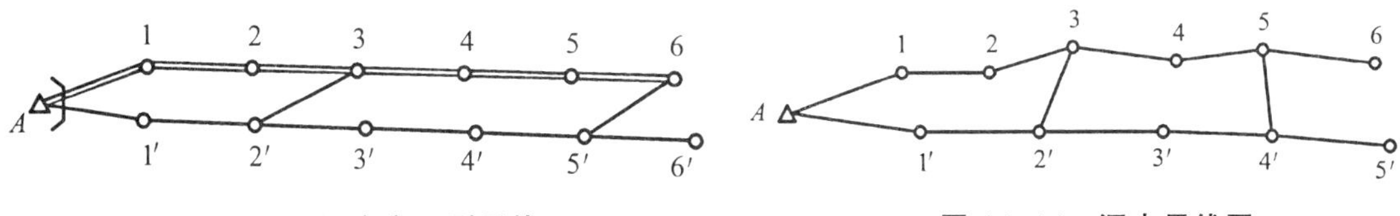

图 14.13　洞内主、副导线环　　　　图 14.14　洞内导线网

洞内导线点一般采用地下挖坑，然后浇灌混凝土并埋入铁制标心的方法埋设，这与一般导线点的埋设方法基本相同。但是由于洞内狭窄，施工及运输繁忙，且照明差，桩志露出地面极易撞坏，故标石顶面应埋在坑道底面以下 10～20 cm 处，上面盖上铁板或厚木板。为便于找点，应在边墙上用红油漆注明点号，并以箭头指示桩位，作好点之记。导线点兼作高程点使用时，标心顶面应高出桩面 5 mm。洞内导线网如图 14.14 布设。

二、洞内高程控制测量

洞内控制测量的目的，是为了在洞内建立一个与地面统一的高程系统，由洞口水准点向洞内布设水准路线，测定洞内各水准点高程，以作为隧道施工放样的依据，确保隧道在竖向正确贯通。可采用水准测量和光电测距三角高程测量。

洞内水准测量的方法与地面水准测量方法基本相同，但由于隧道施工的具体情况，又具有以下特点：

(1) 在隧道贯通之前，洞内水准线路均为支水准线路，因此需用往返测量进行检核。由于洞内施工场地狭小，施工繁忙，还有水的浸害，会影响到水准标志的稳定性，故应经常性地由地面水准点向洞内进行重复的水准测量，根据观测结果以分析水准标志有无变动。

(2) 有时为了测量需要，可将水准点埋设于坑道顶部或边帮上，观测时应倒立水准尺，记录的水准读数则为负值。

(3) 为了满足洞内衬砌施工的需要，水准点的密度一般要达到安置仪器后，可直接后视水准点就能进行施工放样而不需要迁站的要求。洞内导线点也可用作水准点。一般情况下，每隔 200～500 m 设立一对高程控制点。

(4) 隧道贯通后，在贯通面附近设置一个水准点 E（或选择中线点），由进、出口水准点 J、C 引进的水准线路均联测至 E 点上，如图 14.15 所示。这样，E 点就得到两个高程值 H_{JE} 和 H_{CE}，实际的高程贯通误差为

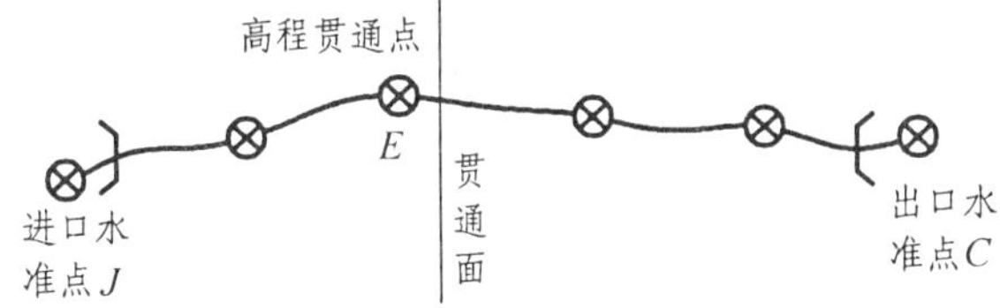

图 14.15　隧道贯通水准测量

$$f_{\mathrm{h}} = H_{JE} - H_{CE} \tag{14.9}$$

当 f_{h} 不大于限差时，即可求取高程贯通点 E 的高程。若贯通面进口一侧与出口一侧的水准线路长度大致相等，则取 H_{JE} 与 H_{CE} 的算术平均值作为 E 点高程；若路线长度相差较大，则应取加权平均值，其权由水准线路长度而定。其他各水准点高程则按距离进口水准点或出口水准点的线路长度成比例进行调整。

第四节　隧道贯通误差的测定与调整

一、贯通误差概述

隧道贯通后，应及时地进行贯通测量，测定实际的横向、纵向和竖向贯通误差。误差在容许范围之内，就可认为测量工作已达到预期目的。不过，由于存在着贯通误差，它将影响隧道断面扩大及衬砌工作的进行。因此，应该采用适当的方法将贯通误差加以调整，从而获得一个对行车没有不良影响的隧道中线，并作为扩大断面、修筑衬砌以及铺设道路的依据。

如图 14.16 所示，E' 点为进口一端放出的贯通点，E'' 点为出口一端放出的贯通点，空间线段 $E'E''$ 称为隧道实际贯通误差。空间线段 $E'E''$ 在水平面上的投影称为实际平面贯通误差。水平线段 $E'E''$ 在贯通面上投影的线段 $E''P$ 称为横向贯通误差，在垂直于贯通面的方向上的投影线段长 $E'P$ 称为实际纵向贯通误差。E'与 E'' 的高差称为实际高程贯通误差。在纵向方面所产生的贯通误差，一般对隧道施工和隧道质量不产生影响，高程要求的精度，使用一般水准测量方法即可满足；而横向贯通误差（在平面上垂直于线路中线方向）的大小，则直接影响隧道的施工质量，严重者甚至会导致隧道报废。所以一般说贯通误差，主要是指隧道的横向贯通误差。

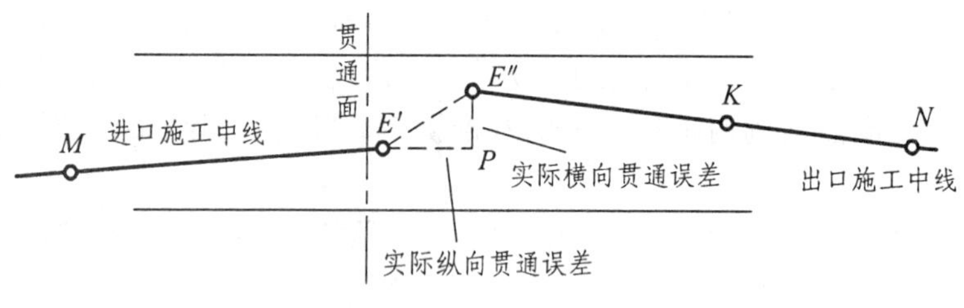

图 14.16　贯通误差

二、纵、横向贯通误差的测定方法

1. 中线法贯通的隧道

当隧道贯通之后，应从相向测量的两个方向各自向贯通面延伸中线，并各钉一个临时桩 E' 与 E''，如图 14.16 所示，由两端中线分别延伸中线至贯通面，按贯通面的里程钉一个中线点，量取两点横向距离 $E''P$ 为横向贯通误差，量取两点的纵向距离 $E'P$ 为纵向贯通误差。此方法对于直线隧道与曲线隧道均适用，只是曲线隧道贯通面方向是指贯通面所在曲线处的法线方向。

2. 导线法贯通的隧道

用导线作洞内平面控制的隧道时，可在实际贯通点附近设 1 个临时中线桩 E，如图 14.16 所示，分别由进出口导线测出其坐标。分别为（$x_{E进}$，$y_{E进}$）和（$x_{E出}$，$y_{E出}$），直线隧道是以线路中线方向作为 X 轴，则实际贯通误差由下式计算得出：

$$f_{贯}=\sqrt{(x_{E出}-x_{E进})^2+(y_{E出}-y_{E进})^2} \tag{14.10}$$

横向、纵向贯通误差分别为：

$$\left.\begin{aligned} f_{横} &= y_{E出}-y_{E进} \\ f_{纵} &= x_{E出}-x_{进} \end{aligned}\right\} \tag{14.11}$$

如果是曲线隧道，如图 14.17 所示，设贯通面方向与实际贯通误差f方向的夹角为φ，可按下式计算：

$$\varphi=\alpha_f-\alpha_{贯}=\arctan\frac{y_{E出}-y_{E进}}{x_{E出}-x_{进}}-\alpha_{贯} \tag{14.12}$$

式中，$\alpha_{贯}$为贯通面方向的坐标方位角，可根据贯通点在曲线上的里程计算。在φ角算得后，即可计算横向、纵向贯通误差

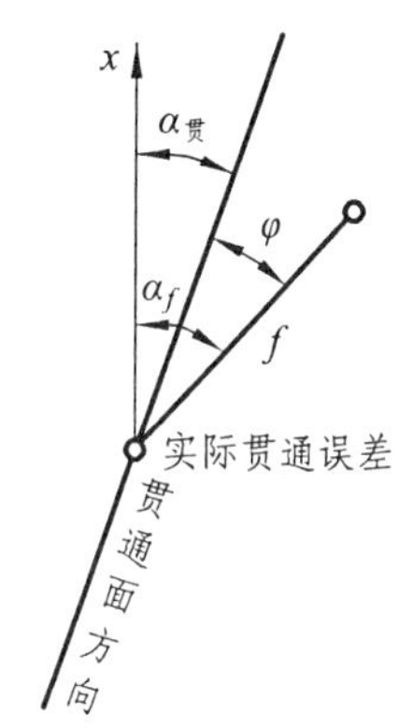

图 14.17　曲线隧道的贯通误差

$$\left.\begin{aligned} f_{横} &= f\cos\varphi \\ f_{纵} &= f\sin\varphi \end{aligned}\right\} \tag{14.13}$$

3. 方位角贯通误差

如图 14.18 所示，将仪器安置在 E 点上，测出转折角 β，将进、出口两边的导线连通，就能求出导线的角度闭合差，这里称为方位角贯通误差，它表示测角误差的总影响。

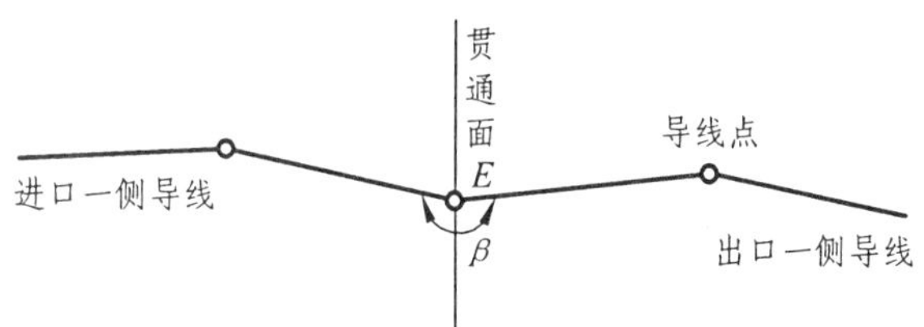

图 14.18　导线控制的贯通误差

三、贯通误差的调整

调整贯通误差，原则上应在隧道未衬砌地段上进行，一般不再变动已衬砌地段的中线。所未衬砌地段的工程，在中线调整之后，均应以调整后的中线指导施工。

（一）按导线法贯通的调整方法

如图 14.19 所示，自进口控制点 J 至导线点 A 为进口一端已建立的洞内导线；自出口控制点 C 至导线点 B 为出口一端已建立的洞内导线，这些地段已由导线测设出中线，并据此衬砌完毕。A、B 之间是未衬砌的调线地段。调整方法如下：

（1）在隧道贯通后，以 A、B 两点作为已知点，在其间构成含贯通点 E 的附合导线，以附合导线 A-1-2-E-3-4-B 计算角度闭合差（即方位角贯通误差），将闭合差平均分配至衬砌地段的各导线角。

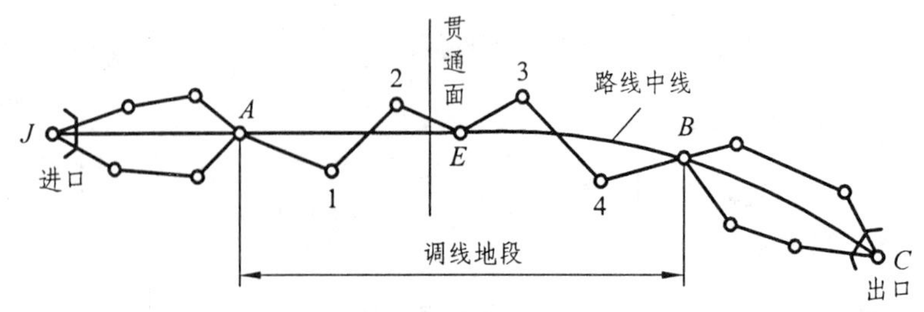

图 14.19 洞内导线贯通后的误差调整

(2) 以调整后的角度，推算附合导线各边的坐标方位角，进而与边长推算各边的坐标增量，并计算坐标增量闭合差 f_x、f_y（对于直线隧道，中线方向为 X 轴方位，f_x、f_y 即是纵、横向贯通误差）。

(3) 将 f_x、f_y 按与边长成比例的原则对各边的坐标增量进行改正，最后算出调整后的各点坐标。

(4) 以调整后的坐标放样未衬砌的地段施工中线。

(二) 按中线法贯通的调整方法

1. 折线法调整直线地段

如图 14.20 所示，在调线地段两端各选一中线点 A 和 B，连接 AB 形成一条折线。若因调线而产生的转折角 β_1 和 β_2 在 5′ 之内，即可将此折线视为直线；如果转折角在 5′～25′ 时，则按表 14.2 中的内移量将 A、B 两点内移；如果转折角大于 25′ 时，则应加设半径为 4 000 m 的圆曲线。

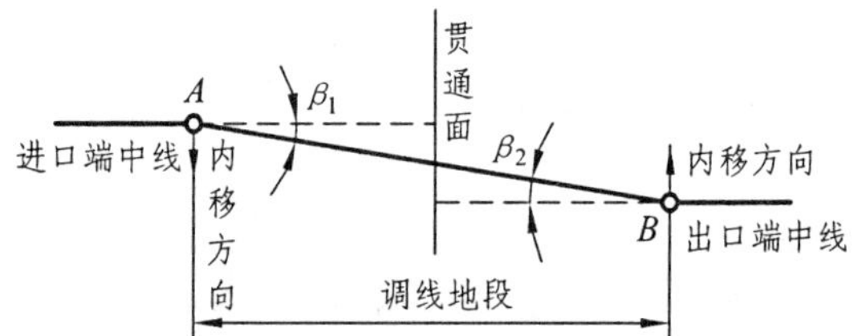

图 14.20 调线地段为直线采用折线法调整

表 14.2 转折角 5′～25′ 时的内移量

转折角（′）	内移量（mm）	转折角（′）	内移量（mm）
5	1	20	17
10	4	25	16
15	10		

2. 圆曲线地段调线

当调线地段全部位于圆曲线上时，应根据实际横向贯通误差，由调线地段圆曲线的两端向贯通面按长度比例调整中线位置，如图 14.21 所示。

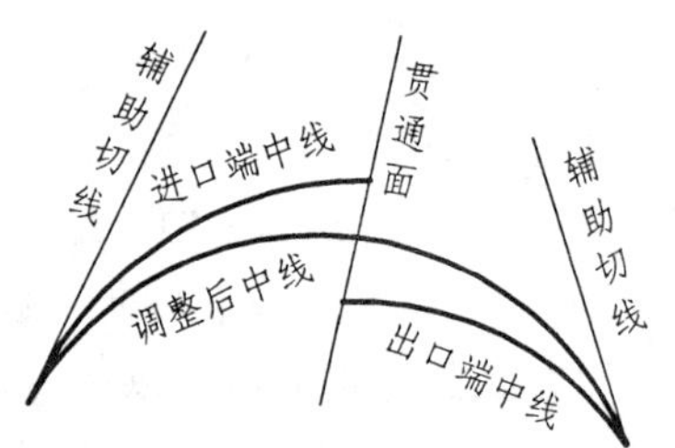

图 14.21 调线地段为圆曲线的调整

3. 贯通点在曲线始、终点附近时的调整

调线地段有直线和曲线，贯通点在曲线始、终点附近时，将曲线始、终点的切线延伸，理论上应与贯通面

另一侧的直线重合。但是，由于贯通误差的存在，实际出现的情况是既不重合，也不平行。因此，通常应先将两者调整平行，然后再调整，使其重合。

(1) 调整圆曲线长度法。如图 14.22 所示，进口端曲线的 HZ 点在贯通面附近，由 HZ 点继续向前延伸切线时，此切线与出口端为直线的中线相交于 K 点，其交角为 β，为使曲线切线平行于出口端中线，可将圆曲线增加或减少一段弧长（图中为增加。增加与减少取决于 β 角的正负。β 角为正值需增加，反之需减少。β 角的计算见下文），使这段弧长所对的圆心角等于 β。这样，YH 点移至 YH′ 点，HZ 点移至 HZ′ 点，而由 HZ′ 点作出的切线必然由原切线方向旋转一 β 角，而与出口端中线平行。此时交点由 JD 移至 JD′，转角由 α 增加一 β 值而变为 α'，切线长也相应增加。

β 角值采用以下方法计算：

图 14.23 所示为图 14.22 所示的局部放大图。为求得 β 角值，由 HZ 点沿切线延伸至 C 点，量出 HZ 点至 C 点的长度为 l，由 HZ 点和 C 点分别量出至出口端中线的垂距 d_1 和 d_2，β 角即可算出：

$$\beta = \frac{d_1 - d_2}{l}\rho'' \tag{14.14}$$

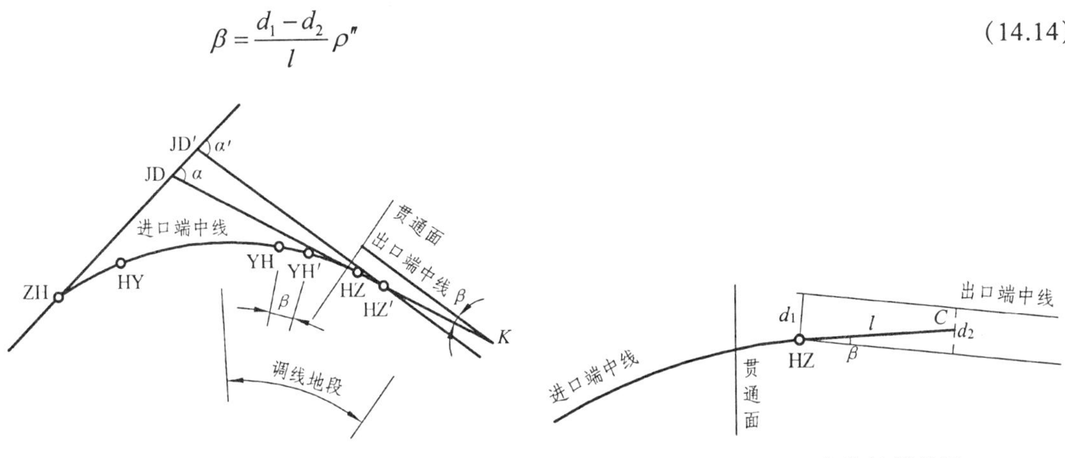

图 14.22 调整圆曲线长度法　　图 14.23 β 角值计算关系

计算的 β 角的精度与测量 d_1、d_2 的精度以及 l 的长度有关。一般情况下，d_1、d_2 的测量中误差应达到 ±1 mm。对于 l 的长度，若 β 角欲达到 10″ 的精度，应不短于 60 m；若 β 角欲达到 30″ 的精度，l 应不短于 20 m；若 β 角欲达到 1′ 的精度，l 应不短于 5 m，l 丈量精度可精确至 cm。

设圆曲线半径为 R，圆曲线需增、减的弧长为：

$$L = R\beta / \rho \tag{14.15}$$

由上述可以看出，当 $d_1>d_2$，β 为正值，L 也为正值，圆曲线需增长；反之，当 $d_1<d_2$，β 为负值，L 也为负值，圆曲线就需减短。

调整平行后应进行检核。由 HZ′ 点延长切线，其长度不小于 20 m，量取延长切线两端点至出口端中线的垂距 d_1 和 d_2，若 $d_1=d_2$，说明两切线平行。其间距 $S=d_1=d_2$。

(2) 调整曲线始、终点法。如图 14.24 所示，JD′ 和 HZ′ 为调整平行后交点和缓直点所处的位置。欲将调整平行后的切线与出口端中线重合，只需将曲线的 ZH 点沿其切线方向连同整个曲线推移一段距离 m。此时，ZH 移至 ZH′，HZ′ 移至 HZ″，这样两端中线就完全重合。

m 值可按下式求得:

$$m = \frac{s}{\sin\alpha'} \tag{14.16}$$

式中，s 为调整平行后的切线与出口端中线的距离；α'为调整平行后的转角。

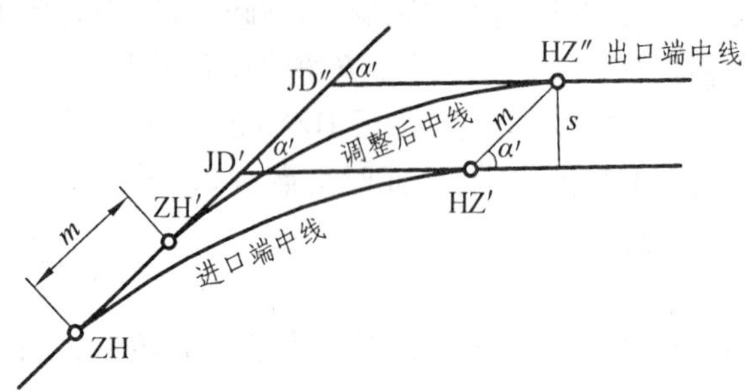

图 14.24　调整曲线始、终点法

第五节　隧道施工测量

一、洞内中线测量

隧道洞内施工，是以中线为依据来进行。隧道掘进洞内之后，首先需建立临时中线，以指导导坑的开挖，随后应测设正式中线，指导隧道的全面开挖和作为隧道衬砌工程的依据。

洞内临时中线点的埋设，一般采用混凝土包裹木桩，在其上钉上小钉的桩志，点名为该点的里程桩号。正式中线点的桩志与洞内导线点的桩志形式相同，为混凝土金属标志，但一般可利用已埋设的临时中线点桩志，重新测定后使用。

中线点的间距应根据规范要求和施工需要而定。一般在直线地段，临时中线点为 20～40 m 一个点，正式中线点为 90～150 m 一个点；在曲线地段，临时中线点为 10～30 m 一个点，正式中线点为 60～100 m 一个点。隧道中线的测设方法有下列两种:

1. 由导线测设中线

用精密导线进行洞内隧道控制测量时，为便于施工，应根据导线点位的实际坐标和中线点的理论坐标，反算出距离和角度，利用极坐标法，根据导线点测设出中线点。由导线建立新的中线点之后，还应将经纬仪安置在已测设的中线点上，测出中线点之间的夹角，将实测的检查角与理论值相比较；另外实量 4～5 点的距离，也可与理论值比较，作为另一种检核，确认无误即可挖坑埋入带金属标志的混凝土桩。

若使用全站仪进行洞内中线测设，只要计算出中线点的坐标，输入全站仪，在测设时，仪器通过操作会自动转换为极坐标，无需再自行计算。

2. 中线法

用中线法测设中线点，在直线上应采用正倒镜分中法延伸直线；在曲线上由于洞内空间狭窄，一般采用偏角法或弦线支距法、弦线偏距法等，详见“曲线测量”一章。

二、隧道施工放样

开挖钻爆作业之前，应根据临时中线点用串线法或仪器照准的方法，在开挖断面上从上而下绘出线路中线，以白灰水、红油漆或其他方法标绘出来，然后根据这条中线，按设计断面尺寸，在开挖面上绘出断面轮廓线，测定断面的顶和底线，最后再根据断面轮廓线及中线布置炮眼。

（一）开挖断面测量

开挖断面必须确定断面各部位的高程，通常采用的方法称腰线法。所谓腰线是指用红油漆在坑壁上画一粗线，以作为开挖的高程标志。腰线高程一般以起拱线高程加 1 m 或轨顶（路面）高程加 1 m。由于隧道洞内有一定坡度，所以在高程测量时应计算出相距 5～10 m 的高程，标注腰线位置，施工人员可根据腰线放出坡度和各部位的高程。

如图 14.25 所示，将水准仪置于开挖面附近，后视已知水准点 P 读数 a，即得仪器视线高程：

$$H_i = H_P + a \qquad (14.17)$$

根据腰线点 A、B 的设计高程，可分别计算出 A、B 点与仪器视线间的高差 Δh_A、Δh_B：

$$\left.\begin{aligned}\Delta h_A = H_A - H_i\\ \Delta h_B = H_B - H_i\end{aligned}\right\} \qquad (14.18)$$

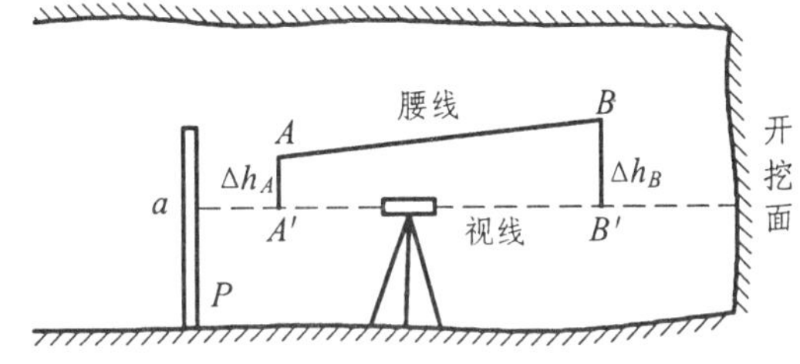

图 14.25　腰线法测定开挖断面高程

先在边墙上用水准仪放出与视线等高的两点 A'、B'，然后分别量测 Δh_A、Δh_B，即可定出点 A、B，A、B 两点间的连线即是腰线。根据腰线就可以定出断面各部位的高程及隧道的坡度。

（二）拱部边墙放样

拱部断面的轮廓线一般用五寸台法测出。如图 14.26 所示，自拱顶外线高程起，沿线路中线向下每隔 0.5 m 向左、右两侧测量其设计支距，然后将各支距端点连接起来，即为拱部断面的轮廓线。在隧道的直线地段，隧道中线与路线中线重合一致，开挖断面的轮廓左、右支距（指与中线的垂直距离）也相等。在曲线地段，隧道中线由路线中线向圆心方向内移一个 d 值。由于标定在开挖面上的中线是依路线中线标定的，因此在标绘轮廓线时，内侧支距应比外侧支距大 $2d$。

墙部的放样采用支距法，如图 14.27 所示。曲墙地段自起拱线高程起，沿路线中线向下每隔 0.5 m 向左、右两侧按设计尺寸测量支距。直墙地段间隔可大些，可每隔 1 m 测量支距定点。如隧道底部设有仰拱时，可由路线中线起，向左、右每隔 0.5 m 由轨面（路基）高程向下量出设计的开挖深度。

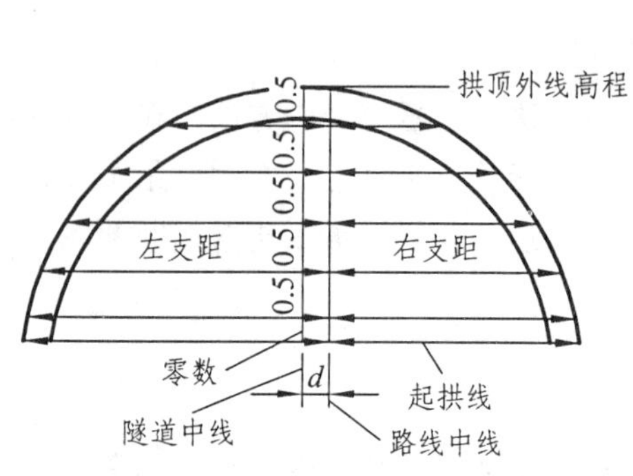

图 14.26　隧道曲线地段拱部断面（mm）

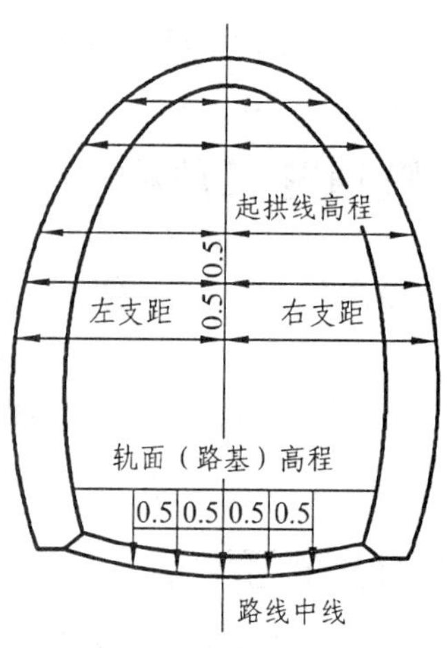

图 14.27　隧道断面（mm）

施工断面各部位高程的确定应考虑允许的施工误差，一般起拱线、内拱顶和外拱顶高程，均需增加 5 cm，有时为防止掘进中底部开挖超高处理困难，采取将底部高程降低 10 cm。

（三）衬砌放样

隧道各部位衬砌的放样，是根据线路中线、起拱线及路基高程定出其断面尺寸。所以在衬砌放样之前，首先应对这三条基本线进行复核检查。

1. 拱部衬砌放样

拱部衬砌的放样主要是将拱架安置在正确位置上。拱部分段进行衬砌，一般按 5～10 m 进行分段，地质不良地段可缩短至 1～2 m。拱部放样根据线路中线点及水准点，用经纬仪和水准仪放出拱架顶的位置和起拱线的位置以及十字线（是指线路中线与其垂线所形成的十字线，在曲线上则是线路中线的切线与其垂线所形成的十字线），然后将分段两端的两个拱架定位。

拱架定位时，应将拱架顶与放出的拱架顶位置对齐，并将拱架两侧拱脚与起拱线的相对位置放置正确。两端拱架定位并固定后，在两端拱架的拱顶及两侧拱脚之间绷上麻线，据以固定其间的拱架。在拱架逐个检查调整后，即可铺设模板衬砌。

2. 边墙及避人洞的衬砌放样

边墙衬砌先根据线路中线点和水准点，按施工断面各部位的高程，用仪器放出路基高程、边墙基底高程及边墙顶高程，对已放过起拱线高程的，应对起拱线高程进行检核。如为直墙，可以校准的线路中线按设计尺寸放出支距，即可立模衬砌。如为曲墙，可先按 1∶1 的大样制出曲墙模型板，然后从线路中线按算得的支距安设曲墙模型板进行衬砌。

避人洞的衬砌放样与隧道的拱、墙放样基本相同。其中心位置是按设计里程，由线路中线放垂线（即十字线）定出。

3. 仰拱和铺底放样

仰拱砌筑时的放样，是先按设计尺寸制好模型板，然后在路基高程位置绷上麻线，再由麻线向下量支距，定出模型板位置。

隧道铺底时，是先在左、右边墙上标出路基高程，由此向下放出设计尺寸，然后在左、右边墙上绷以麻线，以此来控制各处底部是否挖够了尺寸，之后即可铺底。

4. 洞门仰坡放样

隧道施工之前有路堑边坡和洞门仰坡的放样工作，路堑边坡的放样已在“线路测量”一章叙述，这里仅介绍洞门仰坡放样。

仰坡与边坡在坡面上的放样方法相同，即先把仰坡的坡脚线（相当于边坡的路肩线）按设计数据在地面上确定下来，得到坡脚线高程和平面位置之后，再根据设计的仰坡坡度，即可确定。

三、隧道竣工测量

隧道竣工后，为了检查主要结构物和建筑物以及线路位置是否符合设计要求，并提供竣工文件所需的资料，也为将来运营中的维修工程等提供测量控制点，必须进行竣工测量。

在进行竣工测量时，首先进行中线测量，从隧道一端测至另一端。在测量时，直线地段每 50 m 的点，曲线地段每 20 m 的点，以及以后需要加测的断面处，如洞身断面变换处和衬砌类型变换处，应打临时中线桩或标志。如遇施工中埋设的中线点标志，即进行检测。在检测时应该对其里程及其与中线的偏差进行检测。此外，对洞身断面变换处和衬砌类型变换处的里程也应核对。当隧道中线统一检测闭合后，在直线地段每 200～250 m、曲线上的主点，均应埋设永久中线桩。

洞内每 1 km 应埋设一个水准点，短于 1 km 的隧道应至少埋设一个或两端洞门附近各设一个。洞内水准点应附合到洞外水准点上，平差后确定各点高程。

中线点应在边墙上标明点的名称及里程，水准点应在边墙上标明点的编号和高程，以便以后养护维修时使用。

中线测量已在欲测断面处打有临时中线桩，据以测绘每个断面处隧道的实际净空，包括拱顶高程，线路中线左、右起拱线的宽度，铺底或仰拱高程，铁路隧道测量轨顶水平宽度。测量的方法一般采用支距法，以线路中线为准。最后应绘出断面净空图。

思考题与习题

1. 隧道测量的主要任务是什么？为什么要进行隧道洞外、洞内控制测量？
2. 隧道贯通误差包括哪些内容？
3. 洞内控制测量一般采用什么形式？
4. 贯通误差是如何测定和调整的？
5. 隧道竣工测量的内容有哪些？

第十五章　管道工程测量

第一节　概　述

由于生产不断发展和城市人口的高度集中，在城市和工矿企业中敷设的各种管道愈来愈多，主要有给水、排水、煤气、电力、电信、热力、输油等各种管道。管道工程测量是为各种管道设计和施工服务的，主要包括中线测量，纵、横断面测量，地形图测绘，施工测量和竣工测量等。从上述内容来看，管道工程测量与道路工程测量有很多相似之处，因此有些相同的内容可参看有关线路章节的内容。

一、管道工程测量的任务

（1）为管道工程设计提供现状图，包括地形图和纵横断面图。

（2）按设计图纸的要求，正确地将管道测设于设计位置，以便施工人员进行施工。

二、管道工程测量的原则和要求

管道工程一般属于地下构筑物，特别是在较大的城镇街道或厂矿地区，管道互相上下穿插，纵横交错。在测量、设计或施工时如果出现问题，往往会造成很大损失，在进行管道工程测量以前必须充分做好准备工作。熟悉管道设计图纸，了解设计意图、精度和工程进度安排等；为了防止错误，应注意对图纸进行校核；如发现问题，应与设计人员联系处理。深入现场，了解设计管线的走向和管线沿途已有的平面控制点，以及高程控制点的分布情况。如已有控制点过少不够用或没有控制点能直接用于管线定位时，应先进行补点或布设控制点。根据管道平面图和已有的控制点，结合实际地物、地貌情况，确定管线测量的具体方法，计算放样数据，并绘制施测草图。管线测设的放样数据需经检核无误后方可进行施测，防止造成返工现象。根据管道在生产上的不同要求和不同的工程性质，以及所在位置和管道种类等因素，确定施测精度。如厂区内部管道比外部要求精度高，永久性管道比临时性管道要求精度高等。

第二节　管道中线和纵横断面测量

一、中线测量

管道中线测量就是将已确定的管线位置测设到实地上。其内容包括主点测设、管线转向角测量、中桩测设及里程桩手簿的绘制等。

管道的起点、终点和转向点通称为主点。主点的位置及管线方向在设计中已确定。

（一）主点测量的基本方法

1. 图解法

在规划图或设计图纸上，量取线路中线与邻近地物相对关系的图解数据，在实地上直接依据这些图解数据来确定其主点位置，此法称为图解法。其精度与图的比例尺有关，因此要采用比例尺较大的管道规划设计图，而且管道主点附近要有明显可靠的地物。

如图 15.1 所示，AB 是原有管道检查井位置，1、2、3 点是设计管道的主点，现要在地面上定出 1、2、3 等主点。先根据比例尺在图上量出 D、a、b、c、d、e、f，化为实地长，即得测设数据，然后沿管道 AB 方向，由 A 点量取 D 即得 1 点，用直角坐标法测设 2 点，用距离交会法测设 3 点。此外测设主点时要进行校核，如用直角坐标法由 a、b 测设 2 点后，还要量出 c 作为校核，同理用交会法由 d、e 测设出 3 点后，还要量出 f 作为校核。

2. 解析法

根据管道规划设计图上已给出的主点及附近控制点的坐标，通过计算和测量，将其数据测设到实地上，这种定点方法称为解析法。

图 15.2 中 1、2、3…为导线点，A、B、C…为管道设计主点。如用极坐标法测设 B 点，可根据 1、2 和 B 点坐标，计算出 $\angle 12B$ 和 d_{2B}，测设时将经纬仪置于 2 点，后视 1 点，转 $\angle 12B$ 角得 $2B$ 方向，在此方向上用钢尺丈量出 d_{2B} 即得 B 点，其他各主点可照此法进行测设。

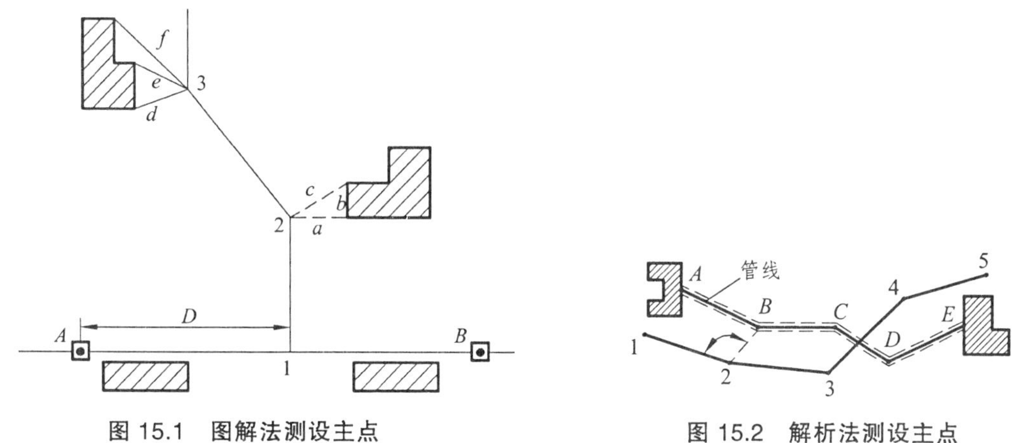

图 15.1 图解法测设主点　　图 15.2 解析法测设主点

测设的主点需要进行校核，即以主点坐标计算相邻主点间长度，然后再检查已测设的主点间距，看是否与算的长度相符。

（二）中桩测设

中桩测设即从管道起点开始，沿管道中心在地面上设置整桩和加桩，其目的是为了测定管线长度及测绘纵横断面图。

中桩测设时，要测定里程桩，包括整桩和加桩，简述如下：

1. 整　桩

从起点开始，按里程每隔某一整数设一桩，并注明里程及桩号。不同的管线，整桩之间距离也不相同，一般为 20 m、30 m，最长不超过 50 m。

2. 加　桩

相邻整桩间遇到重要地物穿越处（如铁路、桥梁、公路、房屋、旧管道等）及地面坡度变化处时，均需设木桩，并注明里程及桩号。

中桩测设中一般用钢尺丈量距离两次，相对误差一般不大于 1/2 000，如要求精度不高，也可用皮尺丈量。此外，勘测设计阶段的管道中线测量，是为给管道设计提供必须的依据，如果管线已有完整的设计资料，一般不需进行此项工作。

（三）转折角测量

转折角即管线转变方向后与原方向之间的夹角，如图 15.3 所示的 θ_1（左偏）、θ_2（右偏）…一般用经纬仪观测一测回即可。

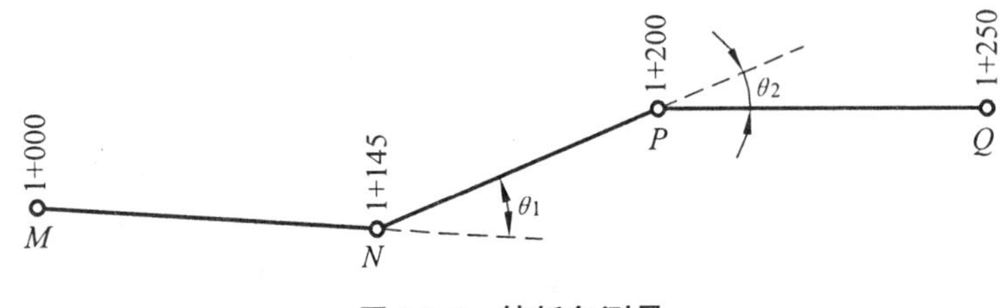

图 15.3　转折角测量

（四）绘制里程桩手簿

里程桩手簿即在现场测绘管线两侧带状地区的地物和地貌。它是绘制纵断面图和设计管线时的主要参考资料。

如图 15.4 所示，管道中心线用粗线表示，0＋000 为管线的起点，0＋270 及 0＋290 是管线越过公路的加桩，而 0＋180 是管线越过铁路的加桩，0＋120 是地面坡度变化的加桩，其他均是间距为 50 m 的整桩。测绘管线带状地形图时，主要用交会法或直角坐标法配合皮尺进行；也可用皮尺配合罗盘仪以极坐标法测绘。测绘宽度一般以管线为准，左右各测 20 m，如有大比例尺地形图，某些地物和地貌可从图上摘取利用。

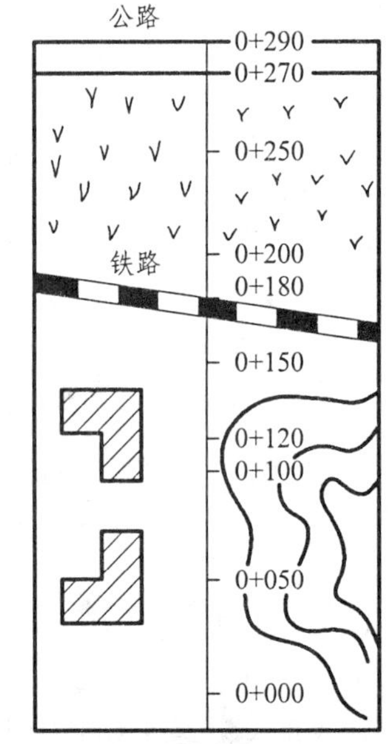

图 15.4　管线带状地形图

二、纵断面测量

管道纵断面测量是根据管线附近的水准点，用水准测量方法测出管道中线上各里程桩和加桩点的高程，绘制纵断面图，为设计管道埋深、坡度和计算土方量提供资料。

管道纵断面测量工作内容可分为以下三项：

1. 布设水准点

当管道中线较长时，则沿管道中线方向每 1～2 km 设一个永久水准点，以保证全线高程测量的精度。在较短的线路和较长线路的永久水准点之间，一般每隔 300～500 m，还要设立临时水准点，作为纵断面水准测量分段附合和施工时引测高程的依据。

2. 纵断面水准测量

纵断面水准测量一般从一个水准点出发，测量地面上各中桩点高程后，附合到另一水准点上作为校核。一般采用中桩为转点，但也可另设。在转点间的中间点高程可用视线高程法求得。因为转点起传递高程的作用，所以转点上的读数要读至 mm，而中间点读至 cm 即可。表 15.1 是由水准点 M 到 0＋300 一段纵断面水准测量的记录手簿。

表 15.1　纵断面水准测量记录手簿

测　站	桩号	水准尺读数			高　　差		仪器视线高程	地面高程
		后视	前视	中间视	＋	－		
1	水准点 M	1.204						55.800
	0+000		0.895		0.309			56.109
2	0+000	1.054						56.109
	0+050			0.81			57.163	56.35
	0+100		0.566		0.488			56.597
3	0+100	0.970					57.567	56.597
	0+150			0.70				56.87
	0+182			0.55				57.02
	0+200		1.048			0.078		56.519
4	0+200	1.674					58.193	56.519
	0+250			1.78				56.41
	0+265			3.08				55.11
	0+300		3.073			1.399		55.120

高差闭合差的计算：纵断面水准测量附合在两水准点间所组成的附合水准路线，高差闭合差若小于 $\pm 40\sqrt{L}$ mm（L 为路线长度，单位为 km），就认为成果合格。一般情况下闭合差不必调整。

当管线较短时，纵断面水准测量可与测水准点的高程一起进行，由一水准点开始，测中线上各桩的高程后，附合到高程未知的另一水准点上，然后返测到起始水准点，以资校核。若往返闭合差在允许范围内，取高差的平均数。

有关施测方法，可参考第十一章有关线路纵断面测量的内容。但由于管线的纵断面图绘制与一般的纵断面图绘制不完全相同，例如要计算出管底高程及埋设深度等，往往附有管线平面图，并需加以注意。

3. 纵断面图的绘制

绘制纵断面图时，以管线各桩间水平距离为横坐标，以各桩的地面高程为纵坐标，为明显表示地面起伏，纵断面图的高程比例尺要比水平比例尺放大 10 倍或 20 倍。绘制法简述如下：

（1）如图 15.5 所示，水平线上绘管线纵断面图，水平线下注记实测、设计和计算有关的数据。

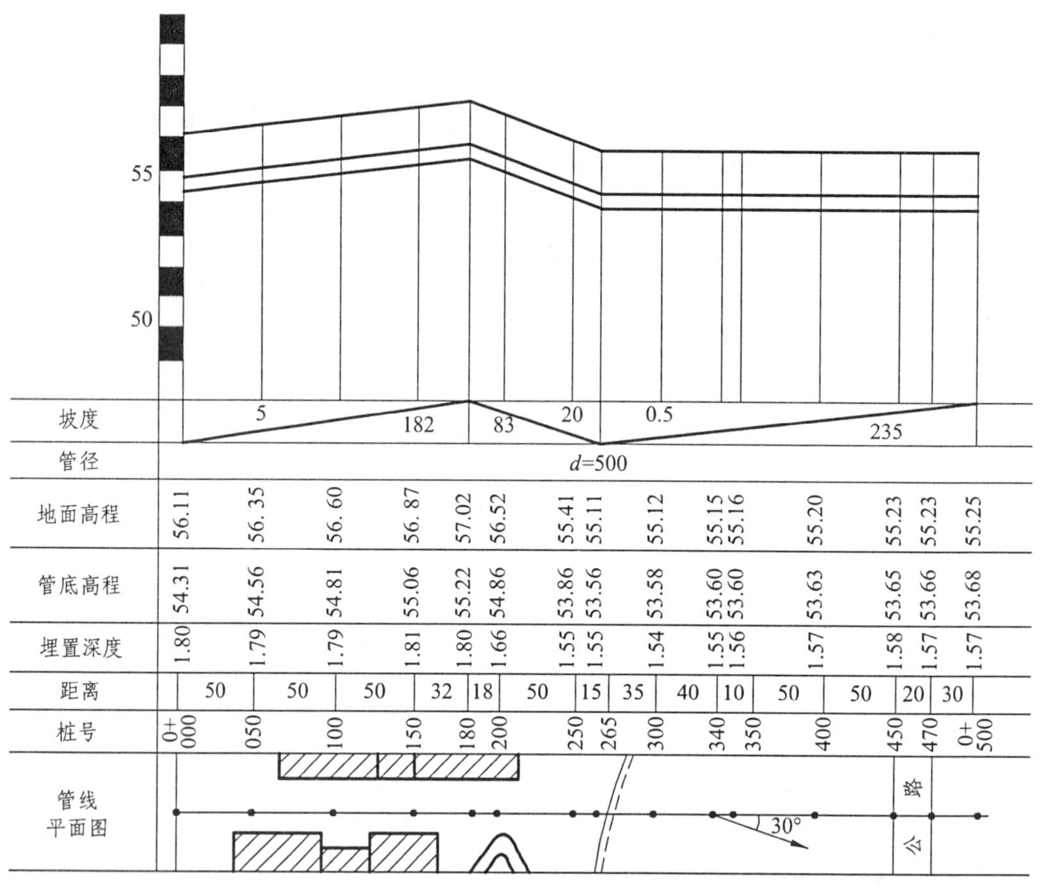

图 15.5　纵断面图的绘制

（2）在距离、桩号和管线平面图各栏内，标明整桩和加桩位置。在地面高程栏内注明各桩高程，凑整到 cm（排水管道技术设计的断面图上应注记到 mm）。

（3）水平线上部，按高程比例尺，依各桩的地面高程，在相应的垂直线上确定各点位置，用直线连接各点，即得纵断面图。根据设计要求，在纵断面图上绘出管道设计线。

（4）在坡度栏内注明坡度方向，用“/…\”表示上、下坡，坡度线上注明坡度值，以千分数表示，线下注明这段坡度距离。

（5）管底高程的计算是根据管道起点的高程、设计坡度以及各桩之间的距离，逐点推算出来的。如 0+000 的管底高程为 54.31 m（管道起点高程一般由设计者决定），管道坡度为＋5‰（+号表示上坡），求得 0+050 管底高程为：

$$54.31 + 5‰ \times 50 = 54.31 + 0.25 = 54.56\ \text{m}$$

（6）管道埋置深度为地面高程减去管底高程。

三、横断面测量

管道横断面测量是测定各里程桩和加桩处垂直于中线两侧地面特征点到中线的距离和各点与桩点间的高差，据此绘制横断面图，供管线设计时计算土石方量和施工时确定开挖边界之用。

横断面测量施测的宽度由管道的直径和埋深来确定，一般每侧为 10～20 m；横断面测量方法与线路横断面测量相同。

当横断面方向较宽、地面起伏变化较大时，可用经纬仪视距测量的方法测得距离和高程并绘制横断面图。如果管道两侧平坦、工程面窄、管径较小、埋深较浅时，一般不做横断面测量，可根据纵断面图和开槽的宽度来估算土（石）方量。

绘制横断面图的方法可参见前面有关章节内容，此处不再详述。

第三节　管道施工测量

施工前除熟悉图纸和现场情况、校核管道线路中线、定出施工控制桩外，在引测水准点时，应同时校测现有管道出入口与本线交叉管线的高程，若与设计图上数据不符时，要及时研究解决。现就管道施工过程中的主要测量工作分述如下：

一、地下管道施工测量

在设计阶段所定出的管道中线位置，如与管线施工时所需要的中线位置一致，且主点桩完好无损，则不必重设，否则需重新测设管道中线。

测设中线时，应同时定出井位等附属构筑物的位置。

由于管道中线桩在施工中要挖掉，为了便于恢复中线和检查井位置，应在引测方便、易于保存桩位的地方测设施工控制桩。管线施工控制桩分为中线控制桩和井位控制桩两种，如图 15.6 (a) 所示。中线控制桩一般测设在管道起止点及各转折点处中心线的延长线上，井位控制桩则测设于管道中线的垂直线上。

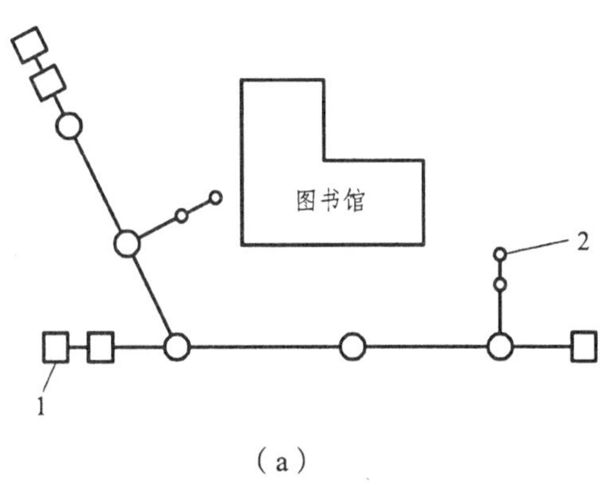

（a）

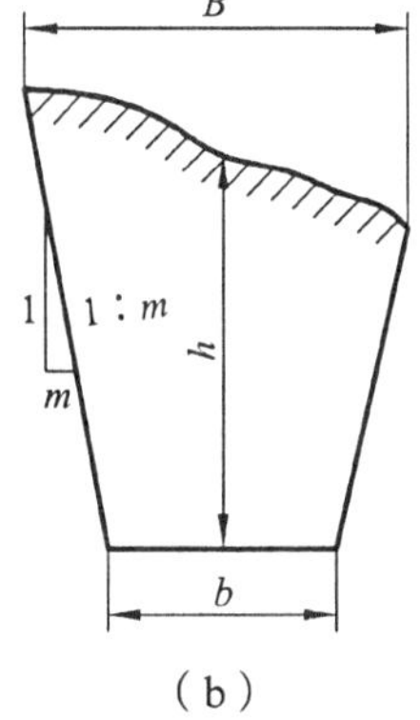

（b）

图 15.6　管道施工测量

根据土质情况、管径大小、埋设深度，在地面上定出槽边线的位置作为开槽的依据。当横断面坡度较平缓时，通常用下述方法求槽口宽度［见图 15.6（b）］

$$B=b+2mh \tag{15.1}$$

式中，b 为槽底宽度；m 为槽边坡坡度的分母；h 为中线上挖土深度。

管道施工是按照管道中线和高程进行的，所以在开槽前应设置控制管道中线和高程的施工标志，一般有以下两种方法：

1. 龙门板法

龙门板法是控制中线及掌握管道设计高程的常用方法，它由坡度板和高程板组成。一般沿中线每隔 10～20 m 埋设一龙门板。

中线测设时，将经纬仪置于中线控制桩上，把管道中线投影到坡度板上，再用小钉标定其点位，如图 15.7 所示。为了控制管道中线，可将中线位置投影到管槽内。

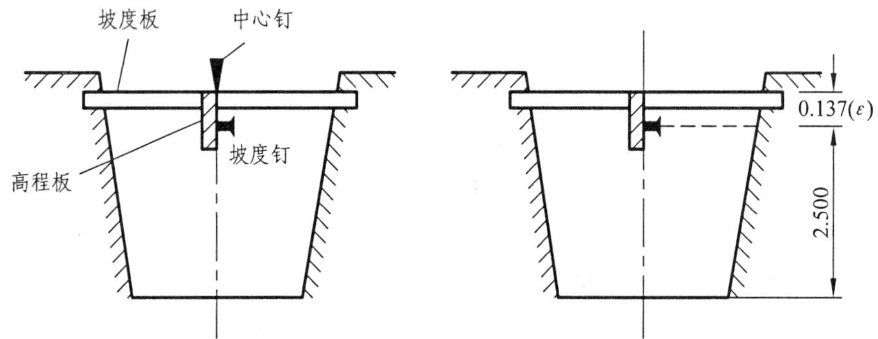

图 15.7 管道中线控制龙门板法

从已知水准点开始，用水准仪测出各坡度板顶高程，以控制管槽开挖的深度，再根据管道坡度，计算得出该处管底的设计高程，二者相减得下返数，即：

板顶高程 − 管底高程 = 下返数

由于各坡度板的下返数都不一致，无论施工或者检查都不方便，为了使下返数为一整数值 M，则需由下式算出每一坡度板顶应向下或向上量的改正数 ε：

$$\varepsilon = M-(H_{板顶}-H_{管底}) \tag{15.2}$$

先在高程板上定出点位，根据计算的改正数 ε，再钉上小钉，这个钉称为坡度钉，见图 15.7 所示。如改正数 $\varepsilon=-0.137$ m，则在高程板上向下量 0.137 m 即为该点坡度钉，再向下量下返数（整数值 M），便是管底设计高程。

现举例说明管底高程施工测量的方法。

【例 15.1】 将水准仪测出的各坡度板顶高程列入表 15.2 第 4 栏内，现求第 5 栏管底高程。

解 已知 0+000 到 0+020 的距离为 20 m，0+000 的管底高程为 119.796 m，则 0+020 的管底高程为 119.796－3‰×20＝119.736 m。同法可求出其他各点的管底高程。

第 6 栏 $H_{板顶}-H_{管底}$=下返数 M'。如 0+000 的下返数 M' 为：

$$M' = H_{板顶} - H_{管底} = 122.433 - 119.796 = 2.637\ \text{m}$$

其余类推。由第 6 栏可知各点的下返数都不一致，施工检查不方便，因此在第 7 栏内预先选定下返数 M=2.500 m 为一常数，则施工检查极为方便。

表 15.2　坡度钉测设记录

工程名称______　　日期______　　观测_______

桩号	距离（m）	坡度	$H_{板顶}$（m）	$H_{管底}$（m）	$H_{板顶}-H_{管底}$（m）	固定下返数（m）	改正数 ε		坡度钉高程
							+	−	
1	2	3	4	5	6	7	8		9
0+000	20	−3%	122.433	119.796	2.637			0.137	122.296
0+020	20		122.360	119.736	2.624	2.500		0.124	122.236
0+040	20		122.306	119.676	2.630			0.130	122.176
0+060			122.264	119.616	2.648			0.148	122.116
⋮	⋮		⋮	⋮	⋮			⋮	⋮

第 8 栏为每个坡度板顶向下量（负数）或向上量（正数）的改正数，如 0+000 的改正数为：

$$\varepsilon = 2.500 - 2.637 = -0.137\ \text{m}$$

如图 15.7 所示，由坡度板顶向下量 0.137 m，便是坡度钉位置，由各个点的坡度钉向下量取下返数为固定值 2.500 m，便是管底高程。

2. 平行轴腰桩法

对现场坡度较大、管径较小，精度要求不高的管道，可用平行轴腰桩法来控制管道中线和坡度，其步骤如下：

（1）测设平行轴线。开工前先在中线一侧或两侧，定一排平行于中线的平行轴线桩，桩位要落在槽边线外，如图 15.8 中 A 点，各平行轴线桩与管道中线桩的平距为 n，各桩间距约在 20 m 左右，各检查井位也应在平行轴线上定桩。

（2）钉腰桩。为了比较准确地控制管道中线的高程，在槽坡上（距槽底 1 m 左右）再定一排与 A 轴对应的平行轴线桩 B，其与槽底中线的间距为 b，这排槽坡上的平行轴线桩称为腰桩，如图 15.8 所示。

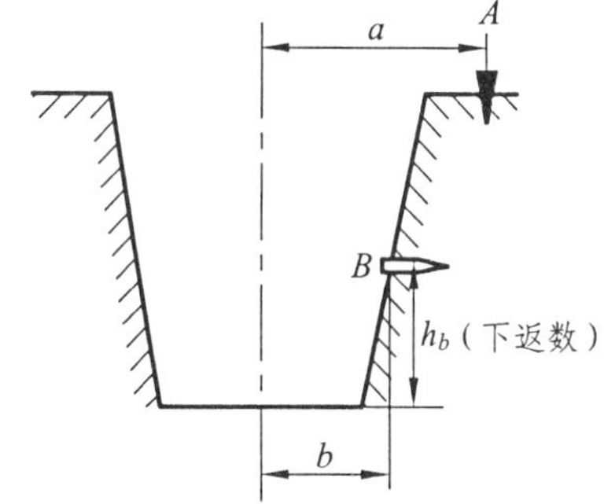

图 15.8　平行轴腰桩法

（3）引测腰桩高程。腰桩上钉一小钉，用水准仪测出腰桩上小钉的高程。小钉高程与该处管底设计高程之差为 h_b，用各腰桩的 b 和 h_b 即可控制埋设管道的中线和高程。

腰桩上小钉与管底设计高程之差 h_b 为下返数，由于各点的下返数不一样，故腰桩法在施工和检查中较麻烦，容易出错。为此先确定到管底的下返数为一整数 M，在每个腰桩沿垂直方向量出该下返数 M 与腰桩下返数 h_b 之差 $\varepsilon(\varepsilon = M - h_b)$，打一木桩，并钉小钉，此时各小钉的连线与设计坡度线平行，而小钉的高程与管底高程相差为一常数 M，从小钉查该下返数，即可知道是否挖到管底设计高程，应用十分简便。

二、架空管道的施工测量

1. 管架基础施工测量

架空管道主点测设与地下管道相同。

管架基础中心桩测设后，一般采用骑马桩法进行控制，如图 15.9 所示。因管线上每个支架中心桩（如 1 点）都要在开挖时被挖掉，所以要将其位置引测到互为垂直的 4 个控制桩上，先在主点 A 置经纬仪，然后在 AB 方向上钉出 a、b 两控制桩，仪器移至 1 点，在垂直于管线方向标定 c、d 点，有了控制桩，即可决定开挖边线进行施工。管架基础中心控制桩、架空管道支架基础开挖测量工作，与基础模板定位、厂房柱子基础的测设相同。

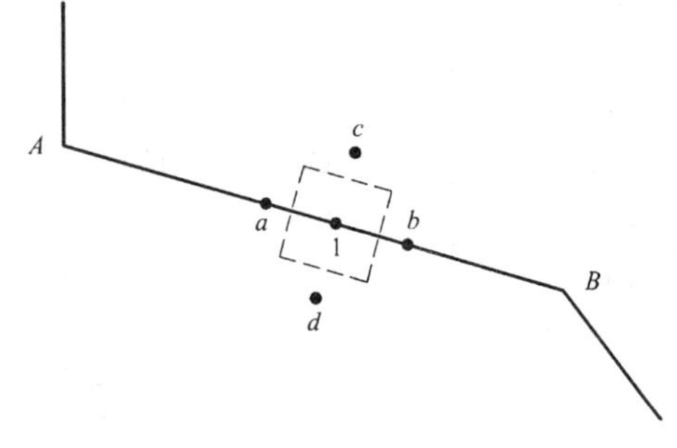

图 15.9　管架基础中心控制桩

2. 架空管道的支架安装测量

架空管道系安装在钢筋混凝土支架、钢支架上，安装管道支架时，应配合施工进行柱子垂直校正和高程测量工作，其方法、精度要求与厂房柱子安装测量相同。

第四节　顶管施工测量

在管道穿越铁路、公路或建筑物时，由于不能或不允许开槽施工，所以常采用顶管施工方法。顶管施工技术随着机械化程度的提高而不断发展并广泛采用。

采用顶管施工时，应在欲设顶管的两端先挖工作坑，在坑内安装导轨（铁轨或方木），将管材放在导轨上，用顶镐将管材沿管线方向顶进土中，然后将管内土方挖出，砌成管道。

顶管施工精度要求高，比开挖沟槽施工复杂，常采用 1/200～1/500 大比例尺平面图作为设计依据，管道的中心线，顶管起、终点位及前后管道位置，应在图上精确绘出。顶管施工测量工作的主要任务是测设好管道中线方向、高程及坡度。

一、顶管测量的准备工作

1. 顶管中线桩的设置

中线桩是工作坑放线和测设坡度板中心钉的依据，测设时首先根据设计图上管线要求，在工作坑的前后钉立两个桩，称为中线控制桩，然后确定开挖边界。开挖到设计高程后，再根据中线控制桩，用经纬仪将中线引测到坑壁上，并钉立木桩，此桩称为顶管中线桩，以标定顶管中线位置。中线控制桩及顶管中线桩应与已建成的管线在一条直线上。测设中线桩，如需穿过障碍物时，测量工作应有足够的校核，中线桩要钉牢，并妥善保护以免丢失或碰动。

2. 坡度板和水准点的测设

当工作坑开挖到一定深度时，在其两端应牢固地埋设坡度板，并在其上测设管道中线（钉中心钉），再按设计要求在高程板上测设坡度钉。中心钉是管材顶进过程中的中线依据，坡度钉用于控制挖槽深度和安装导轨。坡度板应单独埋设，不要与撑木等连在一起。其位置可选在管顶以上，距槽底 1.8～2.2 m 处为宜。

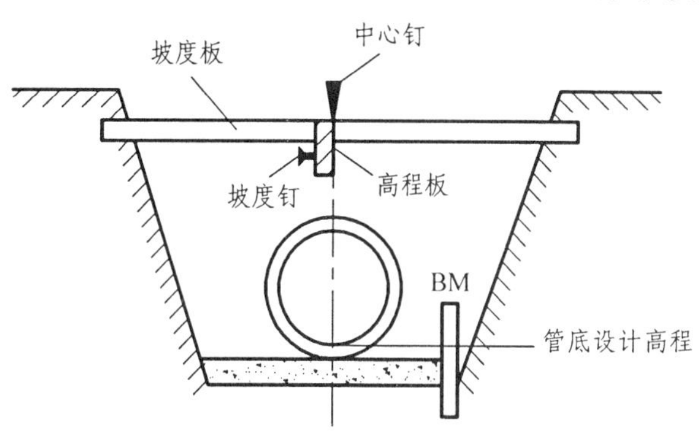

图 15.10　坡度点和水准点测设

工作坑内的水准点是安装导轨和顶管顶进过程中掌握高程的依据。一般在坑内顶进起点的一侧设一大木桩，使桩顶或桩一侧钉的高程与顶管起点管底设计高程相同，如图 15.10 所示。为确保水准点高程准确，应尽量设法由施工水准点一次引测（不设转点），并需经常校核，其高程误差应不大于±5 mm。

3. 导轨的计算和安装

顶管时，坑内要安装导轨以控制顶进的方向和高程。导轨常用钢轨（见图 15.11）或断面为 15 cm×20 cm 的方木（见图 5.12）。为了正确地安装导轨，应先算出导轨的轨距 A_0。使用木导轨时，应求出导轨抹角的 x 值和 y 值（y 值一般规定为 50 mm）。

（1）钢导轨轨距 A_0 的计算，由图 15.11 可知：

$$A_0 = 2\times BC + b \tag{15.3}$$

$$BC = \sqrt{R^2 - (R-h)^2}$$

式中，R 为管外壁半径；b 为轨底高；h 为钢轨高度。

以 18 kg/m 轻便钢轨（h=90 mm、b=40 mm）为例，其不同管径的 A_0 值如表 15.3 所示。

（2）木导轨轨距 A_0 及抹角 x 值的计算，由图 15.12 可知：

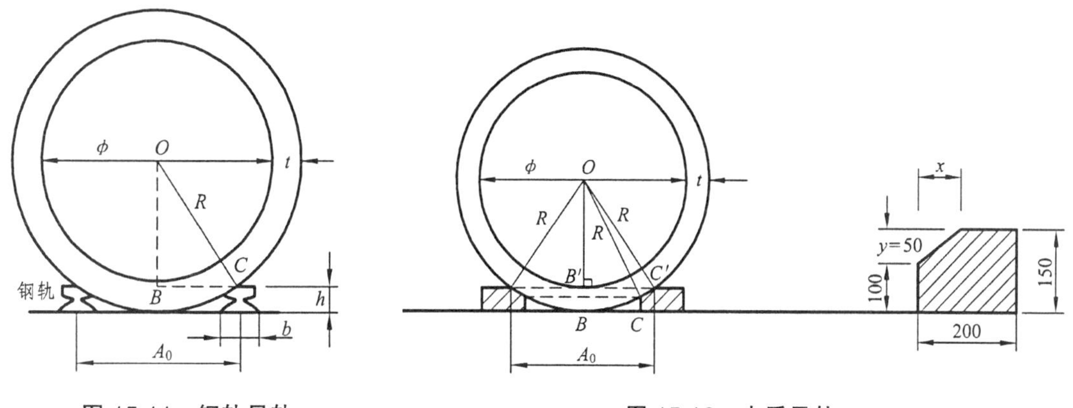

图 15.11　钢轨导轨

图 15.12　木质导轨

$$BC=\sqrt{R^2-(OB)^2}=\sqrt{R^2-(R-100)^2}=\sqrt{200R-100^2}=10\sqrt{2R-100}$$

$$B'C'=\sqrt{R^2-(OB')^2}=\sqrt{R^2-(R-150)^2}=\sqrt{300R-150^2}=10\sqrt{3R-225}$$

$$A_0=2(BC+x)$$

$$x=B'C'-BC=10\sqrt{3R-225}-10\sqrt{2R-100}$$

式中，A_0为木导轨轨距（mm）；X为抹角横距（mm）。

木质钢轨不同管径的 A_0 值和 x 值如表 15.4 所示。

表 15.3　18 kg/m 轻便钢轨不同管径的 A_0 值

管内径 ϕ（mm）	管壁厚 t（mm）	轨距 A_0（mm）
900	155	675
1 000	155	703
1 100	155	729
1 250	155	767
1 600	155	849
1 800	155	893

表 15.4　木质钢轨不同管径的 A_0、x 值

管内径 ϕ（mm）	管壁厚 t（mm）	抹角（mm）		轨距 A_0（mm）
		横距 x	纵距 y	
900	155	66	50	866
1 000	155	69	50	896
1 100	155	73	50	924
1 250	155	78	50	964
1 600	155	88	50	1 051
1 800	155	94	50	1 097

（3）导轨的安装。导轨一般安装在木基础或混凝土基础上。基础面的高程和纵坡都应符合设计要求（中线处高程应稍低，以利于排水和减少管壁摩擦）。根据 A_0 及 x 值稳定好铁轨或方木（要削好方木的抹角），然后根据中心钉和坡度钉用与管材半径一样大的样板检查中心线和高程，无误后，将导轨稳定牢固。

二、顶进过程中的测量工作

1. 中线测量

如图 15.13 所示，以顶管中线桩为方向线，挂好两个垂球，两垂球的连线即为管道方向线，这时拉一小线以两垂球线为准延伸于管内，在管内安置一个水平尺，其上有刻划和中心钉，通过拉入管内的小线与水平尺上的中心钉比较，可知管中心是否有偏差，尺上中心钉偏向哪一侧，即表明管道也偏向哪个方向，为了及时发现顶进的中线是否有偏差，中线测量以每顶进 0.5 m 量一次为宜。

此法在短距离顶管（一般在 50 m 以内）是可行的，结果也较可靠。当距离较长时，如大于 100 m 以上时，可在中线上每 100 m 设一工作坑，分段施工，或采用激光导向仪定向。

2. 高程测量

如图 15.14 所示，以工作坑内水准点为依据，按设计纵坡用比高法检验，例如 5‰ 的纵坡，每顶进 1 m 就应升高 5 mm，该水准点的读数应小 5 mm。表 15.5 是某污水管道在顶管施工中的一段实测记录。

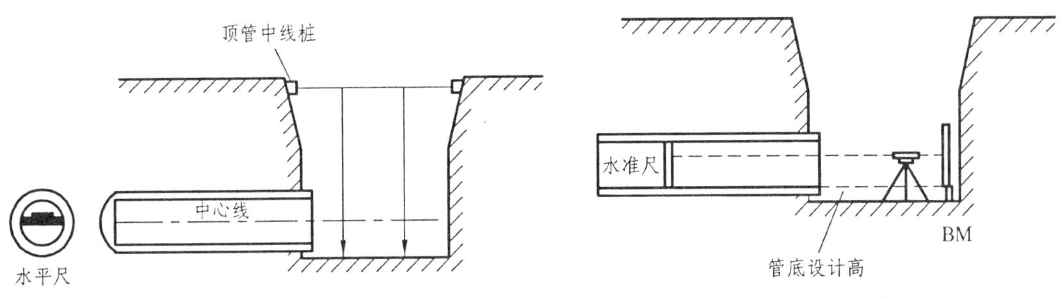

图 15.13　顶管施工中心线测量　　图 15.14　顶管施工高程测量

表 15.5　顶管施工测量记录

井号	里程	中心偏差	水准点读数	应读数	实读数	高程误差	备注
井 8	0+380.0	0.000	0.522	0.522	0.522	0.000	
	380.5	右 0.002	0.603	0.601	0.602	− 0.001	
	381.0	右 0.002	0.519	0.514	0.516	− 0.002	$i = 5‰$
	381.5	左 0.001	0.547	0.540	0.541	− 0.001	
	⋮	⋮	⋮	⋮	⋮	⋮	
	400.0	左 0.004	0.610	0.514	0.510	+ 0.004	

表 15.5 也反映了顶进过程中的中线及高程情况，是分析施工质量的重要依据。根据规范要求，施工中应做到：

高程偏差：高不得超过设计高程 10 mm，低不得低于设计高程 20 mm。

中线偏差：不得超过设计中线 30 mm。

管子错口：一般不超过 10 mm，对顶时不得超过 30 mm。

第五节　竣工图测量

管道工程竣工后，为了如实反映施工成果，应及时进行竣工测量，整理并编绘全面的竣工资料和竣工图。竣工资料和竣工图是工程交付使用后管理和维修以及改建和扩建时的可靠依据。

地下管线必须在回填土以前测量出转折点、起止点、管井的坐标和管顶高程，并根据测量资料编绘竣工平面图和纵断面图。竣工平面图应全面地反映管道及其附属构筑物的平面位置，竣工纵断面图应全面反映管道及其附属构筑物的高程。竣工图一般根据室外实测资料进行编绘，如工程较小或不甚重要时，也可在施工图上，根据施工设计变更和测量验收资料，在室内修绘。

地上管线的起止点和转折点，如按设计坐标设计定位施工时，则按设计数据提交，否则应现场实测。架空管道应测管底高程。

思考题与习题

1. 如图所示，已知设计管线的主点 A、B、C 的坐标，在此管线附近有导线 1、2…其坐标也已知。（1）试根据 1、2 两点用极坐标法测设 A 点所需的数据；（2）如何检查 A 点的设置精度。

$$1\begin{cases}x_1 = 720\ 000 \\ y_1 = 710\ 000\end{cases}$$

$$2\begin{cases}x_2 = 610\ 000 \\ y_2 = 820\ 000\end{cases}$$

$$A\begin{cases}x_A = 650\ 000 \\ y_A = 860\ 000\end{cases}$$

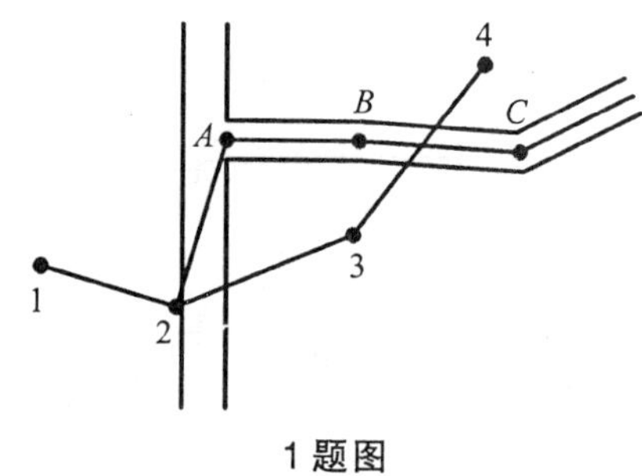

1 题图

2. 纵断面水准测量记录手簿如表 15.6 所示，根据此记录计算各点的高程。

表 15.6　纵断面水准测量记录手簿

测站	柱号	水准尺读数			高　差		仪器视线高程	高程
		后视	前视	中间视	+	−		
1	0+000 0+033 0+070 0+100	1.480	0.905	1.63 1.83				34.050
2	0+100 0+200	1.379	0.278					
3	0+200 0+224 0+268 0+300	1.278	0.159	0.94 1.48				
4	0+300 0+335 0+400	1.466	1.032	1.69				

3. 根据第 2 题计算的水准测量成果，绘出纵断面图（水平比例尺 1∶1000，高程比例尺 1∶50），画出管道起点设计高程为 32.40 m（即管底高程）、坡度为 + 7‰ 的设计管线。

4. 坡度钉测设记录如表 15.7 所示，已知管道起点 0 + 000 的管底高程为 37.52 m，管线坡度为 10‰ 的下坡，在下表中计算出各坡度板处的管底设计高程，并按实测的板顶高程选定下返数，再根据选定下返数计算各坡度板顶高程的调整数和坡度钉高程。

表 15.7　坡度钉测设记录表

桩号	距离	坡度	$H_{板顶}$	$H_{管底}$	$H_{板顶}-H_{管底}$	下返数 M	改正数	坡度钉高程
1	2	3	4	5	6	7	8	9
0+000			40.110	37.52				
0+020			39.900					
0+040			39.625					
0+060			39.534					
0+080			39.192					
0+100			39.083					
0+120			38.851					
0+140			38.694					

参 考 文 献

[1] 覃辉，伍鑫. 土木工程测量[M]. 第三版. 上海：同济大学出版社，2008.

[2] 王兆祥. 铁道工程测量[M]. 北京：中国铁道出版社，2008.

[3] 聂让，付涛. 公路施工测量手册[M]. 北京：人民交通出版社，2008.

[4] 张延寿. 铁路测量[M]. 第二版. 成都：西南交通大学出版社，2008.

[5] 朱颖. 客运专线无砟轨道铁路工程测量技术[M]. 北京：中国铁道出版社，2008.

[6] 曹智翔，邓明镜. 交通土建工程测量[M]. 第二版. 成都：西南交通大学出版社，2008.

[7] 杨松林. 测量学[M]. 北京：中国铁道出版社，2002.

[8] 邱国屏. 铁路测量[M]. 第二版. 北京：中国铁道出版社，1995.

[9] 徐绍铨等. GPS 测量原理及应用[M]. 第二版. 武汉：武汉大学出版社，2008.

[10] 卢满堂. 数字测图[M]. 北京：中国电力出版社，2007.

[11] 纪勇. 数字测图技术应用教程. 北京：黄河水利出版社，2008.

[12] 周小安. 工程测量[M]. 成都：西南交通大学出版社，2007.

[13] 姜远文，唐平英. 道路工程测量[M]. 北京：机械工业出版社，2002.

[14] 李仕东. 工程测量[M]. 第二版. 北京：人民交通出版社，2007.

[15] 中华人民共和国建设部，中华人民共和国国家质量监督检验检疫总局. 工程测量规范（GB 50026—2007）[S]. 北京：中国计划出版社，2008.

[16] 中华人民共和国铁道部. 新建铁路工程测量规范（TB 10101—99）[S]. 北京：中国铁道出版社，1999.

[17] 城市测量规范（CJJ8—99）[S]. 北京：中国建筑工业出版社，1999.

[18] 中华人民共和国交通部. 公路勘测规范（JTG C10—2007）[S]. 北京：人民交通出版社，2006.

[19] 中华人民共和国交通部. 公路工程技术标准（JTG B01—2003）[S]. 北京：人民交通出版社，2004.